2020 全国勘察设计注册工程师执业资格考试用书

Yiji Zhuce Jiegou Gongchengshi Zhiye Zige Kaoshi
Jichu Kaoshi Tongguan Shijuan

一级注册结构工程师执业资格考试
基础考试通关试卷

注册工程师考试复习用书编委会 / 编
曹纬浚 / 主编

人民交通出版社股份有限公司
北 京

内 容 提 要

本书基于考培专家多年辅导经验和现行考试大纲编写而成，内容贴合考试实际。全书共包含6套全真模拟试卷＋2017～2019年上下午考试试卷，每套试卷均参考实际考试试卷排版，并提供参考答案及详细解析。

本书配电子题库，考生可微信扫描封面“二维码”，登录“注考大师”在线学习。

本书适合参加2020年一级注册结构工程师执业资格考试基础考试的考生模拟练习，还可作为相关专业培训班的辅导资料。

图书在版编目(CIP)数据

2020一级注册结构工程师执业资格考试基础考试通关试卷／曹纬浚主编. —北京：人民交通出版社股份有限公司，2020.2

ISBN 978-7-114-16289-3

Ⅰ.①2… Ⅱ.①曹… Ⅲ.①建筑结构—资格考试—习题集 Ⅳ.①TU3-44

中国版本图书馆CIP数据核字(2020)第013168号

书　　名:2020一级注册结构工程师执业资格考试基础考试通关试卷
著 作 者:曹纬浚
责任编辑:刘彩云
责任印制:刘高彤
出版发行:人民交通出版社股份有限公司
地　　址:(100011)北京市朝阳区安定门外外馆斜街3号
网　　址:http://www.ccpress.com.cn
销售电话:(010)59757973
总 经 销:人民交通出版社股份有限公司发行部
经　　销:各地新华书店
印　　刷:北京地大彩印有限公司
开　　本:787×1092　1/16
印　　张:40
字　　数:768千
版　　次:2020年2月　第1版
印　　次:2020年3月　第2次印刷
书　　号:ISBN 978-7-114-16289-3
定　　价:128.00元

目　　录

全国勘察设计注册工程师执业资格考试通关试卷[一]
基础考试(上)…………………………………… 1
全国勘察设计一级注册结构工程师执业资格考试通关试卷[一]
基础考试(下) ……………………………… 25
全国勘察设计注册工程师执业资格考试通关试卷[一]基础考试(上)
试题解析及参考答案 ……………………… 39
全国勘察设计一级注册结构工程师执业资格考试通关试卷[一]基础考试(下)
试题解析及参考答案 ……………………… 58

全国勘察设计注册工程师执业资格考试通关试卷[二]
基础考试(上) ……………………………… 69
全国勘察设计一级注册结构工程师执业资格考试通关试卷[二]
基础考试(下) ……………………………… 95
全国勘察设计注册工程师执业资格考试通关试卷[二]基础考试(上)
试题解析及参考答案………………………… 109
全国勘察设计一级注册工程师执业资格考试通关试卷[二]基础考试(下)
试题解析及参考答案………………………… 128

全国勘察设计注册工程师执业资格考试通关试卷[三]
基础考试(上)……………………………… 137
全国勘察设计一级注册结构工程师执业资格考试通关试卷[三]
基础考试(下)……………………………… 165
全国勘察设计注册工程师执业资格考试通关试卷[三]基础考试(上)
试题解析及参考答案………………………… 179
全国勘察设计一级注册结构工程师执业资格考试通关试卷[三]基础考试(下)
试题解析及参考答案………………………… 194

全国勘察设计注册工程师执业资格考试通关试卷[四]
基础考试(上)……………………………… 203

全国勘察设计一级注册结构工程师执业资格考试通关试卷[四]
基础考试(下)…………………………………… 229
全国勘察设计注册工程师执业资格考试通关试卷[四]基础考试(上)
试题解析及参考答案……………………………… 243
全国勘察设计一级结构工程师执业资格考试通关试卷[四]基础考试(下)
试题解析及参考答案……………………………… 261

全国勘察设计注册工程师执业资格考试通关试卷[五]
基础考试(上)…………………………………… 269
全国勘察设计一级注册结构工程师执业资格考试通关试卷[五]
基础考试(下)…………………………………… 297
全国勘察设计注册工程师执业资格考试通关试卷[五]基础考试(上)
试题解析及参考答案……………………………… 310
全国勘察设计一级注册结构工程师执业资格考试通关试卷[五]基础考试(下)
试题解析及参考答案……………………………… 330

全国勘察设计注册工程师执业资格考试通关试卷[六]
基础考试(上)…………………………………… 339
全国勘察设计一级注册结构工程师执业资格考试通关试卷[六]
基础考试(下)…………………………………… 367
全国勘察设计注册工程师执业资格考试通关试卷[六]基础考试(上)
试题解析及参考答案……………………………… 380
全国勘察设计一级注册结构工程师执业资格考试通关试卷[六]基础考试(下)
试题解析及参考答案……………………………… 401

2017 年度全国勘察设计注册工程师执业资格考试试卷
基础考试(上) ………………………………… 409
2017 年度全国勘察设计一级注册结构工程师执业资格考试试卷
基础考试(下) ………………………………… 437
2017 年度全国勘察设计注册工程师执业资格考试基础考试(上)
试题解析及参考答案 ………………………… 450
2017 年度全国勘察设计一级注册结构工程师执业资格考试基础考试(下)
试题解析及参考答案 ………………………… 473

2018 年度全国勘察设计注册工程师执业资格考试试卷
基础考试(上) …………………………………… 485
2018 年度全国勘察设计一级注册结构工程师执业资格考试试卷
基础考试(下) …………………………………… 511
2018 年度全国勘察设计注册工程师执业资格考试基础考试(上)
试题解析及参考答案 ………………………… 524
2018 年度全国勘察设计一级注册结构工程师执业资格考试基础考试(下)
试题解析及参考答案 ………………………… 548

2019 年度全国勘察设计注册工程师执业资格考试试卷
基础考试(上) …………………………………… 559
2019 年度全国勘察设计一级注册结构工程师执业资格考试试卷
基础考试(下) …………………………………… 587
2019 年度全国勘察设计注册工程师执业资格考试基础考试(上)
试题解析及参考答案 ………………………… 601
2019 年度全国勘察设计一级注册结构工程师执业资格考试基础考试(下)
试题解析及参考答案 ………………………… 626

全国勘察设计注册工程师
执业资格考试通关试卷［一］

基础考试
（上）

二〇二〇年十月

应考人员注意事项

1. 本试卷科目代码为“1”，考生务必将此代码填涂在答题卡“科目代码”相应的栏目内，否则，无法评分。
2. 书写用笔：**黑色或蓝色钢笔、签字笔或圆珠笔；**
   填涂答题卡用笔：**黑色 2B 铅笔**。
3. 必须用书写用笔将工作单位、姓名、准考证号填写在答题卡和试卷相应的栏目内。
4. 本试卷由 120 题组成，每题 1 分，满分 120 分，本试卷全部为单项选择题，每小题的四个备选项中只有一个正确答案，错选、多选、不选均不得分。
5. 考生作答时，必须**按题号在答题卡上**将相应试题所选选项对应的**字母用 2B 铅笔涂黑**。
6. 在答题卡上书写与题意无关的语言，或在答题卡上作标记的，均按违纪试卷处理。
7. 考试结束时，由监考人员当面将试卷、答题卡一并收回。
8. 草稿纸由各地统一配发，考后收回。

单项选择题(共 120 题,每题 1 分。每题的备选项中只有一个最符合题意。)

1. 设直线方程为$\begin{cases}x=t+1\\y=2t-2\\z=-3t+3\end{cases}$,则直线:

A. 过点$(-1,2,-3)$,方向向量为$\vec{i}+2\vec{j}-3\vec{k}$

B. 过点$(-1,2,-3)$,方向向量为$-\vec{i}-2\vec{j}+3\vec{k}$

C. 过点$(1,2,-3)$,方向向量为$\vec{i}-2\vec{j}+3\vec{k}$

D. 过点$(1,-2,3)$,方向向量为$-\vec{i}-2\vec{j}+3\vec{k}$

2. 设$\vec{\alpha}$,$\vec{\beta}$,$\vec{\gamma}$都是非零向量,若$\vec{\alpha}\times\vec{\beta}=\vec{\alpha}\times\vec{\gamma}$,则:

A. $\vec{\beta}=\vec{\gamma}$

B. $\vec{\alpha}/\!/\vec{\beta}$且$\vec{\alpha}/\!/\vec{\gamma}$

C. $\vec{\alpha}/\!/(\vec{\beta}-\vec{\gamma})$

D. $\vec{\alpha}\perp(\vec{\beta}-\vec{\gamma})$

3. 设$f(x)=\dfrac{e^{3x}-1}{e^{3x}+1}$,则:

A. $f(x)$为偶函数,值域为$(-1,1)$

B. $f(x)$为奇函数,值域为$(-\infty,0)$

C. $f(x)$为奇函数,值域为$(-1,1)$

D. $f(x)$为奇函数,值域为$(0,+\infty)$

4. 下列命题正确的是:

A. 分段函数必存在间断点

B. 单调有界函数无第二类间断点

C. 在开区间内连续,则在该区间必取得最大值和最小值

D. 在闭区间上有间断点的函数一定有界

5. 设函数$f(x)=\begin{cases}\dfrac{2}{x^2+1},x\leqslant 1\\ax+b,x>1\end{cases}$可导,则必有:

A. $a=1,b=2$

B. $a=-1,b=2$

C. $a=1,b=0$

D. $a=-1,b=0$

6. 求极限 $\lim\limits_{x\to 0}\dfrac{x^2\sin\dfrac{1}{x}}{\sin x}$时，下列各种解法中正确的是：

A. 用洛必达法则后，求得极限为 0

B. 因为 $\lim\limits_{x\to 0}\sin\dfrac{1}{x}$不存在，所以上述极限不存在

C. 原式$=\lim\limits_{x\to 0}\dfrac{x}{\sin x}x\sin\dfrac{1}{x}=0$

D. 因为不能用洛必达法则，故极限不存

7. 下列各点中为二元函数 $z=x^3-y^3-3x^2+3y-9x$ 的极值点的是：

A. $(3,-1)$　　B. $(3,1)$

C. $(1,1)$　　D. $(-1,-1)$

8. 若函数 $f(x)$ 的一个原函数是 e^{-2x}，则 $\int f''(x)\mathrm{d}x$ 等于：

A. $e^{-2x}+C$　　B. $-2e^{-2x}$

C. $-2e^{-2x}+C$　　D. $4e^{-2x}+C$

9. $\int xe^{-2x}\mathrm{d}x$ 等于：

A. $-\dfrac{1}{4}e^{-2x}(2x+1)+C$　　B. $\dfrac{1}{4}e^{-2x}(2x-1)+C$

C. $-\dfrac{1}{4}e^{-2x}(2x-1)+C$　　D. $-\dfrac{1}{2}e^{-2x}(x+1)+C$

10. 下列广义积分中收敛的是：

A. $\int_0^1\dfrac{1}{x^2}\mathrm{d}x$　　B. $\int_0^2\dfrac{1}{\sqrt{2-x}}\mathrm{d}x$

C. $\int_{-\infty}^0 e^{-x}\mathrm{d}x$　　D. $\int_1^{+\infty}\ln x\mathrm{d}x$

11. 圆周 $\rho=\cos\theta$，$\rho=2\cos\theta$ 及射线 $\theta=0$，$\theta=\dfrac{\pi}{4}$所围的图形的面积 $S=$

A. $\dfrac{3}{8}(\pi+2)$　　B. $\dfrac{1}{16}(\pi+2)$

C. $\dfrac{3}{16}(\pi+2)$　　D. $\dfrac{7}{8}\pi$

12. 计算 $I=\iiint\limits_{\Omega} z\mathrm{d}V$，其中 Ω 为 $z^2=x^2+y^2$，$z=1$ 围成的立体，则正确的解法是：

A. $I=\int_0^{2\pi}\mathrm{d}\theta\int_0^1 r\mathrm{d}r\int_0^1 z\mathrm{d}z$

B. $I=\int_0^{2\pi}\mathrm{d}\theta\int_0^1 r\mathrm{d}r\int_r^1 z\mathrm{d}z$

C. $I=\int_0^{2\pi}\mathrm{d}\theta\int_0^1 \mathrm{d}z\int_r^1 r\mathrm{d}r$

D. $I=\int_0^1\mathrm{d}z\int_0^{\pi}\mathrm{d}\theta\int_0^z zr\mathrm{d}r$

13. 下列各级数中发散的是：

A. $\sum\limits_{n=1}^{\infty}\frac{1}{\sqrt{n+1}}$

B. $\sum\limits_{n=1}^{\infty}(-1)^{n-1}\frac{1}{\ln(n+1)}$

C. $\sum\limits_{n=1}^{\infty}\frac{n+1}{3^n}$

D. $\sum\limits_{n=1}^{\infty}(-1)^{n-1}\left(\frac{2}{3}\right)^n$

14. 幂级数 $\sum\limits_{n=1}^{\infty}\frac{(x-1)^n}{3^n n}$ 的收敛域是：

A. $[-2,4)$

B. $(-2,4)$

C. $(-1,1)$

D. $\left[-\frac{1}{3},\frac{4}{3}\right)$

15. 微分方程 $y''+2y=0$ 的通解是：

A. $y=A\sin 2x$

B. $y=A\cos x$

C. $y=\sin\sqrt{2}x+B\cos\sqrt{2}x$

D. $y=A\sin\sqrt{2}x+B\cos\sqrt{2}x$

16. 微分方程 $y\mathrm{d}x+(x-y)\mathrm{d}y=0$ 的通解是：

A. $\left(x-\frac{y}{2}\right)y=C$

B. $xy=C\left(x-\frac{y}{2}\right)$

C. $xy=C$

D. $y=\frac{C}{\ln\left(x-\frac{y}{2}\right)}$

17. 设 $\boldsymbol{A}$ 是 m 阶矩阵，$\boldsymbol{B}$ 是 n 阶矩阵，行列式 $\begin{vmatrix} 0 & \boldsymbol{A} \\ \boldsymbol{B} & 0 \end{vmatrix}=$

A. $-|\boldsymbol{A}||\boldsymbol{B}|$

B. $|\boldsymbol{A}||\boldsymbol{B}|$

C. $(-1)^{m+n}|\boldsymbol{A}||\boldsymbol{B}|$

D. $(-1)^{mn}|\boldsymbol{A}||\boldsymbol{B}|$

18. 设 $\boldsymbol{A}$ 是 3 阶矩阵，矩阵 $\boldsymbol{A}$ 的第 1 行的 2 倍加到第 2 行，得矩阵 $\boldsymbol{B}$，则下列选项中成立的是：

A. $\boldsymbol{B}$ 的第 1 行的 -2 倍加到第 2 行得 $\boldsymbol{A}$

B. $\boldsymbol{B}$ 的第 1 列的 -2 倍加到第 2 列得 $\boldsymbol{A}$

C. $\boldsymbol{B}$ 的第 2 行的 -2 倍加到第 1 行得 $\boldsymbol{A}$

D. $\boldsymbol{B}$ 的第 2 列的 -2 倍加到第 1 列得 $\boldsymbol{A}$

19. 已知三维列向量 $\boldsymbol{\alpha},\boldsymbol{\beta}$ 满足 $\boldsymbol{\alpha}^{\mathrm{T}}\boldsymbol{\beta}=3$，设 3 阶矩阵 $\boldsymbol{A}=\boldsymbol{\beta}\boldsymbol{\alpha}^{\mathrm{T}}$，则：

A. $\boldsymbol{\beta}$ 是 $\boldsymbol{A}$ 的属于特征值 0 的特征向量

B. $\boldsymbol{\alpha}$ 是 $\boldsymbol{A}$ 的属于特征值 0 的特征向量

C. $\boldsymbol{\beta}$ 是 $\boldsymbol{A}$ 的属于特征值 3 的特征向量

D. $\boldsymbol{\alpha}$ 是 $\boldsymbol{A}$ 的属于特征值 3 的特征向量

20. 设齐次线性方程组 $\begin{cases}x_1-kx_2=0\\ kx_1-5x_2+x_3=0\\ x_1+x_2+x_3=0\end{cases}$，当方程组有非零解时，$k$ 值为：

A. -2 或 3　　　　B. 2 或 3

C. 2 或 -3　　　　D. -2 或 -3

21. 设事件 A,B 相互独立，且 $P(A)=\frac{1}{2}$，$P(B)=\frac{1}{3}$，则 $P(B|A\cup\overline{B})$ 等于：

A. $\frac{5}{6}$　　B. $\frac{1}{6}$　　C. $\frac{1}{3}$　　D. $\frac{1}{5}$

22. 将 3 个球随机地放入 4 个杯子中，则杯中球的最大个数为 2 的概率为：

A. $\frac{1}{16}$　　B. $\frac{3}{16}$　　C. $\frac{9}{16}$　　D. $\frac{4}{27}$

23. 设随机变量 X 的概率密度为 $f(x)=\begin{cases}\frac{1}{x^2} & x\geqslant 1\\ 0 & 其他\end{cases}$，则 $P(0\leqslant X\leqslant 3)=$

A. $\frac{1}{3}$　　B. $\frac{2}{3}$　　C. $\frac{1}{2}$　　D. $\frac{1}{4}$

24. 设随机变量 (X,Y) 服从二维正态分布，其概率密度为 $f(x,y)=\frac{1}{2\pi}e^{-\frac{1}{2}(x^2+y^2)}$，则 $E(X^2+Y^2)=$

A. 2　　B. 1　　C. $\frac{1}{2}$　　D. $\frac{1}{4}$

25. 一定量的刚性双原子分子理想气体储于一容器中，容器的容积为 V，气体压强为 p，则气体的内能为：

A. $\frac{3}{2}pV$　　B. $\frac{5}{2}pV$　　C. $\frac{1}{2}pV$　　D. pV

26. 理想气体的压强公式是：

A. $p=\frac{1}{3}nmv^2$　　B. $p=\frac{1}{3}nm\overline{v}$

C. $p=\frac{1}{3}nm\overline{v^2}$　　D. $p=\frac{1}{3}n\overline{v^2}$

27. “理想气体和单一热源接触做等温膨胀时，吸收的热量全部用来对外做功。”对此说法，有如下几种讨论，哪种是正确的：

A. 不违反热力学第一定律，但违反热力学第二定律

B. 不违反热力学第二定律，但违反热力学第一定律

C. 不违反热力学第一定律，也不违反热力学第二定律

D. 违反热力学第一定律，也违反热力学第二定律

28. 一定量的理想气体，由一平衡态 p_1，V_1，T_1 变化到另一平衡态 p_2，V_2，T_2，若 $V_2>V_1$，但 $T_2=T_1$，无论气体经历什么样的过程：

A. 气体对外做的功一定为正值

B. 气体对外做的功一定为负值

C. 气体的内能一定增加

D. 气体的内能保持不变

29. 在波长为 λ 的驻波中，两个相邻的波腹之间的距离为：

A. $\frac{\lambda}{2}$　　B. $\frac{\lambda}{4}$　　C. $\frac{3\lambda}{4}$　　D. λ

30. 一平面简谐波在弹性媒质中传播时，某一时刻在传播方向上一质元恰好处在负的最大位移处，则它的：

A. 动能为零，势能最大　　B. 动能为零，势能为零

C. 动能最大，势能最大　　D. 动能最大，势能为零

31. 一声波波源相对媒质不动，发出的声波频率是 ν_0。设一观察者的运动速度为波速的 $\frac{1}{2}$，当观察者迎着波源运动时，他接收到的声波频率是：

A. $2\nu_0$　　B. $\frac{1}{2}\nu_0$　　C. ν_0　　D. $\frac{3}{2}\nu_0$

32. 在双缝干涉实验中，光的波长 600nm，双缝间距 2mm，双缝与屏的间距为 300cm，则屏上形成的干涉图样的相邻明条纹间距为：

A. 0.45mm　　B. 0.9mm

C. 9mm　　D. 4.5mm

33. 在双缝干涉实验中，若在两缝后（靠近屏一侧）各覆盖一块厚度均为 d，但折射率分别为 n_1 和 n_2（$n_2>n_1$）的透明薄片，从两缝发出的光在原来中央明纹处相遇时，光程差为：

A. $d(n_2-n_1)$　　B. $2d(n_2-n_1)$

C. $d(n_2-1)$　　D. $d(n_1-1)$

34. 在空气中做牛顿环实验，如图所示，当平凸透镜垂直向上缓慢平移而远离平面玻璃时，可以观察到这些环状干涉条纹：

A. 向右平移

B. 静止不动

C. 向外扩张

D. 向中心收缩

单色光

35. 一束自然光通过两块叠放在一起的偏振片，若两偏振片的偏振化方向间夹角由 α_1 转到 α_2，则转动前后透射光强度之比为：

A. $\frac{\cos^2\alpha_2}{\cos^2\alpha_1}$　　B. $\frac{\cos\alpha_2}{\cos\alpha_1}$

C. $\frac{\cos^2\alpha_1}{\cos^2\alpha_2}$　　D. $\frac{\cos\alpha_1}{\cos\alpha_2}$

36. 若用衍射光栅准确测定一单色可见光的波长，在下列各种光栅常数的光栅中，选用哪一种最好：

A. 1.0×10^{-1}mm　　B. 5.0×10^{-1}mm

C. 1.0×10^{-2}mm　　D. 1.0×10^{-3}mm

37. $K_{sp}^{\Theta}(Mg(OH)_2)=5.6\times10^{-12}$，则 $Mg(OH)_2$ 在 0.01mol·L^{-1} NaOH 溶液中的溶解度为：

A. 5.6×10^{-9}mol·L^{-1}　　B. 5.6×10^{-10}mol·L^{-1}

C. 5.6×10^{-8}mol·L^{-1}　　D. 5.6×10^{-5}mol·L^{-1}

38. $BeCl_2$ 中 Be 的原子轨道杂化类型为：

A. sp

B. sp^2

C. sp^3

D. 不等性 sp^3

39. 常温下，在 CH_3COOH 与 CH_3COONa 的混合溶液中，若它们的浓度均为 0.10mol/L，测得 pH 值是 4.75，现将此溶液与等体积的水混合后，溶液的 pH 值是：

A. 2.38

B. 5.06

C. 4.75

D. 5.25

40. 对一个化学反应来说，下列叙述正确的是：

A. $\Delta_r G_m^\ominus$ 越小，反应速率越快

B. $\Delta_r H_m^\ominus$ 越小，反应速率越快

C. 活化能越小，反应速率越快

D. 活化能越大，反应速率越快

41. 26 号元素原子的价层电子构型为：

A. $3d^5 4s^2$

B. $3d^6 4s^2$

C. $3d^6$

D. $4s^2$

42. 确定原子轨道函数 ψ 形状的量子数是：

A. 主量子数

B. 角量子数

C. 磁量子数

D. 自旋量子数

43. 下列反应中 $\Delta_r S_m^\ominus > 0$ 的是：

A. $2H_2(g) + O_2(g) \rightarrow 2H_2O(g)$

B. $N_2(g) + 3H_2(g) \rightarrow 2NH_3(g)$

C. $NH_4Cl(s) \rightarrow NH_3(g) + HCl(g)$

D. $CO_2(g) + 2NaOH(aq) \rightarrow Na_2CO_3(aq) + H_2O(l)$

44. 下称各化合物的结构式，不正确的是：

A. 聚乙烯：$\text{+}CH_2-CH_2\text{+}_n$

B. 聚氯乙烯：$\text{+}CH_2-\underset{\underset{Cl}{|}}{CH}\text{+}_n$

C. 聚丙烯：$\text{+}CH_2CH_2CH_2\text{+}_n$

D. 聚 1-丁烯：$\text{+}CH_2CH(C_2H_5)\text{+}_n$

45. 下列化合物中，没有顺、反异构体的是：

A. $CHCl=CHCl$

B. $CH_3CH=CHCH_2Cl$

C. $CH_2=CHCH_2CH_3$

D. $CHF=CClBr$

46. 六氯苯的结构式正确的是：

A.

B.

C.

D. 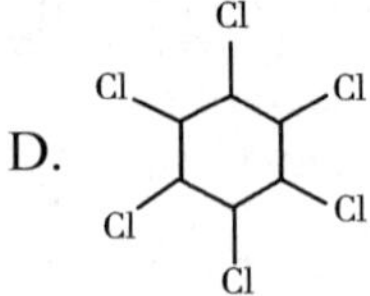

47. 将大小为 100N 的力 $\boldsymbol{F}$ 沿 x、y 方向分解，如图所示，若 $\boldsymbol{F}$ 在 x 轴上的投影为 50N，而沿 x 方向的分力的大小为 200N，则 $\boldsymbol{F}$ 在 y 轴上的投影为：

A. 0

B. 50N

C. 200N

D. 100N

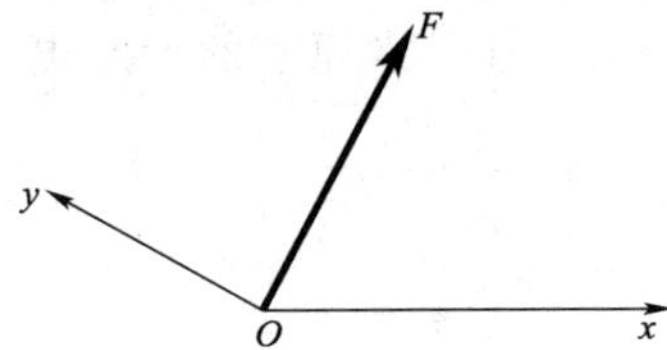

48. 图示等边三角形 ABC，边长 a，沿其边缘作用大小均为 F 的力，方向如图所示。则此力系简化为：

A. $F_R=0; M_A=\frac{\sqrt{3}}{2}Fa$

B. $F_R=0; M_A=Fa$

C. $F_R=2F; M_A=\frac{\sqrt{3}}{2}Fa$

D. $F_R=2F; M_A=\sqrt{3}Fa$

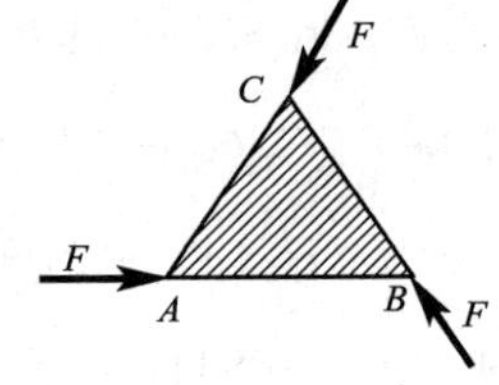

49. 三铰拱上作用有大小相等，转向相反的二力偶，其力偶矩大小为 M，如图所示。略去自重，则支座 A 的约束力大小为：

A. $F_{Ax}=0; F_{Ay}=\frac{M}{2a}$

B. $F_{Ax}=\frac{M}{2a}; F_{Ay}=0$

C. $F_{Ax}=\frac{M}{a}; F_{Ay}=0$

D. $F_{Ax}=\frac{M}{2a}; F_{Ay}=M$

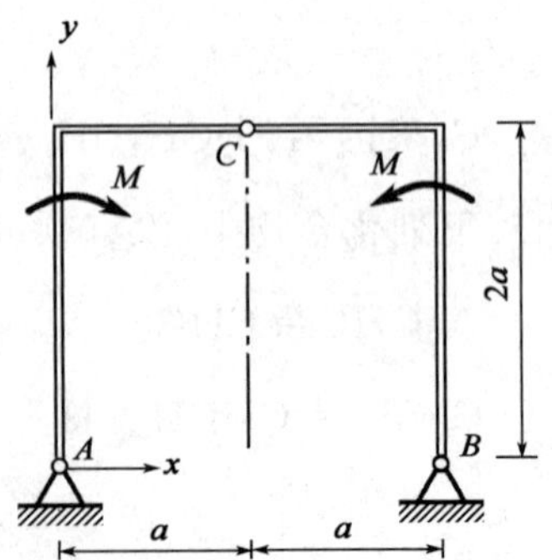

50. 简支梁受分布荷载作用如图所示。支座 A、B 的约束力为：

A. $F_A=0, F_B=0$

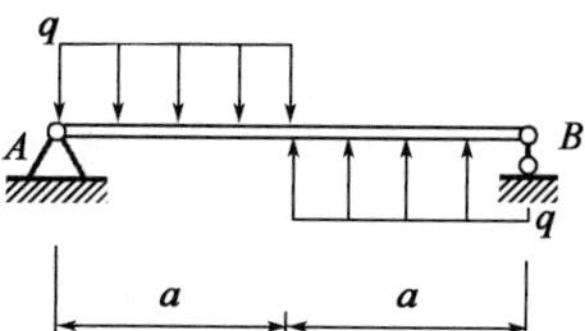

B. $F_A=\frac{1}{2}qa\uparrow, F_B=\frac{1}{2}qa\uparrow$

C. $F_A=\frac{1}{2}qa\uparrow, F_B=\frac{1}{2}qa\downarrow$

D. $F_A=\frac{1}{2}qa\downarrow, F_B=\frac{1}{2}qa\uparrow$

51. 已知质点沿半径为 40cm 的圆周运动，其运动规律为 $s=20t$（s 以 cm 计，t 以 s 计）。若 $t=1$s，则点的速度与加速度的大小为：

A. 20cm/s；$10\sqrt{2}$cm/s^2

B. 20cm/s；10cm/s^2

C. 40cm/s；20cm/s^2

D. 40cm/s；10cm/s^2

52. 已知点的运动方程为 $x=2t$，$y=t^2-t$，则其轨迹方程为：

A. $y=t^2-t$

B. $x=2t$

C. $x^2-2x-4y=0$

D. $x^2+2x+4y=0$

53. 直角刚杆 OAB 在图示瞬间角速度 $\omega=2$rad/s，角加速度 $\varepsilon=5$rad/s^2，若 $OA=40$cm，$AB=30$cm，则 B 点的速度大小、法向加速度的大小和切向加速度的大小为：

A. 100cm/s；200cm/s^2；250cm/s^2

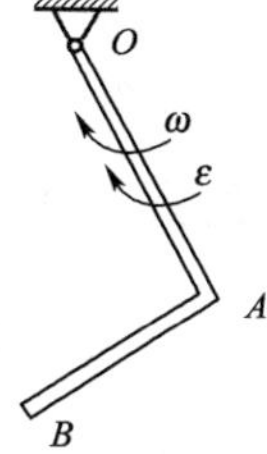

B. 80cm/s^2；160cm/s^2；200cm/s^2

C. 60cm/s^2；120cm/s^2；150cm/s^2

D. 100cm/s^2；200cm/s^2；200cm/s^2

54. 重为 W 的货物由电梯载运下降，当电梯加速下降、匀速下降及减速下降时，货物对地板的压力分别为 R_1、R_2、R_3，它们之间的关系为：

A. $R_1=R_2=R_3$

B. $R_1>R_2>R_3$

C. $R_1<R_3<R_3$

D. $R_1<R_2>R_3$

55. 如图所示，两重物 M_1 和 M_2 的质量分别为 m_1 和 m_2，两重物系在不计质量的软绳上，绳绕过匀质定滑轮，滑轮半径为 r，质量为 m，则此滑轮系统对转轴 O 之动量矩为：

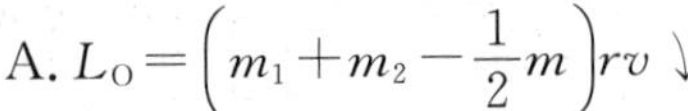

A. $L_O=\left(m_1+m_2-\frac{1}{2}m\right)rv \downarrow$

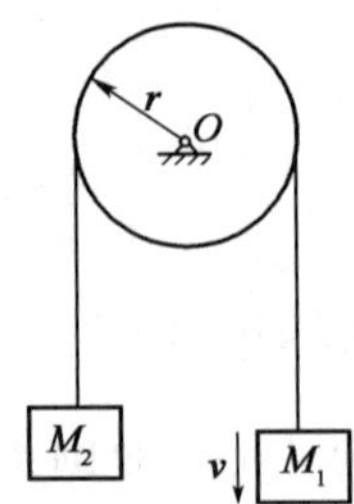

B. $L_O=\left(m_1-m_2-\frac{1}{2}m\right)rv \downarrow$

C. $L_O=\left(m_1+m_2+\frac{1}{2}m\right)rv \downarrow$

D. $L_O=\left(m_1+m_2+\frac{1}{2}m\right)rv \uparrow$

56. 质量为 m，长为 $2l$ 的均质杆初始位于水平位置，如图所示。A 端脱落后，杆绕轴 B 转动，当杆转到铅垂位置时，AB 杆 B 处的约束力大小为：

A. $F_{Bx}=0, F_{By}=0$

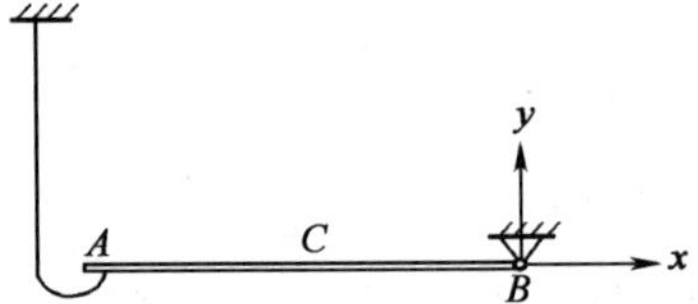

B. $F_{Bx}=0, F_{By}=\frac{mg}{4}$

C. $F_{Bx}=l, F_{By}=mg$

D. $F_{Bx}=0, F_{By}=\frac{5mg}{2}$

57. 图示均质圆轮，质量为 m，半径为 r，在铅垂图面内绕通过圆盘中心 O 的水平轴转动，角速度为 ω，角加速度为 ε，此时将圆轮的惯性力系向 O 点简化，其惯性力主矢和惯性力主矩的大小分别为：

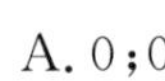

A. 0;0　　B. $mr\varepsilon$; $\frac{1}{2}mr^2\varepsilon$

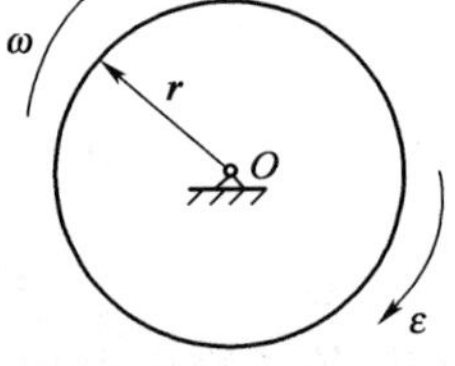

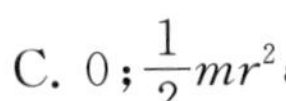

C. 0; $\frac{1}{2}mr^2\varepsilon$　　D. 0; $\frac{1}{4}mr^2\omega^2$

58. 5 根弹簧系数均为 k 的弹簧，串联与并联时的等效弹簧刚度系数分别为：

A. $5k$; $\frac{k}{5}$　　B. $\frac{5}{k}$; $5k$　　C. $\frac{k}{5}$; $5k$　　D. $\frac{1}{5k}$; $5k$

59. 等截面杆，轴向受力如图所示。杆的最大轴力是：

A. 8kN

B. 5kN

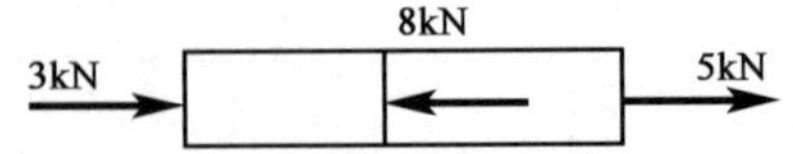

C. 3kN

D. 13kN

60. 钢板用两个铆钉固定在支座上，铆钉直径为 d，在图示荷载下，铆钉的最大切应力是：

A. $\tau_{\max}=\frac{4F}{\pi d^2}$

B. $\tau_{\max}=\frac{8F}{\pi d^2}$

C. $\tau_{\max}=\frac{12F}{\pi d^2}$

D. $\tau_{\max}=\frac{2F}{\pi d^2}$

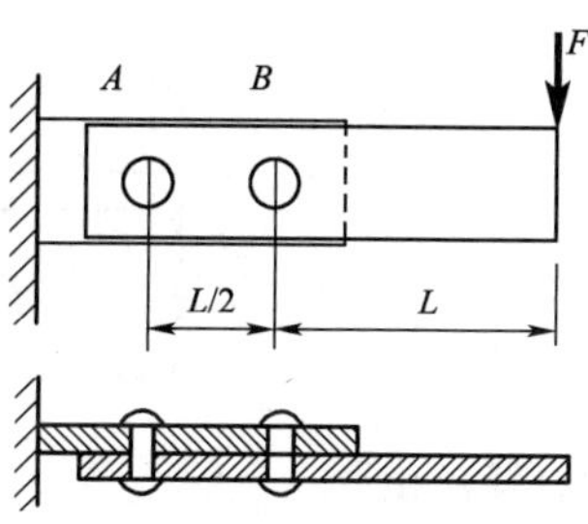

61. 圆轴直径为 d，剪切弹性模量为 G，在外力作用下发生扭转变形，现测得单位长度扭转角为 θ，圆轴的最大切应力是：

A. $\tau=\frac{16\theta G}{\pi d^3}$

B. $\tau=\theta G\frac{\pi d^3}{16}$

C. $\tau=\theta Gd$

D. $\tau=\frac{\theta Gd}{2}$

62. 直径为 d 的实心圆轴受扭，为使扭转最大切应力减小一半，圆轴的直径应改为：

A. $2d$

B. $0.5d$

C. $\sqrt{2}d$

D. $\sqrt[3]{2}d$

63. 图示矩形截面对 z_1 轴的惯性矩 I_{z1} 为：

A. $I_{z1}=\frac{bh^3}{12}$

B. $I_{z1}=\frac{bh^3}{3}$

C. $I_{z1}=\frac{7bh^3}{6}$

D. $I_{z1}=\frac{13bh^3}{12}$

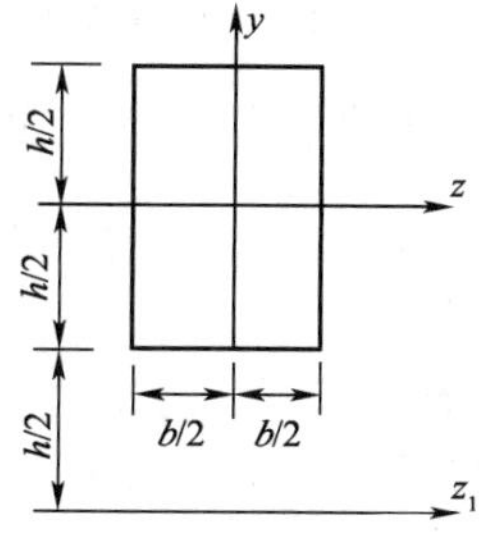

64. 图示外伸梁，在 C、D 处作用相同的集中力 F，截面 A 的剪力和截面 C 的弯矩分别是：

A. $F_{SA}=0, M_C=0$

B. $F_{SA}=F, M_C=FL$

C. $F_{SA}=F/2, M_C=FL/2$

D. $F_{SA}=0, M_C=2FL$

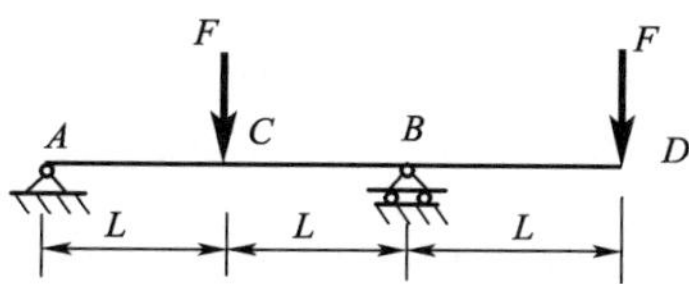

65. 悬臂梁 AB 由两根相同的矩形截面梁胶合而成。若胶合面全部开裂，假设开裂后两杆的弯曲变形相同，接触面之间无摩擦力，则开裂后梁的最大挠度是原来的：

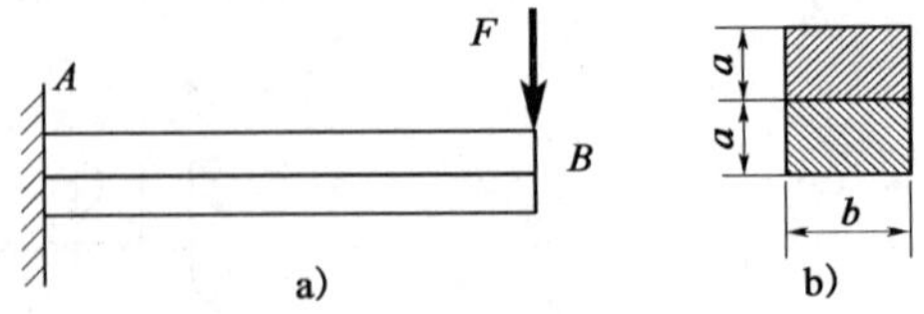

A. 两者相同　　B. 2 倍　　C. 4 倍　　D. 8 倍

66. 图示悬臂梁自由端承受集中力偶 M。若梁的长度减小一半，梁的最大挠度是原来的：

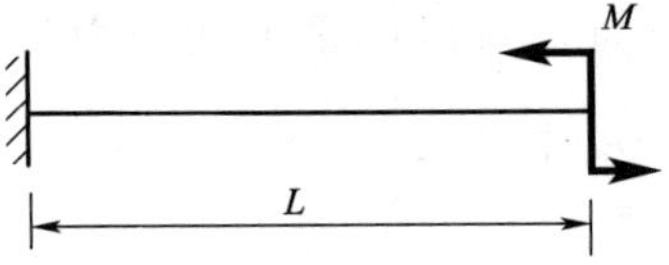

A. 1/2

B. 1/4

C. 1/8

D. 1/16

67. 在图示 4 种应力状态中，切应力值最大的应力状态是：

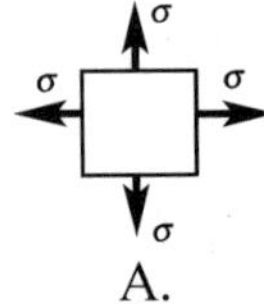

A.

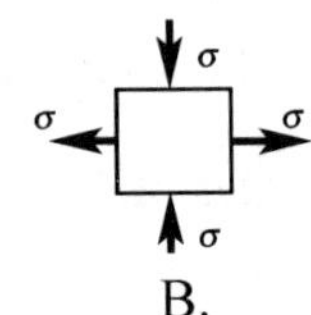

B.

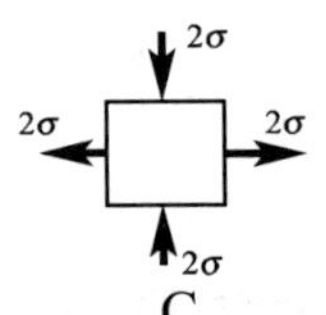

C.

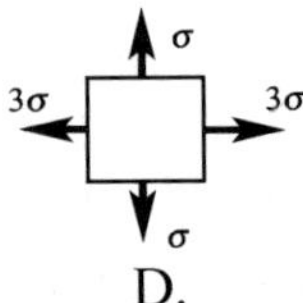

D.

68. 图示矩形截面杆 AB，A 端固定，B 端自由。B 端右下角处承受与轴线平行的集中力 F，杆的最大正应力是：

A. $\sigma=\dfrac{3F}{bh}$

B. $\sigma=\dfrac{4F}{bh}$

C. $\sigma=\dfrac{7F}{bh}$

D. $\sigma=\dfrac{13F}{bh}$

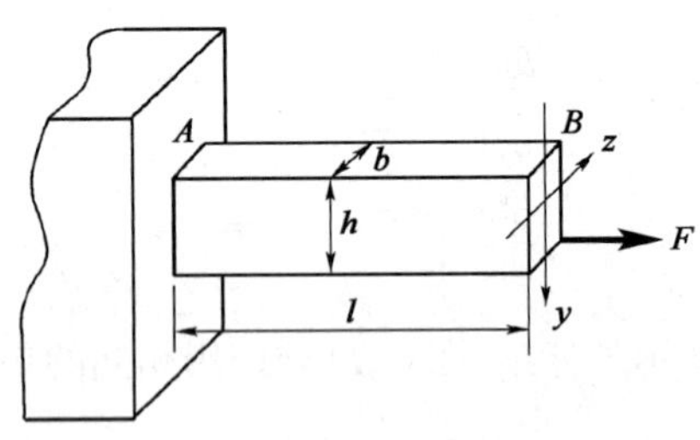

69. 图示圆轴固定端最上缘 A 点的单元体的应力状态是：

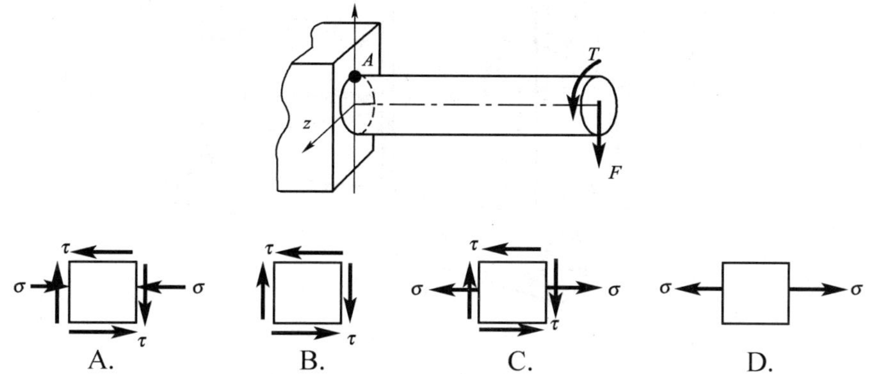

70. 图示三根压杆均为细长（大柔度）压杆，且弯曲刚度均为 EI。三根压杆的临界荷载 F_{cr} 的关系为：

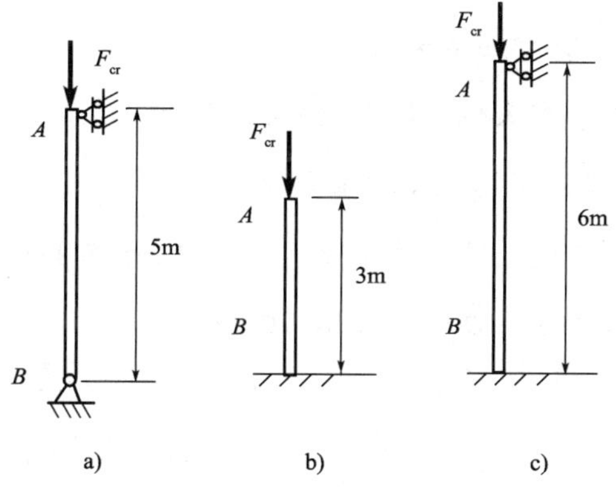

A. $F_{cra}>F_{crb}>F_{crc}$　　B. $F_{crb}>F_{cra}>F_{crc}$

C. $F_{crc}>F_{cra}>F_{crb}$　　D. $F_{crb}>F_{crc}>F_{cra}$

71. 如图所示，上部为气体下部为水的封闭容器装有 U 形水银测压计，其中 1、2、3 点位于同一平面上，其压强的关系为：

A. $p_1<p_2<p_3$

B. $p_1>p_2>p_3$

C. $p_2<p_1<p_3$

D. $p_2=p_1=p_3$

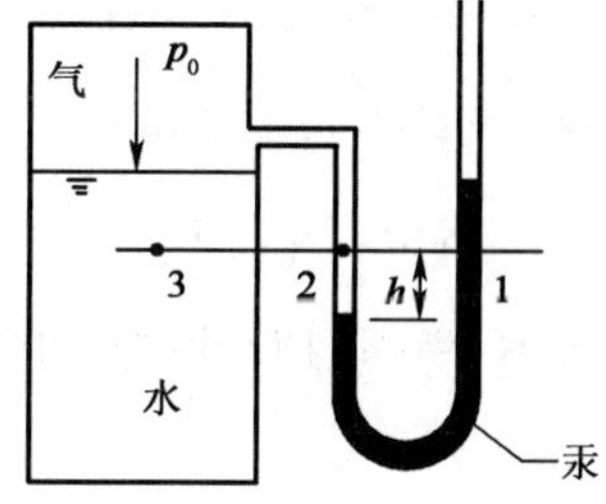

72. 如图，下列说法中，哪一个是错误的：

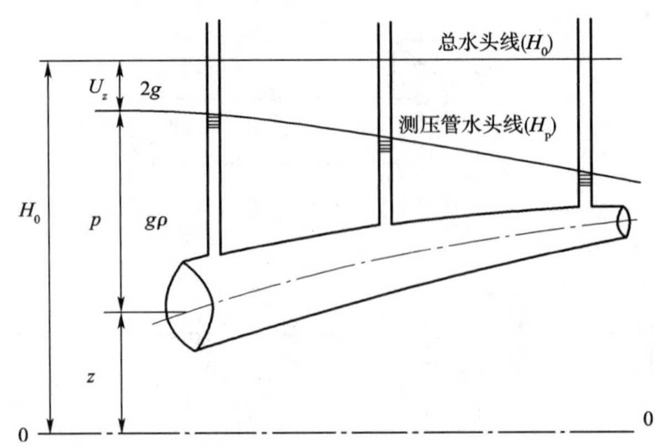

A. 对理想流体，该测压管水头线(H_p 线)应该沿程无变化

B. 该图是理想流体流动的水头线

C. 对理想流体，该总水头线(H_0 线)沿程无变化

D. 该图不适用于描述实际流体的水头线

73. 一管径 $d=50\text{mm}$ 的水管，在水温 $t=10℃$ 时，管内要保持层流的最大流速是：(10℃时水的运动黏滞系数 $\nu=1.31\times10^{-6}\text{m}^2/\text{s}$)

A. 0.21m/s　　B. 0.115m/s

C. 0.105m/s　　D. 0.0524m/s

74. 管道长度不变，管中流动为层流，允许的水头损失不变，当直径变为原来 2 倍时，若不计局部损失，流量将变为原来的多少倍？

A. 2　　B. 4

C. 8　　D. 16

75. 圆柱形管嘴的长度为 l，直径为 d，管嘴作用水头为 H_0，则其正常工作条件为：

A. $l=(3\sim4)d$，$H_0>9\text{m}$　　B. $l=(3\sim4)d$，$H_0<9\text{m}$

C. $l>(7\sim8)d$，$H_0>9\text{m}$　　D. $l>(7\sim8)d$，$H_0<9\text{m}$

76. 如图所示，当阀门的开度变小时，流量将：

A. 增大

B. 减小

C. 不变

D. 条件不足，无法确定

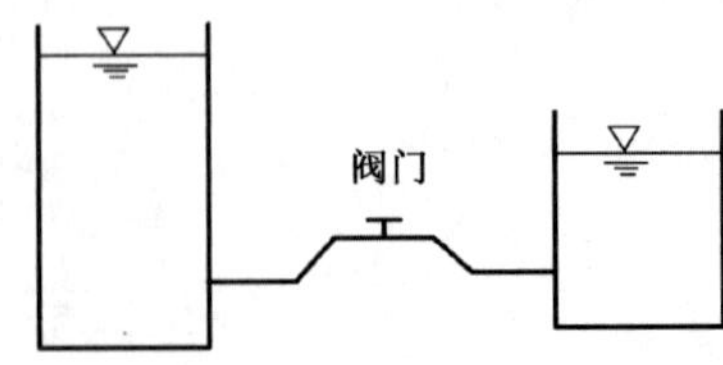

77. 在实验室中，根据达西定律测定某种土壤的渗透系数，将土样装在直径 $d=30\text{cm}$ 的圆筒中，在 90cm 水头差作用下，8h 的渗透水量为 100L，两测压管的距离为 40cm，该土壤的渗透系数为：

A. 0.9m/d　　B. 1.9m/d　　C. 2.9m/d　　D. 3.9m/d

78. 流体的压强 p、速度 v、密度 ρ，正确的无量纲数组合是：

A. $\frac{p}{\rho v^2}$　　B. $\frac{\rho p}{v^2}$　　C. $\frac{\rho}{p v^2}$　　D. $\frac{p}{\rho v}$

79. 在图中，线圈 a 的电阻为 R_a，线圈 b 的电阻为 R_b，两者彼此靠近如图所示，若外加激励 $u=U_M \sin\omega t$，则：

A. $i_a=\frac{u}{R_a}$，$i_b=0$

B. $i_a\neq\frac{u}{R_a}$，$i_b\neq 0$

C. $i_a=\frac{u}{R_a}$，$i_b\neq 0$

D. $i_a\neq\frac{u}{R_a}$，$i_b=0$

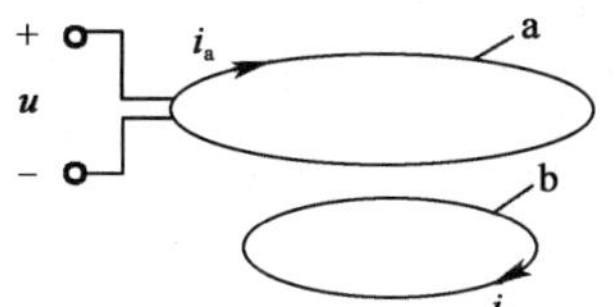

80. 图示电路中，电流源的端电压 U 等于：

A. 20V　　B. 10V

C. 5V　　D. 0V

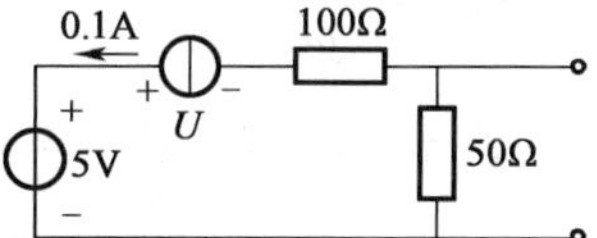

81. 已知电路如图所示，若使用叠加原理求解图中电流源的端电压 U，正确的方法是：

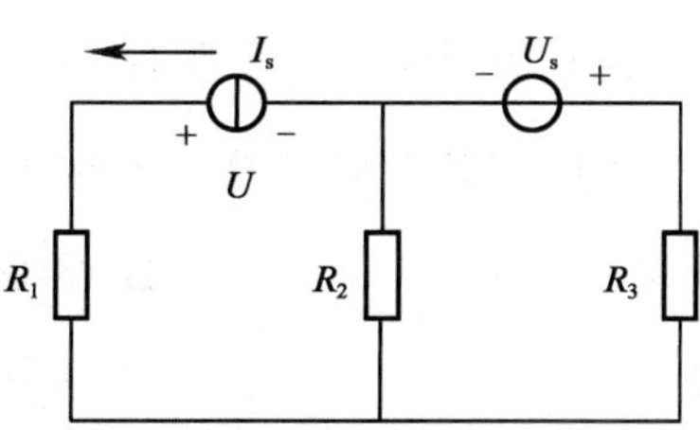

A. $U'=(R_2 /\!/ R_3+R_1)I_s$，$U''=0$，$U=U'$

B. $U'=(R_1+R_2)I_s$，$U''=0$，$U=U'$

C. $U'=(R_2 /\!/ R_3+R_1)I_s$，$U''=\frac{R_2}{R_2+R_3}U_s$，$U=U'-U''$

D. $U'=(R_2 /\!/ R_3+R_1)I_s$，$U''=\frac{R_2}{R_2+R_3}U_s$，$U=U'+U''$

82. 图示电路中，A_1、A_2、V_1、V_2 均为交流表，用于测量电压或电流的有效值 I_1、I_2、U_1、U_2，若 $I_1=4\text{A}$，$I_2=2\text{A}$，$U_1=10\text{V}$，则电压表 V_2 的读数应为：

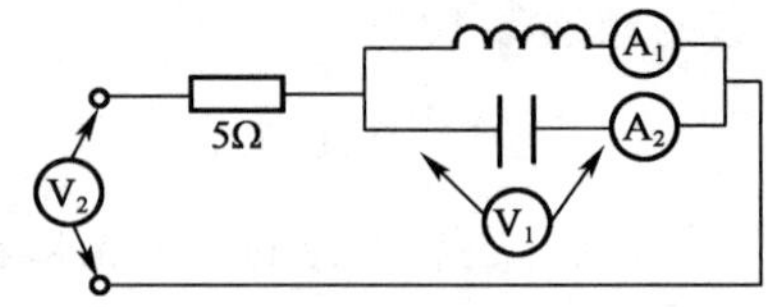

A. 40V

B. 14.14V

C. 31.62V

D. 20V

83. 三相五线供电机制下，单相负载 A 的外壳引出线应：

A. 保护接地　　B. 保护接种

C. 悬空　　D. 保护接 PE 线

84. 某滤波器的幅频特性波特图如图所示，该电路的传递函数为：

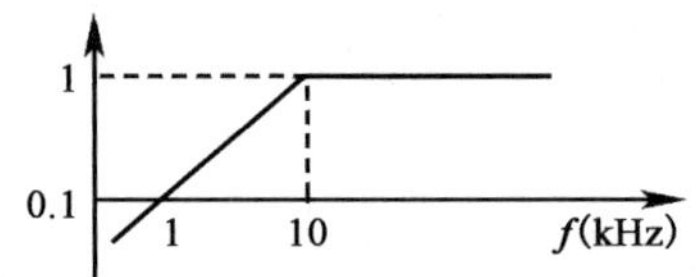

A. $\dfrac{j\omega/10}{1+j\omega/10}$

B. 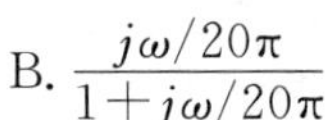 $\dfrac{j\omega/20\pi}{1+j\omega/20\pi}$

C. 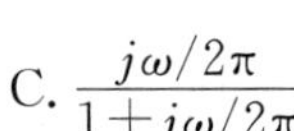 $\dfrac{j\omega/2\pi}{1+j\omega/2\pi}$

D. 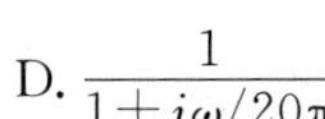 $\dfrac{1}{1+j\omega/20\pi}$

85. 若希望实现三相异步电动机的向上向下平滑调速，则应采用：

A. 串转子电阻调速方案　　B. 串定子电阻调速方案

C. 调频调速方案　　D. 变磁极对数调速方案

86. 在电动机的继电接触控制电路中，具有短路保护、过载保护、欠压保护和行程保护，其中，需要同时接在主电路和控制电路中的保护电器是：

A. 热继电器和行程开关　　B. 熔断器和行程开关

C. 接触器和行程开关　　D. 接触器和热继电器

87. 信息可以以编码的方式载入：

A. 数字信号之中　　B. 模拟信号之中

C. 离散信号之中　　D. 采样保持信号之中

88. 七段显示器的各段符号如图所示，那么，字母“E”的共阴极七段显示器的显示码 abcdefg应该是：

A. 1001111

B. 0110000

C. 10110111

D. 10001001

89. 某电压信号随时间变化的波形图如图所示，该信号应归类于：

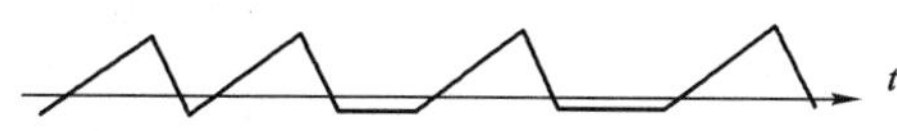

A. 周期信号　　B. 数字信号

C. 离散信号　　D. 连续时间信号

90. 非周期信号的幅度频谱是：

A. 连续的　　B. 离散的，谱线正负对称排列

C. 跳变的　　D. 离散的，谱线均匀排列

91. 图 a)所示电压信号波形经电路 A 变换成图 b)波形，再经电路 B 变换成图 c)波形，那么，电路 A 和电路 B 应依次选用：

A. 低通滤波器和高通滤波器

B. 高通滤波器和低通滤波器

C. 低通滤波器和带通滤波器

D. 高通滤波器和带通滤波器

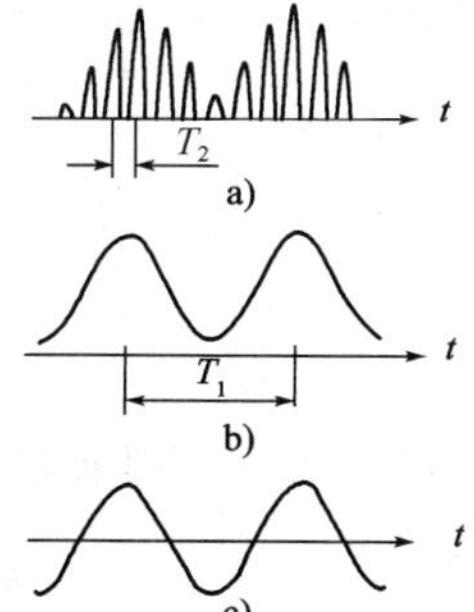

92. 由图示数字逻辑信号的波形可知，三者的函数关系是：

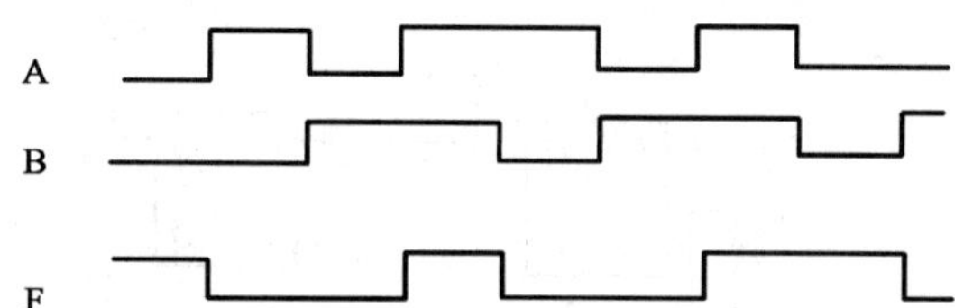

A. $F=\overline{AB}$　　B. $F=\overline{A+B}$

C. $F=AB+\overline{A}\,\overline{B}$　　D. $F=\overline{AB}+A\overline{B}$

93. 某晶体管放大电路的空载放大倍数 $A_k=-80$、输入电阻 $r_i=1\text{k}\Omega$ 和输出电阻 $r_o=3\text{k}\Omega$，将信号源（$u_s=10\sin\omega t\text{mV}$，$R_s=1\text{k}\Omega$）和负载（$R_L=5\text{k}\Omega$）接于该放大电路之后（见图），负载电压 u_o 将为：

A. $-0.8\sin\omega t\text{V}$　　B. $-0.5\sin\omega t\text{V}$

C. $-0.4\sin\omega t\text{V}$　　D. $-0.25\sin\omega t\text{V}$

94. 将运算放大器直接用于两信号的比较，如图 a）所示，其中，$u_a=-1\text{V}$，u_a 的波形由图 b）给出，则输出电压 u_o 等于：

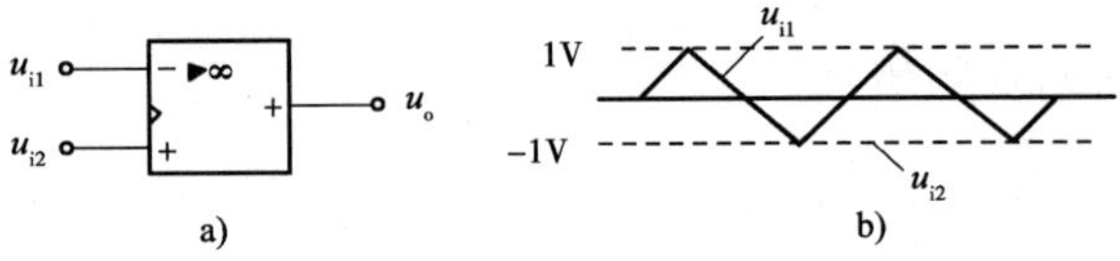

A. u_a　　B. $-u_a$

C. 正的饱和值　　D. 负的饱和值

95. D 触发器的应用电路如图所示，设输出 Q 的初值为 0，那么，在时钟脉冲 cp 的作用下，输出 Q 为：

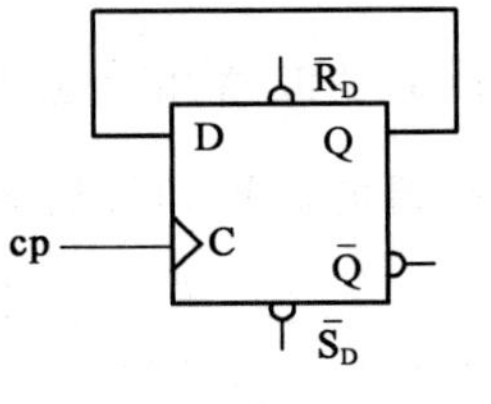

A. 1

B. cp

C. 脉冲信号，频率为时钟脉冲频率的 1/2

D. 0

96. 由 JK 触发器组成的应用电器如图所示，设触发器的初值都为 0，经分析可知是一个：

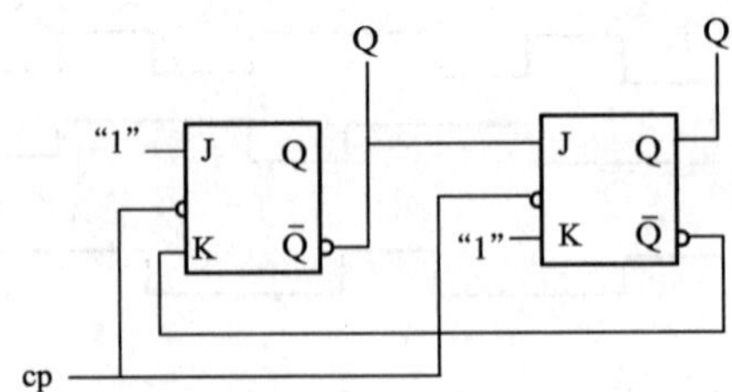

A. 同步二进制加法计算器　　B. 同步四进制加法计算器

C. 同步三进制加法计算器　　D. 同步三进制减法计算器

97. 总线能为多个部件服务，它可分时地发送与接收各部件的信息。所以，可以把总线看成是：

A. 一组公共信息传输线路

B. 微机系统的控制信息传输线路

C. 操作系统和计算机硬件之间的控制线

D. 输入/输出的控制线

98. 计算机内的数字信息、文字信息、图像信息、视频信息、音频信息等所有信息，都是用：

A. 不同位数的八进制数来表示的

B. 不同位数的十进制数来表示的

C. 不同位数的二进制数来表示的

D. 不同位数的十六进制数来表示的

99. 将二进制小数 0.1010101111 转换成相应的八进制数，其正确结果是：

A. 0.2536　　B. 0.5274

C. 0.5236　　D. 0.5281

100. 影响计算机图像质量的主要参数有：

A. 颜色深度、显示器质量、存储器大小

B. 分辨率、颜色深度、存储空间大小

C. 分辨率、存储器大小、图像加工处理工艺

D. 分辨率、颜色深度、图像文件的尺寸

101. 数字签名是最普遍、技术最成熟、可操作性最强的一种电子签名技术，当前已得到实际应用的是在：

A. 电子商务、电子政务中　　B. 票务管理、股票交易中

C. 股票交易、电子政务中　　D. 电子商务、票务管理中

102. 在 Windows 中，对存储器采用分段存储管理时，每一个存储器段可以小至 1 个字节，大至：

A. 4K 字节　　B. 16K 字节

C. 4G 字节　　D. 128M 字节

103. Windows 的设备管理功能部分支持即插即用功能，下面四条后续说明中有错误的一条是：

A. 这意味着当将某个设备连接到计算机上后即可立刻使用

B. Windows 自动安装有即插即用设备及其设备驱动程序

C. 无须在系统中重新配置该设备或安装相应软件

D. 无须在系统中重新配置该设备但需安装相应软件才可立刻使用

104. 信息化社会是信息革命的产物，它包含多种信息技术的综合应用。构成信息化社会的三个主要技术支柱是：

A. 计算机技术、信息技术、网络技术

B. 计算机技术、通信技术、网络技术

C. 存储器技术、航空航天技术、网络技术

D. 半导体工艺技术、网络技术、信息加工处理技术

105. 网络软件是实现网络功能不可缺少的软件环境。网络软件主要包括：

A. 网络协议和网络操作系统

B. 网络互联设备和网络协议

C. 网络协议和计算机系统

D. 网络操作系统和传输介质

106. 因特网是一个联结了无数个小网而形成的大网，也就是说：

A. 因特网是一个城域网

B. 因特网是一个网际网

C. 因特网是一个局域网

D. 因特网是一个广域网

107. 某公司拟向银行贷款 100 万元，贷款期为 3 年，甲银行的贷款利率为 6%（按季计息），乙银行的贷款利率为 7%，该公司向哪家银行贷款付出的利息较少：

A. 甲银行

B. 乙银行

C. 两家银行的利息相等

D. 不能确定

108. 关于总成本费用的计算公式，下列正确的是：

A. 总成本费用＝生产成本＋期间费用

B. 总成本费用＝外购原材料、燃料和动力费＋工资及福利费＋折旧费

C. 总成本费用＝外购原材料、燃料和动力费＋工资及福利费＋折旧费＋摊销费

D. 总成本费用＝外购原材料、燃料和动力费＋工资及福利费＋折旧费＋摊销费＋修理费

109. 关于准股本资金的下列说法中，正确的是：

A. 准股本资金具有资本金性质，不具有债务资金性质

B. 准股本资金主要包括优先股股票和可转换债券

C. 优先股股票在项目评价中应视为项目债务资金

D. 可转换债券在项目评价中应视为项目资本金

110. 某项目建设工期为两年，第一年投资 200 万元，第二年投资 300 万元，投产后每年净现金流量为 150 万元，项目计算期为 10 年，基准收益率 10%，则此项目的财务净现值为：

A. 331.97 万元　　B. 188.63 万元　　C. 171.18 万元　　D. 231.60 万元

111. 可外贸货物的投入或产出的影子价格应根据口岸价格计算，下列公式正确的是：

A. 出口产出的影子价格（出厂价）＝离岸价（FOB）×影子汇率＋出口费用

B. 出口产出的影子价格（出厂价）＝到岸价（CIF）×影子汇率－出口费用

C. 进口投入的影子价格（到厂价）＝到岸价（CIF）×影子汇率＋进口费用

D. 进口投入的影子价格（到厂价）＝离岸价（FOB）×影子汇率－进口费用

112. 关于盈亏平衡点的下列说法中，错误的是：

A. 盈亏平衡点是项目的盈利与亏损的转折点

B. 盈亏平衡点上，销售（营业、服务）收入等于总成本费用

C. 盈亏平衡点越低，表明项目抗风险能力越弱

D. 盈亏平衡分析只用于财务分析

113. 属于改扩建项目经济评价中使用的五种数据之一的是：

A. 资产　　B. 资源　　C. 效益　　D. 增量

114. ABC 分类法中，部件数量占 60%～80%、成本占 5%～10%的为：

A. A 类　　B. B 类　　C. C 类　　D. 以上都不对

115. 根据《中华人民共和国安全生产法》的规定，生产经营单位使用的涉及生命安全、危险性较大的特种设备，以及危险物品的容器、运输工具，必须按照国家有关规定，由专业生产单位生产，并经取得专业资质的检测，检验机构检测、检验合格，取得：

A. 安全使用证和安全标志，方可投入使用

B. 安全使用证或安全标志，方可投入使用

C. 生产许可证和安全使用证，方可投入使用

D. 生产许可证或安全使用证，方可投入使用

116. 根据《中华人民共和国招标投标法》的规定，招标人和中标人按照招标文件和中标人的投标文件，订立书面合同的时间要求是：

A. 自中标通知书发出之日起 15 日内

B. 自中标通知书发出之日起 30 日内

C. 自中标单位收到中标通知书之日起 15 日内

D. 自中标单位收到中标通知书之日起 30 日内

117. 根据《中华人民共和国行政许可法》的规定，下列可以不设行政许可事项的是：

A. 有限自然资源开发利用等需要赋予特定权利的事项

B. 提供公众服务等需要确定资质的事项

C. 企业或者其他组织的设立等，需要确定主体资格的事项

D. 行政机关采用事后监督等其他行政管理方式能够解决的事项

118. 根据《中华人民共和国节约能源法》的规定，对固定资产投资项目国家实行：

A. 节能目标责任制和节能考核评价制度

B. 节能审查和监管制度

C. 节能评估和审查制度

D. 能源统计制度

119. 按照《建设工程质量管理条例》规定，施工人员对涉及结构安全的试块、试件以及有关材料进行现场取样时应当：

A. 在设计单位监督现场取样

B. 在监督单位或监理单位监督下现场取样

C. 在施工单位质量管理人员监督下现场取样

D. 在建设单位或监理单位监督下现场取样

120. 按照《建设工程安全生产管理条例》规定，工程监理单位在实施监理过程中，发现存在安全事故隐患的，应当要求施工单位整改；情况严重的，应当要求施工单位暂时停止施工，并及时报告：

A. 施工单位　　B. 监理单位

C. 有关主管部门　　D. 建设单位

全国勘察设计一级注册结构工程师

执业资格考试通关试卷［一］

基础考试

（下）

二〇二〇年十月

应考人员注意事项

1. 本试卷科目代码为“2”，考生务必将此代码填涂在答题卡“科目代码”相应的栏目内，否则，无法评分。
2. 书写用笔：**黑色或蓝色钢笔、签字笔或圆珠笔**；

   填涂答题卡用笔：**黑色 2B 铅笔**。
3. 必须用书写用笔将工作单位、姓名、准考证号填写在答题卡和试卷相应的栏目内。
4. 本试卷由 60 题组成，每题 2 分，满分 120 分，本试卷全部为单项选择题，每小题的四个备选项中只有一个正确答案，错选、多选、不选均不得分。
5. 考生作答时，必须**按题号在答题卡上**将相应试题所选选项对应的**字母用 2B 铅笔涂黑**。
6. 在答题卡上书写与题意无关的语言，或在答题卡上作标记的，均按违纪试卷处理。
7. 考试结束时，由监考人员当面将试卷、答题卡一并收回。
8. 草稿纸由各地统一配发，考后收回。

单项选择题(共 60 题,每题 2 分。每题的备选项中只有一个最符合题意。)

1. 材料吸水率越大,则:

A. 强度越低　　B. 含水率越低

C. 孔隙率越大　　D. 毛细孔越多

2. 在三合土中,不同材料组分间可发生的反应为:

A. $3CaO \cdot SiO_2$ 与土作用,生成了不溶性的水化硅酸钙和水化铝酸钙

B. $2CaO \cdot SiO_2$ 与土作用,生成了不溶性的水化硅酸钙和水化铝酸钙

C. $CaSO_4 \cdot 2H_2O$ 与土作用,生成了不溶性的水化硅酸钙和水化铝酸钙

D. CaO 与土作用,生成了不溶性的水化硅酸钙和水化铝酸钙

3. 水泥混凝土遭受最严重的化学腐蚀为:

A. 溶出型腐蚀　　B. 一般酸腐蚀

C. 镁盐腐蚀　　D. 硫酸盐腐蚀

4. 大体积混凝土施工时,一般不掺:

A. 速凝剂　　B. 缓凝剂

C. 减水剂　　D. 防水剂

5. 钢材的冷加工对钢材的力学性能会有影响,下列说法不正确的是:

A. 冷拉后钢材塑性和韧性降低

B. 冷拉后钢材抗拉强度与抗压强度均提高

C. 冷拔后钢材抗拉强度与抗压强度均提高

D. 钢筋冷拉并经过时效处理后屈服强度与抗拉强度均能明显提高

6. 木材在生长、采伐、储运、加工和使用过程中会产生一些缺陷,这些缺陷会降低木材的力学性能,其中对下述木材强度影响最大的是:

A. 顺纹抗压强度　　B. 顺纹抗拉强度

C. 横纹抗压强度　　D. 顺纹抗剪强度

7. 沥青老化后,其组成变化规律为:

A. 油分增多　　B. 树脂增多

C. 地沥青质增多　　D. 沥青碳增多

8. 测量工作的基准面是:

A. 旋转椭球面　　B. 水平面

C. 大地水准面　　D. 水准面

9. 测量误差来源有三大类，下面表述完全正确的是：

A. 偶然误差、系统误差、仪器误差

B. 偶然误差、观测误差、外界环境的影响

C. 偶然误差、系统误差、观测误差

D. 仪器误差、观测误差、系统误差

10. 在测量坐标计算中，已知某边 AB 长 $D_{AB}=78.000\text{m}$，该边坐标方位角 $\alpha_{AB}=320°10'40''$，则该边的坐标增量为：

A. $\Delta X_{AB}=+60\text{m}$；$\Delta Y_{AB}=-50\text{m}$

B. $\Delta X_{AB}=-50\text{m}$；$\Delta Y_{AB}=+60\text{m}$

C. $\Delta X_{AB}=-49.952\text{m}$；$\Delta Y_{AB}=+59.907\text{m}$

D. $\Delta X_{AB}=+59.907\text{m}$；$\Delta Y_{AB}=-49.952\text{m}$

11. 比例尺为 1∶2000 的地形图，量得某地块的图上面积为 250cm^2，则该地块的实地面积为：

A. 0.25km^2

B. 0.5km^2

C. 25 公顷

D. 150 亩

12. 下述测量工作不属于变形测量的是：

A. 竣工测量

B. 位移观测

C. 倾斜观测

D. 挠度观测

13. 根据《中华人民共和国建筑法》的规定，建设单位自领取施工许可证之日起应当最迟的开工法定时间是：

A. 一个月

B. 三个月

C. 六个月

D. 九个月

14. 根据《中华人民共和国招投标法》的规定，依法必须进行招标的项目，自招标文件发出之日起至招标文件要求投标人提交投标文件截止日期之日止，最短不得少于：

A. 10 天

B. 20 天

C. 30 天

D. 45 天

15. 根据《建设工程质量管理条例》，下述关于在正常使用条件下建设工程的最低保修期限表述错误的选项是：

A. 基础设施工程、房屋建筑的地基基础和主体结构工程，为设计文件规定的该工程合理使用年限

B. 屋面防水工程，有防水要求的卫生间和外墙面的防渗漏，为 5 年

C. 供热与供冷系统，为 1 个采暖期和供冷期

D. 电气管线、给排水管道、设备安装和装修工程，为 2 年

16. 根据《建设工程质量管理条例》的规定，设计单位的质量责任：

A. 在初步设计文件中注明建设工程的合理使用年限

B. 根据勘察设计成果文件进行建筑设计

C. 满足业主提出的设计深度要求

D. 参与建设工程质量事故处理

17. 关于土方填筑与压实，下列表述正确的是：

A. 夯实法多用于大面积填土工程

B. 碾压法多用于建筑物基坑土方回填

C. 震动压实法主要用于黏性土的压实

D. 有机质含量为 8%(质量分数)的土，仅用于无压实要求的填土

18. 按规定以不超过 20t 的同级别的同直径的钢筋为一验收批，从每批中抽取两根钢筋，每根取两个试件分别进行拉伸和冷弯，该钢筋是：

A. 热轧钢筋　　B. 冷拉钢筋　　C. 冷拔钢筋　　D. 碳素钢筋

19. 既可用于水平混凝土构件，也可用于垂直混凝土构件的模板是：

A. 爬升模板　　B. 压型钢板永久性模板

C. 组合钢模板　　D. 大模板

20. 某工程各施工阶段的流水节拍见表：

n	m		
	一	二	三
A	3	2	2
B	4	4	3
C	5	4	4

则该工程的工期是：

A. 13 天　　B. 17 天　　C. 20 天　　D. 21 天

21. 某工作 A 持续时间 5 天，最早开始时间为 3 天，该工作有三个紧后工作 B、C、D，持续时间分别是 4 天、3 天、6 天，最迟完成时间分别是 15 天、16 天、18 天，则工作 A 的总时差是：

A. 3 天　　B. 4 天　　C. 5 天　　D. 6 天

22. 关于抗震设计，下列叙述中不正确的是：

A. 基本烈度在结构使用年限内的超越概率是 10%

B. 乙类建筑的地震作用应符合本地区设防烈度的要求，其抗震措施应符合本地区设防烈度提高一度的要求

C. 应保证框架结构的塑性铰有足够的转动能力和耗能能力，并保证塑性铰首先发生在梁上，而不是柱上

D. 应保证结构具有多道防线，防止出现连续倒塌的状况

23. 关于钢筋混凝土梁，下列叙述中不正确的是：

A. 少筋梁受弯时，钢筋应力过早出现屈服点而引起梁的少筋破坏，因此不安全

B. 钢筋和混凝土之间的黏结力随混凝土的抗拉强度提高而增大

C. 利用弯矩调幅法进行钢筋混凝土连续梁设计时，梁承载力比按弹性设计大，梁中裂缝宽度也大

D. 受剪破坏时，若剪跨比 $\lambda>3$ 时，一般不会发生斜压破坏

24. 在受弯构件正截面计算中要求 $\rho_{min}\leqslant\rho\leqslant\rho_{max}$，$\rho$ 的计算是以哪种截面的梁为依据的？

A. 单筋矩形截面梁　　B. 双筋矩形截面梁

C. 第一类 T 形截面梁　　D. 第二类 T 形截面梁

25. T 形截面梁，尺寸如图所示（尺寸单位：mm），如按最小配筋率 $\rho_{min}=0.2\%$ 配置纵向受力钢筋 A_s，则 A_s 的计算式为：

A. $600\times465\times0.2\%=558\text{mm}^2$

B. $600\times500\times0.2\%=600\text{mm}^2$

C. $200\times500\times0.2\%=200\text{mm}^2$

D. $[200\times500+(600-200)\times120]\times0.2\%=296\text{mm}^2$

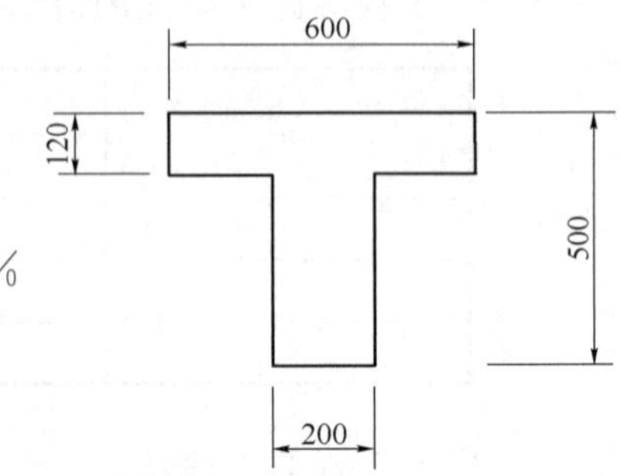

26. 关于钢结构构件，下列说法中正确的是：

A. 轴心受压构件的长细比相同，则整体稳定系数相同

B. 轴线受拉构件的对接焊缝连接必须采用一级焊缝

C. 提高钢材的强度，则钢构件尺寸必然减少从而节约钢材

D. 受弯构件满足强度要求即可，不需验算整体稳定

27. 钢结构一般不会因偶然超载或局部超载而突然断裂，这是由于钢材具有什么性能？

A. 良好的塑性

B. 良好的韧性

C. 均匀的内部组织

D. 良好的弹性

28. 配置加劲肋是提高焊接组合梁腹板局部稳定性的有效措施，当 $h_0/t_w > 170\varepsilon_k$（受压翼缘扭转受到约束）时，可能发生何种情况，相应采取什么措施？

A. 可能发生剪切失稳，应配置横向加劲肋

B. 可能发生弯曲失稳，应配置纵向加劲肋

C. 剪切失稳与弯曲失稳均可能发生，应同时配置横向加劲肋和纵向加劲肋

D. 可能发生剪切失稳，应配置纵向加劲肋

29. 图中所示的拼接（尺寸单位：mm），主板为－240×12，两块拼板为—180×8，采用侧面角焊缝连接，钢材 Q235，焊条 E43 型，角焊缝的强度设计值 f_t^w＝160MPa，焊脚尺寸 h_f＝6mm。此焊缝连接可承担的静载拉力设计值的计算式为：

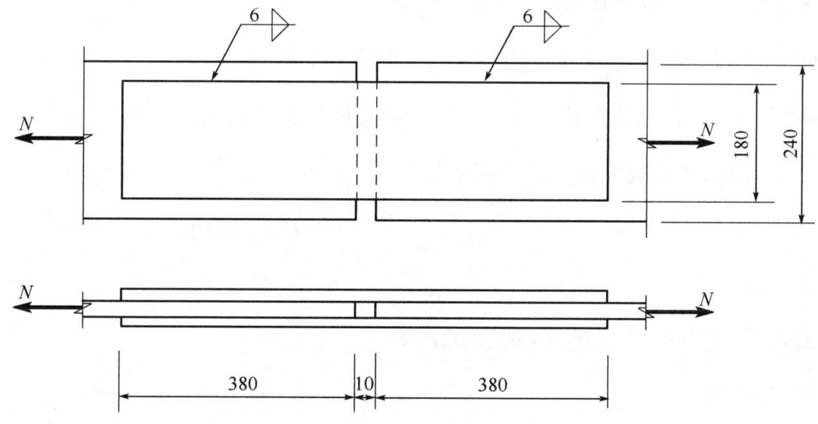

A. 2×0.7×6×160×380

B. 4×0.7×6×160×(380－12)

C. 4×0.7×6×160×(60×6－12)

D. 0.99×4×0.7×6×160×(380－12)

30. 砌体的局部受压，下列说法中错误的是：

A. 砌体的中心局部受压强度在周围砌体的约束下可提高

B. 梁端支承处局部受压面积上的应力是不均匀的

C. 增设梁垫或加大梁端截面宽度，可提高砌体的局部受压承载力

D. 梁端上部砌体传下来的压力，对梁端局部受压承载力不利

31. 关于砌体房屋的空间工作性能，下列说法中正确的是：

A. 横墙间距越大，空间工作性能愈好

B. 现浇钢筋混凝土屋（楼）盖的房屋，其空间工作性能比木屋（楼）盖的房屋好

C. 多层砌体结构中，横墙承重体系比纵墙承重体系的空间刚度小

D. 墙的高厚比与房屋的空间刚度无关

32.《砌体结构设计规范》（GB 50003—2011）对砌体结构为刚性方案、刚弹性方案或弹性方案的判别因素是下列中的哪一项？

A. 砌体的材料和强度

B. 砌体的高厚比

C. 屋盖、楼盖的类别与横墙的刚度及间距

D. 屋盖、楼盖的类别与横墙的间距，而与横墙本身条件无关

33. 墙梁设计时，正确的概念是下述哪几条？

①施工阶段，托梁应按偏心受拉构件计算；

②使用阶段，托梁支座截面应按钢筋混凝土受弯构件计算；

③使用阶段，托梁斜截面受剪承载力应按钢筋混凝土受弯构件计算；

④承重墙梁的支座处应设置落地翼墙。

A. ①②③　　B. ①②③④

C. ②③④　　D. ①③④

34. 对图示体系的几何组成，描述正确的是：

A. 常变体系

B. 瞬变体系

C. 无多余约束的几何不变体

D. 有多余约束的几何不变体

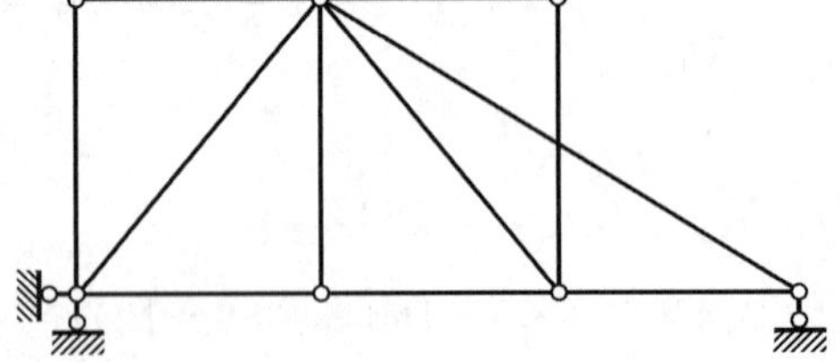

35. 对图(1)、(2)、(3)、(4)中，关于 BC 杆中轴力的描述正确的是：

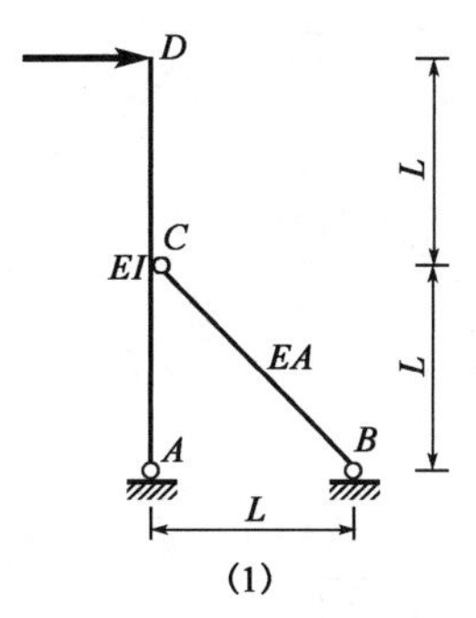

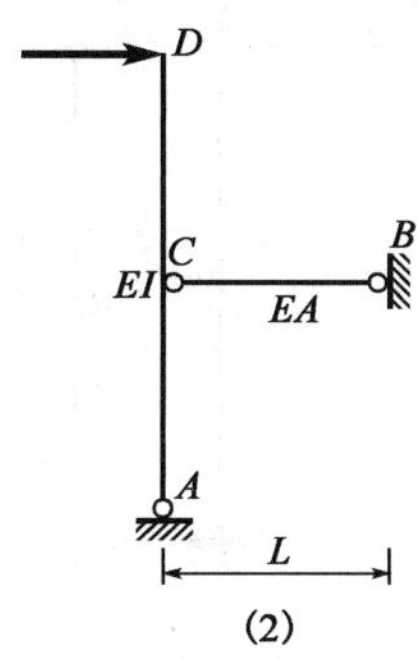

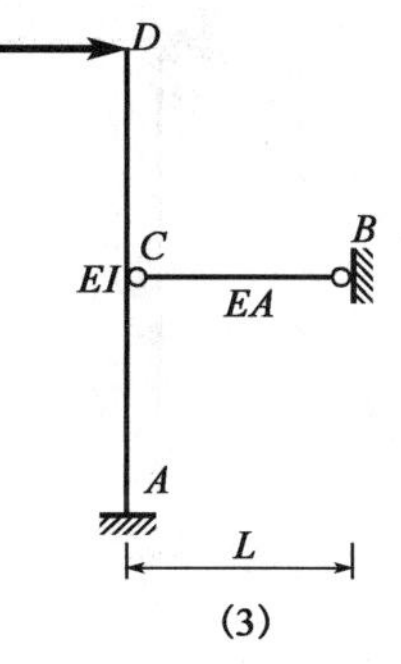

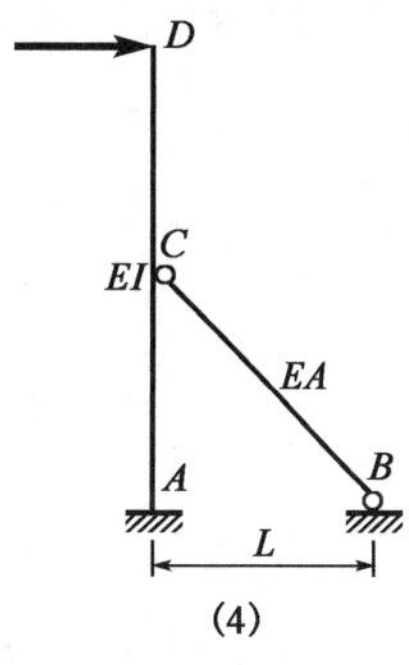

A. $|N_1|=|N_2|$　　B. $|N_1|>|N_2|$

C. $|N_2|<|N_3|$　　D. $|N_3|=|N_4|$

36. 如图所示结构，B 点处的支座反力 R_B 为：

A. $R_B=ql$

B. $R_B=0.75ql$

C. $R_B=1.25ql$

D. $R_B=1.5ql$

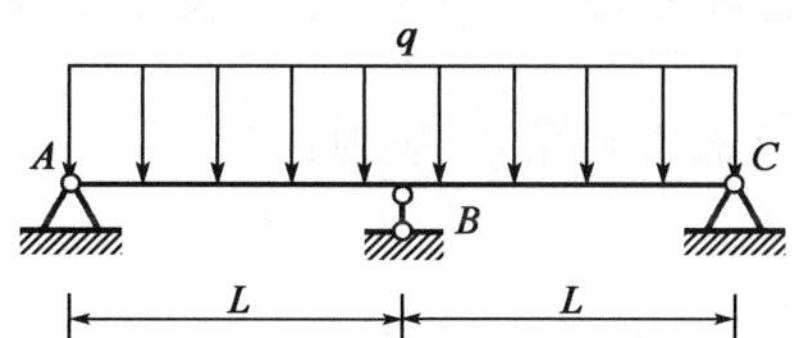

37. 如图所示的拱结构，其超静定次数为：

A. 1

B. 2

C. 3

D. 4

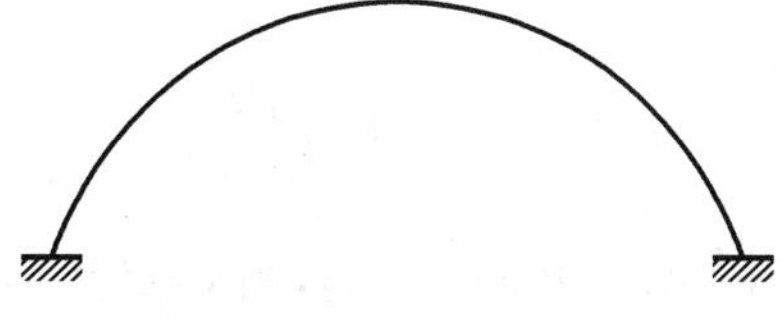

38. 如图所示结构中，各杆件 EI 均相同，则节点 A 处 AB 杆的弯矩分配系数 μ_{AB} 为：

A. $\frac{1}{3}$

B. $\frac{3}{8}$

C. 0.3

D. $\frac{4}{9}$

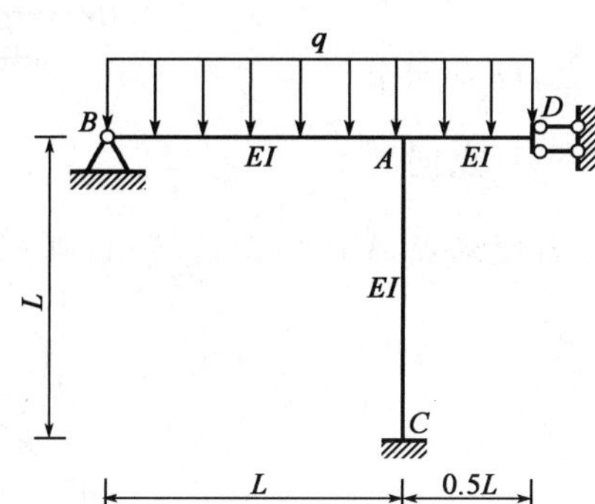

39. 如图所示结构，若不计柱质量，则其自振频率为：

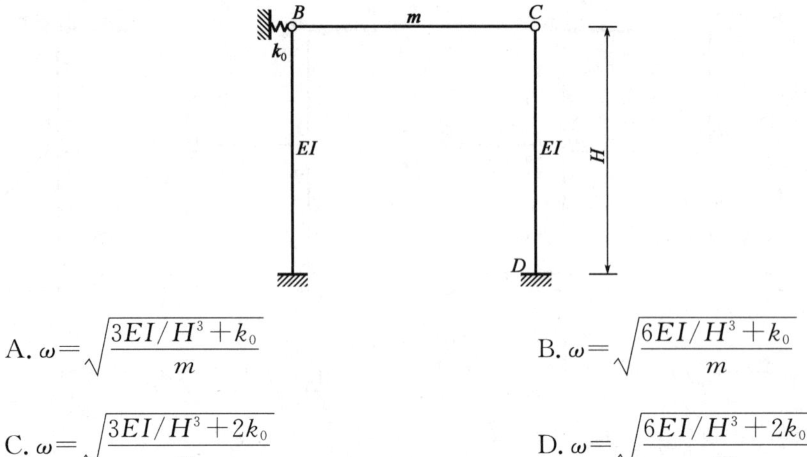

A. $\omega=\sqrt{\dfrac{3EI/H^3+k_0}{m}}$　　B. $\omega=\sqrt{\dfrac{6EI/H^3+k_0}{m}}$

C. $\omega=\sqrt{\dfrac{3EI/H^3+2k_0}{m}}$　　D. $\omega=\sqrt{\dfrac{6EI/H^3+2k_0}{m}}$

40. 如图所示连续梁，EI＝常数，已知支承 B 处梁截面转角为 $\dfrac{-7Pl^2}{240EI}$（逆时针向），则支承 C 处梁截面转角 φ_c 应为：

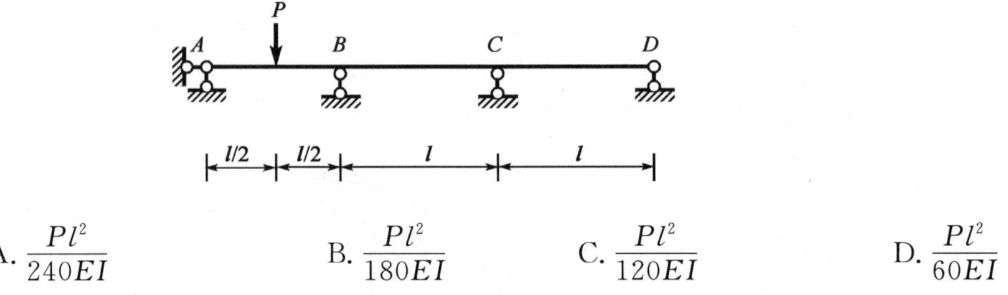

A. $\dfrac{Pl^2}{240EI}$　　B. $\dfrac{Pl^2}{180EI}$　　C. $\dfrac{Pl^2}{120EI}$　　D. $\dfrac{Pl^2}{60EI}$

41. 图示伸臂梁，温度升高 $t_1>t_2$，则 C 点和 D 点的位移：

A. 都向下

B. 都向上

C. C 点向上，D 点向下

D. C 点向下，D 点向上

42. 图示结构，若使结点 A 产生单位转角，则在结点 A 需施加的外力偶为：

A. $7i$

B. $9i$

C. $8i$

D. $11i$

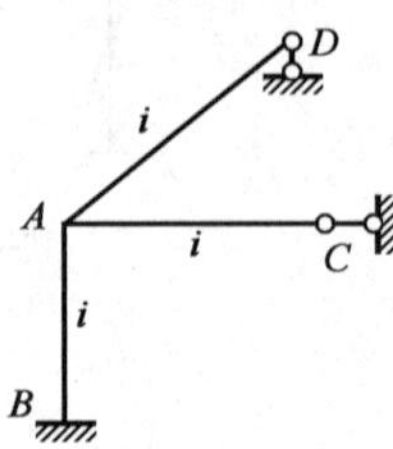

43. 用位移法计算图示刚架（$i=2$），若取 A 结点的角位移为基本未知量，则主系数 K_{11} 的值为：

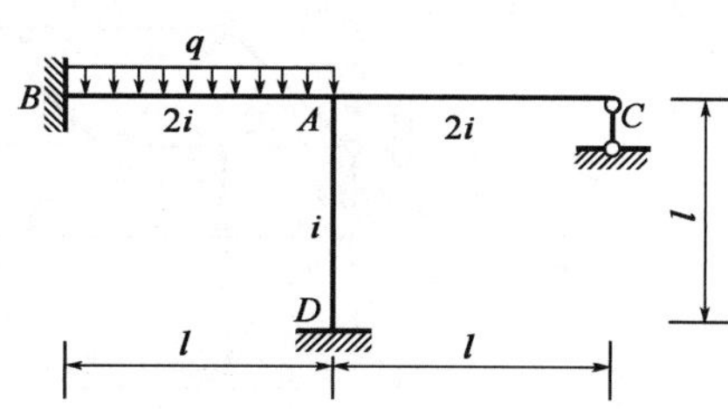

A. 14

B. 22

C. 28

D. 36

44. 图示结构中，AB 杆 A 端的分配弯矩 M_{AB}^{μ} 之值为：

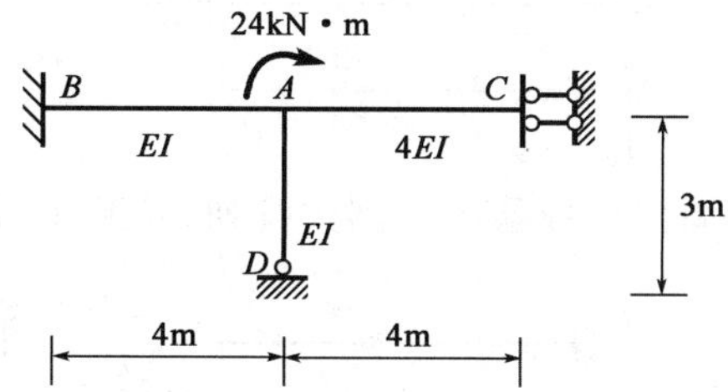

A. $-6\text{kN}\cdot\text{m}$　　B. $-12\text{kN}\cdot\text{m}$

C. $5\text{kN}\cdot\text{m}$　　D. $8\text{kN}\cdot\text{m}$

45. 图示结构 $EI=$常数，在给定荷载作用下，水平反力 H_A 为：

A. P

B. $2P$

C. $3P$

D. $4P$

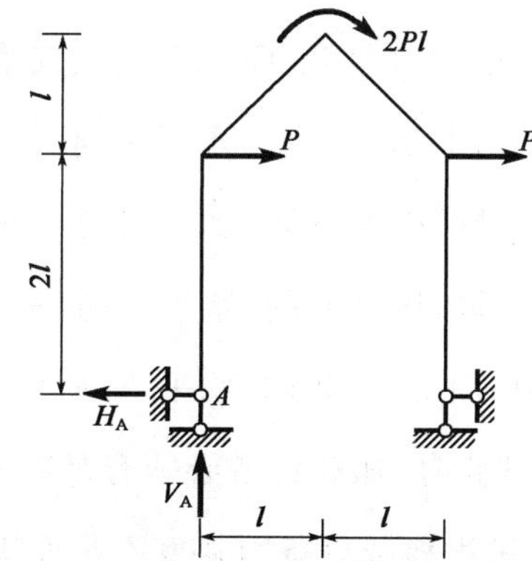

46. 题图 b)是图 a)结构的力法基本体系，则力法方程中的系数和自由项为：

A. $\Delta_{1P}>0,\delta_{12}<0$　　B. $\Delta_{1P}<0,\delta_{12}<0$

C. $\Delta_{1P}>0,\delta_{12}>0$　　D. $\Delta_{1P}<0,\delta_{12}>0$

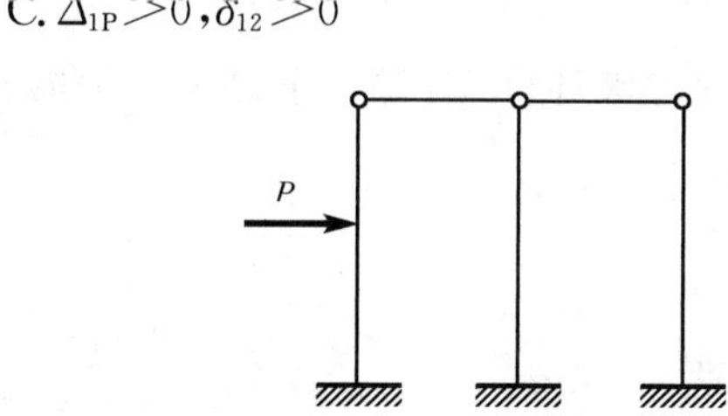

a)

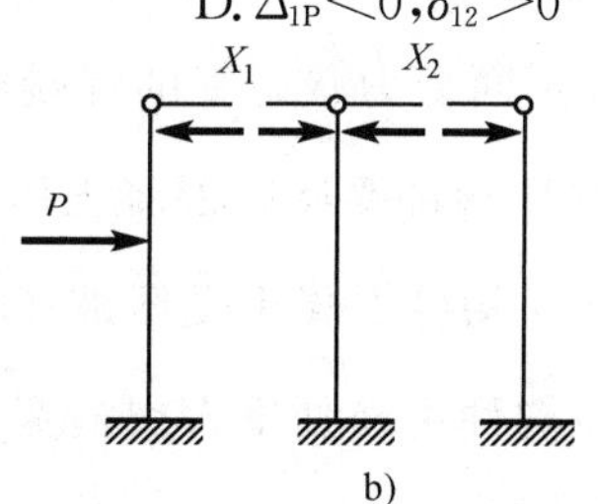

b)

47. 单位力 $P=1$ 沿图示桁架下弦移动，杆①内力影响线应为：

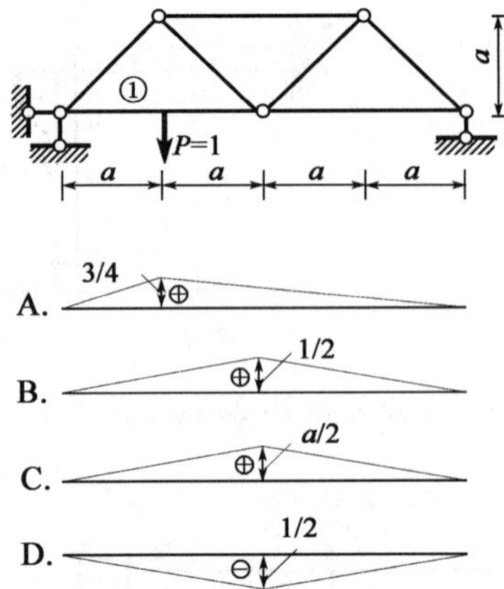

48. 图示三根梁的自振周期按数值由小到大排列，其顺序为：

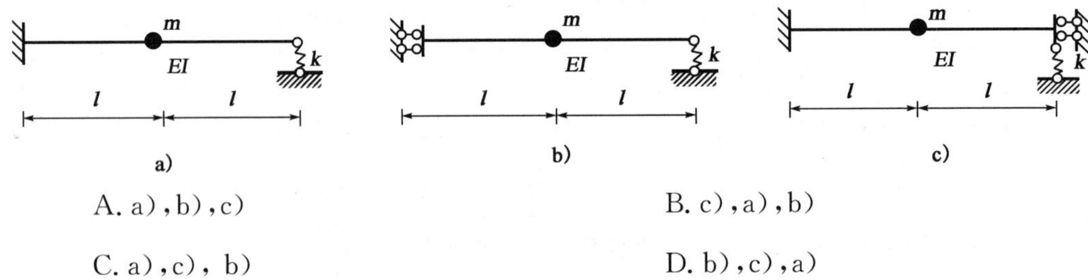

A. a)，b)，c)　　　　B. c)，a)，b)

C. a)，c)，b)　　　　D. b)，c)，a)

49. 采用 $L_4(2^3)$、$L_8(2^7)$和 $L_{16}(2^{15})$三种正交表进行试验时，下列阐述哪一个正确？

A. 试验次数不同、因素不同、水平不同

B. 试验次数不同、因素不同、水平相同

C. 试验次数不同、因素相同、水平不同

D. 试验次数相同、因素相同、水平不同

50. 在进行构件试验时，加载设备必须有足够的强度和刚度，其主要目的是：

A. 避免加载过程加载设备因强度不足而破坏

B. 避免加载过程影响试件强度

C. 避免加载过程加载设备因强度不足产生过大的变形，影响试件的变形

D. 避免加载过程由于加载设备变形不稳定，影响加载值的稳定

51. 下列几种在不同受力状态下的混凝土构件破坏标志，哪一个是不正确的？

A. 大偏心受压构件受压区混凝土压坏

B. 小偏心受压构件混凝土受压破坏

C. 轴心受拉构件主筋处垂直裂缝宽度达 1.5mm

D. 受剪构件钢筋末端相对于混凝土的滑移值为 0.3mm

52. 下列有关结构动力特性的说法中哪一项是正确的？

A. 在振源的作用下产生的

B. 与外荷载无关

C. 可以用静力试验法测定

D. 可以按结构动力学的理论精确计算

53. 非破损检测技术可应用于混凝土、钢材和砖石砌体等各种材料组成的结构构件的结构试验中，下列对该技术的叙述中，哪个是正确的？

A. 对结构整体工作性能仅有轻微影响

B. 对结构整体工作性能有较为严重的影响

C. 测定与结构设计有关的影响因素

D. 测定与结构材料性能有关的各种物理量

54. 某条形基础宽 10m，埋深 2m，埋深范围内土的重度 $\gamma_0=18\text{kN/m}^3$，$\varphi=22°$，$c=10\text{kPa}$；地下水位于基底；地基持力层的饱和重度 $\gamma_{sat}=20\text{kN/m}^3$，$\varphi=20°$，$c=12\text{kPa}$；按太沙基理论求得地基发生整体剪切破坏时的地基极限承载力为：（$\varphi=20°$时，承载力系数 $N_r=5.0$，$N_q=7.42$，$N_c=17.6$。$\varphi=22°$时，承载力系数 $N_r=6.5$，$N_q=9.17$，$N_c=20.2$）。

A. 728.32kPa
B. 897.52kPa
C. 978.32kPa
D. 1147.52kPa

55. 某地基土的临塑荷载 P_{cr}，临界荷载 $P_{1/4}$、$P_{1/3}$ 及极限荷载 P_u 之间的数值大小关系是：

A. $P_{cr}<P_{1/4}<P_{1/3}<P_u$
B. $P_{cr}<P_u<P_{1/3}<P_{1/4}$
C. $P_{1/3}<P_{1/4}<P_{cr}<P_u$
D. $P_{1/4}<P_{1/3}<P_{cr}<P_u$

56. 为施工图设计提供依据所对应的勘察阶段为：

A. 可行性研究勘察
B. 初步勘察
C. 详细勘察
D. 施工勘察

57. 群桩的竖向承载力不能按各单桩承载力之和进行计算的是：

A. 桩数少于 3 根的端承桩
B. 桩数少于 3 根的非端承桩
C. 桩数大于 3 根的端承桩
D. 桩数大于 3 根的摩擦桩

58. 预压固结的地基处理工程中，对缩短工期更有效的措施是：

A. 设置水平向排水砂层　　B. 加大地面预压荷载

C. 减少地面预压荷重　　D. 用高能量机械压实

59. 确定常规浅基础埋置深度时，一般可不考虑的因素是：

A. 土的类别与土层分布　　B. 基础类型

C. 地下水位　　D. 基础平面形状

60. 砂桩复合地基提高天然地基承载力的机理是：

A. 置换作用与排水作用　　B. 挤密作用与排水作用

C. 预压作用与挤密作用　　D. 置换作用与挤密作用

全国勘察设计注册工程师执业资格考试通关试卷[一]
基础考试(上)试题解析及参考答案

1. **解** 把直线的参数方程化成点向式方程,得到$\frac{x-1}{1}=\frac{y+2}{2}=\frac{z-3}{-3}$;

则直线 L 的方向向量取 $\vec{s}=\{1,2,-3\}$或 $\vec{s}=\{-1,-2,3\}$均可。另外由直线的点向式方程,可知直线过 M 点,$M(1,-2,3)$。

答案:D

2. **解** 已知 $\vec{\alpha}\times\vec{\beta}=\vec{\alpha}\times\vec{\gamma}$,$\vec{\alpha}\times\vec{\beta}-\vec{\alpha}\times\vec{\gamma}=\vec{0}$,得 $\vec{\alpha}\times(\vec{\beta}-\vec{\gamma})=\vec{0}$。由向量积的运算性质可知,$\vec{a}$,$\vec{b}$ 为非零向量,若 $\vec{a}//\vec{b}$,则 $\vec{a}\times\vec{b}=\vec{0}$;若 $\vec{a}\times\vec{b}=\vec{0}$,则 $\vec{a}//\vec{b}$,可知 $\vec{\alpha}//(\vec{\beta}-\vec{\gamma})$。

答案:C

3. **解** 用奇偶函数定义判定。有 $f(-x)=-f(x)$成立,$f(-x)=\frac{e^{-3x}-1}{e^{-3x}+1}=\frac{1-e^{3x}}{1+e^{3x}}=-\frac{e^{3x}-1}{e^{3x}+1}=-f(x)$确定为奇函数。另外,由函数式可知定义域$(-\infty,+\infty)$,确定值域为$(-1,1)$。

答案:C

4. **解** 通过题中给出的命题,较容易判断选项 A、C、D 是错误的。

对于选项 B,给出条件"有界",函数不含有无穷间断点,给出条件单调函数不会出现振荡间断点,从而可判定函数无第二类间断点。

答案:B

5. **解** 根据给出的条件可知,函数在 $x=1$ 可导,则在 $x=1$ 必连续。就有 $\lim\limits_{x\to1^+}f(x)=\lim\limits_{x\to1^-}f(x)=f(1)$成立,得到 $a+b=1$。

再通过给出条件在 $x=1$ 可导,即有 $f'_+(1)=f'_-(1)$成立,利用定义计算 $f(x)$在 $x=1$ 处左右导数:

$$f'_-(1)=\lim_{x\to1-}\frac{f(x)-f(1)}{x-1}=\lim_{x\to1-}\frac{\frac{2}{x^2+1}-1}{x-1}=\lim_{x\to1-}\frac{1-x^2}{(x^2+1)(x-1)}=-1$$

$$f'_+(1)=\lim_{x\to1+}\frac{f(x)-f(1)}{x-1}=\lim_{x\to1+}\frac{ax+b-1}{x-1}=\lim_{x\to1+}\frac{ax-a}{x-1}=a$$

则 $a=-1,b=2$。

答案:B

6.**解** 分析题目给出的解法,选项 A、B、D 均不正确。

正确的解法为选项 C,原式$=\lim\limits_{x\to 0}\dfrac{x}{\sin x}x\sin\dfrac{1}{x}=1\times 0=0$。

因$\lim\limits_{x\to 0}\dfrac{x}{\sin x}=1$,第一重要极限;而$\lim\limits_{x\to 0}x\sin\dfrac{1}{x}=0$ 为无穷小量乘有界函数极限。

答案:C

7.**解** 利用多元函数极值存在的充分条件确定。

①由$\begin{cases}\dfrac{\partial z}{\partial x}=0\\ \dfrac{\partial z}{\partial y}=0\end{cases}$,即$\begin{cases}3x^2-6x-9=0\\ -3y^2+3=0\end{cases}$ 求出驻点(3,1),(3,−1),(−1,1),(−1,−1)。

②求出$\dfrac{\partial^2 z}{\partial x^2}$,$\dfrac{\partial^2 z}{\partial x\partial y}$,$\dfrac{\partial^2 z}{\partial y^2}$分别代入每一驻点,得到 A,B,C 的值。

当 $AC-B^2>0$ 取得极点,再由 $A>0$ 取得极小值,$A<0$ 取得极大值。

$\dfrac{\partial^2 z}{\partial x^2}=6x-6$,$\dfrac{\partial^2 z}{\partial x\partial y}=0$,$\dfrac{\partial^2 z}{\partial y^2}=-6y$

将 $x=3,y=-1$ 代入得 $A=12,B=0,C=6$

$AC-B^2=72>0,A>0$

所以在(3,−1)点取得极小值,其他点均不取得极值。

答案:A

8.**解** 利用原函数的定义求出 $f(x)=-2e^{-2x}$,$f'(x)=4e^{-2x}$,$f''(x)=-8e^{-2x}$,将 $f''(x)$代入积分即可。计算如下:$\int f''(x)\mathrm{d}x=\int -8e^{-2x}\mathrm{d}x=4\int e^{-2x}\mathrm{d}(-2x)=4e^{-2x}+C$。

答案:D

9.**解** 利用分部积分方法计算$\int u\mathrm{d}v=uv-\int v\mathrm{d}u$,

即$\int xe^{-2x}\mathrm{d}x=-\dfrac{1}{2}\int xe^{-2x}\mathrm{d}(-2x)=-\dfrac{1}{2}\int x\mathrm{d}e^{-2x}$

$$=-\frac{1}{2}\left(xe^{-2x}-\int e^{-2x}\mathrm{d}x\right)$$

$$=-\frac{1}{2}\left[xe^{-2x}+\frac{1}{2}\int e^{-2x}\mathrm{d}(-2x)\right]$$

$$=-\frac{1}{2}\left(xe^{-2x}+\frac{1}{2}e^{-2x}\right)+C$$

$$=-\frac{1}{4}(2x+1)e^{-2x}+C$$

答案:A

10.**解**　利用广义积分的方法计算。

对于选项 B:因 $\lim\limits_{x\to2^-}\dfrac{1}{\sqrt{2-x}}=+\infty$,知 $x=2$ 为无穷不连续点,则有:

$$\int_0^2\frac{1}{\sqrt{2-x}}\mathrm{d}x=-\int_0^2(2-x)^{-\frac{1}{2}}\mathrm{d}(2-x)=-2(2-x)^{\frac{1}{2}}\Big|_0^2$$

$$=-2\left[\lim_{x\to2^-}(2-x)^{\frac{1}{2}}-\sqrt{2}\right]=2\sqrt{2}$$

答案:B

11.**解**　由题目给出的条件知,围成的图形(如解图所示)化为极坐标计算,$S=\iint\limits_D 1\mathrm{d}x\mathrm{d}y$,面积元素 $\mathrm{d}x\mathrm{d}y=r\mathrm{d}r\mathrm{d}\theta$。具体计算如下:

$$D:\begin{cases}0\leqslant\theta\leqslant\dfrac{\pi}{4}\\ \cos\theta\leqslant r\leqslant2\cos\theta\end{cases}$$

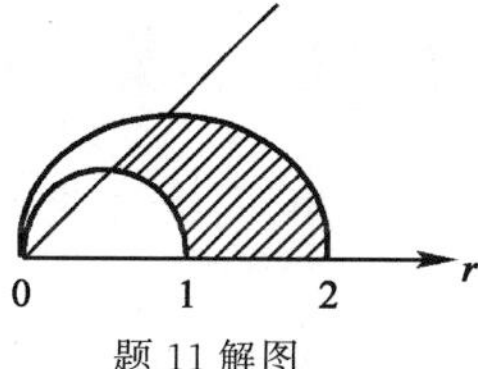

题 11 解图

$$S=\int_0^{\frac{\pi}{4}}\mathrm{d}\theta\int_{\cos\theta}^{2\cos\theta}r\,\mathrm{d}r=\int_0^{\frac{\pi}{4}}\left(\frac{1}{2}r^2\right)\Big|_{\cos\theta}^{2\cos\theta}\mathrm{d}\theta$$

$$=\frac{1}{2}\int_0^{\frac{\pi}{4}}(4\cos^2\theta-\cos^2\theta)\mathrm{d}\theta=\frac{3}{2}\int_0^{\frac{\pi}{4}}\cos^2\theta\mathrm{d}\theta$$

$$=\frac{3}{2}\int_0^{\frac{\pi}{4}}\frac{1+\cos2\theta}{2}\mathrm{d}\theta=\frac{3}{16}(\pi+2)$$

答案:C

12.**解**　通过题目给出的条件画出图形见图,利用柱面坐标计算,联立消 z:$\begin{cases}z^2=x^2+y^2\\ z=1\end{cases}$,得 $x^2+y^2=1$。代入 $x=r\cos\theta,y=r\sin\theta,z^2=x^2+y^2,z^2=r^2,z=r,-z=-r$,取 $z=r$(上半锥)。

$$D_{xy}:x^2+y^2\leqslant1,\Omega:\begin{cases}r\leqslant z\leqslant1\\ 0\leqslant r\leqslant1\\ 0\leqslant\theta\leqslant2\pi\end{cases},\mathrm{d}V=r\mathrm{d}r\mathrm{d}\theta\mathrm{d}z$$

则 $I=\iiint\limits_\Omega z\,\mathrm{d}V=\iiint\limits_\Omega zr\,\mathrm{d}r\mathrm{d}\theta\mathrm{d}z$,再化为柱面坐标系下的三次积分。先对 z 积,再对 r 积,最后对 θ 积分,即 $I=\int_0^{2\pi}\mathrm{d}\theta\int_0^1 r\mathrm{d}r\int_r^1 z\mathrm{d}z$。

题 12 解图

答案:B

13.**解**　利用交错级数收敛法可判定选项 B 的级数收敛,利用正项级数比值法可判定选项 C 的级数收敛,利用等比级数收敛性的结论知选项级数 D 的级数收敛,故发散的是选项 A 的级数。或直接通过正项级数比较法的极限形式判定，$\lim\limits_{n\to\infty}\dfrac{U_n}{V_n}=\lim\limits_{n\to\infty}\dfrac{\dfrac{1}{\sqrt{n+1}}}{\dfrac{1}{n}}=$

$\lim\limits_{n\to\infty}\dfrac{n}{\sqrt{n+1}}=\infty$，因级数$\sum\limits_{n=\infty}^{\infty}\dfrac{1}{n}$发散，故$\sum\limits_{n=1}^{\infty}\dfrac{1}{\sqrt{n+1}}$发散。

答案:A

14. **解** 设 $x-1=t$，级数化为$\sum\limits_{n=1}^{\infty}\dfrac{t^n}{3^n n}$，求级数的收敛半径。

因 $\lim\limits_{n\to\infty}\left|\dfrac{a_{n+1}}{a_n}\right|=\lim\limits_{n\to\infty}\dfrac{\dfrac{1}{3^{n+1}(n+1)}}{\dfrac{1}{3^n\cdot n}}=\lim\limits_{n\to\infty}\dfrac{n\cdot 3^n}{(n+1)3^{n+1}}=\dfrac{1}{3}$，

则 $R=\dfrac{1}{\rho}=3$，即 $|t|<3$ 收敛。

再判定 $t=3$，$t=-3$ 时的敛散性，当 $t=3$ 时发散，$t=-3$ 时收敛。

计算如下：$t=3$ 代入级数，$\sum\limits_{n=1}^{\infty}\dfrac{1}{n}$为调和级数发散；

$t=-3$ 代入级数，$\sum\limits_{n=1}^{\infty}(-1)^n\dfrac{1}{n}$为交错级数，满足莱布尼兹条件收敛。因此$-3\leqslant x-1<3$，即$-2\leqslant x<4$。

答案:A

15. **解** 写出微分方程对应的特征方程 $r^2+2=0$，得 $r=\pm\sqrt{2}i$，即 $\alpha=0$，$\beta=\sqrt{2}$，写出通解 $y=A\sin\sqrt{2}x+B\cos\sqrt{2}x$。

答案:D

16. **解** 将微分方程化成$\dfrac{dx}{dy}+\dfrac{1}{y}x=1$，方程为一阶线性方程。

其中 $P(y)=\dfrac{1}{y}$，$Q(y)=1$

代入求通解公式 $x=e^{-\int P(y)dy}\left[\int\theta(y)e^{\int P(y)dy}dy+C\right]$

计算如下：$x=e^{-\int\frac{1}{y}dy}\left[\int e^{\int\frac{1}{y}dy}dy+C\right]=e^{-\ln y}\left[\int e^{\ln y}dy+C\right]=\dfrac{1}{y}\left[\int ydy+C\right]=\dfrac{1}{y}\left[\dfrac{1}{2}y^2+C\right]$

变形得 $xy=\dfrac{1}{2}y^2+C$，$\left(x-\dfrac{y}{2}\right)y=C$

或将方程化为齐次方程$\dfrac{dy}{dx}=-\dfrac{\dfrac{y}{x}}{1-\dfrac{y}{x}}$计算。

答案:A

17. **解** ①将分块矩阵变形为$\begin{vmatrix} \boldsymbol{A} & 0 \\ 0 & \boldsymbol{B} \end{vmatrix}$的形式。

②利用分块矩阵计算公式$\begin{vmatrix} \boldsymbol{A} & 0 \\ 0 & \boldsymbol{B} \end{vmatrix} = |\boldsymbol{A}| \cdot |\boldsymbol{B}|$。

将矩阵$\boldsymbol{B}$的第一行与矩阵$\boldsymbol{A}$的行互换,换的方法是从矩阵$\boldsymbol{A}$最下面一行开始换,逐行往上换,换到第一行一共换了m次,行列式更换符号$(-1)^m$。再将矩阵$\boldsymbol{B}$的第二行与矩阵$\boldsymbol{A}$的各行互换,换到第二行,又更换符号为$(-1)^m$,……,最后再将矩阵$\boldsymbol{B}$的最后一行与矩阵$\boldsymbol{A}$的各行互换到矩阵的第n行位置,这样原矩阵:

$$\begin{vmatrix} 0 & \boldsymbol{A} \\ \boldsymbol{B} & 0 \end{vmatrix} = \underbrace{(-1)^m \cdot (-1)^m \cdots (-1)^m}_{n\text{个}} \begin{vmatrix} \boldsymbol{B} & 0 \\ 0 & \boldsymbol{A} \end{vmatrix} = (-1)^{m \cdot n} \begin{vmatrix} \boldsymbol{B} & 0 \\ 0 & \boldsymbol{A} \end{vmatrix}$$

$$= (-1)^{mn} |\boldsymbol{B}| |\boldsymbol{A}| = (-1)^{mn} |\boldsymbol{A}| |\boldsymbol{B}|$$

答案:D

18. **解** 由题目给出的运算写出相应矩阵,再验证还原到原矩阵时应用哪一种运算方法。

答案:A

19. **解** 通过矩阵的特征值、特征向量的定义判定。只要满足式子$\boldsymbol{Ax} = \lambda \boldsymbol{x}$,非零向量$\boldsymbol{x}$即为矩阵$\boldsymbol{A}$对应特征值$\lambda$的特征向量。

再利用题目给出的条件:

$$\boldsymbol{\alpha}^{\mathrm{T}} \boldsymbol{\beta} = 3 \qquad ①$$

$$\boldsymbol{A} = \boldsymbol{\beta} \boldsymbol{\alpha}^{\mathrm{T}} \qquad ②$$

将等式②两边右乘$\boldsymbol{\beta}$,得$\boldsymbol{A} \cdot \boldsymbol{\beta} = \boldsymbol{\beta} \boldsymbol{\alpha}^{\mathrm{T}} \cdot \boldsymbol{\beta}$

即$\boldsymbol{A\beta} = \boldsymbol{\beta}(\boldsymbol{\alpha}^{\mathrm{T}} \boldsymbol{\beta})$,代入①式得$\boldsymbol{A\beta} = \boldsymbol{\beta} \cdot 3$

故$\boldsymbol{A\beta} = 3 \cdot \boldsymbol{\beta}$成立

答案:C

20. **解** 齐次线性方程组,当变量的个数与方程的个数相同时,方程组有非零解的充要条件是系数行列式为零。即$\begin{vmatrix} 1 & -k & 0 \\ k & -5 & 1 \\ 1 & 1 & 1 \end{vmatrix} = 0$

则 $\begin{vmatrix} 1 & -k & 0 \\ k & -5 & 1 \\ 1 & 1 & 1 \end{vmatrix} \xlongequal{(-1)r_2+r_3} \begin{vmatrix} 1 & -k & 0 \\ k & -5 & 1 \\ 1-k & 6 & 0 \end{vmatrix} = 1\cdot(-1)^{2+3}\begin{vmatrix} 1 & -k \\ 1-k & 6 \end{vmatrix}$

$=-[6-(-k)(1-k)]=-(6+k-k^2)$

即 $k^2-k-6=0$，解得 $k_1=3, k_2=-2$。

答案：A

21.**解** $P(B|A\cup\overline{B})=\dfrac{P(B(A\cup\overline{B}))}{P(A\cup\overline{B})}=\dfrac{P(AB\cup B\overline{B})}{P(A\cup\overline{B})}=\dfrac{P(AB)}{P(A)+P(\overline{B})-P(A\overline{B})}$

因为 A、B 相互独立，所以 A、$\overline{B}$ 也相互独立。

有 $P(AB)=P(A)P(B)$，$P(A\overline{B})=P(A)P(\overline{B})$

$$P(B|A\cup\overline{B})=\frac{P(A)P(B)}{P(A)+P(\overline{B})-P(A)P(\overline{B})}$$

$$=\frac{\frac{1}{2}\times\frac{1}{3}}{\frac{1}{2}+\left(1-\frac{1}{3}\right)-\frac{1}{2}\left(1-\frac{1}{3}\right)}=\frac{1}{5}$$

答案：D

22.**解** 显然为古典概型，$P(A)=\dfrac{m}{n}$。

一个球一个球地放入杯中，每个球都有 4 种放法，所以所有可能结果数 $n=4\times4\times4=64$，事件 A“杯中球的最大个数为 2”即 4 个杯中有一个杯子里有 2 个球，有 1 个杯子有 1 个球，还有两个空杯。第一个球有 4 种放法，从第二个球起有两种情况：①第 2 个球放到已有一个球的杯中（一种放法），第 3 个球可放到 3 个空杯中任一个（3 种放法）；②第 2 个球放到 3 个空杯中任一个（3 种放法），第 3 个球可放到两个有球杯中（2 种放法）。则 $m=4\times(1\times3+3\times2)=36$，因此 $P(A)=\dfrac{36}{64}=\dfrac{9}{16}$。或设 $A_i(i=1,2,3)$ 表示“杯中球的最大个数为 i”，则 $P(A_2)=1-P(A_1)-P(A_3)=1-\dfrac{4\times3\times2}{4\times4\times4}-\dfrac{4\times1\times1}{4\times4\times4}=\dfrac{9}{16}$。

答案：C

23.**解** $P(0\leqslant X\leqslant 3)=\int_0^3 f(x)\mathrm{d}x=\int_1^3\dfrac{1}{x^2}\mathrm{d}x=\dfrac{2}{3}$。

答案：B

24.**解** 因 $f(x,y)=\dfrac{1}{2\pi}e^{-\frac{x^2+y^2}{2}}=\dfrac{1}{\sqrt{2\pi}}e^{-\frac{x^2}{2}}\cdot\dfrac{1}{\sqrt{2\pi}}e^{-\frac{y^2}{2}}$，

所以 $X \sim N(0,1)$，$Y \sim N(0,1)$，X,Y 相互独立。

$$E(X^2+Y^2)=E(X^2)+E(Y^2)=D(X)+[E(X)]^2+D(Y)+[E(Y)]^2=1+1=2$$

或 $E(X^2+Y^2)=\int_{-\infty}^{+\infty}\int_{-\infty}^{+\infty}(x^2+y^2)\,\frac{1}{2\pi}e^{-\frac{x^2+y^2}{2}}\mathrm{d}x\mathrm{d}y$

$$=\int_0^{2\pi}\int_0^{+\infty}r^2\ \frac{1}{2\pi}e^{-\frac{r^2}{2}}r\mathrm{d}r\mathrm{d}\theta$$

$$=\int_0^{2\pi}\mathrm{d}\theta\int_0^{+\infty}r^2\ \frac{1}{4\pi}e^{-\frac{r^2}{2}}\mathrm{d}r^2\quad（令\ t=r^2）$$

$$=2\pi\cdot\frac{1}{4\pi}\int_0^{+\infty}te^{-\frac{t}{2}}\mathrm{d}t$$

$$=\frac{1}{2}\left(-2te^{-\frac{t}{2}}\Big|_0^{+\infty}+\int_0^{+\infty}2e^{-\frac{t}{2}}\mathrm{d}t\right)=2$$

答案：A

25. **解**　由 $E_{内}=\frac{m}{M}\frac{i}{2}RT$，又 $pV=\frac{m}{M}\ RT$，$E_{内}=\frac{i}{2}pV$，对双原子分子 $i=5$。

答案：B

26. **解**　$p=\frac{2}{3}n\overline{w}=\frac{2}{3}n\left(\frac{1}{2}m\overline{v}^2\right)=\frac{1}{3}nm\overline{v}^2$。

答案：C

27. **解**　单一等温膨胀过程并非循环过程，可以做到从外界吸收的热量全部用来对外做功，既不违反热力学第一定律也不违反热力学第二定律。

答案：C

28. **解**　对于给定的理想气体，内能的增量只与系统的起始和终了状态有关，与系统所经历的过程无关。

内能增量 $\Delta E=\frac{M}{\mu}\frac{i}{2}R(T_2-T_1)=\frac{M}{\mu}\ \frac{i}{2}R\Delta T$，若 $T_2=T_1$，则 $\Delta E=0$，气体内能保持不变。

答案：D

29. **解**　波腹的位置由公式 $x_{腹}=k\ \frac{\lambda}{2}$（$k$ 为整数）决定。相邻两波腹之间距离即 $\Delta x=x_{k+1}-x_k=(k+1)\frac{\lambda}{2}-k\ \frac{\lambda}{2}=\frac{\lambda}{2}$。

答案：A

30. **解**　质元在最大位移处，速度为零，“形变”为零，故质元的动能为零，势能也为零。

答案：B

31. **解**　按多普勒效应公式 $\nu=\frac{u+v_0}{u}\nu_0$，今 $v_0=\frac{u}{2}$，故 $\nu=\frac{u+\frac{u}{2}}{u}\nu_0=\frac{3}{2}\nu_0$。

答案：D

32. **解**　注意，所谓双缝间距指缝宽 d。由 $\Delta x=\frac{D}{d}\lambda$（$\Delta x$ 为相邻两明纹之间距离），所

以 $\Delta x=\frac{3000}{2}\times 600\times 10^{-6}\text{mm}=0.9\text{mm}$。

注：$1\text{nm}=10^{-9}\text{m}=10^{-6}\text{mm}$。

答案：B

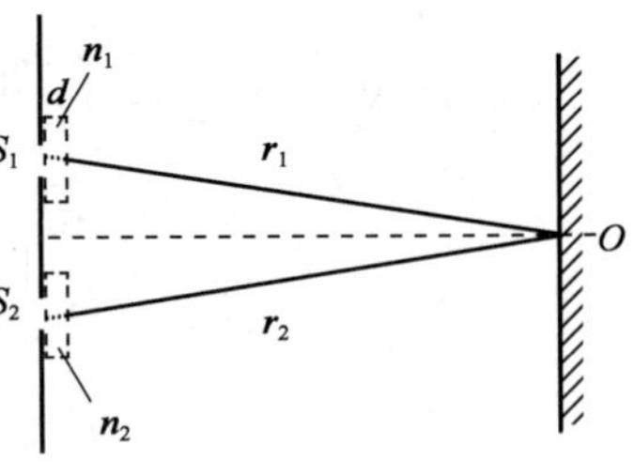

题 33 解图

33. **解**　如图所示光程差 $\delta=n_2d+r_2-d-(n_1d+r_1-d)$，注意到 $r_1=r_2$，$\delta=(n_2-n_1)d$。

答案：A

34. **解**　牛顿环属超纲题（超出大纲范围），等原干涉，同一级条纹对应同一个厚度。

答案：D

35. **解**　转动前 $I_1=I_0\cos^2\alpha_1$，转动后 $I_2=I_0\cos^2\alpha_2$，$\frac{I_1}{I_2}=\frac{\cos^2\alpha_1}{\cos^2\alpha_2}$。

答案：C

36. **解**　光栅常数越小，分辨率越高。

答案：D

37. **解**　$Mg(OH)_2$ 的溶解度为 s，则 $K_{SP}=s(0.01+2s^2)$，因 s 很小，$0.01+2s\approx 0.01$，则 $5.6\times 10^{-12}=s\times 0.01^2$，$s=5.6\times 10^{-8}$。

答案：C

38. **解**　利用价电子对互斥理论确定杂化类型及分子空间构型的方法。

对于 AB_n 型分子、离子（A 为中心原子）：

（1）确定 A 的价电子对数（x）

$x=\frac{1}{2}$[A 的价电子数＋B 提供的价电子数±离子电荷数（负/正）]

原则：A 的价电子数＝主族序数；B 原子为 H 和卤素每个原子各提供一个价电子，为氧与硫不提供价电子；正离子应减去电荷数，负离子应加上电荷数。

（2）确定杂化类型

题 38 解表

价电子对数	2	3	4
杂化类型	sp 杂化	sp^2 杂化	sp^3 杂化

（3）确定分子空间构型

原则：根据中心原子杂化类型及成键情况分子空间构型。如果中心原子的价电子对数等于 σ 键电子对数，杂化轨道构型为分子空间构型；如果中心原子的价电子对数大于 σ 键电子对数，分子空间构型发生变化。

价电子对数（x）＝σ 键电子对数＋孤对电子数

根据价电子对互斥理论：$BeCl_2$ 的价电子对数 $x=\frac{1}{2}$（Be 的价电子数＋2 个 Cl 提供的

价电子数）$=\frac{1}{2}\times(2+2)=2$，$BeCl_2$ 分子中，Be 原子形成了两 Be-Clσ 健，价电子对数等于 σ 健数，所以两个 Be-Cl 夹角为 180°，$BeCl_2$ 为直线型分子，Be 为 sp 杂化。

答案：A

39. **解**　醋酸和醋酸钠组成缓冲溶液，醋酸和醋酸钠的浓度相等，与等体积水稀释后，醋酸和醋酸钠的浓度仍然相等。缓冲溶液的 $pH=pK_a-\lg\frac{C_{酸}}{C_{盐}}$，溶液稀释 pH 不变。

答案：C

40. **解**　由阿仑尼乌斯公式 $k=Ze^{\frac{-\varepsilon}{RT}}$ 可知：温度一定时，活化能越小，速率常数就越大，反应速率也越大。活化能越小，反应越易正向进行。活化能越小，反应放热越大。

答案：C

41. **解**　根据原子核外电子排布规律，26 号元素的原子核外电子排布为：$1s^2 2s^2 2p^6 3s^2 3p^6 3d^6 4s^2$，为 d 区副族元素。其价电子构型为 $3d^6 4s^2$。

答案：B

42. **解**　一组合理的量子数 n、l、m 取值对应一个合理的波函数 $\psi=\psi_{n,l,m}$，即可以确定一个原子轨道。

(1)主量子数

①$n=1,2,3,4,\cdots$对应于第一、第二、第三、第四、…电子层，用 K、L、M、N 表示。

②表示电子到核的平均距离。

③决定原子轨道能量。

(2)角量子数

①$l=0,1,2,3$ 的原子轨道分别为 s、p、d、f 轨道。

②确定原子轨道的形状。s 轨道为球形，p 轨道为双球形，d 轨道为四瓣梅花形。

③对于多电子原子，与 n 共同确定原子轨道的能量。

(3)磁量子数

①确定原子轨道的取向。

②确定亚层中轨道数目。

答案：B

43. **解**　物质的标准熵值大小一般规律：

(1)对于同一种物质，$S_g>S_l>S_s$。

(2)同一物质在相同的聚集状态时，其熵值随温度的升高而增大，$S_{高温}>S_{低温}$。

(3)对于不同种物质，$S_{复杂分子}>S_{简单分子}$。

(4)对于混合物和纯净物，$S_{混合物}>S_{纯物质}$。

(5)对于一个化学反应的熵变，反应前后气体分子数增加的反应熵变大于零，反应前后气体分子数减小的反应熵变小于零。

4个选项化学反应前后气体分子数的变化：

A=2−2−1=−1

B=2−1−3=−2

C=1+1−1=1

D=0−1=−1

答案:C

44.**解** 聚丙烯的结构式为 $\left[CH_2-\underset{\displaystyle CH_3}{\underset{|}{CH}}\right]$。

答案:C

45.**解** 烯烃双键两边C原子均通过δ键与不同基团时，才有顺反异构体。

答案:C

46.**解** 苯环上六个氢被氯取代为六氯苯。

答案:C

47.**解** 如解图所示，根据力的投影公式，$F_x=F\cos\alpha$，故$\alpha=60°$。而分力$\boldsymbol{F}_x$的大小是力$\boldsymbol{F}$大小的2倍，故力$\boldsymbol{F}$与y轴垂直。

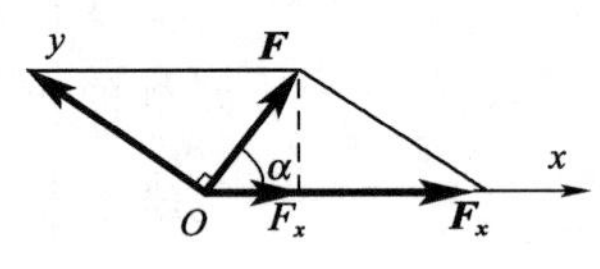

题47解图

答案:A

48.**解** 将力系向A点简化，作用于C点的力F沿作用线移到A点，作用于B点的力F平移到A点附加的力偶即主矩：$M_A=M_A(F)=\frac{\sqrt{3}}{2}aF$；三个力的主矢：$F_{Ry}=0$，$F_{Rx}=F-F\sin30°-F\sin30°=0$。

答案:A

49.**解** 根据受力分析，A、B、C处的约束力均为水平方向，分别考虑AC、BC的平衡，采用力偶的平衡方程即可。

答案:B

50.**解** 均布力组成了力偶矩为qa^2的逆时针转向力偶。A、B处的约束力沿铅垂方向组成顺时针转向力偶。

答案:C

51. **解**　点的速度、切向加速度和法向加速度分别为：$v=\frac{\mathrm{d}s}{\mathrm{d}t}=20\mathrm{cm/s}$，$a_\tau=\frac{\mathrm{d}v}{\mathrm{d}t}=0$，$a_n=\frac{v^2}{R}=\frac{400}{40}=10\mathrm{cm/s^2}$。

答案:B

52. **解**　将运动方程中的参数 t 消去，即 $t=\frac{x}{2}$，$y=\left(\frac{x}{2}\right)^2-\frac{x}{2}$，整理易得 $x^2-2x-4y=0$。

答案:C

53. **解**　根据定轴转动刚体上一点速度、加速度与转动角速度、角加速度的关系，$v_\mathrm{B}=OB\cdot\omega=50\times2=100\mathrm{cm/s}$，$a_\mathrm{B}^\mathrm{t}=OB\cdot\varepsilon=50\times5=250\mathrm{cm/s}$，$a_\mathrm{B}^\mathrm{n}=OB\cdot\omega^2=50\times2^2=200\mathrm{cm/s}$。

答案:A

54. **解**　根据质点运动微分方程 $m\boldsymbol{a}=\sum\boldsymbol{F}$，当货物加速下降、匀速下降和减速下降时，加速度分别向下、为零、向上，代入公式有 $ma=W-R_1$，$0=W-R_2$，$-ma=W-R_3$。

答案:C

55. **解**　根据动量矩定义和公式：

$$L_\mathrm{O}=M_\mathrm{O}(m_1v)+M_\mathrm{O}(m_2v)+J_{\mathrm{O轮}}\omega=m_1vr+m_2r+\frac{1}{2}mr^2\omega$$

$$\omega=\frac{v}{r}$$

$$L_\mathrm{O}=(m_1+m_2+\frac{1}{2}m)rv。$$

答案:C

56. **解**　根据动能定理，当杆从水平转动到铅垂位置时，$T_1=0$；$T_2=\frac{1}{2}J_\mathrm{B}\omega^2=\frac{1}{2}\cdot\frac{1}{3}m(2l)^2\omega^2=\frac{2}{3}ml^2\omega^2$；将 $W_{12}=mgl$ 代入 $T_2-T_1=W_{12}$，得 $\omega^2=\frac{3g}{2l}$

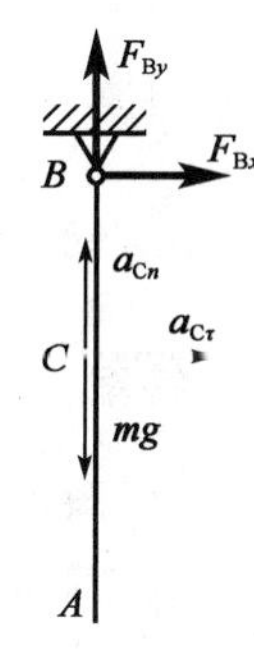

题 56 解图

再根据定轴转动微分方程：$J_\mathrm{B}\alpha=M_\mathrm{B}(F)=0$，$\alpha=0$

质心运动定理：$a_{\mathrm{C}\tau}=l\alpha=0$，$a_{\mathrm{C}n}=1\omega^2=\frac{3g}{2}$

受力如图：$ml\omega^2=F_{\mathrm{By}}-mg$，$F_{\mathrm{By}}=\frac{5}{2}mg$，$F_{\mathrm{Bx}}=0$

答案:D

57.解　根据定轴转动刚体惯性力系的简化结果,惯性力主矢和主矩的大小分别为 $F_{I}=ma_{C}=0,M_{IO}=J_{O}\varepsilon=\frac{1}{2}mr^{2}\varepsilon$。

答案:C

58.解　根据串、并联弹簧等效弹簧刚度的计算公式。

答案:C

59.解　轴向受力杆左段轴力是-3kN,右段轴力是5kN。

答案:B

60.解　把F力平移到铆钉群中心O,并附加一个力偶$m=F\cdot\frac{5}{4}L$,在铆钉上将产生剪力Q_{1}和Q_{2},其中$Q_{1}=\frac{F}{2}$,而Q_{2}计算方法如下。

$$\sum M_{O}=0,Q_{2}\cdot\frac{L}{2}=F\cdot\frac{5}{4}L$$

得

$$Q_{2}=\frac{5}{2}F$$

所以 $Q=Q_{1}+Q_{2}=3F,\tau_{\max}=\frac{Q}{\frac{\pi}{4}d^{2}}=\frac{12F}{\pi d^{2}}$

答案:C

61.解　由$\theta=\frac{T}{GI_{P}}$,得$\frac{T}{I_{P}}=\theta G$,故$\tau_{\max}=\frac{T}{I_{P}}\cdot\frac{d}{2}=\frac{\theta Gd}{2}$。

答案:D

62.解　为使$\tau_{1}=\frac{1}{2}\tau$,应使$\frac{T}{\frac{\pi}{16}d_{1}^{3}}=\frac{1}{2}\frac{T}{\frac{\pi}{16}d^{3}}$,即$d_{1}^{3}=2d^{3}$,故$d_{1}=\sqrt[3]{2}d$。

答案:D

63.解　$I_{z1}=I_{z}+a^{2}A=\frac{bh^{3}}{12}+h^{2}\cdot bh=\frac{13}{12}bh^{3}$

答案:D

64.解　考虑梁的整体平衡:$\sum M_{B}=0,F_{A}=0$,应用直接法求剪力和弯矩,得$F_{SA}=0$,$M_{C}=0$。

答案:A

65.解　开裂前,$f=\frac{Fl^{3}}{3EI}$,其中$I=\frac{b(2a)^{3}}{12}=8\frac{ba^{3}}{12}=8I_{1}$;

开裂后，$f_1=\dfrac{\dfrac{F}{2}l^3}{3EI_1}=\dfrac{\dfrac{1}{2}Fl^3}{3E\dfrac{I}{8}}=4\cdot\dfrac{Fl^3}{3EI}=4f$。

答案：C

66. **解** 原来，$f=\dfrac{Ml^2}{2EI}$；梁长减半后，$f_1=\dfrac{M\left(\dfrac{l}{2}\right)^2}{2EI}=\dfrac{1}{4}f$。

答案：B

67. **解** 图 c）中 σ_1 和 σ_3 的差值最大。

$$\tau_{\max}=\frac{\sigma_1-\sigma_3}{2}=\frac{2\sigma-(-2\sigma)}{2}=2\sigma$$

答案：C

68. **解** 图示杆是偏心拉伸，等价于轴向拉伸和两个方向弯曲的组合变形。

$$\sigma_{\max}^{+}=\frac{F_N}{bh}+\frac{M_g}{W_g}+\frac{M_y}{W_y}=\frac{F}{bh}+\frac{F\dfrac{h}{2}}{\dfrac{bh^2}{6}}+\frac{F\dfrac{b}{2}}{\dfrac{hb^2}{6}}=7\frac{F}{bh}$$

答案：C

69. **解** 力 F 产生的弯矩引起 A 点的拉应力，力偶 T 产生的扭矩引起 A 点的切应力 τ，故 A 点应为既有拉应力 σ 又有 τ 的复杂应力状态。

答案：C

70. **解** 图 a）$\mu l=1\times5=5\text{m}$，图 b）$\mu l=2\times3=6\text{m}$，图 c）$\mu l=0.7\times6=4.2\text{m}$。由公式 $F_{cr}=\dfrac{\pi^2EI}{(\mu l)^2}$，可知图 b）$F_{cr}$ 最小，图 c）F_{cr} 最大。

答案：C

71. **解** 静止流体等压面应是一水平面，且应绘出于连通、连续同一种流体中，据此可绘出两个等压面以判断压强 p_1、p_2、p_3 的大小。

答案：A

72. **解** 测压管水头线的变化是由于过流断面面积的变化引起流速水头的变化，进而引起压强水头的变化，而与是否理想流体无关，故选项 A 说法是错误的。

答案：A

73. **解** 由判别流态的下临界雷诺数 $\text{Re}_k=\dfrac{v_k d}{\nu}$ 解出下临界流速 v_k 即可，$v_k=\dfrac{\text{Re}_k\nu}{d}$，而 $\text{Re}_k=2000$。代入题设数据后有：$v_k=\dfrac{2000\times1.31\times10^{-6}}{0.05}=0.0524\text{m/s}$。

答案:D

74. **解**　根据沿程损失计算公式 $h_f=\lambda\dfrac{L}{d}\dfrac{v^2}{2g}$及层流阻力系数计算公式$\lambda=\dfrac{64}{Re}$联立求解可得。

代入题设条件后有:$\dfrac{v_1}{d_1^2}=\dfrac{v_2}{d_2^2}$,而 $v_2=v_1\left(\dfrac{d_2}{d_1}\right)^2=v_1 2^2=4v_1$

$\dfrac{Q_2}{Q_1}=\dfrac{v_2}{v_1}\left(\dfrac{d_2}{d_1}\right)^2=4\times2^2=16$

答案:D

75. **解**　圆柱形外管嘴正常工作的条件:$L=(3-4)d$,$H_0<9\text{m}$。

答案:B

76. **解**　根据有压管基本公式 $H=SQ^2$,可解出流量 $Q=\sqrt{\dfrac{H}{S}}$。阀门关小,阻抗 S 增加,流量应减小。

答案:B

77. **解**　按达西公式 $Q=kAJ$,可解出渗流系数 $k=\dfrac{Q}{AJ}=\dfrac{0.1}{\dfrac{\pi}{4}(0.3)^2\times\dfrac{90}{40}\times8\times3600}=$ $2.183\times10^{-5}\text{m/s}=1.886\text{m/d}$。

答案:B

78. **解**　无量纲量即量纲为 1 的量,$\dim\dfrac{p}{\rho v^2}=\dfrac{\text{ML}^{-1}\text{T}^{-2}}{\text{ML}^{-3}(\text{LT}^{-1})^2}=1$。

答案:A

79. **解**　根据电磁感应定律,线圈 a 中是变化的电源,将产生变化的电流,考虑电磁作用$i_a\neq\dfrac{u}{R_a}$;变化磁通将与线圈 b 交链,由此产生感应电流 $i_b\neq0$。

答案:B

80. **解**　电流源的端电压由外电路决定:$U=5+0.1\times(100+50)=20\text{V}$。

答案:A

81. **解**　用叠加原理分析,将电路分解为各个电源单独作用的电路。不作用的电压源短路,不作用的电流源断路。$U=U'+U''$,U' 为电流源作用,$U'=I_s(R_1+R_2/\!/R_3)$;U'' 为电压源作用,$U'=\dfrac{R_2}{R_2+R_3}U_s$。

答案:D

82. **解**　交流电路中电压电流符合相量关系，$\dot{I}_R=\dot{I}_L+\dot{I}_C$，此题用画相量图的方法会简捷一些。

答案：B

83. **解**　三相五线制供电系统中单相负载的外壳引出线应该与"PE线"(保护零线)连接。

答案：D

84. **解**　从图形判断这是一个高通滤波器的频率特性图。它反映了电路的输出电压和输入电压对于不同频率信号的响应关系，利用高通滤波器的传递函数分析。

答案：B

85. **解**　三相交流异步电动机的转速关系公式为 $n\approx n_0=\frac{60f}{p}$，可以看到电动机的转速 n 取决于电源的频率 f 和电机的极对数 p，要想实现平滑调速应该使用改变频率 f 的方法。

另外，电动机挂子串电阻的方法调整只能用于向下平滑调速。

答案：C

86. **解**　在电动机的继电接触控制电路中，熔断器对电路实现短路保护，热继电器对电路实现过载保护，交流接触器起欠压保护的作用，需同时接在主电路和控制电路中；行程开关一般只连接在电机的控制回路中。

答案：D

87. **解**　信息通常是以编码的方式载入数字信号中的。

答案：A

88. **解**　七段显示器的各段符号是用发光二极管制作的，各段符号如图所示。在共阴极七段显示器电路中，高电平"1"字段发光，"0"熄灭。显示字母"E"的共阴极七段显示器显示时 b、c 段熄灭，显示码 abcdefg 应该是 1001111。

答案：A

89. **解**　图示电压信号是连续的时间信号，在多个时间点的数值确定；对其他的周期信号、数字信号、离散信号的定义均不符合。

答案：D

90. **解**　根据对模拟信号的频谱分析可知：周期信号的频谱是离散的，非周期信号的频谱是连续的。

答案：A

91. **解**　该电路是利用滤波技术进行信号处理，从图 a)到图 b)经过了低通滤波，从图 b) 到图 c)利用了高通滤波技术(消去了直流分量)。

答案:A

92. **解**　此题的分析方法是先根据给定的波形图写输出和输入之间的真值表，然后观察输出与输入的逻辑关系，写出逻辑表达式即可。观察 $F = A \cdot B + \overline{A} \cdot \overline{B}$，属同或门关系。

答案:C

93. **解**　首先应清楚放大电路中输入电阻和输出电阻的概念，然后将放大电路的输入端等效成一个输入电阻，输出端等效成一个等效电压源(如图示)，最后用电路理论计算可得结果。

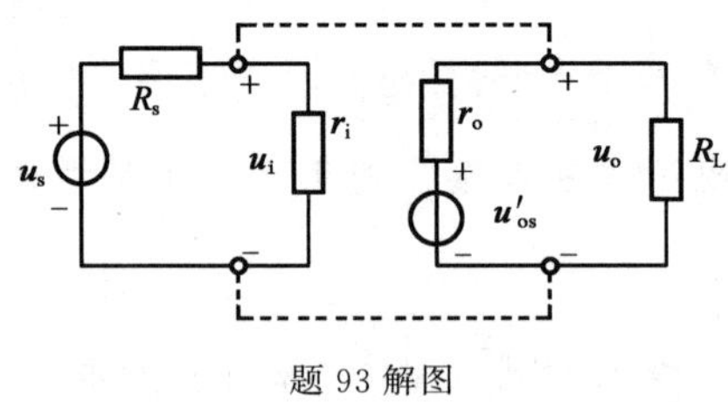

题 93 解图

其中:$u_i = \dfrac{r_i}{R_s + r_i} u_s$;$u_{os} = A_k u_i$;$u_o = \dfrac{R_L}{r_o + R_L} u_{os}$。

答案:D

94. **解**　该电路是电压比较电路。当反向输入信号 u_{i1} 大于基准信号 u_{i2} 时，输出为负的饱和值，当 u_{i1} 小于基准信号 u_{i2} 时，输出为正的饱和值。

答案:D

95. **解**　该电路是 D 触发器，这种连接方法构成保持状态:$Q_{n+1} = D = Q_n$。

答案:D

96. **解**　该题为两个 J K 触发器构成的计数器，考生可以列表分析，输出在三个时钟脉冲完成一次循环，但无增 1，或减 1 规律。可见该电路是同步三进制计数器。

答案:C

97. **解**　微型计算机是以总线结构来连接各个功能部件的。

答案:C

98. **解**　信息可采用某种度量单位进行度量，并进行信息编码。现代计算机使用的是二进制。

答案:C

99.**解** 三位二进制对应一位八进制,将小数点后每三位二进制分成一组,101 对应 5,010 对应 2,111 对应 7,100 对应 4。

答案:B

100.**解** 图像的主要参数有分辨率(包括屏幕分辨率、图像分辨率、像素分辨率)、颜色深度、图像文件的大小。

答案:B

101.**解** 电子签名应用领域包括电子商务,企业信息系统,网上政府采购中,金融、财会、保险行业,食品、医药,教育,科学研究以及文件管理等方面。但最主要的还是表现在电子商务方面,在网上将买方、卖方以及服务于他们的中间商(如金融机构)之间的信息交换和交易行为集成到一起的电子运作方式,如签订合同、订购、付费等。数字签名是目前保证数据的完整无性、真实性和不可抵赖的最可靠的方法。什么地方需要,那就可以应用在什么地方。现在典型的应用如:网上银行、电子商务、电子政务、网络通信等。

答案:A

102.**解** 一个存储器段可以小至一个字节,可大至 4G 字节。而一个页的大小则规定为 4K 字节。

答案:C

103.**解** 即插即用就是在加上新的硬件以后不用为此硬件再安装驱动程序了。而 D 项说需安装相应软件才可立刻使用是错误的。

答案:D

104.**解** 构成信息化社会的三个主要技术支柱是计算机技术、通信技术和网络技术。

答案:B

105.**解** 网络软件是实现网络功能不可缺少的软件环境,主要包括网络传输协议和网络操作系统。

答案:A

106.**解** 网际网络是由相互连接的网络组成的网络。这些相互连接的网络中有一部分由大型公有组织和私有组织(如政府机构或工业企业)拥有并保留供其专用。在向公众开放的网际网络中,最著名并被广为使用的便是 Internet。Internet 是将属于 Internet 服务商提供商(ISP)的网络相互连接后建立的。这些 ISP 网络相互连接,为世界各地的用户提供接入服务。要确保通过这种多元化基础架构有效通信,需要采用统一的公认技术和协议，也需要众多网络管理机构相互协作。

答案：B

107. **解** 比较两家银行的年实际利率，其中较低者利息较少。

甲银行的年实际利率：$i_{甲}=\left(1+\frac{r}{m}\right)^{m}-1=\left(1+\frac{6\%}{4}\right)^{4}-1=6.14\%$；乙银行的年实际利率为7%，故向甲银行贷款付出的利息较少。

答案：A

108. **解** 总成本费用有生产成本加期间费用和按生产要素两种估算方法。生产成本加期间费用计算公式为：总成本费用＝生产成本＋期间费用。

答案：A

109. **解** 准股本资金是一种既具有资本金性质又具有债务资金性质的资金，主要包括优先股股票和可转换债券。

答案：B

110. **解** 按计算财务净现值的公式计算。

$$\text{FNPV}=-200-300(P/F,10\%,1)+150\,(P/A,10\%,8)(P/F,10\%,2)$$

$$=-200-300\times0.90909+150\times5.33493\times0.82645=188.63\text{ 万元}$$

答案：B

111. **解** 可外贸货物影子价格：

直接进口投入物的影子价格（到厂价）＝到岸价（CIF）×影子汇率＋进口费用

答案：C

112. **解** 盈亏平衡点越低，说明项目盈利的可能性越大，项目抵抗风险的能力越强。

答案：C

113. **解** 改扩建项目盈利能力分析可能涉及的五种数据：①“现状”数据；②“无项目”数据；③“有项目”数据；④新增数据；⑤增量数据。

答案：D

114. **解** 在ABC分类法中，A类部件占部件总数的比重较少，但占总成本的比重较大；C类部件占部件总数的比重较大，占总数的60%～80%，但占总成本的比重较小，占5%～10%。

答案：C

115. **解** 《中华人民共和国安全生产法》第三十四条规定，生产经营单位使用的危险物品的容器、运输工具，以及涉及人身安全、危险性较大的海洋石油开采特种设备及矿山井下特种设备，必须按照国家有关规定，由专业生产单位生产，并经具有专业资质的检测、检验机构检测、检验合格，取得安全使用证或者安全标志，方可投入使用。检测、检验机构对检测、检验结果负责。

答案：B

116. **解** 《中华人民共和国招标投标法》第四十六条规定，招标人和中标人应当自中标通知书发出之日起三十日内，按照招标文件和中标人的投标文件订立书面合同。招标人和中标人不得再行订立背离合同实质性内容的其他协议。

答案：B

117. **解** 《中华人民共和国行政许可法》第十三条规定，本法第十二条所列事项，通过下列方式能够予以规范的，可以不设行政许可：

（一）公民、法人或者其他组织能够自主决定的；

（二）市场竞争机制能够有效调节的；

（三）行业组织或者中介机构能够自律管理的；

（四）行政机关采用事后监督等其他行政管理方式能够解决的。

答案：D

118. **解** 《中华人民共和国节约能源法》第十五条规定，国家实行固定资产投资项目节能评估和审查制度。不符合强制性节能标准的项目，依法负责项目审批或者核准的机关不得批准或者核准建设；建设单位不得开工建设；已经建成的，不得投入生产、使用。具体办法由国务院管理节能工作的部门会同国务院有关部门制定。

答案：C

119. **解** 《建设工程质量管理条例》第三十一条规定，施工人员对涉及结构安全的试块、试件以及有关材料，应当在建设单位或者工程监理单位监督下现场取样，并送具有相应资质等级的质量检测单位进行检测。

答案：D

120. **解** 《建设工程安全生产管理条例》第十四条规定，工程监理单位在实施监理过程中，发现存在安全事故隐患的，应当要求施工单位整改；情况严重的，应当要求施工单位暂时停止施工，并及时报告建设单位。施工单位拒不整改或者不停止施工的，工程监理单位应当及时向有关主管部门报告。

答案：D

全国勘察设计一级注册结构工程师执业资格考试通关试卷[一]
基础考试(下)试题解析及参考答案

1.**解** 材料中的孔隙按照孔隙特征分为封闭孔和连通孔，按照孔径大小分为大孔、细微孔等。其中，封闭孔隙不会吸水，粗大孔隙中的水分不易留存。材料中的毛细孔属于细微的毛细孔，其越多，吸水率越大。

答案:D

2.**解** 三合土是由石灰粉(生石灰或熟石灰)、黏土和砂子(或煤渣、碎石等)按照一定比例混合而成，主要用于建筑物的基础、路面或路基的垫层。在长期的使用环境下，石灰中的氧化钙在有水分存在的条件下，与黏土中的氧化硅和氧化铝发生反应，生成水化硅酸钙和水化铝酸钙。

答案:D

3.**解** 在含有硫酸盐的腐蚀环境中，混凝土中的氢氧化钙与硫酸根离子反应生成硫酸钙，然后硫酸钙与混凝土中的水化铝酸钙反应生成高硫型水化硫铝酸钙(钙矾石)，体积膨胀1～1.5倍；同时，生成的硫酸钙也可以二水硫酸钙的形式结晶，体积比氢氧化钙增大1.2倍。两种膨胀性产物的生成，会导致混凝土开裂、强度降低甚至破坏。因为生成的高硫型水化硫铝酸钙的晶体为针状，被形象地称为“水泥杆菌”。总之，硫酸盐腐蚀的危害最大。

答案:D

4.**解** 就大体积混凝土而言，主要是控制温升，主要方法之一是控制水化速度。速凝剂可以加速水化速度，所以在大体积混凝土中不能掺加速凝剂。

答案:A

5.**解** 钢筋经冷加工后，屈服强度提高，塑性和韧性降低；再经过时效后，屈服强度和抗拉强度都提高，塑性和韧性进一步降低。与冷拉相比，冷拔过程中钢筋不仅受到拉力，也受压力，所以还可以提高抗压强度。

答案:B

6.**解** 木材顺纹方向与纤维生长方向一致，顺纹抗拉强度即拉伸纤维的强度，而各种缺陷的存在会使纤维断裂，所以对顺纹抗拉强度的影响最大。

答案:B

7. **解** 沥青的主要组分为油分、树脂和地沥青质。沥青碳是沥青中的杂质成分。老化过程使沥青中低分子组分向大分子组分转化,即油分转化为树脂,树脂转化为地沥青质,最终使沥青的塑性降低,黏性提高,脆硬性增大,所以老化后,地沥青质含量增多。

答案:C

8. **解** 测量工作的基准面是大地水准面。

答案:C

9. **解** 测量误差的来源主要有三类,仪器误差、观测误差(人为误差)、外界条件影响。偶然误差主要由外界干扰等原因引起,系统误差主要由仪器误差、使用误差、影响误差、方法和理论误差等引起。

答案:C

10. **解** 已知边长和坐标方位角的情况下,坐标增量计算公式为:

$$\Delta X = D\cos\alpha$$

$$\Delta Y = D\sin\alpha$$

将已知边长及方位角代入计算得:$\Delta X_{AB} = +59.907\text{m}$;$\Delta Y_{AB} = -49.952\text{m}$

答案:D

11. **解** 实地面积计算:

$$S_{实地} = S_{图} \times M^2 = 250 \times 10^{-4} \times 2000^2 = 100000\text{m}^2$$

$$1\ 亩 \approx 666.7\text{m}^2,即\ 100000\text{m}^2 = \frac{100000}{666.7}\ 亩 = 150\ 亩$$

答案:D

12. **解** 变形测量主要包括位移、沉降、挠度、倾斜测量等,不含竣工测量。

答案:A

13. **解** 《中华人民共和国建筑法》第九条规定,建设单位应当自领取施工许可证之日起三个月内开工。因故不能按期开工的,应当向发证机关提出申请延期;延期以两次为限,每次不超过三个月。既不开工又不申请延期或者超过延期时限的,施工许可证自行废止。

答案:B

14. **解** 《中华人民共和国招投标标法》第二十四条规定,招标人应当确定投标人编制投标文件所需要的合理时间;但是,依法必须进行招标的项目,自招标文件开始发出之日起至投标人提交投标文件截止之日止，最短不得少于二十日。

答案:B

15.**解** 《建设工程质量管理条例》第四十条规定，在正常使用条件下，建设工程的最低保修期限为：

（一）基础设施工程、房屋建筑的地基基础工程和主体结构工程，为设计文件规定的该工程的合理使用年限；

（二）屋面防水工程、有防水要求的卫生间、房间和外墙面的防渗漏，为5年；

（三）供热与供冷系统，为2个采暖期、供冷期；

（四）电气管线、给排水管道、设备安装和装修工程，为2年。

答案:C

16.**解** 《建设工程质量管理条例》第二十一条规定，设计单位应当根据勘察成果文件进行建设工程设计。设计文件应当符合国家规定的设计深度要求，注明工程合理使用年限。

答案:A

17.**解** 夯实法多用于建筑物基坑、沟槽土方回填压实。碾压法多用于大面积填土工程。震动压实法主要用于非黏性土的压实。只有有机质含量大于8%（质量分数）的土，用于无压实要求的填土工程是正确说法。按照《建筑地基基础工程施工规范》(GB 51004—2015)第8.5.2条，回填土（有压实）土料的“有机质含量不大于5%”。

答案:D

18.**解** 钢筋的抽样检测，热轧钢筋抽取量为不少于60t，冷轧钢筋抽取量为不少于50t，冷拉钢筋抽取量不超过20t，冷拔钢筋和碳素钢筋抽取量为不少于5t。

答案:B

19.**解** 用于竖向墙体和筒体混凝土结构的模板以大模板与爬升板为优先选取，压型钢板永久性模板施工时起模板作用，当混凝土成型后就成为了结构的组成部分，仅用于楼板（水平构件）模板，只有组合钢模板使用灵活，可以拼出多种几何尺寸，适用于梁、板、柱、墙的施工。

答案:C

20.**解** 该工程属于无节奏流水施工，采用分别流水法，其工期计算公式为：

$$T=\sum K+t_n$$

采用节拍累加数列取大差的方法：

$$
\begin{array}{rrrrr}
 & 3 & 5 & 7 & \\
- & & 4 & 8 & 11 \\
\hline
 & 3 & 1 & -1 & -11
\end{array}
$$

最大值取3。

得 $K_{AB}=3$；同理，$K_{BC}=4$

则工期 $T=3+4+5+4+4=20$ 天

答案:C

21.**解**　某项工作的总时差＝本工作最迟开始时间－本工作最早开始时间，或者是某项工作的总时差＝本工作最迟完成时间－本工作最早完成时间。

A工作的最迟完成时间＝各个紧后工作最迟开始时间取最小值，A的紧后工作B、C、D的最迟开始时间分别为15－4＝11、16－3＝13，18－6＝12，三者最小值为11。计算总时差上述两种方法都可以。

第一种方法，按最早、最迟开始时间计算：本工作A最早开始时间是3，本工作A最迟开始时间＝工作A的最迟完成时间－工作A持续时间＝11－5＝6天，A工作的总时差＝A工作最迟开始时间－A工作最早开始时间＝6－3 ＝3天。

第二种方法，按最早、最迟完成时间计算：本工作A最早完成时间是3＋5＝8，本工作A最迟完成时间是11天，则A工作的总时差＝A工作最迟完成时间－A工作最早完成时间＝11－8 ＝3天

两个公式，两种方法，计算结果总时差都是3天。

答案:A

22.**解**　在设计基准期内，"小震"（多遇地震）的超越概率为63.2％，"中震"（基本设防烈度）的超越概率为10％，"大震"（罕遇地震）的超越概率为2％～3％。我国采用的设计基准期为50年，设计基准期是为确定可变作用及与时间有关的材料性能取值而选用的时间参数，它不等同于建筑结构的设计使用年限。

答案:A

23.**解**　对于A选项，设计中应避免少筋梁和超筋梁，会发生脆性破坏，应采用适筋梁，破坏前有明显的预兆，属于延性破坏。对于B选项，光圆钢筋及变形钢筋与混凝土之间的黏结强度均随混凝土的强度等级（抗拉强度）的提高而提高。对于C选项，弯矩调幅法是一种适用的设计方法，是在弹性弯矩的基础上，在满足静力平衡的条件下，通常是减小支座的负弯矩，增大跨内的正弯矩，但不会改变构件的承载能力。由于增大跨内正弯矩

使得配筋增加，因此按弹性内力分析计算的梁中裂缝宽度会相应减小。对于D选项，剪跨比$\lambda>3$时，一般发生斜拉破坏；剪跨比$1\leqslant\lambda\leqslant3$时，通常发生剪压破坏，破坏前有一定的预兆；剪跨比$\lambda<1$时，常发生斜压破坏。

答案:C

24.**解** 配筋率的要求是针对受拉区的钢筋，截面面积不考虑受压侧挑出翼缘的面积。

答案:A

25.**解** 理论上，最小配筋率是根据受弯构件的破坏弯矩等于同样截面素混凝土构件的破坏弯矩确定的，而T形截面素混凝土梁的受弯承载力比矩形截面梁提高不多，为简化计算，ρ_{min}仍按矩形截面计算，故$\rho_{min}=A_{s,min}/(bh)$。

答案:C

26.**解** 轴心受压构件的稳定系数与构件的长细比、截面分类和钢材牌号有关，选项A错误。《钢结构设计标准》(GB 50017—2017)第11.1.6条第1款规定，在需要进行疲劳计算的轴心受拉构件的对接焊缝，其焊缝质量等级为一级，选项B错误。受弯构件在满足一定的条件下可以不进行整体稳定计算，选项D错误。

答案:C

27.**解** 由于钢材具有良好的塑性，钢结构构件在常温、静力荷载作用下，一般不会发生突然断裂。

答案:A

28.**解** 当$h_0/t_w\leqslant80\varepsilon_k$时，腹板不会发生剪切失稳，一般不配置加劲肋；当$80<h_0/t_w\leqslant170\varepsilon_k$时，腹板会发生剪切失稳但不会发生弯曲失稳，应配置横向加劲肋；当$h_0/t_w>170\varepsilon_k$时，腹板会发生剪切失稳和弯曲失稳，应配置横向加劲肋和在受压区配置纵向加劲肋。

答案:C

29.**解** 《钢结构设计标准》(GB 50017—2017)第11.2.6条规定，角焊缝的搭接焊接连接中，当焊缝的计算长度l_w超过$60h_f$时，焊缝的承载力设计值应乘以折减系数。本题侧面角焊缝的计算长度$l_w=380-2\times6=368>60h_f=360\text{mm}$，焊缝的承载力设计值折减系数$\alpha_f=1.5-\dfrac{l_w}{120h_f}=1.5-\dfrac{368}{120\times6}=0.99$。

答案:D

30. **解**　砌体在局部压应力作用下，一方面压应力向四周扩散，同时没有直接承受压应力的部分像套箍一样约束其横向变形，使其处于三向受压的应力状态，从而间接提高了砌体的局部抗压强度，选项A正确，选项D错误。对于选项B，由于梁的弯曲作用，梁端支承处的局部受压面积上的应力是不均匀的。对于选项C，增设梁垫或加大梁端截面宽度，均可提高砌体的局部受压面积，是防止砌体局部受压破坏的有效措施。

答案:D

31. **解**　横墙间距，屋盖或楼盖的类别是影响砌体结构房屋空间工作性能的主要因素，见《砌体结构设计规范》(GB 50003—2011)第4.2.1条表4.2.1。横墙间距越小，其空间工作性能越好，选项A、C错误。现浇混凝土屋(楼)盖较木屋(楼)盖房屋的空间工作性能好，选项B正确。墙体的高厚比越大，在墙体厚度一定的条件下，构件越细长，稳定性越差，将影响房屋的空间刚度，选项D错误。

答案:B

32. **解**　由《砌体结构设计规范》(GB 50003—2011)第4.2.1条表4.2.1可知，砌体结构房屋静力计算，采用刚性方案、刚弹性方案或弹性方案的判别因素与屋盖或楼盖的类别以及房屋横墙的间距有关。第4.2.2条对刚性和刚弹性方案房屋的横墙刚度作了具体的要求。

答案:C

33. **解**　《砌体结构设计规范》(GB 50003—2011)规定：使用阶段，托梁跨中截面应按钢筋混凝土偏心受拉构件计算，托梁支座正截面和托梁斜截面应按钢筋混凝土受弯构件计算；施工阶段，托梁应按钢筋混凝土受弯构件进行受弯、受剪承载力验算。

答案:C

34. **解**　从任一杆件开始用逐次增加二元体的办法，即可知除支座外的上部为几何不变且无多余约束，可视为一刚片，再与大地用不交于一点的三链杆相连，符合两刚片规则。

答案:C

35. **解**　图(1)及图(2)为静定结构，其内力由静力平衡条件唯一确定，对A取矩平衡，可知N_2的值等于N_1水平分力的值，即N_2小于N_1，故可排除选项A，选B；而图(3)及图(4)为超静定结构，其内力取决于平衡条件及变形协调条件，两图链杆布置不同其轴力不可能相同，可排除选项D；由于固定端A的嵌固作用，N_3应小于N_2，故可排除选项C。

答案:B

36. **解**　如果两跨刚度相同，有如下解答。

利用对称性，并引用载常数，可知 BC 跨的受力状态如图所示。

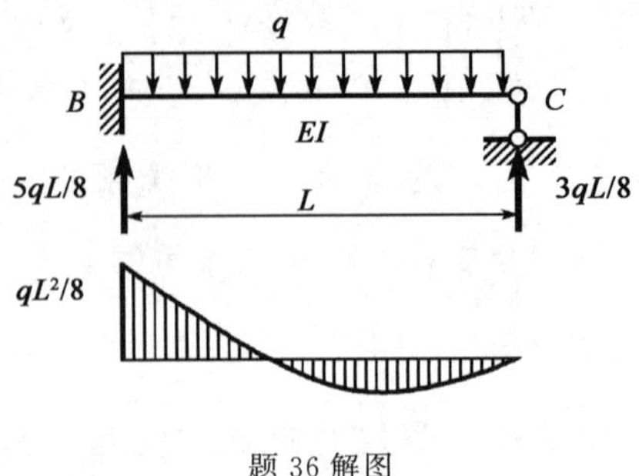

题 36 解图

AB 跨类似。

由结点 B 平衡 5qL/8 B 5qL/8 R_B

可得：$R_B=5ql/4$

答案：C

37. **解** 撤去一个固定端(相当于撤去三个约束)即变为静定结构，故原结构有三个多余约束，三次超静定。

答案：C

38. **解** 计算弯矩分配系数

$$\mu_{AB}=\frac{S_{AB}}{\sum\limits_{A}S}=\frac{3i_{AB}}{3i_{AB}+4i_{AC}+i_{AD}}=\frac{3\ \dfrac{EI}{L}}{3\ \dfrac{EI}{L}+4\ \dfrac{EI}{L}+\dfrac{EI}{0.5L}}=\frac{3}{9}=\frac{1}{3}$$

转动刚度汇总：远端固定，$S=4i$；远端简支，$S=3i$；远端滑动，$S=i$；远端自由，$S=0$。

答案：A

39. **解** 求沿振动方向的侧移刚度系数 $k=2\left(\dfrac{3EI}{H^3}\right)+k_0=\dfrac{6EI}{H^3}+k_0$

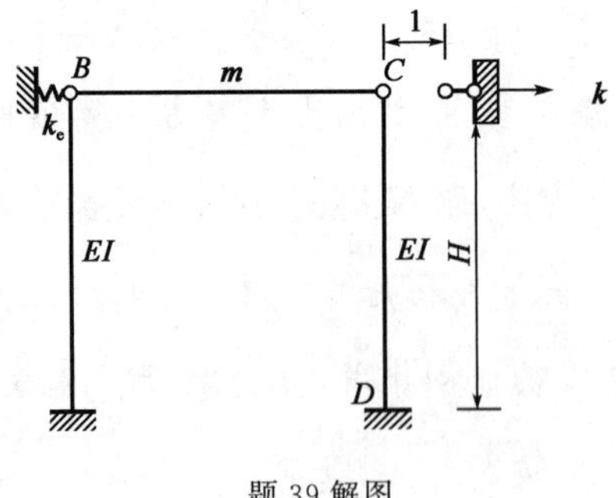

题 39 解图

代入频率计算公式 $\omega=\sqrt{\dfrac{k}{m}}=\sqrt{\dfrac{\dfrac{6EI}{H^3}+k_0}{m}}$

答案:B

40.**解** 各杆线刚度相同,即 $i=EI/l$

由 C 点平衡条件:$\sum M_C=M_{CB}+M_{CD}=0$

已知:$M_{CB}=2i\theta_B+4i\theta_C$,$M_{CD}=3i\theta_C$

则 $2i\theta_B+4i\theta_C+3i\theta_C=0$

得 $\theta_C=-\dfrac{2}{7}\theta_B=-\dfrac{2}{7}\times\left(\dfrac{-7Pl^2}{240EI}\right)=\dfrac{Pl^2}{120EI}$

答案:C

41.**解** 图示结构为静定结构,根据温度变化情况,可勾画出结构的大致变形图如图所示。由变形可知位移:C 点向下,D 点向上。

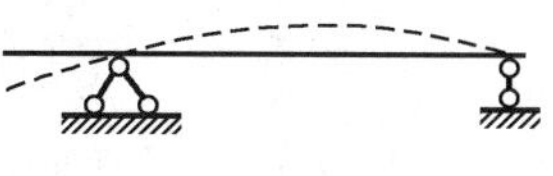

题 41 解图

答案:D

42.**解** AB 杆远端 B 为固定端,$S_{AB}=4i$。AC 杆远端 C 处链杆与杆件平行,$S_{AC}=0$。AD 杆远端 D 处为铰支,$S_{AD}=3i$。故在结点 A 需施加的外力偶为 $4i+0+3i=7i$。

答案:A

43.**解** 系数 $k_{11}=4\times2i+4i+3\times2i=18i=36$。

答案:D

44.**解** $M_{AB}^{\mu}=\dfrac{4\dfrac{EI}{4}}{4\dfrac{EI}{4}+3\dfrac{EI}{3}+\dfrac{4EI}{4}}\times24\text{kN}\cdot\text{m}=8\text{kN}\cdot\text{m}$

答案:D

45.**解** 结构对称荷载反对称,其反力及内力必为反对称,可知两个水平反力等值同向,设方向向左,根据结构整体平衡有:

$$\sum X=0,H_A+H_B=2H_A=P+P$$

$$H_A=P$$

答案:A

46.**解** 图乘法求 Δ_{1P}、δ_{12} 时,同侧弯矩图相乘为正,异侧相乘为负。

答案:B

47. **解**　用静力法。

答案:B

48. **解**　刚度愈大,自振周期值愈小。

答案:B

49. **解**　正交表中"L"代表正交表,L下角的数字表示试验次数,括号内的数字"2"表示水平数,2上角的数字表示因素的数量。三种正交表试验次数和因素数均不同,但水平数相同。

答案:B

50. **解**　加载设备应具有足够的强度和刚度,主要是由于加载过程中加载设备也有变形。如果加载设备刚度不足,变形不稳定,就会对试件产生卸荷作用而减轻试件实际承受的荷载。加载设备有足够的强度和刚度,对试件的强度和试件的变形就没有影响,而加载过程加载设备也不可能破坏。

答案:D

51. **解**　受剪的混凝土构件破坏标志之一是,钢筋末端相对于混凝土的滑移值达到0.2mm。

答案:D

52. **解**　结构的动力特性包括结构的自振频率、阻尼系数(阻尼比)、振型等基本参数,这些参数与结构的形式、质量分布、结构刚度、材料性质和构造等因素有关,与外荷载无关。

答案:B

53. **解**　非破损检测技术是在不破坏不影响结构整体工作性能的前提下,测定与结构材料性能有关的各种物理量,来推定结构材料强度和检测内部缺陷的一种检测技术。而认为该技术对结构整体工作性能有轻微影响或有较为严重影响,以及测定与结构设计有关的影响因素都是不正确的。

答案:D

54. **解**　根据条形基础整体剪切破坏的地基极限承载力计算公式计算:

$$p_u = \frac{1}{2}\gamma b N_\gamma + qN_q + cN_c$$

$$= 0.5 \times 5 \times 10 \times 10 + 7.42 \times 2 \times 18 + 12 \times 17.6 = 728.32\text{kPa}$$

答案:A

55. **解** 临塑荷载 P_{cr} 是指地基中刚要出现塑性剪切区的荷载。塑性荷载是指地基中出现规定的塑性区深度时对应的荷载。如基础底面宽度为 b，塑性区开展深度为 $b/4$ 或 $b/3$ 时，相应的荷载为 $P_{1/4}$ 或 $P_{1/3}$ 称为临界荷载。极限荷载 P_u 是指地基中塑性区连成一片，地基出现完整连续的剪切破坏面时对应的荷载。它们之间数值大小关系是 $P_{cr}<P_{1/4}<P_{1/3}<P_u$。

答案：A

56. **解** 勘察阶段与设计阶段对应，一般分为可行性研究勘察阶段、初步勘察阶段和详细勘察阶段；对场地条件复杂的，宜进行施工勘察；详勘阶段在于针对建筑物地基及具体工程地质问题，为施工图设计和施工提供设计计算参数和可靠的依据，因此正确答案为 C。

答案：C

57. **解** 考虑群桩作用下，桩数超过 3 根的摩擦桩基础，群桩承载力需考虑群桩效应。

答案：D

58. **解** 设置排水层可以增大排水能力。加大地面预压荷载有发生地基强度破坏的可能。持续作用荷载才有利于孔隙水排出。

答案：A

59. **解** 依据《建筑地基基础设计规范》(GB 50007—2011)第 5.1.1 条，基础埋置深度与基础平面形状无关。

答案：D

60. **解** 软弱黏土中砂桩复合地基的承载力，它是由置换后的密实砂桩和被挤密排水的桩周软弱黏土共同提供的；对于桩周天然土体来说由于砂桩成桩过程，对桩周土有排水、挤密作用。

答案：D

全国勘察设计注册工程师

执业资格考试通关试卷［二］

基础考试
(上)

二〇二〇年十月

应考人员注意事项

1. 本试卷科目代码为“1”，考生务必将此代码填涂在答题卡“科目代码”相应的栏目内，否则，无法评分。
2. 书写用笔：**黑色或蓝色钢笔、签字笔或圆珠笔**；
   填涂答题卡用笔：**黑色 2B 铅笔**。
3. 必须用书写用笔将工作单位、姓名、准考证号填写在答题卡和试卷相应的栏目内。
4. 本试卷由 120 题组成，每题 1 分，满分 120 分，本试卷全部为单项选择题，每小题的四个备选项中只有一个正确答案，错选、多选、不选均不得分。
5. 考生作答时，必须**按题号在答题卡上**将相应试题所选选项对应的**字母用 2B 铅笔涂黑**。
6. 在答题卡上书写与题意无关的语言，或在答题卡上作标记的，均按违纪试卷处理。
7. 考试结束时，由监考人员当面将试卷、答题卡一并收回。
8. 草稿纸由各地统一配发，考后收回。

单项选择题(共 120 题,每题 1 分。每题的备选项中只有一个最符合题意。)

1. 设直线方程为 $x=y-1=z$,平面方程为 $x-2y+z=0$,则直线与平面:

A. 重合

B. 平行不重合

C. 垂直相交

D. 相交不垂直

2. 在三维空间中,方程 $y^2-z^2=1$ 所代表的图形是:

A. 母线平行 x 轴的双曲柱面

B. 母线平行 y 轴的双曲柱面

C. 母线平行 z 轴的双曲柱面

D. 双曲线

3. 当 $x\to 0$ 时,3^x-1 是 x 的:

A. 高阶无穷小

B. 低阶无穷小

C. 等价无穷小

D. 同阶但非等价无穷小

4. 函数 $f(x)=\dfrac{x-x^2}{\sin\pi x}$ 的可去间断点的个数为:

A. 1 个

B. 2 个

C. 3 个

D. 无穷多个

5. 如果 $f(x)$ 在 x_0 点可导,$g(x)$ 在 x_0 点不可导,则 $f(x)g(x)$ 在 x_0 点:

A. 可能可导也可能不可导

B. 不可导

C. 可导

D. 连续

6. 当 $x>0$ 时,下列不等式中正确的是:

A. $e^x<1+x$

B. $\ln(1+x)>x$

C. $e^x<ex$

D. $x>\sin x$

7. 若函数 $f(x,y)$ 在闭区域 D 上连续，下列关于极值点的陈述中正确的是：

A. $f(x,y)$ 的极值点一定是 $f(x,y)$ 的驻点

B. 如果 P_0 是 $f(x,y)$ 的极值点，则 P_0 点处 $B^2-AC<0\left(其中,A=\frac{\partial^2 f}{\partial x^2},B=\frac{\partial^2 f}{\partial x \partial y},C=\frac{\partial^2 f}{\partial y^2}\right)$

C. 如果 P_0 是可微函数 $f(x,y)$ 的极值点，则在 P_0 点处 $\mathrm{d}f=0$

D. $f(x,y)$ 的最大值点一定是 $f(x,y)$ 的极大值点

8. $\int \frac{\mathrm{d}x}{\sqrt{x}(1+x)}=$

A. $\arctan\sqrt{x}+C$

B. $2\arctan\sqrt{x}+C$

C. $\tan(1+x)$

D. $\frac{1}{2}\arctan x+C$

9. 设 $f(x)$ 是连续函数，且 $f(x)=x^2+2\int_0^2 f(t)\mathrm{d}t$，则 $f(x)=$

A. x^2

B. x^2-2

C. $2x$

D. $x^2-\frac{16}{9}$

10. $\int_{-2}^{2}\sqrt{4-x^2}\,\mathrm{d}x=$

A. π

B. 2π

C. 3π

D. $\frac{\pi}{2}$

11. 设 L 为连接 $(0,2)$ 和 $(1,0)$ 的直线段，则对弧长的曲线积分 $\int_L(x^2+y^2)\mathrm{d}S=$

A. $\frac{\sqrt{5}}{2}$

B. 2

C. $\frac{3\sqrt{5}}{2}$

D. $\frac{5\sqrt{5}}{3}$

12. 曲线 $y=e^{-x}(x\geqslant 0)$ 与直线 $x=0,y=0$ 所围图形，绕 ox 轴旋转所得旋转体的体积为：

A. $\frac{\pi}{2}$

B. π

C. $\frac{\pi}{3}$

D. $\frac{\pi}{4}$

13. 若级数$\sum_{n=1}^{\infty}u_n$收敛，则下列级数中不收敛的是：

A. $\sum_{n=1}^{\infty}ku_n(k\neq 0)$

B. $\sum_{n=1}^{\infty}u_{n+100}$

C. $\sum_{n=1}^{\infty}\left(u_{2n}+\frac{1}{2^n}\right)$

D. $\sum_{n=1}^{\infty}\frac{50}{u_n}$

14. 设幂级数$\sum_{n=0}^{\infty}a_nx^n$的收敛半径为 2，则幂级数$\sum_{n=1}^{\infty}na_n(x-2)^{n+1}$的收敛区间是：

A. $(-2,2)$

B. $(-2,4)$

C. $(0,4)$

D. $(-4,0)$

15. 微分方程 $xy\mathrm{d}x=\sqrt{2-x^2}\,\mathrm{d}y$ 的通解是：

A. $y=e^{-C\sqrt{2-x^2}}$

B. $y=e^{-\sqrt{2-x^2}}+C$

C. $y=Ce^{-\sqrt{2-x^2}}$

D. $y=C-\sqrt{2-x^2}$

16. 微分方程$\frac{\mathrm{d}y}{\mathrm{d}x}-\frac{y}{x}=\tan\frac{y}{x}$的通解是：

A. $\sin\frac{y}{x}=Cx$

B. $\cos\frac{y}{x}=Cx$

C. $\sin\frac{y}{x}=x+C$

D. $Cx\sin\frac{y}{x}=1$

17. 设 $\boldsymbol{A}=\begin{bmatrix}1&0&1\\0&1&2\\-2&0&-3\end{bmatrix}$，则 $\boldsymbol{A}^{-1}=$

A. $\begin{bmatrix}3&0&1\\4&1&2\\2&0&1\end{bmatrix}$

B. $\begin{bmatrix}3&0&1\\4&1&2\\-2&0&-1\end{bmatrix}$

C. $\begin{bmatrix}-3&0&-1\\4&1&2\\-2&0&-1\end{bmatrix}$

D. $\begin{bmatrix}3&0&1\\-4&-1&-2\\2&0&1\end{bmatrix}$

18. 设 3 阶矩阵 $\boldsymbol{A}=\begin{bmatrix}1&1&a\\1&a&1\\a&1&1\end{bmatrix}$，已知 $\boldsymbol{A}$ 的伴随矩阵的秩为 1，则 $a=$

A. -2　　B. -1　　C. 1　　D. 2

19. 设 $\boldsymbol{A}$ 是 3 阶矩阵，$\boldsymbol{P}=(\alpha_1,\alpha_2,\alpha_3)$ 是 3 阶可逆矩阵，且 $\boldsymbol{P}^{-1}\boldsymbol{A}\boldsymbol{P}=\begin{bmatrix}1&0&0\\0&2&0\\0&0&0\end{bmatrix}$。

若矩阵 $\boldsymbol{Q}=(\alpha_2,\alpha_1,\alpha_3)$，则 $\boldsymbol{Q}^{-1}\boldsymbol{A}\boldsymbol{Q}=$

A. $\begin{bmatrix}1&0&0\\0&2&0\\0&0&0\end{bmatrix}$

B. $\begin{bmatrix}2&0&0\\0&1&0\\0&0&0\end{bmatrix}$

C. $\begin{bmatrix}0&1&0\\2&0&0\\0&0&0\end{bmatrix}$

D. $\begin{bmatrix}0&2&0\\1&0&0\\0&0&0\end{bmatrix}$

20. 齐次线性方程组 $\begin{cases}x_1-x_2+x_4=0\\x_1-x_3+x_4=0\end{cases}$ 的基础解系为：

A. $\alpha_1=(1,1,1,0)^{\mathrm{T}},\alpha_2=(-1,-1,1,0)^{\mathrm{T}}$

B. $\alpha_1=(2,1,0,1)^{\mathrm{T}},\alpha_2=(-1,-1,1,0)^{\mathrm{T}}$

C. $\alpha_1=(1,1,1,0)^{\mathrm{T}},\alpha_2=(-1,0,0,1)^{\mathrm{T}}$

D. $\alpha_1=(2,1,0,1)^{\mathrm{T}},\alpha_2=(-2,-1,0,1)^{\mathrm{T}}$

21. 设 A,B 是两个事件，$P(A)=0.3$，$P(B)=0.8$，则当 $P(A\cup B)$ 为最小值时，$P(AB)=$

A. 0.1

B. 0.2

C. 0.3

D. 0.4

22. 三个人独立地破译一份密码，每人能独立译出这份密码的概率分别为 $\frac{1}{5}$、$\frac{1}{3}$、$\frac{1}{4}$，则这份密码被译出的概率为：

A. $\frac{1}{3}$

B. $\frac{1}{2}$

C. $\frac{2}{5}$

D. $\frac{3}{5}$

23. 设随机变量 X 的概率密度为 $f(x)=\begin{cases}2x, & 0<x<1\\0, & 其他\end{cases}$，$Y$ 表示对 X 的 3 次独立重复观察中事件 $\{X\leqslant\frac{1}{2}\}$ 出现的次数，则 $P\{Y=2\}$ 等于：

A. $\frac{3}{64}$

B. $\frac{9}{64}$

C. $\frac{3}{16}$

D. $\frac{9}{16}$

24. 设随机变量 X 和 Y 都服从 $N(0,1)$ 分布，则下列叙述中正确的是：

A. $X+Y\sim$ 正态分布

B. $X^2+Y^2\sim\chi^2$ 分布

C. X^2 和 Y^2 都 $\sim\chi^2$ 分布

D. $\frac{X^2}{Y^2}\sim F$ 分布

25. 一瓶氦气和一瓶氮气，它们每个分子的平均平动动能相同，而且都处于平衡态，则它们：

A. 温度相同，氦分子和氮分子的平均动能相同

B. 温度相同，氦分子和氮分子的平均动能不同

C. 温度不同，氦分子和氮分子的平均动能相同

D. 温度不同，氦分子和氮分子的平均动能不同

26. 最概然速率 v_p 的物理意义是：

A. v_p 是速率分布中的最大速率

B. v_p 是大多数分子的速率

C. 在一定的温度下，速率与 v_p 相近的气体分子所占的百分率最大

D. v_p 是所有分子速率的平均值

27. 1mol 理想气体从平衡态 $2p_1$、V_1 沿直线变化到另一平衡态 p_1、$2V_1$，则此过程中系统的功和内能的变化是：

A. $W>0,\Delta E>0$

B. $W<0,\Delta E<0$

C. $W>0,\Delta E=0$

D. $W<0,\Delta E>0$

28. 在保持高温热源温度 T_1 和低温热源温度 T_2 不变的情况下，使卡诺热机的循环曲线所包围的面积增大，则会：

A. 净功增大，效率提高

B. 净功增大，效率降低

C. 净功和功率都不变

D. 净功增大，效率不变

29. 一平面简谐波的波动方程为 $y=0.01\cos 10\pi(25t-x)$(SI)，则在 $t=0.1$s 时刻，$x=2$m 处质元的振动位移是：

A. 0.01cm　　B. 0.01m

C. −0.01m　　D. 0.01mm

30. 对于机械横波而言，下面说法正确的是：

A. 质元处于平衡位置时，其动能最大，势能为零

B. 质元处于平衡位置时，其动能为零，势能最大

C. 质元处于波谷处时，动能为零，势能最大

D. 质元处于波峰处时，动能与势能均为零

31. 在波的传播方向上，有相距为 3m 的两质元，两者的相位差为 $\frac{\pi}{6}$，若波的周期为 4s，则此波的波长和波速分别为：

A. 36m 和 6m/s　　B. 36m 和 9m/s

C. 12m 和 6m/s　　D. 12m 和 9m/s

32. 在双缝干涉实验中，入射光的波长为 λ，用透明玻璃纸遮住双缝中的一条缝(靠近屏一侧)，若玻璃纸中光程比相同厚度的空气的光程大 2.5λ，则屏上原来的明纹处：

A. 仍为明条纹　　B. 变为暗条纹

C. 既非明纹也非暗纹　　D. 无法确定是明纹还是暗纹

33. 在真空中，可见光的波长范围为：

A. 400～760nm　　B. 400～760mm

C. 400～760cm　　D. 400～760m

34. 有一玻璃劈尖，置于空气中，劈尖角为 θ，用波长为 λ 的单色光垂直照射时，测得相邻明纹间距为 l，若玻璃的折射率为 n，则 θ、λ、l 与 n 之间的关系为：

A. $\theta=\frac{\lambda n}{2l}$　　B. $\theta=\frac{l}{2n\lambda}$

C. $\theta=\frac{l\lambda}{2n}$　　D. $\theta=\frac{\lambda}{2nl}$

35. 一束自然光垂直穿过两个偏振片，两个偏振片的偏振化方向成 45°角。已知通过此两偏振片后的光强为 I，则入射至第二个偏振片的线偏振光强度为：

A. I　　B. $2I$

C. $3I$　　D. $\frac{I}{2}$

36. 一单缝宽度 $a=1\times10^{-4}$m，透镜焦距 $f=0.5$m，若用 $\lambda=400$nm 的单色平行光垂直入射，中央明纹的宽度为：

A. 2×10^{-3}m　　B. 2×10^{-4}m

C. 4×10^{-4}m　　D. 4×10^{-3}m

37. 29 号元素的核外电子分布式为：

A. $1s^2 2s^2 2p^6 3s^2 3p^6 3d^9 4s^2$　　B. $1s^2 2s^2 2p^6 3s^2 3p^6 3d^{10} 4s^1$

C. $1s^2 2s^2 2p^6 3s^2 3p^6 4s^1 3d^{10}$　　D. $1s^2 2s^2 2p^6 3s^2 3p^6 4s^2 3d^9$

38. 下列各组元素的原子半径从小到大排序错误的是：

A. Li＜Na＜K　　B. Al＜Mg＜Na

C. C＜Si＜Al　　D. P＜As＜Se

39. 下列溶液混合，属于缓冲溶液的是：

A. 50mL0.2mol·L^{-1} CH_3COOH 与 50mL0.1mol·L^{-1} NaOH

B. 50mL0.1mol·L^{-1} CH_3COOH 与 50mL0.1mol·L^{-1} NaOH

C. 50mL0.1mol·L^{-1} CH_3COOH 与 50mL0.2mol·L^{-1} NaOH

D. 50mL0.2mol·L^{-1} HCl 与 50mL0.1mol·L^{-1} NH_3H_2O

40. 在一容器中，反应 $2NO_2(g) \rightleftharpoons 2NO(g)+O_2(g)$，恒温条件下达到平衡后，加一定量 Ar 气体保持总压力不变，平衡将会：

A. 向正方向移动　　B. 向逆方向移动

C. 没有变化　　D. 不能判断

41. 某第 4 周期的元素，当该元素原子失去一个电子成为正 1 价离子时，该离子的价层电子排布式为 $3d^{10}$，则该元素的原子序数是：

A. 19　　B. 24

C. 29　　D. 36

42. 对于一个化学反应，下列各组中关系正确的是：

A. $\Delta_r G_m^\ominus>0, K^\ominus<1$　　B. $\Delta_r G_m^\ominus>0, K^\ominus>1$

C. $\Delta_r G_m^\ominus<0, K^\ominus=1$　　D. $\Delta_r G_m^\ominus<0, K^\ominus<1$

43. 价层电子构型为 $4d^{10}5s^1$ 的元素在周期表中属于：

A. 第四周期 VIIB 族　　B. 第五周期 IB 族

C. 第六周期 VIIB 族　　D. 镧系元素

44. 下列物质中，属于酚类的是：

A. C_3H_7OH

B. $C_6H_5CH_2OH$

C. C_6H_5OH

D. $CH_2—CH—CH_2$
$\ \ \ |\qquad\ |\qquad\ |$
$\ \ OH\quad OH\quad OH$

45. 有机化合物 $H_3C—CH—CH—CH_2—CH_3$ 的名称是：
$\qquad\qquad\qquad\qquad\ \ |\qquad\ |$
$\qquad\qquad\qquad\quad\ CH_3\ \ CH_3$

A. 2-甲基-3-乙基丁烷

B. 3，4-二甲基戊烷

C. 2-乙基-3-甲基丁烷

D. 2，3-二甲基戊烷

46. 下列物质中，两个氢原子的化学性质不同的是：

A. 乙炔

B. 甲酸

C. 甲醛

D. 乙二酸

47. 两直角刚杆 AC、CB 支承如图所示，在铰 C 处受力 F 作用，则 A、B 两处约束力的作用线与 x 轴正向所成的夹角分别为：

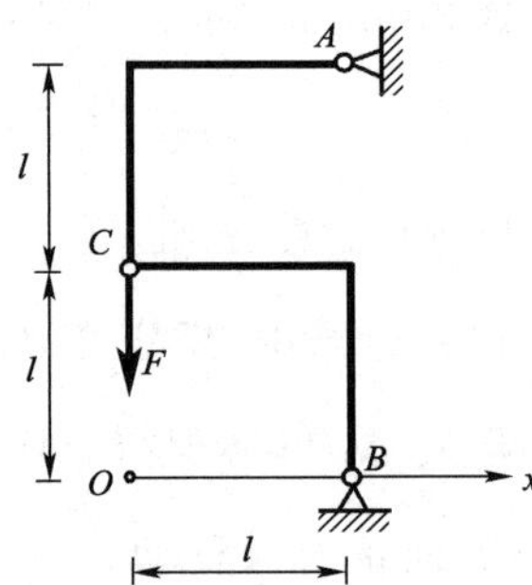

A. 0°；90°

B. 90°；0°

C. 45°；60°

D. 45°；135°

48. 在图示四个力三角形中，表示 $\boldsymbol{F}_R=\boldsymbol{F}_1+\boldsymbol{F}_2$ 的图是：

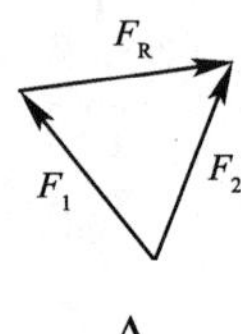

A.

B.

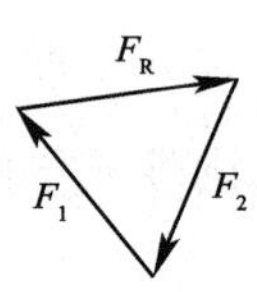

C.

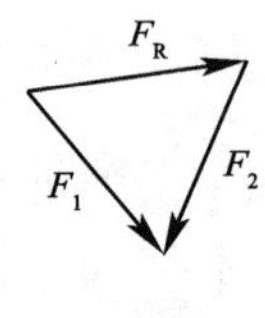

D.

49. 均质杆 AB 长为 l，重为 $\boldsymbol{W}$，受到如图所示的约束，绳索 ED 处于铅垂位置，A、B 两处为光滑接触，杆的倾角为 α，又 $CD=l/4$，则 A、B 两处对杆作用的约束力大小关系为：

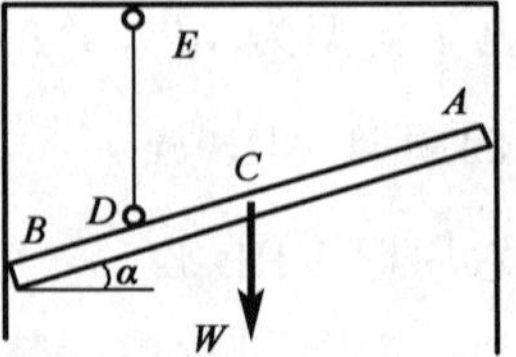

A. $F_{NA}=F_{NB}=0$

B. $F_{NA}=F_{NB}\neq 0$

C. $F_{NA}\leqslant F_{NB}$

D. $F_{NA}\geqslant F_{NB}$

50. 一重力大小为 $W=60\text{kN}$ 的物块，自由放置在倾角为 $\alpha=30°$ 的斜面上，如图所示，若物块与斜面间的静摩擦系数为 $f=0.4$，则该物块的状态为：

A. 静止状态

B. 临界平衡状态

C. 滑动状态

D. 条件不足，不能确定

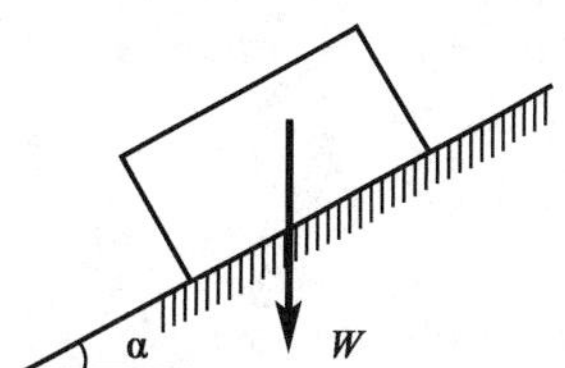

51. 当点运动时，若位置矢大小保持不变，方向可变，则其运动轨迹为：

A. 直线　　B. 圆周

C. 任意曲线　　D. 不能确定

52. 刚体做平动时，某瞬时体内各点的速度和加速度为：

A. 体内各点速度不相同，加速度相同

B. 体内各点速度相同，加速度不相同

C. 体内各点速度相同，加速度也相同

D. 体内各点速度不相同，加速度也不相同

53. 在图示机构中，杆 $O_1A=O_2B$，$O_1A\parallel O_2B$，杆 $O_2C=$ 杆 O_3D，$O_2C\parallel O_3D$，且 $O_1A=20\text{cm}$，$O_2C=40\text{cm}$，若杆 O_1A 以角速度 $\omega=3\text{rad/s}$ 匀速转动，则杆 CD 上任意点 M 速度及加速度的大小分别为：

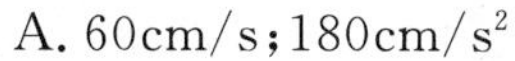

A. 60cm/s；180cm/s^2

B. 120cm/s；360cm/s^2

C. 90cm/s；270cm/s^2

D. 120cm/s；150cm/s^2

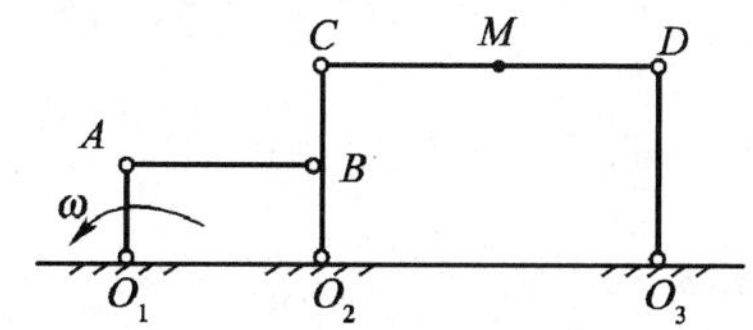

54. 图示均质圆轮，质量为 m，半径为 r，在铅垂图面内绕通过圆轮中心 O 的水平轴以匀角速度 ω 转动。则系统动量、对中心 O 的动量矩、动能的大小分别为：

A. 0；$\frac{1}{2}mr^2\omega$；$\frac{1}{4}mr^2\omega^2$

B. $mr\omega$；$\frac{1}{2}mr^2\omega$；$\frac{1}{4}mr^2\omega^2$

C. 0；$\frac{1}{2}mr^2\omega$；$\frac{1}{2}mr^2\omega^2$

D. 0；$\frac{1}{4}mr^2\omega$；$\frac{1}{4}mr^2\omega^2$

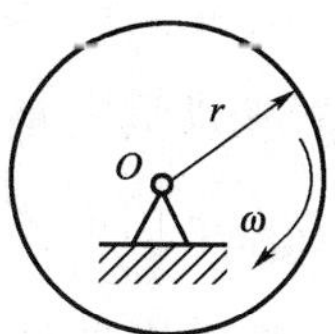

55. 如图所示，两重物 M_1 和 M_2 的质量分别为 m_1 和 m_2，两重物系在不计质量的软绳上，绳绕过均质定滑轮，滑轮半径 r，质量为 m，则此滑轮系统的动量为：

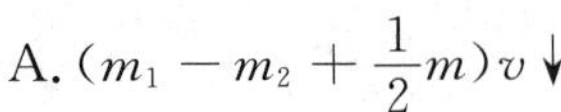

A. $(m_1-m_2+\frac{1}{2}m)v\downarrow$

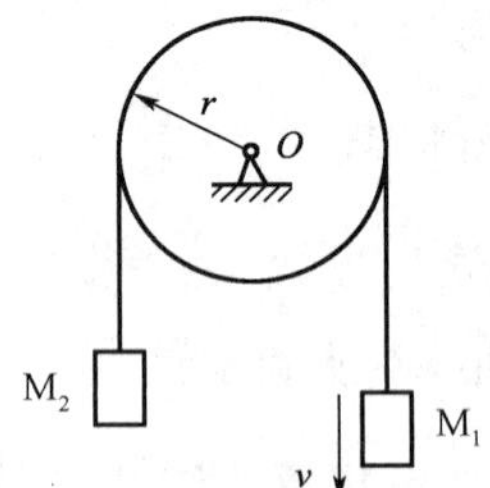

B. $(m_1-m_2)v\downarrow$

C. $(m_1+m_2+\frac{1}{2}m)v\uparrow$

D. $(m_1-m_2)v\uparrow$

56. 均质细杆 AB 重力为 $\boldsymbol{P}$、长 $2L$，A 端铰支，B 端用绳系住，处于水平位置，如图所示，当 B 端绳突然剪断瞬时，AB 杆的角加速度大小为：

A. 0

B. $\frac{3g}{4L}$

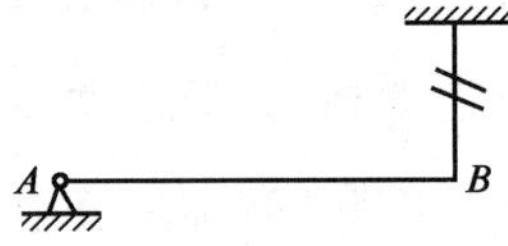

C. $\frac{3g}{2L}$

D. $\frac{6g}{L}$

57. 质量为 m，半径为 R 的均质圆盘，绕垂直于图面的水平轴 O 转动，其角速度为 ω。在图示瞬间，角加速度为 0，盘心 C 在其最低位置，此时将圆盘的惯性力系向 O 点简化，其惯性力主矢和惯性力主矩的大小分别为：

A. $m\frac{R}{2}\omega^2$；0

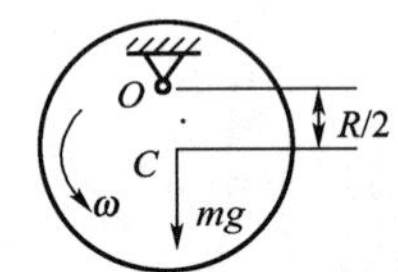

B. $mR\omega^2$；0

C. 0；0

D. 0；$\frac{1}{2}m\frac{R}{2}\omega^2$

58. 图示装置中，已知质量 $m=200\text{kg}$，弹簧刚度 $k=100\text{N/cm}$，则图中各装置的振动周期为：

A. 图 a)装置振动周期最大

B. 图 b)装置振动周期最大

C. 图 c)装置振动周期最大

D. 三种装置振动周期相等

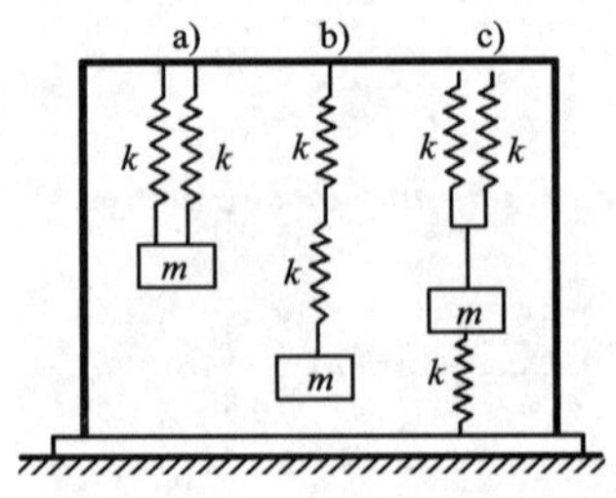

59. 圆截面杆 ABC 轴向受力如图，已知 BC 杆的直径 $d=100\text{mm}$，AB 杆的直径为 $2d$。杆的最大的拉应力为：

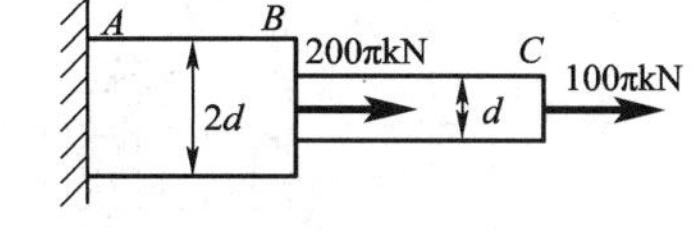

A. 40MPa

B. 30MPa

C. 80MPa

D. 120MPa

60. 已知铆钉的许可切应力为$[\tau]$，许可挤压应力为$[\sigma_{bs}]$，钢板的厚度为 t，则图示铆钉直径 d 与钢板厚度 t 的关系是：

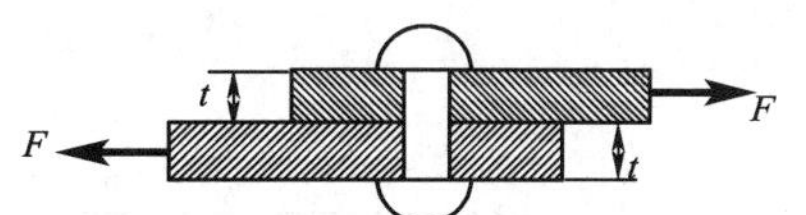

A. $d=\dfrac{8t[\sigma_{bs}]}{\pi[\tau]}$

B. $d=\dfrac{4t[\sigma_{bs}]}{\pi[\tau]}$

C. $d=\dfrac{\pi[\tau]}{8t[\sigma_{bs}]}$

D. $d=\dfrac{\pi[\tau]}{4t[\sigma_{bs}]}$

61. 图示受扭空心圆轴横截面上的切应力分布图中，正确的是：

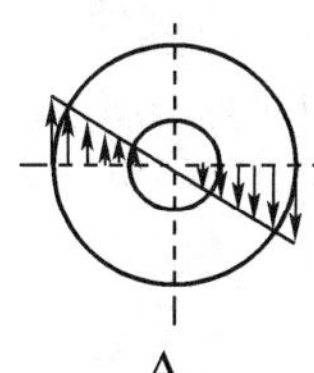
A.

B.

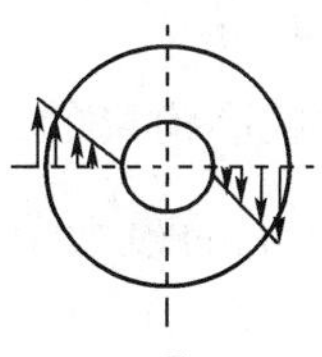
C.

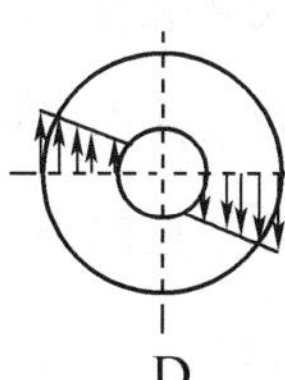
D.

62. 图示截面的抗弯截面模量 W_z 为：

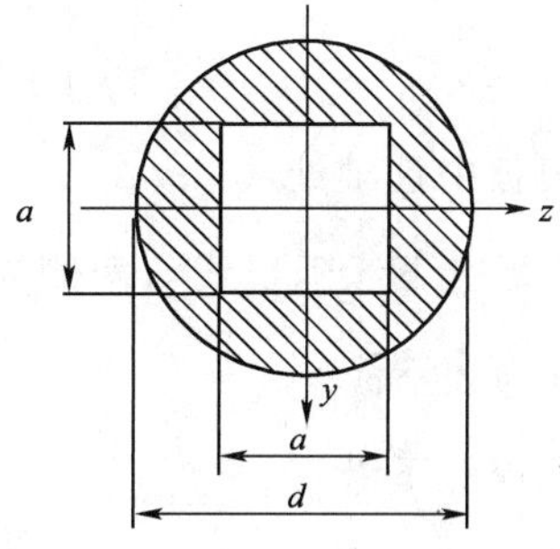

A. $W_z=\dfrac{\pi d^3}{32}-\dfrac{a^3}{6}$

B. $W_z=\dfrac{\pi d^3}{32}-\dfrac{a^4}{6d}$

C. $W_z=\dfrac{\pi d^3}{32}-\dfrac{a^3}{6d}$

D. $W_z=\dfrac{\pi d^4}{64}-\dfrac{a^4}{12}$

63. 梁的弯矩图如图所示，最大值在 B 截面。在梁的 A、B、C、D 四个截面中，剪力为 0 的截面是：

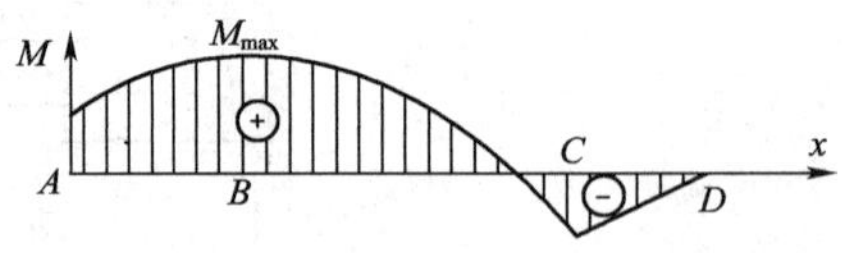

A. A 截面　　B. B 截面

C. C 截面　　D. D 截面

64. 图示悬臂梁 AB，由三根相同的矩形截面直杆胶合而成，材料的许可应力为$[\sigma]$。若胶合面开裂，假设开裂后三根杆的挠曲线相同，接触面之间无摩擦力，则开裂后的梁承载能力是原来的：

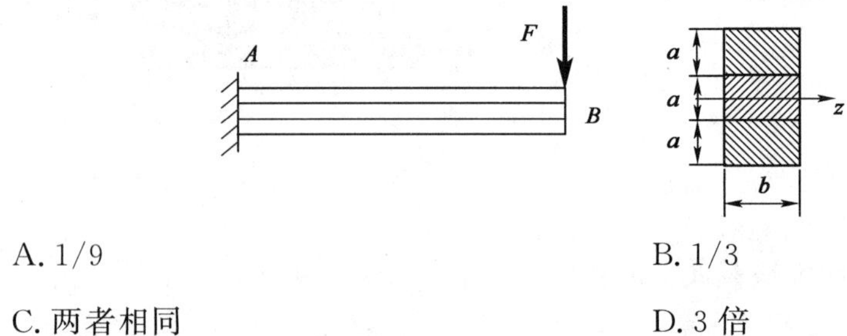

A. 1/9　　B. 1/3

C. 两者相同　　D. 3 倍

65. 梁的横截面是由狭长矩形构成的工字形截面，如图所示，z 轴为中性轴，截面上的剪力竖直向下，该截面上的最大切应力在：

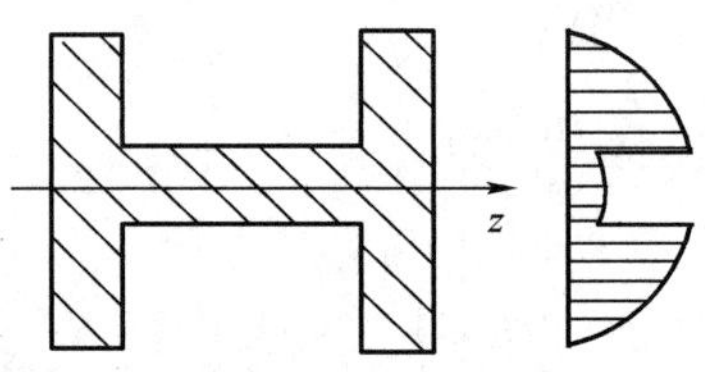

A. 腹板中性轴处

B. 腹板上下缘延长线与两侧翼缘相交处

C. 截面上下缘

D. 腹板上下缘

66. 矩形截面简支梁中点承受集中力 F。若 $h=2b$，分别采用图 a)、图 b)两种方式放置，图 a)梁的最大挠度是图 b)梁的：

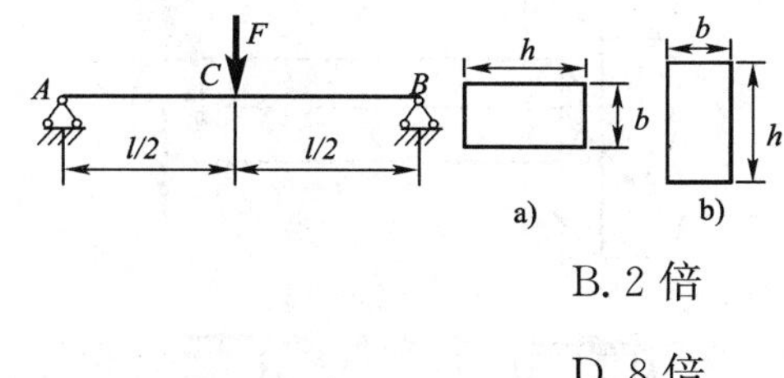

A. 1/2　　B. 2 倍

C. 4 倍　　D. 8 倍

67. 在图示 xy 坐标系下，单元体的最大主应力 σ_1 大致指向：

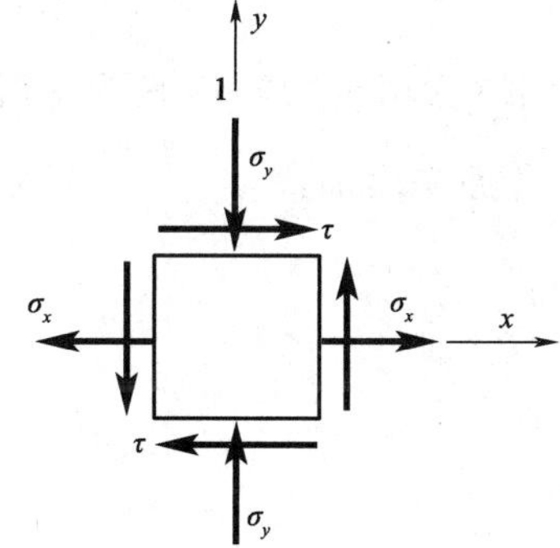

A. 第一象限，靠近 x 轴

B. 第一象限，靠近 y 轴

C. 第二象限，靠近 x 轴

D. 第二象限，靠近 y 轴

68. 图示变截面短杆，AB 段压应力 σ_{AB} 与 BC 段压应力 σ_{BC} 的关系是：

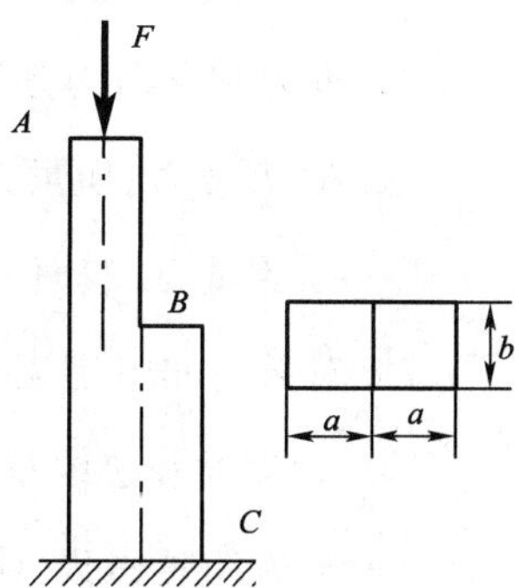

A. σ_{AB} 比 σ_{BC} 大 1/4

B. σ_{AB} 比 σ_{BC} 小 1/4

C. σ_{AB} 是 σ_{BC} 的 2 倍

D. σ_{AB} 是 σ_{BC} 的 1/2

69. 图示圆轴，固定端外圆上 $y=0$ 点（图中 A 点）的单元体的应力状态是：

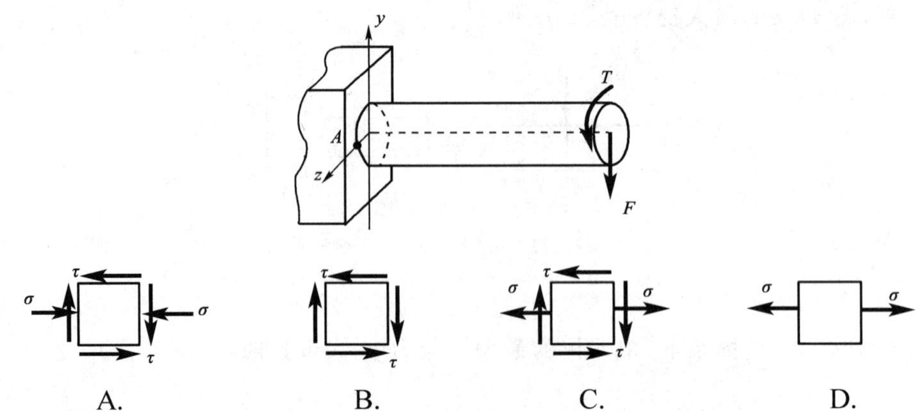

70. 一端固定一端自由的细长（大柔度）压杆，长为 L（图 a），当杆的长度减小一半时（图 b），其临界荷载 F_{cr} 比原来增加：

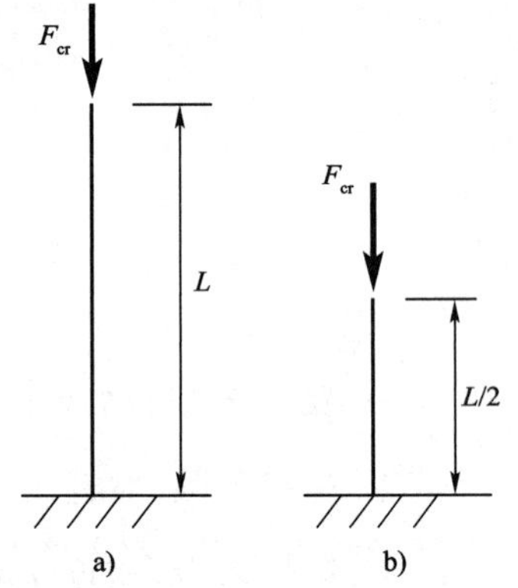

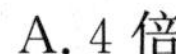
A. 4 倍

B. 3 倍

C. 2 倍

D. 1 倍

71. 空气的黏滞系数与水的黏滞系数 μ 分别随温度的降低而：

A. 降低，升高　　B. 降低，降低

C. 升高，降低　　D. 升高，升高

72. 重力和黏滞力分别属于：

A. 表面力、质量力　　B. 表面力、表面力

C. 质量力、表面力　　D. 质量力、质量力

73. 对某一非恒定流，以下对于流线和迹线的正确说法是：

A. 流线和迹线重合

B. 流线越密集，流速越小

C. 流线曲线上任意一点的速度矢量都与曲线相切

D. 流线可能存在折弯

74. 对某一流段，设其上、下游两断面1-1、2-2的断面面积分别为 A_1、A_2，断面流速分别为 v_1、v_2，两断面上任一点相对于选定基准面的高程分别为 Z_1、Z_2，相应断面同一选定点的压强分别为 p_1、p_2，两断面处的流体密度分别为 ρ_1、ρ_2，流体为不可压缩流体，两断面间的水头损失为 h_{l1-2}。下列方程表述一定错误的是：

A. 连续性方程：$v_1A_1=v_2A_2$

B. 连续性方程：$\rho_1v_1A_1=\rho_2v_2A_2$

C. 恒定总流能量方程：$\dfrac{p_1}{\rho_1g}+Z_1+\dfrac{v_1^2}{2g}=\dfrac{p_2}{\rho_2g}+Z_2+\dfrac{v_2^2}{2g}$

D. 恒定总流能量方程：$\dfrac{p_1}{\rho_1g}+Z_1+\dfrac{v_1^2}{2g}=\dfrac{p_2}{\rho_2g}+Z_2+\dfrac{v_2^2}{2g}+h_{l1-2}$

75. 水流经过变直径圆管，管中流量不变，已知前段直径 $d_1=30$mm，雷诺数为5000，后段直径变为 $d_2=60$mm，则后段圆管中的雷诺数为：

A. 5000　　B. 4000　　C. 2500　　D. 1250

76. 两孔口形状、尺寸相同，一个是自由出流，出流流量为 Q_1；另一个是淹没出流，出流流量为 Q_2。若自由出流和淹没出流的作用水头相等，则 Q_1 与 Q_2 的关系是：

A. $Q_1>Q_2$　　B. $Q_1=Q_2$

C. $Q_1<Q_2$　　D. 不确定

77. 水力最优断面是指当渠道的过流断面面积 A、粗糙系数 n 和渠道底坡 i 一定时，其：

A. 水力半径最小的断面形状　　B. 过流能力最大的断面形状

C. 湿周最大的断面形状　　D. 造价最低的断面形状

78. 图示溢水堰模型试验，实际流量为 $Q_n=537\text{m}^3/\text{s}$，若在模型上测得流量 $Q_n=300\text{L/s}$，则该模型长度比尺为：

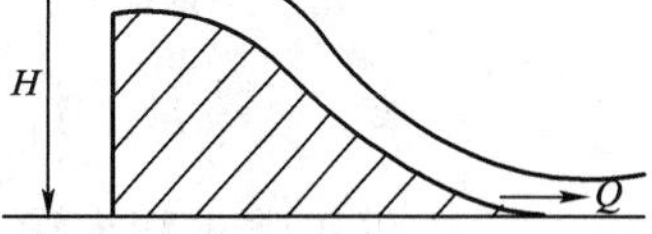

A. 4.5　　B. 6

C. 10　　D. 20

79. 点电荷 $+q$ 和点电荷 $-q$ 相距30cm，那么，在由它们构成的静电场中：

A. 电场强度处处相等

B. 在两个点电荷连线的中点位置，电场力为0

C. 电场方向总是从 $+q$ 指向 $-q$

D. 位于两个点电荷连线的中点位置上，带负电的可移动体将向 $-q$ 处移动

80. 设流经图示电感元件的电流 $i=2\sin1000t$ A，若 $L=1\text{mH}$，则电感电压：

A. $u_L=2\sin1000t\text{V}$

B. $u_L=-2\cos1000t\text{V}$

C. u_L 的有效值 $U_L=2\text{V}$

D. u_L 的有效值 $U_L=1.414\text{V}$

81. 图示两电路相互等效，由图 b)可知，流经 10Ω 电阻的电流 $I_R=1\text{A}$，由此可求得流经图 a)电路中 10Ω 电阻的电流 I 等于：

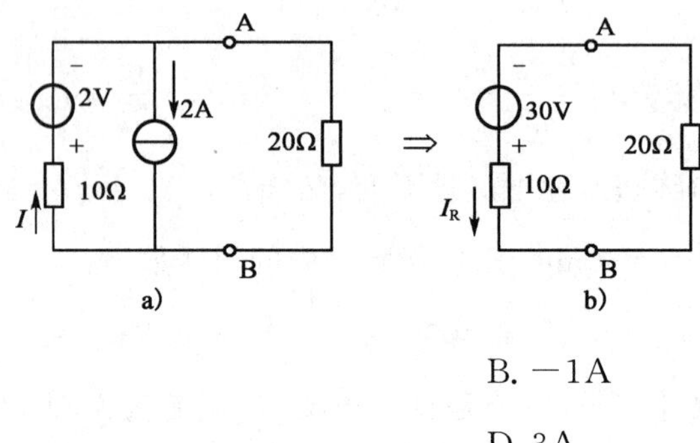

A. 1A　　B. −1A

C. −3A　　D. 3A

82. RLC 串联电路如图所示，在工频电压 $u(t)$ 的激励下，电路的阻抗等于：

A. $R+314L+314C$

B. $R+314L+1/314C$

C. $\sqrt{R^2+(314L-1/314C)^2}$

D. $\sqrt{R^2+(314L+1/314C)^2}$

83. 图示电路中，$u=10\sin(1000t+30°)\text{V}$，如果使用相量法求解图示电路中的电流 i，那么，如下步骤中存在错误的是：

步骤 1：$\dot{I}_1=\dfrac{10}{R+j1000L}$；步骤 2：$\dot{I}_2=10\cdot j1000C$；

步骤 3：$\dot{I}=\dot{I}_1+\dot{I}_2=I\angle\Psi_i$；步骤 4：$\dot{I}=I\sqrt{2}\sin\Psi_i$。

A. 仅步骤 1 和步骤 2 错

B. 仅步骤 2 错

C. 步骤 1、步骤 2 和步骤 4 错

D. 仅步骤 4 错

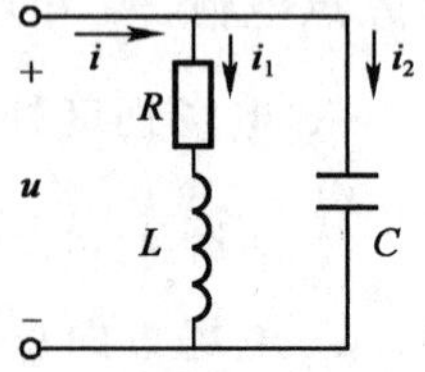

84. 图示电路中，开关 k 在 $t=0$ 时刻打开，此后，电流 i 的初始值和稳态值分别为：

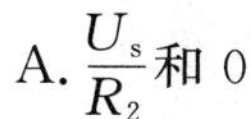

A. $\dfrac{U_s}{R_2}$和 0

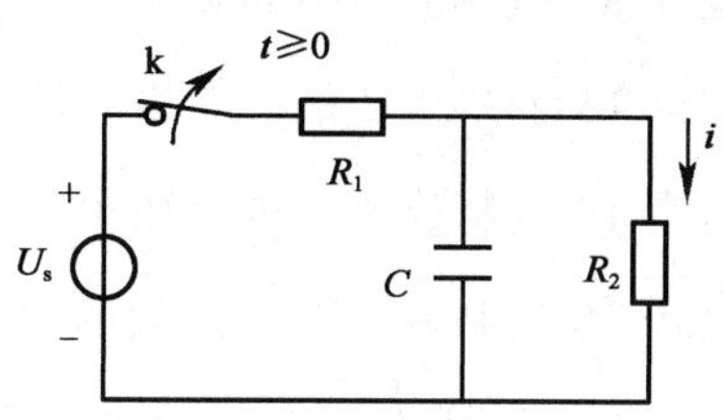

B. $\dfrac{U_s}{R_1+R_2}$和 0

C. $\dfrac{U_s}{R_1}$和$\dfrac{U_s}{R_1+R_2}$

D. $\dfrac{U_s}{R_1+R_2}$和$\dfrac{U_s}{R_1+R_2}$

85. 在信号源（u_s，R_s）和电阻 R_L 之间接入一个理想变压器，如图所示。若 $u_s=80\sin\omega t$V，$R_L=10\Omega$，且此时信号源输出功率最大，那么，变压器的输出电压 u_2 等于：

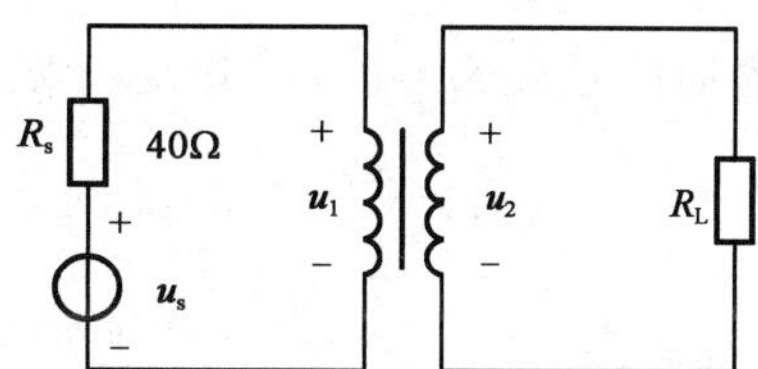

A. $40\sin\omega t$V

B. $20\sin\omega t$V

C. $80\sin\omega t$V

D. 20V

86. 接触器的控制线圈如图 a)所示，动合触点如图 b)所示，动断触点如图 c)所示，当有额定电压接入线圈后：

A. 触点 KM 1 和 KM 2 因未接入电路均处于断开状态

B. KM1 闭合，KM2 不变

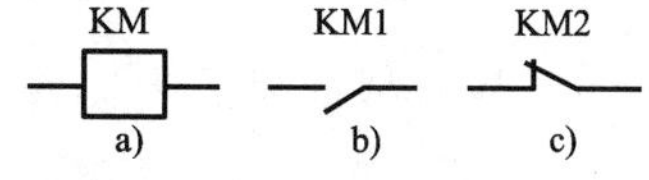

C. KM1 闭合，KM2 断开

D. KM1 不变，KM2 断开

87. 某空调器的温度设置为 25℃，当室温超过 25℃后，它便开始制冷，此时红色指示灯亮，并在显示屏上显示“正在制冷”字样，那么：

A.“红色指示灯亮”和“正在制冷”均是信息

B.“红色指示灯亮”和“正在制冷”均是信号

C.“红色指示灯亮”是信号，“正在制冷”是信息

D.“红色指示灯亮”是信息，“正在制冷”是信号

88. 如果一个16进制数和一个8进制数的数字信号相同，那么：

A. 这个16进制数和8进制数实际反映的数量相等

B. 这个16进制数2倍于8进制数

C. 这个16进制数比8进制数少8

D. 这个16进制数与8进制数的大小关系不定

89. 在以下关于信号的说法中，正确的是：

A. 代码信号是一串电压信号，故代码信号是一种模拟信号

B. 采样信号是时间上离散、数值上连续的信号

C. 采样保持信号是时间上连续、数值上离散的信号

D. 数字信号是直接反映数值大小的信号

90. 设周期信号 $u(t)=\sqrt{2}U_1\sin(\omega t+\psi_1)+\sqrt{2}U_3\sin(3\omega t+\psi_3)+\cdots$

$$u_1(t)=\sqrt{2}U_1\sin(\omega t+\psi_1)+\sqrt{2}U_3\sin(3\omega t+\psi_3)$$

$$u_2(t)=\sqrt{2}U_1\sin(\omega t+\psi_1)+\sqrt{2}U_5\sin(5\omega t+\psi_5)$$

则：

A. $u_1(t)$较$u_2(t)$更接近$u(t)$

B. $u_2(t)$较$u_1(t)$更接近$u(t)$

C. $u_1(t)$与$u_2(t)$接近$u(t)$的程度相同

D. 无法做出三个电压之间的比较

91. 某模拟信号放大器输入与输出之间的关系如图所示，那么，能够经该放大器得到5倍放大的输入信号$u_i(t)$最大值一定：

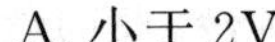

A. 小于2V

B. 小于10V或大于−10V

C. 等于2V或等于−2V

D. 小于等于2V且大于等于−2V

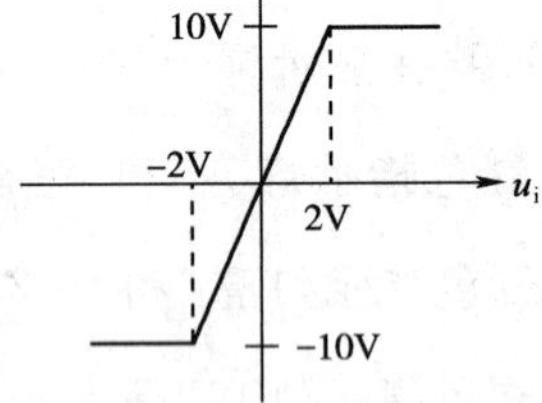

92. 逻辑函数 $F=\overline{\overline{AB}+\overline{BC}}$的化简结果是：

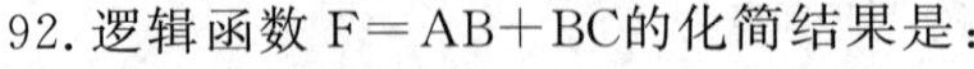

A. F＝AB＋BC

B. $F=\overline{A}+\overline{B}+\overline{C}$

C. F＝A＋B＋C

D. F＝ABC

93. 图示电路中，$u_i=10\sin\omega t$，二极管 D_2 因损坏而断开，这时输出电压的波形和输出电压的平均值为：

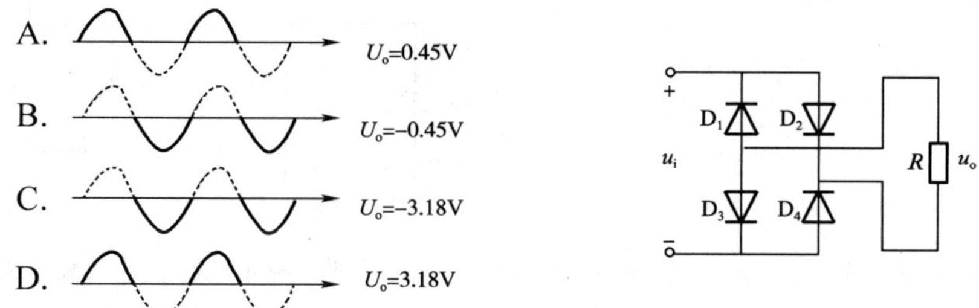

94. 图 a)所示运算放大器的输出与输入之间的关系如图 b)所示，若 $u_i=2\sin\omega t$ mV，则 u_o 为：

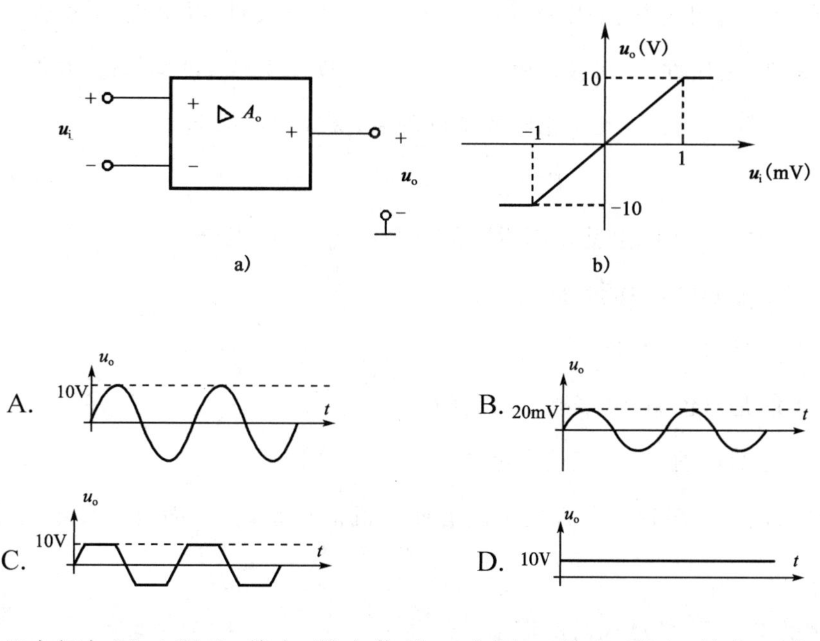

95. 基本门如图 a)所示，其中，数字信号 A 由图 b)给出，那么，输出 F 为：

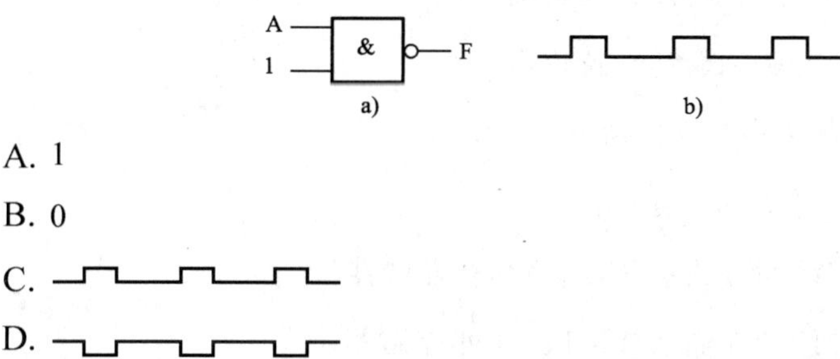

A. 1

B. 0

C.

D.

96. JK 触发器及其输入信号波形如图所示，那么，在 $t=t_0$ 和 $t=t_1$ 时刻，输出 Q 分别为：

A. $Q(t_0)=1, Q(t_1)=0$

B. $Q(t_0)=0, Q(t_1)=1$

C. $Q(t_0)=0, Q(t_1)=0$

D. $Q(t_0)=1, Q(t_1)=1$

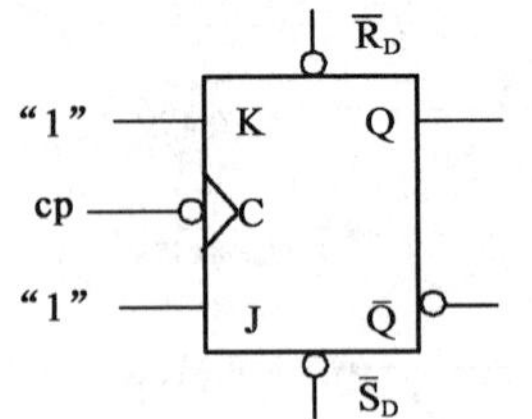

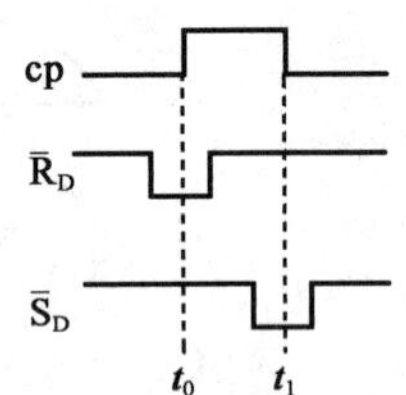

97. 计算机存储器中的每一个存储单元都配置一个唯一的编号，这个编号就是：

A. 一种寄存标志　　B. 寄存器地址

C. 存储器的地址　　D. 输入/输出地址

98. 操作系统作为一种系统软件，存在着与其他软件明显不同的三个特征是：

A. 可操作性、可视性、公用性　　B. 并发性、共享性、随机性

C. 随机性、公用性、不可预测性　　D. 并发性、可操作性、脆弱性

99. 将二进制数 11001 转换成相应的十进制数，其正确结果是：

A. 25　　B. 32　　C. 24　　D. 22

100. 图像中的像素实际上就是图像中的一个个光点，这光点：

A. 只能是彩色的，不能是黑白的

B. 只能是黑白的，不能是彩色的

C. 既不能是彩色的，也不能是黑白的

D. 可以是黑白的，也可以是彩色的

101. 计算机病毒以多种手段入侵和攻击计算机信息系统，下面有一种不被使用的手段是：

A. 分布式攻击、恶意代码攻击

B. 恶意代码攻击、消息收集攻击

C. 删除操作系统文件、关闭计算机系统

D. 代码漏洞攻击、欺骗和会话劫持攻击

102. 计算机系统中，存储器系统包括：

A. 寄存器组、外存储器和主存储器

B. 寄存器组、高速缓冲存储器(Cache)和外存储器

C. 主存储器、高速缓冲存储器(Cache)和外存储器

D. 主存储器、寄存器组和光盘存储器

103. 在计算机系统中，设备管理是指对：

A. 除 CPU 和内存储器以外的所有输入/输出设备的管理

B. 包括 CPU 和内存储器及所有输入/输出设备的管理

C. 除 CPU 外，包括内存储器及所有输入/输出设备的管理

D. 除内存储器外，包括 CPU 及所有输入/输出设备的管理

104. Windows 提供了两种十分有效的文件管理工具，它们是：

A. 集合和记录

B. 批处理文件和目标文件

C. 我的电脑和资源管理器

D. 我的文档、文件夹

105. 一个典型的计算机网络主要由两大部分组成，即：

A. 网络硬件系统和网络软件系统

B. 资源子网和网络硬件系统

C. 网络协议和网络软件系统

D. 网络硬件系统和通信子网

106. 局域网是指将各种计算机网络设备互联在一起的通信网络，但其覆盖的地理范围有限，通常在：

A. 几十米之内　　B. 几百公里之内

C. 几公里之内　　D. 几十公里之内

107. 某企业年初投资 5000 万元，拟 10 年内等额回收本利，若基准收益率为 8%，则每年年末应回收的资金是：

A. 540.00 万元　　B. 1079.46 万元

C. 745.15 万元　　D. 345.15 万元

108. 建设项目评价中的总投资包括：

A. 建设投资和流动资金

B. 建设投资和建设期利息

C. 建设投资、建设期利息和流动资金

D. 固定资产投资和流动资产投资

109. 新设法人融资方式，建设项目所需资金来源于：

A. 资本金和权益资金　　B. 资本金和注册资本

C. 资本金和债务资金　　D. 建设资金和债务资金

110. 财务生存能力分析中，财务生存的必要条件是：

A. 拥有足够的经营净现金流量

B. 各年累计盈余资金不出现负值

C. 适度的资产负债率

D. 项目资本金净利润率高于同行业的净利润率参考值

111. 交通运输部门拟修建一条公路，预计建设期为一年，建设期初投资为 100 万元，建成后即投入使用，预计使用寿命为 10 年，每年将产生的效益为 20 万元，每年需投入保养费 8000 元。若社会折现率为 10%，则该项目的效益费用比为：

A. 1.07　　B. 1.17

C. 1.85　　D. 1.92

112. 建设项目经济评价有一整套指标体系，敏感性分析可选定其中一个或几个主要指标进行分析，最基本的分析指标是：

A. 财务净现值　　B. 内部收益率

C. 投资回收期　　D. 偿债备付率

113. 在项目无资金约束、寿命不同、产出不同的条件下，方案经济比选只能采用：

A. 净现值比较法

B. 差额投资内部收益率法

C. 净年值法

D. 费用年值法

114. 在对象选择中，通过对每个部件与其他各部件的功能重要程度进行逐一对比打分，相对重要的得 1 分，不重要的得 0 分，此方法称为：

A. 经验分析法　　B. 百分比法

C. ABC 分析法　　D. 强制确定法

115. 按照《中华人民共和国建筑法》的规定，下列叙述中正确的是：

A. 设计文件选用的建筑材料、建筑构配件和设备，不得注明其规格、型号

B. 设计文件选用的建筑材料、建筑构配件和设备，不得指定生产厂、供应商

C. 设计单位应按照建设单位提出的质量要求进行设计

D. 设计单位对施工过程中发现的质量问题应当按照监理单位的要求进行改正

116. 根据《中华人民共和国招标投标法》的规定，招标人对已发出的招标文件进行必要的澄清或修改的，应该以书面形式通知所有招标文件收受人，通知的时间应当在招标文件要求提交投标文件截止时间至少：

A. 20 日前　　B. 15 日前

C. 7 日前　　D. 5 日前

117. 按照《中华人民共和国合同法》的规定，下列情形中，要约不失效的是：

A. 拒绝要约的通知到达要约人

B. 要约人依法撤销要约

C. 承诺期限届满，受要约人未作出承诺

D. 受要约人对要约的内容作出非实质性变更

118. 根据《中华人民共和国节约能源法》的规定，国家实施的能源发展战略是：

A. 限制发展高耗能、高污染行业，发展节能环保型产业

B. 节约与开发并举，把节约放在首位

C. 合理调整产业结构、企业结构、产品结构和能源消费结构

D. 开发和利用新能源、可再生能源

119. 根据《中华人民共和国环境保护法》的规定，下列关于企业事业单位排放污染物的规定中，正确的是：

（注：《中华人民共和国环境保护法》2014 年进行了修订，此题已过时）

A. 排放污染物的企业事业单位，必须申报登记

B. 排放污染物超过标准的企业事业单位，或者缴纳超标准排污费，或者负责治理

C. 征收的超标准排污费必须用于该单位污染的治理，不得挪作他用

D. 对造成环境严重污染的企业事业单位，限期关闭

120. 根据《建设工程勘察设计管理条例》的规定，建设工程勘察、设计方案的评标一般不考虑：

A. 投标人资质　　B. 勘察、设计方案的优劣

C. 设计人员的能力　　D. 投标人的业绩

全国勘察设计一级注册结构工程师

执业资格考试通关试卷［二］

基础考试

（下）

二〇二〇年十月

应考人员注意事项

1. 本试卷科目代码为“2”，考生务必将此代码填涂在答题卡“科目代码”相应的栏目内，否则，无法评分。
2. 书写用笔：**黑色或蓝色钢笔、签字笔或圆珠笔**；
   填涂答题卡用笔：**黑色 2B 铅笔**。
3. 必须用书写用笔将工作单位、姓名、准考证号填写在答题卡和试卷相应的栏目内。
4. 本试卷由 60 题组成，每题 2 分，满分 120 分，本试卷全部为单项选择题，每小题的四个备选项中只有一个正确答案，错选、多选、不选均不得分。
5. 考生作答时，必须**按题号在答题卡上**将相应试题所选选项对应的**字母用 2B 铅笔涂黑**。
6. 在答题卡上书写与题意无关的语言，或在答题卡上作标记的，均按违纪试卷处理。
7. 考试结束时，由监考人员当面将试卷、答题卡一并收回。
8. 草稿纸由各地统一配发，考后收回。

单项选择题(共 60 题,每题 2 分。每题的备选项中只有一个最符合题意。)

1. 以下哪种微观结构或性质的材料不属于晶体?

A. 结构单元在三维空间规律性排列

B. 非固定熔点

C. 材料的任一部分都具有相同的性质

D. 在适当的环境中能自发形成封闭的几何多面体

2. 某种多孔材料密度为 2.4g/cm^3,表观密度为 1.8g/cm^3。该多孔材料的孔隙率为:

A. 20%　　B. 25%

C. 30%　　D. 35%

3. 我国通用的硅酸盐水泥标准中,符号"P.C"代表:

A. 普通硅酸盐水泥　　B. 硅酸盐水泥

C. 粉煤灰硅酸盐水泥　　D. 复合硅酸盐水泥

4. 混凝土的强度受到其材料的组成、养护条件和试验方法的影响,其中试验方法的影响体现在:

A. 试验设备的选择　　B. 试验地点的选择

C. 试验尺寸的选择　　D. 温湿环境的选择

5. 减水剂能够使混凝土在保持相同坍落度的前提下,大幅减小其用水量,因此能够提高混凝土的:

A. 流动性　　B. 强度

C. 黏聚性　　D. 捣实性

6. 当含碳量等于 0.8%时,钢材的晶体组织全部是:

A. 珠光体　　B. 渗碳体

C. 铁素体　　D. 奥氏体

7. 将木材破碎浸泡,研磨成木浆,加入一定量黏合剂,经热压成型、干燥处理而制成的人造板材,称为:

A. 胶合板　　B. 纤维板

C. 刨花板　　D. 大芯板

8. 测量学中高斯平面直角坐标系 X 轴、Y 轴的定义：

A. X 轴正向指东、Y 轴正向指北

B. X 轴正向指西、Y 轴正向指南

C. X 轴正向指南、Y 轴正向指东

D. X 轴正向指北、Y 轴正向指东

9. DS_3 型微倾式水准仪的主要组成部分是：

A. 物镜、水准器、基座

B. 望远镜、水准器、基座

C. 望远镜、三角架、基座

D. 仪器箱、照准器、三角架

10. 用视距测量方法求 A、B 两点间高差，通过观测得尺间距 $L=0.365\text{m}$，竖直角 $\alpha=3°15'00''$，仪器高 $i=1.460\text{m}$，中丝读数 2.379m，则 A、B 两点间高差 h_{AB} 为：

A. 1.15m

B. 1.14m

C. 1.16m

D. 1.51m

11. 地形图是按一定比例，用规定的符号表示下列哪一项的正射投影图？

A. 地物的平面位置

B. 地物、地貌的平面位置和高程

C. 地貌高程位置

D. 地面高低状态

12. 同一张地形图上等高距是相等的，则地形图上陡坡的等高线是：

A. 汇合的

B. 密集的

C. 相交的

D. 稀疏的

13. 设计单位的安全责任，不包含的是：

A. 在设计文件中注明安全的重点部位和环节

B. 对防范生产安全事故提出指导意见

C. 提出保障施工作业人员安全和预防生产安全事故的措施建议

D. 要求施工单位整改存在的安全事故隐患

14. 某勘察设计咨询企业 A 与其他事业单位合作的成果，其著作权、专利权、专有技术权归属，下列叙述正确的是：

A. 应归勘察设计咨询企业 A 所有

B. 应为合作各方共有

C. 应为提供最多资金的企业所有

D. 应为建设单位所有

15. 根据《建设工程质量管理条例》第七至十七条的规定，建设单位质量责任与义务具体是：

A. 向勘察、设计、施工、监理等单位提供有关的资料

B. 为求工程迅速完成而任意压缩工程

C. 肢解分包以加快发包速度

D. 为了赶进度而暗示承包方在施工过程中忽略工程强制性标准

16. 若投标人组成联合投标体进行投标，联合体的资质正确认定的是：

A. 以资质等级最低为基准

B. 以资质等级最高为基准

C. 以相关专业人数比例最高的单位资质等级为基准

D. 以投入资金比例最高的单位资质等级为基准

17. 反铲挖土机的挖土特点是：

A. 后退向下，强制切土

B. 前进向上，强制切土

C. 后退向下，自重切土

D. 直上直下，自重切土

18. 某悬挑长度为 1.5m、强度等级为 C30 的现浇阳台板，当可以拆除其底模时，混凝土立方体抗压强度至少应达到：

A. $15N/mm^2$

B. $22.5N/mm^2$

C. $21N/mm^2$

D. $30N/mm^2$

19. 与工程网络计划方法相比，横道图进度计划方法的缺点是不能：

A. 直观表达计划中工作的持续时间

B. 确定实施计划所需要的资源数量

C. 直观表示计划完成所需要的时间

D. 确定计划中的关键工作和时差

20. 下列关于网络计划的工期优化的表述不正确的是：

A. 一般通过压缩关键工作来实现

B. 可将关键工作压缩为非关键工作

C. 应优先压缩对成本、质量和安全影响小的工作

D. 当优化过程中出现多条关键线路时，必须同时压缩各关键线路的持续时间

21. 流水施工的时间参数不包括：

A. 总工期　　B. 流水节拍和流水步距

C. 组织和技术间歇时间　　D. 平行搭接时间

22. 钢筋混凝土结构抗震设计时，要求“强柱弱梁”是为了防止：

A. 梁支座处发生剪切破坏，从而造成结构倒塌

B. 柱较早进入受弯屈服，从而造成结构倒塌

C. 柱出现失稳破坏，从而造成结构倒塌

D. 柱出现剪切破坏，从而造成结构倒塌

23. 关于预应力混凝土轴心受拉构件的描述，下列说法不正确的是：

A. 即使张拉控制应力、材料强度等级、混凝土截面尺寸及预应力钢筋和截面面积相同，后张法构件的有效预压应力值也比先张法高

B. 对预应力钢筋超张拉，可减少预应力钢筋的损失

C. 施加预应力不仅能提高构件抗裂度，也能提高其极限承载能力

D. 构件在使用阶段前始终处于受压状态，发挥了混凝土受压性能

24. 关于钢筋混凝土单层厂房结构的布置与功能，下列说法不正确的是：

A. 支撑体系分为屋盖支撑和柱间支撑，主要作用是加强厂房结构的整体性和刚度，保证构件稳定性，并传递水平荷载

B. 屋盖分为有檩体系和无檩体系，起到承重和围护双重作用

C. 抗风柱与圈梁形成框架，提高了结构整体性，共同抵抗结构所遭受的风荷载

D. 排架结构、刚架结构和折板结构等均适用于单层厂房

25. 对于有明显屈服点的钢筋，其强度标准值取值的依据是：

A. 极限抗拉强度　　B. 屈服强度

C. 0.85 倍的极限抗拉强度　　D. 钢筋比例极限对应的应力

26. 影响焊接钢构件疲劳强度的主要因素是：

A. 应力比　　B. 应力幅

C. 计算部位的最大拉应力　　D. 钢材强度等级

27. 提高钢结构工字形截面压弯构件腹板局部稳定性的有效措施是：

A. 限制翼缘板最大厚度　　B. 限制腹板最大厚度

C. 设置横向加劲肋　　D. 限制腹板高厚比

28. 关于重级工作制焊接工字形吊车梁，以下哪一种说法是错误的？

A. 腹板与上翼缘板的连接可采用角焊缝

B. 腹板与下翼缘板的连接可采用角焊缝

C. 横向加劲肋应在腹板两侧成对布置

D. 腹板或翼缘板可采用焊接拼接

29. T 形截面轴心受压构件腹板的高厚比限值与下列哪些因素有关？

①腹板的应力；②构件的长细比；③钢材的种类；④支承条件。

A. ①③　　B. ①②　　C. ①②③　　D. ②③④

30. 施工阶段的新砌体，砂浆尚未硬化时，砌体的抗压强度：

A. 按砂浆强度为零确定

B. 按零计算

C. 按设计强度的 30%采用

D. 按设计强度的 50%采用

31. 对于跨度较大的梁，应在其支承处的砌体上设置混凝土或钢筋混凝土垫块，但当墙中设有圈梁时，垫块与圈梁宜浇成整体，对砖砌体而言，现行规范规定的梁跨度限值是：

A. 6.0m　　B. 4.8m　　C. 4.2m　　D. 3.6m

32. 截面尺寸、砂浆和块体强度等级均相同的砌体受压构件，下面哪些说法是正确的？

①承载力随高厚比的增大而减小；

②承载力随偏心距的增大而减小；

③承载力与砂浆的强度等级无关；

④承载力随相邻横墙间距的增加而增大。

A. ①②　　B. ①②③　　C. ①②③④　　D. ①③④

33. 影响砌体结构房屋空间工作性能的主要因素是下列中的哪一项？

A. 砌体所用块材和砂浆的强度等级

B. 外纵墙的高厚比和门窗开洞数量

C. 屋盖、楼盖的类别及横墙的间距

D. 圈梁和构造柱的设置是否符合要求

34. 图示体系为：

A. 几何不变，无多余约束

B. 瞬变体系

C. 几何不变，有多余约束

D. 常变体系

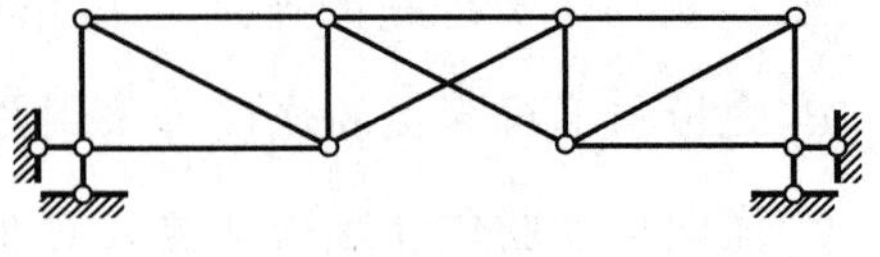

35. 图示结构，节点 C 处的弯矩是：

A. 30kN·m，上侧受拉

B. 30kN·m，下侧受拉

C. 45kN·m，上侧受拉

D. 45kN·m，下侧受拉

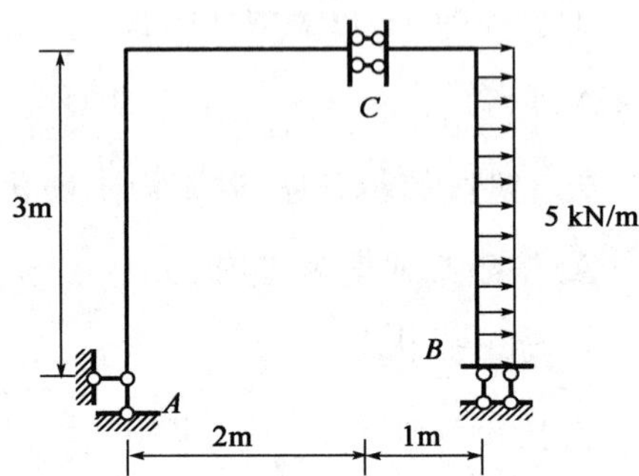

36. 图示结构，EI = 常数，节点 C 处弹性支座刚度系数 $k=3EI/L^3$，B 点的竖向位移为：

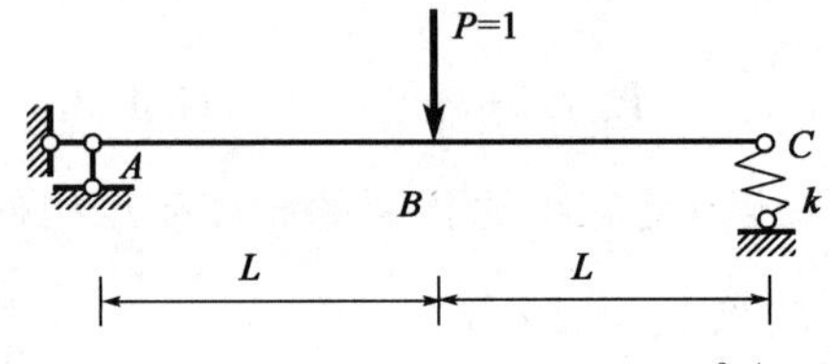

A. $L^3/2EI$

B. $L^3/3EI$

C. $L^3/4EI$

D. $L^3/6EI$

37. 图示结构，EA = 常数，线膨胀系数为 α，若环境温度降低 t℃，则两个铰支座 A、B 的水平支座反力大小为：

A. αtEA

B. $\alpha tEA/2$

C. $2\alpha tEA/L$

D. $\alpha tEA/L$

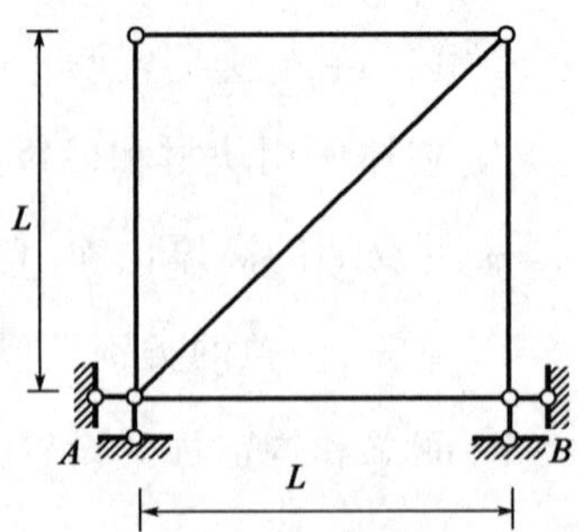

38. 图示桁架 1 杆的轴力为：

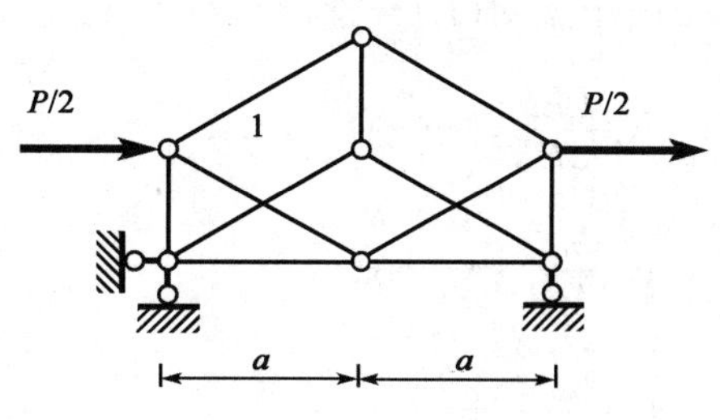

A. $-\sqrt{1/2}P$

B. $\sqrt{1/2}P$

C. $-\sqrt{2}P$

D. 0

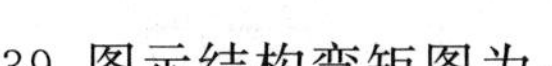

39. 图示结构弯矩图为：

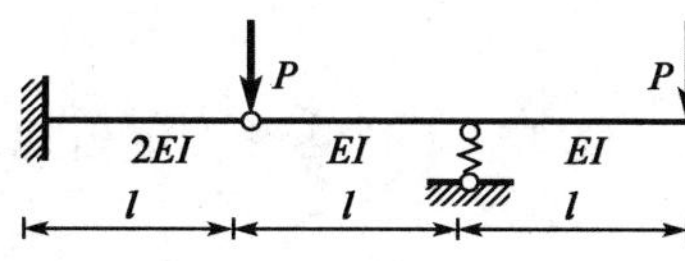

A. 

B.

C.

D.

40. 图示刚架各杆 EI 相同，A 点水平位移为：

A. 向左

B. 向右

C. 0

D. 根据荷载值确定

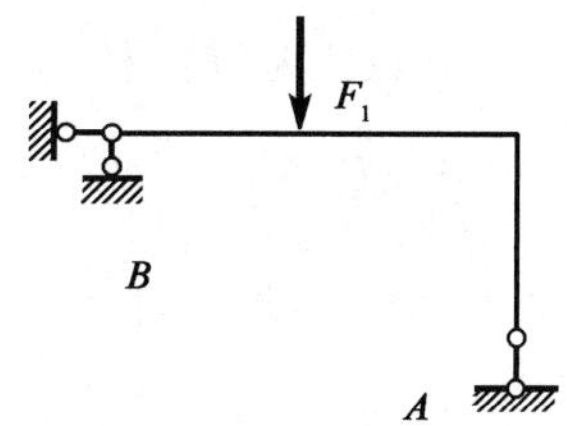

41. 用力矩分配法计算图示结构时，分配系数 μ_{AC} 为：

A. 1/8

B. 3/8

C. 1/11

D. 3/11

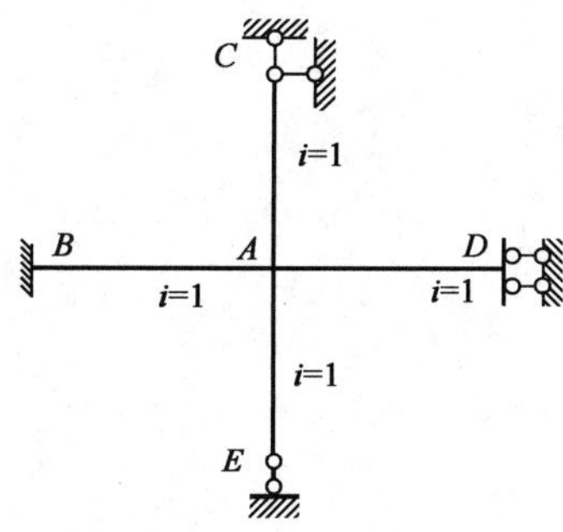

42. 图示结构（EI＝常数），A、B 两点的相对线位移之值为：

A. $\frac{4ml^2}{3EI}(\rightarrow\leftarrow)$

B. $\frac{4ml^2}{3EI}(\leftarrow\rightarrow)$

C. $\frac{2ml^2}{3EI}(\rightarrow\leftarrow)$

D. $\frac{2ml^2}{3EI}(\leftarrow\rightarrow)$

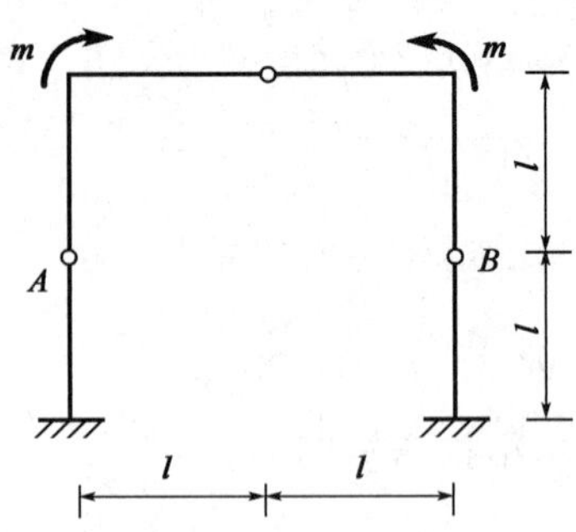

43. 在力法方程 $\sum\delta_{ij}X_j+\Delta_{1C}=\Delta_i$ 中，下列结论肯定出现的是：

A. $\Delta_i=0$

B. $\Delta_i>0$

C. $\Delta_i<0$

D. 前三种答案都有可能

44. 图示结构中，杆 CD 的轴力 N_{CD} 是：

A. 拉力

B. 零

C. 压力

D. 不定，取决于 P_1 与 P_2 的比值

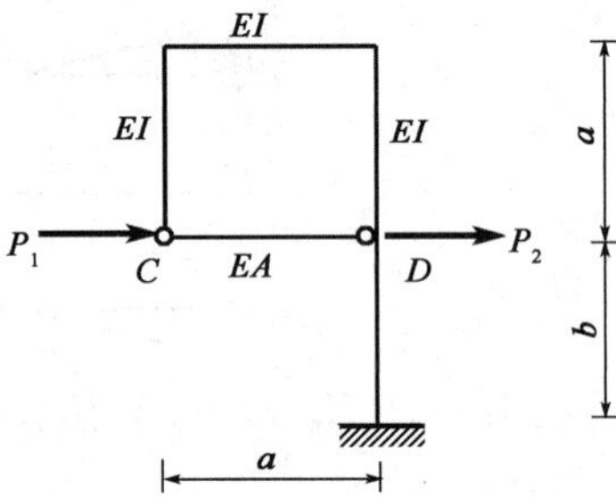

45. 图示桁架中 AC 为刚性杆，则杆件内力为：

A. $N_{AD}=-2P$，$N_{AC}=N_{AB}=0$

B. $N_{AD}=-\sqrt{2}P$，$N_{AC}=-P$

C. $N_{AD}=-\sqrt{2}P$，$N_{AC}=-\sqrt{2}P$

D. $N_{AD}=-P$，$N_{AC}=-\sqrt{2}P$

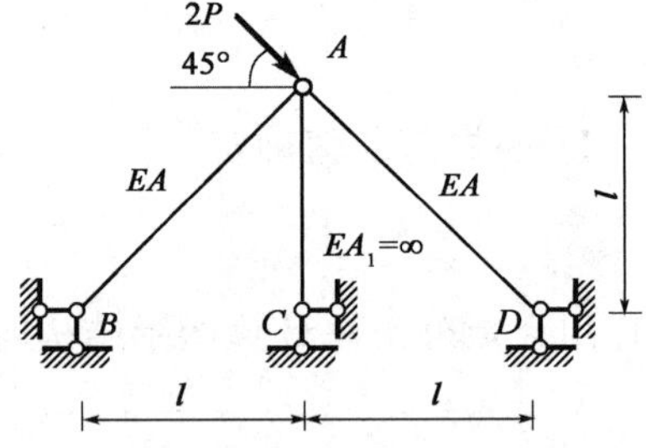

46. 图示梁中支座反力 R_A 的影响线，正确的是：

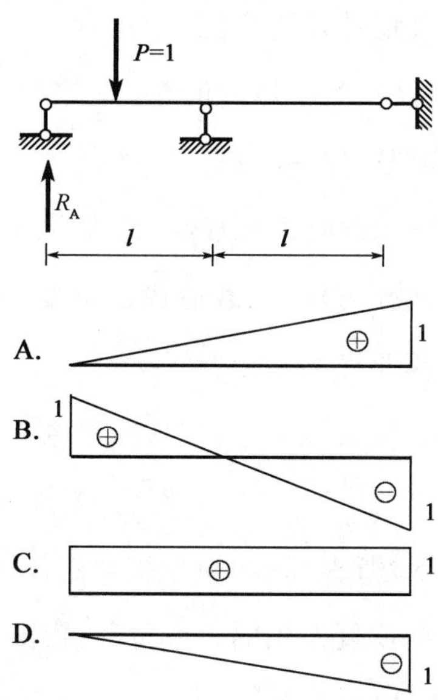

47. 图示体系的自振频率为：

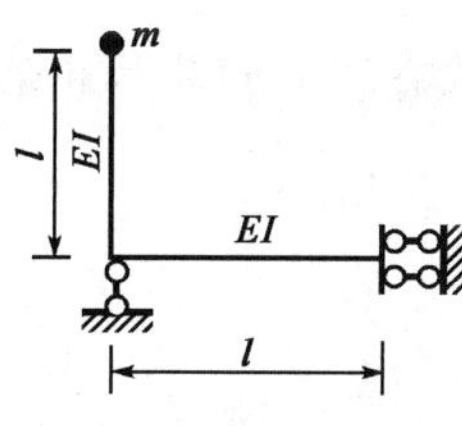

A. $\sqrt{3EI/(2ml^3)}$

B. $\sqrt{3EI/(4ml^3)}$

C. $\sqrt{3EI/(ml^3)}$

D. $\sqrt{EI/(ml^3)}$

48. 不计阻尼，不计杆重时，图示体系的自振频率为：

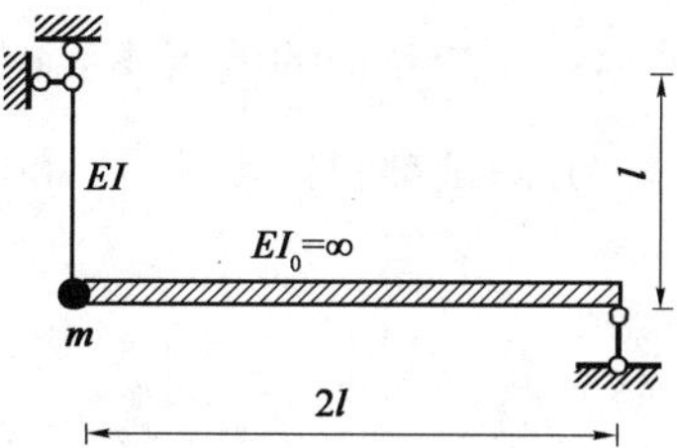

A. $\sqrt{\dfrac{3EI}{4ml^3}}$

B. $\sqrt{\dfrac{3EI}{ml^3}}$

C. $\sqrt{\dfrac{12EI}{ml^3}}$

D. $\sqrt{\dfrac{6EI}{ml^3}}$

49. 一般结构静载试验有预加载，下列关于预加载目的的论述哪一项是没有必要的？

A. 检查试件和试验装置设计是否合理

B. 检查试验装置、量测仪表工作是否正常

C. 减少试件和各支承装置间的接触变形

D. 检查现场的组织工作和试验人员加载、仪表观测是否正确

50. 杠杆加载试验中，杠杆制作方便，荷载值稳定不变，当结构有变形时，荷载可以保持恒定，对于下列何种试验尤为适用？

A. 动力荷载

B. 循环荷载

C. 持久荷载

D. 较大的短期荷载

51. 对结构构件进行低周反复加载试验，对模拟地震作用时其不足之处是：

A. 对结构构件施加低周反复作用的力或位移，模拟地震作用

B. 可以评定结构构件的抗震性能

C. 加载历程是主观确定的，与实际地震作用历程无关

D. 试验过程中可以停下来观测试件的开裂和破坏形态

52. 当模型结构和原型结构有集中力（外荷载 P）和分布荷载（结构自重 M）同时作用时，要求有统一的荷载相似常数，相似常数间的关系为：

A. $S_{\mathrm{p}}=S_{\rho}S_l^{-3}S_{\mathrm{g}}$

B. $S_{\mathrm{p}}=S_{\rho}C_l^3S_{\mathrm{g}}$

C. $S_{\mathrm{p}}=S_l^{-3}S_{\mathrm{g}}$

D. $S_{\mathrm{p}}=C_l^3S_{\mathrm{g}}$

53. 混凝土有下列情况，采取相应措施后，拟用回弹法测试其强度，哪种措施是正确的？

A. 测试部位表面与内部质量有明显差异或内部存在缺陷，内部缺陷经补强

B. 硬化期间遭受冻伤的混凝土，待其解冻后即可测试

C. 蒸汽养护的混凝土，在构件出池经自然养护 7d 后可测试

D. 测试部位厚度小于 100mm 的构件，设置支撑固定后测试

54. 关于土的灵敏度，下面说法正确的是：

A. 灵敏度越大，表明土的结构性越强

B. 灵敏度越小，表明土的结构性越强

C. 灵敏度越大，表明土的强度越高

D. 灵敏度越小，表明土的强度越高

55. 某饱和土体，土粒相对密度 $d_s = 2.70$，含水率 $w = 30\%$，取水的重度 $\gamma_w = 10\text{kN/m}^3$，则该土的饱和重度为：

A. 19.4kN/m^3　　B. 20.2kN/m^3

C. 20.8kN/m^3　　D. 21.2kN/m^3

56. 直剪试验中快剪的试验结果最适用于下列哪种地基？

A. 快速加荷排水条件良好地基

B. 快速加荷排水条件不良地基

C. 慢速加荷排水条件良好地基

D. 慢速加荷排水条件不良地基

57. 扩展基础的抗弯验算主要用于哪一项设计内容：

A. 控制基础的高度　　B. 控制基础的宽度

C. 控制基础的长度　　D. 控制基础的配筋

58. 关于地基承载力特征值的宽度修正公式 $\eta_b\gamma(b-3)$，下列说法不正确的是：

A. $\eta_b\gamma(b-3)$ 的最大值为 $3\eta_b\gamma$

B. $\eta_b\gamma(b-3)$ 总是大于或等于 0，不能为负值

C. η_b 可能等于 0

D. γ 取基底以上土的重度，地下水以下取浮重度

59. 下面哪种情况对桩的竖向承载力有利？

A. 建筑物建成后在桩基附近堆土

B. 桩基周围的饱和土层发生固结沉降

C. 桥梁桩基周围发生淤积

D. 桩基施工完成后在桩周注浆

60. 关于预压加固法，下面哪种情况有助于减小达到相同固结度所需的时间？

A. 增大上部荷载

B. 减小上部荷载

C. 增大井径比

D. 减小井径比

全国勘察设计注册工程师执业资格考试通关试卷[二]
基础考试(上)试题解析及参考答案

1.解 直线方向向量 $\vec{s}=\{1,1,1\}$，平面法线向量 $\vec{n}=\{1,-2,1\}$，计算 $\vec{s}\cdot\vec{n}=0$，即 $1\times1+1\times(-2)+1\times1=0$，$\vec{s}\perp\vec{n}$，从而知直线 // 平面，或直线与平面重合；再在直线上取一点 $(0,1,0)$，代入平面方程得 $0-2\times1+0=-2\neq0$，不满足方程，所以该点不在平面上。

答案：B

2.解 方程 $F(x,y,z)=0$ 中缺少一个字母，空间解析几何中这样的曲面方程表示为柱面。本题方程中缺少字母 x，方程 $y^2-z^2=1$ 表示以平面 yoz 曲线 $y^2-z^2=1$ 为准线，母线平行于 x 轴的双曲柱面。

答案：A

3.解 可通过求 $\lim\limits_{x\to0}\dfrac{3^x-1}{x}$ 的极限判断。$\lim\limits_{x\to0}\dfrac{3^x-1}{x}\overset{\frac{0}{0}}{=\!=}\lim\limits_{x\to0}\dfrac{3^x\ln3}{1}=\ln3\neq1$。

答案：D

4.解 使分母为 0 的点为间断点，令 $\sin\pi x=0$，得 $x=0,\pm1,\pm2,\cdots$ 为间断点，再利用可去间断点定义，找出可去间断点。

当 $x=0$ 时，$\lim\limits_{x\to0}\dfrac{x-x^2}{\sin\pi x}\overset{\frac{0}{0}}{=\!=}\lim\limits_{x\to0}\dfrac{1-2x}{\pi\cos\pi x}=\dfrac{1}{\pi}$，极限存在，可知 $x=0$ 为函数的一个可去间断点。

同样，可计算当 $x=1$ 时，$\lim\limits_{x\to1}\dfrac{x-x^2}{\sin\pi x}=\lim\limits_{x\to1}\dfrac{1-2x}{\pi\cos\pi x}=\dfrac{1}{\pi}$，极限存在，因而 $x=1$ 也是一个可去间断点。其余点求极限都不存在，均不满足可去间断点定义。

答案：B

5.解 举例说明。

如 $f(x)=x$ 在 $x=0$ 可导，$g(x)=|x|=\begin{cases}x&,x\geqslant0\\-x,&x<0\end{cases}$ 在 $x=0$ 处不可导，$f(x)g(x)=x|x|=\begin{cases}x^2&,x\geqslant0\\-x^2,&x<0\end{cases}$，通过计算 $f'_+(0)=f'_-(0)=0$，知 $f(x)g(x)$ 在 $x=0$ 处可导。

如 $f(x)=2$ 在 $x=0$ 处可导，$g(x)=|x|$ 在 $x=0$ 处不可导，$f(x)g(x)=2|x|=$

$\begin{cases}2x & ,x\geqslant 0\\ -2x, & x<0\end{cases}$，通过计算函数 $f(x)g(x)$ 在 $x=0$ 处的右导为 2，左导为 -2，可知 $f(x)g(x)$ 在 $x=0$ 处不可导。

答案：A

6. **解**　利用逐项排除判定。当 $x>0$，幂函数比对数函数趋向无穷大的速度快，指数函数又比幂函数趋向无穷大的速度快，故选项 A、B、C 均不成立，从而可知选项 D 成立。

还可利用函数的单调性证明。设 $f(x)=x-\sin x, x\subset(0,+\infty)$，得 $f'(x)=1-\cos x\geqslant 0$，所以 $f(x)$ 单增，当 $x=0$ 时，$f(0)=0$，从而当 $x>0$ 时，$f(x)>0$，即 $x-\sin x>0$。

答案：D

7. **解**　在题目中只给出 $f(x,y)$ 在闭区域 D 上连续这一条件，并未讲函数 $f(x,y)$ 在 P_0 点是否具有一阶、二阶连续偏导，而选项 A、B 判定中均利用了这个未给的条件，因而选项 A、B 不成立。选项 D 中，$f(x,y)$ 的最大值点可以在 D 的边界曲线上取得，因而不一定是 $f(x,y)$ 的极大值点，故选项 D 不成立。

在选项 C 中，给出 P_0 是可微函数的极值点这个条件，因而 $f(x,y)$ 在 P_0 偏导存在，且 $\left.\frac{\partial f}{\partial x}\right|_{P_0}=0$，$\left.\frac{\partial f}{\partial y}\right|_{P_0}=0$。

故 $\mathrm{d}f=\left.\frac{\partial f}{\partial x}\right|_{P_0}\mathrm{d}x+\left.\frac{\partial f}{\partial y}\right|_{P_0}\mathrm{d}y=0$

答案：C

8. **解**　**方法 1**：

凑微分再利用积分公式计算。

原式 $=2\int\frac{1}{1+x}\mathrm{d}\sqrt{x}=2\int\frac{1}{1+(\sqrt{x})^2}\mathrm{d}\sqrt{x}=2\arctan\sqrt{x}+C$。

方法 2：

换元，设 $\sqrt{x}=t$，$x=t^2$，$\mathrm{d}x=2t\mathrm{d}t$。

原式 $=\int\frac{2t}{t(1+t^2)}\mathrm{d}t=2\int\frac{1}{1+t^2}\mathrm{d}t=2\arctan t+C$，回代 $t=\sqrt{x}$。

答案：B

9. **解**　$f(x)$ 是连续函数，$\int_0^2 f(t)\mathrm{d}t$ 的结果为一常数，设为 A，那么已知表达式化为 $f(x)=x^2+2A$，两边作定积分，$\int_0^2 f(x)\mathrm{d}x=\int_0^2(x^2+2A)\mathrm{d}x$，化为 $A=\int_0^2 x^2\mathrm{d}x+2A\int_0^2\mathrm{d}x$，

通过计算得到 $A=-\frac{8}{9}$。

计算如下：$A=\frac{1}{3}x^3\Big|_0^2+2Ax\Big|_0^2=\frac{8}{3}+4A$，得 $A=-\frac{8}{9}$，所以 $f(x)=x^2+2\times\left(-\frac{8}{9}\right)=x^2-\frac{16}{9}$。

答案：D

10. **解** 利用偶函数在对称区间的积分公式得原式 $=2\int_0^2\sqrt{4-x^2}\,\mathrm{d}x$，而积分 $\int_0^2\sqrt{4-x^2}\,\mathrm{d}x$ 为圆 $x^2+y^2=4$ 面积的 $\frac{1}{4}$，即为 $\frac{1}{4}\cdot\pi\cdot2^2=\pi$，从而原式 $=2\pi$。

另一方法：可设 $x=2\sin t$，$\mathrm{d}x=2\cos t\mathrm{d}t$，则 $\int_0^2\sqrt{4-x^2}\,\mathrm{d}x=\int_0^{\frac{\pi}{2}}4\cos^2t\mathrm{d}t=4\cdot\frac{1}{2}\int_0^{\frac{\pi}{2}}(1+\cos2t)\mathrm{d}t=2\left(t+\frac{1}{2}\sin2t\right)\Big|_0^{\frac{\pi}{2}}=2\cdot\frac{\pi}{2}=\pi$，从而原式 $=2\int_0^2\sqrt{4-x^2}\,\mathrm{d}x=2\pi$。

答案：B

11. **解** 利用已知两点求出直线方程 $L: y=-2x+2$

L 的参数方程 $\begin{cases}y=-2x+2\\x=x\end{cases}(0\leqslant x\leqslant1)$

$\mathrm{d}S=\sqrt{1^2+(-2)^2}\,\mathrm{d}x=\sqrt{5}\,\mathrm{d}x$

$$\begin{aligned}S&=\int_0^1[x^2+(-2x+2)^2]\sqrt{5}\,\mathrm{d}x\\&=\sqrt{5}\int_0^1(5x^2-8x+4)\mathrm{d}x\\&=\sqrt{5}\left(\frac{5}{3}x^3-4x^2+4x\right)\Big|_0^1=\frac{5}{3}\sqrt{5}\end{aligned}$$

答案：D

12. **解** $y=e^{-x}$，即 $y=\left(\frac{1}{e}\right)^x$，画出平面图形(见解图)。根据 $V=\int_0^{+\infty}\pi(e^{-x})^2\mathrm{d}x$，可计算结果。

$$V=\int_0^{+\infty}\pi e^{-2x}\mathrm{d}x=-\frac{\pi}{2}\int_0^{+\infty}e^{-2x}\mathrm{d}(-2x)=-\frac{\pi}{2}e^{-2x}\Big|_0^{\infty}=\frac{\pi}{2}$$

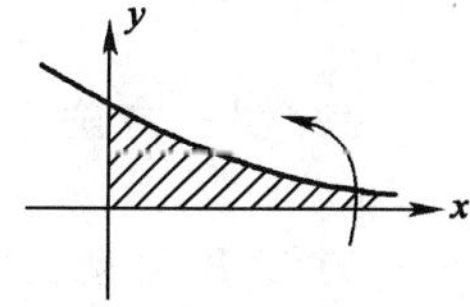

题 12 解图

答案：A

13. **解** 利用级数性质易判定选项 A、B、C 均收敛。对于选项 D，因 $\sum\limits_{n=1}^{\infty}u_n$ 收敛，则有 $\lim\limits_{x\to\infty}u_n=0$，而级数 $\sum\limits_{n=1}^{\infty}\frac{50}{u_n}$ 的一般项为 $\frac{50}{u_n}$，计算 $\lim\limits_{x\to\infty}\frac{50}{u_n}\to\infty$，故级数 D 发散。

答案：D

14. **解**　由已知条件可知 $\lim\limits_{n\to\infty}\left|\dfrac{a_{n+1}}{a_n}\right|=\dfrac{1}{2}$，设 $x-2=t$，幂级数 $\sum\limits_{n=1}^{\infty}na_n(x-2)^{n+1}$ 化为 $\sum\limits_{n=1}^{\infty}na_nt^{n+1}$，求系数比的极限确定收敛半径，$\lim\limits_{n\to\infty}\left|\dfrac{(n+1)a_{n+1}}{na_n}\right|=\lim\limits_{n\to\infty}\left|\dfrac{n+1}{n}\cdot\dfrac{a_{n+1}}{a_n}\right|=\dfrac{1}{2}$，$R=2$，即 $|t|<2$ 收敛，$-2<x-2<2$，即 $0<x<4$ 收敛。

答案:C

15. **解**　分离变量，化为可分离变量方程 $\dfrac{x}{\sqrt{2-x^2}}\mathrm{d}x=\dfrac{1}{y}\mathrm{d}y$，两边进行不定积分，得到最后结果。

注意左边式子的积分 $\int\dfrac{x}{\sqrt{2-x^2}}\mathrm{d}x=-\dfrac{1}{2}\int\dfrac{\mathrm{d}(2-x^2)}{\sqrt{2-x^2}}=-\sqrt{2-x^2}$，右边式子积分 $\int\dfrac{1}{y}\mathrm{d}y=\ln y+C_1$，所以 $-\sqrt{2-x^2}=\ln y+C_1$，$\ln y=-\sqrt{2-x^2}-C_1$，$y=e^{-C_1-\sqrt{2-x^2}}=Ce^{-\sqrt{2-x^2}}$，其中 $C=e^{-C_1}$。

答案:C

16. **解**　微分方程为一阶齐次方程

设 $u=\dfrac{y}{x}$，$y=xu$，$\dfrac{\mathrm{d}y}{\mathrm{d}x}=u+x\dfrac{\mathrm{d}u}{\mathrm{d}x}$

代入化简得 $\cot u\,\mathrm{d}u=\dfrac{1}{x}\mathrm{d}x$

两边积分 $\int\cot u\,\mathrm{d}u=\int\dfrac{1}{x}\mathrm{d}x$，$\ln\sin u=\ln x+C_1$，$\sin u=e^{C_1+\ln x}=e^{C_1}\cdot e^{\ln x}$，$\sin u=Cx$（其中 $C=e^{C_1}$）

代入 $u=\dfrac{y}{x}$，得 $\sin\dfrac{y}{x}=Cx$。

答案:A

17. **解**　**方法 1**:用公式 $\boldsymbol{A}^{-1}=\dfrac{1}{|\boldsymbol{A}|}\boldsymbol{A}^*$ 计算，但较麻烦。

方法 2:简便方法，试探一下给出的哪一个矩阵满足 $\boldsymbol{AB}=\boldsymbol{E}$

如：$\begin{bmatrix}1&0&1\\0&1&2\\-2&0&-3\end{bmatrix}\begin{bmatrix}3&0&1\\4&1&2\\-2&0&-1\end{bmatrix}=\begin{bmatrix}1&0&0\\0&1&0\\0&0&1\end{bmatrix}$

方法 3:用矩阵初等变换，求逆阵。

$$(\boldsymbol{A}|\boldsymbol{E})=\begin{bmatrix}1&0&1&1&0&0\\0&1&2&0&1&0\\-2&0&-3&0&0&1\end{bmatrix}\xrightarrow{2r_1+r_3}\begin{bmatrix}1&0&1&1&0&0\\0&1&2&0&1&0\\0&0&-1&2&0&1\end{bmatrix}\xrightarrow[2r_3+r_2+(-1)r_1]{r_3+r_1}$$

$$\begin{bmatrix}1&0&0&3&0&1\\0&1&0&4&1&2\\0&0&1&-2&0&-1\end{bmatrix}$$

选项 B 正确。

答案:B

18.**解**　利用结论:设 $\boldsymbol{A}$ 为 n 阶方阵,$\boldsymbol{A}^*$ 为 $\boldsymbol{A}$ 的伴随矩阵,则:

(1)$R(\boldsymbol{A})=n$ 的充要条件是 $R(\boldsymbol{A}^*)=n$

(2)$R(\boldsymbol{A})=n-1$ 的充要条件是 $R(\boldsymbol{A}^*)=1$

(3)$R(\boldsymbol{A})\leqslant n-2$ 的充要条件是 $R(\boldsymbol{A}^*)=0$,即 $\boldsymbol{A}^*=\boldsymbol{0}$

$n=3,R(\boldsymbol{A}^*)=1,R(\boldsymbol{A})=2$

$$\boldsymbol{A}=\begin{bmatrix}1&1&a\\1&a&1\\a&1&1\end{bmatrix}\xrightarrow[-ar_1+r_3]{-r_1+r_2}\begin{bmatrix}1&1&a\\0&a-1&1-a\\0&1-a&1-a^2\end{bmatrix}\xrightarrow{r_2+r_3}\begin{bmatrix}1&1&a\\0&a-1&1-a\\0&0&2-a-a^2\end{bmatrix}$$

代入 $a=-2$,得

$$\boldsymbol{A}=\begin{bmatrix}1&1&-2\\0&-3&3\\0&0&0\end{bmatrix},R(\boldsymbol{A})=2$$

选项 A 对。

答案:A

19.**解**　当 $\boldsymbol{P}^{-1}\boldsymbol{A}\boldsymbol{P}=\boldsymbol{\Lambda}$ 时,$\boldsymbol{P}=(\alpha_1,\alpha_2,\alpha_3)$ 中 α_1、α_2、α_3 的排列满足对应关系,α_1 对应 λ_1,α_2 对应 λ_2,α_3 对应 λ_3,可知 α_1 对应特征值 $\lambda_1=1$,α_2 对应特征值 $\lambda_2=2$,α_3 对应特征值 $\lambda_3=0$,由此可知当 $\boldsymbol{Q}=(\alpha_2,\alpha_1,\alpha_3)$ 时,对应 $\boldsymbol{\Lambda}=\begin{bmatrix}2&0&0\\0&1&0\\0&0&0\end{bmatrix}$。

答案:B

20. **解**　**方法1：**

对方程组的系数矩阵进行初等行变换，

$$\begin{bmatrix}1 & -1 & 0 & 1\\ 1 & 0 & -1 & 1\end{bmatrix}\rightarrow\begin{bmatrix}1 & -1 & 0 & 1\\ 0 & 1 & -1 & 0\end{bmatrix}$$

即$\begin{cases}x_1-x_2+x_4=0\\ x_2-x_3=0\end{cases}$

得到方程组的同解方程组$\begin{cases}x_1=x_2-x_4\\ x_3=x_2+0x_4\end{cases}$

当 $x_2=1,x_4=0$ 时，得 $x_1=1,x_3=1$；当 $x_2=0,x_4=1$ 时，得 $x_1=-1,x_3=0$，写成基础解系 ξ_1,ξ_2，即 $\xi_1=\begin{bmatrix}1\\1\\1\\0\end{bmatrix}$，$\xi_2=\begin{bmatrix}-1\\0\\0\\1\end{bmatrix}$。

方法2：

把选项中列向量代入核对，即：

$$\begin{bmatrix}1 & -1 & 0 & 1\\ 1 & 0 & -1 & 1\end{bmatrix}\begin{bmatrix}1\\1\\1\\0\end{bmatrix}=\begin{bmatrix}0\\0\end{bmatrix}$$，选项A错。

$$\begin{bmatrix}1 & -1 & 0 & 1\\ 1 & 0 & -1 & 1\end{bmatrix}\begin{bmatrix}-1\\-1\\1\\0\end{bmatrix}=\begin{bmatrix}0\\-2\end{bmatrix}$$，选项B错。

$$\begin{bmatrix}1 & -1 & 0 & 1\\ 1 & 0 & -1 & 1\end{bmatrix}\begin{bmatrix}-1\\0\\0\\1\end{bmatrix}=\begin{bmatrix}0\\0\end{bmatrix}$$，选项C正确。

答案：C

21. **解**　$P(A\cup B)=P(A)+P(B)-P(AB)$，$P(A\cup B)+P(AB)=P(A)+P(B)=1.1$，$P(A\cup B)$取最小值时，$P(AB)$取最大值，因 $P(A)<P(B)$，所以 $P(AB)$的最大值等于$P(A)=0.3$。或用图示法（面积表示概率），见解图。

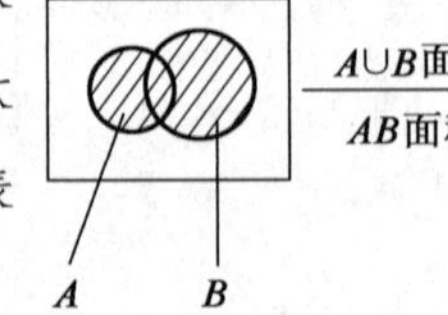

题21解图

答案：C

22. **解** 设甲、乙、丙单人译出密码分别记为 A、B、C，则这份密码被破译出可记为 $A\cup B\cup C$，因为 A、B、C 相互独立，

所以 $P(A\cup B\cup C)=P(A)+P(B)+P(C)-P(AB)-P(AC)-P(BC)+P(ABC)$

$$=P(A)+P(B)+P(C)-P(A)P(B)-P(A)P(C)-P(B)P(C)+P(A)P(B)P(C)=\frac{3}{5}$$

或由 $\overline{A}$、$\overline{B}$、$\overline{C}$ 也相互独立，

$$P(A\cup B\cup C)=1-P(\overline{A\cup B\cup C})=1-P(\overline{A}\overline{B}\overline{C})=1-P(\overline{A})P(\overline{B})P(\overline{C})$$

$$=1-[1-P(A)][1-P(B)][1-P(C)]=\frac{3}{5}$$

答案：D

23. **解** 由题意可知 $Y\sim B(3,p)$，其中 $p=P\{X\leqslant\frac{1}{2}\}=\int_0^{\frac{1}{2}}2x\mathrm{d}x=\frac{1}{4}$，$P(Y=2)=C_3^2\left(\frac{1}{4}\right)^2\frac{3}{4}=\frac{9}{64}$。

答案：B

24. **解** 由 χ^2 分布定义，$X^2\sim\chi^2(1)$，$Y^2\sim\chi^2(1)$，因不能确定 X 与 Y 是否相互独立，所以选项 A、B、D 都不对。当 $X\sim N(0,1)$，$Y=-X$ 时，$Y\sim N(0,1)$，但 $X+Y=0$ 不是随机变量。

答案：C

25. **解** ①分子的平均平动动能 $\overline{w}=\frac{3}{2}kT$，分子的平均动能 $\bar{\varepsilon}=\frac{i}{2}kT$。

分子的平均平动动能相同，即温度相等。

②分子的平均动能＝平均(平动动能＋转动动能)$=\frac{i}{2}kT$。i 为分子自由度，$i(\mathrm{He})=3$，$i(\mathrm{N_2})=5$，故氦分子和氮分子的平均动能不同。

答案：B

26. **解** v_{p} 为 $f(v)$ 最大值所对应的速率，由最概然速率定义得正确选项 C。

答案：C

27. **解** 理想气体从平衡态 $\mathrm{A}(2p_1,V_1)$ 变化到平衡态 $\mathrm{B}(p_1,2V_1)$，体积膨胀，做功 $W>0$。

判断内能变化情况：**方法 1**，画 p-V 图，注意到平衡态 $\mathrm{A}(2p_1,V_1)$ 和平衡态 $\mathrm{B}(p_1,2V_1)$ 都在同一等温线上，$\Delta T=0$，故 $\Delta E=0$。**方法 2**，气体处于平衡态 A 时，其温度为 $T_{\mathrm{A}}=\frac{2p_1\times V_1}{R}$；处于平衡态 B 时，温度 $T_{\mathrm{B}}=\frac{2p_1\times V_1}{R}$，显然 $T_{\mathrm{A}}=T_{\mathrm{B}}$，温度不变，内能不变，$\Delta E=0$。

答案：C

28. **解**　循环过程的净功数值上等于闭合循环曲线所围的面积。若循环曲线所包围的面积增大，则净功增大。而卡诺循环的循环效率由下式决定：$\eta_{卡诺}=1-\frac{T_2}{T_1}$。若 T_1、T_2 不变，则循环效率不变。

答案:D

29. **解**　按题意，$y=0.01\cos10\pi(25\times0.1-2)=0.01\cos5\pi=-0.01\text{m}$。

答案:C

30. **解**　质元在机械波动中，动能和势能是同相位的，同时达到最大值，又同时达到最小值，质元在最大位移处（波峰或波谷），速度为零，"形变"为零，此时质元的动能为零，势能为零。

答案:D

31. **解**　由 $\Delta\phi=\frac{2\pi\nu\Delta x}{u}$，今 $\nu=\frac{1}{T}=\frac{1}{4}=0.25$，$\Delta x=3\text{m}$，$\Delta\phi=\frac{\pi}{6}$，故 $u=9\text{m/s}$，$\lambda=\frac{u}{\nu}=36\text{m}$。

答案:B

32. **解**　如图所示，考虑 O 处的明纹怎样变化。

①玻璃纸未遮住时：光程差 $\delta=r_1-r_2=0$，O 处为零级明纹。

②玻璃纸遮住后：光程差 $\delta'=\frac{5}{2}\lambda$，根据干涉条件知 $\delta'=\frac{5}{2}\lambda=(2\times2+1)\frac{\lambda}{2}$，满足暗纹条件。

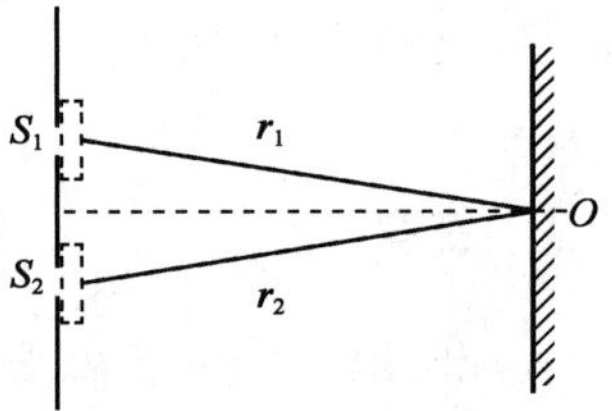

题 32 解图

答案:B

33. **解**　光学常识，可见光的波长范围 400～760nm，注意 $1\text{nm}=10^{-9}\text{m}$。

答案:A

34. **解**　玻璃劈尖的干涉条件为 $\delta=2nd+\frac{\lambda}{2}=k\lambda(k=1,2,\cdots)$（明纹），相邻两明（暗）纹对应的空气层厚度差为 $d_{k+1}-d_k=\frac{\lambda}{2n}$（见解图）。若劈尖的夹角为 θ，则相邻两明（暗）纹的间距 l 应满足关系式：

$$l\sin\theta=d_{k+1}-d_k=\frac{\lambda}{2n}\text{ 或 }l\sin\theta=\frac{\lambda}{2n}$$

$$l=\frac{\lambda}{2n\sin\theta}\approx\frac{\lambda}{2n\theta}，故\ \theta=\frac{\lambda}{2nl}$$

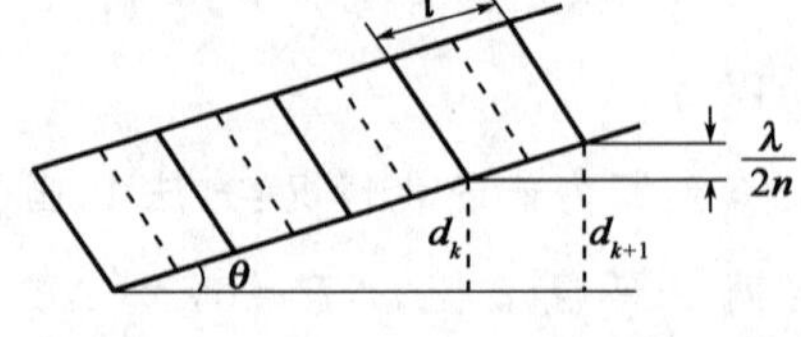

题 34 解图

答案:D

35. **解**　自然光垂直通过第一偏振后，变为线偏振光，光强设为 I'，此即入射至第二个偏振片的线偏振光强度。今$\alpha=45°$,已知自然光通过两个偏振片后光强为I',根据马吕斯定律,$I=I'\cos^2 45°=\frac{I'}{2}$,所以$I'=2I$。

答案:B

36.**解**　单缝衍射中央明纹宽度$\Delta x=\frac{2\lambda f}{a}=\frac{2\times400\times10^{-9}\times0.5}{10^{-4}}=4\times10^{-3}\text{m}$。

答案:D

37.**解**　原子核外电子排布服从三个原则:泡利不相容原理、能量最低原理、洪特规则。

(1)泡利不相容原理:在同一个原子中,不允许两个电子的四个量子数完全相同,即,同一个原子轨道最多只能容纳自旋相反的两个电子。

(2)能量最低原理:电子总是尽量占据能量最低的轨道。多电子原子轨道的能级取决于主量子数n和角量子数l,主量子数n相同时,l越大,能量越高;当主量子数n和角量子数l都不相同时,可以发生能级交错现象。轨道能级顺序:1s;2s,2p;3s,3p;4s,3d,4p;5s,4d,5p;6s,4f,5d,6p;7s,5f,6d,…。

(3)洪特规则:电子在n,l相同的数个等价轨道上分布时,每个电子尽可能占据磁量子数不同的轨道且自旋方向相同。

原子核外电子分布式书写规则:根据三大原则和近似能级顺序将电子一次填入相应轨道,再按电子层顺序整理,相同电子层的轨道排在一起。

答案:B

38.**解**　元素周期表中,同一主族元素从上往下随着原子序数增加,原子半径增大;同一周期主族元素随着原子序数增加,原子半径减小。选项D As和Se是同一周期主族元素,Se的原子半径小于As。

答案:D

39.**解**　缓冲溶液的组成:弱酸、共轭碱或弱碱及其共轭酸所组成的溶液。选项A CH_3COOH过量,和NaOH反应生成CH_3COONa,形成CH_3COOH/CH_3COONa缓冲溶液。

答案:A

40.**解**　压力对固相或液相的平衡没有影响;对反应前后气体计量系数不变的反应的平衡也没有影响。反应前后气体计量系数不同的反应:增大压力,平衡向气体分子数减少的方向;减少压力,平衡向气体分子数增加的方向移动。

总压力不变,加入惰性气体Ar,相当于减少压力,反应方程式中各气体的分压减小,平衡向气体分子数增加的方向移动。

答案:A

41.**解**　原子得失电子原则:当原子失去电子变成正离子时,一般是能量较高的最外层电子先失去，而且往往引起电子层数的减少；当原子得到电子变成负离子时，所得的电子总是分布在它的最外电子层。

本题中原子失去的为4s上的一个电子，该原子的价电子构型为$3d^{10}4s^1$，为29号Cu原子的电子构型。

答案:C

42. **解** 根据吉布斯等温方程$\Delta_r G_m^\Theta = -RT\ln K^\Theta$推断，$K^\Theta < 1, \Delta_r G_m^\Theta > 0$。

答案:A

43. **解** 元素的周期数为价电子构型中的最大主量子数，最大主量子数为5，元素为第五周期；元素价电子构型特点为$(n-1)d^{10}ns^1$，为IB族元素特征价电子构型。

答案:B

44. **解** 酚类化合物为苯环直接和羟基相连。A为丙醇，B为苯甲醇，C为苯酚，D为丙三醇。

答案:C

45. **解** 系统命名法：

(1)链烃及其衍生物的命名

①选择主链:选择最长碳链或含有官能团的最长碳链为主链；

②主链编号:从距取代基或官能团最近的一端开始对碳原子进行编号；

③写出全称:将取代基的位置编号、数目和名称写在前面，将母体化合物的名称写在后面。

(2)芳香烃及其衍生物的命名

①选择母体:选择苯环上所连官能团或带官能团最长的碳链为母体，把苯环视为取代基；

②编号:将母体中碳原子依次编号，使官能团或取代基位次具有最小值。

答案:D

46. **解** 甲酸结构式为 $\mathrm{H{-}\overset{\overset{\displaystyle O}{\|}}{C}{-}O{-}H}$，两个氢处于不同化学环境。

答案:B

47. **解** AC与BC均为二力杆件，分析铰链C的受力即可。

答案:D

48. **解** 根据力多边形法则，分力首尾相连，合力为力三角形的封闭边。

答案:B

49. **解** A、B处为光滑约束，其约束力均为水平并组成一力偶，与力$\boldsymbol{W}$和DE杆约束力组成的力偶平衡。

答案:B

50. **解** 根据摩擦定律 $F_{max}=W\cos30°\times f=20.8\text{kN}$,沿斜面向下的主动力为 $W\sin30°=30\text{kN}>F_{max}$。

答案:C

51. **解** 点的运动轨迹为位置矢端曲线。

答案:B

52. **解** 可根据平行移动刚体的定义判断。

答案:C

53. **解** 杆 AB 和 CD 均为平行移动刚体,所以 $v_M=v_C=2v_B=2v_A=2\omega\cdot O_1A=120\text{cm/s}$,$a_M=a_C=2a_B=2a_A=2\omega^2\cdot O_1A=360\text{cm/s}$。

答案:B

54. **解** 根据动量、动量矩、动能的定义,刚体做定轴转动时:

$$\boldsymbol{p}=m\boldsymbol{v}_C, L_O=J_O\omega,\ T=\frac{1}{2}J_O\omega^2$$

此题中,$v_C=0$,$J_O=\frac{1}{2}mr^2$ 。

答案:A

55. **解** 根据动量的定义 $\boldsymbol{p}=\sum m_i\boldsymbol{v}_i$,所以,$p=(m_1-m_2)v$(向下)。

答案:B

56. **解** 用定轴转动微分方程 $J_A\alpha=M_A(F)$,见解图,$\frac{1}{3}\frac{P}{g}(2L)^2\alpha=PL$,所以角加速度 $\alpha=\frac{3g}{4L}$。

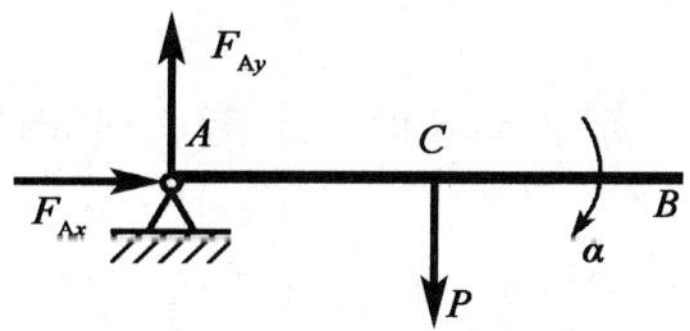

题 56 解图

答案:B

57. **解** 根据定轴转动刚体惯性力系向 O 点简化的结果,其主矩大小为 $M_{IO}=J_O\alpha=0$,主矢大小为 $F_I=ma_C=m\cdot\frac{R}{2}\omega^2$。

答案:A

58. **解**　装置 a)、b)、c)的自由振动频率分别为 $\omega_{0a}=\sqrt{\dfrac{2k}{m}}$；$\omega_{0b}=\sqrt{\dfrac{k}{2m}}$；$\omega_{0c}=\sqrt{\dfrac{3k}{m}}$，且周期为 $T=\dfrac{2\pi}{\omega_0}$。

答案:B

59. **解**

$$\sigma_{AB}=\frac{F_{NAB}}{A_{AB}}=\frac{300\pi\times10^3\,\text{N}}{\dfrac{\pi}{4}\times(200)^2\,\text{mm}^2}=30\text{MPa}$$

$$\sigma_{BC}=\frac{F_{NBC}}{A_{BC}}=\frac{100\pi\times10^3\,\text{N}}{\dfrac{\pi}{4}\times(100)^2\,\text{mm}^2}=40\text{MPa}=\sigma_{max}$$

答案:A

60. **解**

$$\tau=\frac{Q}{A_Q}=\frac{F}{\dfrac{\pi}{4}d^2}=\frac{4F}{\pi d^2}=[\tau] \qquad ①$$

$$\sigma_{bs}=\frac{P_{bs}}{A_{bs}}=\frac{F}{dt}=[\sigma_{bs}] \qquad ②$$

再用②式除①式，可得 $\dfrac{\pi d}{4t}=\dfrac{[\sigma_{bs}]}{[\tau]}$。

答案:B

61. **解**　受扭空心圆轴横截面上的切应力分布与半径成正比，而且在空心圆内径中无应力，只有选项 B 图是正确的。

答案:B

62. **解**

$$W_z=\frac{I_z}{y_{max}}=\frac{\dfrac{\pi}{64}d^4-\dfrac{a^4}{12}}{\dfrac{d}{2}}=\frac{\pi d^3}{32}-\frac{a^4}{6d}$$

答案:B

63. **解**　根据 $\dfrac{dM}{dx}=Q$ 可知，剪力为零的截面弯矩的导数为零，也即是弯矩有极值。

答案:B

64. **解**　开裂前

$$\sigma_{max}=\frac{M}{W_z}=\frac{M}{\dfrac{b}{6}(3a)^2}=\frac{2M}{3ba^2}$$

开裂后

$$\sigma_{1max}=\frac{\dfrac{M}{3}}{W_{z1}}=\frac{\dfrac{M}{3}}{\dfrac{ba^2}{6}}=\frac{2M}{ba^2}$$

开裂后最大正应力是原来的3倍，故梁承载能力是原来的1/3。

答案：B

65.**解**　由矩形和工字形截面的切应力计算公式可知 $\tau=\frac{QS_z}{bI_z}$，切应力沿截面高度呈抛物线分布。由于腹板上截面宽度 b 突然加大，故 z 轴附近切应力突然减小。

答案：B

66.**解**　承受集中力的简支梁的最大挠度 $f_c=\frac{Fl^3}{48EI}$，与惯性矩 I 成反比。$I_a=\frac{hb^3}{12}=\frac{b^4}{6}$，而 $I_b=\frac{bh^3}{12}=\frac{4}{6}b^4$，因图a)梁 I_a 是图b)梁 I_b 的 $\frac{1}{4}$，故图a)梁的最大挠度是图b)梁的4倍。

答案：C

67.**解**　图示单元体的最大主应力 σ_1 的方向，可以看作是 σ_x 的方向（沿 x 轴）和纯剪切单元体的最大拉应力的主方向（在第一象限沿45°向上），叠加后的合应力的指向。

答案：A

68.**解**　AB 段是轴向受压，$\sigma_{AB}=\frac{F}{ab}$

BC 段是偏心受压，$\sigma_{BC}=\frac{F}{2ab}+\frac{F\cdot\frac{a}{2}}{\frac{b}{6}(2a)^2}=\frac{5F}{4ab}$

答案：B

69.**解**　图示圆轴是弯扭组合变形，在固定端处既有弯曲正应力，又有扭转切应力。但是图中 A 点位于中性轴上，故没有弯曲正应力，只有切应力，属于纯剪切应力状态。

答案：B

70.**解**　由压杆临界荷载公式 $F_{cr}=\frac{\pi^2EI}{(\mu l)^2}$ 可知，F_{cr} 与杆长 l^2 成反比，故杆长度为 $\frac{l}{2}$ 时，F_{cr} 是原来的4倍。

答案：B

71.**解**　空气的黏滞系数，随温度降低而降低；而水的黏滞系数相反，随温度降低而升高。

答案：A

72.**解**　质量力是作用在每个流体质点上，大小与质量成正比的力；表面力是作用在所设流体的外表，大小与面积成正比的力。重力是质量力，黏滞力是表面力。

答案:C

73. **解** 根据流线定义及性质以及非恒定流定义可得。

答案:C

74. **解** 题中已给出两断面间有水头损失 $h_{l1\text{-}2}$，而选项 C 中未计及 $h_{l1\text{-}2}$，所以是错误的。

答案:C

75. **解** 根据雷诺数公式 $Re=\frac{vd}{\nu}$ 及连续方程 $v_1A_1=v_2A_2$ 联立求解可得。

$$v_2=v_1\left(\frac{d_1}{d_2}\right)^2=\left(\frac{30}{60}\right)^2v_1=\frac{v_1}{4}$$

$$Re_2=\frac{v_2d_2}{\nu}=\frac{\frac{v_1}{4}\times 2d_1}{\nu}=\frac{1}{2}Re_1=\frac{1}{2}\times 5000=2500$$

答案:C

76. **解** 当自由出流孔口与淹没出流孔口的形状、尺寸相同，且作用水头相等时，则出流量应相等。

答案:B

77. **解** 水力最优断面是过流能力最大的断面形状。

答案:B

78. **解** 依据弗劳德准则，流量比尺 $\lambda_Q=\lambda_L^{2.5}$，所以长度比尺 $\lambda_L=\lambda_Q^{1/2.5}$，代入题设数据后有：$\lambda_L=\left(\frac{537}{0.3}\right)^{1/2.5}=(1790)^{0.4}=20$。

答案:D

79. **解** 此题选项 A、C、D 明显不符合静电荷物理特征。关于选项 B 可以用电场强度的叠加定理分析，两个异性电荷连线的中心位置电场强度也不为零，因此，本题的四个选项均不正确。

答案:无可选项

80. **解** 电感电压与电流之间的关系是微分关系，即 $u=L\frac{\mathrm{d}i}{\mathrm{d}t}=2\omega L\sin(1000t+90°)$

或用相量法分析：$\dot{U}_L=j\omega L\dot{I}=\sqrt{2}\angle 90°\text{V}$；$I=\sqrt{2}\text{A}$，$j\omega L=j1\Omega(\omega=1000\text{rad})$。

答案:D

81. **解**　根据线性电路的戴维南定理，图 a)和图 b)电路等效指的是对外电路电压和电流相同，即电路中 20Ω 电阻中的电流均为 1A，方向自下向上；然后利用节电电流关系可知，流过图 a)电路 10Ω 电阻中的电流是 1A。

答案：A

82. **解**　RLC 串联的交流电路中，阻抗的计算公式是 $Z=R+jX_L-jX_C=R+j\omega L-j\dfrac{1}{\omega C}$，阻抗的模 $|Z|=\sqrt{R^2+\left(\omega L-\dfrac{1}{\omega C}\right)^2}$；$\omega=314\text{rad/s}$。

答案：C

83. **解**　该电路是 RLC 混联的正弦交流电路，根据给定电压，将其写成复数为 $\dot{U}=U\angle 30°=\dfrac{10}{\sqrt{2}}\angle 30°\text{V}$；电流 $\dot{I}=\dot{I}_1+\dot{I}_2=\dfrac{U\angle 30°}{R+j\omega L}+\dfrac{U\angle 30°}{-j\left(\dfrac{1}{\omega C}\right)}$；$i=I\sqrt{2}\sin(1000t+\Psi_i)\text{A}$。

答案：C

84. **解**　在暂态电路中电容电压符合换路定则 $U_C(t_{0+})=U_C(t_{0-})$，开关闭合以前 $U_C(t_{0-})=\dfrac{R_2}{R_1+R_2}U_s$，$I(0_+)=U_C(0_+)/R_2$；电路达到稳定以后电容能量放光，电路中稳态电流 $I(\infty)=0$。

答案：B

85. **解**　信号源输出最大功率的条件是电源内阻与负载电阻相等，电路中的实际负载电阻折合到变压器的原边数值为 $R'_L=\left(\dfrac{U_1}{U_2}\right)^2R_L=R_S=40\Omega$；$K=\dfrac{u_1}{u_2}=2$，$u_1=u_s\dfrac{R'_L}{R_S+R'_L}=40\sin\omega t$；$u_2=\dfrac{u_1}{K}=20\sin\omega t$。

答案：B

86. **解**　在继电接触控制电路中，电器符号均表示电器没有动作的状态，当接触器线圈 KM 通电以后常开触点 KM1 闭合，常闭触点 KM2 断开。

答案：C

87. **解**　信息是通过感官接收的关于客观事物的存在形式或变化情况。信号是消息的表现形式，是可以直接观测到的物理现象(如电、光、声、电磁波等)。通常认为“信号是信息的表现形式”。红灯亮的信号传达了开始制冷的信息。

答案：C

88. **解**　八进制和十六进制都是数字电路中采用的数制，本质上都是二进制，在应用中是根据数字信号的不同要求所选取的不同的书写格式。

答案:A

89.**解** 模拟信号是幅值和时间均连续的信号,采样信号是时间离散、数值连续的信号,离散信号是指在某些不连续时间定义函数值的信号,数字信号是将幅值量化后并以二进制代码表示的离散信号。

答案:B

90.**解** 题中给出非正弦周期信号的傅里叶级数展开式。周期信号中各次谐波的幅值随着频率的增加而减少,但是$u_1(t)$中包含基波和三次谐波,而$u_2(t)$包含的谐波次数是基波和五次谐波,$u_1(t)$包含的信息较$u_2(t)$更加完整。

答案:A

91.**解** 由图可以分析,当信号$|u_i(t)|\leqslant 2V$时,放大电路工作在线性工作区,$u_o(t)=5u_i(t)$;当信号$|u_i(t)|\geqslant 2V$时,放大电路工作在非线性工作区,$u_o(t)=\pm 10V$。

答案:D

92.**解** 由逻辑电路的基本关系可得结果,变换中用到了逻辑电路的摩根定理。

$$F=\overline{\overline{AB}+\overline{BC}}=AB\cdot BC=ABC$$

答案:D

93.**解** 该电路为二极管的桥式整流电路,当D_2二极管断开时,电路变为半波整流电路,输入电压的交流有效值和输出直流电压的关系为$U_o=0.45U_i$,同时根据二极管的导通电流方向可得$U_o=-3.18V$。

答案:C

94.**解** 由图可以分析,当信号$|u_i(t)|\leqslant 1V$时,放大电路工作在线性工作区,$u_o(t)=10u_i(t)$;当信号$|u_i(t)|\geqslant 1V$时,放大电路工作在非线性工作区,$u_o(t)=\pm 10V$;输入信号$u_i(t)$最大值为2V,则有一部分工作区进入非线性区。

答案:C

95.**解** 图a)示电路是与非门逻辑电路,$F=\overline{A}$(注:$A\cdot 1=A$)。

答案:D

96.**解** 图示电路是下降沿触发的JK触发器,$\overline{R}_D$是触发器的清零端,$\overline{S}_D$是置"1"端,画图并由触发器的逻辑功能分析即可得答案。

答案:B

97.**解** 计算机存储单元是按一定顺序编号,这个编号被称为存储地址。

答案:C

98.**解**　操作系统的特征有并发性、共享性和随机性。

答案:B

99.**解**　二进制最后一位是1,转换后则一定是十进制数的奇数。

答案:A

100.**解**　像素实际上就是图像中的一个个光点,光点可以是黑白的,也可以是彩色的。

答案:D

101.**解**　删除操作系统文件,计算机将无法正常运行。

答案:C

102.**解**　存储器系统包括主存储器、高速缓冲存储器和外存储器。

答案:C

103.**解**　设备管理是对除CPU和内存储器之外的所有输入/输出设备的管理。

答案:A

104.**解**　两种十分有效的文件管理工具是“我的电脑”和“资源管理器”。

答案:C

105.**解**　计算机网络主要由网络硬件系统和网络软件系统两大部分组成。

答案:A

106.**解**　局域网覆盖的地理范围通常在几公里之内。

答案:C

107.**解**　按等额支付资金回收公式计算(已知P求A)。

$A = P(A/P,i,n) = 5000 \times (A/P,8\%,10) = 5000 \times 0.14903 = 745.15$ 万元

答案:C

108.**解**　建设项目经济评价中的总投资,由建设投资、建设期利息和流动资金组成。

答案:C

109.**解**　新设法人项目融资的资金来源于项目资本金和债务资金,权益融资形成项目的资本金,债务融资形成项目的债务资金。

答案:C

110.**解**　在财务生存能力分析中,各年累计盈余资金不出现负值是财务生存的必要条件。

答案:B

111.**解** 分别计算效益流量的现值和费用流量的现值,二者的比值即为该项目的效益费用比。建设期 1 年,使用寿命 10 年,计算期共 11 年。注意:第 1 年为建设期,投资发生在第 0 年(即第 1 年的年初),第 2 年开始使用,效益和费用从第 2 年末开始发生。该项目的现金流量图如解图所示。

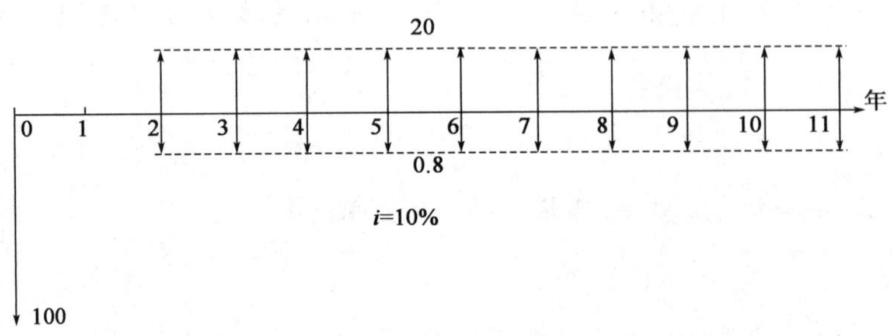

题 111 解图

效益流量的现值:$B=20\times(P/A,10\%,10)\times(P/F,10\%,1)$

$=20\times6.144\times0.9091=111.72$ 万元

费用流量的现值:$C=0.8\times(P/A,10\%,10)\times(P/F,10\%,1)$

$=0.8\times6.1446\times0.9091+100=104.47$ 万元

该项目的效益费用比为:$R_{BC}=B/C=111.72/104.47=1.07$

答案:A

112.**解** 投资项目敏感性分析最基本的分析指标是内部收益率。

答案:B

113.**解** 净年值法既可用于寿命期相同,也可用于寿命期不同的方案比选。

答案:C

114.**解** 强制确定法是以功能重要程度作为选择价值工程对象的一种分析方法,包括 01 评分法、04 评分法等。其中,01 评分法通过对每个部件与其他各部件的功能重要程度进行逐一对比打分,相对重要的得 1 分,不重要的得 0 分,最后计算各部件的功能重要性系数。

答案:D

115.**解** 《中华人民共和国建筑法》第五十七条规定,建筑设计单位对设计文件选用的建筑材料、建筑构配件和设备,不得指定生产厂家和供应商。

答案:B

116.**解** 《中华人民共和国招标投标法》第二十三条规定,招标人对已发出的招标文件进行必要的澄清或者修改的，应当在招标文件要求提交投标文件截止时间至少十五日前，以书面形式通知所有招标文件收受人。该澄清或者修改的内容为招标文件的组成部分。

答案：B

117. **解** 《中华人民共和国合同法》第二十条规定有下列情形之一的，要约失效：

（一）拒绝要约的通知到达要约人；

（二）要约人依法撤销要约；

（三）承诺期限届满，受要约人未作出承诺；

（四）受要约人对要约的内容作出实质性变更。

答案：D

118. **解** 《中华人民共和国节约能源法》第四条规定，节约资源是我国的基本国策。国家实施节约与开发并举，把节约放在首位的能源发展战略。

答案：B

119. **解** 注：《中华人民共和国环境保护法》2014年进行了修订，新法第四十五条规定，国家依照法律规定实行排污许可管理制度。此题已过时，未作解答。

120. **解** 《建设工程勘察设计管理条例》第十四条规定，建设工程勘察、设计方案评标，应当以投标人的业绩、信誉和勘察、设计人员的能力以及勘察、设计方案的优劣为依据，进行综合评定。

答案：A

全国勘察设计一级注册结构工程师执业资格考试通关试卷[二]

基础考试(下)试题解析及参考答案

1. **解**　晶体结构的基本特征在于其内部质点按照一定的规则排列，即结构单元在三维空间规律性排列。晶体构造使晶体在适当的环境中能够自发地形成封闭的几何多面体，但是由于实际使用的晶体材料通常由众多细小晶粒杂乱排布而成，所以宏观晶体材料为各向同性，即材料的任一部分都具有完全相同的性质。晶体材料具有一定的熔点。非晶体材料没有固定的熔点。

答案：B

2. **解**　材料的孔隙率 $n_0=\dfrac{V_0-V}{V_0}\times 100\%$

$$=\left(1-\frac{\rho_0}{\rho}\right)\times 100\%$$

$$=(1-\frac{1.8}{2.4})\times 100\%=25\%$$

答案：B

3. **解**　普通硅酸盐水泥的代号为P.O，硅酸盐水泥的代号为P.I，粉煤灰硅酸盐水泥的代号为P.F，复合硅酸盐水泥的代号为P.C。

答案：D

4. **解**　测定混凝土强度时，由于环箍效应的影响，试件尺寸越大测得的强度值越小。

答案：C

5. **解**　减水剂能够使混凝土在保持相同坍落度的前提下，大幅减小其用水量，进而降低混凝土的水灰比(或水胶比)，提高强度。

答案：B

6. **解**　珠光体是铁素体和渗碳体的机械混合物，含碳量较低；渗碳体是铁碳化合物，含碳量很高；铁素体是碳在α-Fe中的固溶体，含碳量小于0.02%；奥氏体是碳在γ-Fe中的固溶体，含碳量为0.8%～2.06%。当含碳量小于0.8%时，钢材的晶体组织主要为铁素体和珠光体；当含碳量大于0.8%时，钢材的晶体组织包含珠光体和渗碳体；当含碳量等于0.8%时，钢材的晶体组织全部是珠光体。

答案:A

7. **解** 胶合板是用数张(奇数张)由原木沿年轮方向旋切的薄片,使其纤维方向相互垂直叠放经热压而成的。

纤维板是以植物木纤维(如树皮、刨花、树枝等)为主要原料,经破碎浸泡,研磨成木浆,加入一定量的胶合剂经热压成型、干燥处理而成的。

刨花板是天然木材粉碎成颗料状后,再经黏合压制而成的。

细木工板,又称大芯板,是天然木条拼接而成的。

答案:B

8. **解** 高斯平面直角坐标系的定义,X 轴正向指北、Y 轴正向指东。

答案:D

9. **解** 水准仪的三个主要组成部分是望远镜、水准器和基座。

答案:B

10. **解** $D=kL\cos^2\alpha=100\times0.365\times\cos^2(3°15'00'')=36.383\text{m}$

$$h=D\tan\alpha+i-v=36.383\times\tan(3°15'00'')+1.460-2.379$$

$$=1.147\text{m}\approx1.15\text{m}$$

答案:A

11. **解** 地形图是按一定比例,用规定的符号表示地物、地貌的平面位置和高程的正视投影图。

答案:B

12. **解** 等高线是地面上高程相同的相邻点连成的闭合曲线。等高线越密,则坡度越陡。

答案:B

13. **解** 《建设工程安全生产管理条例》第十三条规定,设计单位应当按照法律、法规和工程建设强制性标准进行设计,防止因设计不合理导致生产安全事故的发生。

设计单位应当考虑施工安全操作和防护需要,对涉及施工安全的重点部位和环节在设计文件中注明,并对防范生产安全事故提出指导意见。

采用新结构、新材料、新工艺的建设工程和特殊结构的建设工程,设计单位应当在设计中提出保障施工作业人员安全和预防生产安全事故的措施建议。

条文中不包括选项 D 的内容。

答案:D

14. **解** 《中华人民共和国著作权法》第十三条规定,两人以上合作创作的作品,著作权由合作作者共同享有。《中华人民共和国合同法》第三百四十条规定,合作开发完成的发明创造,除当事人另有约定的以外,申请专利的权利属于合作开发的当事人共有。

答案:B

15. **解** 见《建设工程质量管理条例》。

第七条 建设单位应当将工程发包给具有相应资质等级的单位。建设单位不得将建设工程肢解发包。

第九条 建设单位必须向有关的勘察、设计、施工、工程监理等单位提供与建设工程有关的原始资料。原始资料必须真实、准确、齐全。

第十条 建设工程发包单位不得迫使承包方以低于成本的价格竞标,不得任意压缩合理工期。建设单位不得明示或者暗示设计单位或者施工单位违反工程建设强制性标准,降低建设工程质量。

答案:A

16. **解** 《中华人民共和国建筑法》第二十七条规定,大型建筑工程或者结构复杂的建筑工程,可以由两个以上的承包单位联合共同承包。共同承包的各方对承包合同的履行承担连带责任。

两个以上不同资质等级的单位实行联合共同承包的,应当按照资质等级低的单位的业务许可范围承揽工程。

答案:A

17. **解** 反铲挖土机的挖土特点是后退向下,强制切土;正铲挖土机的挖土特点是前进向上,强制切土;抓铲、拉铲挖土机的挖土特点均是自重切土。

答案:A

18. **解** 任何跨度的悬挑构件拆除其底模时,混凝土立方体抗压强度都至少应达到设计强度的100%。

答案:D

19. **解** 工程网络计划方法与横道图进度计划方法相比,最大的优点是能够找到关键线路、关键工作及时差等参数,及时合理地指导工程。而横道图计划则不能。

答案:D

20. **解**　网络计划的工期优化的过程中，不得将关键工作直接压缩成非关键工作。否则，花了代价，工期并不能缩短。但允许未经压缩而被动地变为了关键工作，但关键工作永远不会压缩为非关键工作。

答案：B

21. **解**　流水施工的时间参数有流水节拍、流水步距、间歇时间（组织间歇和技术间歇，层间间歇和施工过程间歇）、平行搭接时间、流水工期，不包括总工期，因为总工期是整个进度计划的工期。

答案：A

22. **解**　地震作用下，框架柱的破坏一般发生在柱的上下端，对于一般的框架结构，柱内弯矩以地震作用产生的弯矩为主，“强柱弱梁”就是为了防止柱先于梁进入受弯屈服，导致整体结构破坏。

答案：B

23. **解**　消压后构件即可视为普通钢筋混凝土，所以施加预应力对构件承载力没有提高作用。

答案：C

24. **解**　抗风柱是承受风荷载的主体构件，设置抗风柱间的圈梁只是为了提高结构的整体性。

答案：C

25. **解**　有明显屈服点的钢筋，其强度标准值的取值依据为屈服强度；对于无明显屈服点的钢筋为极限抗拉强度。

答案：B

26. **解**　《钢结构设计标准》（GB 50017—2017）中，疲劳计算采用的是容许应力幅法，即构件或连接的应力幅值只要小于或等于容许应力幅，则满足疲劳强度的要求。

答案：B

27. **解**　《钢结构设计标准》（GB 50017—2017）第 8.4.1 条规定了工字形截面压弯构件腹板高厚比的限值。

答案：D

28. **解**　《钢结构设计标准》（GB 50017—2017）第 11.1.6 条规定，对于重级工作制吊车梁，腹板与上翼缘板的连接应采用焊透的 T 形接头对接与角接组合焊缝。

答案：A

29. **解** T形截面轴心受压构件腹板高厚比限值与腹板的应力大小无关，见《钢结构设计标准》(GB 50017—2017)第7.3.1条第4款。

答案:D

30. **解** 《砌体结构设计规范》(GB 50003—2011)第3.2.4条规定：施工阶段砂浆尚未硬化的新砌体的强度和稳定性，可按砂浆强度为零进行验算。

答案:A

31. **解** 见《砌体结构设计规范》(GB 50003—2011)第6.2.7条。

答案:B

32. **解** 计算公式中的φ是高厚比和偏心距对受压构件承载力的影响系数，同时φ与砂浆的强度等级有关。

答案:A

33. **解** 由《砌体结构设计规范》(GB 50003—2011)第4.2.1条表4.2.1可知，砌体结构房屋静力计算时，采用刚性方案、刚弹性方案或弹性方案的判别因素与屋盖或楼盖的类别以及房屋横墙的间距有关。

答案:C

34. **解** 体系内部由铰接三角形组成几何不变体系，而与地面用4根杆相连，多1个约束。

答案:C

35. **解** 整体平衡$\sum X=0, H_A=15\text{kN}(\leftarrow)$

C左隔离体平衡$\sum Y=0, V_A=0, M_C=15\times3=45\text{kN}\cdot\text{m}$(下侧受拉)

答案:D

36. **解** $\Delta_B^V=\frac{(2L)^3}{48EI}+\frac{1}{2}\frac{1}{2k}=\frac{L^3}{4EI}$

答案:C

37. **解** $\alpha tL=\frac{HL}{EA}$，水平支座反力$H=\alpha tEA$。

答案:A

38. **解** 本题可视为反对称受力状态，桁架中间竖杆轴力为零，再由顶部结点平衡可知，1杆轴力为零。

答案:D

39. **解** 此处的弹性支座提供与链杆支座相同的支座反力，可对多跨静定梁直接求解内力。

答案:A

40.**解** 可用图乘法,先绘制出两个弯矩图后,再由两弯矩图形状快速判断出位移的方向。

答案:B

41.**解** AC 杆分配系数为$\frac{3}{4+3+1+0}=\frac{3}{8}$。

答案:B

42.**解** 见解图,$\Delta_{AB}=\frac{2}{EI}\left(\frac{1}{2}ml\right)\left(\frac{2}{3}ml\right)=\frac{2m^2l^2}{3EI}$(← →)。

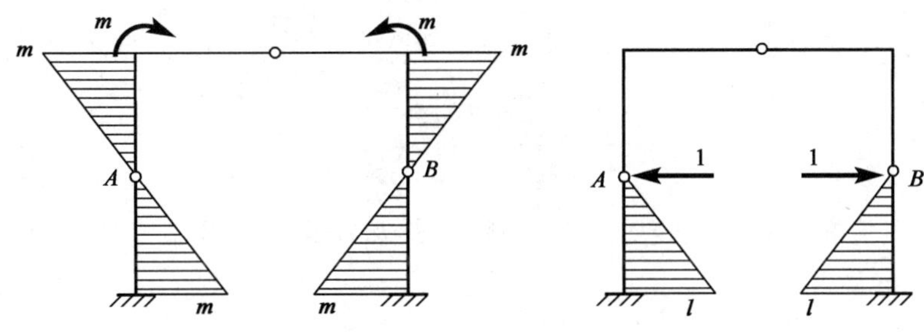

题 42 解图

答案:D

43.**解** Δ_i 为原超静定结构沿基本未知量 X_i 方向的位移,与 X_i 同向、反向或为零都有可能。

答案:D

44.**解** 取杆 CD 的轴力为力法基本未知量 X_1,其真实受力应使 Δ_{1P}为负值。

答案:C

45.**解** 将荷载分解为竖向分力和水平分力,分别利用对称性判断。

答案:D

46.**解** 用机动法或静力法。

答案:B

47.**解** 在质量点处施加水平单位力,作单位弯矩图,即可求得 $\delta_{11}=\frac{4l^3}{3EI}$,得 $\omega=\sqrt{\frac{1}{m\delta_{11}}}=\sqrt{\frac{3EI}{4ml^3}}$。

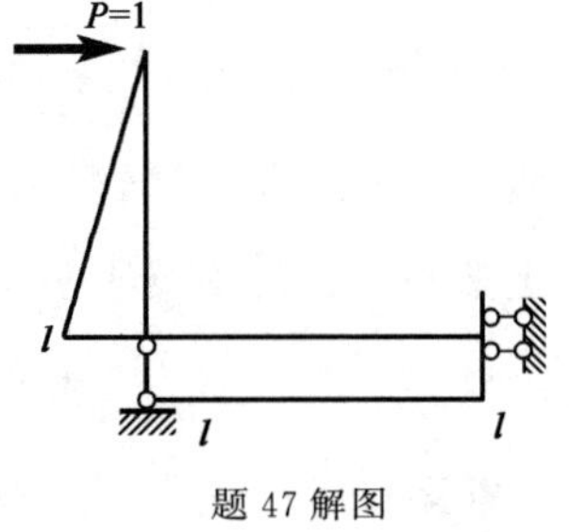

题 47 解图

答案:B

48. **解**　由解图给水平杆以单位位移，求相应的刚度系数 k，代入频率公式

$$k=\frac{3EI}{l^3}$$

$$\omega=\sqrt{\frac{k}{m}}=\sqrt{\frac{3EI}{ml^3}}$$

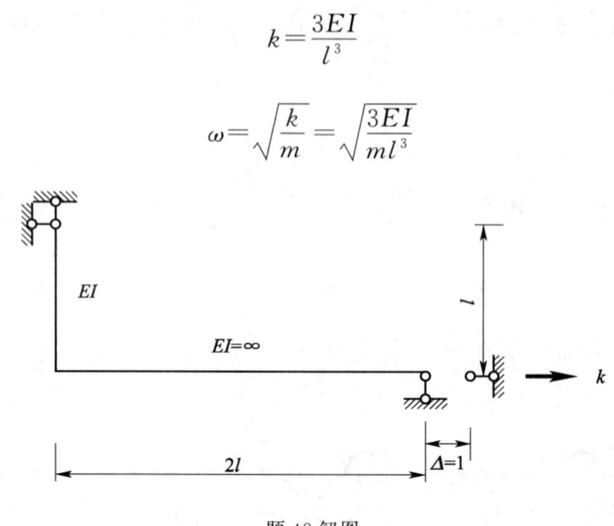

题 48 解图

答案:B

49. **解**　试件和试验装置设计是否合理，用预加载的方法是不能解决的。

答案:A

50. **解**　杠杆制作方便，有足够的强度、刚度时，荷载值稳定不变，当结构有变形时，荷载可以保持恒定，对于做持久荷载试验比较合适。而杠杆加载不能做动力荷载和循环加载试验；短期荷载，荷载值较大时也不能用杠杆加载。

答案:C

51. **解**　由于低周反复加载试验是对结构构件施加反复作用的力或位移，这种加载历程是在试验前预定的，试验过程也可以改变，与实际地震记录的加速度无直接关系。

答案:C

52. **解**　当集中力 P 和分布荷载 M 同时作用，要求有统一的相似常数，则 $S_p=S_M$，$S_M=S_mS_g$，$S_m=S_\rho S_l^3$，所以 $S_p=S_\rho S_l^3 S_g$。

答案:B

53. **解**　厚度小于 100mm 的构件，为了保证回弹时无颤动，需设置支撑固定后进行测试。而其他情况如：测试部位表面与内部质量有明显差异，硬化期间受冻伤的混凝土，以及蒸汽养护的混凝土出池后经自然养护 7d 后，表面未干燥等均不能用回弹法检测混凝土强度。

答案:D

54. **解**　土的灵敏度越高，其结构性越强，受扰动后土的强度降低就越多。

答案：A

55. **解**　土的三项比例指标换算，$\gamma_{sat}=\dfrac{d_e+\theta}{1+e}\gamma_w$，$e=\dfrac{wd_s}{S_r}$。饱和土体取 $S_r=1$，则 $e=27\times30\%=0.81$，$\gamma_{sat}=\dfrac{2.7+0.81}{1+0.81}\times10=19.4\text{kN/m}^3$。

答案：A

56. **解**　快剪是在试验施加垂直压力后，立即施加水平剪力。剪切过程是模拟不排水的排水条件。

答案：B

57. **解**　扩展基础的设计计算主要包括基础底面积确定（与无筋扩展基础相似）、抗冲切验算、抗弯验算、局部受压验算（当基础的混凝土强度等级小于柱的混凝土强度等级）。基础底板的配筋，应按抗弯计算确定。

答案：D

58. **解**　基础底面宽度，当基础宽度小于3m时，按3m取值；大于6m时，按6m取值。淤泥和淤泥质土、人工填土等 $\eta_b\gamma$ 等于0，不进行宽度修正。γ 取基底以下持力层土的重度，地下水以下取浮重度。

答案：D

59. **解**　桩所承受的轴向荷载是通过作用于桩周土层的桩侧摩阻力和桩端地层的桩端阻力来支承的。桩基施工完成后在周边注浆可以增加桩侧摩阻力。

答案：D

60. **解**　预压加固法是对地下水位以下的天然地基或设置有砂井等竖向排水设施的地基，通过加载使地基土中的孔隙水压力增大，加速孔隙水的排出和土的固结的方法。

答案：A

全国勘察设计注册工程师

执业资格考试通关试卷［三］

基础考试

（上）

二〇二〇年十月

应考人员注意事项

1. 本试卷科目代码为“1”，考生务必将此代码填涂在答题卡“科目代码”相应的栏目内，否则，无法评分。
2. 书写用笔：**黑色或蓝色钢笔、签字笔或圆珠笔**；
   填涂答题卡用笔：**黑色 2B 铅笔**。
3. 必须用书写用笔将工作单位、姓名、准考证号填写在答题卡和试卷相应的栏目内。
4. 本试卷由 120 题组成，每题 1 分，满分 120 分，本试卷全部为单项选择题，每小题的四个备选项中只有一个正确答案，错选、多选、不选均不得分。
5. 考生作答时，必须**按题号在答题卡上**将相应试题所选选项对应的**字母用 2B 铅笔涂黑**。
6. 在答题卡上书写与题意无关的语言，或在答题卡上作标记的，均按违纪试卷处理。
7. 考试结束时，由监考人员当面将试卷、答题卡一并收回。
8. 草稿纸由各地统一配发，考后收回。

单项选择题(共 120 题,每题 1 分。每题的备选项中只有一个最符合题意。)

1. 设 $f(x)=\begin{cases}\cos x+x\sin\dfrac{1}{x}, & x<0\\ x^2+1, & x\geqslant 0\end{cases}$,则 $x=0$ 是 $f(x)$ 的下面哪一种情况:

A. 跳跃间断点　　B. 可去间断点

C. 第二类间断点　　D. 连续点

2. 设 $\alpha(x)=1-\cos x$,$\beta(x)=2x^2$,则当 $x\to 0$ 时,下列结论中正确的是:

A. $\alpha(x)$ 与 $\beta(x)$ 是等价无穷小

B. $\alpha(x)$ 是 $\beta(x)$ 的高阶无穷小

C. $\alpha(x)$ 是 $\beta(x)$ 的低阶无穷小

D. $\alpha(x)$ 与 $\beta(x)$ 是同阶无穷小但不是等价无穷小

3. 设 $y=\ln(\cos x)$,则微分 $\mathrm{d}y$ 等于:

A. $\dfrac{1}{\cos x}\mathrm{d}x$

B. $\cot x\mathrm{d}x$

C. $-\tan x\mathrm{d}x$

D. $-\dfrac{1}{\cos x\sin x}\mathrm{d}x$

4. $f(x)$ 的一个原函数为 e^{-x^2},则 $f'(x)=$

A. $2(-1+2x^2)e^{-x^2}$

B. $-2xe^{-x^2}$

C. $2(1+2x^2)e^{-x^2}$

D. $(1-2x)e^{-x^2}$

5. $f'(x)$ 连续,则 $\int f'(2x+1)\mathrm{d}x$ 等于:

A. $f(2x+1)+C$

B. $\dfrac{1}{2}f(2x+1)+C$

C. $2f(2x+1)+C$

D. $f(x)+C$

(C 为任意常数)

6. 定积分 $\int_0^{\frac{1}{2}} \frac{1+x}{\sqrt{1-x^2}}\mathrm{d}x =$

A. $\frac{\pi}{3}+\frac{\sqrt{3}}{2}$

B. $\frac{\pi}{6}-\frac{\sqrt{3}}{2}$

C. $\frac{\pi}{6}-\frac{\sqrt{3}}{2}+1$

D. $\frac{\pi}{6}+\frac{\sqrt{3}}{2}+1$

7. 若 D 是由 $y=x,x=1,y=0$ 所围成的三角形区域，则二重积分 $\iint\limits_D f(x,y)\mathrm{d}x\mathrm{d}y$ 在极坐标系下的二次积分是：

A. $\int_0^{\frac{\pi}{4}}\mathrm{d}\theta\int_0^{\cos\theta} f(r\cos\theta,r\sin\theta)r\mathrm{d}r$

B. $\int_0^{\frac{\pi}{4}}\mathrm{d}\theta\int_0^{\frac{1}{\cos\theta}} f(r\cos\theta,r\sin\theta)r\mathrm{d}r$

C. $\int_0^{\frac{\pi}{4}}\mathrm{d}\theta\int_0^{\frac{1}{\cos\theta}} r\mathrm{d}r$

D. $\int_0^{\frac{\pi}{4}}\mathrm{d}\theta\int_0^{\frac{1}{\cos\theta}} f(x,y)\mathrm{d}r$

8. 当 $a<x<b$ 时，有 $f'(x)>0,f''(x)<0$，则在区间 (a,b) 内，函数 $y=f(x)$ 图形沿 x 轴正向是：

A. 单调减且凸的

B. 单调减且凹的

C. 单调增且凸的

D. 单调增且凹的

9. 函数在给定区间上不满足拉格朗日定理条件的是：

A. $f(x)=\frac{x}{1+x^2}$，$[-1,2]$

B. $f(x)=x^{\frac{2}{3}}$，$[-1,1]$

C. $f(x)=e^{\frac{1}{x}}$，$[1,2]$

D. $f(x)=\frac{x+1}{x}$，$[1,2]$

10. 下列级数中，条件收敛的是：

A. $\sum\limits_{n=1}^{\infty}\frac{(-1)^n}{n}$

B. $\sum\limits_{n=1}^{\infty}\frac{(-1)^n}{n^3}$

C. $\sum\limits_{n=1}^{\infty}\frac{(-1)^n}{n(n+1)}$

D. $\sum\limits_{n=1}^{\infty}(-1)^n\frac{n+1}{n+2}$

11. 当 $|x|<\frac{1}{2}$ 时，函数 $f(x)=\frac{1}{1+2x}$ 的麦克劳林展开式正确的是：

A. $\sum\limits_{n=0}^{\infty}(-1)^{n+1}(2x)^n$

B. $\sum\limits_{n=0}^{\infty}(-2)^n x^n$

C. $\sum\limits_{n=1}^{\infty}(-1)^n 2^n x^n$

D. $\sum\limits_{n=1}^{\infty}2^n x^n$

12. 已知微分方程 $y'+p(x)y=q(x)[q(x)\neq 0]$ 有两个不同的特解 $y_1(x)$，$y_2(x)$，C 为任意常数，则该微分方程的通解是：

A. $y=C(y_1-y_2)$

B. $y=C(y_1+y_2)$

C. $y=y_1+C(y_1+y_2)$

D. $y=y_1+C(y_1-y_2)$

13. 以 $y_1=e^x$，$y_2=e^{-3x}$ 为特解的二阶线性常系数齐次微分方程是：

A. $y''-2y'-3y=0$

B. $y''+2y'-3y=0$

C. $y''-3y'+2y=0$

D. $y''+3y'+2y-0$

14. 微分方程$\frac{\mathrm{d}y}{\mathrm{d}x}+\frac{x}{y}=0$的通解是：

A. $x^2+y^2=C(C\in R)$

B. $x^2-y^2=C(C\in R)$

C. $x^2+y^2=C^2(C\in R)$

D. $x^2-y^2=C^2(C\in R)$

15. 曲线 $y=(\sin x)^{\frac{3}{2}}(0\leqslant x\leqslant\pi)$与 x 轴围成的平面图形绕 x 轴旋转一周而成的旋转体体积等于：

A. $\frac{4}{3}$

B. $\frac{4}{3}\pi$

C. $\frac{2}{3}\pi$

D. $\frac{2}{3}\pi^2$

16. 曲线 $x^2+4y^2+z^2=4$ 与平面 $x+z=a$ 的交线在 yOz 平面上的投影方程是：

A. $\begin{cases}(a-z)^2+4y^2+z^2=4\\x=0\end{cases}$

B. $\begin{cases}x^2+4y^2+(a-x)^2=4\\z=0\end{cases}$

C. $\begin{cases}x^2+4y^2+(a-x)^2=4\\x=0\end{cases}$

D. $(a-z)^2+4y^2+z^2=4$

17. 方程 $x^2-\frac{y^2}{4}+z^2=1$,表示：

A. 旋转双曲面

B. 双叶双曲面

C. 双曲柱面

D. 锥面

18. 设直线 L 为$\begin{cases}x+3y+2z+1=0\\2x-y-10z+3=0\end{cases}$,平面 π 为 $4x-2y+z-2=0$,则直线和平面的关系是：

A. L 平行于 π

B. L 在 π 上

C. L 垂直于 π

D. L 与 π 斜交

19. 已知 n 阶可逆矩阵 $\mathbf{A}$ 的特征值为 λ_0，则矩阵 $(2\mathbf{A})^{-1}$ 的特征值是：

A. $\frac{2}{\lambda_0}$

B. $\frac{\lambda_0}{2}$

C. $\frac{1}{2\lambda_0}$

D. $2\lambda_0$

20. 设 $\vec{\alpha}_1,\vec{\alpha}_2,\vec{\alpha}_3,\vec{\beta}$ 为 n 维向量组，已知 $\vec{\alpha}_1,\vec{\alpha}_2,\vec{\beta}$ 线性相关，$\vec{\alpha}_2,\vec{\alpha}_3,\vec{\beta}$ 线性无关，则下列结论中正确的是：

A. $\vec{\beta}$ 必可用 $\vec{\alpha}_1,\vec{\alpha}_2$ 线性表示

B. $\vec{\alpha}_1$ 必可用 $\vec{\alpha}_2,\vec{\alpha}_3,\vec{\beta}$ 线性表示

C. $\vec{\alpha}_1,\vec{\alpha}_2,\vec{\alpha}_3$ 必线性无关

D. $\vec{\alpha}_1,\vec{\alpha}_2,\vec{\alpha}_3$ 必线性相关

21. 要使得二次型 $f(x_1,x_2,x_3)=x_1^2+2tx_1x_2+x_2^2-2x_1x_3+2x_2x_3+2x_3^2$ 为正定的，则 t 的取值条件是：

A. $-1<t<1$

B. $-1<t<0$

C. $t>0$

D. $t<-1$

22. 若事件 A、B 互不相容，且 $P(A)=p$，$P(B)=q$，则 $P(\overline{A}\,\overline{B})$ 等于：

A. $1-p$

B. $1-q$

C. $1-(p+q)$

D. $1+p+q$

23. 若随机变量 X 与 Y 相互独立，且 X 在区间$[0,2]$上服从均匀分布，Y 服从参数为 3 的指数分布，则数学期望 $E(XY)=$

A. $\frac{4}{3}$

B. 1

C. $\frac{2}{3}$

D. $\frac{1}{3}$

24. 设 $X_1,X_2,\cdots,X_n$ 是来自总体 $N(\mu,\sigma^2)$ 的样本，μ、σ^2 未知，$\overline{X}=\frac{1}{n}\sum_{i=1}^{n}X_i$，$Q^2=\sum_{i=1}^{n}(X_i-\overline{X})^2$，$Q>0$。则检验假设 $H_0:\mu=0$ 时应选取的统计量是：

A. $\sqrt{n(n-1)}\frac{\overline{X}}{Q}$

B. $\sqrt{n}\frac{\overline{X}}{Q}$

C. $\sqrt{n-1}\frac{\overline{X}}{Q}$

D. $\sqrt{n}\frac{\overline{X}}{Q^2}$

25. 两种摩尔质量不同的理想气体，它们压强相同、温度相同、体积不同。则它们的：

A. 单位体积内的分子数不同

B. 单位体积内气体的质量相同

C. 单位体积内气体分子的总平均平动动能相同

D. 单位体积内气体的内能相同

26. 某种理想气体的总分子数为 N，分子速率分布函数为 $f(v)$，则速率在 $v_1\to v_2$ 区间内的分子数是：

A. $\int_{v_1}^{v_2}f(v)\mathrm{d}v$

B. $N\int_{v_1}^{v_2}f(v)\mathrm{d}v$

C. $\int_{0}^{\infty}f(v)\mathrm{d}v$

D. $N\int_{0}^{\infty}f(v)\mathrm{d}v$

27. 一定量的理想气体由 a 状态经过一过程到达 b 状态，吸热为 335J，系统对外做功 126J；若系统经过另一过程由 a 状态到达 b 状态，系统对外做功 42J，则过程中传入系统的热量为：

A. 530J　　　　B. 167J

C. 251J　　　　D. 335J

28. 一定量的理想气体，经过等体过程，温度增量 ΔT，内能变化 ΔE_1，吸收热量 Q_1；若经过等压过程，温度增量也为 ΔT，内能变化 ΔE_2，吸收热量 Q_2，则一定是：

A. $\Delta E_2=\Delta E_1, Q_2>Q_1$

B. $\Delta E_2=\Delta E_1, Q_2<Q_1$

C. $\Delta E_2>\Delta E_1, Q_2>Q_1$

D. $\Delta E_2<\Delta E_1, Q_2<Q_1$

29. 一平面简谐波的波动方程为 $y=2\times10^{-2}\cos2\pi\left(10t-\frac{x}{5}\right)$(SI)。$t=0.25$s 时，处于平衡位置，且与坐标原点 $x=0$ 最近的质元的位置是：

A. ±5m

B. 5m

C. ±1.25m

D. 1.25m

30. 一平面简谐波沿 x 轴正方向传播，振幅 $A=0.02$m，周期 $T=0.5$s，波长 $\lambda=100$m，原点处质元的初相位 $\phi=0$，则波动方程的表达式为：

A. $y=0.02\cos2\pi\left(\frac{t}{2}-0.01x\right)$(SI)

B. $y=0.02\cos2\pi(2t-0.01x)$(SI)

C. $y=0.02\cos2\pi\left(\frac{t}{2}-100x\right)$(SI)

D. $y=0.02\cos2\pi(2t-100x)$(SI)

31. 两人轻声谈话的声强级为 40dB，热闹市场上噪声的声强级为 80dB。市场上噪声的声强与轻声谈话的声强之比为：

A. 2　　　　B. 20

C. 10^2　　　　D. 10^4

32. P_1 和 P_2 为偏振化方向相互垂直的两个平行放置的偏振片，光强为 I_0 的自然光垂直入射在第一个偏振片 P_1 上，则透过 P_1 和 P_2 的光强分别为：

A. $\frac{I_0}{2}$和 0

B. 0 和$\frac{I_0}{2}$

C. I_0 和 I_0

D. $\frac{I_0}{2}$和$\frac{I_0}{2}$

33. 一束自然光自空气射向一块平板玻璃，设入射角等于布儒斯特角，则反射光为：

A. 自然光

B. 部分偏振光

C. 完全偏振光

D. 圆偏振光

34. 波长 $\lambda=550\text{nm}(1\text{nm}=10^{-9}\text{m})$的单色光垂直入射于光栅常数为 $2\times10^{-4}\text{cm}$ 的平面衍射光栅上，可能观察到光谱线的最大级次为：

A. 2　　B. 3　　C. 4　　D. 5

35. 在单缝夫琅禾费衍射实验中，波长为 λ 的单色光垂直入射到单缝上，对应于衍射角为 30°的方向上，若单缝处波阵面可分成 3 个半波带。则缝宽 a 为：

A. λ

B. 1.5λ

C. 2λ

D. 3λ

36. 以双缝干涉实验中，波长为 λ 的单色平行光垂直入射到缝间距为 a 的双缝上，屏到双缝的距离为 D，则某一条明纹与其相邻的一条暗纹的间距为：

A. $\frac{D\lambda}{a}$

B. $\frac{D\lambda}{2a}$

C. $\frac{2D\lambda}{a}$

D. $\frac{D\lambda}{4a}$

37. 钴的价层电子构型是 $3d^7 4s^2$，钴原子外层轨道中未成对电子数为：

A. 1　　B. 2

C. 3　　D. 4

38. 在 HF、HCl、HBr、HI 中，按熔、沸点由高到低顺序排列正确的是：

A. HF、HCl、HBr、HI

B. HI、HBr、HCl、HF

C. HCl、HBr、HI、HF

D. HF、HI、HBr、HCl

39. 对于 HCl 气体溶解于水的过程，下列说法正确的是：

A. 这仅是一个物理变化过程

B. 这仅是一个化学变化过程

C. 此过程既有物理变化又有化学变化

D. 此过程中溶质的性质发生了变化，而溶剂的性质未变

40. 体系与环境之间只有能量交换而没有物质交换，这种体系在热力学上称为：

A. 绝热体系

B. 循环体系

C. 孤立体系

D. 封闭体系

41. 反应 $PCl_3(g) + Cl_2(g) \rightleftharpoons PCl_5(g)$，298K 时 $K^{\ominus} = 0.767$，此温度下平衡时，如 $p(PCl_5) = p(PCl_3)$，则 $p(Cl_2) =$

A. 130.38kPa

B. 0.767kPa

C. 7607kPa

D. 7.67×10^{-3}kPa

42. 在铜锌原电池中，将铜电极的 $C(H^+)$ 由 1mol/L 增加到 2mol/L，则铜电极的电极电势：

A. 变大

B. 变小

C. 无变化

D. 无法确定

43. 元素的标准电极电势图如下：

$Cu^{2+} \xrightarrow{0.159} Cu^{+} \xrightarrow{0.52} Cu$

$Au^{3+} \xrightarrow{1.36} Au^{+} \xrightarrow{1.83} Au$

$Fe^{3+} \xrightarrow{0.771} Fe^{2+} \xrightarrow{-0.44} Fe$

$MnO_4^{-} \xrightarrow{1.51} Mn^{2+} \xrightarrow{-1.18} Mn$

在空气存在的条件下，下列离子在水溶液中最稳定的是：

A. Cu^{2+}　　B. Au^{+}

C. Fe^{2+}　　D. Mn^{2+}

44. 按系统命名法，下列有机化合物命名正确的是：

A. 2-乙基丁烷　　B. 2,2-二甲基丁烷

C. 3,3-二甲基丁烷　　D. 2,3,3-三甲基丁烷

45. 下列物质使溴水褪色的是：

A. 乙醇　　B. 硬脂酸甘油酯

C. 溴乙烷　　D. 乙烯

46. 昆虫能分泌信息素。下列是一种信息素的结构简式：

$$CH_3(CH_2)_5CH=CH(CH_2)_9CHO$$

下列说法正确的是：

A. 这种信息素不可以与溴发生加成反应

B. 它可以发生银镜反应

C. 它只能与 1mol H_2 发生加成反应

D. 它是乙烯的同系物

47. 图示刚架中，若将作用于 B 处的水平力 P 沿其作用线移至 C 处，则 A、D 处的约束力：

A. 都不变

B. 都改变

C. 只有 A 处改变

D. 只有 D 处改变

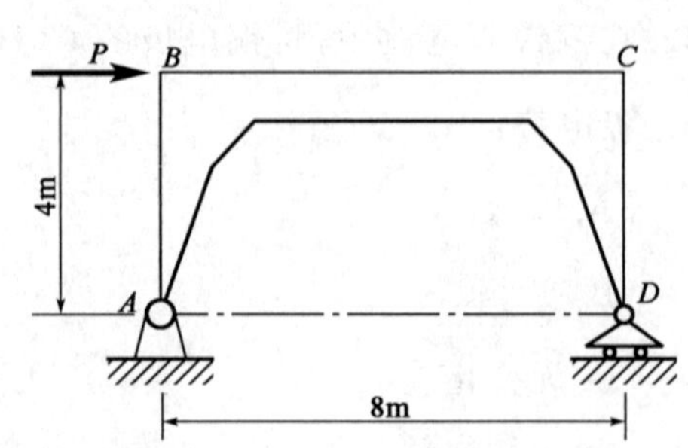

48. 图示绞盘有三个等长为 l 的柄，三个柄均在水平面内，其间夹角都是 120°。如在水平面内，每个柄端分别作用一垂直于柄的力 F_1、F_2、F_3，且有 $F_1=F_2=F_3=F$，该力系向 O 点简化后的主矢及主矩应为：

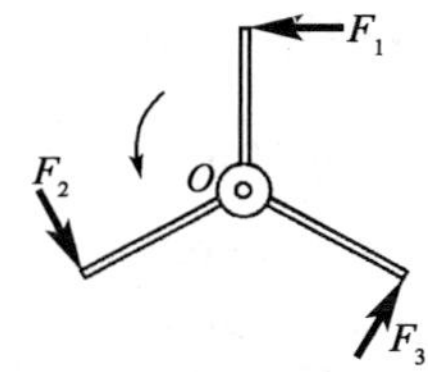

A. $F_R=0$，$M_O=3Fl$（↻）

B. $F_R=0$，$M_O=3Fl$（↺）

C. $F_R=2F$（水平向右），$M_O=3Fl$（↻）

D. $F_R=2F$（水平向左），$M_O=3Fl$（↺）

49. 图示起重机的平面构架，自重不计，且不计滑轮质量，已知：$F=100\text{kN}$，$L=70\text{cm}$，B、D、E 为铰链连接。则支座 A 的约束力为：

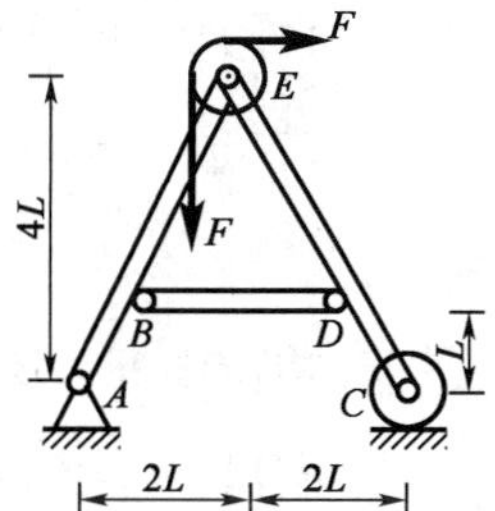

A. $F_{Ax}=100\text{kN}$（←）　　$F_{Ay}=150\text{kN}$（↓）

B. $F_{Ax}=100\text{kN}$（→）　　$F_{Ay}=50\text{kN}$（↑）

C. $F_{Ax}=100\text{kN}$（←）　　$F_{Ay}=50\text{kN}$（↓）

D. $F_{Ax}=100\text{kN}$（←）　　$F_{Ay}=100\text{kN}$（↓）

50. 平面结构如图所示，自重不计。已知：$F=100\text{kN}$。判断图示 BCH 桁架结构中，内力为零的杆数是：

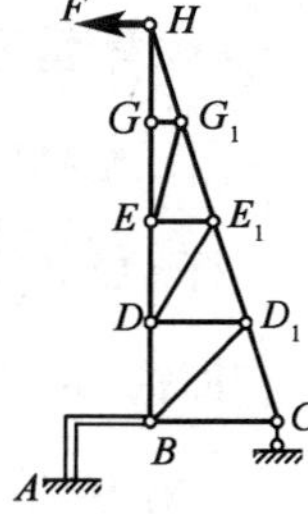

A. 3 根杆

B. 4 根杆

C. 5 根杆

D. 6 根杆

51. 动点以常加速度 2m/s^2 作直线运动。当速度由 5m/s 增加到 8m/s 时，则点运动的路程为：

A. 7.5m　　　　B. 12m

C. 2.25m　　　　D. 9.75m

52. 物体作定轴转动的运动方程为 $\varphi=4t-3t^2$（φ 以 rad 计，t 以 s 计）。此物体内，转动半径 $r=0.5\text{m}$ 的一点，在 $t_0=0$ 时的速度和法向加速度的大小分别为：

A. 2m/s，8m/s^2

B. 3m/s，3m/s^2

C. 2m/s，8.54m/s^2

D. 0，8m/s^2

53. 一木板放在两个半径 $r=0.25\text{m}$ 的传输鼓轮上面。在图示瞬时，木板具有不变的加速度 $a=0.5\text{m/s}^2$，方向向右；同时，鼓动边缘上的点具有一大小为 3m/s^2 的全加速度。如果木板在鼓轮上无滑动，则此木板的速度为：

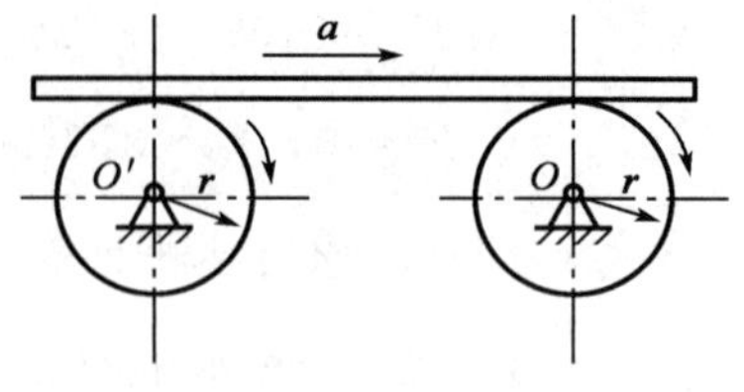

A. 0.86m/s

B. 3m/s

C. 0.5m/s

D. 1.67m/s

54. 重为 W 的人乘电梯铅垂上升，当电梯加速上升、匀速上升及减速上升时，人对地板的压力分别为 p_1、p_2、p_3，它们之间的关系为：

A. $p_1=p_2=p_3$　　B. $p_1>p_2>p_3$

C. $p_1<p_2<p_3$　　D. $p_1<p_2>p_3$

55. 均质细杆 AB 重力为 W，A 端置于光滑水平面上，B 端用绳悬挂，如图所示。当绳断后，杆在倒地的过程中，质心 C 的运动轨迹为：

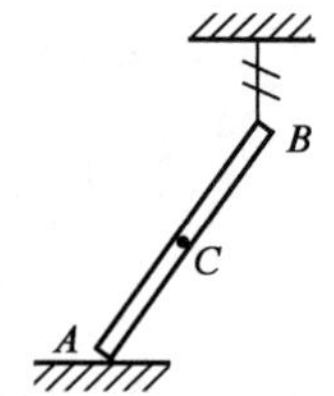

A. 圆弧线

B. 曲线

C. 铅垂直线

D. 抛物线

56. 杆 OA 与均质圆轮的质心用光滑铰链 A 连接，如图所示，初始时它们静止于铅垂面内，现将其释放，则圆轮 A 所作的运动为：

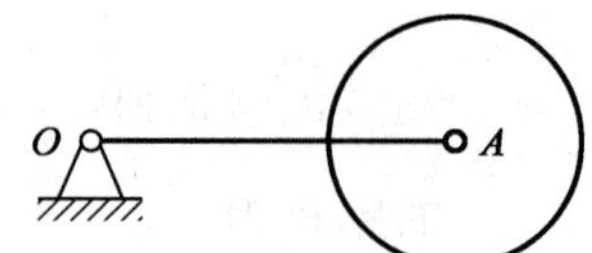

A. 平面运动

B. 绕轴 O 的定轴转动

C. 平行移动

D. 无法判断

57. 图示质量为 m、长为 l 的均质杆 OA 绕 O 轴在铅垂平面内作定轴转动。已知某瞬时杆的角速度为 ω，角加速度为 α，则杆惯性力系合力的大小为：

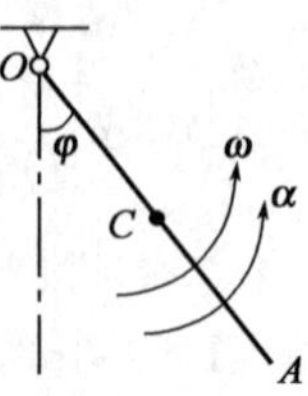

A. $\dfrac{l}{2}m\sqrt{\alpha^2+\omega^2}$

B. $\dfrac{l}{2}m\sqrt{\alpha^2+\omega^4}$

C. $\dfrac{l}{2}m\alpha$

D. $\dfrac{l}{2}m\omega^2$

58. 已知单自由度系统的振动固有频率 $\omega_n = 2\text{rad/s}$，若在其上分别作用幅值相同而频率为 $\omega_1 = 1\text{rad/s}$，$\omega_2 = 2\text{rad/s}$，$\omega_3 = 3\text{rad/s}$ 的简谐干扰力，则此系统强迫振动的振幅为：

A. $\omega_1 = 1\text{rad/s}$ 时振幅最大

B. $\omega_2 = 2\text{rad/s}$ 时振幅最大

C. $\omega_3 = 3\text{rad/s}$ 时振幅最大

D. 不能确定

59. 截面面积为 A 的等截面直杆，受轴向拉力作用。杆件的原始材料为低碳钢，若将材料改为木材，其他条件不变，下列结论中正确的是：

A. 正应力增大，轴向变形增大

B. 正应力减小，轴向变形减小

C. 正应力不变，轴向变形增大

D. 正应力减小，轴向变形不变

60. 图示等截面直杆，材料的拉压刚度为 EA，杆中距离 A 端 $1.5L$ 处横截面的轴向位移是：

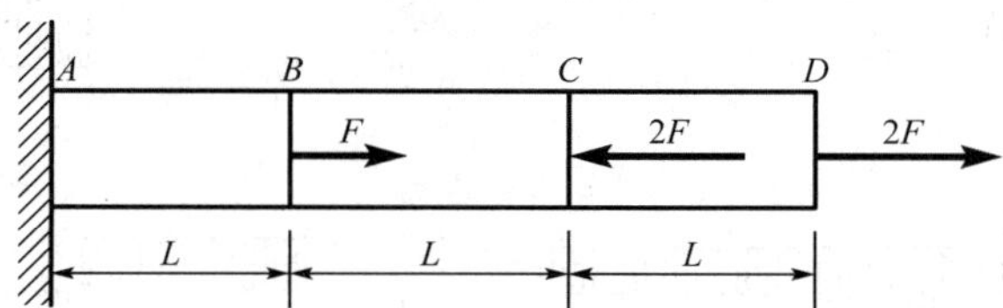

A. $\dfrac{4FL}{EA}$

B. $\dfrac{3FL}{EA}$

C. $\dfrac{2FL}{EA}$

D. $\dfrac{FL}{EA}$

61. 图示冲床的冲压力 $F = 300\pi\text{kN}$，钢板的厚度 $t = 10\text{mm}$，钢板的剪切强度极限 $\tau_b = 300\text{MPa}$。冲床在钢板上可冲圆孔的最大直径 d 是：

A. $d = 200\text{mm}$

B. $d = 100\text{mm}$

C. $d = 4000\text{mm}$

D. $d = 1000\text{mm}$

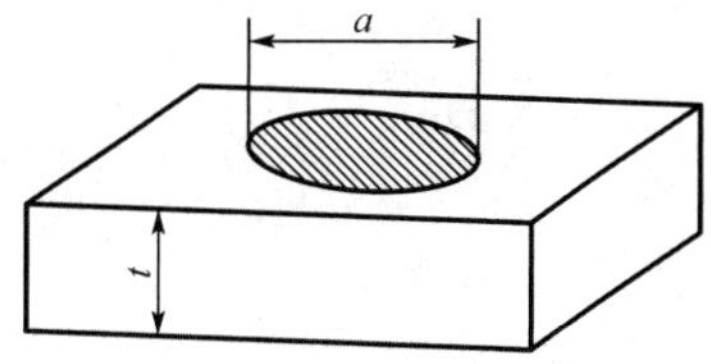

62. 图示两根木杆连接结构，已知木材的许用切应力为$[\tau]$，许用挤压应力为$[\sigma_{bs}]$，则 a 与 h 的合理比值是：

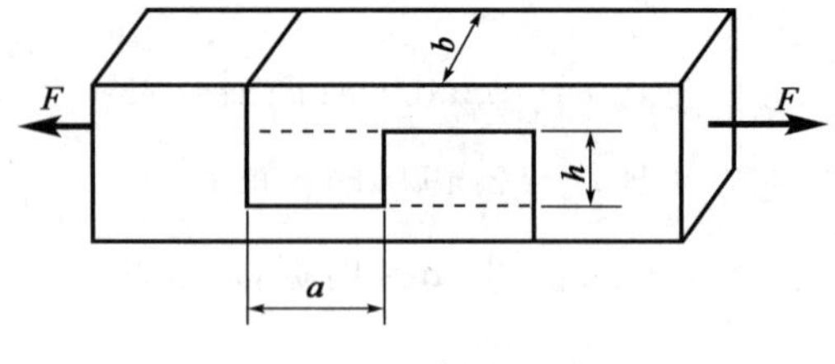

A. $\dfrac{h}{a}=\dfrac{[\tau]}{[\sigma_{bs}]}$

B. $\dfrac{h}{a}=\dfrac{[\sigma_{bs}]}{[\tau]}$

C. $\dfrac{h}{a}=\dfrac{[\tau]a}{[\sigma_{bs}]}$

D. $\dfrac{h}{a}=\dfrac{[\sigma_{bs}]a}{[\tau]}$

63. 圆轴受力如图所示，下面 4 个扭矩图中正确的是：

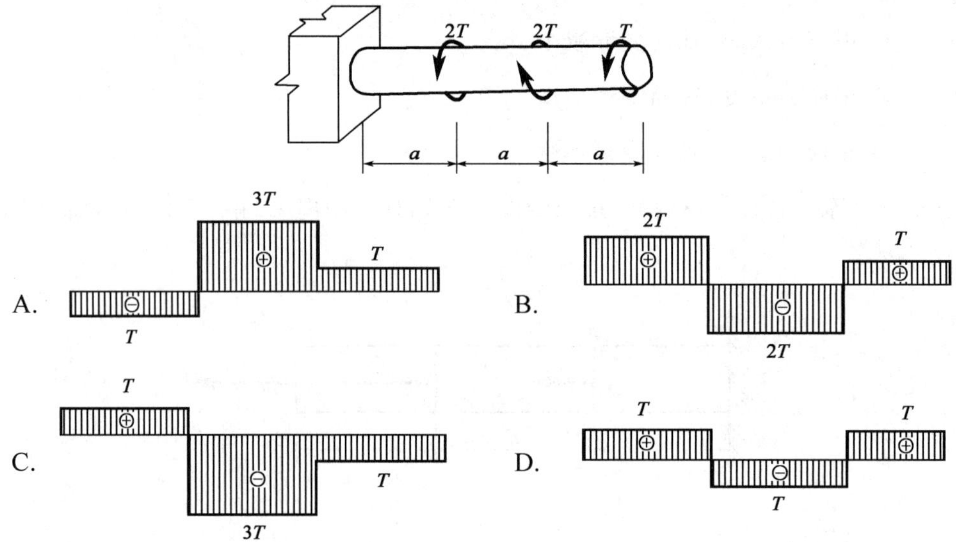

64. 直径为 d 的实心圆轴受扭，若使扭转角减小一半，圆轴的直径需变为：

A. $\sqrt[4]{2}d$

B. $\sqrt[3]{2}d$

C. $0.5d$

D. $\dfrac{8}{3}d$

65. 梁 ABC 的弯矩如图所示，根据梁的弯矩图，可以断定该梁 B 点处：

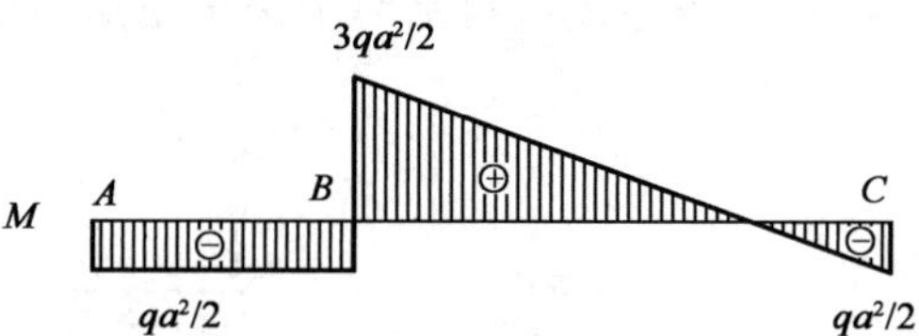

A. 无外荷载

B. 只有集中力偶

C. 只有集中力

D. 有集中力和集中力偶

66. 图示空心截面对 z 轴的惯性矩 I_z 为：

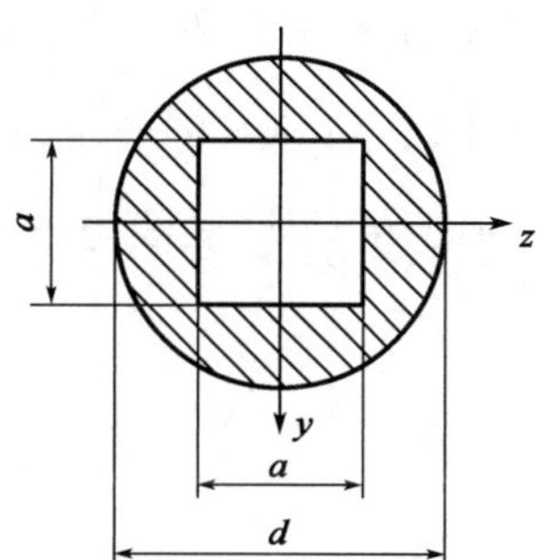

A. $I_z=\frac{\pi d^4}{32}-\frac{a^4}{12}$

B. $I_z=\frac{\pi d^4}{64}-\frac{a^4}{12}$

C. $I_z=\frac{\pi d^4}{32}+\frac{a^4}{12}$

D. $I_z=\frac{\pi d^4}{64}+\frac{a^4}{12}$

67. 两根矩形截面悬臂梁，弹性模量均为 E，横截面尺寸如图所示，两梁的载荷均为作用在自由端的集中力偶。已知两梁的最大挠度相同，则集中力偶 M_{e2} 是 M_{e1} 的：

$\left(\text{悬臂梁受自由端集中力偶 } M \text{ 作用，自由端挠度为 } \frac{ML^2}{2EI}\right)$

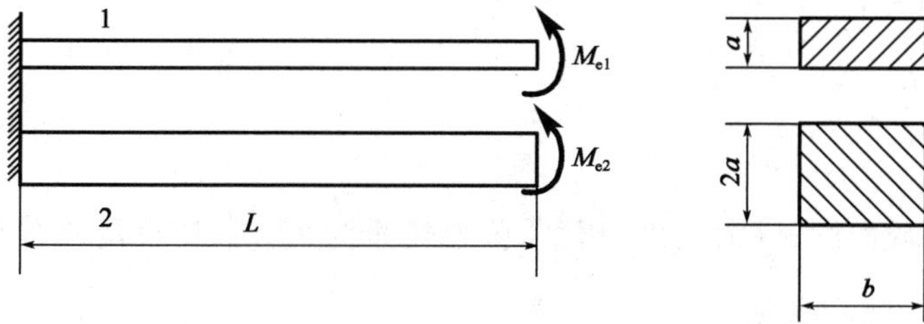

A. 8 倍

B. 4 倍

C. 2 倍

D. 1 倍

68. 图示等边角钢制成的悬臂梁 AB，c 点为截面形心，x' 为该梁轴线，y'、z' 为形心主轴。集中力 F 竖直向下，作用线过角钢两个狭长矩形边中线的交点，梁将发生以下变形：

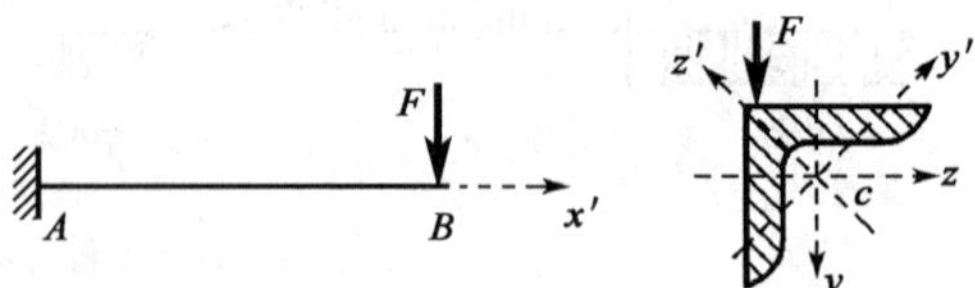

A. $x'z'$平面内的平面弯曲

B. 扭转和 $x'z'$平面内的平面弯曲

C. $x'y'$平面和 $x'z'$平面内的双向弯曲

D. 扭转和 $x'y'$平面、$x'z'$平面内的双向弯曲

69. 图示单元体，法线与 x 轴夹角 $\alpha=45°$的斜截面上切应力 τ_α 是：

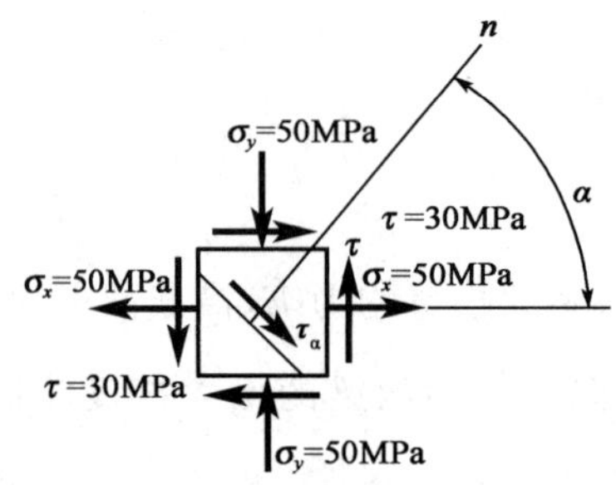

A. $\tau_\alpha=10\sqrt{2}$MPa

B. $\tau_\alpha=50$MPa

C. $\tau_\alpha=60$MPa

D. $\tau_\alpha=0$

70. 图示矩形截面细长（大柔度）压杆，弹性模量为 E。该压杆的临界荷载 F_{cr} 为：

A. $F_{cr}=\frac{\pi^2 E}{L^2}\left(\frac{bh^3}{12}\right)$

B. $F_{cr}=\frac{\pi^2 E}{L^2}\left(\frac{hb^3}{12}\right)$

C. $F_{cr}=\frac{\pi^2 E}{(2L)^2}\left(\frac{bh^3}{12}\right)$

D. $F_{cr}=\frac{\pi^2 E}{(2L)^2}\left(\frac{hb^3}{12}\right)$

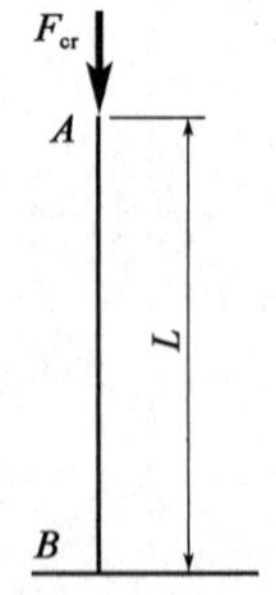

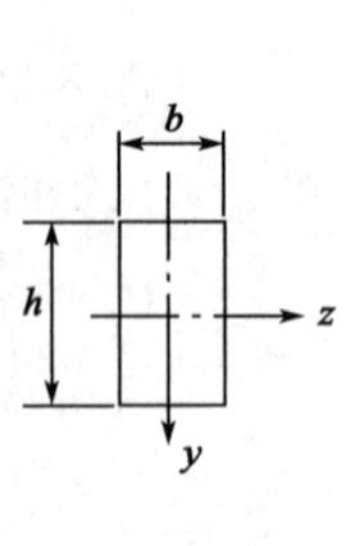

71. 按连续介质概念，流体质点是：

A. 几何的点

B. 流体的分子

C. 流体内的固体颗粒

D. 几何尺寸在宏观上同流动特征尺度相比是微小量，又含有大量分子的微元体

72. 设 A、B 两处液体的密度分别为 ρ_A 与 ρ_B，由 U 形管连接，如图所示，已知水银密度为 ρ_m，1、2 面的高度差为 Δh，它们与 A、B 中心点的高度差分别是 h_1 与 h_2，则 AB 两中心点的压强差 P_A-P_B 为：

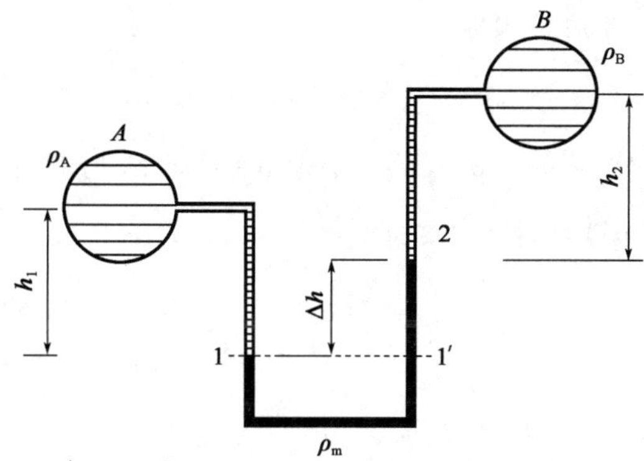

A. $(-h_1\rho_A+h_2\rho_B+\Delta h\rho_m)g$

B. $(h_1\rho_A-h_2\rho_B-\Delta h\rho_m)g$

C. $[-h_1\rho_A+h_2\rho_B+\Delta h(\rho_m-\rho_A)]g$

D. $[h_1\rho_A-h_2\rho_B-\Delta h(\rho_m-\rho_A)]g$

73. 汇流水管如图所示，已知三部分水管的横截面积分别为 $A_1=0.01\text{m}^2$，$A_2=0.005\text{m}^2$，$A_3=0.01\text{m}^2$，入流速度 $v_1=4\text{m/s}$，$v_2=6\text{m/s}$，求出流的流速 v_3 为：

A. 8m/s

B. 6m/s

C. 7m/s

D. 5m/s

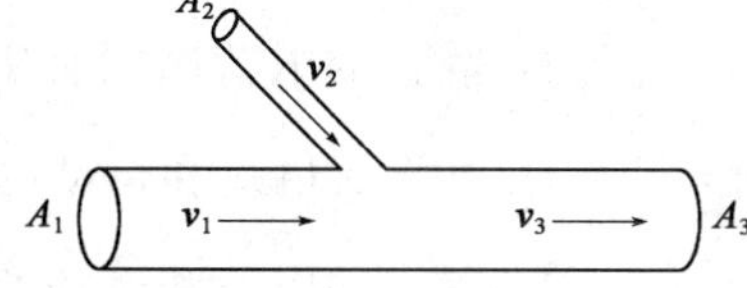

74. 尼古拉斯实验的曲线图中，在以下哪个区域里，不同相对粗糙度的试验点，分别落在一些与横轴平行的直线上，阻力系数 λ 与雷诺数无关：

A. 层流区

B. 临界过渡区

C. 紊流光滑区

D. 紊流粗糙区

75. 正常工作条件下，若薄壁小孔口直径为 d，圆柱形管嘴的直径为 d_2，作用水头 H 相等，要使得孔口与管嘴的流量相等，则直径 d_1 与 d_2 的关系是：

A. $d_1 > d_2$　　B. $d_1 < d_2$

C. $d_1 = d_2$　　D. 条件不足无法确定

76. 下面对明渠均匀流的描述哪项是正确的：

A. 明渠均匀流必须是非恒定流

B. 明渠均匀流的粗糙系数可以沿程变化

C. 明渠均匀流可以有支流汇入或流出

D. 明渠均匀流必须是顺坡

77. 有一完全井，半径 $r_0 = 0.3\text{m}$，含水层厚度 $H = 15\text{m}$，土壤渗透系数 $k = 0.0005\text{m/s}$，抽水稳定后，井水深 $h = 10\text{m}$，影响半径 $R = 375\text{m}$，则由达西定律得出的井的抽水量 Q 为：(其中计算系数为 1.366)

A. $0.0276\text{m}^3/\text{s}$　　B. $0.0138\text{m}^3/\text{s}$

C. $0.0414\text{m}^3/\text{s}$　　D. $0.0207\text{m}^3/\text{s}$

78. 量纲和谐原理是指：

A. 量纲相同的量才可以乘除

B. 基本量纲不能与导出量纲相运算

C. 物理方程式中各项的量纲必须相同

D. 量纲不同的量才可以加减

79. 关于电场和磁场，下述说法中正确的是：

A. 静止的电荷周围有电场，运动的电荷周围有磁场

B. 静止的电荷周围有磁场，运动的电荷周围有电场

C. 静止的电荷和运动的电荷周围都只有电场

D. 静止的电荷和运动的电荷周围都只有磁场

80. 如图所示，两长直导线的电流 $I_1 = I_2$，L 是包围 I_1、I_2 的闭合曲线，以下说法中正确的是：

A. L 上各点的磁场强度 H 的量值相等，不等于 0

B. L 上各点的 H 等于 0

C. L 上任一点的 H 等于 I_1、I_2 在该点的磁场强度的叠加

D. L 上各点的 H 无法确定

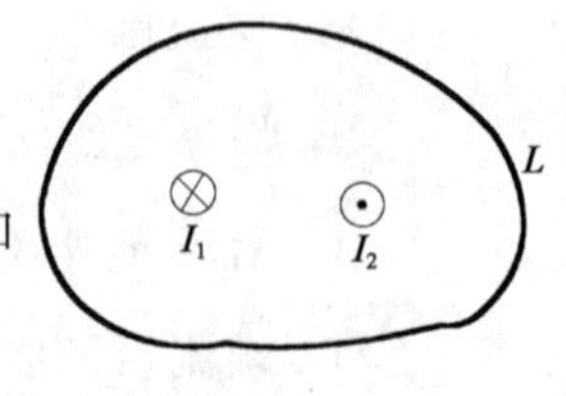

81. 电路如图所示，U_s 为独立电压源，若外电路不变，仅电阻 R 变化时，将会引起下述哪种变化？

A. 端电压 U 的变化

B. 输出电流 I 的变化

C. 电阻 R 支路电流的变化

D. 上述三者同时变化

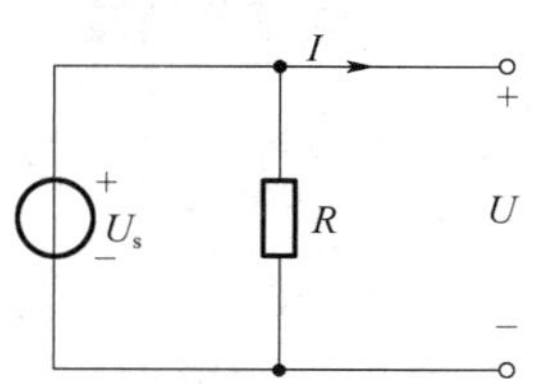

82. 在图 a)电路中有电流 I 时，可将图 a)等效为图 b)，其中等效电压源电压 U_s 和等效电源内阻 R_0 分别为：

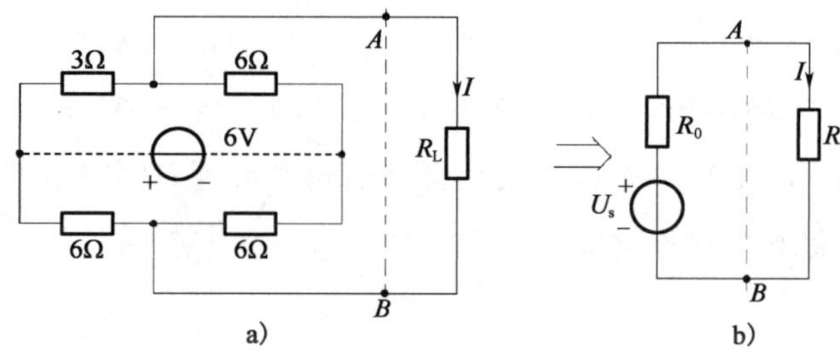

A. −1V，5.143Ω　　B. 1V，5Ω

C. −1V，5Ω　　D. 1V，5.143Ω

83. 某三相电路中，三个线电流分别为：

$$i_A = 18\sin(314t + 23°)(A)$$

$$i_B = 18\sin(314t - 97°)(A)$$

$$i_C = 18\sin(314t + 143°)(A)$$

当 t=10s 时，三个电流之和为：

A. 18A　　B. 0A　　C. $18\sqrt{2}$A　　D. $18\sqrt{3}$A

84. 电路如图所示，电容初始电压为零，开关在 $t=0$ 时闭合，则 $t \geqslant 0$ 时，$u(t)$为：

A. $(1-e^{-0.5t})$V

B. $(1+e^{-0.5t})$V

C. $(1-e^{-2t})$V

D. $(1+e^{-2t})$V

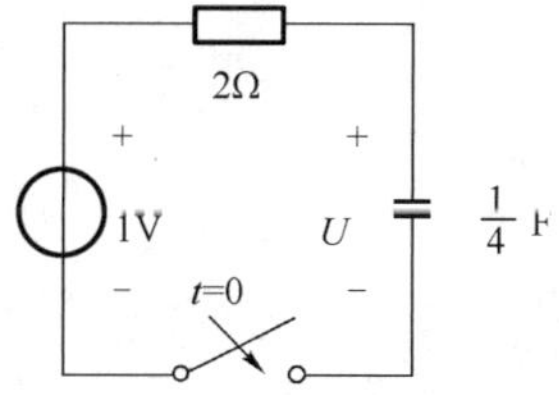

85. 有一容量为10kV·A 的单相变压器，电压为 3300/220V，变压器在额定状态下运行。在理想的情况下副边可接 40W、220V、功率因数$\cos\phi=0.44$ 的日光灯多少盏？

A. 110　　B. 200

C. 250　　D. 125

86. 整流滤波电路如图所示，已知 $U_1=30\text{V}$，$U_o=12\text{V}$，$R=2\text{k}\Omega$，$R_L=4\text{k}\Omega$（稳压管的稳定电流 $I_{Z\min}=5\text{mA}$ 与 $I_{Z\max}=18\text{mA}$）。通过稳压管的电流和通过二极管的平均电流分别是：

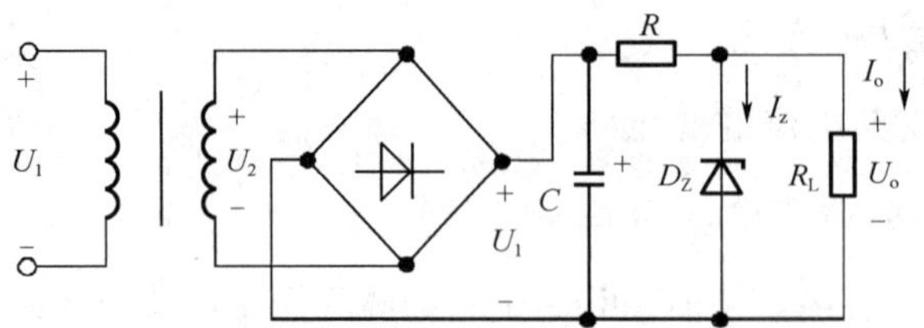

A. 5mA，2.5mA　　B. 8mA，8mA

C. 6mA，2.5mA　　D. 6mA，4.5mA

87. 晶体管非门电路如图所示，已知 $U_{CC}=15\text{V}$，$U_B=-9\text{V}$，$R_C=3\text{k}\Omega$，$R_B=20\text{k}\Omega$，$\beta=40$，当输入电压 $U_1=5\text{V}$ 时，要使晶体管饱和导通，R_X 的值不得大于：（设 $U_{BE}=0.7\text{V}$，集电极和发射极之间的饱和电压 $U_{CES}=0.3\text{V}$）

A. 7.1kΩ

B. 35kΩ

C. 3.55kΩ

D. 17.5kΩ

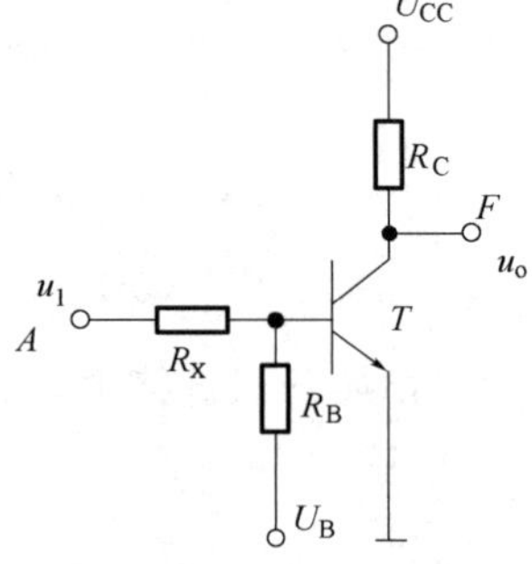

88. 图示为共发射极单管电压放大电路，估算静态点 I_B、I_C、V_{CE} 分别为：

A. 57μA，2.28mA，5.16V

B. 57μA，2.28mA，8V

C. 57μA，4mA，0V

D. 30μA，2.8mA，3.5V

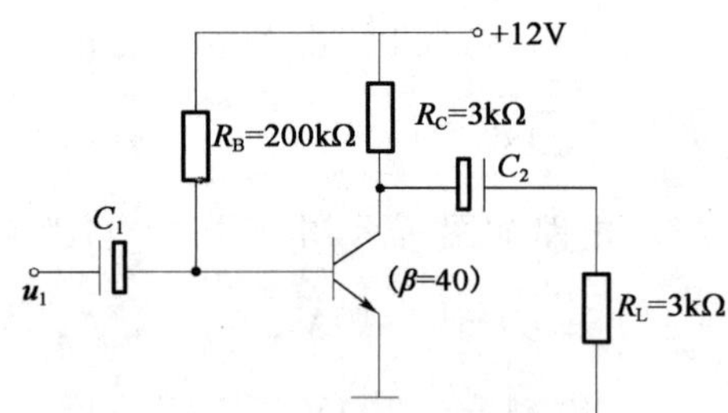

89. 图为三个二极管和电阻 R 组成的一个基本逻辑门电路，输入二极管的高电平和低电平分别是 3V 和 0V，电路的逻辑关系式是：

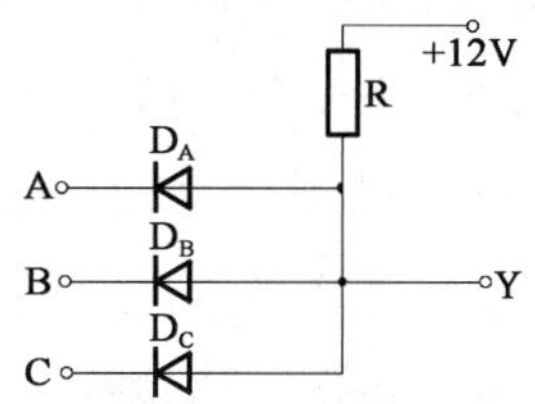

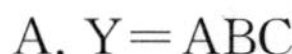
A. Y=ABC

B. Y=A+B+C

C. Y=AB+C

D. Y=(A+B)C

90. 由两个主从型 JK 触发器组成的逻辑电路如图 a)所示，设 Q_1、Q_2的初始态是 0、0，已知输入信号 A 和脉冲信号 cp 的波形，如图 b)所示，当第二个 cp 脉冲作用后，Q_1、Q_2将变为：

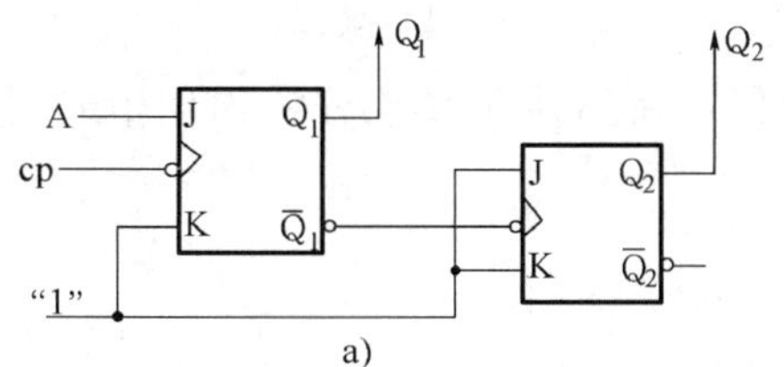

a)

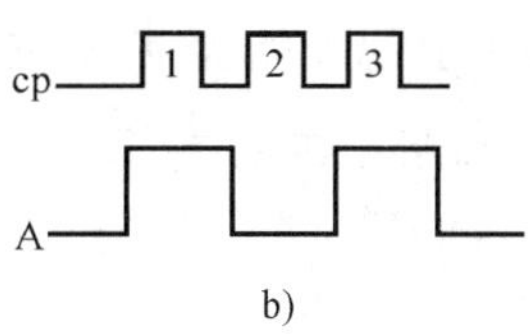

b)

A. 1、1　　　　B. 1、0

C. 0、1　　　　D. 保持 0、0 不变

91. 图示为电报信号、温度信号、触发脉冲信号和高频脉冲信号的波形，其中是连续信号的是：

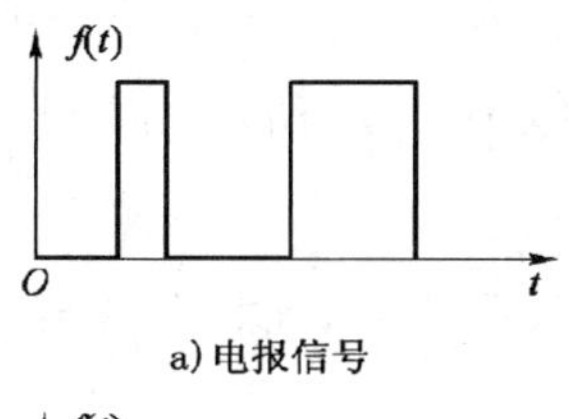

a) 电报信号

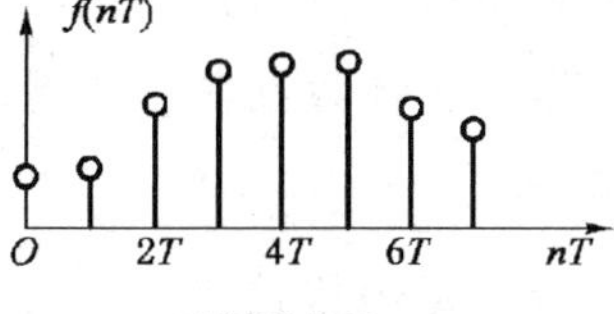

b) 温度信号

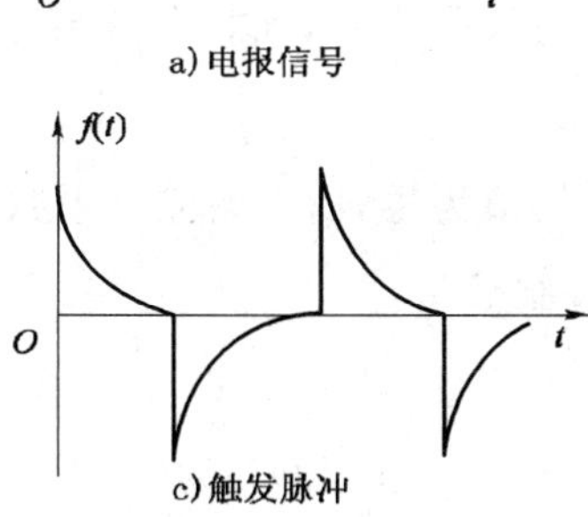

c) 触发脉冲

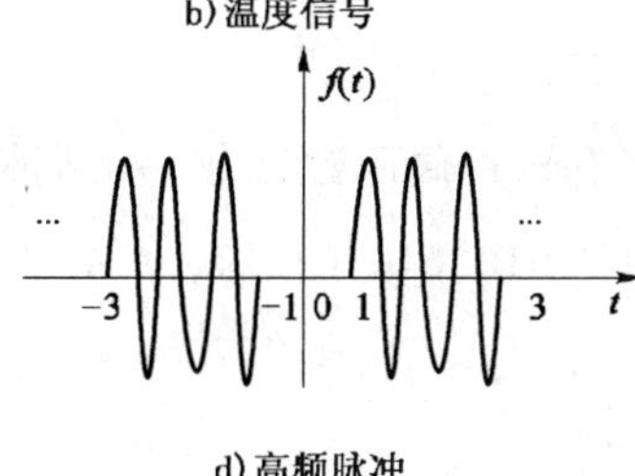

d) 高频脉冲

A. a)、c)、d)　　　　B. b)、c)、d)

C. a)、b)、c)　　　　D. a)、b)、d)

92. 连续时间信号与通常所说的模拟信号的关系是：

A. 完全不同　　B. 是同一个概念

C. 不完全相同　　D. 无法回答

93. 单位冲激信号 $\delta(t)$ 是：

A. 奇函数　　B. 偶函数

C. 非奇非偶函数　　D. 奇异函数，无奇偶性

94. 单位阶跃信号 $\varepsilon(t)$ 是物理量单位跃变现象，而单位冲激信号 $\delta(t)$ 是物理量产生单位跃变什么的现象：

A. 速度　　B. 幅度

C. 加速度　　D. 高度

95. 如图所示的周期为 T 的三角波信号，在用傅氏级数分析周期信号时，系数 a_0、a_n 和 b_n 判断正确的是：

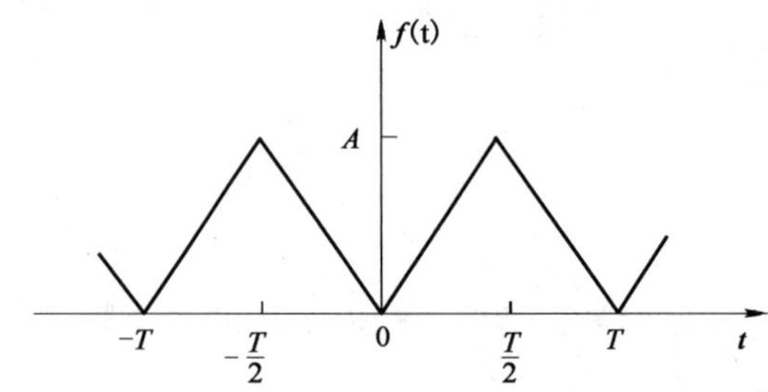

A. 该信号是奇函数且在一个周期的平均值为零，所以傅立叶系数 a_0 和 b_n 是零

B. 该信号是偶函数且在一个周期的平均值不为零，所以傅立叶系数 a_0 和 a_n 不是零

C. 该信号是奇函数且在一个周期的平均值不为零，所以傅立叶系数 a_0 和 b_n 不是零

D. 该信号是偶函数且在一个周期的平均值为零，所以傅立叶系数 a_0 和 b_n 是零

96. 将 $(11010010.01010100)_2$ 表示成十六进制数是：

A. $(\text{D2.54})_H$　　B. D2.54

C. $(\text{D2.A8})_H$　　D. $(\text{D2.54})_B$

97. 计算机系统内的系统总线是：

A. 计算机硬件系统的一个组成部分

B. 计算机软件系统的一个组成部分

C. 计算机应用软件系统的一个组成部分

D. 计算机系统软件的一个组成部分

98. 目前,人们常用的文字处理软件有：

A. Microsoft Word 和国产字处理软件 WPS

B. Microsoft Excel 和 Auto CAD

C. Microsoft Access 和 Visual Foxpro

D. Visual BASIC 和 Visual C＋＋

99. 下面所列各种软件中,最靠近硬件一层的是：

A. 高级语言程序

B. 操作系统

C. 用户低级语言程序

D. 服务性程序

100. 操作系统中采用虚拟存储技术,实际上是为实现：

A. 在一个较小内存储空间上,运行一个较小的程序

B. 在一个较小内存储空间上,运行一个较大的程序

C. 在一个较大内存储空间上,运行一个较小的程序

D. 在一个较大内存储空间上,运行一个较大的程序

101. 用二进制数表示的计算机语言称为：

A. 高级语言

B. 汇编语言

C. 机器语言

D. 程序语言

102. 下面四个二进制数中,与十六进制数 AE 等值的一个是：

A. 10100111

B. 10101110

C. 10010111

D. 11101010

103. 常用的信息加密技术有多种,下面所述四条不正确的一条是：

A. 传统加密技术、数字签名技术

B. 对称加密技术

C. 密钥加密技术

D. 专用 ASCII 码加密技术

104.广域网，又称为远程网，它所覆盖的地理范围一般：

A.从几十米到几百米

B.从几百米到几公里

C.从几公里到几百公里

D.从几十公里到几千公里

105.我国专家把计算机网络定义为：

A.通过计算机将一个用户的信息传送给另一个用户的系统

B.由多台计算机、数据传输设备以及若干终端连接起来的多计算机系统

C.将经过计算机储存、再生，加工处理的信息传输和发送的系统

D.利用各种通信手段，把地理上分散的计算机连在一起，达到相互通信、共享软/硬件和数据等资源的系统

106.在计算机网络中，常将实现通信功能的设备和软件称为：

A.资源子网　　B.通信子网

C.广域网　　D.局域网

107.某项目拟发行1年期债券。在年名义利率相同的情况下，使年实际利率较高的复利计息期是：

A.1年　　B.半年

C.1季度　　D.1个月

108.某建设工程建设期为2年。其中第一年向银行贷款总额为1000万元，第二年无贷款，贷款年利率为6%，则该项目建设期利息为：

A.30万元　　B.60万元

C.61.8万元　　D.91.8万元

109.某公司向银行借款5000万元，期限为5年，年利率为10%，每年年末付息一次，到期一次还本，企业所得税率为25%。若不考虑筹资费用，该项借款的资金成本率是：

A.7.5%　　B.10%

C.12.5%　　D.37.5%

110. 对于某常规项目(IRR 唯一),当设定折现率为 12%时,求得的净现值为 130 万元;当设定折现率为 14%时,求得的净现值为－50 万元,则该项目的内部收益率应是:

A. 11.56%　　　　B. 12.77%

C. 13%　　　　D. 13.44%

111. 下列财务评价指标中,反映项目偿债能力的指标是:

A. 投资回收期

B. 利息备付率

C. 财务净现值

D. 总投资收益率

112. 某企业生产一种产品,年固定成本为 1000 万元,单位产品的可变成本为 300 元、售价为 500 元,则其盈亏平衡点的销售收入为:

A. 5 万元　　　　B. 600 万元

C. 1500 万元　　　　D. 2500 万元

113. 下列项目方案类型中,适于采用净现值法直接进行方案选优的是:

A. 寿命期相同的独立方案

B. 寿命期不同的独立方案

C. 寿命期相同的互斥方案

D. 寿命期不同的互斥方案

114. 某项目由 A、B、C、D 四个部分组成,当采用强制确定法进行价值工程对象选择时,它们的价值指数分别如下所示。其中不应作为价值工程分析对象的是:

A. 0.7559　　　　B. 1.0000

C. 1.2245　　　　D. 1.5071

115. 建筑工程开工前,建设单位应当按照国家有关规定申请领取施工许可证,颁发施工许可证的单位应该是:

A. 县级以上人民政府建设行政主管部门

B. 工程所在地县级以上人民政府建设工程监督部门

C. 工程所在地省级以上人民政府建设行政主管部门

D. 工程所在地县级以上人民政府建设行政主管部门

116.根据《中华人民共和国安全生产法》的规定,生产经营单位主要负责人对本单位的安全生产负总责,某生产经营单位的主要负责人对本单位安全生产工作的职责是:

A.建立、健全本单位安全生产责任制

B.保证本单位安全生产投入的有效使用

C.及时报告生产安全事故

D.组织落实本单位安全生产规章制度和操作规程

117.根据《中华人民共和国招标投标法》的规定,某建设工程依法必须进行招标,招标人委托了招标代理机构办理招标事宜,招标代理机构的行为合法的是:

A.编制投标文件和组织评标

B.在招标人委托的范围内办理招标事宜

C.遵守《中华人民共和国招标投标法》关于投标人的规定

D.可以作为评标委员会成员参与评标

118.《中华人民共和国合同法》规定的合同形式中不包括:

A.书面形式　　B.口头形式

C.特定形式　　D.其他形式

119.根据《中华人民共和国行政许可法》规定,下列可以设定行政许可的事项是:

A.企业或者其他组织的设立等,需要确定主体资格的事项

B.市场竞争机制能够有效调节的事项

C.行业组织或者中介机构能够自律管理的事项

D.公民、法人或者其他组织能够自主决定的事项

120.根据《建设工程质量管理条例》的规定,施工图必须经过审查批准,否则不得使用,某建设单位投资的大型工程项目施工图设计已经完成,该施工图应该报审的管理部门是:

A.县级以上人民政府建设行政主管部门

B.县级以上人民政府工程设计主管部门

C.县级以上政府规划部门

D.工程监理单位

全国勘察设计一级注册结构工程师

执业资格考试通关试卷［三］

基础考试
（下）

二〇二〇年十月

应考人员注意事项

1. 本试卷科目代码为“2”，考生务必将此代码填涂在答题卡“科目代码”相应的栏目内，否则，无法评分。
2. 书写用笔：**黑色或蓝色钢笔、签字笔或圆珠笔**；
   填涂答题卡用笔：**黑色 2B 铅笔**。
3. 必须用书写用笔将工作单位、姓名、准考证号填写在答题卡和试卷相应的栏目内。
4. 本试卷由 60 题组成，每题 2 分，满分 120 分，本试卷全部为单项选择题，每小题的四个备选项中只有一个正确答案，错选、多选、不选均不得分。
5. 考生作答时，必须**按题号在答题卡上**将相应试题所选选项对应的**字母用 2B 铅笔涂黑**。
6. 在答题卡上书写与题意无关的语言，或在答题卡上作标记的，均按违纪试卷处理。
7. 考试结束时，由监考人员当面将试卷、答题卡一并收回。
8. 草稿纸由各地统一配发，考后收回。

单项选择题(共 60 题,每题 2 分。每题的备选项中只有一个最符合题意。)

1. 两种元素化合形成离子化合物,其阴离子将:

A. 获得电子 B. 失去电子

C. 既不获得电子也不失去电子 D. 与别的阴离子共用自由电子

2. 在组成一定时,为使材料的导热系数降低,应:

A. 提高材料的孔隙率

B. 提高材料的含水率

C. 增加开口大孔的比例

D. 提高材料的密实度

3. 水泥颗粒的大小通常用水泥的细度来表征,水泥的细度是指:

A. 单位质量水泥占有的体积

B. 单位体积水泥的颗粒总表面积

C. 单位质量水泥的颗粒总表面积

D. 单位颗粒表面积的水泥质量

4. 混凝土强度是在标准养护条件下达到标准养护龄期后测量得到的,如实际工程中混凝土的环境温度比标准养护温度低了 10℃,则混凝土的最终强度与标准强度相比:

A. 一定较低 B. 一定较高

C. 不能确定 D. 相同

5. 在寒冷地区的混凝土发生冻融破坏时,如果表面有盐类作用,其破坏程度:

A. 会减轻 B. 会加重

C. 与有无盐类无关 D. 视盐类浓度而定

6. 衡量钢材塑性变形能力的技术指标为:

A. 屈服强度 B. 抗拉强度

C. 断后伸长率 D. 冲击韧性

7. 土的塑性指数越高,土的:

A. 黏聚性越高 B. 黏聚性越低

C. 内摩擦角越大 D. 粒度越粗

8."从整体到局部、先控制后碎部"是测量工作应遵循的原则，遵循这个原则的目的包括下列何项？

A. 防止测量误差的积累　　B. 提高观测值精度

C. 防止观测值误差积累　　D. 提高控制点测量精度

9. 经纬仪有四条主要轴线，当竖轴铅垂，视准轴垂直于横轴时，但横轴不水平，此时望远镜绕横轴旋转时，则视准轴的轨迹是：

A. 一个圆锥面　　B. 一个倾斜面

C. 一个竖直面　　D. 一个不规则的曲面

10. 某双频测距仪设置的第一个调制频率为 15MHz，其光尺长度为 10m，设置的第二个调制频率为 150kHz，它的光尺长度为 1000m，若测距仪测相精度为 1∶1000，则测距仪的测尺精度可达到：

A. 1cm　　B. 100cm

C. 1m　　D. 10cm

11. 已知直线 AB 的方位角 $\alpha_{AB}=60°30'18''$，$\angle BAC=90°22'12''$，若 $\angle BAC$ 为左角，则直线 AC 的方位角 α_{AC} 等于：

A. $150°52'30''$　　B. $29°51'54''$

C. $89°37'48''$　　D. $119°29'42''$

12. 施工控制网一般采用建筑方格网，对于建筑方格的首级控制技术要求应符合《工程测量规范》的要求，其主要技术要求为：

A. 边长：100～300m，侧角中误差：5″，边长相对中误差：1/30000

B. 边长：150～350m，侧角中误差：8″，边长相对中误差：1/10000

C. 边长：100～300m，侧角中误差：6″，边长相对中误差：1/10000

D. 边长：800～200m，侧角中误差：7″，边长相对中误差：1/15000

13. 有关评标方法的描述，错误的是：

A. 最低投标价法适合没有特殊要求的招标项目

B. 综合评估法可用打分的方法或货币的方法评估各项标准

C. 最低投标价法通常用来恶性削价竞争，反而工程质量更为低落

D. 综合评估法适合没有特殊要求的招标项目

14. 建设项目对环境可能造成轻度影响的，应当编制：

A. 环境影响报告书　　B. 环境影响报告表

C. 环境影响分析表　　D. 环境影响登记表

15. 下列国家标准的编制工作顺序，正确的是：

A. 准备、征求意见、送审、报批

B. 征求意见、准备、送审、报批

C. 征求意见、报批、准备、送审

D. 准备、送审、征求意见、报批

16. 有关招标的叙述，错误的是：

A. 邀请招标，又称优先性招标

B. 邀请招标中，招标人应向 3 个以上的潜在招标人发出邀请

C. 国家重点项目应公开招标

D. 公开招标适合专业性较强的项目

17. 压实松土时，应采用：

A. 先用轻碾后用重碾　　B. 先振动碾压后停振碾压

C. 先压中间再压边缘　　D. 先快速后慢速

18. 混凝土施工缝宜留置在：

A. 结构受剪力较小且便于施工的位置

B. 遇水停工处

C. 结构受弯矩较小且便于施工的位置

D. 结构受力复杂处

19. 在柱子吊装时，采用斜吊绑扎法的条件是：

A. 柱平卧起吊时抗弯承载力满足要求

B. 柱平卧起吊时抗弯承载力不满足要求

C. 柱混凝土强度达到设计强度 50%

D. 柱身较长，一点绑扎抗弯承载力不满足要求

20. 某土方工程总挖方量为 1 万 m^3。预算单价 45 元/m^3，该工程总预算为 45 万元，计划用 25 天完成，每天完成 400m^3。开工后第 7 天早晨刚上班时，经业主复核确定的挖方量为 2000m^3，承包商实际付出累计 12 万元。应用挣值法(赢得值法)对项目进展进行评估，下列哪项评估结论不正确？

A. 进度偏差＝－1.8 万元，因此工期拖延

B. 进度偏差＝1.8 万元，因此工期超前

C. 费用偏差＝－3 万元，因此费用超支

D. 工期拖后 1 天

21. 下列关于单代号网络图表述正确的是：

A. 箭线表示工作及其进行的方向，节点表示工作之间的逻辑关系

B. 节点表示工作，箭线表示工作进行的方向

C. 节点表示工作，箭线表示工作之间的逻辑关系

D. 箭线表示工作及其进行的方向，节点表示工作的开始或结束

22. 若钢筋混凝土双筋矩形截面受弯构件的正截面受压区高度小于受压钢筋混凝土保护层厚度，表明：

A. 仅受拉钢筋未达到屈服

B. 仅受压钢筋未达到屈服

C. 受拉钢筋和受压钢筋均达到屈服

D. 受拉钢筋和受压钢筋均未达到屈服

23. 关于钢筋混凝土简支梁挠度验算的描述，不正确的是：

A. 作用荷载应取其标准值

B. 材料强度应取其标准值

C. 对带裂缝受力阶段的截面弯曲刚度按截面平均应变符合平截面假定计算

D. 对带裂缝受力阶段的截面弯曲刚度按截面开裂处的应变分布符合平截面假定计算

24. 钢筋混凝土结构中抗震设计要求“强柱弱梁”是为了防止出现的破坏模式是：

A. 梁中发生剪切破坏，从而造成结构倒塌

B. 柱先于梁进入受弯屈服，从而造成结构倒塌

C. 柱出现失稳破坏，从而造成结构倒塌

D. 柱出现剪切破坏，从而造成结构倒塌

25. 后张法预应力混凝土轴心受拉构件完成全部预应力损失后，预应力筋的总预拉力 $N_{pII}=50\text{kN}$。若加荷至混凝土应力为零时，外荷载 N_0 应为：

A. $N_0=50\text{kN}$

B. $N_0>50\text{kN}$

C. $N_0<50\text{kN}$

D. $N_0=50\text{kN}$ 或 $N_0>50\text{kN}$，应看 σ_l 的大小

26. 设计螺栓连接的槽钢柱间支撑时，应计算支撑构件的：

A. 净截面惯性矩

B. 净截面面积

C. 净截面扭转惯性矩

D. 净截面扇性惯性矩

27. 计算拉力和剪力同时作用的高强度螺栓承压型连接时，螺栓的：

A. 抗剪承载力设计值取 $N_v^b=0.9n_f\mu P$

B. 抗拉承载力设计值取 $N_t^b=0.8P$

C. 承压承载力设计值取 $N_c^b=d\sum tf_c^b$

D. 预拉力设计值应进行折减

28. 钢结构轴心受压构件的整体稳定性系数 φ 与下列哪个因素有关？

A. 构件的截面类别和构件两端的支承情况

B. 构件的截面类别、长细比及构件两个方向的长度

C. 构件的截面类别、长细比和钢材牌号

D. 构件的截面类别和构件计算长度系数

29. 设计起重量为 $Q=100\text{t}$ 的钢结构焊接工字形截面吊车梁且应力变化的循环次数 $n\geqslant5\times10^4$ 次时，截面塑性发展系数取：

A. 1.05

B. 1.2

C. 1.15

D. 1.0

30. 在相同荷载、相同材料、相同几何条件下，用弹性方案、刚弹性方案和刚性方案计算砌体结构的柱（墙）底端弯矩，结果分别为 $M_{弹}$、$M_{刚弹}$ 和 $M_{刚}$，三者的关系是：

A. $M_{刚弹}>M_{刚}>M_{弹}$

B. $M_{弹}<M_{刚弹}<M_{刚}$

C. $M_{弹}>M_{刚弹}>M_{刚}$

D. $M_{刚弹}<M_{刚}<M_{弹}$

31. 图示砖砌体中的过梁(尺寸单位:mm),作用在过梁上的荷载为:

A. 20kN/m

B. 18kN/m

C. 17.5kN/m

D. 2.5kN/m

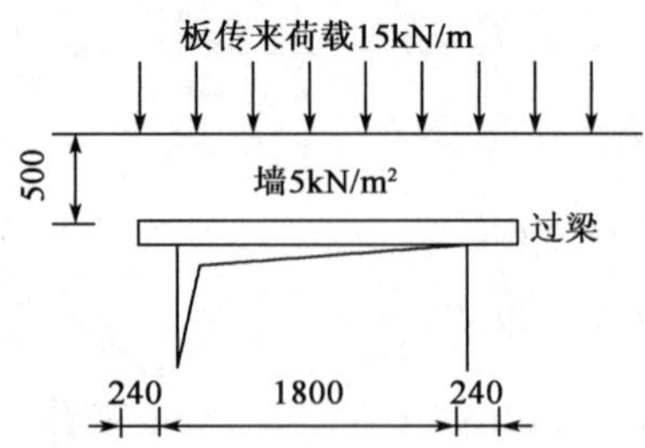

32. 截面尺寸为 240mm×370mm 的砖砌短柱,轴向压力的偏心距如图所示(尺寸单位:mm),其受压承载力的大小顺序是:

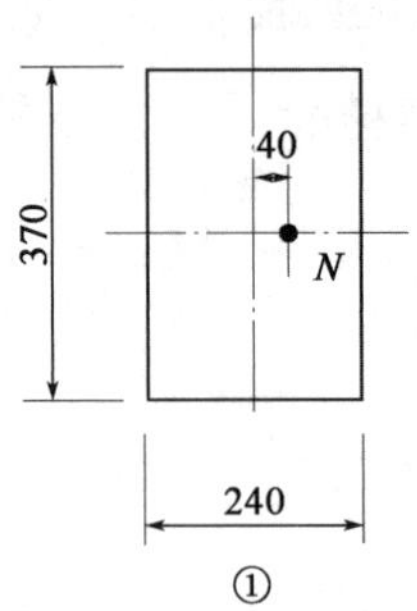

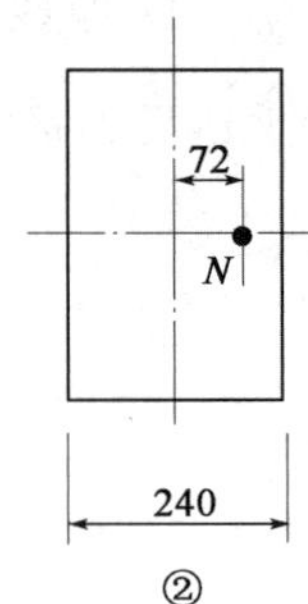

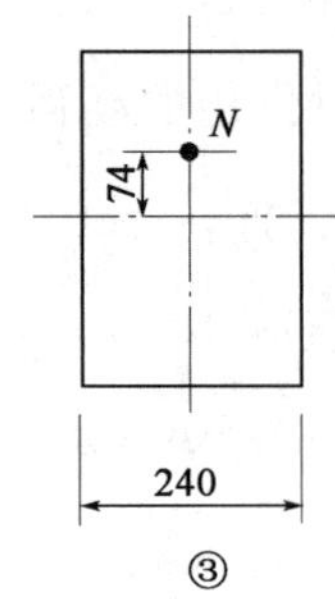

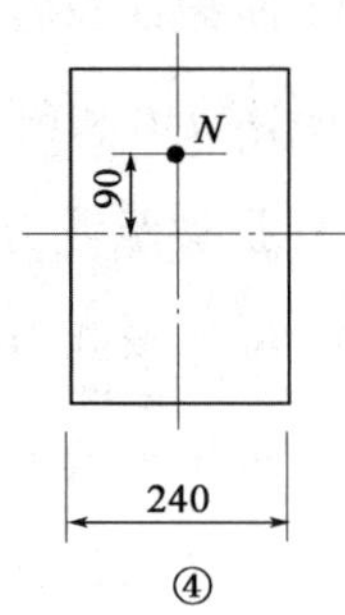

A. ①>②>③>④

B. ③>①>②>④

C. ④>②>③>①

D. ①>③>④>②

33. 经验算,某砌体房屋墙体的高厚比不满足要求,可采取下列哪几项措施?

①提高块体的强度等级;②提高砂浆的强度等级;

③增加墙的厚度;④减小洞口面积。

A. ①③

B. ①②③

C. ②③④

D. ①③④

34. 图示体系的几何组成为:

A. 几何不变,无多余约束

B. 几何不变,有 1 个多余约束

C. 可变体系

D. 瞬变体系

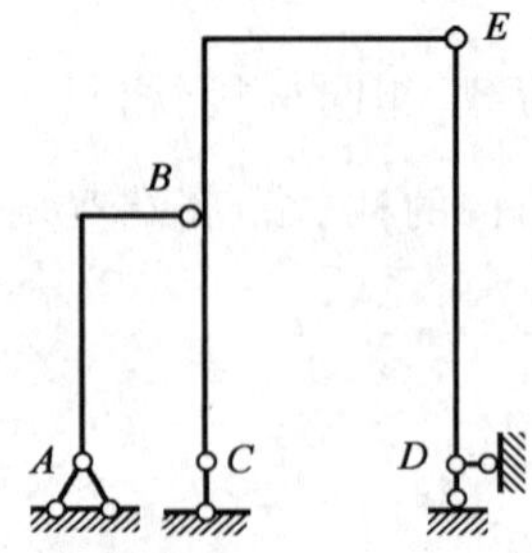

35. 图示静定三铰拱，拉杆 AB 的轴力等于：

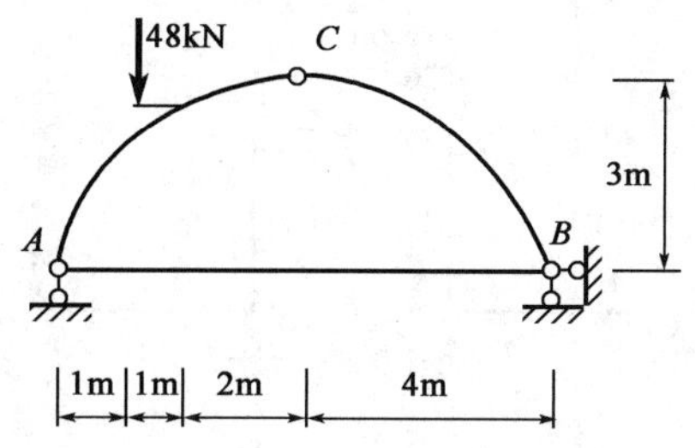

A. 6kN

B. 8kN

C. 10kN

D. 12kN

36. 图示梁 AB，EI 为常数，固支端 A 发生顺时针的支座转动 θ，由此引起的 B 端转角为：

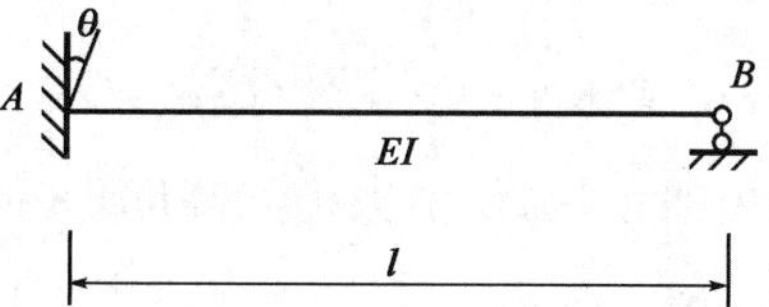

A. θ，顺时针

B. θ，逆时针

C. $\theta/2$，顺时针

D. $\theta/2$，逆时针

37. 用力矩分配法分析图示结构，先锁住节点 B，然后再放松，则传递到 C 支座的力矩为：

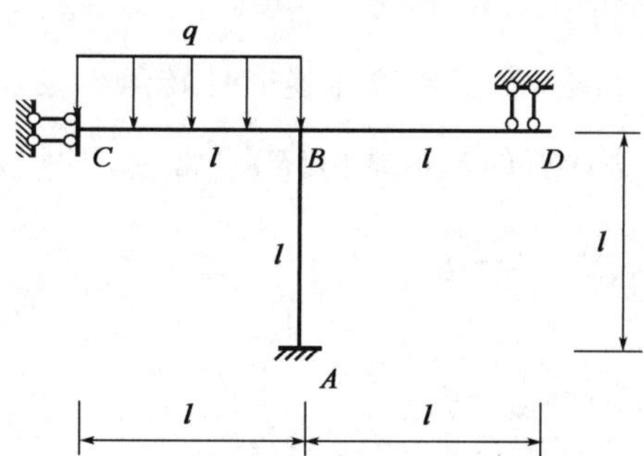

A. $ql^2/27$

B. $ql^2/54$

C. $ql^2/23$

D. $ql^2/46$

38. 图示结构，M_{EG}和Q_{BA}值为：

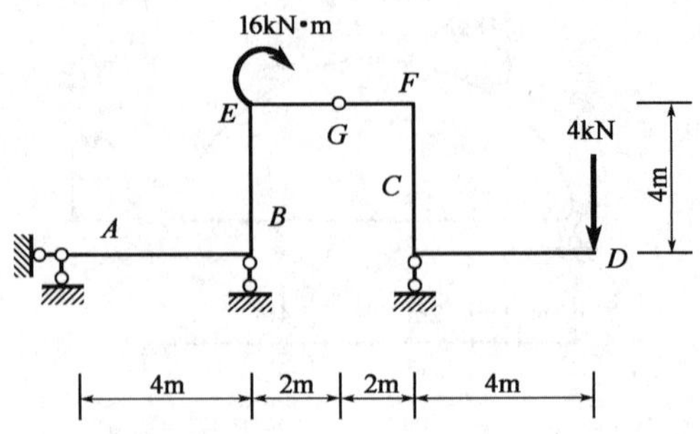

A. $M_{EG}=16\text{kN}\cdot\text{m}$(上侧受拉),$Q_{BA}=8\text{kN}$

B. $M_{EG}=16\text{kN}\cdot\text{m}$(下侧受拉),$Q_{BA}=0$

C. $M_{EG}=16\text{kN}\cdot\text{m}$(下侧受拉),$Q_{BA}=-8\text{kN}$

D. $M_{EG}=16\text{kN}\cdot\text{m}$(上侧受拉),$Q_{BA}=16\text{kN}$

39. 图示桁架中，当仅增大桁架高度，其他条件不变时，杆1和杆2的内力变化是：

A. N_1、N_2 均减小

B. N_1、N_2 均不变

C. N_1 减小、N_2 不变

D. N_1 增大、N_2 不变

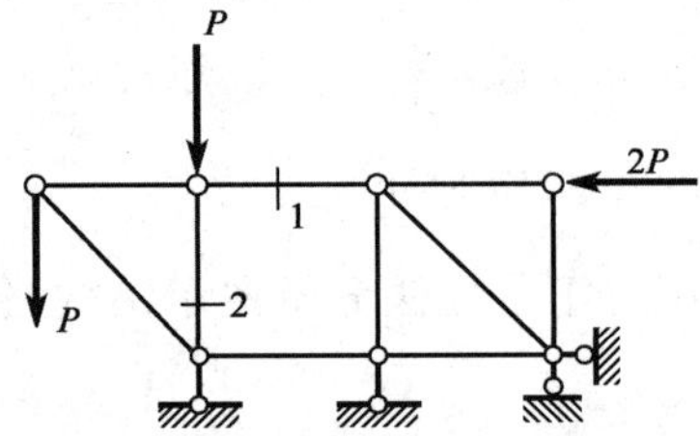

40. 图 a)结构，支座A产生逆时针转角θ，支座B产生竖直向下的沉降c，取图 b)结构为力法计算的基本结构，EI=常量，则力法方程为：

A. $\delta_{11}X_1+\frac{c}{a}=\theta$

B. $\delta_{11}X_1-\frac{c}{a}=\theta$

C. $\delta_{11}X_1+\frac{c}{a}=-\theta$

D. $\delta_{11}X_1-\frac{c}{a}=-\theta$

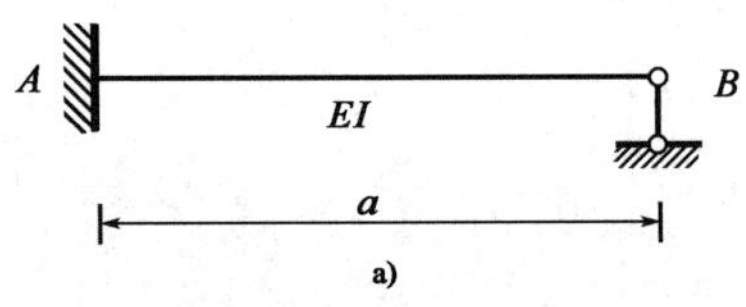

a)

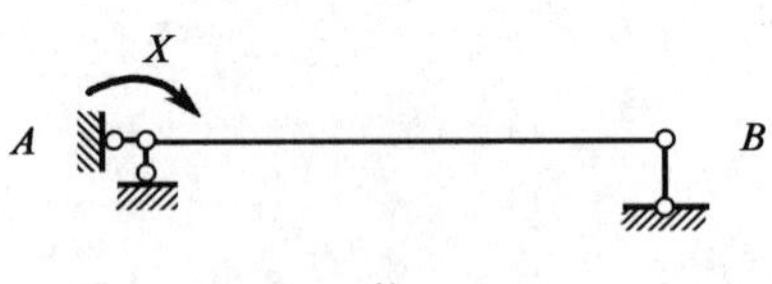

b)

41. 图示结构截面M_A、M_B(以内侧受拉为正)为：

A. $M_A=-Pa$,$M_B=Pa$

B. $M_A=0$,$M_B=-Pa$

C. $M_A=Pa$,$M_B=Pa$

D. $M_A=0$,$M_B=Pa$

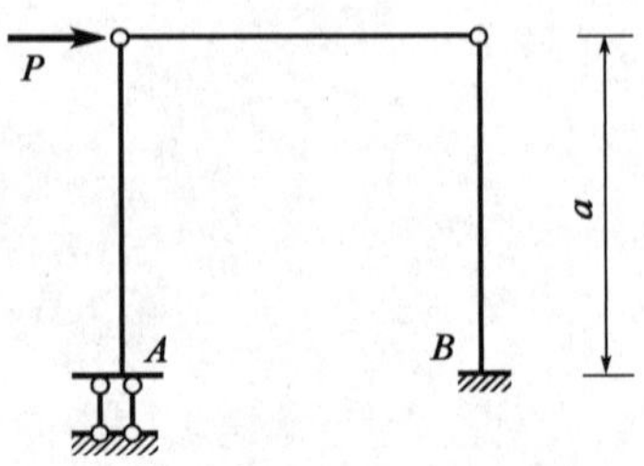

42.用图乘法求位移的必要应用条件之一是：

A.单位荷载下的弯矩图为一直线

B.结构可分为等截面直杆段

C.所有杆件 EI 为常数且相同

D.结构必须是静定的

43.图示结构，若取梁 B 截面弯矩为力法的基本未知量 X_1，当 I_2 增大时，则 X_1 绝对值的变化状况是：

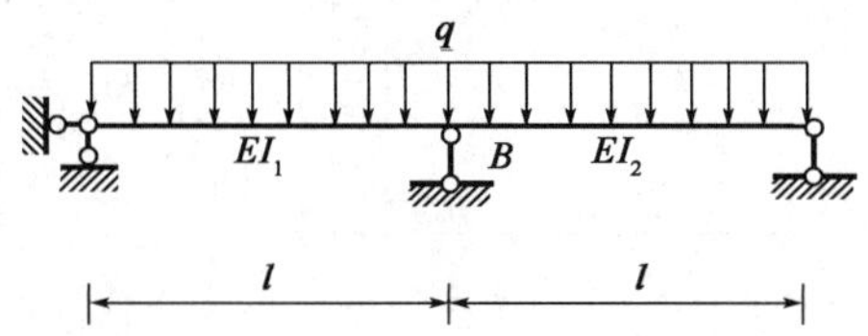

A.增大

B.减小

C.不变

D.增大或减小，取决于 I_2/I_1 比值

44.图示结构(杆件截面为矩形)在温度变化 $t_1>t_2$ 时，其轴力为：

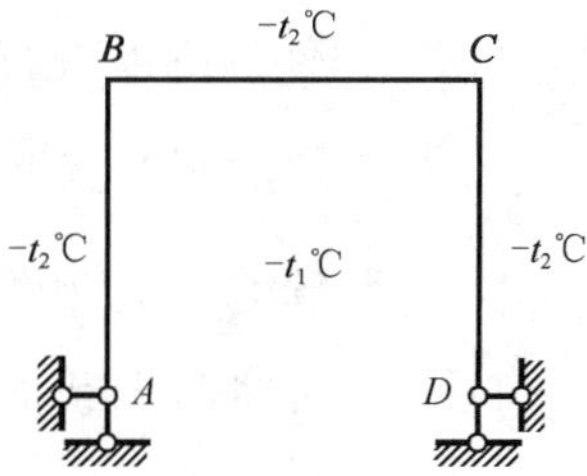

A. $N_{BC}>0, N_{AB}=N_{CD}=0$

B. $N_{BC}=0, N_{AB}=N_{CD}>0$

C. $N_{BC}<0, N_{AB}=N_{CD}=0$

D. $N_{BC}<0, N_{AB}=N_{CD}>0$

45.图示结构的超静定次数为：

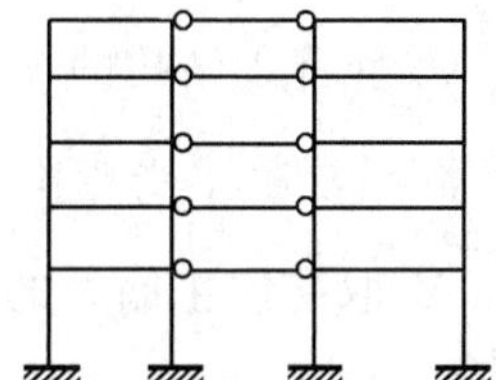

A. 12 次

B. 15 次

C. 24 次

D. 35 次

46.图示外伸梁影响线为量值：

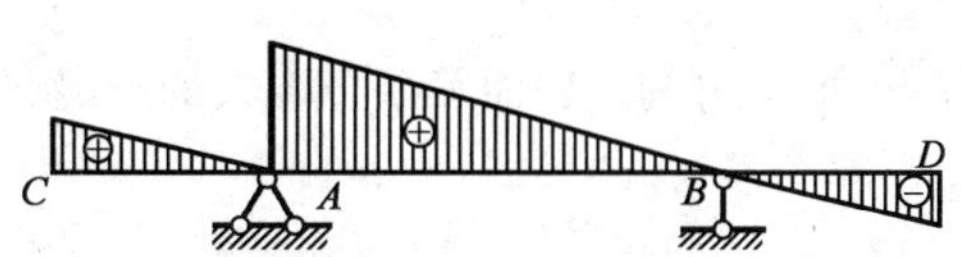

A. A 支座反力的影响线

B. A 截面弯矩的影响线

C. A 左截面剪力的影响线

D. A 右截面剪力的影响线

47. 图示体系的自振频率为：

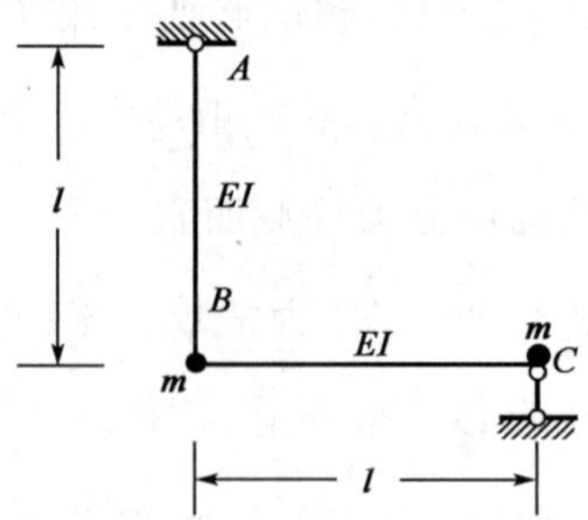

A. $\sqrt{3EI/(2ml^3)}$

B. $\sqrt{3EI/(8ml^3)}$

C. $\sqrt{6EI/(ml^3)}$

D. $\sqrt{EI/(2ml^3)}$

48. 图示体系的自振频率为 $\omega=\sqrt{3EI/ml^3}$，其稳态最大动力弯矩幅值为：

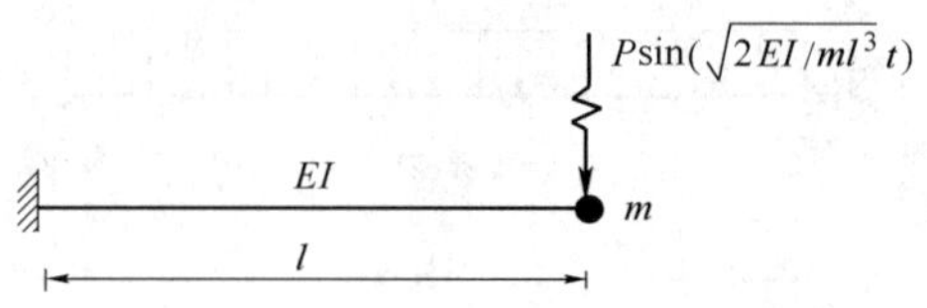

A. $3Pl$ B. $4.5Pl$

C. $8.54Pl$ D. $2Pl$

49. 设计混凝土结构构件时，用下列试验荷载值来验算构件的承载力、变形、抗裂性和裂缝宽度时，哪一项是不正确的？

A. 对构件的刚度进行试验时，应确定承载力极限状态的试验荷载值

B. 对构件的裂缝宽度进行试验时，应确定正常使用极限状态的试验荷载值

C. 对构件的抗裂性进行试验时，应确定开裂试验荷载值

D. 对构件进行承载能力试验时，应确定承载能力试验荷载值

50. 结构试验时，固定铰支座可以使用于：

A. 连续梁结构的一端 B. 简支梁的两端

C. 悬臂梁结构的一端 D. 柱或墙板构件的两端

51. 测量混凝土受弯构件最大裂缝宽度，关于测量位置，下列哪一项是正确的？

A. 取受拉主筋处的一条宽度大的裂缝进行测量

B. 取受弯构件底面的一条宽度大的裂缝进行测量

C. 取受拉主筋处三条宽度大的裂缝(包括第一条裂缝和宽度最大的裂缝)进行测量

D. 取受弯构件底面三条宽度大的裂缝(包括第一条裂缝和宽度最大的裂缝)进行测量

52. 图示四处实测波形，哪一种是瞬时冲击荷载产生的？

A.

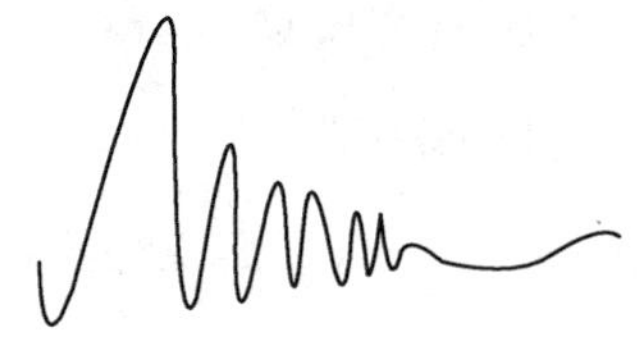

B.

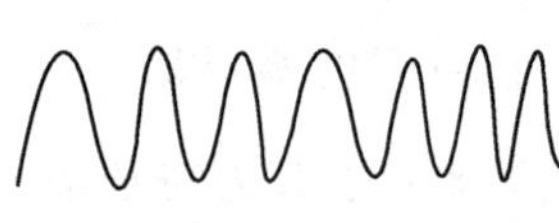

C.

D.

53. 用超声—回弹综合法测试构件混凝土强度时，下列哪一个因素对强度有显著影响？

A. 水泥品种（普通水泥、矿渣水泥）及水泥用量（250～450kg/m^3）

B. 混凝土的碳化深度

C. 砂子的品种（山砂、细砂、中砂）及砂率

D. 石子的品种（卵石、碎石）及含石量

54. 关于土的自重应力，下列说法正确的是：

A. 土的自重应力只发生在竖直方向上，在水平方向上没有自重应力

B. 均质饱和地基的自重应力为 $\gamma_{sat}h$，其中 γ_{sat} 为饱和重度，h 为计算位置到地表的距离

C. 表面水平的半无限空间弹性地基，土的自重应力计算与土的模量没有关系

D. 表面水平的半无限空间弹性地基，自重应力过大也会导致地基土的破坏

55. 关于有效应力原理，下列说法正确的是：

A. 土中的自重应力属于有效应力

B. 土中的自重应力属于总应力

C. 地基土层中水位上升不会引起有效应力的变化

D. 地基土层中水位下降不会引起有效应力的变化

56. 如果其他条件保持不变，墙后填土的下列哪些指标的变化，会引起挡土墙的主动土压力增大？

A. 填土的内摩擦角 φ 减小　　B. 填土的重度 γ 减小

C. 填土的压缩模量 E 增大　　D. 填土的黏聚力 c 增大

57. 无筋扩展基础需要验算下面哪一项？

A. 冲切验算　　B. 抗弯验算

C. 斜截面抗剪验算　　D. 刚性角

58. 关于地基承载力特征值的深度修正式 $\eta_d \gamma_m (d-0.5)$，下面说法不正确的是：

A. $\eta_d \gamma_m (d-0.5)$的最大值为 $5.5\eta_d \gamma_m$

B. $\eta_d \gamma_m (d-0.5)$总是大于或等于 0，不能为负值

C. η_d 总是大于或等于 1

D. γ_m 取基底以上土的重度，地下水以下取浮重度

59. 下面哪种方法不能用于测试单桩竖向承载力？

A. 载荷试验　　B. 静力触探

C. 标准贯入试验　　D. 十字板剪切试验

60. 关于堆载预压法加固地基，下面说法正确的是：

A. 砂井除了起加速固结的作用外，还作为复合地基提高地基的承载力

B. 在砂井长度相等的情况下，较大的砂井直径和较小的砂井间距都能够加速地基的固结

C. 堆载预压时控制堆载速度的目的是为了让地基发生充分的蠕变变形

D. 为了防止预压时地基失稳，堆载预压通常要求预压荷载小于基础底面的设计压力

全国勘察设计注册工程师执业资格考试通关试卷[三]

基础考试(上)试题解析及参考答案

1.解 $\lim\limits_{x\to 0^+}(x^2+1)=1$，$\lim\limits_{x\to 0^-}\left(\cos x+x\sin\dfrac{1}{x}\right)=1+0=1$

$f(0)=(x^2+1)\Big|_{x=0}=1$，所以 $\lim\limits_{x\to 0^+}f(x)=\lim\limits_{x\to 0^-}f(x)=f(0)$

答案:D

2.解 $\lim\limits_{x\to 0}\dfrac{1-\cos x}{2x^2}=\lim\limits_{x\to 0}\dfrac{\frac{1}{2}x^2}{2x^2}=\dfrac{1}{4}\neq 1$，当 $x\to 0$，$1-\cos x\sim\dfrac{1}{2}x^2$。

答案:D

3.解 $y=\ln\cos x$，$y'=\dfrac{-\sin x}{\cos x}=-\tan x$，$\mathrm{d}y=-\tan x\mathrm{d}x$

答案:C

4.解 $f(x)=(e^{-x^2})'=-2xe^{-x^2}$

$f'(x)=-2[e^{-x^2}+xe^{-x^2}(-2x)]=2e^{-x^2}(2x^2-1)$

答案:A

5.解 $\int f'(2x+1)\mathrm{d}x=\dfrac{1}{2}\int f'(2x+1)\mathrm{d}(2x+1)=\dfrac{1}{2}f(2x+1)+C$

答案:B

6.解 $\int_0^{\frac{1}{2}}\dfrac{1+x}{\sqrt{1-x^2}}\mathrm{d}x=\int_0^{\frac{1}{2}}\dfrac{1}{\sqrt{1-x^2}}\mathrm{d}x+\int_0^{\frac{1}{2}}\dfrac{x}{\sqrt{1-x^2}}\mathrm{d}x$

$$=\arcsin x\Big|_0^{\frac{1}{2}}+\int_0^{\frac{1}{2}}\frac{1}{\sqrt{1-x^2}}\mathrm{d}\left(\frac{1}{2}x^2\right)$$

$$=\arcsin\frac{1}{2}+\left(-\frac{1}{2}\right)\times\int_0^{\frac{1}{2}}\frac{1}{\sqrt{1-x^2}}\mathrm{d}(1-x^2)$$

$$=\frac{\pi}{6}+\left(-\frac{1}{2}\right)\times 2(1-x^2)^{\frac{1}{2}}\Big|_0^{\frac{1}{2}}$$

$$=\frac{\pi}{6}-\left(\frac{\sqrt{3}}{2}-1\right)=\frac{\pi}{6}+1-\frac{\sqrt{3}}{2}$$

答案:C

7. **解**　$D:\begin{cases}0\leqslant\theta<\dfrac{\pi}{4}\\0\leqslant r\leqslant\dfrac{1}{\cos\theta}\end{cases}$，因为 $x=1$，$r\cos\theta=1$（即 $r=\dfrac{1}{\cos\theta}$）

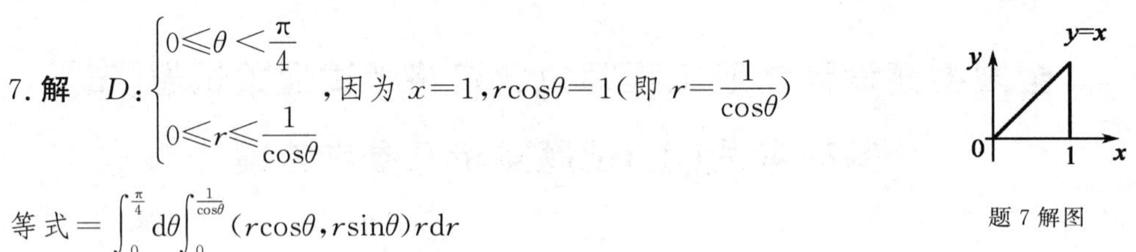

题 7 解图

等式 $=\int_0^{\frac{\pi}{4}}\mathrm{d}\theta\int_0^{\frac{1}{\cos\theta}}(r\cos\theta,r\sin\theta)r\mathrm{d}r$

答案:B

8. **解**　已知 $a<x<b$，$f'(x)>0$，单增；$f''(x)<0$，凸。所以函数在区间 (a,b) 内图形沿 x 轴正向是单增且凸的。

答案:C

9. **解**　$f(x)=x^{\frac{2}{3}}$ 在 $[-1,1]$ 连续。$f'(x)=\dfrac{2}{3}x^{-\frac{1}{3}}=\dfrac{2}{3}\cdot\dfrac{1}{\sqrt[3]{x}}$ 在 $(-1,1)$ 不可导[因为 $f'(x)$ 在 $x=0$ 导数不存在]，所以不满足拉格郎日定理的条件。

答案:B

10. **解**　$\sum\limits_{n=1}^{\infty}\left|\dfrac{(-1)^n}{n}\right|=\sum\limits_{n=1}^{\infty}\dfrac{1}{n}$，发散；

而 $\sum\limits_{n=1}^{\infty}\dfrac{(-1)^n}{n}$ 满足：①$u_n\geqslant u_{n+1}$，②$\lim\limits_{n\to\infty}u_n=0$，该级数收敛。

所以级数条件收敛。

答案:A

11. **解**　$|x|<\dfrac{1}{2}$，即 $-\dfrac{1}{2}<x<\dfrac{1}{2}$，$f(x)=\dfrac{1}{1+2x}$

已知：$\dfrac{1}{1+x}=1-x+x^2-x^3+\cdots+(-1)^nx^n+\cdots=\sum\limits_{n=0}^{\infty}(-1)^nx^n\quad(-1<x<1)$

则 $f(x)=\dfrac{1}{1+2x}=1-(2x)+(2x)^2-(2x)^3+\cdots+(-1)^n(2x)^n+\cdots$

$$=\sum_{n=0}^{\infty}(-1)^n(2x)^n=\sum_{n=0}^{\infty}(-2)^nx^n\left(-1<2x<1,\text{即}-\frac{1}{2}<x<\frac{1}{2}\right)$$

答案:B

12. **解**　已知 $y_1(x)$，$y_2(x)$ 是微分方程 $y'+p(x)y=q(x)$ 两个不同的特解，所以 $y_1(x)-y_2(x)$ 为对应齐次方程 $y'+p(x)y=0$ 的一个解。

微分方程 $y'+p(x)y=q(x)$ 的通解为 $y=y_1+C(y_1-y_2)$。

答案:D

13. **解**　$y''+2y'-3y=0$，特征方程为 $r^2+2r-3=0$，得 $r_1=-3$，$r_2=1$。所以 $y_1=e^x$，$y_2=e^{-3x}$ 为选项 B 的特解，满足条件。

答案:B

14. **解**　$\dfrac{\mathrm{d}y}{\mathrm{d}x}=-\dfrac{x}{y}$，$y\mathrm{d}y=-x\mathrm{d}x$

两边积分：$\frac{1}{2}y^2=-\frac{1}{2}x^2+C$，$y^2=-x^2+2C$，$y^2+x^2=C_1$，这里常数 $C_1=2C$，必须满足 $C_1\geqslant0$。

故方程的通解为 $x^2+y^2=C^2(C\in R)$。

答案：C

15. **解** 旋转体体积 $V=\int_0^{\pi}\pi[(\sin x)^{\frac{3}{2}}]^2\mathrm{d}x$

$$=\pi\int_0^{\pi}\sin^3 x\mathrm{d}x=\pi\int_0^{\pi}\sin^2 x\mathrm{d}(-\cos x)$$

$$=-\pi\int_0^{\pi}(1-\cos^2 x)\mathrm{d}\cos x$$

$$=-\pi\left(\cos x-\frac{1}{3}\cos^3 x\right)\bigg|_0^{\pi}$$

$$=\frac{4}{3}\pi$$

答案：B

16. **解** 方程组 $\begin{cases}x^2+4y^2+z^2=4 & ①\\ x+z=a & ②\end{cases}$

消去字母 x

由②式得： $x=a-z$ ③

③式代入①式得：$(a-z)^2+4y^2+z^2=4$

则曲线在 yOz 平面上投影方程为 $\begin{cases}(a-z)^2+4y^2+z^2=4\\ x=0\end{cases}$

答案：A

17. **解** 方程 $x^2-\frac{y^2}{4}+z^2=1$，即 $x^2+z^2-\frac{y^2}{4}=1$，可由 xOy 平面上双曲线 $\begin{cases}x^2-\frac{y^2}{4}=1\\ z=0\end{cases}$ 绕 y 轴旋转得到，也可由 yOz 平面上双曲线 $\begin{cases}z^2-\frac{y^2}{4}=1\\ x=0\end{cases}$ 绕 y 轴旋转得到。

所以 $x^2+z^2-\frac{y^2}{4}=1$ 为旋转双曲面。

答案：A

18. **解** 直线 L 的方向向量 $\vec{s}=\begin{vmatrix}\vec{i} & \vec{j} & \vec{k}\\ 1 & 3 & 2\\ 2 & -1 & -10\end{vmatrix}=-28\vec{i}+14\vec{j}-7\vec{k}$，$\vec{s}=\{-28,14,-7\}$

平面 π：$4x-2y+z-2=0$

法线向量：$\vec{n}=\{4,-2,1\}$

$\vec{s}$,$\vec{n}$坐标成比例,$\frac{-28}{4}=\frac{14}{-2}=\frac{-7}{1}$,则 $\vec{s}//\vec{n}$,直线 L 垂直于平面 π。

答案:C

19. **解** $\boldsymbol{A}$ 的特征值为 λ_0,$2\boldsymbol{A}$ 的特征值为 $2\lambda_0$,$(2\boldsymbol{A})^{-1}$ 的特征值为 $\frac{1}{2\lambda_0}$。

答案:C

20. **解** 已知 $\vec{\alpha_1}$,$\vec{\alpha_2}$,$\vec{\beta}$ 线性相关,$\vec{\alpha_2}$,$\vec{\alpha_3}$,$\vec{\beta}$ 线性无关。由性质可知:$\vec{\alpha_1}$,$\vec{\alpha_2}$,$\vec{\alpha_3}$,$\vec{\beta}$ 线性相关(部分相关,全体相关),$\vec{\alpha_2}$,$\vec{\alpha_3}$,$\vec{\beta}$ 线性无关。

故 $\vec{\alpha_1}$ 可用 $\vec{\alpha_2}$,$\vec{\alpha_3}$,$\vec{\beta}$ 线性表示。

答案:B

21. **解** 已知 $\boldsymbol{A}=\begin{bmatrix}1 & t & -1\\ t & 1 & 1\\ -1 & 1 & 2\end{bmatrix}$

由矩阵 $\boldsymbol{A}$ 正定的充分必要条件可知:$1>0$,$\begin{vmatrix}1 & t\\ t & 1\end{vmatrix}=1-t^2>0$,

$$\begin{vmatrix}1 & t & -1\\ t & 1 & 1\\ -1 & 1 & 2\end{vmatrix}\xlongequal[2c_1+c_3]{c_1+c_2}\begin{vmatrix}1 & t+1 & 1\\ t & t+1 & 1+2t\\ -1 & 0 & 0\end{vmatrix}=(-1)[(t+1)(1+2t)-(t+1)]=-2t(t+1)>0,$$

求解 $t^2<1$,得 $-1<t<1$;再求解 $-2t(t+1)>0$,得 $t(t+1)<0$,即 $-1<t<0$,则公共解 $-1<t<0$。

答案:B

22. **解** A、B 互不相容时,$P(AB)=0$。$\overline{A}\,\overline{B}=\overline{A\cup B}$

$P(\overline{A}\,\overline{B})=P(\overline{A\cup B})=1-P(A\cup B)$

$=1-[P(A)+P(B)-P(AB)]=1-(p+q)$

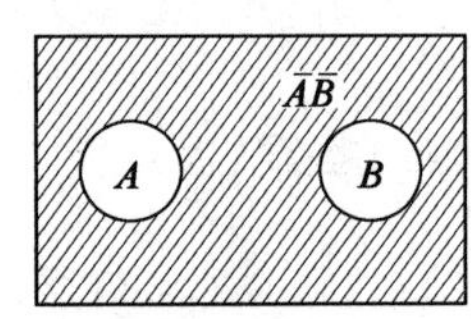

题 22 解图

或使用图示法(面积表示概率),见解图。

答案:C

23. **解** X 与 Y 独立时,$E(XY)=E(X)E(Y)$,X 在$[a,b]$上服从均匀分布时,$E(X)=\frac{a+b}{2}=1$,Y 服从参数为 λ 的指数分布时,$E(Y)=\frac{1}{\lambda}=\frac{1}{3}$,$E(XY)=\frac{1}{3}$。

答案:D

24. **解** 当 σ^2 未知时检验假设 $H_0:\mu=\mu_0$,应选取统计量 $T=\frac{\overline{X}-\mu_0}{S}\sqrt{n}$,$S^2=\frac{1}{n-1}\sum_{i=1}^{n}(X_i-\overline{X})^2=\frac{1}{n-1}Q^2$,$S=\frac{Q}{\sqrt{n-1}}$。

当 $\mu_0=0$ 时,$T=\sqrt{n(n-1)}\frac{\overline{X}}{Q}$。

答案:A

25.**解** ①由 $p=nkT$ 知选项 A 不正确;

②由 $pV=\frac{m}{M}RT$ 知选项 B 不正确;

③由 $\overline{\omega}=\frac{3}{2}kT$,温度、压强相等,单位体积分子数相同,知选项 C 正确;

④由 $E_{内}=\frac{i}{2}\frac{m}{M}RT=\frac{i}{2}pV$ 知选项 D 不正确。

答案:C

26.**解** $N\int_{v_1}^{v_2}f(v)\mathrm{d}v$ 表示速率在 $v_1\rightarrow v_2$ 区间内的分子数。

答案:B

27.**解** 注意内能的增量 ΔE 只与系统的起始和终了状态有关,与系统所经历的过程无关。

$Q_{ab}=335=\Delta E_{ab}+126$,$\Delta E_{ab}=209\text{J}$,$Q'_{ab}=\Delta E_{ab}+42=251\text{J}$

答案:C

28.**解** 等体过程:

$$Q_1=Q_v=\Delta E_1=\frac{m}{M}\frac{i}{2}R\Delta T \quad ①$$

等压过程:

$$Q_2=Q_p=\Delta E_2+A=\frac{m}{M}\frac{i}{2}R\Delta T+A \quad ②$$

对于给定的理想气体,内能的增量只与系统的起始和终了状态有关,与系统所经历的过程无关,$\Delta E_1=\Delta E_2$。

比较①式和②式,注意到 $A>0$,显然 $Q_2>Q_1$。

答案:A

29.**解** 在 $t=0.25\text{s}$ 时刻,处于平衡位置,$y=0$

由简谐波的波动方程 $y=2\times10^{-2}\cos2\pi(10\times0.25-\frac{x}{5})=0$,可知

$$\cos2\pi(10\times0.25-\frac{x}{5})=0$$

则 $2\pi(10\times0.25-\frac{x}{5})=(2k+1)\frac{\pi}{2}$,$k=0,\pm1,\pm2,\cdots$

由此可得 $2\frac{x}{5}=\frac{9}{2}-k$

当 $x=0$ 时,$k=4.5$

所以 $k=4$,$x=1.25$ 或 $k=5$,$x=-1.25$ 时,与坐标原点 $x=0$ 最近

答案:C

30. **解**　当初相位 $\phi=0$ 时，波动方程的表达式为 $y=A\cos\omega\left(t-\dfrac{x}{u}\right)$，利用 $\omega=2\pi\nu$，$\nu=\dfrac{1}{T}$，$u=\lambda\nu$，表达式 $y=A\cos\left[2\pi\nu\left(t-\dfrac{x}{\lambda\nu}\right)\right]=A\cos2\pi\left(\nu t-\dfrac{\nu x}{\lambda\nu}\right)=A\cos2\pi\left(\dfrac{t}{T}-\dfrac{x}{\lambda}\right)$，令 $A=0.02\text{m}$，$T=0.5\text{s}$，$\lambda=100\text{m}$，则 $y=0.02\cos\left(\dfrac{t}{\frac{1}{2}}-\dfrac{x}{100}\right)=0.02\cos2\pi(2t-0.01x)$。

答案：B

31. **解**　声强级 $L=10\lg\dfrac{I}{I_0}\text{dB}$，由题意得 $40=10\lg\dfrac{I}{I_0}$，即 $\dfrac{I}{I_0}=10^4$；同理 $\dfrac{I'}{I_0}=10^8$，$\dfrac{I'}{I}=10^4$。

答案：D

32. **解**　自然光 I_0 通过 P_1 偏振片后光强减半为 $\dfrac{I_0}{2}$，通过 P_2 偏振后光强为 $I=\dfrac{I_0}{2}\cos^2 90°=0$。

答案：A

33. **解**　布儒斯特定律，以布儒斯特角入射，反射光为完全儒振光。

答案：C

34. **解**　$(a+b)\sin\phi=\pm k\lambda\quad(k=0,1,2,\cdots)$

令 $\phi=90°$，$k=\dfrac{2000}{550}=3.63$，k 取小于此数的最大正整数，故 k 取 3。

答案：B

35. **解**　$a\sin\phi=(2k+1)\dfrac{\lambda}{2}$，即 $a\sin30°=3\times\dfrac{\lambda}{2}$

答案：D

36. **解**　$x_{明}=\pm k\dfrac{D\lambda}{a}$，$x_{暗}=(2k+1)\dfrac{D\lambda}{2a}$，间距 $=x_{暗}-x_{明}=\dfrac{D\lambda}{2a}$

答案：B

37. **解**　除 3d 轨道上的 7 个电子，其他轨道上的电子都已成对。3d 轨道上的 7 个电子填充到 5 个简并的 d 轨道中，按照洪特规则有 3 个未成对电子。

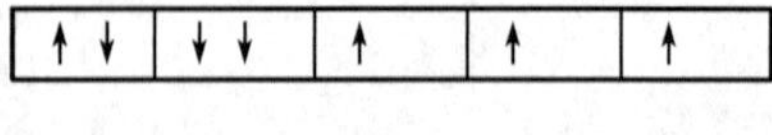

答案：C

38. **解**　分子间力包括色散力、诱导力、取向力。分子间力以色散力为主。对同类型分子，色散力正比于分子量，所以分子间力正比于分子量。分子间力主要影响物质的熔点、沸点和硬度。对同类型分子，分子量越大，色散力越大，分子间力越大，物质的熔、沸点越高，硬度越大。

分子间氢键使物质熔、沸点升高，分子内氢键使物质熔、沸点减低。

HF 有分子间氢键，沸点最大。其他三个没有分子间氢键，HCl、HBr、HI 分子量逐渐增大，分子间力逐渐增大，沸点逐渐增大。

答案：D

39. **解** HCl 溶于水既有物理变化也有化学变化。HCl 的微粒向水中扩散的过程是物理变化，HCl 的微粒解离生成氢离子和氯离子的过程是化学变化。

答案：C

40. **解** 系统与环境间只有能量交换，没有物质交换是封闭系统；既有物质交换，又有能量交换是敞开系统；没有物质交换，也没有能量交换是孤立系统。

答案：D

41. **解** $K^{\ominus}=\dfrac{\dfrac{p_{PCl_5}}{p^{\ominus}}}{\dfrac{p_{PCl_3}}{p^{\ominus}}\ \dfrac{p_{Cl_2}}{p^{\ominus}}}=\dfrac{p_{PCl_5}}{p_{PCl_3}\cdot p_{Cl_2}}p^{\ominus}=\dfrac{p^{\ominus}}{p_{Cl_2}},p_{Cl_2}=\dfrac{p^{\ominus}}{K^{\ominus}}=\dfrac{100\text{kPa}}{0.767}=130.38\text{kPa}$

答案：A

42. **解** 铜电极的电极反应为：$Cu^{2+}+2e^{-}=Cu$，氢离子没有参与反应，所以铜电极的电极电势不受氢离子影响。

答案：C

43. **解** 元素电势图的应用。

(1)判断歧化反应：对于元素电势图 $A\xrightarrow{E^{\ominus}_{左}}B\xrightarrow{E^{\ominus}_{右}}C$，若 $E^{\ominus}_{右}$ 大于 $E^{\ominus}_{左}$，B 即是电极电势大的电对的氧化型，可作氧化剂，又是电极电势小的电对的还原型，也可作还原剂，B 的歧化反应能够发生；若 $E^{\ominus}_{右}$ 小于 $E^{\ominus}_{左}$，B 的歧化反应不能发生。

(2)计算标准电极电势：根据元素电势图，可以从已知某些电对的标准电极电势计算出另一电对的标准电极电势。

从元素电势图可知，Au^{+} 可以发生歧化反应。由于 Cu^{2+} 达到最高氧化数，最不易失去电子，最稳定。

答案：A

44. **解** 系统命名法。

(1)链烃的命名

①选择主链：选择最长碳链或含有官能团的最长碳链为主链；

②主链编号：从距取代基或官能团最近的一端开始对碳原子进行编号；

③写出全称：将取代基的位置编号、数目和名称写在前面，将母体化合物的名称写在后面。

(2)衍生物的命名

①选择母体：选择苯环上所连官能团或带官能团最长的碳链为母体，把苯环视为取代基；

②编号：将母体中碳原子依次编号，使官能团或取代基位次具有最小值。

答案：B

45. **解** 含有不饱和键的有机物、含有醛基的有机物可使溴水褪色。

答案：D

46. **解** 信息素分子为含有C=C不饱和键的醛，C=C不饱和键和醛基可以与溴发生加成反应；醛基可以发生银镜反应；一个分子含有两个不饱和键（C=C双键和醛基），1mol分子可以和2mol H_2 发生加成反应；它是醛，不是乙烯同系物。

答案：B

47. **解** 根据力的可传性，作用于刚体上的力可沿其作用线滑移至刚体内任意点而不改变力对刚体的作用效应，同样也不会改变 A、D 处的约束力。

答案：A

48. **解** 主矢 $\boldsymbol{F}_R = \boldsymbol{F}_1 + \boldsymbol{F}_2 + \boldsymbol{F}_3$ 为三力的矢量和，且此三力可构成首尾相连自行封闭的力三角形，故主矢为零；对 O 点的主矩为各力向 O 点平移后附加各力偶（$\boldsymbol{F}_1$、$\boldsymbol{F}_2$、$\boldsymbol{F}_3$ 对 O 点之矩）的代数和，即 $M_O = 3Fa$（逆时针）。

答案：B

49. **解** 画出体系整体的受力图，列平衡方程：

$\Sigma F_x = 0$，$F_{Ax} + F = 0$，得到 $F_{Ax} = -F = -100\text{kN}$

$\Sigma M_C(F) = 0$，$F(2L + r) - F(4L + r) - F_{Ay}4L = 0$

得到 $F_{Ay} = -\dfrac{F}{2} = -\dfrac{100}{2} = -50\text{kN}$

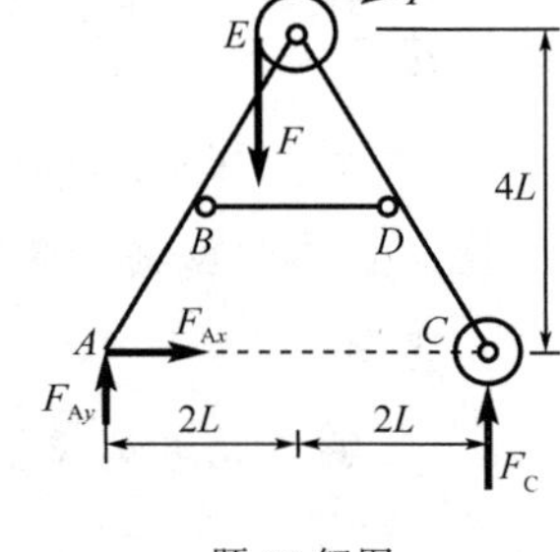

题 49 解图

答案：C

50. **解** 根据零杆判别的方法，分析节点 G 的平衡，可知杆 GG_1 为零杆；分析节点 G_1 的平衡，由于 GG_1 为零杆，故节点实际只连接了三根杆，由此可知杆 G_1E 为零杆。依次类推，逐一分析节点 E、E_1、D、D_1，可分别得出 EE_1、E_1D、DD_1、D_1B 为零杆。

答案：D

51. **解** 因为点做匀加速直线运动，所以可根据公式：$2as = v_t^2 - v_0^2$，点运动的路程应为：$s = \dfrac{v_t^2 - v_0^2}{2a} = \dfrac{8^2 - 5^2}{2 \times 2} = 9.75\text{m}$。

答案：D

52. **解** 根据转动刚体内一点的速度和法向加速度公式：$v = r\omega$；$a_n = r\omega^2$，且 $\omega = \dot{\varphi} = 4 - 6t$，因此，转动刚体内转动半径 $r = 0.5\text{m}$ 的点，在 $t_0 = 0$ 时的速度和法向加速度的大小为：$v = r\omega = 0.5 \times 4 = 2\text{m/s}$，$a_n = r\omega^2 = 0.5 \times 4^2 = 8\text{m/s}^2$。

答案：A

53. **解** 木板的加速度与轮缘一点的切向加速度相等，即 $a_t = a = 0.5\text{m/s}^2$，若木板

的速度为 v，则轮缘一点的法向加速度 $a_n = r\omega^2 = \frac{v^2}{r} = \sqrt{a_A^2 - a_t^2}$，所以有：

$$v = \sqrt{r\sqrt{a_A^2 - a_t^2}} = \sqrt{0.25\sqrt{3^2 - 0.5^2}} = 0.86\text{m/s}$$

答案：A

54. **解**　根据质点运动微分方程 $m\boldsymbol{a} = \sum \boldsymbol{F}$，当电梯加速上升、匀速上升及减速上升时，加速度分别向上、零、向下，代入质点运动微分方程，分别有：

$ma = P_1 - W, 0 = W - P_2, ma = W - P_3$

所以：$P_1 = W + ma, P_2 = W, P_3 = W - ma$

答案：B

55. **解**　杆在绳断后的运动过程中，只受重力和地面的铅垂方向约束力，水平方向外力为零，根据质心运动定理，水平方向有：$ma_{Cx} = 0$。由于初始静止，故 $v_{Cx} = 0$，说明质心在水平方向无运动，只沿铅垂方向运动。

答案：C

56. **解**　分析圆轮 A，外力对轮心的力矩为零，即 $\sum M_A(F) = 0$，应用相对质心的动量矩定理，有 $J_A\alpha = \sum M_A(F) = 0$，则 $\alpha = 0$，由于初始静止，故 $\omega = 0$，圆轮无转动，所以其运动形式为平行移动。

答案：C

57. **解**　惯性力系合力的大小为 $F_I = ma_C$，而杆质心的切向和法向加速度分别为 $a_t = \frac{l}{2}\alpha$，$a_n = \frac{l}{2}\omega^2$，其全加速度为 $a_C = \sqrt{a_t^2 + a_n^2} = \frac{l}{2}\sqrt{\alpha^2 + \omega^4}$，因此 $F_I = \frac{l}{2}m\sqrt{\alpha^2 + \omega^4}$。

答案：B

58. **解**　因为干扰力的频率与系统固有频率相等时将发生共振，所以 $\omega_2 = 2\text{rad/s} = \omega_n$ 时发生共振，故有最大振幅。

答案：B

59. **解**　若将材料由低碳钢改为木材，则改变的只是弹性模量 E，而正应力计算公式 $\sigma = \frac{F_N}{A}$ 中没有 E，故正应力不变。但是轴向变形计算公式 $\Delta l = \frac{F_N l}{EA}$ 中，Δl 与 E 成反比，当木材的弹性模量减小时，轴向变形 Δl 增大。

答案：C

60. **解**　由杆的受力分析可知 A 截面受到一个约束反力为 F，方向向左，杆的轴力图如图所示：由于 BC 段杆轴力为零，没有变形，故杆中距离 A 端 $1.5L$ 处横截面的轴向位移就等于 AB 段杆的伸长，$\Delta l = \frac{FL}{EA}$。

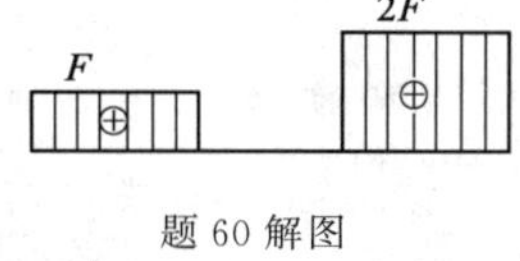

题 60 解图

答案：D

61. **解**　圆孔钢板冲断时的剪切面是一个圆柱面，其面积为 πdt，冲断条件是 $\tau_{max}=\frac{F}{\pi dt}=\tau_b$，故 $d=\frac{F}{\pi t\tau_b}=\frac{300\pi\times10^3\text{N}}{\pi\times10\text{mm}\times300\text{MPa}}=100\text{mm}$。

答案:B

62. **解**　图示结构剪切面面积是 ab，挤压面面积是 hb。

剪切强度条件：　$$\tau=\frac{F}{ab}=[\tau] \qquad ①$$

挤压强度条件：　$$\sigma_{bs}=\frac{F}{hb}=[\sigma_{bs}] \qquad ②$$

由 $\frac{①}{②}=\frac{h}{a}=\frac{[\tau]}{[\sigma_{bs}]}$。

答案:A

63. **解**　由外力平衡可知左端的反力偶为 T，方向是由外向内转。再由各段扭矩计算可知：左段扭矩为 $+T$，中段扭矩为 $-T$，右段扭矩为 $+T$。

答案:D

64. **解**　由 $\phi_1=\frac{\phi}{2}$，即 $\frac{T}{GI_{p1}}=\frac{1}{2}\frac{T}{GI_p}$，得 $I_{p1}=2I_p$，所以 $\frac{\pi d_1^4}{32}=2\frac{\pi}{32}d^4$，故 $d_1=\sqrt[4]{2}d$。

答案:A

65. **解**　此题未说明梁的类型，有两种可能(见解图)，简支梁时答案为B，悬臂梁时答案为D。

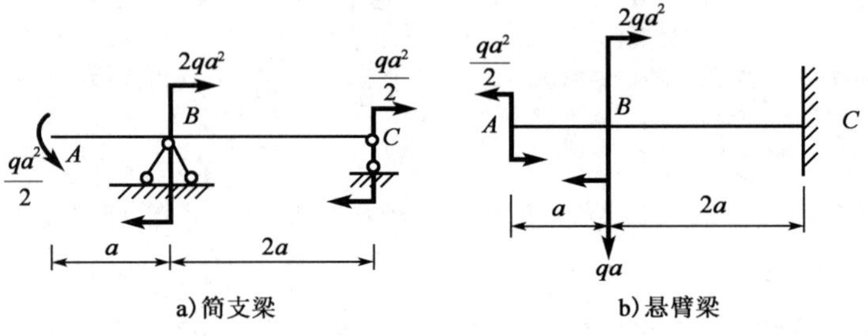

题65解图

答案:B 或 D

66. **解**　$I_z=\frac{\pi}{64}d^4-\frac{a^4}{12}$

答案:B

67. **解**　因为 $I_2=\frac{b(2a)^3}{12}=8\frac{ba^3}{12}=8I_1$，又 $f_1=f_2$，即 $\frac{M_1L^2}{2EI_1}=\frac{M_2L^2}{2EI_2}$，故 $\frac{M_2}{M_1}=\frac{I_2}{I_1}=8$。

答案:A

68. **解**　图示截面的弯曲中心是两个狭长矩形边的中线交点，形心主轴是 y' 和 z'，故无扭转，而有沿两个形心主轴 y'、z' 方向的双向弯曲。

答案:C

69. **解**　图示单元体 $\sigma_x=50\text{MPa}$，$\sigma_y=-50\text{MPa}$，$\tau_x=-30\text{MPa}$，$\alpha=45°$。

故 $\tau_\alpha=\frac{\sigma_x-\sigma_y}{2}\sin2\alpha+\tau_x\cos2\alpha=\frac{50-(-50)}{2}\sin90°-30\times\cos90°=50\text{MPa}$。

答案:B

70.**解** 图示细长压杆,$\mu=2$,$I_{\min}=I_y=\frac{hb^3}{12}$,$F_{cr}=\frac{\pi^2EI_{\min}}{(\mu L)^2}=\frac{\pi^2E}{(2L)^2}\left(\frac{hb^3}{12}\right)$。

答案:D

71.**解** 由连续介质假设可知。

答案:D

72.**解** 仅受重力作用的静止流体的等压面是水平面。点1与1′的压强相等。

$$P_A+\rho_A gh_1=P_B+\rho_B gh_2+\rho_m g\Delta h$$

$$P_A-P_B=(-\rho_A h_1+\rho_B h_2+\rho_m\Delta h)g$$

答案:A

73.**解** 用连续方程求解。

$$v_3=\frac{v_1A_1+v_2A_2}{A_3}=\frac{4\times0.01+6\times0.005}{0.01}=7\text{m/s}$$

答案:C

74.**解** 由尼古拉兹阻力曲线图可知,在紊流粗糙区。

答案:D

75.**解** 薄壁小孔口与圆柱形外管嘴流量公式均可用,流量 $Q=\mu\cdot A\sqrt{2gH_0}$,根据面积 $A=\frac{\pi d^2}{4}$ 和题设两者的 H_0 及 Q 均相等,则有 $\mu_1d_1^2=\mu_2d_2^2$,而 $\mu_2>\mu_1(0.82>0.62)$,所以 $d_1>d_2$。

答案:A

76.**解** 明渠均匀流必须发生在顺坡渠道上。

答案:D

77.**解** 完全普通井流量公式:

$$Q=1.366\frac{k(H^2-h^2)}{\lg\frac{R}{r_0}}=1.366\times\frac{0.0005\times(15^2-10^2)}{\lg\frac{375}{0.3}}=0.0276\text{m}^3/\text{s}$$

答案:A

78.**解** 一个正确反映客观规律的物理方程中,各项的量纲是和谐的、相同的。

答案:C

79.**解** 静止的电荷产生静电场,运动电荷周围不仅存在电场,也存在磁场。

答案:A

80.**解** 用安培环路定律 $\oint H\text{d}L=\sum I$,这里电流是代数和,注意它们的方向。

答案:C

81. **解** 注意理想电压源和实际电压源的区别,该题是理想电压源 $U_s=U$。

答案:C

82. **解** 利用等效电压源定理判断。在求等效电压源电动势时,将 A、B 两点开路后,电压源的两上方电阻和两下方电阻均为串联连接方式。求内阻时,将 6V 电压源短路。

答案:B

83. **解** 对称三相交流电路中,任何时刻三相电流之和均为零。

答案:B

84. **解** 该电路为线性一阶电路,暂态过程依据公式 $f(t)=f(\infty)+[f(t_{0+})-f(\infty)]e^{-t/\tau}$分析。$f(t)$表示电路中任意电压和电流,其中 $f(\infty)$是电量的稳态值,$f(t_{0+})$表示初始值,τ 表示电路的时间常数。在阻容耦合电路中 $\tau=RC$。

答案:C

85. **解** 变压器的额定功率用视在功率表示,它等于变压器初级绕组或次级绕组中电压额定值与电流额定值的乘积,$S_N=U_{1N}I_{1N}=U_{2N}I_{2N}$。接负载后,消耗的有功功率 $P_N=S_N\cos\varphi_N$ 。值得注意的是,次级绕阻电压是变压器空载时的电压,$U_{2N}=U_{20}$。可以认为变压器初级端的功率因数与次级端的功率因数相同。

答案:A

86. **解** 该电路为直流稳压电源电路。对于输出的直流信号,电容在电路中可视为断路。桥式整流电路中的二极管通过的电流平均值是电阻 R 中通过电流的一半。

答案:D

87. **解** 根据晶体三极管工作状态的判断条件,当晶体管处于饱和状态时,基极电流与集电极电流的关系是:

$$I_B > I_{BS} = \frac{1}{\beta}I_{CS} = \frac{1}{\beta}\left(\frac{U_{CC}-U_{CES}}{R_C}\right)$$

从输入回路分析:

$$I_B = I_{Rx} - I_{RB} = \frac{U_i - U_{BE}}{R_x} - \frac{U_{BE}-U_B}{R_B}$$

答案:A

88. **解** 根据等效的直流通道计算,在直流等效电路中电容断路。

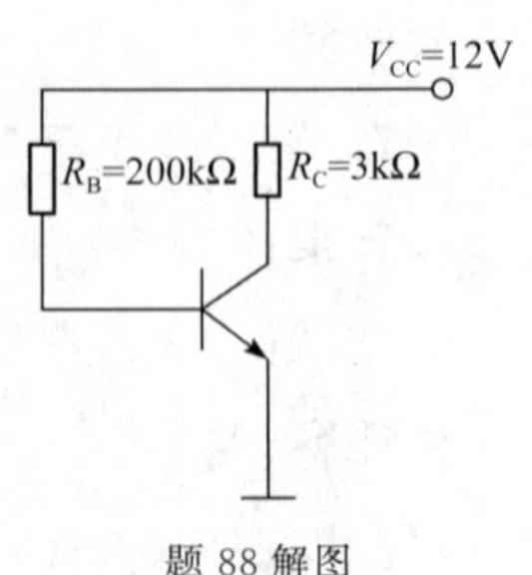

题 88 解图

设 $U_{BE}=0.6V$

$$I_B = \frac{V_{CC}-U_{BE}}{R_B} = \frac{12-0.6}{200} = 0.057mA$$

$$I_C = \beta I_B = 40\times 0.057 = 2.28mA$$

$$U_{CE} = V_{CC} - I_C R_C = 12 - 2.28\times 3 = 5.16V$$

答案:A

89. **解**　首先确定在不同输入电压下三个二极管的工作状态,依此确定输出端的电位 U_Y;然后判断各电位之间的逻辑关系,当点电位高于 2.4V 时视为逻辑状态"1",电位低于 0.4V 时视为逻辑状态"0"。

答案:A

90. **解**　该触发器为负边沿触发方式,即当时钟信号由高电平下降为低电平时刻输出端的状态可能发生改变。

答案:C

91. **解**　参看信号的分类,连续信号和离散信号部分。

答案:A

92. **解**　连续信号指的是时间连续的信号,模拟信号是指在时间和数值上均连续的信号。

答案:C

93. **解**　$\delta(t)$只在 $t=0$ 时刻存在,$\delta(t)=\delta(-t)$,所以是偶函数。

答案:B

94. **解**　常用模拟信号中,单位冲激信号 $\delta(t)$与单位阶跃函数信号 $\varepsilon(t)$有微分关系。

答案:A

95. **解**　周期信号的傅氏级数分析。

答案:B

96. **解**　根据二进制与十六进制的关系转换。

答案:A

97. **解**　系统总线又称内总线。因为该总线是用来连接微机各功能部件而构成一个完整微机系统的,所以称之为系统总线。计算机系统内的系统总线是计算机硬件系统的一个组成部分。

答案:A

98. **解**　Microsoft Word 和国产字处理软件 WPS 都是目前广泛使用的文字处理软件。

答案:A

99. **解**　操作系统是用户与硬件交互的第一层系统软件,一切其他软件都要运行于操作系统之上(包括选项 A、C、D)。

答案:B

100. **解**　操作系统中采用虚拟存储技术是为了给用户提供更大的随机存取空间而采用的一种存储技术。它将内存与外存结合使用,好像有一个容量极大的内存储器,工作速度接近于主存,在整机形成多层次存储系统。

答案:B

101.**解**　二进制数是计算机所能识别的，由0和1两个数码组成，称为机器语言。

答案：C

102.**解**　四位二进制对应一位十六进制，A表示10，对应的二进制为1010，E表示14，对应的二进制为1110。

答案：B

103.**解**　传统加密技术、数字签名技术、对称加密技术和密钥加密技术都是常用的信息加密技术，而专用ASCII码加密技术是不常用的信息加密技术。

答案：D

104.**解**　广域网又称为远程网，它一般是在不同城市之间的LAN（局域网）或者MAN（城域网）网络互联，它所覆盖的地理范围一般从几十公里到几千公里。

答案：D

105.**解**　我国专家把计算机网络定义为：利用各种通信手段，把地理上分散的计算机连在一起，达到相互通信、共享软/硬件和数据等资源的系统。

答案：D

106.**解**　人们把计算机网络中实现网络通信功能的设备及其软件的集合称为网络的通信子网，而把网络中实现资源共享功能的设备及其软件的集合称为资源。

答案：B

107.**解**　年名义利率相同的情况下，一年内计息次数较多的，年实际利率较高。

答案：D

108.**解**　按建设期利息公式 $Q=\sum\left(P_{t-1}+\frac{A_t}{2}\cdot i\right)$ 计算。

第一年贷款总额1000万元，计算利息时按贷款在年内均衡发生考虑。

$$Q_1=(1000/2)\times 6\%=30\text{ 万元}$$

$$Q_2=(1000+30)\times 6\%=61.8\text{ 万元}$$

$$Q=Q_1+Q_2=30+61.8=91.8\text{ 万元}$$

答案：D

109.**解**　按不考虑筹资费用的银行借款资金成本公式 $K_e=R_e(1-T)$ 计算。

$$K_e=R_e(1-T)=10\%\times(1-25\%)=7.5\%$$

答案：A

110.**解**　利用计算IRR的插值公式计算。

$$\mathrm{IRR}=12\%+(14\%-12\%)\times(130)/(130+|-50|)=13.44\%$$

答案：D

111.**解**　利息备付率属于反映项目偿债能力的指标。

答案：B

112. **解**　可先求出盈亏平衡产量，然后乘以单位产品售价，即为盈亏平衡点销售收入。

$$盈亏平衡点销售收入=500\times\left(\frac{10\times10^4}{500-300}\right)=2500\ 万元$$

答案:D

113. **解**　寿命期相同的互斥方案可直接采用净现值法选优。

答案:C

114. **解**　价值指数等于1说明该部分的功能与其成本相适应。

答案:B

115. **解**　《中华人民共和国建筑法》第七条规定，建筑工程开工前，建设单位应当按照国家有关规定向工程所在地县级以上人民政府建设行政主管部门申请领取施工许可证；但是，国务院建设行政主管部门确定的限额以下的小型工程除外。

答案:D

116. **解**　《中华人民共和国安全生产法》第十七条第(一)款，B、C、D各条均和法律条文有出入。

答案:A

117. **解**　《中华人民共和国招标投标法》第十三条。

答案:B

118. **解**　《中华人民共和国合同法》第十条规定，当事人订立合同有书面形式、口头形式和其他形式。

答案:C

119. **解**　见《中华人民共和国行政许可法》第十二条第五款规定。选项A属于可以设定行政许可的内容，选项B、C、D均属于第十三条规定的可以不设行政许可的内容。

答案:A

120. **解**　原《建设工程质量管理条例》第十一条确实写的是"施工图设计文件报县级以上人民政府建设行政主管部门审查"，所以原来答案应选A，但是2017年此条文改为"施工图设计文件审查的具体办法，由国务院建设行政主管部门、国务院其他有关部门制定"。

答案:无

全国勘察设计一级注册结构工程师执业资格考试通关试卷[三]基础考试(下)试题解析及参考答案

1.**解**　两种元素化合物形成离子化合物,其阴离子获得电子,带负电荷。

答案:A

2.**解**　因为空气的导热系数为0.023W/(m·K),水的导热系数为0.58W/(m·K),在组成一定时,增加空气含量(即提高孔隙率,降低密实度)可以降低导热系数,如果孔隙中含水,则增大了导热系数,开口孔隙会形成对流传热效果,使导热能力增大。

答案:A

3.**解**　水泥的细度是指单位质量水泥的颗粒总表面积,单位是m^2/kg。

答案:C

4.**解**　混凝土的养护温度越低,其强度发展越慢,所以,当实际工程混凝土的环境温度低于标准氧化温度时,在相同的龄期时,混凝土的实际强度比标准强度低,但是一定的时间后,混凝土的最终强度会达到标准养护条件下的强度。

答案:D

5.**解**　在寒冷地区混凝土发生冻融破坏时,表面有盐类会使破坏程度加重。

答案:B

6.**解**　断后伸长率反映了钢材塑性变形能力。屈服强度和抗拉强度反映了钢材的抗拉能力,冲击韧性反映了钢材抵抗冲击作用的能力。

答案:C

7.**解**　土的塑性指数是指液限与塑限的差值。塑性指数越大,表明土的颗粒越细,比表面积越大,土处在可塑状态的含水量变化范围就越大。因此土的内摩擦角越小,黏聚力越大。

答案:A

8.**解**　遵循测量工作的原则可防止测量误差的积累。

答案:A

9.**解**　此时,望远镜绕横轴旋转时形成圆锥面。

答案:A

10.**解**　取精测尺10m进行计算,$\Delta d = 10\times0.001 = 0.01\text{m} = 1\text{cm}$。

答案:A

11. **解** 根据方位角及左角定义可得:

$$\alpha_{AC}=\alpha_{BA}+\beta_{左}-180°=\alpha_{AB}+180°+\beta_{左}-180°$$

$$=\alpha_{AB}+\beta_{左}=60°30'18''+90°22'12''=150°52'30''$$

答案:A

12. **解** 按《工程测量规范》,建筑方格网首级控制技术要求:边长100~300m;角中误差:5″;边长相对中误差小于1/30000。

答案:A

13. **解** 《评标委员会和评标方法暂行规定》第三十条:经评审的最低投标价法一般适用于具有通用技术、性能标准或者招标人对其技术、性能没有特殊要求的招标项目。所以选项A对。

第三十五条:根据综合评估法,最大限度地满足招标文件中规定的各项综合评价标准的投标,应当推荐为中标候选人。

衡量投标文件是否最大限度地满足招标文件中规定的各项评价标准,可以采取折算为货币的方法、打分的方法或者其他方法。需量化的因素及其权重应当在招标文件中明确规定。所以选项B也对。

选项D的说法和上述第三十条矛盾。

答案:D

14. **解** 见《中华人民共和国环境影响评价法》第十六条。

国家根据建设项目对环境的影响程度,对建设项目的环境影响评价实行分类管理。

建设单位应当按照下列规定组织编制环境影响报告书、环境影响报告表或者填报环境影响登记表(以下统称环境影响评价文件):

(一)可能造成重大环境影响的,应当编制环境影响报告书,对产生的环境影响进行全面评价;

(二)可能造成轻度环境影响的,应当编制环境影响报告表,对产生的环境影响进行分析或者专项评价;

(三)对环境影响很小、不需要进行环境影响评价的,应当填报环境影响登记表。

建设项目的环境影响评价分类管理名录,由国务院环境保护行政主管部门制定并公布。

答案:B

15. **解** 《国家标准制定程序的阶段划分及代码》(GB/T 16733—1997)将我国国家

标准制定程序阶段划分为9个阶段，即预阶段、立项阶段、起草阶段、征求意见阶段、审查阶段、批准阶段、出版阶段、复审阶段、废止阶段。

答案：A

16.**解** 《中华人民共和国招标投标法》第十七条：招标人采用邀请招标方式的，应当向三个以上具备承担招标项目的能力、资信良好的特定的法人或者其他组织发出投标邀请书。所以选项B对。

《中华人民共和国招标投标法实施条例》第八条规定：国有资金占控股或者主导地位的依法必须进行招标的项目，应当公开招标；但有下列情形之一的，可以邀请招标：

（一）技术复杂、有特殊要求或者受自然环境限制，只有少量潜在投标人可供选择；

（二）采用公开招标方式的费用占项目合同金额的比例过大。

从上述条文可见：只有在特殊情况下才能邀请招标，一般情况下均应公开招标。所以选项C对。

答案：D

17.**解** 先用轻碾，后用重碾的方法易将松土碾压密实。

答案：A

18.**解** 因施工缝会大大削弱了混凝土的抗剪能力，所以《混凝土结构工程施工规范》（GB 50666—2011）第8.6.1条规定：施工缝和后浇带宜留设在结构受剪力较小且便于施工的位置。

答案：A

19.**解** 柱子常常用平卧预制。不进行翻身，直接绑扎为斜吊绑扎法。该法绑扎简单，但由于只能在上表面这一侧有吊索，进行起吊时柱子不可能立直，安装就位时需要牵拉扶正。由于起吊时受力截面高度较小，因此其起吊时的抗弯承载力一定要满足要求。

答案：A

20.**解** 用挣值法对项目进展进行评价：

进度偏差＝已完工作预算费用－计划工作预算费用

$=2000\times45-400\times6\times45=90000-108000=-18000$ 元（负值，工期拖延）

费用偏差＝已完工作预算费用－已完工作实际费用

$=2000\times45-120000=-30000$ 元（负值，费用超支）

工期拖后时间＝$(400\times6-2000)/400=1$ 天

工期拖后，费用偏差不能为正值。

答案：B

21. **解** 双代号网络图，是用两个节点的代号表示箭线一项工作，箭线是工作，节点表示工作的开始与结束。而单代号网络图恰恰相反，它是用一个代号的节点表示工作，箭线表示工作间的逻辑关系 。

答案：C

22. **解** 设计中规定，当混凝土受压区高度 x 小于 $2a_s'$ 时，取 $x=2a_s'$，其目的是为了满足破坏时受压区钢筋的应力等于其抗压强度设计值的假定。

答案：B

23. **解** 挠度验算为正常使用阶段，荷载和材料强度均应取标准值(荷载效应为荷载准永久组合)。对于带裂缝受力阶段的混凝土梁，裂缝截面处与裂缝间截面，受拉钢筋的拉应变与受压区边缘混凝土的压应变是不均匀的，截面的弯曲刚度 B_s 是根据各水平纤维的平均应变沿截面高度的变化符合平截面假定建立的。故不正确的选项应为 D。

答案：D

24. **解** 地震作用下，框架柱的破坏一般发生在柱的上下端，对于一般的框架结构，柱内弯矩以地震作用产生的弯矩为主，“强柱弱梁”就是为了防止柱先于梁进入受弯屈服，导致整体结构破坏。

答案：B

25. **解** 对于后张法预应力混凝土构件，施工阶段采用净截面面积 A_n(预应力钢筋与混凝土之间无黏结)，使用阶段则采用换算截面面积 A_0，有 $N_{pII}=(\sigma_{con}-\sigma_l)A_n$，$N_0=(\sigma_{con}-\sigma_l)A_0$。

答案：B

26. **解** 支撑一般按拉杆设计，所以应取净截面面积计算其抗拉强度设计值。

答案：B

27. **解** 见《钢结构设计标准》(GB 50017—2017)第 11.4.3 条。承压型连接的高强度螺栓的预拉力 P 与摩擦型连接相同，抗剪、抗拉和承压承载力设计值的计算方法与普通螺栓相同。

答案：C

28. **解** 轴心受压构件的整体稳定性系数 φ 是根据构件的长细比、钢材屈服强度和截面类别(a、b、c、d 四类)确定的。

答案：C

29. **解** 《钢结构设计标准》(GB 50017—2017)第 16.1.1 条规定，直接承受动力荷载重复作用的钢结构构件，当应力变化的循环次数 $n \geqslant 5\times10^4$ 次时，应进行疲劳计算；第

6.1.2条第3款规定，对需要计算疲劳的梁，其截面塑性发展系数宜取1.0。

答案：D

30. **解** 上端约束越小，变形越大，柱（墙）底弯矩越大。

答案：C

31. **解** 《砌体结构设计规范》(GB 50003—2011)第7.2.2条第2款规定：对砖砌体，当过梁上的墙体高度 $h_w < l_n/3$（l_n 为过梁净跨）时，应按墙体的均布自重采用；当墙体高度 $h_w \geq l_n/3$ 时，应按高度为 $l_n/3$ 墙体的均布自重采用。所以作用在过梁上的荷载为：$15+5\times0.5=17.5\text{kN/m}$。

答案：C

32. **解** 受压承载力与 e/h 成反比，其中 e 为偏心距，h 为偏心方向的截面尺寸。①、②、③、④的 e/h 分别为0.17、0.3、0.2、0.24。

答案：D

33. **解** 见《砌体结构设计规范》(GB 50003—2011)第6.1节，块体的强度等级对墙体高厚比没有影响。

答案：C

34. **解** 如解图所示，折链杆 AB 可用虚线表示的等效链杆 AB 代替，把基础作为I刚片，CBE 杆作为II刚片，ED 杆作为III刚片。I、II刚片由支杆 C 和等效链杆 AB 相交的瞬铰 B 相连，I、III刚片用铰 D 相连，II、III刚片用铰 E 相连，三个铰不在一条直线上，满足几何不变体系的三刚片规则，为无多余约束的几何不变体系。

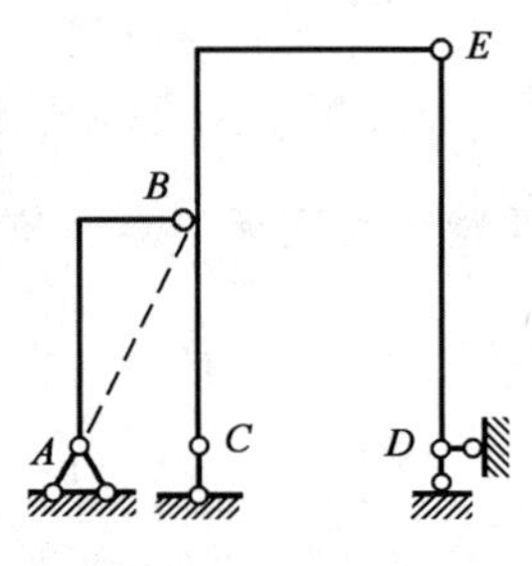

题34解图

答案：A

35. **解** $Y_B=6\text{kN}, N_{AB}=\dfrac{6\times4}{3}=8\text{kN}$

答案：B

36. **解** $M_{BA}=4i\theta_B+2i\theta=0, \theta_B=-\dfrac{\theta}{2}$（负号表示逆时针方向）

答案：D

37. **解** $\mu_{BC}=\dfrac{1}{9}, M_{BC}^{\mu}=\dfrac{1}{9}\left(-\dfrac{ql^2}{3}\right)=-\dfrac{ql^2}{27}, M_{CB}^{C}=\dfrac{ql^2}{27}$

答案：A

38. **解**　附属式结构，从 $DCFG$ 段的悬臂端开始快速计算，注意以下几点：外荷载平行于 CF 杆，C 支座链杆对 CF 杆弯矩无影响，铰 C 处的弯矩为零，由刚节点 E 平衡条件，即可得整个结构弯矩图。最后由 AB 杆弯矩图，取 AB 杆为隔离体可求得 Q_{AB}。

答案：B

39. **解**　杆 1 和杆 2 轴力由结点法可得。

答案：C

40. **解**　取图示基本体系时，与多余未知力对应的转角位移已知，在力法方程的右端项中；而竖向支座的沉降位移为广义荷载，在力法方程的左端项中。另外，要注意其方向。

答案：C

41. **解**　图示结构为基本附属结构，其中右侧的悬臂杆件为基础部分，附属部分只有最上侧二力杆受轴向 $N=P$（压力），故 $M_A=0$，右侧为悬臂梁在自由端受剪力 P 的作用，杆件内侧受拉，故在支座 B 处的弯矩为 $M_B=Pa$。

答案：D

42. **解**　图乘法的应用条件是：直杆结构、分段等截面、相乘的两个弯矩图中至少有一个为直线型。

答案：B

43. **解**　从力法求解角度看，Δ_{1P} 与 δ_{11} 的比值不变；或从力矩分配的角度看，B 点约束力矩为零。

答案：C

44. **解**　竖向无多余约束，竖杆轴力静定。水平方向有多余约束，轴线温度升高，产生向内的水平反力。

答案：C

45. **解**　切断一链杆相当于去掉一个约束，受弯杆作一切口相当于去掉三个约束。

答案：D

46. **解**　由所示影响线图形特点知，在 A 点处有突变，另与 AB 杆中部截面剪力影响线形状对比可知，所示影响线图为 A 右截面剪力影响线。

答案：D

47. **解**　图示结构为简支静定刚架，单自由度振动体系，$M=2m$，沿质点振动方向加单位力，由图乘法可得水平向位移为 $\delta=\dfrac{2l^3}{3EI}$，可得体系自振频率为 $\sqrt{\dfrac{3EI}{4ml^3}}$。

答案:B

48.**解** 根据题目给出的干扰力频率 θ 及自振频率 ω 求动力系数 β,再求最大动弯矩 M_{max}。

$$\theta=\sqrt{\frac{2EI}{ml^3}} \qquad \omega=\sqrt{\frac{3EI}{ml^3}}$$

$$\beta=\frac{1}{1-\left(\frac{\theta}{\omega}\right)^2}=\frac{1}{1-\frac{2}{3}}=3$$

$$M_{max}=3Pl$$

答案:A

49.**解** 对构件的刚度进行试验时,应确定正常使用极限状态的试验荷载值。

答案:A

50.**解** 对于两跨连续梁,梁的一端为固定铰支座,另外两个支座为滚动铰支座。而简支梁一端为固定铰支座,另一端为滚动铰支座;悬臂梁为固定端支座,由固定铰支座加拉杆共同组成;柱两端为刀铰支座,墙板上端为自由端,下端为固定端。

答案:A

51.**解** 裂缝宽度的测量,由于肉眼不易判断,通常取三条最宽的裂缝,用读数显微镜进行测读,取最大值;位置取在受拉主筋处。取受拉主筋处一条宽度大的裂缝测读,有时会出现判断上的不正确,可能并不是最大值;取受弯构件的底面裂缝进行测读是没有必要的。混凝土构件裂缝过宽会导致钢筋锈蚀,因此裂缝宽度的测读位置应在受拉主筋处。

答案:C

52.**解** A 图是瞬时冲击荷载产生的波形,瞬时振幅大,由于受空气中阻尼影响,振幅逐渐减小,是一种有阻尼的自由衰减振动。B 图的波形为简谐振动;C 图波形为随机振动;D 图波形为两个频率接近的简谐振动拍振。

答案:A

53.**解** 试验结果表明,石子品种对 f_{cu}^{c}-v-R_m 综合关系有十分明显的影响。声速和回弹值均随含石量的增加而增加,而水泥品种对 f_{cu}^{c}-v-R_m 关系无显著影响。水泥用量在 250～450kg/m^3 范围内变化时,也无显著的影响。混凝土碳化深度,使超声波速稍有下降,回弹值稍有上升,综合影响可不考虑。用山砂、中河砂及细砂配制的 C10～C40 混凝土,砂品种对 f_{cu}^{c}-v-R_m 无显著影响。砂率在常用的 30%上下波动时,也无明显影响。

答案:D

54. **解**　A 项，土的自重应力不止发生在竖直方向，还有作用在水平方向上的自重应力；B 项，饱和地基土应采用浮重度计算其有效自重应力；C 项，土的自重应力计算与土的重度及地面以下深度有关，与土的模量无关；D 项，土体在自重应力作用下，各点应力不会超过土体的抗剪强度。

答案：C

55. **解**　B 项，饱和土体中的总应力包括孔隙水压力和有效应力；C、D 项，在计算有效应力时通常取用浮重度，故水位的上升、下降会引起有效应力的变化。

答案：A

56. **解**　主动土压力强度 $\sigma_a=\gamma z K_a-2c\sqrt{K_a}$，其中 $K_a=\tan^2(45^\circ-\frac{\varphi}{2})$，可知，填土内摩擦角 φ 减小，重度 γ 增大，黏聚力 c 减小，都会引起挡土墙的主动土压力增大；压缩模量对其没有影响。

答案：A

57. **解**　无筋扩展基础即刚性基础，在设计时，基础尺寸如满足刚性角，则基础截面弯曲拉应力和剪应力不超过基础施工材料的强度限值，故不必对基础进行抗弯验算和斜截面抗剪验算，也不必进行抗冲切验算。

答案：D

58. **解**　《建筑地基与基础设计规范》规定："d 为基础埋深，宜为室外地面标高算起"。规范中并未对基础埋深最大值作出限值。

答案：A

59. **解**　十字板剪切试验用于野外测定地基土抗剪强度。

答案：D

60. **解**　A 项，砂井仅起到加速固结的作用；C 项，在预压过程中控制加载速率，可防止因加载速率过快而导致土体结构破坏；D 项，堆载预压荷载的大小应根据设计要求确定，宜使得预压荷载下受压土层各点的有效竖向应力大于建筑物荷载引起的相应点的附加应力。

答案：B

全国勘察设计注册工程师

执业资格考试通关试卷［四］

基础考试

(上)

二〇二〇年十月

应考人员注意事项

1. 本试卷科目代码为“1”，考生务必将此代码填涂在答题卡“科目代码”相应的栏目内，否则，无法评分。
2. 书写用笔：**黑色或蓝色钢笔、签字笔或圆珠笔**；
   填涂答题卡用笔：**黑色 2B 铅笔**。
3. 必须用书写用笔将工作单位、姓名、准考证号填写在答题卡和试卷相应的栏目内。
4. 本试卷由 120 题组成，每题 1 分，满分 120 分，本试卷全部为单项选择题，每小题的四个备选项中只有一个正确答案，错选、多选、不选均不得分。
5. 考生作答时，必须**按题号在答题卡上**将相应试题所选选项对应的**字母用 2B 铅笔涂黑**。
6. 在答题卡上书写与题意无关的语言，或在答题卡上作标记的，均按违纪试卷处理。
7. 考试结束时，由监考人员当面将试卷、答题卡一并收回。
8. 草稿纸由各地统一配发，考后收回。

单项选择题(共 120 题,每题 1 分。每题的备选项中只有一个最符合题意。)

1. 已知向量 $\boldsymbol{\alpha}=(-3,-2,1)$,$\boldsymbol{\beta}=(1,-4,-5)$,则 $|\boldsymbol{\alpha}\times\boldsymbol{\beta}|$ 等于:

A. 0

B. 6

C. $14\sqrt{3}$

D. $14\boldsymbol{i}+16\boldsymbol{j}-10\boldsymbol{k}$

2. 若 $\lim\limits_{x\to 1}\dfrac{2x^2+ax+b}{x^2+x-2}=1$,则必有:

A. $a=-1,b=2$

B. $a=-1,b=-2$

C. $a=-1,b=-1$

D. $a=1,b=1$

3. 若 $\begin{cases}x=\sin t\\ y=\cos t\end{cases}$,则 $\dfrac{\mathrm{d}y}{\mathrm{d}x}$ 等于:

A. $-\tan t$

B. $\tan t$

C. $-\sin t$

D. $\cot t$

4. 设 $f(x)$ 有连续导数,则下列关系式中正确的是:

A. $\int f(x)\mathrm{d}x=f(x)$

B. $[\int f(x)\mathrm{d}x]'=f(x)$

C. $\int f'(x)\mathrm{d}x=f(x)\mathrm{d}x$

D. $[\int f(x)\mathrm{d}x]'=f(x)+C$

5. 已知 $f(x)$ 为连续的偶函数,则 $f(x)$ 的原函数中:

A. 有奇函数

B. 都是奇函数

C. 都是偶函数

D. 没有奇函数也没有偶函数

6. 设 $f(x)=\begin{cases}3x^2, & x\leqslant 1\\ 4x-1, & x>1\end{cases}$,则 $f(x)$ 在点 $x=1$ 处:

A. 不连续

B. 连续但左、右导数不存在

C. 连续但不可导

D. 可导

7. 函数 $y=(5-x)x^{\frac{2}{3}}$ 的极值可疑点的个数是:

A. 0

B. 1

C. 2

D. 3

8. 下列广义积分中发散的是：

A. $\int_{0}^{+\infty} e^{-x}\mathrm{d}x$

B. $\int_{0}^{+\infty} \frac{1}{1+x^2}\mathrm{d}x$

C. $\int_{0}^{+\infty} \frac{\ln x}{x}\mathrm{d}x$

D. $\int_{0}^{1} \frac{1}{\sqrt{1-x^2}}\mathrm{d}x$

9. 二次积分 $\int_0^1 \mathrm{d}x\int_{x^2}^{x} f(x,y)\mathrm{d}y$ 交换积分次序后的二次积分是：

A. $\int_{x^2}^{x}\mathrm{d}y\int_0^1 f(x,y)\mathrm{d}x$

B. $\int_0^1\mathrm{d}y\int_{y^2}^{y} f(x,y)\mathrm{d}x$

C. $\int_{y}^{\sqrt{y}}\mathrm{d}y\int_0^1 f(x,y)\mathrm{d}x$

D. $\int_0^1\mathrm{d}y\int_{y}^{\sqrt{y}} f(x,y)\mathrm{d}x$

10. 微分方程 $xy'-y\ln y=0$ 满足 $y(1)=e$ 的特解是：

A. $y=ex$

B. $y=e^x$

C. $y=e^{2x}$

D. $y=\ln x$

11. 设 $z=z(x,y)$ 是由方程 $xz-xy+\ln(xyz)=0$ 所确定的可微函数，则 $\frac{\partial z}{\partial y}=$

A. $\frac{-xz}{xz+1}$

B. $-x+\frac{1}{2}$

C. $\frac{z(-xz+y)}{x(xz+1)}$

D. $\frac{z(xy-1)}{y(xz+1)}$

12. 正项级数 $\sum\limits_{n=1}^{\infty}a_n$ 的部分和数列 $\{S_n\}$($S_n=\sum\limits_{i=1}^{n}a_i$)有上界是该级数收敛的：

A. 充分必要条件

B. 充分条件而非必要条件

C. 必要条件而非充分条件

D. 既非充分又非必要条件

13. 若 $f(-x)=-f(x)(-\infty<x<+\infty)$，且在 $(-\infty,0)$ 内 $f'(x)>0, f''(x)<0$，则 $f(x)$ 在 $(0,+\infty)$ 内是：

A. $f'(x)>0, f''(x)<0$

B. $f'(x)<0, f''(x)>0$

C. $f'(x)>0, f''(x)>0$

D. $f'(x)<0, f''(x)<0$

14. 微分方程 $y''-3y'+2y=xe^x$ 的待定特解的形式是：

A. $y=(Ax^2+Bx)e^x$

B. $y=(Ax+B)e^x$

C. $y=Ax^2e^x$

D. $y=Axe^x$

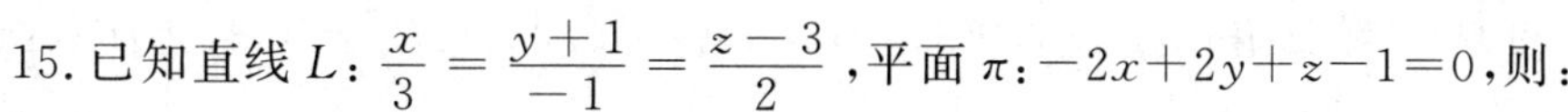
15. 已知直线 $L: \frac{x}{3}=\frac{y+1}{-1}=\frac{z-3}{2}$，平面 $\pi: -2x+2y+z-1=0$，则：

A. L 与 π 垂直相交　　B. L 平行于 π，但 L 不在 π 上

C. L 与 π 非垂直相交　　D. L 在 π 上

16. 设 L 是连接点 $A(1,0)$ 及点 $B(0,-1)$ 的直线段，则对弧长的曲线积分 $\int_L (y-x)\mathrm{d}s=$

A. -1　　B. 1

C. $\sqrt{2}$　　D. $-\sqrt{2}$

17. 下列幂级数中，收敛半径 $R=3$ 的幂级数是：

A. $\sum_{n=0}^{\infty} 3x^n$　　B. $\sum_{n=0}^{\infty} 3^n x^n$

C. $\sum_{n=0}^{\infty} \frac{1}{3^{\frac{n}{2}}} x^n$　　D. $\sum_{n=0}^{\infty} \frac{1}{3^{n+1}} x^n$

18. 若 $z=f(x,y)$ 和 $y=\varphi(x)$ 均可微，则 $\frac{\mathrm{d}z}{\mathrm{d}x}$ 等于：

A. $\frac{\partial f}{\partial x}+\frac{\partial f}{\partial y}$　　B. $\frac{\partial f}{\partial x}+\frac{\partial f}{\partial y}\frac{\mathrm{d}\varphi}{\mathrm{d}x}$

C. $\frac{\partial f}{\partial y}\frac{\mathrm{d}\varphi}{\mathrm{d}x}$　　D. $\frac{\partial f}{\partial x}-\frac{\partial f}{\partial y}\frac{\mathrm{d}\varphi}{\mathrm{d}x}$

19. 已知向量组 $\boldsymbol{\alpha}_1=(3,2,-5)^{\mathrm{T}}$，$\boldsymbol{\alpha}_2=(3,-1,3)^{\mathrm{T}}$，$\boldsymbol{\alpha}_3=\left(1,-\frac{1}{3},1\right)^{\mathrm{T}}$，$\boldsymbol{\alpha}_4=(6,-2,6)^{\mathrm{T}}$，则该向量组的一个极大线性无关组是：

A. $\boldsymbol{\alpha}_2,\boldsymbol{\alpha}_4$　　B. $\boldsymbol{\alpha}_3,\boldsymbol{\alpha}_4$

C. $\boldsymbol{\alpha}_1,\boldsymbol{\alpha}_2$　　D. $\boldsymbol{\alpha}_2,\boldsymbol{\alpha}_3$

20. 若非齐次线性方程组 $\boldsymbol{Ax}=\boldsymbol{b}$ 中，方程的个数少于未知量的个数，则下列结论中正确的是：

A. $\boldsymbol{Ax}=\boldsymbol{0}$ 仅有零解　　B. $\boldsymbol{Ax}=0$ 必有非零解

C. $\boldsymbol{Ax}=\boldsymbol{0}$ 一定无解　　D. $\boldsymbol{Ax}=\boldsymbol{b}$ 必有无穷多解

21. 已知矩阵 $\boldsymbol{A}=\begin{bmatrix}1 & -1 & 1\\ 2 & 4 & -2\\ -3 & -3 & 5\end{bmatrix}$ 与 $\boldsymbol{B}=\begin{bmatrix}\lambda & 0 & 0\\ 0 & 2 & 0\\ 0 & 0 & 2\end{bmatrix}$ 相似，则 λ 等于：

A. 6　　B. 5　　C. 4　　D. 14

22. 设 A 和 B 为两个相互独立的事件，且 $P(A)=0.4$，$P(B)=0.5$，则 $P(A\cup B)$ 等于：

A. 0.9　　B. 0.8

C. 0.7　　D. 0.6

23. 下列函数中，可以作为连续型随机变量的分布函数的是：

A. $\Phi(x)=\begin{cases}0, & x<0\\ 1-e^{x}, & x\geqslant 0\end{cases}$　　B. $F(x)=\begin{cases}e^{x}, & x<0\\ 1, & x\geqslant 0\end{cases}$

C. $G(x)=\begin{cases}e^{-x}, & x<0\\ 1, & x\geqslant 0\end{cases}$　　D. $H(x)=\begin{cases}0, & x<0\\ 1+e^{-x}, & x\geqslant 0\end{cases}$

24. 设总体 $X\sim N(0,\sigma^2)$，$X_1,X_2,\cdots,X_n$ 是来自总体的样本，则 σ^2 的矩估计是：

A. $\frac{1}{n}\sum_{i=1}^{n}X_i$　　B. $n\sum_{i=1}^{n}X_i$

C. $\frac{1}{n^2}\sum_{i=1}^{n}X_i^2$　　D. $\frac{1}{n}\sum_{i=1}^{n}X_i^2$

25. 一瓶氦气和一瓶氮气，它们每个分子的平均平动动能相同，而且都处于平衡态。则它们：

A. 温度相同，氦分子和氮分子的平均动能相同

B. 温度相同，氦分子和氮分子的平均动能不同

C. 温度不同，氦分子和氮分子的平均动能相同

D. 温度不同，氦分子和氮分子的平均动能不同

26. 最概然速率 v_{P} 的物理意义是：

A. v_{P} 是速率分布中的最大速率

B. v_{P} 是大多数分子的速率

C. 在一定的温度下，速率与 v_{P} 相近的气体分子所占的百分率最大

D. v_{P} 是所有分子速率的平均值

27. 气体做等压膨胀，则：

A. 温度升高，气体对外做正功

B. 温度升高，气体对外做负功

C. 温度降低，气体对外做正功

D. 温度降低，气体对外做负功

28. 一定量理想气体由初态（p_1, V_1, T_1）经等温膨胀到达终态（p_2, V_2, T_1），则气体吸收的热量 Q 为：

A. $Q=p_1V_1\ln\frac{V_2}{V_1}$　　B. $Q=p_1V_2\ln\frac{V_2}{V_1}$

C. $Q=p_1V_1\ln\frac{V_1}{V_2}$　　D. $Q=p_2V_1\ln\frac{p_2}{p_1}$

29. 一横波沿一根弦线传播，其方程为 $y=-0.02\cos\pi(4x-50t)$（SI），该波的振幅与波长分别为：

A. 0.02cm，0.5cm　　B. −0.02m，−0.5m

C. −0.02m，0.5m　　D. 0.02m，0.5m

30. 一列机械横波在 t 时刻的波形曲线如图所示，则该时刻能量处于最大值的媒质质元的位置是：

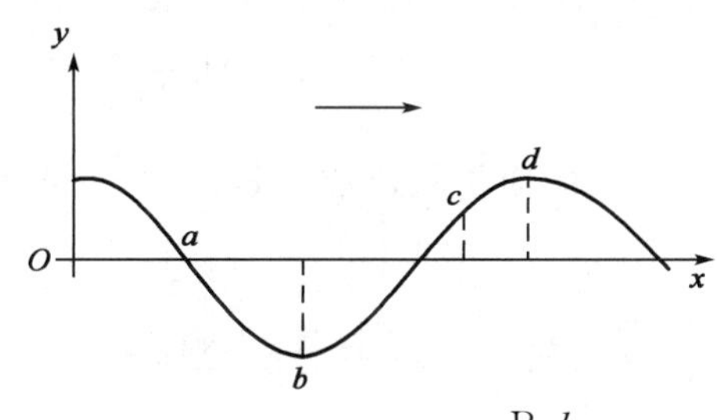

A. a　　B. b

C. c　　D. d

31. 在波长为 λ 的驻波中，两个相邻波腹之间的距离为：

A. $\lambda/2$　　B. $\lambda/4$

C. $3\lambda/4$　　D. λ

32. 两偏振片叠放在一起，欲使一束垂直入射的线偏振光经过两个偏振片后振动方向转过 90°，且使出射光强尽可能大，则入射光的振动方向与前后两偏振片的偏振化方向夹角分别为：

A. 45°和 90°　　B. 0°和 90°

C. 30°和 90°　　D. 60°和 90°

33. 光的干涉和衍射现象反映了光的：

A. 偏振性质　　B. 波动性质

C. 横波性质　　D. 纵波性质

34. 若在迈克耳逊干涉仪的可动反射镜 M 移动了 0.620mm 的过程中，观察到干涉条纹移动了 2300 条，则所用光波的波长为：

A. 269nm　　B. 539nm

C. 2690nm　　D. 5390nm

35. 在单缝夫琅禾费衍射实验中，屏上第三级暗纹对应的单缝处波面可分成的半波带的数目为：

A. 3　　B. 4

C. 5　　D. 6

36. 波长为 λ 的单色光垂直照射在折射率为 n 的劈尖薄膜上，在由反射光形成的干涉条纹中，第五级明条纹与第三级明条纹所对应的薄膜厚度差为：

A. $\frac{\lambda}{2n}$　　B. $\frac{\lambda}{n}$

C. $\frac{\lambda}{5n}$　　D. $\frac{\lambda}{3n}$

37. 量子数 $n=4, l=2, m=0$ 的原子轨道数目是：

A. 1　　B. 2

C. 3　　D. 4

38. PCl_3 分子空间几何构型及中心原子杂化类型分别为：

A. 正四面体，sp^3 杂化　　B. 三角锥型，不等性 sp^3 杂化

C. 正方形，dsp^2 杂化　　D. 正三角形，sp^2 杂化

39. 已知 $Fe^{3+} \underline{\ 0.771\ } Fe^{2+} \underline{\ -0.44\ } Fe$，则 $E^{\ominus}(Fe^{3+}/Fe)$等于：

A. 0.331V　　B. 1.211V

C. −0.036V　　D. 0.110V

40. 在 $BaSO_4$ 饱和溶液中，加入 $BaCl_2$，利用同离子效应使 $BaSO_4$ 的溶解度降低，体系中 $c(SO_4^{2-})$的变化是：

A. 增大　　B. 减小

C. 不变　　D. 不能确定

41. 催化剂可加快反应速率的原因。下列叙述正确的是：

A. 降低了反应的 $\Delta_r H_m^{\ominus}$　　B. 降低了反应的 $\Delta_r G_m^{\ominus}$

C. 降低了反应的活化能　　D. 使反应的平衡常数 $K^{\ominus}$减小

42\. 已知反应 $C_2H_2(g)+2H_2(g) \rightleftharpoons C_2H_6(g)$ 的 $\Delta_r H_m<0$，当反应达平衡后，欲使反应向右进行，可采取的方法是：

A. 升温，升压　　　　B. 升温，减压

C. 降温，升压　　　　D. 降温，减压

43\. 向原电池(－)Ag，AgCl|Cl^- ‖ Ag^+|Ag(＋)的负极中加入 NaCl，则原电池电动势的变化是：

A. 变大　　　　B. 变小

C. 不变　　　　D. 不能确定

44\. 下列各组物质在一定条件下反应，可以制得比较纯净的 1，2—二氯乙烷的是：

A. 乙烯通入浓盐酸中

B. 乙烷与氯气混合

C. 乙烯与氯气混合

D. 乙烯与卤化氢气体混合

45\. 下列物质中，不属于醇类的是：

A. C_4H_9OH　　　　B. 甘油

C. $C_6H_5CH_2OH$　　　　D. C_6H_5OH

46\. 人造象牙的主要成分是 $\lbrack CH_2-O \rbrack_n$，它是经加聚反应制得的。合成此高聚物的单体是：

A. $(CH_3)_2O$　　　　B. CH_3CHO

C. HCHO　　　　D. HCOOH

47\. 图示构架由 AC、BD、CE 三杆组成，A、B、C、D 处为铰接，E 处光滑接触。已知：$F_p=2kN$，$\theta=45°$，杆及轮重均不计，则 E 处约束力的方向与 x 轴正向所成的夹角为：

A. 0°

B. 45°

C. 90°

D. 225°

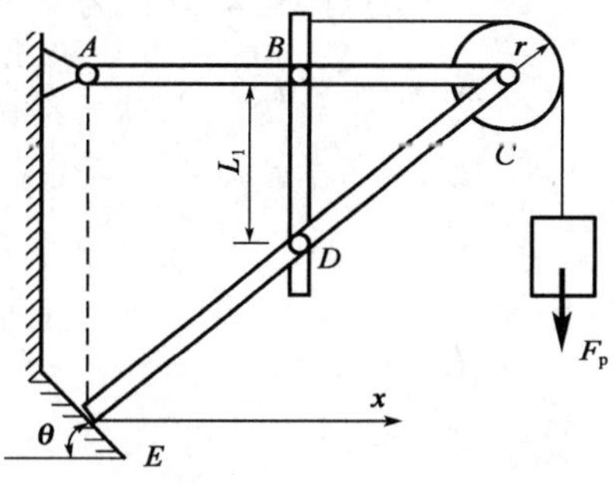

48. 图示结构直杆 BC，受载荷 F，q 作用，$BC=L$，$F=qL$，其中 q 为载荷集度，单位为 N/m，集中力以 N 计，长度以 m 计。则该主动力系数对 O 点的合力矩为：

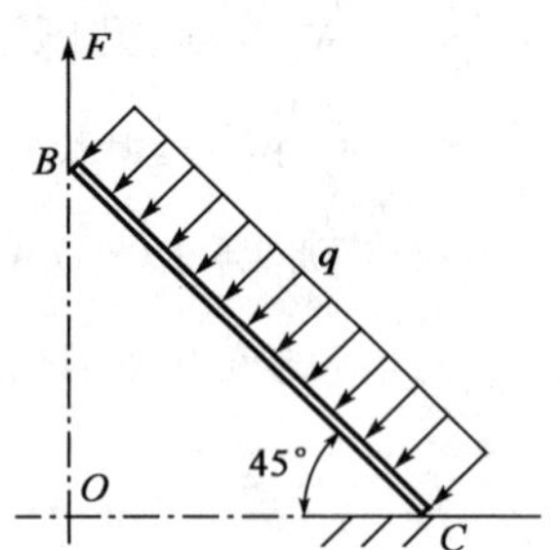

A. $M_O=0$

B. $M_O=\frac{qL^2}{2}$N·m(↶)

C. $M_O=\frac{3qL^2}{2}$N·m(↶)

D. $M_O=qL^2$kN·m(↷)

49. 图示平面构架，不计各杆自重。已知：物块 M 重 F_p，悬挂如图示，不计小滑轮 D 的尺寸与质量，A、E、C 均为光滑铰链，$L_1=1.5$m，$L_2=2$m。则支座 B 的约束力为：

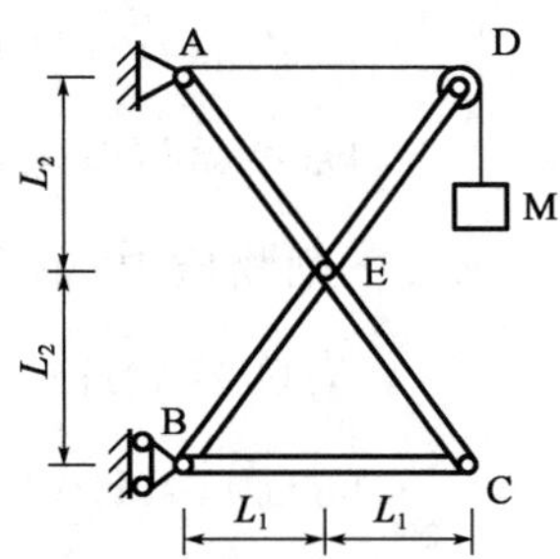

A. $F_B=3F_p/4$(→)

B. $F_B=3F_p/4$(←)

C. $F_B=F_p$(←)

D. $F_B=0$

50. 物体重为 W，置于倾角为 α 的斜面上，如图所示。已知摩擦角 $\varphi_m>\alpha$，则物块处于的状态为：

A. 静止状态

B. 临界平衡状态

C. 滑动状态

D. 条件不足，不能确定

51. 已知动点的运动方程为 $x=t$，$y=2t^2$。则其轨迹方程为：

A. $x=t^2-t$

B. $y=2t$

C. $y-2x^2=0$

D. $y+2x^2=0$

52. 一炮弹以初速度和仰角 α 射出。对于图所示直角坐标的运动方程为 $x=v_0\cos\alpha t$，$y=v_0\sin\alpha t-\frac{1}{2}gt^2$，则当 $t=0$ 时，炮弹的速度和加速度的大小分别为：

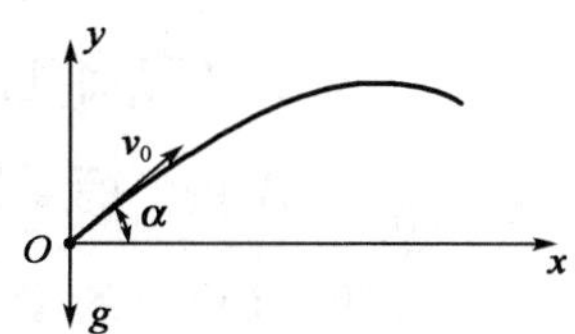

A. $v=v_0\cos\alpha, a=g$

B. $v=v_0, a=g$

C. $v=v_0\sin\alpha, a=-g$

D. $v=v_0, a=-g$

53. 两摩擦轮如图所示。则两轮的角速度与半径关系的表达式为：

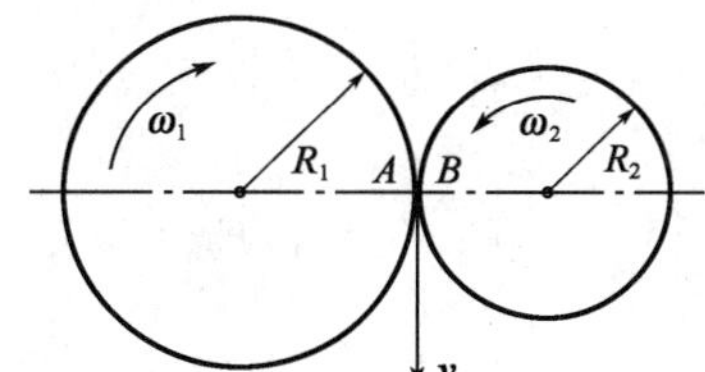

A. $\frac{\omega_1}{\omega_2}=\frac{R_1}{R_2}$

B. $\frac{\omega_1}{\omega_2}=\frac{R_2}{R_1^2}$

C. $\frac{\omega_1}{\omega_2}=\frac{R_1}{R_2^2}$

D. $\frac{\omega_1}{\omega_2}=\frac{R_2}{R_1}$

54. 质量为 m 的物块 A，置于与水平面成 θ 角的斜面 B 上，如图所示。A 与 B 间的摩擦系数为 f，为保持 A 与 B 一起以加速度 a 水平向右运动，则所需的加速度 a 至少是：

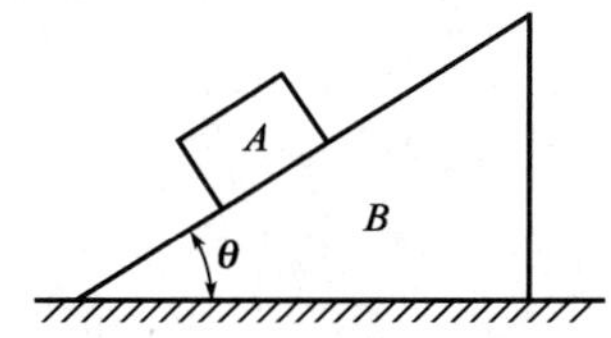

A. $a=\frac{g(f\cos\theta+\sin\theta)}{\cos\theta+f\sin\theta}$

B. $a=\frac{gf\cos\theta}{\cos\theta+f\sin\theta}$

C. $a=\frac{g(f\cos\theta-\sin\theta)}{\cos\theta+f\sin\theta}$

D. $a=\frac{gf\sin\theta}{\cos\theta+f\sin\theta}$

55. A 块与 B 块叠放如图所示，各接触面处均考虑摩擦。当 B 块受力 F 作用沿水平面运动时，A 块仍静止于 B 块上，于是：

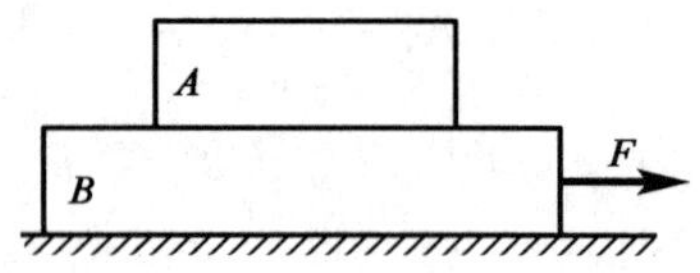

A. 各接触面处的摩擦力都做负功

B. 各接触面处的摩擦力都做正功

C. A 块上的摩擦力做正功

D. B 块上的摩擦力做正功

56. 质量为 m，长为 $2l$ 的均质杆初始位于水平位置，如图所示。A 端脱落后，杆绕轴 B 转动，当杆转到铅垂位置时，AB 杆 B 处的约束力大小为：

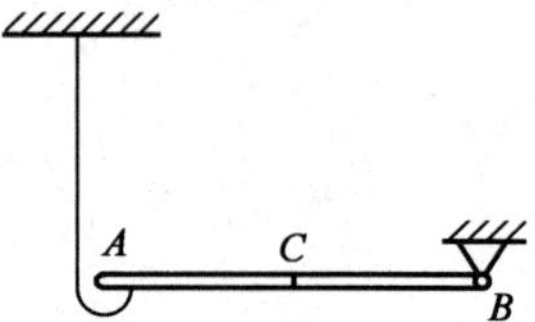

A. $F_{Bx}=0, F_{By}=0$

B. $F_{Bx}=0, F_{By}=\frac{mg}{4}$

C. $F_{Bx}=l, F_{By}=mg$

D. $F_{Bx}=0, F_{By}=\frac{5mg}{2}$

57. 质量为 m，半径为 R 的均质圆轮，绕垂直于图面的水平轴 O 转动，其角速度为 ω。在图示瞬时，角加速度为 0，轮心 C 在其最低位置，此时将圆轮的惯性力系向 O 点简化，其惯性力主矢和惯性力主矩的大小分别为：

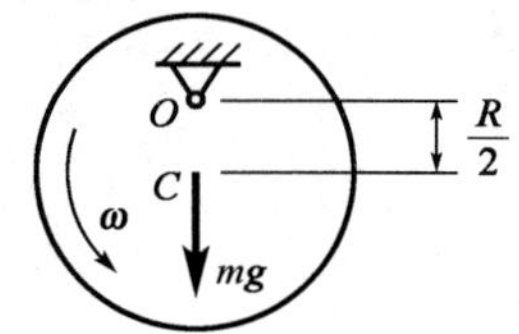

A. $m\frac{R}{2}\omega^2, 0$

B. $mR\omega^2, 0$

C. 0，0

D. $0, \frac{1}{2}mR^2\omega^2$

58. 质量为 110kg 的机器固定在刚度为 2×10^6 N/m 的弹性基础上，当系统发生共振时，机器的工作频率为：

A. 66.7rad/s

B. 95.3rad/s

C. 42.6rad/s

D. 134.8rad/s

59. 图示结构的两杆面积和材料相同，在铅直力 F 作用下，拉伸正应力最先达到许用应力的杆是：

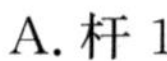

A. 杆 1

B. 杆 2

C. 同时达到

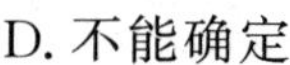

D. 不能确定

60. 图示结构的两杆许用应力均为$[\sigma]$，杆 1 的面积为 A，杆 2 的面积为 $2A$，则该结构的许用荷载是：

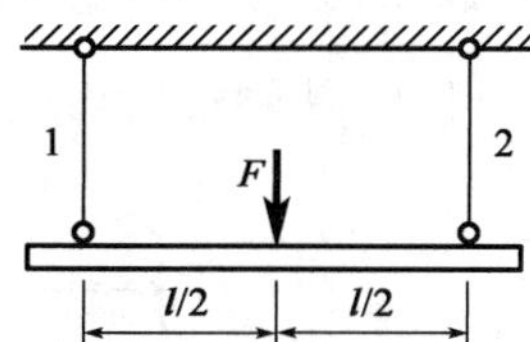

A. $[F]=A[\sigma]$

B. $[F]=2A[\sigma]$

C. $[F]=3A[\sigma]$

D. $[F]=4A[\sigma]$

61. 钢板用两个铆钉固定在支座上，铆钉直径为 d，在图示荷载作用下，铆钉的最大切应力是：

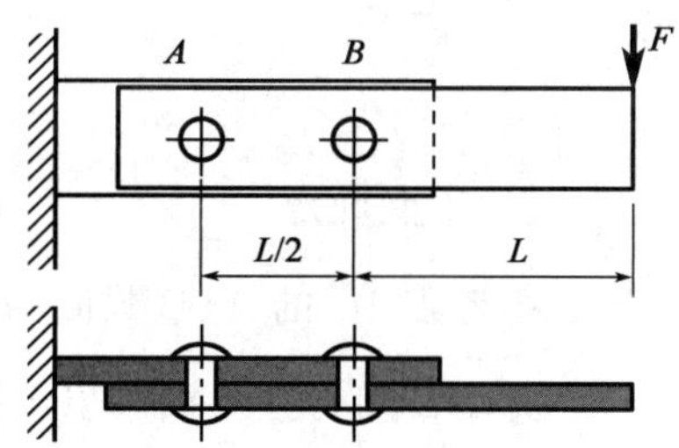

A. $\tau_{\max}=\dfrac{4F}{\pi d^2}$

B. $\tau_{\max}=\dfrac{8F}{\pi d^2}$

C. $\tau_{\max}=\dfrac{12F}{\pi d^2}$

D. $\tau_{\max}=\dfrac{2F}{\pi d^2}$

62. 螺钉承受轴向拉力 F，螺钉头与钢板之间的挤压应力是：

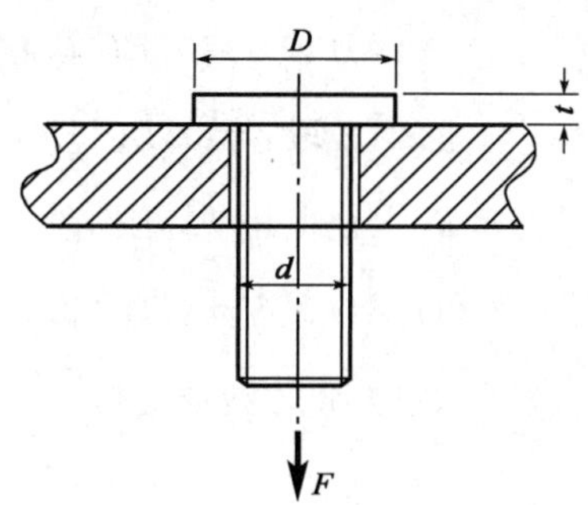

A. $\sigma_{\text{bs}}=\dfrac{4F}{\pi(D^2-d^2)}$

B. $\sigma_{\text{bs}}=\dfrac{F}{\pi dt}$

C. $\sigma_{\text{bs}}=\dfrac{4F}{\pi d^2}$

D. $\sigma_{\text{bs}}=\dfrac{4F}{\pi D^2}$

63. 圆轴直径为 d，切变模量为 G，在外力作用下发生扭转变形，现测得单位长度扭转角为 θ，圆轴的最大切应力是：

A. $\tau_{\max}=\dfrac{16\theta G}{\pi d^3}$

B. $\tau_{\max}=\theta G\dfrac{\pi d^3}{16}$

C. $\tau_{\max}=\theta Gd$

D. $\tau_{\max}=\dfrac{\theta Gd}{2}$

64. 图示两根圆轴，横截面面积相同，但分别为实心圆和空心圆。在相同的扭矩 T 作用下，两轴最大切应力的关系是：

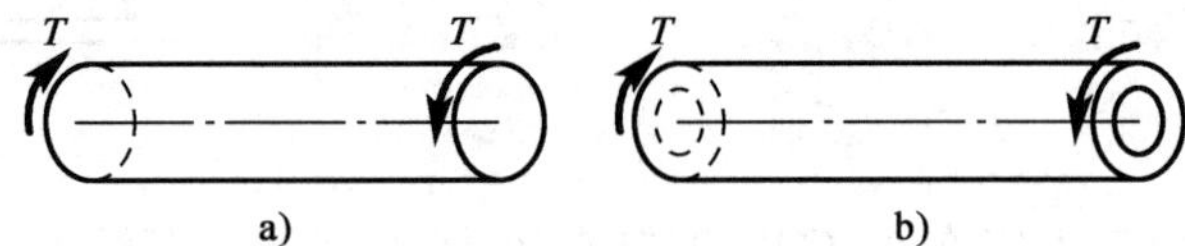

A. $\tau_a<\tau_b$

B. $\tau_a=\tau_b$

C. $\tau_a>\tau_b$

D. 不能确定

65. 简支梁 AC 的 A、C 截面为铰支端。已知的弯矩图如图所示，其中 AB 段为斜直线，BC 段为抛物线。以下关于梁上载荷的正确判断是：

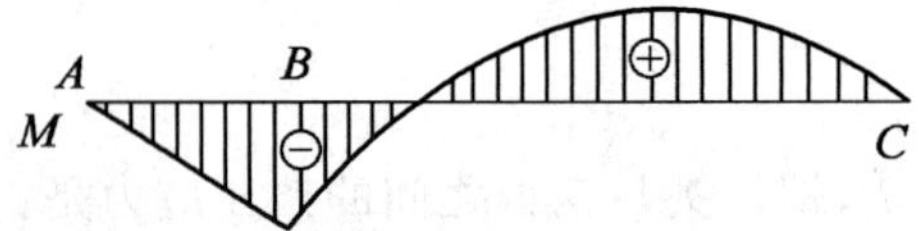

A. AB 段 $q=0$，BC 段 $q\neq0$，B 截面处有集中力

B. AB 段 $q\neq0$，BC 段 $q=0$，B 截面处有集中力

C. AB 段 $q=0$，BC 段 $q\neq0$，B 截面处有集中力偶

D. AB 段 $q\neq0$，BC 段 $q=0$，B 截面处有集中力偶

（q 为分布载荷集度）

66. 悬臂梁的弯矩如图所示，根据梁的弯矩图，梁上的载荷 F、m 的值应是：

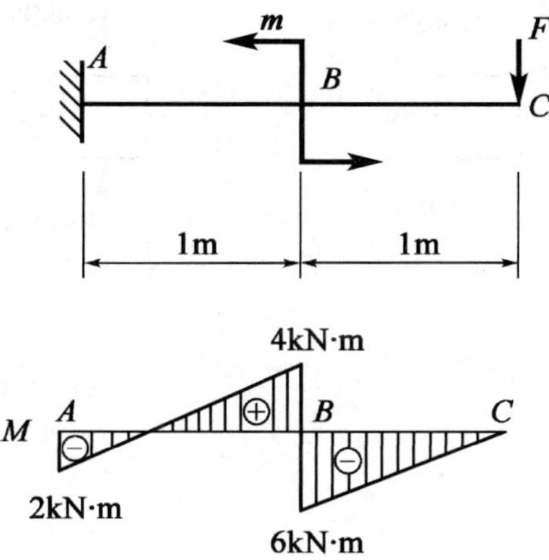

A. $F=6\text{kN}, m=10\text{kN}\cdot\text{m}$

B. $F=6\text{kN}, m=6\text{kN}\cdot\text{m}$

C. $F=4\text{kN}, m=4\text{kN}\cdot\text{m}$

D. $F=4\text{kN}, m=6\text{kN}\cdot\text{m}$

67. 承受均布荷载的简支梁如图 a)所示，现将两端的支座同时向梁中间移动 $l/8$，如图 b)所示，两根梁的中点$\left(\frac{l}{2}\text{处}\right)$弯矩之比$\frac{M_a}{M_b}$为：

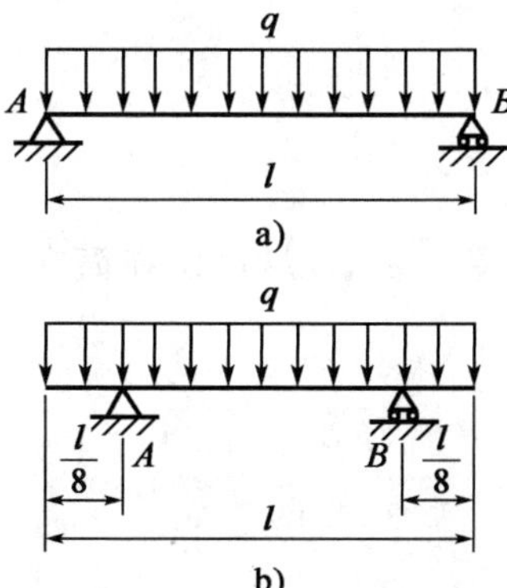

A. 16

B. 4

C. 2

D. 1

68. 按照第三强度理论，图示两种应力状态的危险程度是：

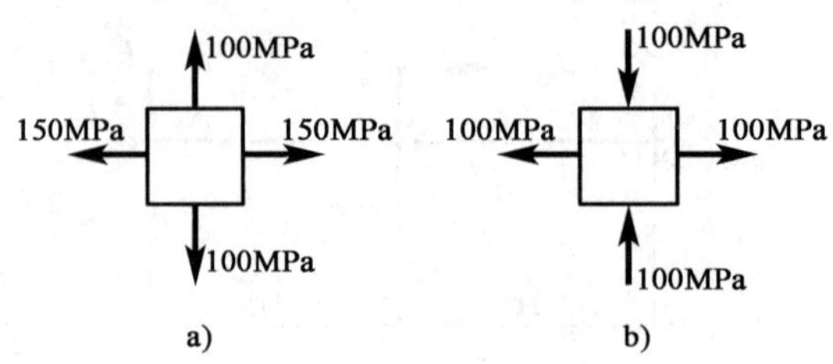

A. a)更危险

B. b)更危险

C. 两者相同

D. 无法判断

69. 两根杆粘合在一起，截面尺寸如图所示。杆 1 的弹性模量为 E_1，杆 2 的弹性模量为 E_2，且 $E_1=2E_2$。若轴向力 F 作用在截面形心，则杆件发生的变形是：

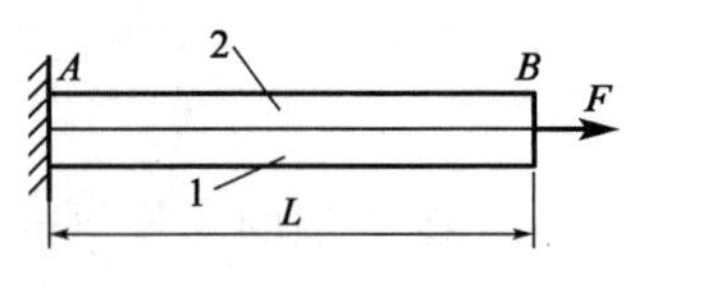

A. 拉伸和向上弯曲变形

B. 拉伸和向下弯曲变形

C. 弯曲变形

D. 拉伸变形

70. 图示细长压杆 AB 的 A 端自由，B 端固定在简支梁上。该压杆的长度系数 μ 是：

A. $\mu>2$

B. $2>\mu>1$

C. $1>\mu>0.7$

D. $0.7>\mu>0.5$

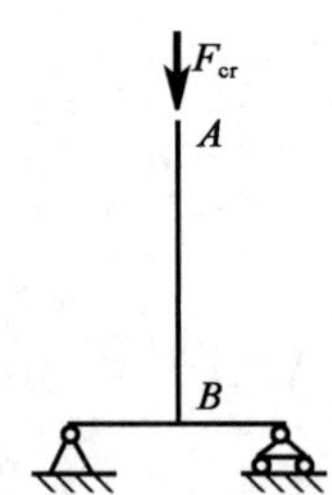

71. 半径为 R 的圆管中，横截面上流速分布为 $u=2\left(1-\frac{r^2}{R^2}\right)$，其中 r 表示到圆管轴线的距离，则在 $r_1=0.2R$ 处的黏性切应力与 $r_2=R$ 处的黏性切应力大小之比为：

A. 5

B. 25

C. 1/5

D. 1/25

72. 图示一水平放置的恒定变直径圆管流，不计水头损失，取两个截面标记为 1 和 2，当 $d_1>d_2$ 时，则两截面形心压强关系是：

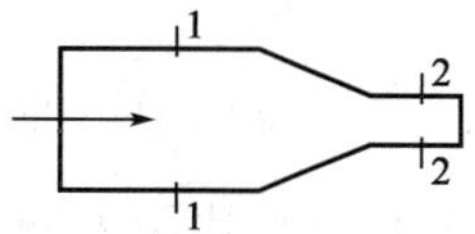

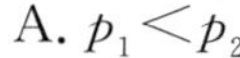

A. $p_1<p_2$

B. $p_1>p_2$

C. $p_1=p_2$

D. 不能确定

73. 水由喷嘴水平喷出，冲击在光滑平板上，如图所示，已知出口流速为 50m/s，喷射流量为 0.2m^3/s，不计阻力，则平板受到的冲击力为：

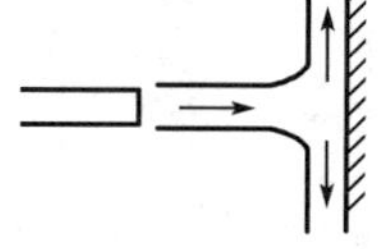

A. 5kN

B. 10kN

C. 20kN

D. 40kN

74. 沿程水头损失 h_f：

A. 与流程长度成正比，与壁面切应力和水力半径成反比

B. 与流程长度和壁面切应力成正比，与水力半径成反比

C. 与水力半径成正比，与流程长度和壁面切应力成反比

D. 与壁面切应力成正比，与流程长度和水力半径成反比

75. 并联压力管的流动特征是：

A. 各分管流量相等

B. 总流量等于各分管的流量和，且各分管水头损失相等

C. 总流量等于各分管的流量和，且各分管水头损失不等

D. 各分管测压管水头差不等于各分管的总能头差

76. 矩形水力最优断面的底宽是水深的：

A. $\frac{1}{2}$

B. 1 倍

C. 1.5 倍

D. 2 倍

77. 渗流流速 v 与水力坡度 J 的关系是：

A. v 正比于 J

B. v 反比于 J

C. v 正比于 J 的平方

D. v 反比于 J 的平方

78. 烟气在加热炉回热装置中流动，拟用空气介质进行实验。已知空气黏度 $\nu_{空气}=15\times10^{-6}\mathrm{m}^2/\mathrm{s}$，烟气运动黏度 $\nu_{烟气}=60\times10^{-6}\mathrm{m}^2/\mathrm{s}$，烟气流速 $v_{烟气}=3\mathrm{m/s}$，如若实际长度与模型长度的比尺 $\lambda_L=5$，则模型空气的流速应为：

A. 3.75m/s

B. 0.15m/s

C. 2.4m/s

D. 60m/s

79. 在一个孤立静止的点电荷周围：

A. 存在磁场，它围绕电荷呈球面状分布

B. 存在磁场，它分布在从电荷所在处到无穷远处的整个空间中

C. 存在电场，它围绕电荷呈球面状分布

D. 存在电场，它分布在从电荷所在处到无穷远处的整个空间中

80. 图示电路消耗电功率 2W，则下列表达式中正确的是：

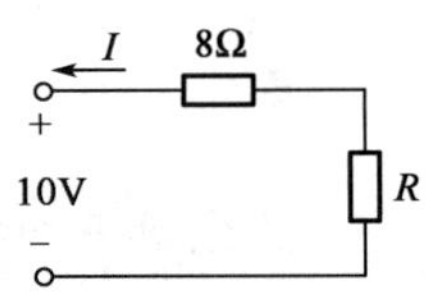

A. $(8+R)I^2=2,(8+R)I=10$

B. $(8+R)I^2=2,-(8+R)I=10$

C. $-(8+R)I^2=2,-(8+R)I=10$

D. $-(8+R)I=10,(8+R)I=10$

81. 图示电路中，a-b 端的开路电压 U_{abk} 为：

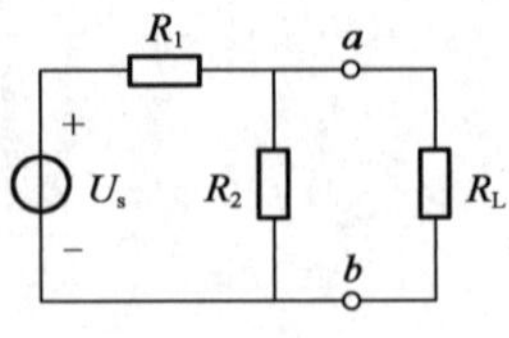

A. 0

B. $\dfrac{R_1}{R_1+R_2}U_s$

C. $\dfrac{R_2}{R_1+R_2}U_s$

D. $\dfrac{R_2/\!/R_L}{R_1+R_2/\!/R_L}U_s$

（注：$R_2/\!/R_L=\dfrac{R_2\cdot R_L}{R_2+R_L}$）

82. 在直流稳态电路中，电阻、电感、电容元件上的电压与电流大小的比值分别为：

A. R，0，0　　　　B. 0，0，∞

C. R，∞，0　　　　D. R，0，∞

83. 图示电路中，若 $u(t)=\sqrt{2}U\sin(\omega t+\psi_u)$ 时，电阻元件上的电压为 0，则：

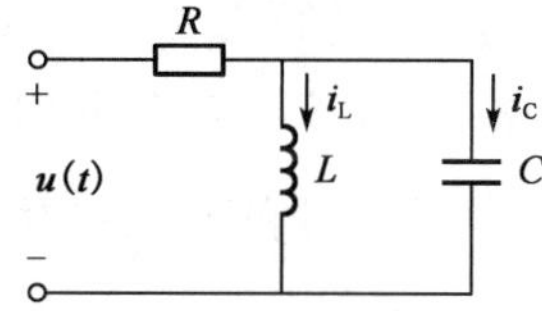

A. 电感元件断开了

B. 一定有 $I_L=I_C$

C. 一定有 $i_L=i_C$

D. 电感元件被短路了

84. 已知图示三相电路中三相电源对称，$Z_1=z_1\angle\varphi_1$，$Z_2=z_2\angle\varphi_2$，$Z_3=z_3\angle\varphi_3$，若 $U_{NN'}=0$，则 $z_1=z_2=z_3$，且：

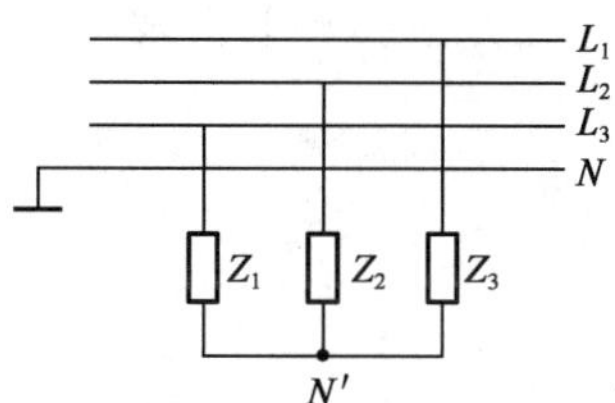

A. $\varphi_1=\varphi_2=\varphi_3$

B. $\varphi_1-\varphi_2=\varphi_2-\varphi_3=\varphi_3-\varphi_1=120°$

C. $\varphi_1-\varphi_2=\varphi_2-\varphi_3=\varphi_3-\varphi_1=-120°$

D. N'必须被接地

85. 图示电路中，设变压器为理想器件，若 $u=10\sqrt{2}\sin\omega t$V，则：

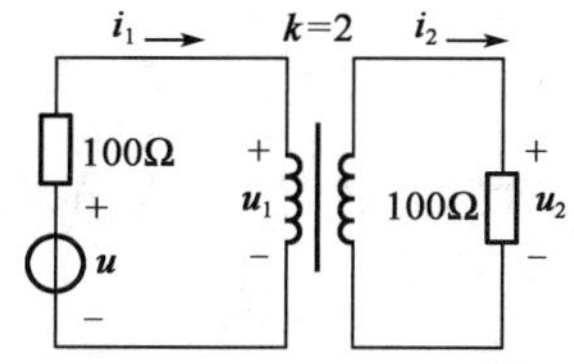

A. $U_1=\frac{1}{2}U$，$U_2=\frac{1}{4}U$

B. $I_1=0.01U$，$I_1=0$

C. $I_1=0.002U$，$I_2=0.004U$

D. $U_1=0$，$U_2=0$

86. 对于三相异步电动机而言，在满载起动情况下的最佳启动方案是：

A. Y-△启动方案，起动后，电动机以 Y 接方式运行

B. Y-△启动方案，起动后，电动机以△接方式运行

C. 自耦调压器降压启动

D. 绕线式电动机串转子电阻启动

87. 关于信号与信息，如下几种说法中正确的是：

A. 电路处理并传输电信号

B. 信号和信息是同一概念的两种表述形式

C. 用“1”和“0”组成的信息代码“1001”只能表示数量“5”

D. 信息是看得到的，信号是看不到的

88. 图示非周期信号 $u(t)$ 的时域描述形式是：[注：$u(t)$是单位阶跃函数]

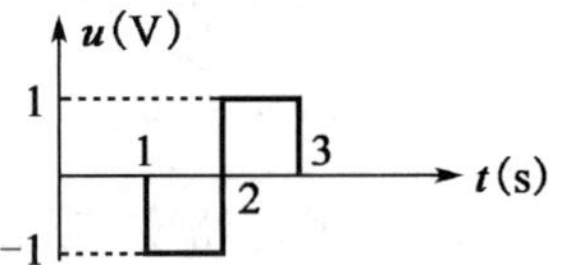

A. $u(t)=\begin{cases}1\text{V}, & t\leqslant 2\\ -1\text{V}, & t>2\end{cases}$

B. $u(t)=-l(t-1)+2\cdot l(t-2)-l(t-3)\text{V}$

C. $u(t)=l(t-1)-l(t-2)\text{V}$

D. $u(t)=-l(t+1)+l(t+2)-l(t+3)\text{V}$

89. 某放大器的输入信号 $u_1(t)$ 和输出信号 $u_2(t)$ 如图所示，则：

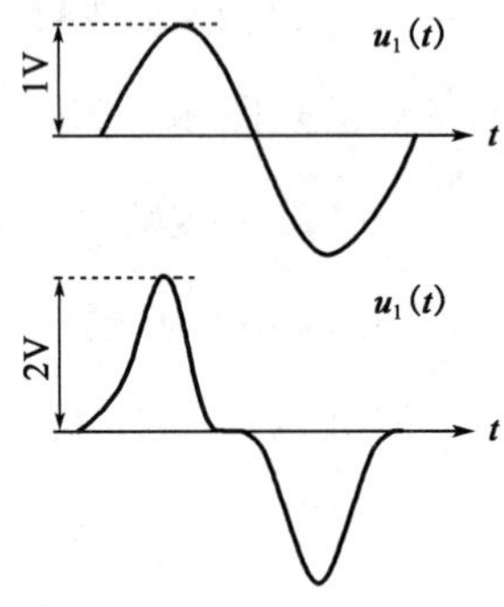

A. 该放大器是线性放大器

B. 该放大器放大倍数为 2

C. 该放大器出现了非线性失真

D. 该放大器出现了频率失真

90. 对逻辑表达式 $ABC+A\overline{BC}+B$ 的化简结果是：

A. AB　　　　B. A+B

C. ABC　　　　D. $A\overline{BC}$

91. 已知数字信号 X 和数字信号 Y 的波形如图所示，

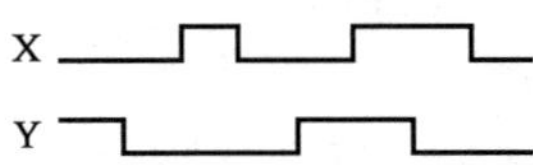

则数字信号 $F=\overline{XY}$ 的波形为：

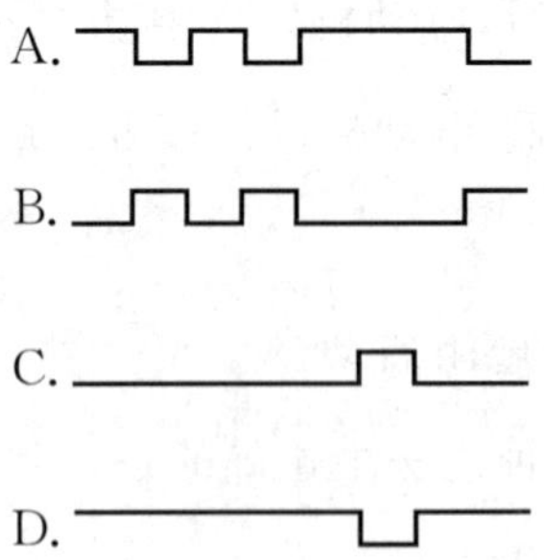

A.

B.

C.

D.

92. 十进制数字 32 的 BCD 码为：

A. 00110010　　B. 00100000

C. 100000　　D. 00100011

93. 二级管应用电路如图所示，设二极管 D 为理想器件，$u_i = 10\sin\omega t$ V，则输出电压 u_o 的波形为：

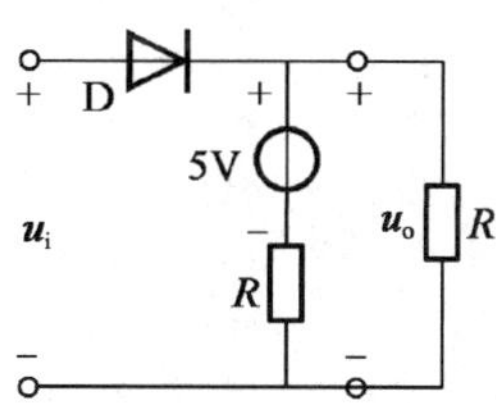

A. 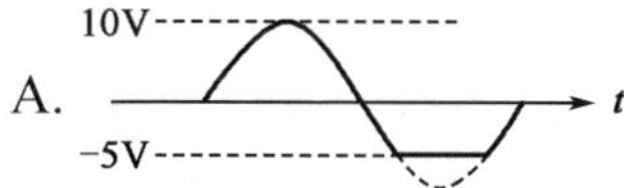

B. 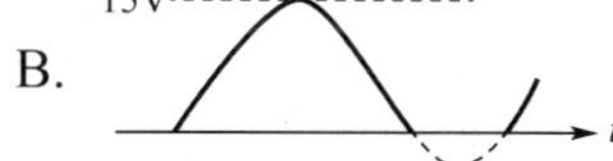

C. 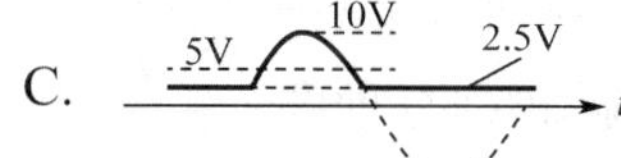

D. 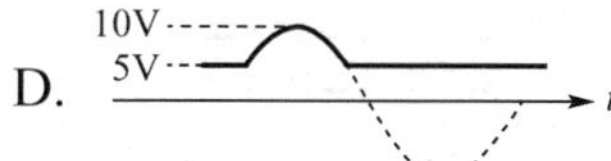

94. 晶体三极管放大电路如图所示，在进入电容 C_E 之后：

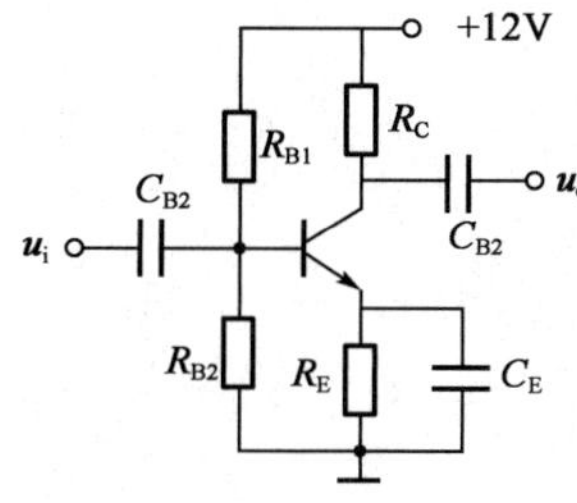

A. 放大倍数变小

B. 输入电阻变大

C. 输入电阻变小，放大倍数变大

D. 输入电阻变大，输出电阻变小，放大倍数变大

95. 图 a)所示电路中，复位信号 $\overline{R}_D$，信号 A 及时钟脉冲信号 cp 如图 b)所示，经分析可知，在第一个和第二个时钟脉冲的下降沿时刻，输出 Q 分别等于：

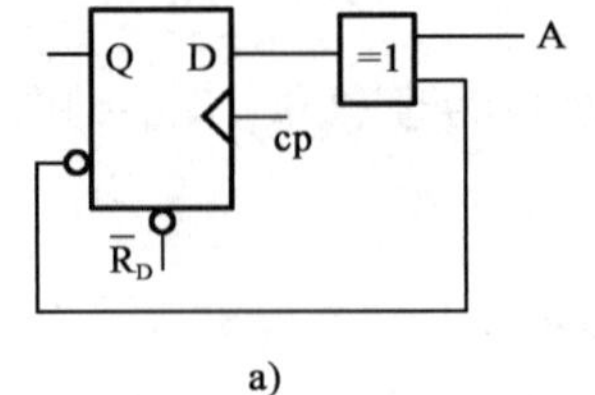

a)

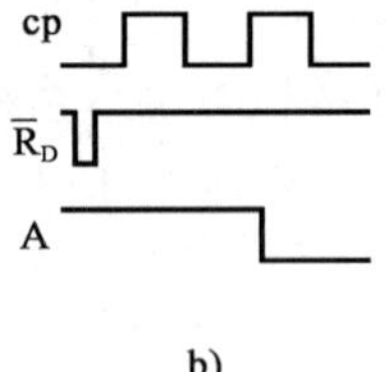

b)

A. 0　0

B. 0　1

C. 1　0

D. 1　1

附：触发器的逻辑状态表为

D	Q_{n+1}
0	0
1	1

96. 图 a)所示电路中，复位信号、数据输入及时钟脉冲信号如图 b)所示，经分析可知，在第一个和第二个时钟脉冲的下降沿过后，输出 Q 分别等于：

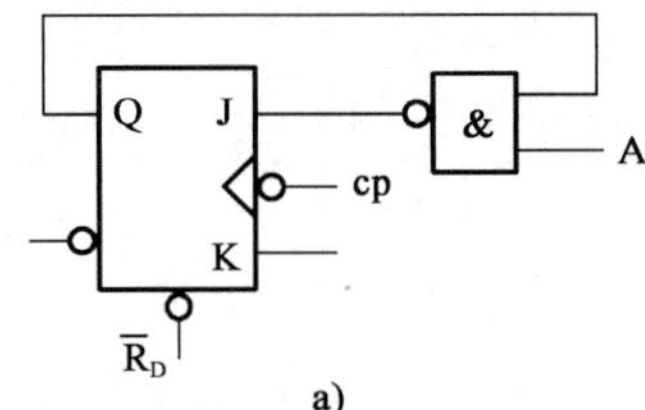

a)

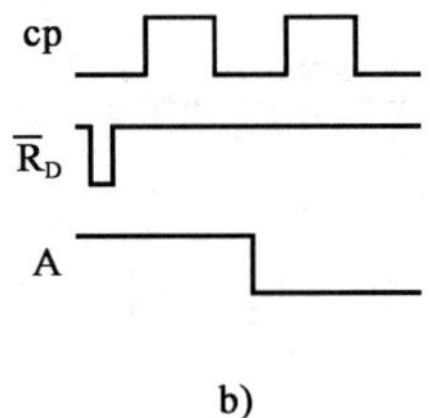

b)

A. 0　0

B. 0　1

C. 1　0

D. 1　1

附：触发器的逻辑状态表为

J	K	Q_{n+1}
0	0	Q_D
0	1	0
1	0	1
1	1	$\overline{Q}_D$

97.现在全国都在开发三网合一的系统工程,即:

A.将电信网、计算机网、通信网合为一体

B.将电信网、计算机网、无线电视网合为一体

C.将电信网、计算机网、有线电视网合为一体

D.将电信网、计算机网、电话网合为一体

98.在计算机的运算器上可以:

A.直接解微分方程

B.直接进行微分运算

C.直接进行积分运算

D.进行算数运算和逻辑运算

99.总线中的控制总线传输的是:

A.程序和数据

B.主存储器的地址码

C.控制信息

D.用户输入的数据

100.目前常用的计算机辅助设计软件是:

A. Microsoft Word

B. AutoCAD

C. Visual BASIC

D. Microsoft Access

101.计算机中度量数据的最小单位是:

A.数 0

B.位

C.字节

D.字

102.在下面列出的四种码中,不能用于表示机器数的一种是:

A.原码

B. ASCII 码

C.反码

D.补码

103.一幅图像的分辨率为 640×480 像素,这表示该图像中:

A.至少由 480 个像素组成

B.总共由 480 个像素组成

C.每行由 640×480 个像素组成

D.每列由 480 个像素组成

104.在下面四条有关进程特征的叙述中,其中正确的一条是:

A.静态性、并发性、共享性、同步性

B.动态性、并发性、共享性、异步性

C.静态性、并发性、独立性、同步性

D.动态性、并发性、独立性、异步性

105. 操作系统的设备管理功能是对系统中的外围设备：

A. 提供相应的设备驱动程序，初始化程序和设备控制程序等

B. 直接进行操作

C. 通过人和计算机的操作系统对外围设备直接进行操作

D. 既可以由用户干预，也可以直接执行操作

106. 联网中的每台计算机：

A. 在联网之前有自己独立的操作系统，联网以后是网络中的某一个结点

B. 在联网之前有自己独立的操作系统，联网以后它自己的操作系统屏蔽

C. 在联网之前没有自己独立的操作系统，联网以后使用网络操作系统

D. 联网中的每台计算机有可以同时使用的多套操作系统

107. 某企业向银行借款，按季度计息，年名义利率为 8%，则年实际利率为：

A. 8%　　　　B. 8.16%

C. 8.24%　　　　D. 8.3%

108. 在下列选项中，应列入项目投资现金流量分析中的经营成本的是：

A. 外购原材料、燃料和动力费

B. 设备折旧

C. 流动资金投资

D. 利息支出

109. 某项目第 6 年累计净现金流量开始出现正值，第五年末累计净现金流量为 −60 万元，第 6 年当年净现金流量为 240 万元，则该项目的静态投资回收期为：

A. 4.25 年　　　　B. 4.75 年

C. 5.25 年　　　　D. 6.25 年

110. 某项目初期(第 0 年年初)投资额为 5000 万元，此后从第二年年末开始每年有相同的净收益，收益期为 10 年。寿命期结束时的净残值为零，若基准收益率为 15%，则要使该投资方案的净现值为零，其年净收益应为：[已知：$(P/A,15\%,10)=5.0188$，$(P/F,15\%,1)=0.8696$]

A. 574.98 万元

B. 866.31 万元

C. 996.25 万元

D. 1145.65 万元

111. 以下关于项目经济费用效益分析的说法中正确的是：

A. 经济费用效益分析应考虑沉没成本

B. 经济费用和效益的识别不适用“有无对比”原则

C. 识别经济费用效益时应剔出项目的转移支付

D. 为了反映投入物和产出物真实经济价值，经济费用效益分析不能使用市场价格

112. 已知甲、乙为两个寿命期相同的互斥项目，其中乙项目投资大于甲项目。通过测算得出甲、乙两项目的内部收益率分别为17%和14%，增量内部收益ΔIRR(乙－甲)＝13%，基准收益率为14%，以下说法中正确的是：

A. 应选择甲项目　　B. 应选择乙项目

C. 应同时选择甲、乙两个项目　　D. 甲、乙两项目均不应选择

113. 以下关于改扩建项目财务分析的说法中正确的是：

A. 应以财务生存能力分析为主

B. 应以项目清偿能力分析为主

C. 应以企业层次为主进行财务分析

D. 应遵循“有无对比”原刚

114. 下面关于价值工程的论述中正确的是：

A. 价值工程中的价值是指成本与功能的比值

B. 价值工程中的价值是指产品消耗的必要劳动时间

C. 价值工程中的成本是指寿命周期成本，包括产品在寿命期内发生的全部费用

D. 价值工程中的成本就是产品的生产成本，它随着产品功能的增加而提高

115. 根据《中华人民共和国建筑法》规定，某建设单位领取了施工许可证，下列情节中，可能不导致施工许可证废止的是：

A. 领取施工许可证之日起三个月内因故不能按期开工，也未申请延期

B. 领取施工许可证之日起按期开工后又中止施工

C. 向发证机关申请延期开工一次，延期之日起三个月内，因故仍不能按期开工，也未申请延期

D. 向发证机关申请延期开工两次，超过6个月因故不能按期开工，继续申请延期

116. 某施工单位一个有职工 185 人的三级施工资质的企业，根据《安全生产法》规定，该企业下列行为中合法的是：

A. 只配备兼职的安全生产管理人员

B. 委托具有国家规定相关专业技术资格的工程技术人员提供安全生产管理服务，由其负责承担保证安全生产的责任

C. 安全生产管理人员经企业考核后即任职

D. 设置安全生产管理机构

117. 下列属于《中华人民共和国招标投标法》规定的招标方式是：

A. 公开招标和直接招标

B. 公开招标和邀请招标

C. 公开招标和协议招标

D. 公开招标和公开招标

118. 根据《中华人民共和国合同法》规定，下列行为不属于要约邀请的是：

A. 某建设单位发布招标公告

B. 某招标单位发出中标通知书

C. 某上市公司发出招标说明书

D. 某商场寄送的价目表

119. 根据《中华人民共和国行政许可法》的规定，除可以当场作出行政许可决定的外，行政机关应当自受理行政可之日起作出行政许可决定的时限是：

A. 5 日之内　　B. 7 日之内

C. 15 日之内　　D. 20 日之内

120. 某建设项目甲建设单位与乙施工单位签订施工总承包合同后，乙施工单位经甲建设单位认可，将打桩工程分包给丙专业承包单位，丙专业承包单位又将劳务作业分包给丁劳务单位，由于丙专业承包单位从业人员责任心不强，导致该打桩工程部分出现了质量缺陷，对于该质量缺陷的责任承担，以下说明正确的是：

A. 乙单位和丙单位承担连带责任

B. 丙单位和丁单位承担连带责任

C. 丙单位向甲单位承担全部责任

D. 乙、丙、丁三单位共同承担责任

全国勘察设计一级注册结构工程师

执业资格考试通关试卷［四］

基础考试

（下）

二〇二〇年十月

应考人员注意事项

1. 本试卷科目代码为“2”，考生务必将此代码填涂在答题卡“科目代码”相应的栏目内，否则，无法评分。
2. 书写用笔：**黑色或蓝色钢笔、签字笔或圆珠笔；**
   填涂答题卡用笔：**黑色 2B 铅笔**。
3. 必须用书写用笔将工作单位、姓名、准考证号填写在答题卡和试卷相应的栏目内。
4. 本试卷由 60 题组成，每题 2 分，满分 120 分，本试卷全部为单项选择题，每小题的四个备选项中只有一个正确答案，错选、多选、不选均不得分。
5. 考生作答时，必须**按题号在答题卡上**将相应试题所选选项对应的**字母用 2B 铅笔涂黑**。
6. 在答题卡上书写与题意无关的语言，或在答题卡上作标记的，均按违纪试卷处理。
7. 考试结束时，由监考人员当面将试卷、答题卡一并收回。
8. 草稿纸由各地统一配发，考后收回。

单项选择题(共 60 题,每题 2 分。每题的备选项中只有一个最符合题意。)

1. 弹性体受拉应力时,所受应力与纵向应变之比称为:

A. 弹性模量　　B. 泊松比

C. 体积模量　　D. 剪切模量

2. 材料在绝对密实状态下,单位体积的质量称为:

A. 密度　　B. 表观密度

C. 密实度　　D. 堆积密度

3. 普通硅酸盐水泥的水化反应为放热反应,并且有两个典型的放热峰,其中第二个放热峰对应:

A. 硅酸三钙的水化　　B. 硅酸二钙的水化

C. 铁铝酸四钙的水化　　D. 铝酸三钙的水化

4. 混凝土材料在单向受压条件下的应力-应变曲线呈现明显的非线性特征,在外部应力达到抗压强度的 30%左右时,图线发生弯曲,这时应力-应变关系的非线性主要是由于:

A. 材料出现贯穿裂缝　　B. 骨料被压碎

C. 界面过渡区裂缝的增长　　D. 材料中孔隙被压缩

5. 从工程角度,混凝土中钢筋防锈的最经济措施是:

A. 使用高效减水剂　　B. 使用钢筋阻锈剂

C. 使用不锈钢钢筋　　D. 增加混凝土保护层厚度

6. 地表岩石经长期风化、破碎后,在外力作用下搬运、堆积,再经胶结、压实等再造作用而形成的岩石称为:

A. 变质岩　　B. 沉积岩

C. 岩浆岩　　D. 火成岩

7. 钢材牌号(如 Q390)中的数值表示钢材的:

A. 抗拉强度　　B. 弹性模量

C. 屈服强度　　D. 疲劳强度

8. 经纬仪的操作步骤是：

A. 整平、对中、瞄准、读数

B. 对中、瞄准、精平、读数

C. 对中、整平、瞄准、读数

D. 整平、瞄准、读数、记录

9. 用视距测量方法求 A、B 两点间距离，通过观测得尺间距 $l=0.386\text{m}$，竖直角 $\alpha=6°42'$，则 A、B 两点间水平距离为：

A. 38.1m　　B. 38.3m

C. 38.6m　　D. 37.9m

10. 测量误差按其性质的不同可分为两类，它们是：

A. 读数误差和仪器误差

B. 观测误差和计算误差

C. 系统误差和偶然误差

D. 仪器误差和操作误差

11. 图根平面控制可以采用图根导线测量，对于图根导线作为首级控制时，其方位角闭合差应符合下列规定：

A. 小于 $40''\sqrt{n}$　　B. 小于 $45''\sqrt{n}$

C. 小于 $50''\sqrt{n}$　　D. 小于 $60''\sqrt{n}$

12. 沉降观测的基准点是观测建筑物垂直变形值的基准，为了相互校核并防止由于个别基准点的高程变动造成差错，沉降观测布设基准点一般不能少于：

A. 2 个　　B. 3 个

C. 4 个　　D. 5 个

13. 有关 ISO 9000 国标标准中的质量保证体系，下列正确的是：

A. ISO 9000：生产、安装和服务的质量保证模式

B. ISO 9004：最终检验和试验的质量保证模式

C. ISO 9001：仅设计与开发的质量保证模式

D. ISO 9003：业绩改进指南

14. 某超高层建筑施工中，一个塔吊分包商的施工人员因没有佩戴安全带加上作业疏忽而从高处坠落死亡。按我国《建筑工程安全生产管理条例》的规定，除工人本身的责任外，请问此意外的责任应：

A. 由分包商承担所有责任，总包商无需负责

B. 由总包商与分包商承担连带责任

C. 由总包商承担所有责任，分包商无需负责

D. 视分包合约的内容确定

15. 下列非我国城乡规划的要求的是：

A. 优先规划城市

B. 利用现有条件

C. 优先安排基础设施

D. 保护历史传统文化

16. 下列不属于招标人必须具备的条件是：

A. 招标人须有法可依的项目

B. 招标人有充足的专业人才

C. 招标人有与项目相应的资金来源

D. 招标人为法人或其他基本组织

17. 在锤击沉桩施工中，如发现桩锤经常回弹大，桩下沉量小，说明：

A. 桩锤太重　　B. 桩锤太轻

C. 落距小　　D. 落距大

18. 冬季施工时，混凝土的搅拌时间应比常温搅拌时间：

A. 缩短 25%　　B. 缩短 30%

C. 延长 50%　　D. 延长 75%

19. 某项工作有三项紧后工作，其持续时间分别为 4 天、5 天、6 天，其最迟完成时间分别为第 18 天、16 天、14 天末，本工作的最迟完成时间是第几天末：

A. 14　　B. 11

C. 8　　D. 6

20. 进行网络计划“资源有限，工期最短”优化时，前提条件不包括：

A. 任何工作不得中断

B. 网络计划一经确定，在优化过程中不得改变各工作的持续时间

C. 各工作每天的资源需要量为常数，而且是合理的

D. 在优化过程中不得改变网络计划的逻辑关系

21. 有关施工过程质量验收的内容正确的是：

A. 检验批可根据施工及质量控制和专业验收需要按楼层、施工段、变形缝等进行划分

B. 一个或若干个分项工程构成检验批

C. 主控项目可有不符合要求的检验结果

D. 分部工程是在所含分项验收基础上的简单相加

22. 下列哪种情况是钢筋混凝土适筋梁达到承载能力极限状态时不具有的：

A. 受压混凝土被压溃

B. 受拉钢筋达到其屈服强度

C. 受拉区混凝土裂隙多而细

D. 受压区高度小于界限受压区高度

23. 钢筋混凝土排架结构中承受和传递横向水平荷载的构件是：

A. 吊车梁和柱间支撑

B. 吊车梁和山墙

C. 柱间支撑和山墙

D. 排架柱

24. 我国规范度量结构构件可靠度的方法是下列中哪一种？

A. 用可靠性指标 β，不计失效概率 P_f

B. 用荷载、材料的分项系数及结构的重要性系数，不计 P_f

C. 用 β 表示 P_f，并在形式上采用分项系数和结构构件的重要性系数

D. 用荷载及材料的分项系数，不计 P_f

25. 预应力混凝土施工采用先张法或后张法，其适用范围分别是：

A. 先张法宜用于工厂预制构件，后张法宜用于现浇构件

B. 先张法宜用于工厂预制的中、小型构件，后张法宜用于大型构件及现浇构件

C. 先张法宜用于中、小型构件，后张法宜用于大型构件

D. 先张法宜用于通用构件和标准构件，后张法宜用于非标准构件

26. 设计一悬臂钢架，最合理的截面形式是：

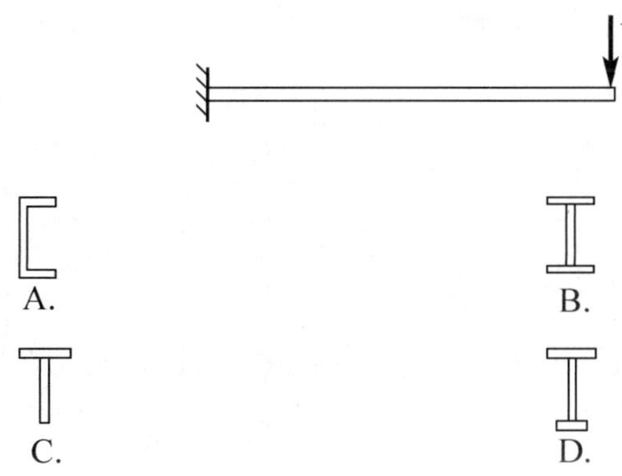

27. 钢框架柱拼接不常用的是：

A. 全部采用坡口焊缝

B. 全部采用高强度螺栓

C. 翼缘用焊缝而腹板用高强度螺栓

D. 翼缘用高强度螺栓而腹板用焊缝

28. 承受动力荷载的焊接工字形截面简支梁，在验算翼缘局部稳定性时，对受压翼缘自由外伸宽度 b 与其厚度 t 的比值的要求是：

A. $b/t \leqslant 13\varepsilon_k$　　　　B. $b/t \leqslant 18\varepsilon_k$

C. $b/t \leqslant 40\varepsilon_k$　　　　D. $b/t \leqslant 15\varepsilon_k$

29. 单层厂房屋盖结构设计，当考虑风吸力的荷载组合时，永久荷载的荷载分项系数取：

A. 1.2　　　　B. 1.35

C. 1.0　　　　D. 1.4

30. 砌体局部受压强度的提高，是因为：

A. 局部砌体处于三向受力状态

B. 非局部受压砌体有起拱作用而卸载

C. 非局部受压面积提供侧压力和力的扩散的综合影响

D. 非局部受压砌体参与受力

31. 圈梁必须是封闭的，当砌体房屋的圈梁被门窗洞口截断时，应在洞口上部增设相同截面的附加圈梁，附加圈梁与原圈梁的搭接长度不应小于其中到中垂直距离的多少倍(且不得小于 1m)？

A. 1　　B. 1.5

C. 2　　D. 1.2

32. 砌体房屋伸缩缝的间距与下列哪些因素有关？

①屋盖或楼盖的类别；②砌体的类别；③砌体的强度等级；④环境温差。

A. ①②③　　B. ①③④

C. ①②④　　D. ①③

33. 作用在过梁上的荷载有砌体自重和过梁计算高度范围内的梁板荷载，但可以不考虑高于 l_n(l_n 为过梁净跨)的墙体自重及高度大于 l_n 以上的梁板荷载，这是因为考虑了下述哪种作用？

A. 应力重分布　　B. 起拱而产生的卸载

C. 梁与墙之间的相互作用　　D. 应力扩散

34. 图示体系的几何构造性质是：

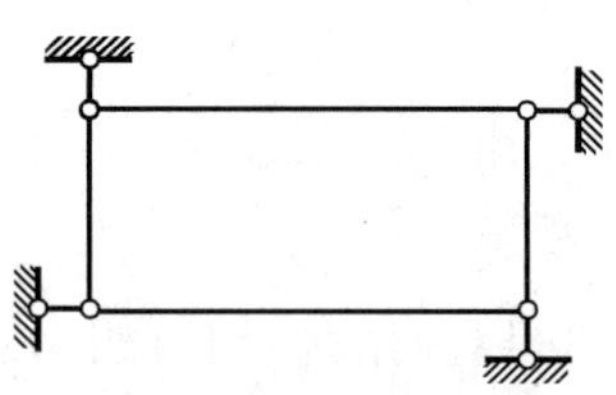

A. 无多余约束的几何不变体系

B. 有多余约束的几何不变体系

C. 几何常变体系

D. 几何瞬变体系

35. 图示刚架 M_{DC} 为(下侧受拉为正):

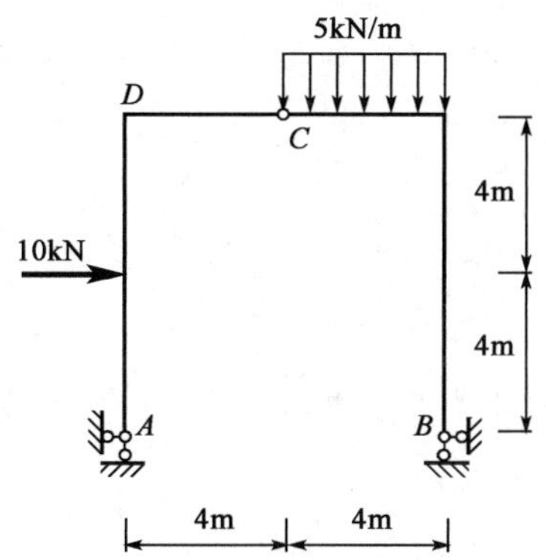

A. 0kN·m　　B. 20kN·m

C. 40kN·m　　D. 60kN·m

36. 图示桁架 a 杆轴力为:

A. 15kN

B. 20kN

C. 25kN

D. 30kN

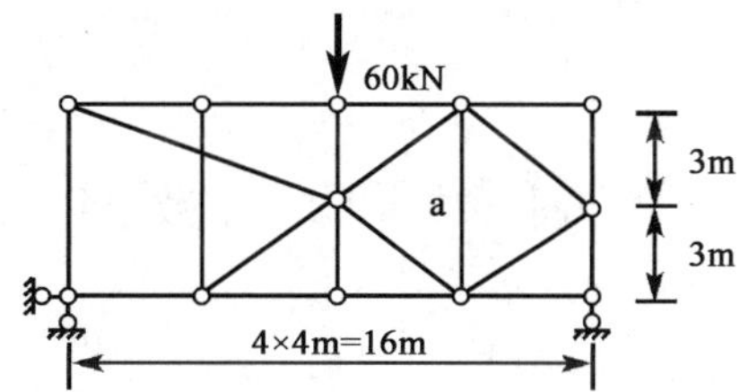

37. 图示梁 EI=常数,固定端 A 发生顺时针方向角位移 θ,则铰支端 B 的转角(以顺时针方向为正)为:

A. $\theta/2$

B. θ

C. $-\theta/2$

D. $-\theta$

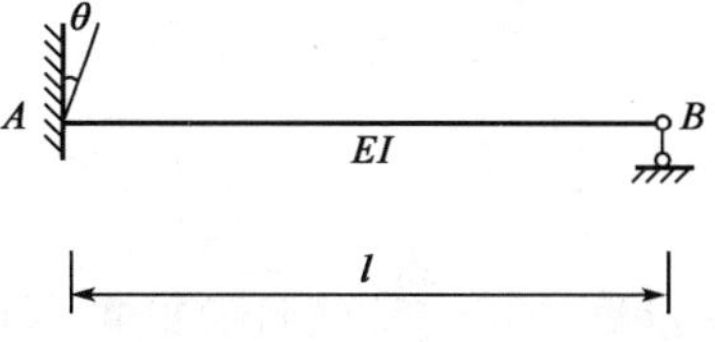

38. 求图示梁铰 C 左侧截面转角时,其虚拟状态应取为:

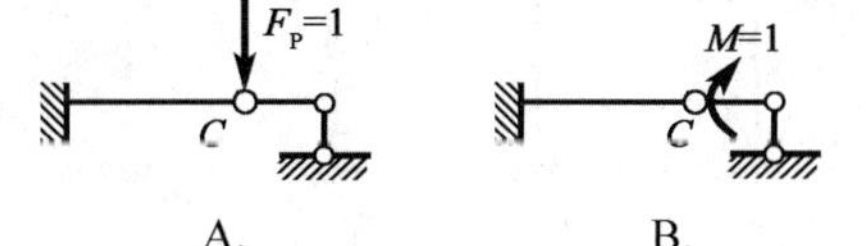

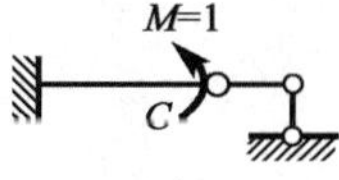

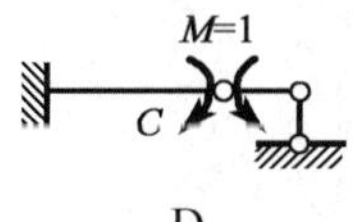

39. 图中取 A 的竖向和水平支座反力为力法的基本未知量 X_1(向上)和 X_2(向左),则柔度系数:

A. $\delta_{11}>0,\delta_{22}<0$

B. $\delta_{11}<0,\delta_{22}>0$

C. $\delta_{11}<0,\delta_{22}<0$

D. $\delta_{11}>0,\delta_{22}>0$

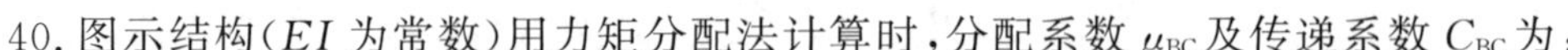

40. 图示结构(EI 为常数)用力矩分配法计算时,分配系数 μ_{BC} 及传递系数 C_{BC} 为:

A. $\mu_{BC}=1/8,C_{BC}=-1$

B. $\mu_{BC}=2/9,C_{BC}=1$

C. $\mu_{BC}=1/8,C_{BC}=1$

D. $\mu_{BC}=2/9,C_{BC}=-1$

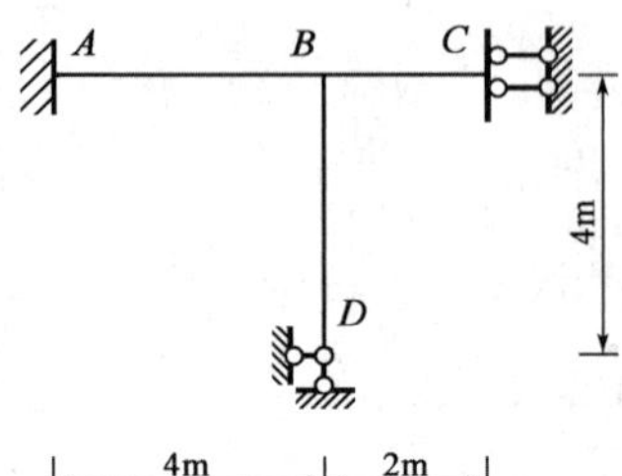

41. 已知图示结构 EI=常数,当 B 点水平位移为零时,P_1/P_2 应为:

A. 10/3

B. 9/2

C. 20/3

D. 17/2

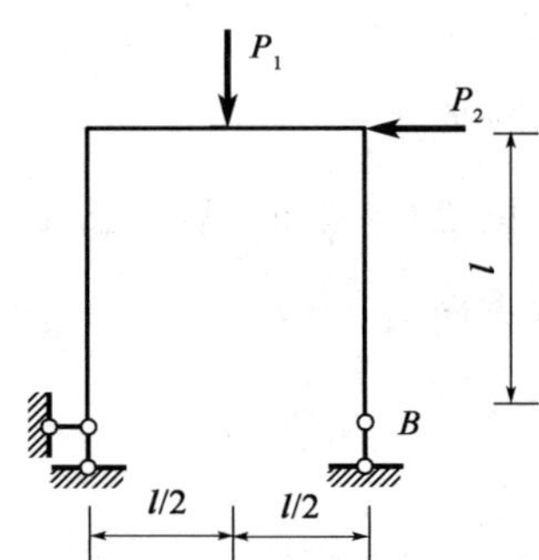

42. 图示结构用位移法计算时的基本未知量最小数目为:

A. 10

B. 9

C. 8

D. 7

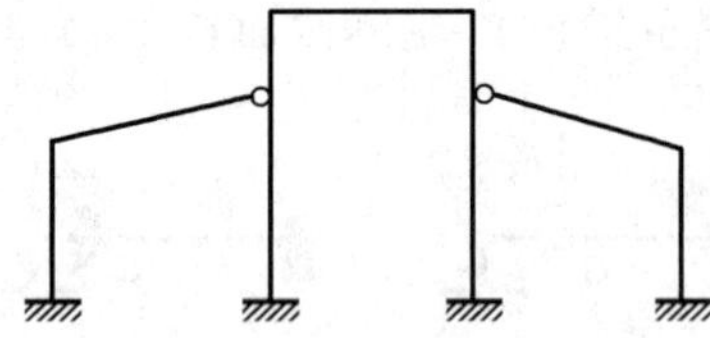

43. 如图 a)所示结构，取图 b)为力法基本体系，则力法方程中的 Δ_{2C} 为：

A. $a+b$　　B. $a+l\theta$

C. $-a$　　D. a

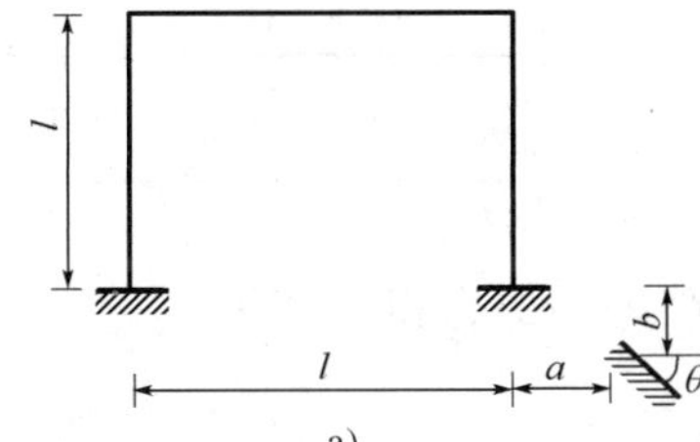

a)

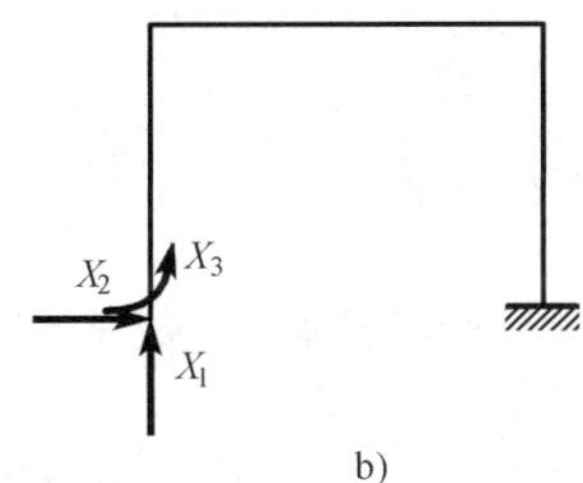

b)

44. 图示连续梁，$EI=$常数，欲使支承 B 处梁截面的转角为零，比值 a/b 应为：

A. 1/2

B. 2

C. 1/4

D. 4

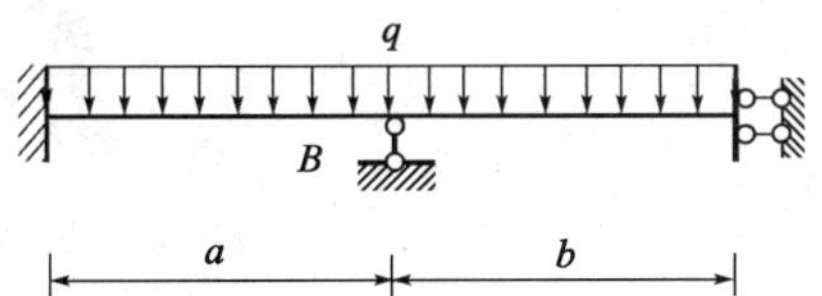

45. 用位移法计算图示刚架时，位移法方程的主系数 k_{11} 等于：

A. $4\dfrac{EI}{l}$

B. $6\dfrac{EI}{l}$

C. $10\dfrac{EI}{l}$

D. $12\dfrac{EI}{l}$

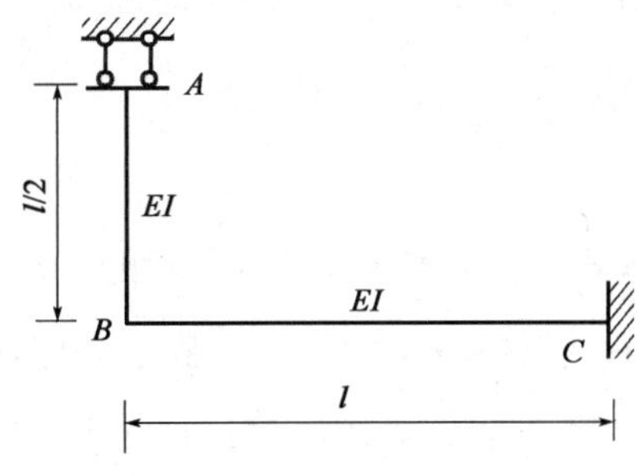

46. 图示结构 Q_C 影响线（$P=1$ 在 BE 上移动）中，BC、CD 段纵标为：

A. BC、CD 段均不为零

B. BC、CD 段均为零

C. BC 段为零，CD 段不为零

D. BC 段不为零，CD 段为零

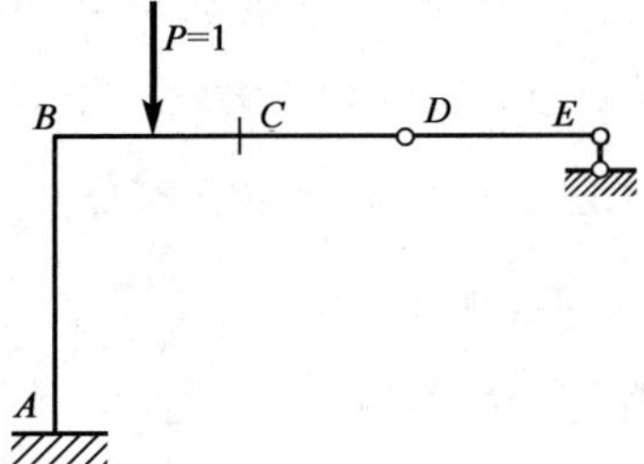

47. 图示体系的自振频率为：

A. $\sqrt{12EI/(ml^3)}$

B. $\sqrt{24EI/(ml^3)}$

C. $\sqrt{48EI/(ml^3)}$

D. $\sqrt{36EI/(ml^3)}$

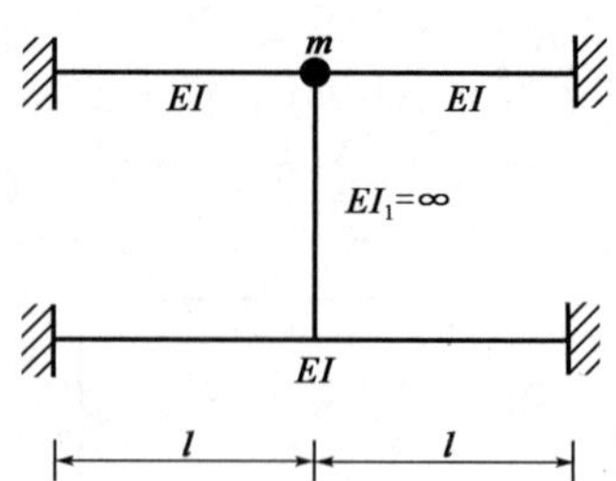

48. 图示体系，设弹簧刚度系数 $k=\frac{2EI}{l^3}$，则体系的自振频率为：

A. $\sqrt{\frac{3EI}{ml^3}}$

B. $\sqrt{\frac{5EI}{ml^3}}$

C. $\sqrt{\frac{6EI}{5ml^3}}$

D. $\sqrt{\frac{5EI}{6ml^3}}$

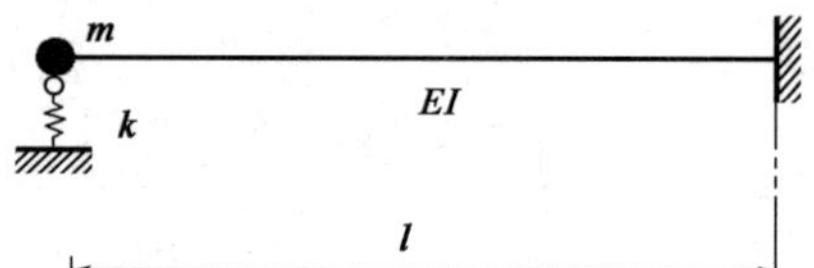

49. 下列结构静力试验的观测项目中，哪一个反映结构的局部变形？

A. 挠度　　B. 位移

C. 裂缝　　D. 转角

50. 选择仪表量测各种参数时，下列哪一种仪表不满足测量要求？

A. 量程为 10mm 的百分表，最小分度值为 0.01mm

B. 位移传感器的准确度不应低于 1.0 级，示值误差应为±1.0%F.S.

C. 静态应变仪的精确度不应低于 B 级，最小分度值不宜大于 10×10^{-5}

D. 用刻度放大镜量测裂缝宽度时，其最小分度值不应大于 0.05mm

51. 钢筋混凝土梁在各种受力情况下，用位移计（百分表或千分表）进行下列各种参数测量时，哪一个参数测量有困难？

A. 受弯构件顶面的应变　　B. 简支梁支座的转角

C. 受弯构件的曲率　　D. 纯扭构件（梁）的应变

52. 研究结构构件的强度降低率和刚度退化率，可采用下列哪一种低周反复加载制度？

A. 控制作用力加载法　　B. 等幅位移加载法

C. 控制作用力和位移混合加载法　　D. 变幅、等幅位移混合加载

53. 模型和原型结构，对各种物理参数相似的要求，以下哪一项是不正确的？

A. 几何相似要求模型和原型结构之间所有对应部分尺寸成比例

B. 荷载相似要求模型和原结构各对应点荷载大小成比例

C. 质量相似要求模型和原型结构对应部分质量成比例

D. 时间相似要求模型和原型结构对应时间成比例

54. 某土样液限 w_L=25.8%，塑限 w_p=16.1%，含水率（含水量）w=13.9%，可以得到其液性指数 I_L 为：

A. I_L=0.097　　B. I_L=1.23

C. I_L=0.23　　D. I_L=−0.23

55. 关于附加应力，下面说法正确的是：

A. 土中的附加应力会引起地基的压缩，但不会引起地基的失稳

B. 土中的附加应力除了与基础底面压力有关外，还与基础埋深等有关

C. 土中的附加应力主要发生在竖直方向，水平方向上则没有附加应力

D. 土中的附加应力一般小于土的自重应力

56. 饱和土中总应力为 200kPa，孔隙水压力为 50kPa，孔隙率 0.5，那么土中的有效应力为：

A. 100kPa　　B. 25kPa

C. 150kPa　　D. 175kPa

57. 如果无筋扩展基础不能满足刚性角的要求，可以采取以下哪种措施？

A. 增大基础高度　　B. 减小基础高度

C. 减小基础宽度　　D. 减小基础埋深

58. 对于相同的场地，下面哪种情况可以提高地基承载力并减少沉降？

A. 加大基础埋深，并加做一层地下室

B. 基底压力 p(kPa)不变，加大基础宽度

C. 建筑物建成后抽取地下水

D. 建筑物建成后，填高室外地坪

59. 对混凝土灌注桩进行载荷试验，从成桩到开始试验的间歇时间为：

A. 7 天

B. 15 天

C. 25 天

D. 桩身混凝土达设计强度

60. 采用堆载预压法加固地基时，如果计算表明在规定时间内达不到要求的固结度，加快固结进程时，不宜采取下面哪种措施？

A. 加快堆载速率

B. 加大砂井直径

C. 减少砂井间距

D. 减小井径比

全国勘察设计注册工程师执业资格考试通关试卷[四]

基础考试(上)试题解析及参考答案

1.解　$\boldsymbol{\alpha}\times\boldsymbol{\beta}=\begin{vmatrix}\boldsymbol{i} & \boldsymbol{j} & \boldsymbol{k}\\ -3 & -2 & 1\\ 1 & -4 & -5\end{vmatrix}=14\boldsymbol{i}-14\boldsymbol{j}+14\boldsymbol{k}$

$|\boldsymbol{\alpha}\times\boldsymbol{\beta}|=\sqrt{14^2+14^2+14^2}=\sqrt{3\times14^2}=14\sqrt{3}$

答案:C

2.解　因为$\lim\limits_{x\to1}(x^2+x-2)=0$

故$\lim\limits_{x\to1}(2x^2+ax+b)=0$,即 $2+a+b=0$,得 $b=-2-a$,代入原式:

$$\lim_{x\to1}\frac{2x^2+ax-2-a}{x^2+x-2}=\lim_{x\to1}\frac{2(x+1)(x-1)+a(x-1)}{(x+2)(x-1)}=\lim_{x\to1}\frac{2\times2+a}{3}=1$$

故 $4+a=3$,得 $a=-1,b=-1$

答案:C

3.解　$\dfrac{\mathrm{d}y}{\mathrm{d}x}=\dfrac{\frac{\mathrm{d}y}{\mathrm{d}t}}{\frac{\mathrm{d}x}{\mathrm{d}t}}=\dfrac{-\sin t}{\cos t}=-\tan t$

答案:A

4.解　$[\int f(x)\mathrm{d}x]'=f(x)$

答案:B

5.解　举例 $f(x)=x^2$,$\int x^2\mathrm{d}x=\dfrac{1}{3}x^3+C$

当 $C=0$ 时,$\int x^2\mathrm{d}x=\dfrac{1}{3}x^3$ 为奇函数;

当 $C=1$ 时,$\int x^2\mathrm{d}x=\dfrac{1}{3}x^3+1$ 为非奇非偶函数。

答案:A

6.解　$\lim\limits_{x\to1^-}f(x)=\lim\limits_{x\to1^-}3x^2=3$,$\lim\limits_{x\to1^+}(4x-1)=3$,$f(1)=3$,函数 $f(x)$在 $x=1$ 处连续。

$f'_+(1)=\lim\limits_{x\to1^+}\dfrac{4x-1-3\times1}{x-1}=\lim\limits_{x\to1^+}\dfrac{4(x-1)}{x-1}=4$

$f'_{-}(1)=\lim\limits_{x\to1^-}\dfrac{3x^2-3}{x-1}=\lim\limits_{x\to1^-}\dfrac{3(x+1)(x-1)}{x-1}=6$

$f'_{+}(1)\neq f'_{-}(1)$，在 $x=1$ 处不可导；

故 $f(x)$ 在 $x=1$ 处连续不可导。

答案:C

7.**解**　$y'=-1\cdot x^{\frac{2}{3}}+(5-x)\dfrac{2}{3}x^{-\frac{1}{3}}=-x^{\frac{2}{3}}+\dfrac{2}{3}\cdot\dfrac{5-x}{x^{\frac{1}{3}}}=\dfrac{-3x+2(5-x)}{3x^{\frac{1}{3}}}$

$$=\frac{-3x+10-2x}{3\cdot x^{\frac{1}{3}}}=\frac{5(2-x)}{3x^{\frac{1}{3}}}$$

可知 $x=0,x=2$ 为极值可疑点，所以极值可疑点的个数为 2。

答案:C

8.**解**　选项 A：$\int_0^{+\infty}e^{-x}\mathrm{d}x=-\int_0^{+\infty}e^{-x}\mathrm{d}(-x)=-e^{-x}\Big|_0^{+\infty}=-(\lim\limits_{x\to+\infty}e^{-x}-1)=1$

选项 B：$\int_0^{+\infty}\dfrac{1}{1+x^2}\mathrm{d}x=\arctan x\Big|_0^{+\infty}=\dfrac{\pi}{2}$

选项 C：因为 $\lim\limits_{x\to0^+}\dfrac{\ln x}{x}=\lim\limits_{x\to0^+}\dfrac{1}{x}\ln x\to\infty$，所以函数在 $x\to0^+$ 无界。

$$\int_0^{+\infty}\frac{\ln x}{x}\mathrm{d}x=\int_0^1\frac{\ln x}{x}\mathrm{d}x+\int_1^{+\infty}\frac{\ln x}{x}\mathrm{d}x=\int_0^1\ln x\mathrm{d}\ln x+\int_1^{+\infty}\ln x\mathrm{d}\ln x$$

而 $\int_0^1\ln x\mathrm{d}\ln x=\dfrac{1}{2}(\ln x)^2\Big|_0^1=-\infty$，故广义积分发散。

（注：$\lim\limits_{x\to0^+}\dfrac{\ln x}{x}=\infty$，$x=0$ 为无穷间断点）

选项 D：$\int_0^1\dfrac{1}{\sqrt{1-x^2}}\mathrm{d}x=\arcsin x\Big|_0^1=\dfrac{\pi}{2}$

注：$\lim\limits_{x\to1^-}\dfrac{1}{\sqrt{1-x^2}}=+\infty$，$x=1$ 为无穷间断点。

答案:C

9.**解**　见解图，D：$0\leqslant y\leqslant1,y\leqslant x\leqslant\sqrt{y}$；

$y=x$，即 $x=y$；$y=x^2$，得 $x=\sqrt{y}$；

所以二次积分交换积分顺序后为 $\int_0^1\mathrm{d}y\int_y^{\sqrt{y}}f(x,y)\mathrm{d}x$。

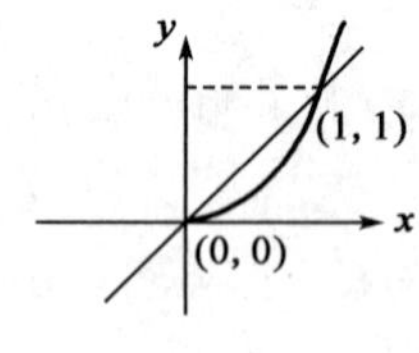

题 9 解图

答案:D

10.**解**　$x\dfrac{\mathrm{d}y}{\mathrm{d}x}=y\ln y,\dfrac{1}{y\ln y}\mathrm{d}y=\dfrac{1}{x}\mathrm{d}x,\ln\ln y=\ln x+\ln C$

$\ln y=Cx,y=e^{Cx}$，代入 $x=1,y=e$，有 $e=e^{1C}$，得 $C=1$

所以 $y=e^x$

答案:B

11.**解** $F(x,y,z)=xz-xy+\ln(xyz)$

$F_x=z-y+\frac{yz}{xyz}=z-y+\frac{1}{x},F_y=-x+\frac{xz}{xyz}=-x+\frac{1}{y},F_z=x+\frac{xy}{xyz}=x+\frac{1}{z}$

$$\frac{\partial z}{\partial y}=-\frac{F_y}{F_z}=-\frac{\frac{-xy+1}{y}}{\frac{xz+1}{z}}=-\frac{(1-xy)z}{y(xz+1)}=\frac{z(xy-1)}{y(xz+1)}$$

答案:D

12.**解** 正项级数 $\sum_{n=1}^{\infty}u_n$ 收敛的充分必要条件是,它的部分和数列$\{S_n\}$有界。

答案:A

13.**解** 已知 $f(-x)=-f(x)$,函数在$(-\infty,+\infty)$为奇函数。

可配合图形说明在$(-\infty,0)$,$f'(x)>0,f''(x)<0$,凸增。

故在$(0,+\infty)$为凹增,即在$(0,+\infty)$,$f'(x)>0,f''>0$。

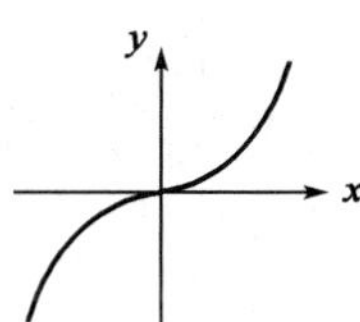

题 13 解图

答案:C

14.**解** 特征方程:$r^2-3r+2=0,r_1=1,r_2=2,f(x)=xe^x,r=1$为对应齐次方程的特征方程的单根,故特解形式 $y^*=x(Ax+B)\cdot e^x$。

答案:A

15.**解** $\vec{S}=\{3,-1,2\},\vec{n}=\{-2,2,1\},\vec{S}\cdot\vec{n}\neq 0,\vec{S}$ 与 $\vec{n}$ 不垂直。

故直线 L 不平行于平面 π,从而选项 B、D 不成立;又因为 $\vec{S}$ 不平行于 $\vec{n}$,所以 L 不垂直于平面 π,选项 A 不成立;即直线 L 与平面 π 非垂直相交。

答案:C

16.**解** 见解图,$L:y=x-1$,所以 L 的参数方程 $\begin{cases}x=x\\y=x-1\end{cases}$,$0\leqslant x\leqslant 1$

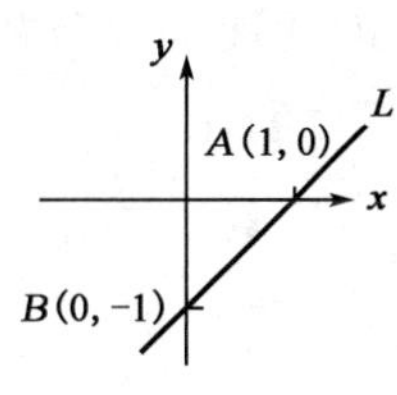

题 16 解图

$ds=\sqrt{1^2+1^2}\,dx=\sqrt{2}\,dx$

故 $\int_L(y-x)ds=\int_0^1(x-1-x)\sqrt{2}\,dx=-\sqrt{2}\cdot 1=-\sqrt{2}$

答案:D

17.**解** $R=3$,则 $\rho=\frac{1}{3}$

选项 A:$\sum_{n=0}^{\infty}3x^n,\lim_{n\to\infty}\left|\frac{a_{n+1}}{a_n}\right|=1$

选项 B:$\sum_{n=1}^{\infty}3^nx^n,\lim_{n\to x}\frac{3^{n+1}}{3^n}=3$

选项 C：$\sum_{n=0}^{\infty}\frac{1}{3^{\frac{n}{2}}}x^n,\lim_{n\to\infty}\frac{\frac{1}{3^{\frac{n+1}{2}}}}{\frac{1}{3^{\frac{n}{2}}}}=\lim_{n\to\infty}\frac{1}{3^{\frac{n+1}{2}}}\cdot 3^{\frac{n}{2}}=\lim_{n\to\infty}3^{\frac{n}{2}-\frac{n+1}{2}}=3^{-\frac{1}{2}}$

选项 D：$\sum_{n=0}^{\infty}\frac{1}{3^{n+1}}x^n,\lim_{n\to\infty}\frac{\frac{1}{3^{n+2}}}{\frac{1}{3^{n+1}}}=\lim_{n\to\infty}\frac{3^{n+1}}{3^{n+2}}=\frac{1}{3},\rho=\frac{1}{3},R=\frac{1}{\rho}=3$

答案:D

18. **解** $z=f(x,y),\begin{cases}x=x\\y=\varphi(x)\end{cases}$，则 $\frac{\mathrm{d}z}{\mathrm{d}x}=\frac{\partial f}{\partial x}\cdot 1+\frac{\partial f}{\partial y}\cdot\frac{\mathrm{d}\varphi}{\mathrm{d}x}$

答案:B

19. **解** 以 $\boldsymbol{\alpha}_1$、$\boldsymbol{\alpha}_2$、$\boldsymbol{\alpha}_3$、$\boldsymbol{\alpha}_4$ 为列向量作矩阵 $\boldsymbol{A}$

$$\boldsymbol{A}=\begin{bmatrix}3&3&1&6\\2&-1&-\frac{1}{3}&-2\\-5&3&1&6\end{bmatrix}\xrightarrow{-r_1+r_3}\begin{bmatrix}3&3&1&6\\2&-1&-\frac{1}{3}&-2\\-8&0&0&0\end{bmatrix}\xrightarrow{-\frac{1}{8}r_3}$$

$$\begin{bmatrix}3&3&1&6\\2&-1&-\frac{1}{3}&-2\\1&0&0&0\end{bmatrix}\xrightarrow[(-2)r_3+r_2]{(-3)r_3+r_1}\begin{bmatrix}0&3&1&6\\0&-1&-\frac{1}{3}&-2\\1&0&0&0\end{bmatrix}\xrightarrow{3r_2+r_1}$$

$$\begin{bmatrix}0&0&0&0\\0&-1&-\frac{1}{3}&-2\\1&0&0&0\end{bmatrix}\xrightarrow{r_1\leftrightarrow r_3}\begin{bmatrix}1&0&0&0\\0&-1&-\frac{1}{3}&-2\\0&0&0&0\end{bmatrix}$$

极大无关组为 $\boldsymbol{\alpha}_1$、$\boldsymbol{\alpha}_2$。

（说明：因为行阶梯形矩阵的第二行中第 3 列、第 4 列的数也不为 0，所以 $\boldsymbol{\alpha}_1$、$\boldsymbol{\alpha}_3$ 或 $\boldsymbol{\alpha}_1$、$\boldsymbol{\alpha}_4$ 也是向量组的最大线性无关组。）

答案:C

20. **解** 设 $\boldsymbol{A}$ 为 $m\times n$ 矩阵，$m<n$，则 $R(\boldsymbol{A})=r\leqslant\min\{m,n\}=m<n$，$\boldsymbol{Ax}=\boldsymbol{0}$ 必有非零解。

选项 D 错误，因为增广矩阵的秩不一定等于系数矩阵的秩。

答案:B

21. **解** 矩阵相似有相同的特征多项式，有相同的特征值。

方法 1：

$$|\lambda\boldsymbol{E}-\boldsymbol{A}|=\begin{vmatrix}\lambda-1&1&-1\\-2&\lambda-4&2\\3&3&\lambda-5\end{vmatrix}\xlongequal{(-3)r_1+r_3}\begin{vmatrix}\lambda-1&1&-1\\-2&\lambda-4&2\\-3\lambda+6&0&\lambda-2\end{vmatrix}\xlongequal{-(\lambda-4)r_1+r_2}$$

$$\begin{vmatrix} \lambda-1 & 1 & -1 \\ -\lambda^2+5\lambda-6 & 0 & \lambda-2 \\ -3\lambda+6 & 0 & \lambda-2 \end{vmatrix}=(-1)^{1+2}\begin{vmatrix} -(\lambda-2)(\lambda-3) & \lambda-2 \\ -3(\lambda-2) & \lambda-2 \end{vmatrix}$$

$$=(\lambda-2)(\lambda-2)\begin{vmatrix} +(\lambda-3) & 1 \\ 3 & 1 \end{vmatrix}=(\lambda-2)(\lambda-2)[+(\lambda-3)-3]$$

$$=(\lambda-2)(\lambda-2)(\lambda-6)$$

特征值为 2,2,6;矩阵 $\boldsymbol{B}$ 中 $\lambda=6$。

方法 2:

因为 $\boldsymbol{A}\sim\boldsymbol{B}$,所以 $\boldsymbol{A}$ 与 $\boldsymbol{B}$ 的主对角线元素和相等,$\sum\limits_{i=1}^{3}a_{ii}=\sum\limits_{i=1}^{3}b_{ii}$,即 $1+4+5=\lambda+2+2$,得 $\lambda=6$。

答案:A

22.**解** A、B 相互独立,则 $P(AB)=P(A)P(B)$,$P(A\cup B)=P(A)+P(B)-P(AB)=P(A)+P(B)-P(A)P(B)=0.7$ 或 $P(A\cup B)=1-P(\overline{A\cup B})=1-P(\overline{A}\,\overline{B})=1-P(\overline{A})P(\overline{B})=0.7$。

答案:C

23.**解** 分布函数[记为 $Q(x)$]性质为:①$0\leqslant Q(x)\leqslant 1$,$Q(-\infty)=0$,$Q(+\infty)=1$;②$Q(x)$是非减函数;③$Q(x)$是右连续的。

$\Phi(+\infty)=-\infty$;$F(x)$满足分布函数的性质①、②、③;

$G(-\infty)=+\infty$;$x\geqslant 0$ 时,$H(x)>1$。

答案:B

24.**解** 注意 $E(X)=0$,$\sigma^2=D(X)=E(X^2)-[E(X)]^2=E(X^2)$,$\sigma^2$ 也是 X 的二阶原点矩,σ^2 的矩估计量是样本的二阶原点矩 $\frac{1}{n}\sum\limits_{i=1}^{n}X_i^2$。

说明:统计推断时要充分利用已知信息。当 $E(X)=\mu$ 已知时,估计 $D(X)=\sigma^2$,用 $\frac{1}{n}\sum\limits_{i=1}^{n}(X_i-\mu)^2$ 比用 $\frac{1}{n}\sum\limits_{i=1}^{n}(X_i-\overline{X})^2$ 效果好。

答案:D

25.**解** ①分子的平均动能 $=\frac{3}{2}kT$,若分子的平均平动动能相同,则温度相同。

②分子的平均动能=平均(平动动能+转动动能)$=\frac{i}{2}kT$。其中,i 为分子自由度,

而 $i(\mathrm{He}) = 3, i(\mathrm{N_2}) = 5$，则氦分子和氮分子的平均动能不同。

答案：B

26. **解**　此题需要正确理解最概然速率的物理意义，v_p 为 $f(v)$ 最大值所对应的速率。

答案：C

注：25、26 题 2011 年均考过。

27. **解**　画等压膨胀 p-V 图，由图知 $V_2 > V_1$，故气体对外做正功。

由等温线知 $T_2 > T_1$，温度升高。

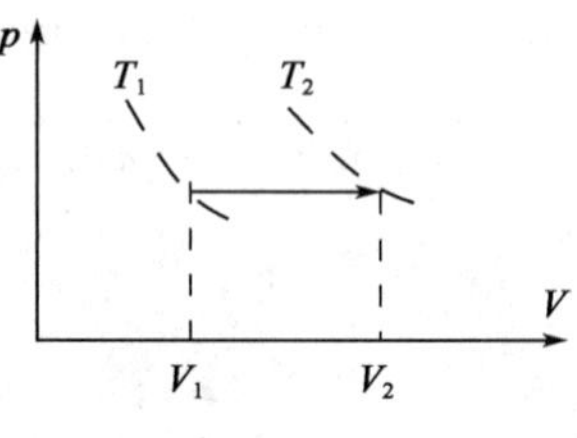

题 27 解图

答案：A

28. **解**　$Q_T = \frac{m}{M}RT\ln\frac{V_2}{V_1} = p_1V_1\ln\frac{V_2}{V_1}$

答案：A

29. **解**　①波动方程标准式：$y = A\cos\left[\omega\left(t - \frac{x - x_0}{u}\right) + \varphi_0\right]$

②本题方程：$y = -0.02\cos\pi(4x - 50t) = 0.02\cos[\pi(4x - 50t) + \pi]$

$$= 0.02\cos[\pi(50t - 4x) + \pi] = 0.02\cos\left[50\pi(t - \frac{4x}{50}) + \pi\right]$$

$$= 0.02\cos\left[50\pi\left[t - \frac{x}{\frac{50}{4}}\right] + \pi\right]$$

故 $\omega = 50\pi = 2\pi\nu, \nu = 25\mathrm{Hz}$，$u = \frac{50}{4}$

波长 $\lambda = \frac{u}{\nu} = 0.5\mathrm{m}$，振幅 $A = 0.02\mathrm{m}$

答案：D

30. **解**　a、b、c、d 处质元都垂直于 x 轴上下振动。由图知，t 时刻 a 处质元位于振动的平衡位置，此时速率最大，动能最大，势能也最大。

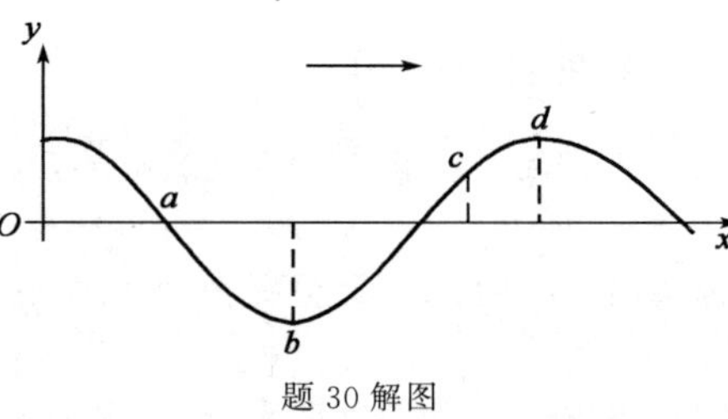

题 30 解图

答案：A

31. **解**　$x_{腹} = \pm k\frac{\lambda}{2}, k = 0, 1, 2, \cdots$。相邻两波腹之间的距离为：$x_{k+1} - x_k = (k+1)\frac{\lambda}{2} - k\frac{\lambda}{2} = \frac{\lambda}{2}$。

答案：A

32. **解**　设线偏振光的光强为 I，线偏振光与第一个偏振片的夹角为 φ。因为最终线偏振光的振动方向要转过 90°，所以第一个偏振片与第二个偏振片的夹角为 $\frac{\pi}{2} - \varphi$。

根据马吕斯定律：

线偏振光通过第一块偏振片后的光强 $I_1 = I\cos^2\varphi$

线偏振光通过第二块偏振片后的光强 $I_2 = I_1\cos^2(\frac{\pi}{2}-\varphi) = \frac{I}{4}\sin^2 2\varphi$

要使透射光强达到最强，令 $\sin 2\varphi = 1$，得 $\varphi = \frac{\pi}{4}$，透射光强的最大值为 $\frac{I}{4}$。

入射光的振动方向与前后两偏振片的偏振化方向夹角分别为 45° 和 90°。

答案：A

33. **解** 光的干涉和衍射现象反映了光的波动性质，光的偏振现象反映了光的横波性质。

答案：B

34. **解** 注意到 $1\text{nm} = 10^{-9}\text{m} = 10^{-6}\text{mm}$。

由 $\Delta x = \Delta n\frac{\lambda}{2}$，有 $0.62 = 2300\frac{\lambda}{2}$，$\lambda = 5.39\times 10^{-4}\text{mm} = 539\text{nm}$。

答案：B

35. **解** 对暗纹 $a\sin\varphi = k\lambda = 2k\frac{\lambda}{2}$，今 $k=3$，故半波带数目为 6。

答案：D

36. **解** 劈尖干涉明纹公式：$2nd + \frac{\lambda}{2} = k\lambda$，$k = 1,2,\cdots$

对应的薄膜厚度差 $2nd_5 - 2nd_3 = 2\lambda$，故 $d_5 - d_3 = \frac{\lambda}{n}$。

答案：B

37. **解** 一组允许的量子数 n、l、m 取值对应一个合理的波函数，即可以确定一个原子轨道。量子数 $n=4$，$l=2$，$m=0$ 为一组合理的量子数，确定一个原子轨道。

答案：A

38. **解** P 和 N 为同主族元素，PCl_3 中 P 的杂化类型与 NH_3 中的 N 原子杂化类型相同，为不等性 sp^3 杂化，四个杂化轨道呈四面体型，有一个杂化轨道被孤对电子占据，其余三个杂化轨道与三个 Cl 原子形成三个共价单键，分子为三角锥形。

答案：B

39. **解** 由已知条件可知 $Fe^{3+}\ \frac{0.771}{z_1=1}\ Fe^{2+}\ \frac{-0.44}{z_2=2}\ Fe$

$$z=3$$

即 $Fe^{3+} + z_1e = Fe^{2+}$

$+)\ Fe^{2+} + z_2e = Fe$

$Fe^{3+} + ze = Fe$

$$E^\ominus(Fe^{3+}/Fe) = \frac{z_1E^\ominus(Fe^{3+}/Fe^{2+}) + z_2E^\ominus(Fe^{2+}/Fe)}{z}$$

$$= \frac{0.771 + 2\times(-0.44)}{3} \approx -0.036\text{V}$$

答案:C

40.**解** 在 $BaSO_4$ 饱和溶液中,存在 $BaSO_4 = Ba^{2+} + SO_4^{2-}$ 平衡,加入 $BaCl_2$,溶液中 Ba^{2+} 增加,平衡向左移动,SO_4^{2+} 的浓度减小。

答案:B

41.**解** 催化剂之所以加快反应的速率,是因为它改变了反应的历程,降低了反应的活化能,增加了活化分子百分数。

答案:C

42.**解** 此反应为气体分子数减小的反应,升压,反应向右进行;反应的 $\Delta_r H_m < 0$,为放热反应,降温,反应向右进行。

答案:C

43.**解** 负极 氧化反应:$Ag + Cl^- = AgCl + e$

正极 还原反应:$Ag^+ + e = Ag$

电池反应:$Ag^+ + Cl^- = AgCl$

原电池负极能斯特方程式为:$\varphi AgCl/Ag = \varphi^{\Theta} AgCl/Ag + 0.059 \lg \frac{1}{c(Cl^-)}$。

由于负极中加入 NaCl,Cl^- 浓度增加,则负极电极电势减小,正极电极电势不变,因此电池的电动势增大。

答案:A

44.**解** 乙烯与氯气混合,可以发生加成反应:$C_2H_4 + Cl_2 = CH_2Cl - CH_2Cl$。

答案:C

45.**解** 羟基与烷基直接相连为醇,通式为 R—OH(R 为烷基);羟基与芳香基直接相连为酚,通式为 Ar—OH(Ar 为芳香基)。

答案:D

46.**解** 由低分子化合物(单体)通过加成反应,相互结合成高聚物的反应称为加聚反应。加聚反应没有产生副产物,高聚物成分与单体相同,单体含有不饱和键。HCHO 为甲醛,加聚反应为:$nH_2C{=}O \rightarrow {+}CH_2{-}O{+}_n$。

答案:C

47.**解** E 处为光滑接触面约束,根据约束的性质,约束力应垂直于支撑面,指向被约束物体。

答案:B

48. **解**　F 力和均布力 q 的合力作用线均通过 O 点，故合力矩为零。

答案：A

49. **解**　取构架整体为研究对象，列平衡方程：

$$\sum M_A(F) = 0, F_B \cdot 2L_2 - F_P \cdot 2L_1 = 0$$

答案：A

50. **解**　根据斜面的自锁条件，斜面倾角小于摩擦角时，物体静止。

答案：A

51. **解**　将 $t=x$ 代入 y 的表达式。

答案：C

52. **解**　分别对运动方程 x 和 y 求时间 t 的一阶、二阶导数，再令 $t=0$，且有 $v = \sqrt{\dot{x}^2 + \dot{y}^2}$，$a = \sqrt{\ddot{x}^2 + \ddot{y}^2}$。

答案：B

53. **解**　两轮啮合点 A、B 的速度相同，且 $v_A = R_1\omega_1$，$v_B = R_2\omega_2$ 。

答案：D

54. **解**　可在 A 上加一水平向左的惯性力，根据达朗贝尔原理，物块 A 上作用的重力 mg、法向约束力 F_N、摩擦力 F 以及大小为 ma 的惯性力组成平衡力系，沿斜面列平衡方程，当摩擦力 $F = ma\cos\theta + mg\sin\theta \leqslant F_N f(F_N = mg\cos\theta - ma\sin\theta)$ 时可保证 A 与 B 一起以加速度 a 水平向右运动。

答案：C

55. **解**　物块 A 上的摩擦力水平向右，使其向右运动，故做正功。

答案：C

56. **解**　杆位于铅垂位置时有 $J_B\alpha = M_B = 0$；故角加速度 $\alpha=0$；而角速度可由动能定理：$\frac{1}{2}J_B\omega^2 = mgl$，得 $\omega^2 = \frac{3g}{2l}$。则质心的加速度为：$a_{Cx} = 0$，$a_{Cy} = l\omega^2$。根据质心运动定理，有 $ma_{Cx} = F_{Bx}$，$ma_{Cy} = F_{By} - mg$，便可得最后结果。

答案：D

57. **解**　根据定义，惯性力系主矢的大小为：$ma_C = m\frac{R}{2}\omega^2$；主矩的大小为：$J_O\alpha=0$。

答案：A

58. **解**　发生共振时，系统的工作频率与其固有频率相等。

$$\omega_0 = \sqrt{\frac{k}{m}} = \sqrt{\frac{2\times10^6}{110}} = 134.8\text{rad/s}$$

答案:D

59. **解** 取节点 C,画 C 点的受力图,如图所示。

$$\sum F_x = 0: F_1\sin45° = F_2\sin30°$$

$$\sum F_y = 0: F_1\cos45° + F_2\cos30° = F$$

可得 $F_1=\dfrac{\sqrt{2}}{1+\sqrt{3}}F$,$F_2=\dfrac{2}{1+\sqrt{3}}F$

题 59 解图

故 $F_2>F_1$,而 $\sigma_2=\dfrac{F_2}{A}>\sigma_1=\dfrac{F_1}{A}$

所以杆 2 最先达到许用应力。

答案:B

60. **解** 此题受力是对称的,故 $F_1=F_2=\dfrac{F}{2}$

由杆 1,得 $\sigma_1=\dfrac{F_1}{A_1}=\dfrac{\frac{F}{2}}{A}=\dfrac{F}{2A}\leqslant[\sigma]$,故 $F\leqslant 2A[\sigma]$

由杆 2,得 $\sigma_2=\dfrac{F_2}{A_2}=\dfrac{\frac{F}{2}}{2A}=\dfrac{F}{4A}\leqslant[\sigma]$,故 $F\leqslant 4A[\sigma]$

从两者取最小的,所以 $[F]=2A[\sigma]$。

答案:B

61. **解** 把 F 力平移到铆钉群中心 O,并附加一个力偶 $m=F\cdot\dfrac{5}{4}L$,在铆钉上将产生剪力 Q_1 和 Q_2,其中 $Q_1=\dfrac{F}{2}$,而 Q_2 计算方法如下。

$\sum M_O=0$: $Q_2\cdot\dfrac{L}{2}=F\cdot\dfrac{5}{4}L$,$Q_2=\dfrac{5}{2}F$

$Q=Q_1+Q_2=3F$,$\tau_{\max}=\dfrac{Q}{\frac{\pi}{4}d^2}=\dfrac{12F}{\pi d^2}$

答案:C

62. **解** 螺钉头与钢板之间的接触面是一个圆环面,故挤压面 $A_{bs}=\dfrac{\pi}{4}(D^2-d^2)$。

$$\sigma_{bs}=\frac{F_{bs}}{A_{bs}}=\frac{F}{\frac{\pi}{4}(D^2-d^2)}$$

答案:A

63. **解**　圆轴的最大切应力 $\tau_{max}=\frac{T}{I_p}\cdot\frac{d}{2}$

圆轴的单位长度扭转角 $\theta=\frac{T}{GI_p}$

故 $\frac{T}{I_p}=\theta G$，代入得 $\tau_{max}=\theta G\frac{d}{2}$

答案:D

64. **解**　设实心圆直径为 d，空心圆外径为 D，空心圆内外径之比为 α，因两者横截面积相同，故有 $\frac{\pi}{4}d^2=\frac{\pi}{4}D^2(1-\alpha^2)$，即 $d=D(1-\alpha^2)^{\frac{1}{2}}$。

$$\frac{\tau_a}{\tau_b}=\frac{\dfrac{T}{\frac{\pi}{16}d^3}}{\dfrac{T}{\frac{\pi}{16}D^3(1-\alpha^4)}}=\frac{D^3(1-\alpha^4)}{d^3}=\frac{D^3(1-\alpha^2)(1+\alpha^2)}{D^3(1-\alpha^2)(1-\alpha^2)^{\frac{1}{2}}}=\frac{1+\alpha^2}{\sqrt{1-\alpha^2}}>1$$

答案:C

65. **解**　根据"零、平、斜""平、斜、抛"的规律，AB 段的斜直线，对应 AB 段 $q=0$；BC 段的抛物线，对应 BC 段 $q\neq0$，即应有 q。而 B 截面处有一个转折点，应对应于一个集中力。

答案:A

66. **解**　弯矩图中 B 截面的突变值为 10kN·m，故 $m=10$kN·m。

答案:A

67. **解**　$M_a=\frac{1}{8}ql^2$

M_b 的计算可用叠加法，如图所示。

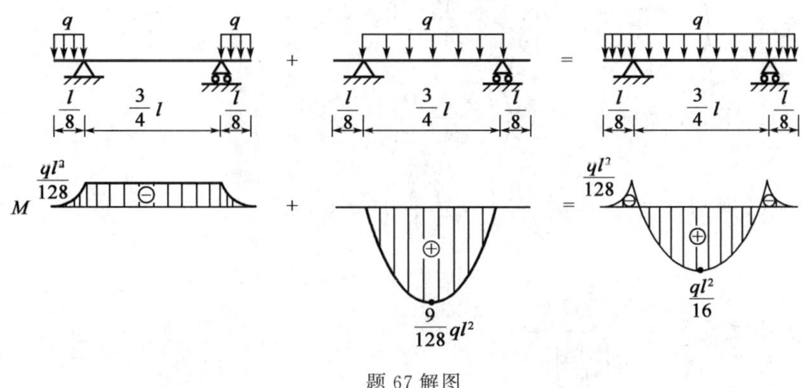

题 67 解图

$$\frac{M_a}{M_b}=\frac{\dfrac{ql^2}{8}}{\dfrac{ql^2}{16}}=2$$

答案:C

68.**解**　图 a)中 $\sigma_{r3}=\sigma_1-\sigma_3=150-0=150\text{MPa}$;

图 b)中 $\sigma_{r3}=\sigma_1-\sigma_3=100-(-100)=200\text{MPa}$;

显然图 b)σ_{r3}更大,更危险。

答案:B

69.**解**　设杆 1 受力为 F_1,杆 2 受力为 F_2,可见:

$$F_1+F_2=F \qquad ①$$

$\Delta l_1=\Delta l_2$,即$\dfrac{F_1 l}{E_1 A}=\dfrac{F_2 l}{E_2 A}$

故

$$\frac{F_1}{F_2}=\frac{E_1}{E_2}=2 \qquad ②$$

联立①、②两式,得到 $F_1=\dfrac{2}{3}F$,$F_2=\dfrac{1}{3}F$。

这结果相当于偏心受拉,如图所示,$M=\dfrac{F}{3}\cdot\dfrac{h}{2}=\dfrac{Fh}{6}$。

题 69 解图

答案:B

70.**解**　杆端约束越弱,μ 越大,在两端固定($\mu=0.5$),一端固定、一端铰支($\mu=0.7$),两端铰支($\mu=1$)和一端固定、一端自由($\mu=2$)这四种杆端约束中,一端固定、一端自由的约束最弱,μ 最大。而图示细长压杆 AB 一端自由、一端固定在简支梁上,其杆端约束比一端固定、一端自由($\mu=2$)时更弱,故 μ 比 2 更大。

答案:A

71.**解**　切应力 $\tau=\mu\dfrac{\mathrm{d}u}{\mathrm{d}y}$,而 $y=R-r$,$\mathrm{d}y=-\mathrm{d}r$,故 $\dfrac{\mathrm{d}u}{\mathrm{d}y}=-\dfrac{\mathrm{d}u}{\mathrm{d}r}$

题设流速 $u=2\left(1-\dfrac{r^2}{R^2}\right)$,故 $\dfrac{\mathrm{d}u}{\mathrm{d}y}=-\dfrac{\mathrm{d}u}{\mathrm{d}r}=\dfrac{2\times 2r}{R^2}=\dfrac{4r}{R^2}$

题设 $r_1=0.2R$,故切应力 $\tau_1=\mu\left(\dfrac{4\times 0.2R}{R^2}\right)=\mu\left(\dfrac{0.8}{R}\right)$

题设 $r_2=R$,则切应力 $\tau_2=\mu\left(\dfrac{4R}{R^2}\right)=\mu\left(\dfrac{4}{R}\right)$

切应力大小之比$\dfrac{\tau_1}{\tau_2}=\dfrac{\mu\left(\dfrac{0.8}{R}\right)}{\mu\left(\dfrac{4}{R}\right)}=\dfrac{0.8}{4}=\dfrac{1}{5}$

答案:C

72. **解**　对断面 1-1 及 2-2 中点写能量方程：$Z_1+\frac{p_1}{\rho g}+\frac{\alpha_1 v_1^2}{2g}=Z_2+\frac{p_2}{\rho g}+\frac{\alpha_2 v_2^2}{2g}$

题设管道水平，故 $Z_1=Z_2$；又因 $d_1>d_2$，由连续方程知 $v_1<v_2$。

代入上式后知：$p_1>p_2$。

答案：B

73. **解**　由动量方程可得：$\sum F_x=\rho Qv=1\,000\text{kg/m}^3\times 0.2\text{m}^3/\text{s}\times 50\text{m/s}=10\text{kN}$。

答案：B

74. **解**　由均匀流基本方程知沿程损失 $h_f=\frac{\tau L}{\rho g R}$。

答案：B

75. **解**　由并联长管水头损失相等知：$h_{f1}=h_{f2}=h_{f3}=\cdots=h_f$，总流量 $Q=\sum_{i=1}^{n}Q_i$ 。

答案：B

76. **解**　矩形断面水力最佳宽深比 $\beta=2$，即 $b=2h$。

答案：D

77. **解**　由渗流达西公式知 $v=kJ$。

答案：A

78. **解**　按雷诺模型，$\frac{\lambda_v\lambda_L}{\lambda_\nu}=1$，流速比尺 $\lambda_v=\frac{\lambda_\nu}{\lambda_L}$

按题设 $\lambda_\nu=\frac{60\times 10^{-6}}{15\times 10^{-6}}=4$，长度比尺 $\lambda_L=5$，因此流速比尺 $\lambda_v=\frac{4}{5}=0.8$

$\lambda_v=\frac{v_{烟气}}{v_{空气}}$，$v_{空气}=\frac{v_{烟气}}{\lambda_v}=\frac{3\text{m/s}}{0.8}=3.75\text{m/s}$

答案：A

79. **解**　静止的电荷产生电场，不会产生磁场，并且电场是有源场，其方向从正电荷指向负电荷。

答案：D

80. **解**　电路的功率关系 $P=UI=I^2R$ 以及欧姆定律 $U=RI$，是在电路的电压电流的正方向一致时成立；当方向不一致时，前面增加"－"号。

答案：B

81. **解**　考查电路的基本概念：开路与短路，电阻串联分压关系。当电路中 a-b 开路时，电阻 R_1、R_2 相当于串联。

答案：C

82. **解**　在直流电源作用下电感等效于短路，电容等效于开路。

答案:D

83. **解**　根据已知条件(电阻元件的电压为0)，电路处于谐振状态，电感支路与电容支路的电流大小相等，方向相反，可以写成 $I_L = I_C$，或 $i_L = -i_C$。

答案:B

84. **解**　三相电路中，电源中性点与负载中点等电位，说明电路中负载也是对称负载，三相电路负载的阻抗相等条件为：$z_1 = z_2 = z_3$，即 $\begin{cases} |Z_1| = |Z_2| = |Z_3| \\ \varphi_1 = \varphi_2 = \varphi_3 \end{cases}$。

答案:A

85. **解**　理想变压器的三个变比关系的正确应用，在变压器的初级回路中电源内阻与变压器的折合阻抗 R'_L 串联。

$R'_L = K^2 R_L \quad (R_L = 100\Omega)$

答案:C

86. **解**　绕线式的三相异步电动机转子串电阻的方法适应于不同接法的电动机，并且可以起到限制启动电流、增加启动转矩以及调速的作用。Y-△启动方法只用于正常△接运行，并轻载启动的电动机。

答案:D

87. **解**　信号是以一种特定的物理形式(声、光、电等)来传递信息的工具，信息是人们通过感官接收到的客观事物变化的情况，是受信者所要获得的有价值的消息。

答案:B

88. **解**　信号可以用函数来描述，此信号波形是伴有延时阶跃信号的叠加构成。

答案:B

89. **解**　输出信号的失真属于非线性失真，其原因是由于三极管输入特性死区电压的影响。

答案:C

90. **解**　根据逻辑函数的相关公式计算 $ABC + A\overline{BC} + B = A(BC + \overline{BC}) + B = A + B$。

答案:B

91. **解**　根据给定的X、Y波形，其与非门的图形可利用有“0”则“1”的原则确定为选项D。

答案:D

92. **解**　BCD码是用二进制数表示的十进制数，属于无权码，此题的BCD码是用四位二进制数表示的。

答案：A

93. **解**　此题为二极管限幅电路，分析二极管电路首先要将电路模型线性化，即将二极管断开后分析极性(对于理想二极管，如果是正向偏置将二极管短路，否则将二极管断路)，最后按照线性电路理论确定输入和输出信号关系。

即：该二极管截止后，求 $u_{阳}=u_{i}$，$u_{阴}=2.5\text{V}$，则 $u_{i}>2.5\text{V}$ 时，二极管导通，$u_{o}=u_{i}$；$u_{i}<2.5\text{V}$时，二极管截止，$u_{o}=2.5\text{V}$。

答案：C

94. **解**　根据三极管的微变等效电路分析可见，增加电容 C_{E} 以后，在动态信号作用下，发射极电阻被电容短路。放大倍数提高，输入电阻减小。

答案：C

95. **解**　此电路是组合逻辑电路(异或门)与时序逻辑电路(D触发器)的组合应用，电路的初始状态由复位信号 $\overline{R}_{D}$ 确定，输出状态在时钟脉冲信号cp的上升沿触发。$D=A\oplus\overline{Q}$。

题95解图

答案：A

96. **解**　此题与上题类似，是组合逻辑电路(与非门)与时序逻辑电路(JK触发器)的组合应用，输出状态在时钟脉冲信号cp的下降沿触发。$J=\overline{Q\cdot A}$，K端悬空时，可以认为$K=1$。

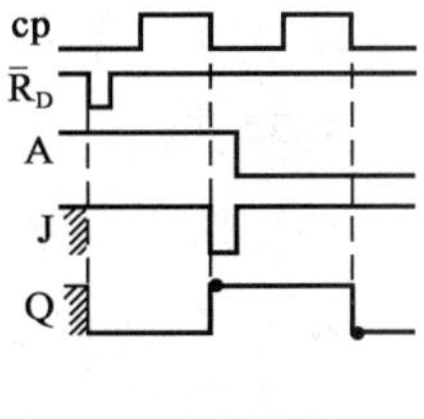

题96解图

答案：C

97. **解**　"三网合一"是指在未来的数字信息时代，当前的数据通信网(俗称数据网、计算机网)将与电视网(含有线电视网)以及电信网合三为一，并且合并的方向是传输、接收和处理全部实现数字化。

答案：C

98. **解**　计算机运算器的功能是完成算术运算和逻辑运算，算数运算是完成加、减、乘、除的运算，逻辑运算主要包括与、或、非、异或等，从而完成低电平与高电平之间的切换，送出控制信号，协调计算机工作。

答案：D

99. **解**　计算机的总线可以划分为数据总线、地址总线和控制总线，数据总线用来传输数据、地址总线用来传输数据地址、控制总线用来传输控制信息。

答案：C

100. **解**　Microsoft Word是文字处理软件。Visual BASIC简称VB，是Microsoft公

司推出的一种 Windows 应用程序开发工具。Microsoft Access 是小型数据库管理软件。AutoCAD 是专业绘图软件，主要用于工业设计中，被广泛用于民用、军事等各个领域。CAD 是 Computer Aided Design 的缩写，意思为计算机辅助设计。加上 Auto，指它可以应用于几乎所有跟绘图有关的行业，比如建筑、机械、电子、天文、物理、化工等。

答案：B

101. **解** 位也称为比特，记为 bit，是计算机最小的存储单位，是用 0 或 1 来表示的一个二进制位数。字节是数据存储中常用的基本单位，8 位二进制构成一个字节。字是由若干字节组成一个存储单元，一个存储单元中存放一条指令或一个数据。

答案：B

102. **解** 原码是机器数的一种简单的表示法。其符号位用 0 表示正号，用 1 表示负号，数值一般用二进制形式表示。机器数的反码可由原码得到。如果机器数是正数，则该机器数的反码与原码一样；如果机器数是负数，则该机器数的反码是对它的原码（符号位除外）各位取反而得到的。机器数的补码可由原码得到。如果机器数是正数，则该机器数的补码与原码一样；如果机器数是负数，则该机器数的补码是对它的原码（除符号位外）各位取反，并在末位加 1 而得到的。ASCII 码是将人在键盘上敲入的字符（数字、字母、特殊符号等）转换成机器能够识别的二进制数，并且每个字符唯一确定一个 ASCII 码，形象地说，它就是人与计算机交流时使用的键盘语言通过“翻译”转换成的计算机能够识别的语言。

答案：B

103. **解** 点阵中行数和列数的乘积称为图像的分辨率，若一个图像的点阵总共有 480 行，每行 640 个点，则该图像的分辨率为 640×480＝307200 个像素。每一条水平线上包含 640 个像素点，共有 480 条线，即扫描列数为 640 列，行数为 480 行。

答案：D

104. **解** 进程与程序的的概念是不同的，进程有以下 4 个特征。

动态性：进程是动态的，它由系统创建而产生，并由调度而执行。

并发性：用户程序和操作系统的管理程序等，在它们的运行过程中，产生的进程在时间上是重叠的，它们同存在于内存储器中，并共同在系统中运行。

独立性：进程是一个能独立运行的基本单位，同时也是系统中独立获得资源和独立调度的基本单位，进程根据其获得的资源情况可独立地执行或暂停。

异步性：由于进程之间的相互制约，使进程具有执行的间断性。各进程按各自独立的、不可预知的速度向前推进。

答案：D

105. **解** 操作系统的设备管理功能是负责分配、回收外部设备，并控制设备的运行，是人与外部设备之间的接口。

答案：C

106. **解**　联网中的计算机都具有“独立功能”,即网络中的每台主机在没联网之前就有自己独立的操作系统,并且能够独立运行。联网以后,它本身是网络中的一个结点,可以平等地访问其他网络中的主机。

答案:A

107. **解**　利用由年名义利率求年实际利率的公式计算:

$$i=\left(1+\frac{r}{m}\right)^{m}-1=\left(1+\frac{8\%}{4}\right)^{4}-1=8.24\%$$

答案:C

108. **解**　经营成本包括外购原材料、燃料和动力费、工资及福利费、修理费等,不包括折旧、摊销费和财务费用。流动资金投资不属于经营成本。

答案:A

109. **解**　根据静态投资回收期的计算公式:$P_t=6-1+\frac{|-60|}{240}=5.25$ 年。

答案:C

110. **解**　该项目的现金流量图如解图所示。根据题意,有 $NPV=-5000+A(P/A,15\%,10)(P/F,15\%,1)=0$

解得 $A=5000\div(5.0188\times0.8696)=1145.65$ 万元

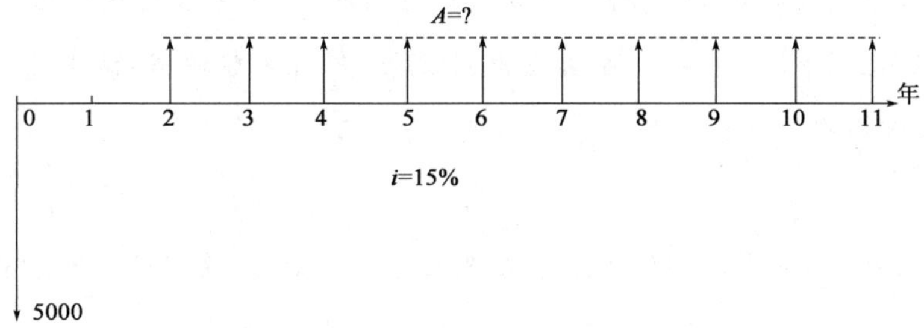

题 110 解图

答案:D

111. **解**　项目经济效益和费用的识别应遵循剔除转移支付原则。

答案:C

112. **解**　两个寿命期相同的互斥项目的选优应采用增量内部收益率指标,ΔIRR(乙－甲)为 13%,小于基准收益率 14%,应选择投资较小的方案。

答案:A

113. **解**　“有无对比”是财务分析应遵循的基本原则。

答案:D

114. **解**　根据价值工程中价值公式中成本的概念。

答案:C

115. **解** 《中华人民共和国建筑法》第九条规定，建设单位应当自领取施工许可证之日起三个月内开工。因故不能按期开工的，应当向发证机关申请延期；延期以两次为限，每次不超过三个月。既不开工又不申请延期或者超过延期时限的，施工许可证自行废止。

答案：B

116. **解** 《中华人民共和国安全生产法》第十九条规定，矿山、建筑施工单位和危险物品的生产、经营、储存单位，应当设置安全生产管理机构或者配备专职安全生产管理人员。所以D为正确答案。A是不正确的，因为安全生产管理人员必须专职，不能兼职。B也是错误的，因为十九条还规定：生产经营单位依照前款规定委托工程技术人员提供安全生产管理服务的，保证安全生产的责任仍由本单位负责。C也是错误的，第二十条规定：危险物品的生产、经营、储存单位以及矿山、建筑施工单位的主要负责人和安全生产管理人员，应当由有关主管部门对其安全生产知识和管理能力考核合格后方可任职。

答案：D

117. **解** 《中华人民共和国招标投标法》第十条规定，招标分为公开招标和邀请招标。

答案：B

118. **解** 《中华人民共和国合同法》第十五条规定，要约邀请是希望他人向自己发出要约的意思表示。寄送的价目表、拍卖公告、招标公告、招股说明书、商业广告等为要约邀请。商业广告的内容符合要约规定的，视为要约。

答案：B

119. **解** 《中华人民共和国行政许可法》第四十二条规定，除可以当场作出行政许可决定的外，行政机关应当自受理行政许可申请之日起二十日内做出行政许可决定。二十日内不能做出决定的，经本行政机关负责人批准，可以延长十日，并应当将延长期限的理由告知申请人。但是，法律、法规另有规定的，依照其规定。

答案：D

120. **解** 《中华人民共和国建筑法》第二十九条规定，建筑工程总承包单位按照总承包合同的约定对建设单位负责；分包单位按照分包合同的约定对总承包单位负责。总承包单位和分包单位就分包工程对建设单位承担连带责任。

答案：A

全国勘察设计一级注册结构工程师执业资格考试通关试卷[四]基础考试(下)试题解析及参考答案

1.**解** 弹性体受拉应力时，所受应力与纵向应变之比称为弹性模量。

答案:A

2.**解** 材料在绝对密实状态下，单位体积的质量称为密度；材料在自然状态下，单位体积的质量称为表观密度；散粒材料在堆积状态下，单位体积的质量称为堆积密度。材料中固体体积占自然状态体积的百分比称为密实度。

答案:A

3.**解** 普通硅酸盐水泥水化反应为放热反应，并且有两个典型的放热峰，其中第一个放热峰对应的是铝酸三钙水化的放热峰，第二个放热峰对应的是硅酸三钙水化的放热峰。

答案:A

4.**解** 混凝土材料在单向受压条件下的应力—应变曲线表现出明显的非线性特征，在外部应力达到抗拉强度的30%左右时，由于混凝土内部界面过渡区裂缝增长，使曲线发生弯曲。当外部应力达到抗拉强度的90%以上时，材料出现贯穿裂缝。

答案:C

5.**解** 混凝土中钢筋防锈的措施有：使用高效减水剂提高密实度，掺入阻锈剂，加厚保护层等。其中，最经济的措施是使用高效减水剂，其是现代工程混凝土中必掺的外加剂。

答案:A

6.**解** 岩石根据形成机理分为岩浆岩、沉积岩和变质岩三种。其中，地表岩石经长期风化、破碎后，在外力作用下搬运、堆积，再经胶结、压实等再造作用形成的岩石称为沉积岩。

答案:B

7.**解** 钢材牌号中的数字表示钢材的屈服强度。

答案:C

8.**解** 经纬仪操作步骤是：对中、整平、瞄准、读数。

答案:C

9.**解** 按视距测量水平距离计算公式：

$$D=kl\cos^2\alpha=100\times0.386\cos^2(6°42')=38.1\text{m}$$

答案:A

10. **解** 测量误差按性质主要分为两类:系统误差和偶然误差。

答案:C

11. **解** 根据《工程测量规范》,图根导线作为首级控制时,方位角闭合差应小于$40''\sqrt{n}$。

答案:A

12. **解** 根据《工程测量规范》,变形监测水准基准点布设不少于3个。

答案:B

13. **解** 质量管理体系应包括从设计、开发、生产、安装、检验、服务、持续改进的全过程。

答案:A

14. **解** 《建设工程安全生产管理条例》第二十四条规定:建设工程实行施工总承包的,由总承包单位对施工现场的安全生产负总责。

总承包单位依法将建设工程分包给其他单位的,分包合同中应当明确各自的安全生产方面的权利、义务。总承包单位和分包单位对分包工程的安全生产承担连带责任。

分包单位应当服从总承包单位的安全生产管理,分包单位不服从管理导致生产安全事故的,由分包单位承担主要责任。

答案:B

15. **解** 《中华人民共和国城乡规划法》第四条规定:制定和实施城乡规划,应当遵循城乡统筹、合理布局、节约土地、集约发展和先规划后建设的原则,改善生态环境,促进资源、能源节约和综合利用,保护耕地等自然资源和历史文化遗产,保持地方特色、民族特色和传统风貌,防止污染和其他公害,并符合区域人口发展、国防建设、防灾减灾和公共卫生、公共安全的需要。该条文没有A的提法。

答案:A

16. **解** 《中华人民共和国招标投标法》第八条规定:招标人是依照本法规定提出招标项目、进行招标的法人或者其他组织。所以选项A、D对。

第九条:招标项目按照国家有关规定需要履行项目审批手续的,应当先履行审批手续,取得批准。招标人应当有进行招标项目的相应资金或者资金来源已经落实,并应当在招标文件中如实载明。所以选项C对。

第十二条:……招标人具有编制招标文件和组织评标能力的,可以自行办理招标事宜。

选项B中“充足人才”和《中华人民共和国招标投标法》的第十二条表述不一致,何为充足？很难界定，所以选项B的表述不合适。

答案：B

17.**解**　桩锤太轻冲击力小，且能量被桩吸收，造成桩不下沉，反而桩锤回弹。

答案：B

18.**解**　冬季施工时，天气冷，热水拌水泥不容易拌制均匀，因此需要比常温搅拌时间延长50%。

答案：C

19.**解**　本工作的最迟完成时间应为其各项紧后工作最迟开始时间中取最小值，以保证不影响工期。

每项工作最迟开始时间＝工作最迟完成时间－该工作持续时间

三项紧后工作的最迟开始时间分别为：

$$18-4=14$$

$$16-5=11$$

$$14-6=8$$

在14、11、8中取小值为8，即本工作的最迟完成时间是第8天末。

答案：C

20.**解**　"资源有限，工期最短"优化，是在保证任何工作的持续时间不发生改变，任何工作不中断，网络计划逻辑关系不变的前提下，调整出现资源冲突的若干工作之间的先后开始次序，使资源量满足限制要求，且工期增量又最小的过程。

答案：C

21.**解**　检验批可根据施工及质量控制和专业验收需要按楼层、施工段、变形缝进行划分，更能反映有关施工过程质量状况。

答案：A

22.**解**　当正截面混凝土受压区高度 $x\leqslant\xi_b h_0$，$\rho=\dfrac{A_s}{bh_0}\geqslant\rho_{min}$ 时，构件纵向受拉钢筋先达到屈服，然后受压区混凝土被压碎，呈塑性破坏，有明显的塑性变形和裂缝预示，这种破坏形态是适筋破坏。

答案：C

23.**解**　吊车梁承受吊车横向水平制动力，并传递纵向水平制动力；柱间支撑是为保证建筑结构整体稳定、提高侧向刚度和传递纵向水平力而在相邻两柱之间设置的连系杆件。承受和传递横向水平荷载的构件是排架柱。

答案:D

24.**解** 我国规范采用以概率理论为基础的极限状态设计法,并采用多个分项系数(包括结构构件的重要性系数)表达的设计式进行设计。

答案:C

25.**解** 先张法常用于工厂预制的中小型构件,后张法则主要用于大型及现浇构件。

答案:B

26.**解** 根据悬臂梁的受力特点可知,上翼缘承受拉应力,下翼缘承受压应力,钢材的抗拉、抗压强度相同,故应选择上、下翼缘面积相同的截面形式。

答案:B

27.**解** 框架柱安装拼接接头宜采用高强螺栓和焊接组合节点或全焊缝节点。采用高强度螺栓和焊缝组合节点时,腹板应采用高强度螺栓连接,翼缘板应采用单面V形坡口加衬垫全焊透焊缝连接;采用全焊缝节点时,翼缘板应采用单面V形坡口加衬垫全焊透焊缝,腹板宜采用K形坡口双面部分焊透焊缝。

答案:D

28.**解** 《钢结构设计标准》(GB 50017—2017)规定,对需要计算疲劳的梁,不宜考虑截面的塑性发展,按弹性设计,此时,b/t可放宽至$15\varepsilon_k$。

答案:D

29.**解** 永久荷载当其效应对结构有利时,一般情况下荷载分项系数取1.0。

答案:C

30.**解** 砌体的局部受压,按受力特点的不同,可以分为局部均匀受压和梁端局部受压两种。由于局部受压砌体有套箍作用及应力扩散的存在,所以砌体抵抗压力的能力有所提高,在计算砌体局部抗压承载力时,用局部抗压提高系数γ来修正。

答案:C

31.**解** 《砌体结构设计规范》(GB 50003—2011)第7.1.5条第1款规定,圈梁宜连续地设在同一水平面上,并形成封闭状;当圈梁被门窗洞口截断时,应在洞口上部增设相同截面的附加圈梁。附加圈梁与圈梁的搭接长度不应小于其中到中垂直距离的2倍,且不得小于1m。

答案:C

32.**解** 砌体房屋伸缩缝的间距与砌体的强度等级无关,见《砌体结构设计规范》(GB

50003—2011)第6.5.1条。

答案:C

33.**解** 应力通常按45°角扩散,所以在设计过梁时,相当于过梁净跨高度以上的墙体荷载一般不考虑。

答案:D

34.**解** 由解图按三刚片规则分析。刚片AD与基础用铰A相连,刚片BC与基础用铰C相连,AD与BC用两个铅直链杆AB与CD交于无限远的铰相连,三铰不共线,体系不变无多余约束。

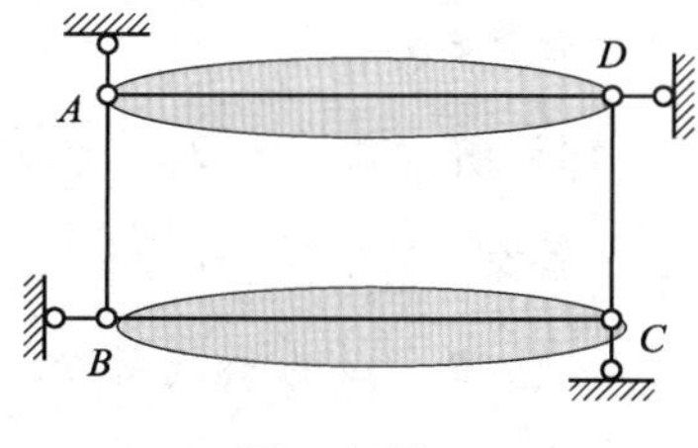

题34解图

答案:A

35.**解** 由整体平衡可得:

$$Y_A = 0$$

再由C左隔离体平衡(见解图)可得:$Q_C = 0$,$M_{DC} = 0$

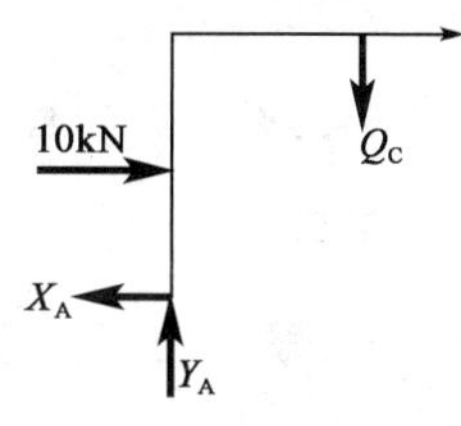

题35解图

答案:A

36.**解** 见解图,判断零杆后由节点法可得:$N_a = 30\text{kN}$(压)。

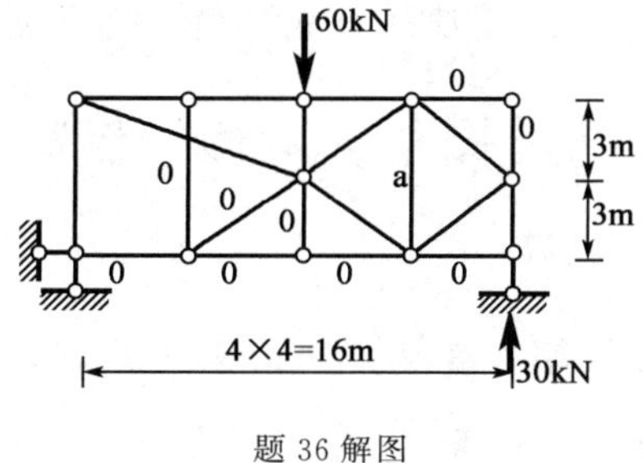

题36解图

答案:D

37.**解** $M_{BA} = 4i\theta_B + 2i\theta = 0$,$\theta_B = -\dfrac{\theta}{2}$。

答案:C

38.**解** 与题目所求转角对应,需要在C左截面虚加单位力偶,由D图虚加的一对力偶可求C截面两侧的相对转角。

答案:C

39.**解** 主对角线系数必定为正。

答案:D

40.**解** 注意牢记三种不同形式杆件的转动刚度,同时在具体计算时需注意长度的不同。

答案:D

41.**解** 图乘法求 B 点水平位移,令其为零。

答案:C

42.**解** 铰所在部位为复合节点,上下杆刚接,有独立角位移。

答案:B

43.**解** 用公式 $\Delta=-\sum\overline{R}c$ 求,或根据几何关系分析。

答案:D

44.**解** 当 B 截面转角为零时,相应有固端弯矩而达平衡状态,B 两边固端弯矩绝对值相等。

答案:B

45.**解** 节点 B 平衡,两杆转动刚度求和。

答案:B

46.**解** 可用机动法快速得到相应的影响线。

答案:C

47.**解** 本题为刚架结构,应用刚度法公式求解。在质量点处加竖向链杆约束后,再求 k_{11},其为四根杆件的侧移刚度之和,即 $k_{11}=4\times\dfrac{12EI}{l^3}$,即可得 $\omega=\sqrt{\dfrac{k}{m}}=\sqrt{\dfrac{48EI}{ml^3}}$。

答案:C

48.**解** 可求出悬臂梁自由端沿振动方向的刚度系数为 $3EI/l^3$,再与题目所给弹簧刚度系数相加,代入频率计算公式可得

$$\omega=\sqrt{\frac{(3+2)EI}{ml^3}}=\sqrt{\frac{5EI}{ml^3}}$$

答案:B

49.**解** 结构静力试验观测项目,反映结构局部变形的有应变、裂缝、钢筋滑移等。而挠度、位移、转角和支座偏移等,均为结构静力试验观测中反映结构整体变形的项目。

答案:C

50.**解** 静态电阻应变仪精确度不应低于B级,最小分度值不宜大于 10×10^{-6}。

答案:C

51.**解** 纯扭构件(梁)在扭矩的作用下,构件发生扭转,通常沿梁表面粘贴45°的应变片进行量测梁的应变。而用位移计(百分表或千分表),可以测量梁顶面的应变、梁支座

的转角和梁的曲率。

答案:D

52.**解** 用等幅位移加载时,每加一周荷载后强度和刚度降低,反复增加次数可得到结构构件强度降低率和刚度退化率。

答案:B

53.**解** 荷载相似要求模型和原型结构各对应点所受荷载方向一致,荷载大小成比例。所以,B项阐述不全面。

答案:B

54.**解** $I_L=\frac{w-w_p}{w_L-w_p}=\frac{13.9\%-16.1\%}{25.8\%-16.1\%}=-0.23$。

答案:D

55.**解** A项,土中的附加应力是使地基产生变形、导致土体强度破坏和失去稳定的重要原因;C项,土的附加应力不只发生在竖直方向,还有作用在水平方向;D项,当上部荷载过大时,土中的附加应力将大于土的自重应力。

答案:B

56.**解** $\sigma'=\sigma-u=200-50=150\text{kPa}$。

答案:C

57.**解** 刚性角可用 $\tan\alpha=b/h$ 表示(b 为基础挑出墙外宽度,h 为基础放宽部分高度),需满足 $\alpha<\alpha_{max}$,故当无筋扩展基础不能满足刚性角的要求时,可采取增大基础高度和减小基础挑出宽度来调整 α 大小,使其满足要求,其代替了抗弯验算。

答案:A

58.**解** A项,增大基础埋深可减小基底附加应力,进而减小基础沉降,且由地基承载力特征值计算公式:$f_a=f_{ak}+\eta_b\gamma(b-3)+\eta_d\gamma_m(d-0.5)$可知,埋深 d 值增大,可适当提高地基承载力;B项,加大基础宽度可提高地基承载力,但当基础宽度过大时,基础的沉降量会增加;C项,抽取地下水会增大土的自重应力,进而增大基础沉降量;D项,提高室外地坪,增大了基底附加应力,进而会增大基础沉降量。

答案:A

59.**解** 《建筑地基基础设计规范》第Q.0.4条规定了开始试验的时间:预制桩在砂土中入土7d后。黏性土不得少于15d。对于饱和软黏土不得少于25d。灌注桩应在桩身混凝土达到设计强度后,才能进行。

答案:D

60.**解** 采用堆载法预压加固地基时,如果计算在规定时间内达不到要求的固结度,加快固结进程时,可采用减小砂井间距或增大砂井直径来减小井径比。加快堆载速率有可能造成土体因加载速率过快而发生结构破坏。

答案:A

全国勘察设计注册工程师

执业资格考试通关试卷［五］

基础考试

(上)

二〇二〇年十月

应考人员注意事项

1. 本试卷科目代码为“1”，考生务必将此代码填涂在答题卡“科目代码”相应的栏目内，否则，无法评分。
2. 书写用笔：**黑色或蓝色钢笔、签字笔或圆珠笔**；
   填涂答题卡用笔：**黑色 2B 铅笔**。
3. 必须用书写用笔将工作单位、姓名、准考证号填写在答题卡和试卷相应的栏目内。
4. 本试卷由 120 题组成，每题 1 分，满分 120 分，本试卷全部为单项选择题，每小题的四个备选项中只有一个正确答案，错选、多选、不选均不得分。
5. 考生作答时，必须**按题号在答题卡上**将相应试题所选选项对应的**字母用 2B 铅笔涂黑**。
6. 在答题卡上书写与题意无关的语言，或在答题卡上作标记的，均按违纪试卷处理。
7. 考试结束时，由监考人员当面将试卷、答题卡一并收回。
8. 草稿纸由各地统一配发，考后收回。

单项选择题(共 120 题,每题 1 分。每题的备选项中只有一个最符合题意。)

1. 若$\lim\limits_{x\to 0}(1-x)^{\frac{k}{x}}=2$,则常数 k 等于:

A. $-\ln 2$

B. $\ln 2$

C. 1

D. 2

2. 在空间直角坐标系中,方程 $x^2+y^2-z=0$ 所表示的图形是:

A. 圆锥面

B. 圆柱面

C. 球面

D. 旋转抛物面

3. 点 $x=0$ 是 $y=\arctan\dfrac{1}{x}$的:

A. 可去间断点

B. 跳跃间断点

C. 连续点

D. 第二类间断点

4. $\dfrac{\mathrm{d}}{\mathrm{d}x}\int_{2x}^{0}e^{-t^2}\mathrm{d}t$ 等于:

A. e^{-4x^2}

B. $2e^{-4x^2}$

C. $-2e^{-4x^2}$

D. e^{-x^2}

5. $\dfrac{\mathrm{d}(\ln x)}{\mathrm{d}\sqrt{x}}$等于:

A. $\dfrac{1}{2x^{3/2}}$

B. $\dfrac{2}{\sqrt{x}}$

C. $\dfrac{1}{\sqrt{x}}$

D. $\dfrac{2}{x}$

6. 不定积分$\int\dfrac{x^2}{\sqrt[3]{1+x^3}}\mathrm{d}x$ 等于:

A. $\dfrac{1}{4}(1+x^3)^{\frac{4}{3}}+C$

B. $(1+x^3)^{\frac{1}{3}}+C$

C. $\dfrac{3}{2}(1+x^3)^{\frac{2}{3}}+C$

D. $\dfrac{1}{2}(1+x^3)^{\frac{2}{3}}+C$

7. 设 $a_n=(1+\dfrac{1}{n})^n$,则数列$\{a_n\}$是:

A. 单调增而无上界

B. 单调增而有上界

C. 单调减而无下界

D. 单调减而有上界

8. 下列说法中正确的是：

A. 若 $f'(x_0)=0$，则 $f(x_0)$ 必是 $f(x)$ 的极值

B. 若 $f(x_0)$ 是 $f(x)$ 的极值，则 $f(x)$ 在 x_0 处可导，且 $f'(x_0)=0$

C. 若 $f(x)$ 在 x_0 处可导，则 $f'(x_0)=0$ 是 $f(x)$ 在 x_0 取得极值的必要条件

D. 若 $f(x)$ 在 x_0 处可导，则 $f'(x_0)=0$ 是 $f(x)$ 在 x_0 取得极值的充分条件

9. 设有直线 L_1：$\dfrac{x-1}{1}=\dfrac{y-3}{-2}=\dfrac{z+5}{1}$ 与 L_2：$\begin{cases}x=3-t\\y=1-t\\z=1+2t\end{cases}$，则 L_1 与 L_2 的夹角 θ 等于：

A. $\dfrac{\pi}{2}$　　B. $\dfrac{\pi}{3}$

C. $\dfrac{\pi}{4}$　　D. $\dfrac{\pi}{6}$

10. 微分方程 $xy'-y=x^2e^{2x}$ 通解 y 等于：

A. $x(\dfrac{1}{2}e^{2x}+C)$　　B. $x(e^{2x}+C)$

C. $x(\dfrac{1}{2}x^2e^{2x}+C)$　　D. $x^2e^{2x}+C$

11. 抛物线 $y^2=4x$ 与直线 $x=3$ 所围成的平面图形绕 x 轴旋转一周形成的旋转体体积是：

A. $\int_0^3 4x\mathrm{d}x$　　B. $\pi\int_0^3 (4x)^2\mathrm{d}x$

C. $\pi\int_0^3 4x\mathrm{d}x$　　D. $\pi\int_0^3 \sqrt{4x}\,\mathrm{d}x$

12. 级数 $\sum\limits_{n=1}^{\infty}(-1)^n\dfrac{1}{n^{p-1}}$：

A. 当 $1<p\leqslant 2$ 时条件收敛　　B. 当 $p>2$ 时条件收敛

C. 当 $p<1$ 时条件收敛　　D. 当 $p>1$ 时条件收敛

13. 函数 $y=C_1e^{-x+c_2}$（C_1，C_2 为任意常数）是微分方程 $y''-y'-2y=0$ 的：

A. 通解　　B. 特解

C. 不是解　　D. 解，既不是通解又不是特解

14. 设 L 为从点 $A(0,-2)$ 到点 $B(2,0)$ 的有向直线段，则对坐标的曲线积分 $\int_L \frac{1}{x-y}\mathrm{d}x+y\mathrm{d}y$ 等于：

A. 1　　B. -1

C. 3　　D. -3

15. 设方程 $x^2+y^2+z^2=4z$ 确定可微函数 $z=z(x,y)$，则全微分 $\mathrm{d}z$ 等于：

A. $\frac{1}{2-z}(y\mathrm{d}x+x\mathrm{d}y)$　　B. $\frac{1}{2-z}(x\mathrm{d}x+y\mathrm{d}y)$

C. $\frac{1}{2+z}(\mathrm{d}x+\mathrm{d}y)$　　D. $\frac{1}{2-z}(\mathrm{d}x-\mathrm{d}y)$

16. 设 D 是由 $y=x$，$y=0$ 及 $y=\sqrt{a^2-x^2}\,(x\geqslant 0)$ 所围成的第一象限区域，则二重积分 $\iint\limits_D \mathrm{d}x\mathrm{d}y$ 等于：

A. $\frac{1}{8}\pi a^2$　　B. $\frac{1}{4}\pi a^2$

C. $\frac{3}{8}\pi a^2$　　D. $\frac{1}{2}\pi a^2$

17. 级数 $\sum\limits_{n=1}^{\infty}\frac{(2x+1)^n}{n}$ 的收敛域是：

A. $(-1,1)$　　B. $[-1,1]$

C. $[-1,0)$　　D. $(-1,0)$

18. 设 $z=e^{xe^y}$，则 $\frac{\partial^2 z}{\partial x^2}$ 等于：

A. e^{xe^y+2y}　　B. $e^{xe^y+y}(xe^y+1)$

C. e^{xe^y}　　D. e^{xe^y+y}

19. 设 $\boldsymbol{A}$，$\boldsymbol{B}$ 为三阶方阵，且行列式 $|\boldsymbol{A}|=-\frac{1}{2}$，$|\boldsymbol{B}|=2$，$\boldsymbol{A}^*$ 是 $\boldsymbol{A}$ 的伴随矩阵，则行列式 $|2\boldsymbol{A}^*\boldsymbol{B}^{-1}|$ 等于：

A. 1　　B. -1

C. 2　　D. -2

20. 下列结论中正确的是：

A. 如果矩阵 $\boldsymbol{A}$ 中所有顺序主子式都小于零，则 $\boldsymbol{A}$ 一定为负定矩阵

B. 设 $\boldsymbol{A}=(a_{ij})_{n\times n}$，若 $a_{ij}=a_{ji}$，且 $a_{ij}>0(i,j=1,2,\cdots,n)$，则 $\boldsymbol{A}$ 一定为正定矩阵

C. 如果二次型 $f(x_1,x_2,\cdots,x_n)$ 中缺少平方项，则它一定不是正定二次型

D. 二次型 $f(x_1,x_2,x_3)=x_1^2+x_2^2+x_3^2+x_1x_2+x_1x_3+x_2x_3$ 所对应的矩阵是 $\begin{bmatrix}1&1&1\\1&1&1\\1&1&1\end{bmatrix}$

21. 已知 n 元非齐次线性方程组 $\boldsymbol{Ax}=\boldsymbol{b}$，秩 $r(\boldsymbol{A})=n-2$，$\vec{\alpha}_1,\vec{\alpha}_2,\vec{\alpha}_3$ 为其线性无关的解向量，k_1,k_2 为任意常数，则 $\boldsymbol{Ax}=\boldsymbol{b}$ 通解为：

A. $\vec{x}=k_1(\vec{\alpha}_1-\vec{\alpha}_2)+k_2(\vec{\alpha}_1+\vec{\alpha}_3)+\vec{\alpha}_1$

B. $\vec{x}=k_1(\vec{\alpha}_1-\vec{\alpha}_3)+k_2(\vec{\alpha}_2+\vec{\alpha}_3)+\vec{\alpha}_1$

C. $\vec{x}=k_1(\vec{\alpha}_2-\vec{\alpha}_1)+k_2(\vec{\alpha}_2-\vec{\alpha}_3)+\vec{\alpha}_1$

D. $\vec{x}=k_1(\vec{\alpha}_2-\vec{\alpha}_3)+k_2(\vec{\alpha}_1+\vec{\alpha}_2)+\vec{\alpha}_1$

22. 设 A 与 B 是互不相容的事件，$p(A)>0,p(B)>0$，则下列式子一定成立的是：

A. $P(A)=1-P(B)$

B. $P(A|B)=0$

C. $P(A|\overline{B})=1$

D. $P(\overline{AB})=0$

23. 设(X,Y)的联合概率密度为 $f(x,y)=\begin{cases}k,0<x<1,0<y<x\\0,\text{其他}\end{cases}$，则数学期望$E(XY)$等于：

A. $\dfrac{1}{4}$　　B. $\dfrac{1}{3}$

C. $\dfrac{1}{6}$　　D. $\dfrac{1}{2}$

24. 设 $X_1, X_2, \cdots, X_n$ 与 $Y_1, Y_2, \cdots, Y_n$ 是来自正态总体 $X \sim N(\mu, \sigma^2)$ 的样本，并且相互独立，$\overline{X}$ 与 $\overline{Y}$ 分别是其样本均值，则 $\dfrac{\sum_{i=1}^{n}(X_i - \overline{X})^2}{\sum_{i=1}^{n}(Y_i - \overline{Y})^2}$ 服从的分布是：

A. $t(n-1)$　　B. $F(n-1, n-1)$

C. $\chi^2(n-1)$　　D. $N(\mu, \sigma^2)$

25. 在标准状态下，当氢气和氦气的压强与体积都相等时，氢气和氦气的内能之比为：

A. $\dfrac{5}{3}$　　B. $\dfrac{3}{5}$

C. $\dfrac{1}{2}$　　D. $\dfrac{3}{2}$

26. 速率分布函数 $f(v)$ 的物理意义是：

A. 具有速率 v 的分子数占总分子数的百分比

B. 速率分布在 v 附近的单位速率间隔中百分数占总分子数的百分比

C. 具有速率 v 的分子数

D. 速率分布在 v 附近的单位速率间隔中的分子数

27. 有 1mol 刚性双原子分子理想气体，在等压过程中对外做功 W，则其温度变化 ΔT 为：

A. $\dfrac{R}{W}$　　B. $\dfrac{W}{R}$

C. $\dfrac{2R}{W}$　　D. $\dfrac{2W}{R}$

28. 理想气体在等温膨胀过程中：

A. 气体做负功，向外界放出热量　　B. 气体做负功，从外界吸收热量

C. 气体做正功，向外界放出热量　　D. 气体做正功，从外界吸收热量

29. 一横波的波动方程是 $y = 2 \times 10^{-2} \cos 2\pi (10t - \dfrac{x}{5})$ (SI)，$t = 0.25$s 时，距离原点 $(x=0)$ 处最近的波峰位置为：

A. ±2.5m　　B. ±7.5m

C. ±4.5m　　D. ±5m

30. 一平面简谐波在弹性媒质中传播，在某一瞬时，某质元正处于其平衡位置，此时它的：

A. 动能为零，势能最大　　B. 动能为零，势能为零

C. 动能最大，势能最大　　D. 动能最大，势能为零

31. 通常人耳可听到的声波的频率范围是：

A. 20～200Hz　　B. 20～2000Hz

C. 20～20000Hz　　D. 20～200000Hz

32. 在空气中用波长为 λ 的单色光进行双缝干涉验时，观测到相邻明条纹的间距为 1.33mm，当把实验装置放入水中(水的折射率为 $n=1.33$)时，则相邻明条纹的间距变为：

A. 1.33mm　　B. 2.66mm

C. 1mm　　D. 2mm

33. 在真空中可见的波长范围是：

A. 400～760nm　　B. 400～760mm

C. 400～760cm　　D. 400～760m

34. 一束自然光垂直穿过两个偏振片，两个偏振片的偏振化方向成 45°。已知通过此两偏振片后光强为 I，则入射至第二个偏振片的线偏振光强度为：

A. I　　B. $2I$

C. $3I$　　D. $I/2$

35. 在单缝夫琅禾费衍射实验中，单缝宽度 $a=1\times10^{-4}$m，透镜焦距 $f=0.5$m。若用 $\lambda=400$nm 的单色平行光垂直入射，中央明纹的宽度为：

A. 2×10^{-3}m　　B. 2×10^{-4}m

C. 4×10^{-4}m　　D. 4×10^{-3}m

36. 一单色平行光垂直入射到光栅上，衍射光谱中出现了五条明纹，若已知此光栅的缝宽 a 与不透光部分 b 相等，那么在中央明纹一侧的两条明纹级次分别是：

A. 1 和 3　　B. 1 和 2

C. 2 和 3　　D. 2 和 4

37. 下列元素，电负性最大的是：

A. F　　B. Cl

C. Br　　D. I

38. 在 NaCl,$MgCl_2$,$AlCl_3$,$SiCl_4$ 四种物质中,离子极化作用最强的是:

A. NaCl　　B. $MgCl_2$

C. $AlCl_3$　　D. $SiCl_4$

39. 现有 100mL 浓硫酸,测得其质量分数为 98%,密度为 $1.84g \cdot mL^{-1}$,其物质的量浓度为:

A. $18.4mol \cdot L^{-1}$　　B. $18.8mol \cdot L^{-1}$

C. $18.0mol \cdot L^{-1}$　　D. $1.84mol \cdot L^{-1}$

40. 已知反应(1)$H_2(g)+S(s) \rightleftharpoons H_2S(g)$,其平衡常数为 $K_1^{\ominus}$,

(2)$S(s)+O_2(g) \rightleftharpoons SO_2(g)$,其平衡常数为 $K_2^{\ominus}$,则反应

(3)$H_2(g)+SO_2(s) \rightleftharpoons O_2(g)+H_2S(g)$的平衡常数为 $K_3^{\ominus}$ 是:

A. $K_1^{\ominus}+K_2^{\ominus}$　　B. $K_1^{\ominus} \cdot K_2^{\ominus}$

C. $K_1^{\ominus}-K_2^{\ominus}$　　D. $K_1^{\ominus}/K_2^{\ominus}$

41. 有原电池(−)Zn|$ZnSO_4(c_1)$||$CuSO_4(c_2)$|Cu(+),如向铜半电池中通入硫化氢,则原电池电动势变化趋势是:

A. 变大　　B. 变小

C. 不变　　D. 无法判断

42. 电解 NaCl 水溶液时,阴极上放电的离子是:

A. H^+　　B. OH^-

C. Na^+　　D. Cl^-

43. 已知反应 $N_2(g)+3H_2(g) \rightarrow 2NH_3(g)$的 $\Delta_r H_m<0$,$\Delta_r S_m<0$,则该反应为:

A. 低温易自发,高温不易自发　　B. 高温易自发,低温不易自发

C. 任何温度都易自发　　D. 任何温度都不易自发

44. 下列有机物中,对于可能处在同一平面上的最多原子数目的判断,正确的是:

A. 丙烷最多有 6 个原子处于同一平面上

B. 丙烯最多有 9 个原子处于同一平面上

C. 苯乙烯(C_6H_5—$CH=CH_2$)最多有 16 个原子处于同一平面上

D. $CH_3CH=CH-C\equiv C-CH_3$ 最多有 12 个原子处于同一平面上

45. 下列有机物中，既能发生加成反应和酯化反应，又能发生氧化反应的化合物是：

A. $CH_3CH=CHCOOH$

B. $CH_3CH=CHCOOC_2H_5$

C. $CH_3CH_2CH_2CH_2OH$

D. $HOCH_2CH_2CH_2CH_2OH$

46. 人造羊毛的结构简式为：$\left[CH_2-\underset{\underset{\displaystyle CN}{|}}{CH} \right]_n$，它属于：

①共价化合物；②无机化合物；③有机化合物；④高分子化合物；⑤离子化合物。

A. ②④⑤　　B. ①④⑤

C. ①③④　　D. ③④⑤

47. 将大小为 100N 的力 $\boldsymbol{F}$ 沿 x、y 方向分解，若 $\boldsymbol{F}$ 在 x 轴上的投影为 50N，而沿 x 方向的分力的大小为 200N，则 $\boldsymbol{F}$ 在 y 轴上的投影为：

A. 0

B. 50N

C. 200N

D. 100N

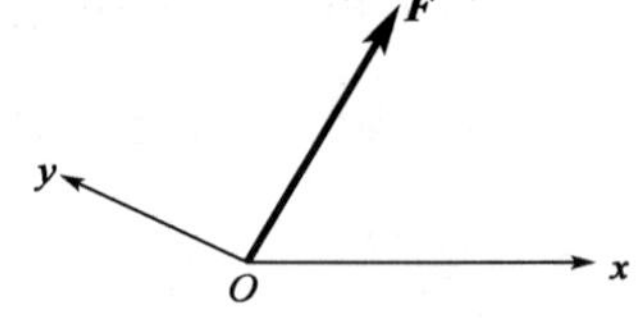

48. 图示边长为 a 的正方形物块 $OABC$，已知：力 $F_1=F_2=F_3=F_4=F$，力偶矩 $M_1=M_2=Fa$。该力系向 O 点简化后的主矢及主矩应为：

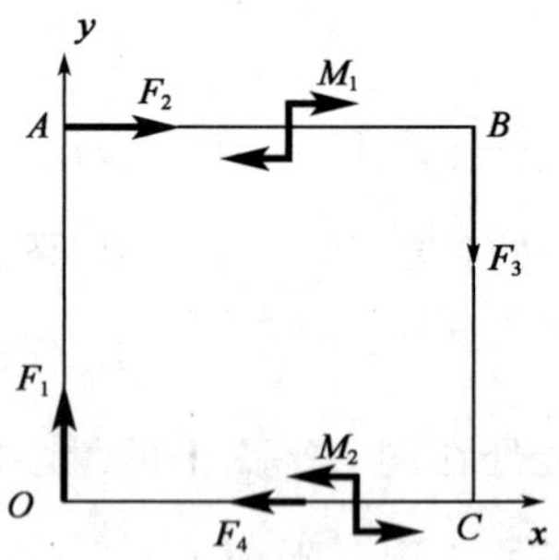

A. $F_R=0N, M_O=4Fa$(↻)

B. $F_R=0N, M_O=3Fa$(↺)

C. $F_R=0N, M_O=2Fa$(↺)

D. $F_R=0N, M_O=2Fa$(↻)

49. 在图示机构中，已知 F_p，$L=2\text{m}$，$r=0.5\text{m}$，$\theta=30°$，$BE=EG$，$CE=EH$，则支座 A 的约束力为：

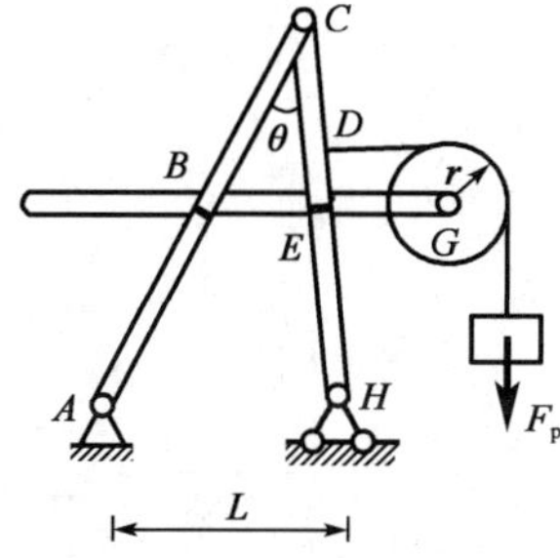

A. $F_{Ax}=F_p(\leftarrow)$，$F_{Ay}=1.75F_p(\downarrow)$

B. $F_{Ax}=0$，$F_{Ay}=0.75F_p(\downarrow)$

C. $F_{Ax}=0$，$F_{Ay}=0.75F_p(\uparrow)$

D. $F_{Ax}=F_p(\rightarrow)$，$F_{Ay}=1.75F_p(\uparrow)$

50. 图示不计自重的水平梁与桁架在 B 点铰接。已知：荷载 F_1、F 均与 BH 垂直，$F_1=8\text{kN}$，$F=4\text{kN}$，$M=6\text{kN}\cdot\text{m}$，$q=1\text{kN/m}$，$L=2\text{m}$。则杆件 1 的内力为：

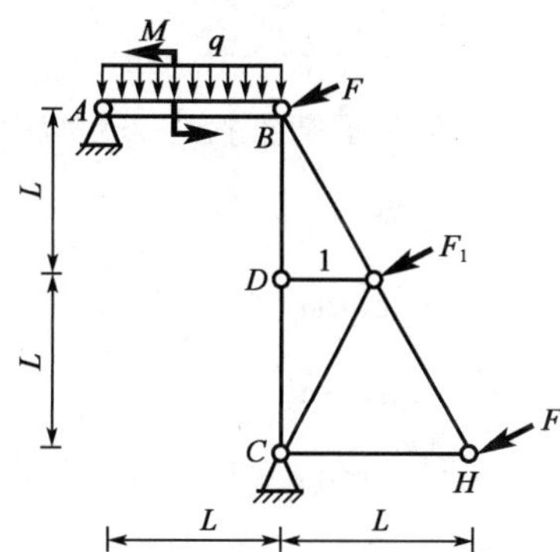

A. $F_1=0$

B. $F_1=8\text{kN}$

C. $F_1=-8\text{kN}$

D. $F_1=-4\text{kN}$

51. 动点 A 和 B 在同一坐标系中的运动方程分别为 $\begin{cases}x_A=t\\y_A=2t^2\end{cases}$，$\begin{cases}x_B=t^2\\y_B=2t^4\end{cases}$，其中 x、y 以 cm 计，t 以 s 计，则两点相遇的时刻为：

A. $t=1\text{s}$　　B. $t=0.5\text{s}$

C. $t=2\text{s}$　　D. $t=1.5\text{s}$

52. 刚体作平动时，某瞬时体内各点的速度与加速度为：

A. 体内各点速度不相同，加速度相同

B. 体内各点速度相同，加速度不相同

C. 体内各点速度相同，加速度也相同

D. 体内各点速度不相同，加速度也不相同

53. 杆 OA 绕固定轴 O 转动，长为 l，某瞬时杆端 A 点的加速度 a 如图所示。则该瞬时 OA 的角速度及角加速度为：

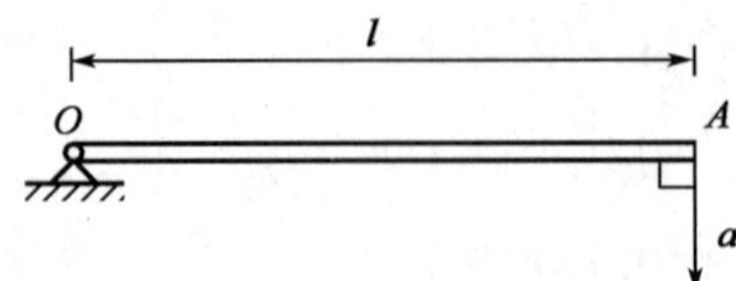

A. $0,\frac{a}{l}$

B. $\sqrt{\frac{a\cos\alpha}{l}},\frac{a\sin\alpha}{l}$

C. $\sqrt{\frac{a}{l}},0$

D. $0,\sqrt{\frac{a}{l}}$

54. 在图示圆锥摆中，球 M 的质量为 m，绳长 l，若 α 角保持不变，则小球的法向加速度为：

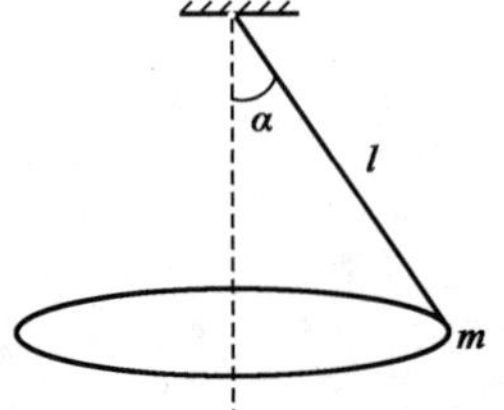

A. $g\sin\alpha$

B. $g\cos\alpha$

C. $g\tan\alpha$

D. $g\cot\alpha$

55. 图示均质链条传动机构的大齿轮以角速度 ω 转动，已知大齿轮半径为 R，质量为 m_1，小齿轮半径为 r，质量为 m_2，链条质量不计，则此系统的动量为：

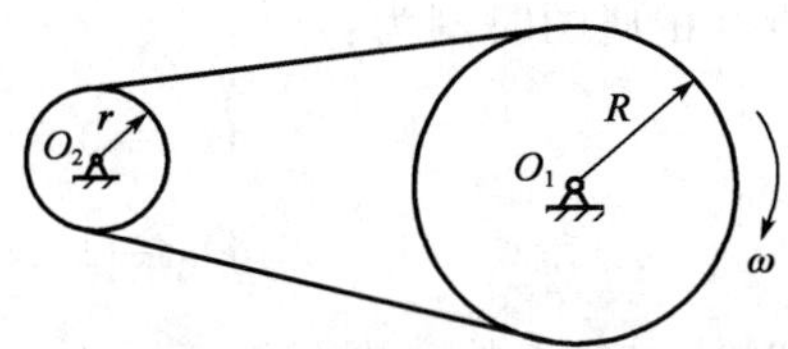

A. $(m_1+2m_2)v$ →

B. $(m_1+m_2)v$ →

C. $(2m_1-m_2)v$ →

D. 0

56. 均质圆柱体半径为 R，质量为 m，绕关于对纸面垂直的固定水平轴自由转动，初瞬时静止（G 在 O 轴的沿垂线上），如图所示，则圆柱体在位置 $\theta=90°$时的角速度是：

A. $\sqrt{\frac{g}{3R}}$

B. $\sqrt{\frac{2g}{3R}}$

C. $\sqrt{\frac{4g}{3R}}$

D. $\sqrt{\frac{g}{2R}}$

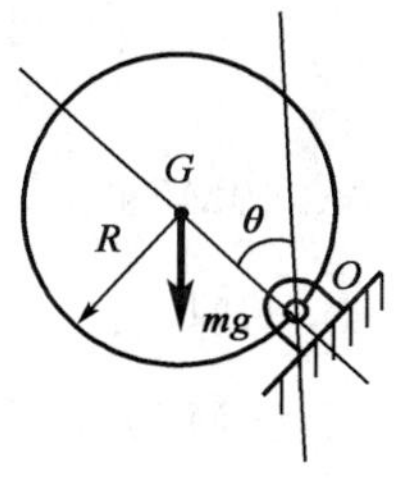

57. 质量不计的水平细杆 AB 长为 L，在沿垂图面内绕 A 轴转动，其另一端固连质量为 m 的质点 B，在图示水平位置静止释放。则此瞬时质点 B 的惯性力为：

A. $F_g=mg$

B. $F_g=\sqrt{2}mg$

C. 0

D. $F_g=\frac{\sqrt{2}}{2}mg$

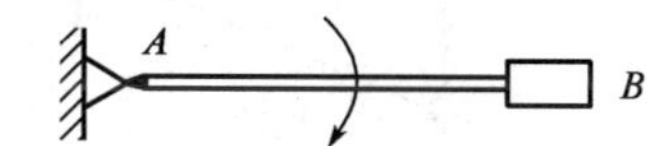

58. 如图所示系统中，当物块振动的频率比为 1.27 时，k 的值是：

A. 1×10^5 N/m

B. 2×10^5 N/m

C. 1×10^4 N/m

D. 1.5×10^5 N/m

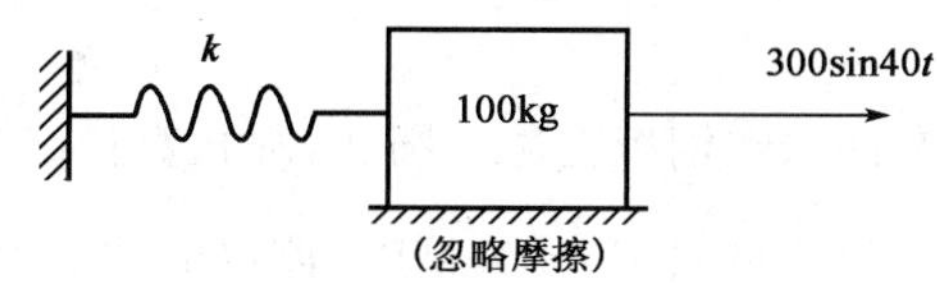

59. 图示结构的两杆面积和材料相同，在沿直向下的力 F 作用下，下面正确的结论是：

A. C 点位平放向下偏左，1 杆轴力不为零

B. C 点位平放向下偏左，1 杆轴力为零

C. C 点位平放铅直向下，1 杆轴力为零

D. C 点位平放向下偏右，1 杆轴力不为零

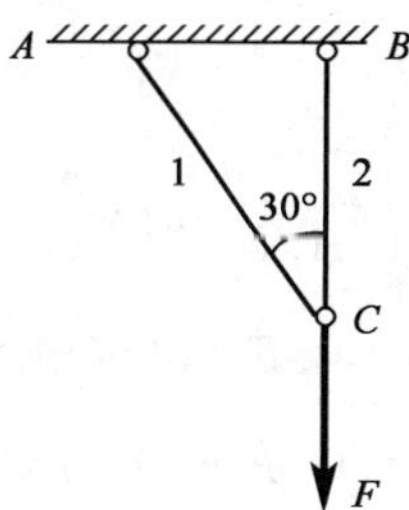

60. 图截面杆 ABC 轴向受力如图所示，已知 BC 杆的直径 $d=100\text{mm}$，AB 杆的直径为 $2d$，杆的最大拉应力是：

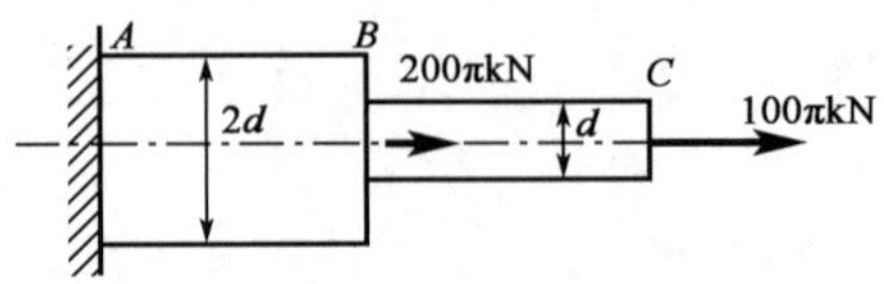

A. 40MPa

B. 30MPa

C. 80MPa

D. 120MPa

61. 桁架由 2 根细长直杆组成，杆的截面尺寸相同，材料分别是结构钢和普通铸铁，在下列桁架中，布局比较合理的是：

A.
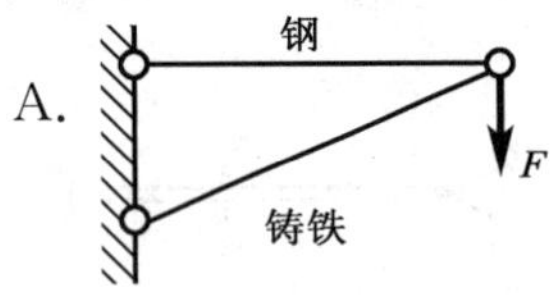

B.
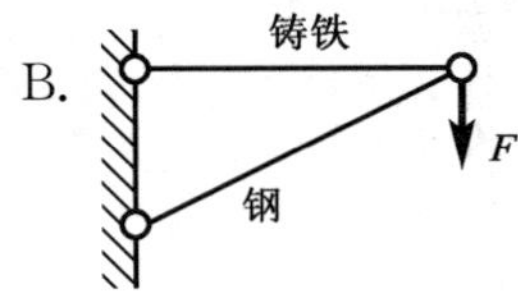

C.
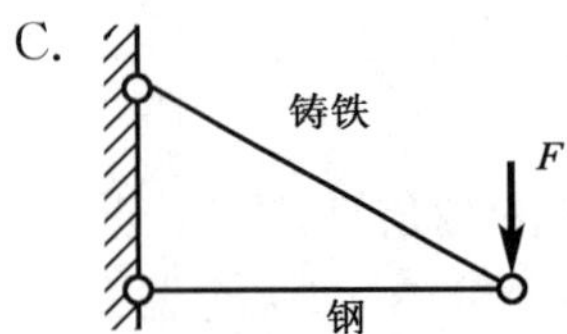

D.
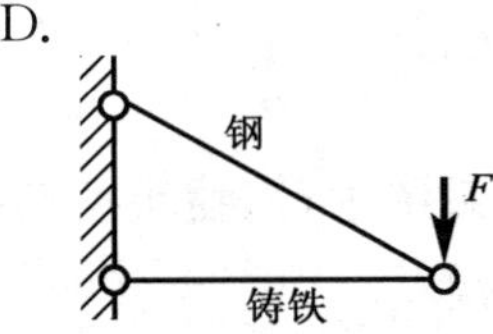

62. 冲床在钢板上冲一圆孔，圆孔直径 $d=100\text{mm}$，钢板的厚度 $t=10\text{mm}$ 钢板的剪切强度极限 $\tau_b=300\text{MPa}$，需要的冲压力 F 是：

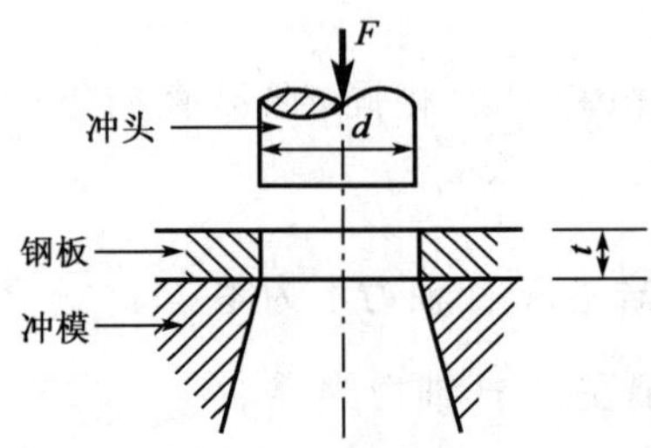

A. $F=300\pi\text{kN}$

B. $F=3000\pi\text{kN}$

C. $F=2500\pi\text{kN}$

D. $F=7500\pi\text{kN}$

63. 螺钉受力如图。已知螺钉和钢板的材料相同，拉伸许用应力$[\sigma]$是剪切许用应力$[\tau]$的 2 倍，即$[\sigma]=2[\tau]$，钢板厚度 t 是螺钉头高度 h 的 1.5 倍，则螺钉直径 d 的合理值是：

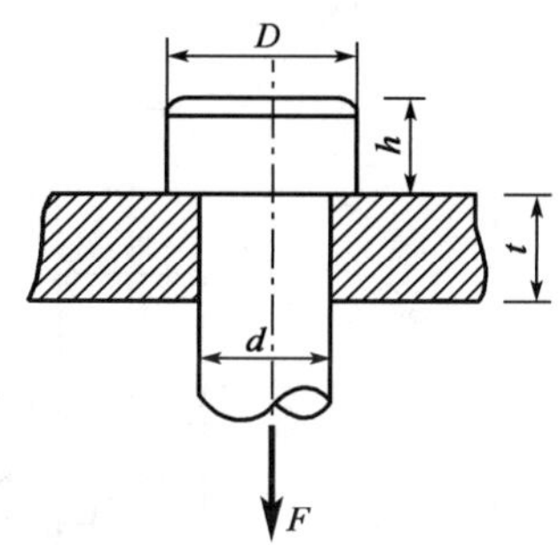

A. $d=2h$

B. $d=0.5h$

C. $d^2=2Dt$

D. $d^2=0.5Dt$

64. 图示受扭空心圆轴横截面上的切应力分布图，其中正确的是：

A. 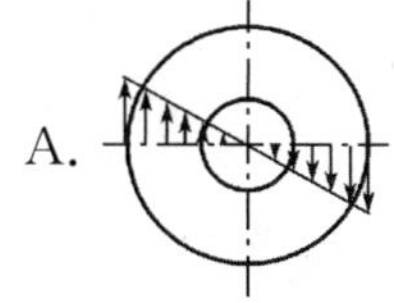

B. 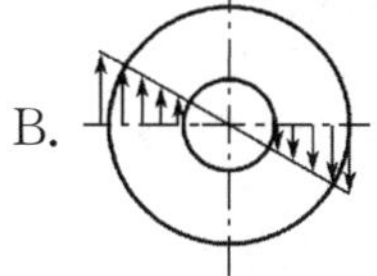

C. 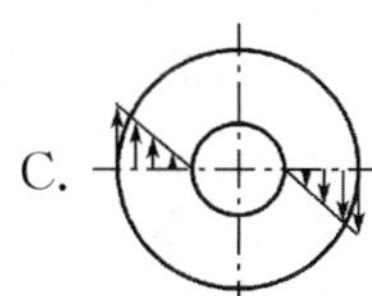

D. 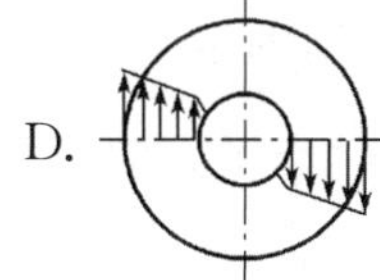

65. 在一套传动系统中，有多根圆轴，假设所有圆轴传递的功率相同，但转速不同，各轴所承受的扭矩与其转速的关系是：

A. 转速快的轴扭矩大

B. 转速慢的轴扭矩大

C. 各轴的扭矩相同

D. 无法确定

66. 梁的弯矩图如图所示，最大值在 B 截面。在梁的 A、B、C、D 四个截面中，剪力为零的截面是：

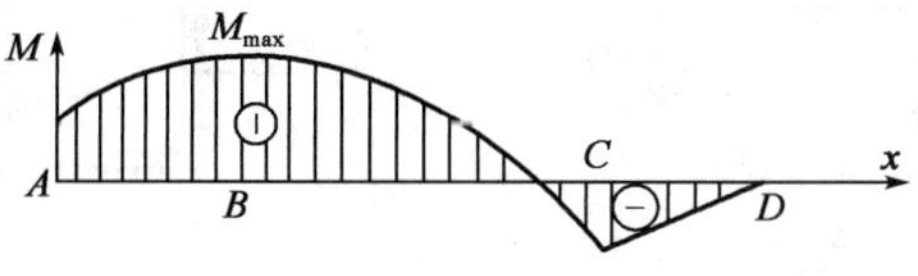

A. A 截面

B. B 截面

C. C 截面

D. D 截面

67. 图示矩形截面受压杆，杆的中间段右侧有一槽，如图 a)所示，若在杆的左侧，即槽的对称位置也挖出同样的槽(见图 b)，则图 b)杆的最大压应力是图 a)最大压应力的：

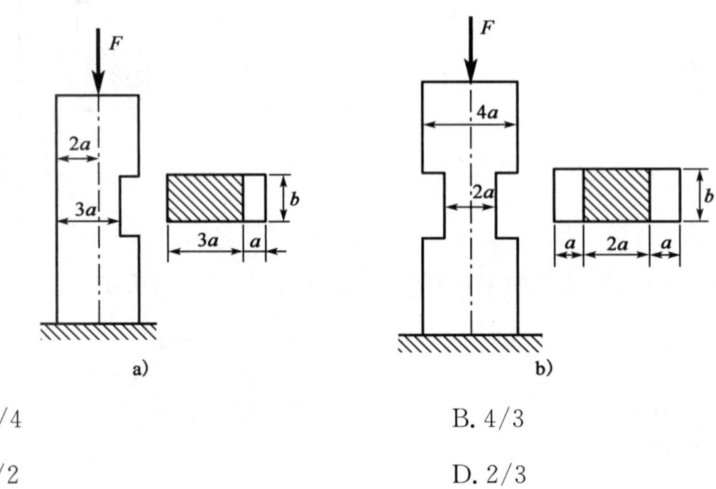

a)　　b)

A. 3/4　　B. 4/3

C. 3/2　　D. 2/3

68. 梁的横截面可选用图示空心矩形、矩形、正方形和圆形四种之一，假设四种截面的面积均相等，荷载作用方向沿垂向下，承载能力最大的截面是：

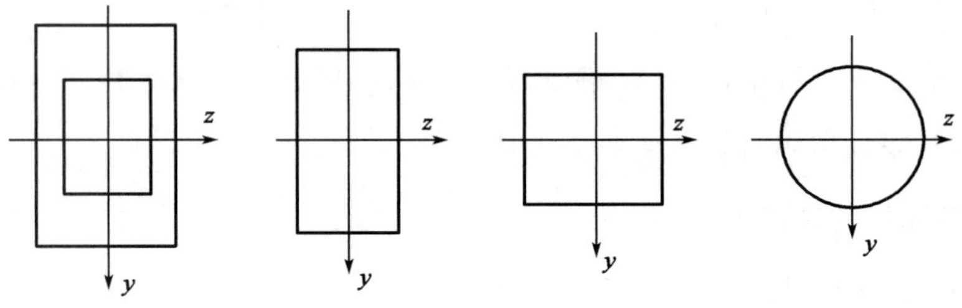

A. 空心矩形　　B. 实心矩形

C. 正方形　　D. 圆形

69. 按照第三强度理论，图示两种应力状态的危险程度是：

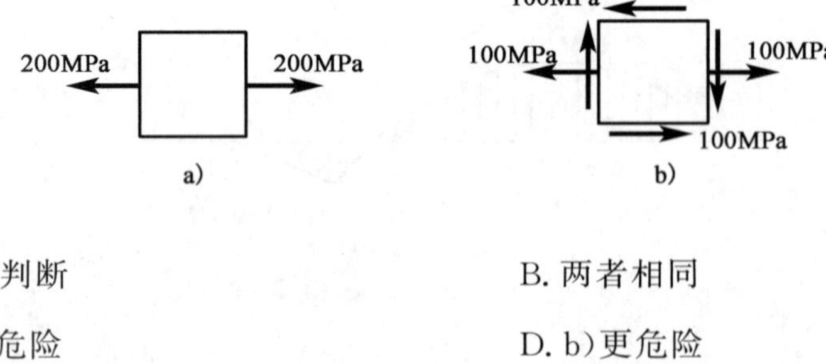

a)　　b)

A. 无法判断　　B. 两者相同

C. a)更危险　　D. b)更危险

70. 正方形截面杆 AB，力 F 作用在 xoy 平面内，与 x 轴夹角 α，杆距离 B 端为 a 的横截面上最大正应力在 $\alpha=45°$ 时的值是 $\alpha=0$ 时值的：

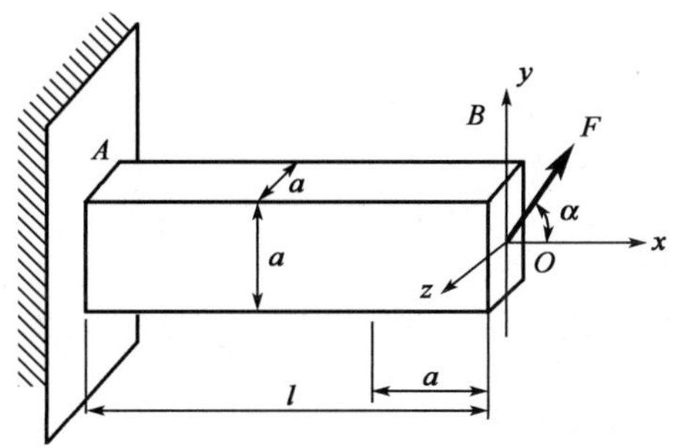

A. $\frac{7\sqrt{2}}{2}$倍

B. $3\sqrt{2}$倍

C. $\frac{5\sqrt{2}}{2}$倍

D. $\sqrt{2}$倍

71. 如图所示水下有一半径为 $R=0.1\text{m}$ 的半球形侧盖，球心至水面距离 $H=5\text{m}$，作用于半球盖上水平方向的静水压力是：

A. 0.98kN

B. 1.96kN

C. 0.77kN

D. 1.54kN

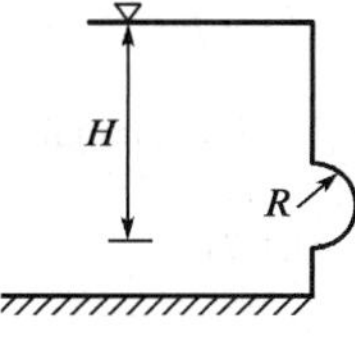

72. 密闭水箱如图所示，已知水深 $h=2\text{m}$，自由面上的压强 $p_0=88\text{kN/m}^2$，当地大气压强 $p_a=101\text{kN/m}^2$，则水箱底部 A 点的绝对压强与相对压强分别为：

A. 107.6kN/m^2 和 -6.6kN/m^2

B. 107.6kN/m^2 和 6.6kN/m^2

C. 120.6kN/m^2 和 -6.6kN/m^2

D. 120.6kN/m^2 和 6.6kN/m^2

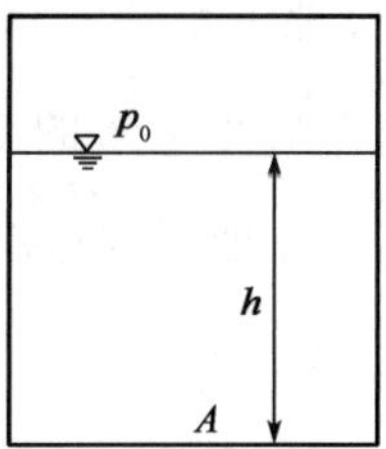

73. 下列不可压缩二维流动中，满足连续性方程的是：

A. $u_x=2x, u_y=2y$

B. $u_x=0, u_y=2xy$

C. $u_x=5x, u_y=-5y$

D. $u_x=2xy, u_y=-2xy$

74. 圆管层流中，下述错误的是：

A. 水头损失与雷诺数有关

B. 水头损失与管长度有关

C. 水头损失与流速有关

D. 水头损失与粗糙度有关

75. 主干管在 A、B 间是由两条支管组成的一个并联管路，两支管的长度和管径分别为$l_1=1800\text{m}, d_1=150\text{mm}, l_2=3000\text{m}, d_2=200\text{mm}$，两支管的沿程阻力系数 λ 均为 0.01，若主干管流量 $Q=39\text{L/s}$，则两支管流量分别为：

A. $Q_1=12\text{L/s}, Q_2=27\text{L/s}$

B. $Q_1=15\text{L/s}, Q_2=24\text{L/s}$

C. $Q_1=24\text{L/s}, Q_2=15\text{L/s}$

D. $Q_1=27\text{L/s}, Q_2=12\text{L/s}$

76. 一梯形断面明渠，水力半径 $R=0.8\text{m}$，底坡 $i=0.0006$，粗糙系数 $n=0.05$，则输水流速为：

A. 0.42m/s

B. 0.48m/s

C. 0.6m/s

D. 0.75m/s

77. 地下水的浸润线是指：

A. 地下水的流线

B. 地下水运动的迹线

C. 无压地下水的自由水面线

D. 土壤中干土与湿土的界限

78. 用同种流体，同一温度进行管道模型实验，按黏性力相似准则，已知模型管径 0.1m，模型流速 4m/s，若原型管径为 2m，则原型流速为：

A. 0.2m/s　　B. 2m/s

C. 80m/s　　D. 8m/s

79. 真空中有三个带电质点，其电荷分别为 q_1、q_2 和 q_3，其中，电荷为 q_1 和 q_3 的质点位置固定，电荷为 q_2 的质点可以自由移动，当三个质点的空间分布如图所示时，电荷为 q_2 的质点静止不动，此时如下关系成立的是：

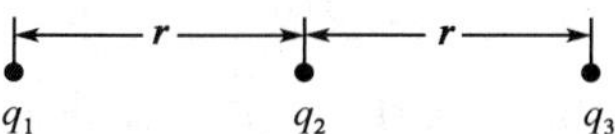

A. $q_1=q_2=2q_3$

B. $q_1=q_3=|q_2|$

C. $q_1=q_2=-q_3$

D. $q_2=q_3=-q_1$

80. 在图示电路中，$I_1=-4A$，$I_2=-3A$，则 $I_3=$

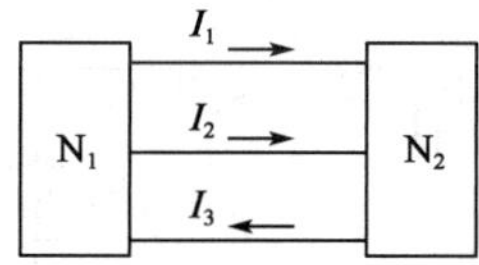

A. −1A　　B. 7A

C. −7A　　D. 1A

81. 已知电路如图所示，其中，响应电流 I 在电压源单独作用时的分量为：

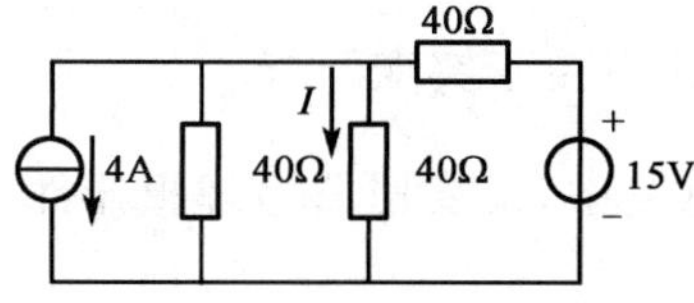

A. 0.375A　　B. 0.25A

C. 0.125A　　D. 0.1875A

82. 已知电流 $\dot{i}(t)=0.1\sin(wt+10^{\circ})$ A，电压 $u(t)=10\sin(wt-10^{\circ})$ V，则如下表述中正确的是：

A. 电流 $i(t)$ 与电压 $u(t)$ 呈反相关系

B. $\dot{I}=0.1\angle 10^{\circ}$ A，$\dot{U}=10\angle -10^{\circ}$ V

C. $\dot{I}=70.7\angle 10^{\circ}$ mA，$\dot{U}=-7.07\angle 10^{\circ}$ V

D. $\dot{I}=70.7\angle 10^{\circ}$ mA，$\dot{U}=7.07\angle -10^{\circ}$ V

83. 一交流电路由 R、L、C 串联而成，其中，$R=10\Omega$，$X_L=8\Omega$，$X_C=6\Omega$。通过该电路的电流为 10A，则该电路的有功功率、无功功率和视在功率分别为：

A. 1kW，1.6kvar，2.6kV·A

B. 1kW，200var，1.2kV·A

C. 100W，200var，223.6V·A

D. 1kW，200var，1.02kV·A

84. 已知电路如图所示，设开关在 $t=0$ 时刻断开，那么如下表述中正确的是：

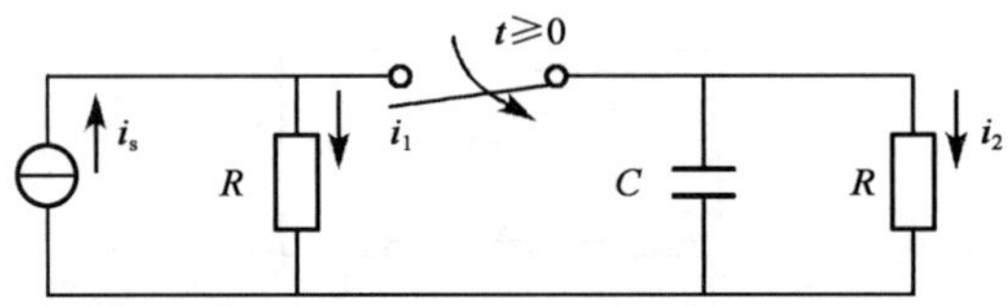

A. 电路的左右两侧均进入暂态过程

B. 电路 i_1 立即等于 i_s，电流 i_2 立即等于 0

C. 电路 i_2 由 $\frac{1}{2}i_s$ 逐步衰减到 0

D. 在 $t=0$ 时刻，电流 i_2 发生了突变

85. 图示变压器空载运行电路中，设变压器为理想器件，若 $u=\sqrt{2}U\sin\omega t$，则此时：

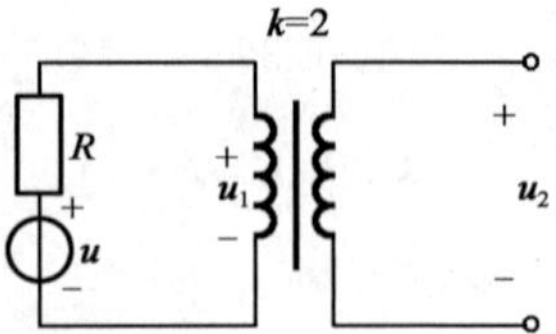

A. $U_1=\frac{\omega L\cdot U}{\sqrt{R^2+(\omega L)^2}}$，$U_2=0$

B. $u_1=u$，$U_2=\frac{1}{2}U_1$

C. $u_1\neq u$，$U_2=\frac{1}{2}U_1$

D. $u_1=u$，$U_2=2U_1$

86. 设某△接异步电动机全压启动时的启动电流 $I_{st}=30A$，启动转矩 $T_u=45N \cdot m$，若对此台电动机采用 Y-△降压启动方案，则启动电流和启动转矩分别为：

A. 17.32A，25.98N·m

B. 10A，15N·m

C. 10A，25.98N·m

D. 17.32A，15N·m

87. 图示电路的任意一个输出端，在任意时刻都只出现 0V 或 5V 这两个电压值（例如，在 $t=t_0$ 时刻获得的输出电压从上到下依次为 5V、0V、5V、0V），那么该电路的输出电压：

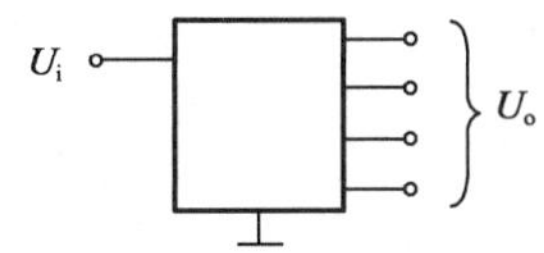

A. 是取值离散的连续时间信号

B. 是取值连续的离散时间信号

C. 是取值连续的连续时间信号

D. 是取值离散的离散时间信号

88. 图示非周期信号 $u(t)$ 如图所示，若利用单位阶跃函数 $\varepsilon(t)$ 将其写成时间函数表达式，则 $u(t)$ 等于：

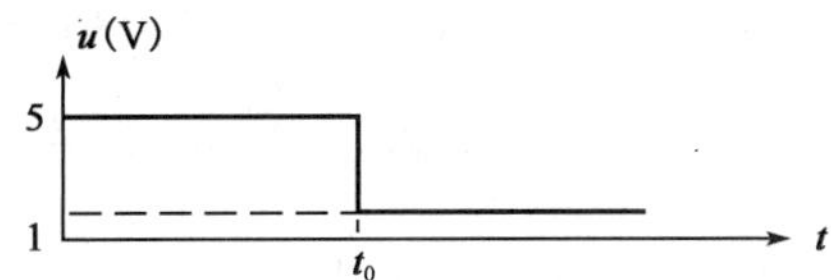

A. 5－1＝4V

B. $5\varepsilon(t)+\varepsilon(t-t_0)$ V

C. $5\varepsilon(t)-4\varepsilon(t-t_0)$ V

D. $5\varepsilon(t)-4\varepsilon(t+t_0)$ V

89. 模拟信号经线性放大器放大后，信号中被改变的量是：

A. 信号的频率

B. 信号的幅值频谱

C. 信号的相位频谱

D. 信号的幅值

90. 逻辑表达式(A＋B)(A＋C)的化简结果是：

A. A

B. $A^2+AB+AC+BC$

C. A＋BC

D. (A＋B)(A＋C)

91. 已知数字信号 A 和数字信号 B 的波形如图所示，则数字信号 $F=\overline{AB}$的波形为：

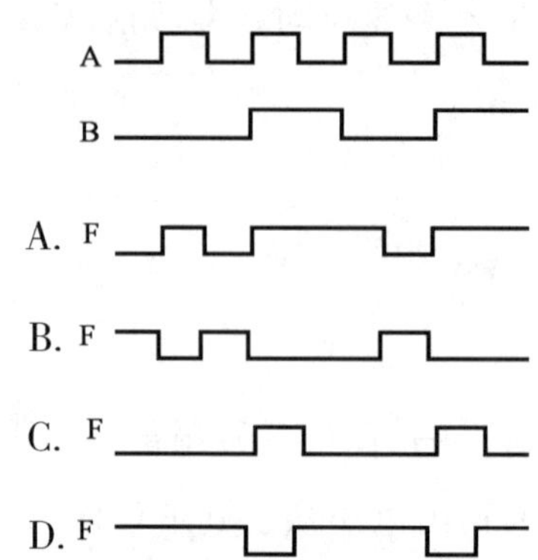

92. 逻辑函数 $F=f(A、B、C)$的真值表如图所示，由此可知：

A. $F=\overline{A}(\overline{B}C+B\overline{C})+A(\overline{B}\overline{C}+BC)$

B. $F=\overline{B}C+B\overline{C}$

C. $F=\overline{B}\,\overline{C}+BC$

D. $F=\overline{A}+\overline{B}+\overline{BC}$

A	B	C	F
0	0	0	1
0	0	1	0
0	1	0	0
0	1	1	1
1	0	0	1
1	0	1	0
1	1	0	0
1	1	1	1

93. 二极管应用电路如图 a)所示，电路的激励 u_i 如图 b)所示，设二极管为理想器件，则电路的输出电压 u_o 的平均值 $U_o=$

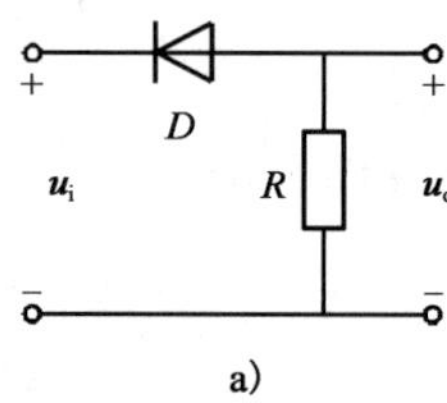

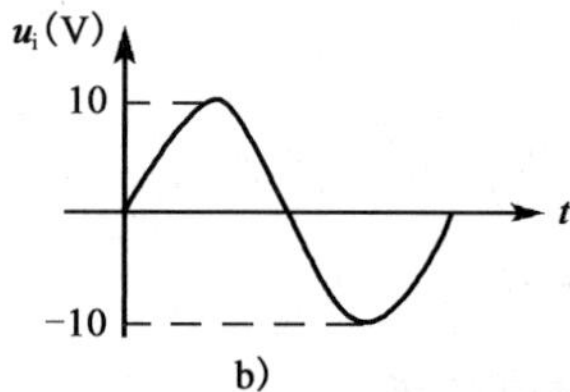

A. $\frac{10}{\sqrt{2}}\times0.45=3.18\text{V}$

B. $10\times0.45=4.5\text{V}$

C. $-\frac{10}{\sqrt{2}}\times0.45=-3.18\text{V}$

D. $-10\times0.45=-4.5\text{V}$

94. 运算放大器应用电路如图所示，设运算放大器输出电压的极限值为±11V，如果将 2V 电压接入电路的"A"端，电路的"B"端接地后，测得输出电压为－8V，那么，如果将 2V 电压接入电路的"B"端，而电路的"A"端接地，则该电路的输出电压 u_o 等于：

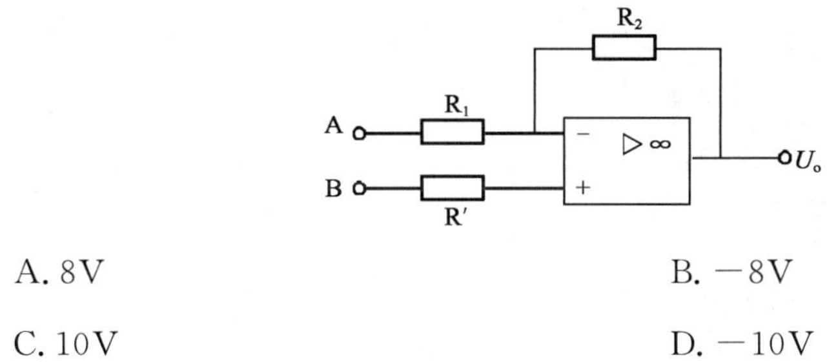

A. 8V　　　　B. －8V

C. 10V　　　　D. －10V

95. 图 a)所示电路中，复位信号 $\overline{R}_D$、信号 A 及时钟脉冲信号 cp 如图 b)所示，经分析可知，在第一个和第二个时钟脉冲的下降沿时刻，输出 Q 先后等于：

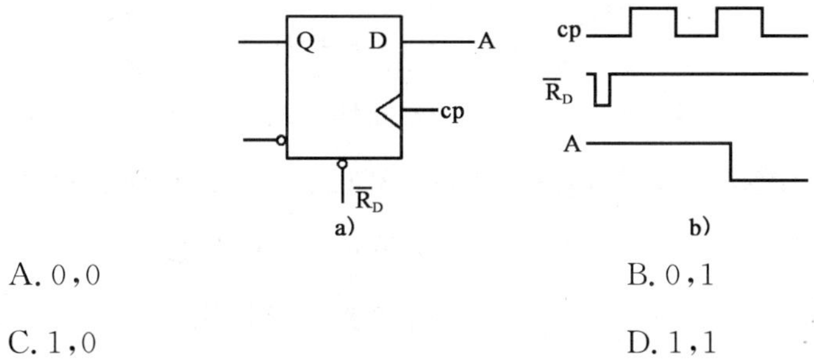

A. 0,0　　　　B. 0,1

C. 1,0　　　　D. 1,1

附：触发器的逻辑状态表为

D	Q_{n+1}
0	0
1	1

96. 图 a)所示电路中，复位信号、数据输入及时钟脉冲信号如图 b)所示，经分析可知，在第一个和第二个时钟脉冲的下降沿过后，输出 Q 先后等于：

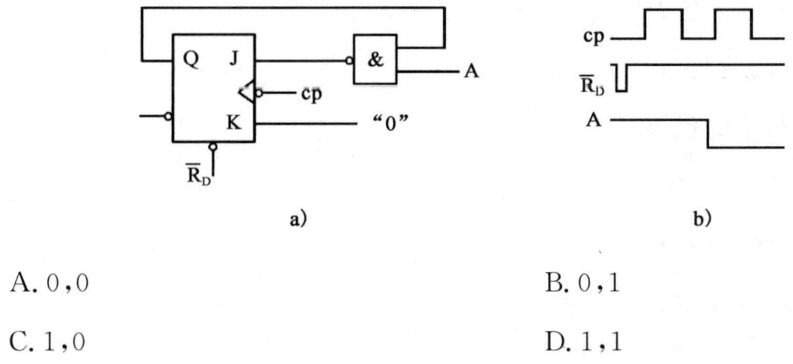

A. 0,0　　　　B. 0,1

C. 1,0　　　　D. 1,1

附:触发器的逻辑状态表为

J	K	Q_{n+1}
0	0	Q_D
0	1	0
1	0	1
1	1	$\overline{Q}_D$

97. 总线中的地址总线传输的是:

A. 程序和数据

B. 主储存器的地址码或外围设备码

C. 控制信息

D. 计算机的系统命令

98. 软件系统中,能够管理和控制计算机系统全部资源的软件是:

A. 应用软件　　B. 用户程序

C. 支撑软件　　D. 操作系统

99. 用高级语言编写的源程序,将其转换成能在计算机上运行的程序过程是:

A. 翻译、连接、执行　　B. 编辑、编译、连接

C. 连接、翻译、执行　　D. 编程、编辑、执行

100. 十进制的数 256.625 用十六进制表示则是:

A. 110.B　　B. 200.C

C. 100.A　　D. 96.D

101. 在下面有关信息加密技术的论述中,不正确的是:

A. 信息加密技术是为提高信息系统及数据的安全性和保密性的技术

B. 信息加密技术是为防止数据信息被别人破译而采用的技术

C. 信息加密技术是网络安全的重要技术之一

D. 信息加密技术是为清楚计算机病毒而采用的技术

102. 可以这样来认识进程,进程是:

A. 一段执行中的程序

B. 一个名义上的软件系统

C. 与程序等效的一个概念

D. 一个存放在 ROM 中的程序

103.操作系统中的文件管理是：

A.对计算机的系统软件资源进行管理

B.对计算机的硬件资源进行管理

C.对计算机用户进行管理

D.对计算机网络进行管理

104.在计算机网络中，常将负责全网络信息处理的设备和软件称为：

A.资源子网　　B.通信子网

C.局域网　　D.广域网

105.若按采用的传输介质的不同，可将网络分为：

A.双绞线网、同轴电缆网、光纤网、无线网

B.基带网和宽带网

C.电路交换类、报文交换类、分组交换类

D.广播式网络、点到点式网络

106.一个典型的计算机网络系统主要是由：

A.网络硬件系统和网络软件系统组成

B.主机和网络软件系统组成

C.网络操作系统和若干计算机组成

D.网络协议和网络操作系统组成

107.如现在投资100万元，预计年利率为10%，分5年等额回收，每年可回收：[已知：$(A/P,10\%,5)=0.2638$，$(A/F,10\%,5)=0.1638$]

A.16.38万元　　B.26.38万元

C.62.09万元　　D.75.82万元

108.某项目投资中有部分资金源于银行贷款，该贷款在整个项目期间将等额偿还本息。项目预计年经营成本为5000万元，年折旧费和摊销为2000万元，则该项目的年总成本费用应：

A.等于5000万元　　B.等于7000万元

C.大于7000万元　　D.在5000万元与7000万元之间

109.下列财务评价指标中，反映项目盈利能力的指标是：

A.流动比率　　B.利息备付率

C.投资回收期　　D.资产负债率

110. 某项目第一年年初投资 5000 万元，此后从第一年年末开始每年年末有相同的净收益，收益期为 10 年。寿命期结束时的净残值为 100 万元，若基准收益率为 12%，则要使该投资方案的净现值为零，其年净收益应为：[已知：$(P/A,12\%,10)=5.6500$；$(P/F,12\%,10)=0.3220$]

A. 879.26 万元　　B. 884.96 万元

C. 890.65 万元　　D. 1610 万元

111. 某企业设计生产能力为年产某产品 40000t，在满负荷生产状态下，总成本为 30000 万元，其中固定成本为 10000 万元，若产品价格为 1 万元/t，则以生产能力利用率表示的盈亏平衡点为：

A. 25%　　B. 35%　　C. 40%　　D. 50%

112. 已知甲、乙为两个寿命期相同的互斥项目，通过测算得出：甲、乙两项目的内部收益率分别为 18%和 14%，甲、乙两项目的净现值分别为 240 万元和 320 万元。假如基准收益率为 12%，则以下说法中正确的是：

A. 应选择甲项目

B. 应选择乙项目

C. 应同时选择甲、乙两个项目

D. 甲、乙项目均不应选择

113. 下列项目方案类型中，适于采用最小公倍数法进行方案比选的是：

A. 寿命期相同的互斥方案　　B. 寿命期不同的互斥方案

C. 寿命期相同的独立方案　　D. 寿命期不同的独立方案

114. 某项目整体功能的目标成本为 100 万元，在进行功能评价时，得出某一功能 F^* 的功能评价系数为 0.3，若其成本改进期望值为 −5000 元(即降低 5000 元)，则 F^* 的现实成本为：

A. 2.5 万元　　B. 3 万元　　C. 3.5 万元　　D. 4 万元

115. 根据《中华人民共和国建筑法》规定，对从事建筑业的单位实行资质管理制度，将从事建活动的工程监理单位，划分为不同的资质等级。监理单位资质等级的划分条件可以不考虑：

A. 注册资本　　B. 法定代表人

C. 已完成的建筑工程业绩　　D. 专业技术人员

116. 某生产经营单位使用危险性较大的特种设备，根据《安全生产法》规定，该设备投入使用的条件不包括：

A. 该设备应由专业生产单位生产

B. 该设备应进行安全条件论证和安全评价

C. 该设备须经取得专业资质的检测、检验机构检测、检验合格

D. 该设备须取得安全使用证或者安全标志

117. 根据《中华人民共和国招标投标法》规定，某工程项目委托监理服务的招投标活动，应当遵循的原则是：

A. 公开、公平、公正、诚实信用

B. 公开、平等、自愿、公平、诚实信用

C. 公正、科学、独立、诚实信用

D. 全面、有效、合理、诚实信用

118. 根据《中华人民共和国合同法》规定，要约可以撤回和撤销。下列要约，不得撤销的是：

A. 要约到达受要约人

B. 要约人确定了承诺期限

C. 受要约人未发出承诺通知

D. 受要约人即将发出承诺通知

119. 下列情形中，作出行政许可决定的行政机关或者其上级行政机关，应当依法办理有关行政许可的注销手续的是：

A. 取得市场准入许可的被许可人擅自停业、歇业

B. 行政机关工作人员对直接关系生命财产安全的设施监督检查时，发现存在安全隐患的

C. 行政许可证件依法被吊销的

D. 被许可人未依法履行开发利用自然资源义务的

120. 某建设工程项目完成施工后，施工单位提出工程竣工验收申请，根据《建设工程质量管理条例》规定，该建设工程竣工验收应当具备的条件不包括：

A. 有施工单位提交的工程质量保证保证金

B. 有工程使用的主要建筑材料、建筑构配件和设备的进场试验报告

C. 有勘察、设计、施工、工程监理等单位分别签署的质量合格文件

D. 有完整的技术档案和施工管理资料

全国勘察设计一级注册结构工程师

执业资格考试通关试卷［五］

基础考试

（下）

二〇二〇年十月

应考人员注意事项

1. 本试卷科目代码为“2”，考生务必将此代码填涂在答题卡“科目代码”相应的栏目内，否则，无法评分。
2. 书写用笔：**黑色或蓝色钢笔、签字笔或圆珠笔；**

   填涂答题卡用笔：**黑色 2B 铅笔**。
3. 必须用书写用笔将工作单位、姓名、准考证号填写在答题卡和试卷相应的栏目内。
4. 本试卷由 60 题组成，每题 2 分，满分 120 分，本试卷全部为单项选择题，每小题的四个备选项中只有一个正确答案，错选、多选、不选均不得分。
5. 考生作答时，必须**按题号在答题卡上**将相应试题所选选项对应的**字母用 2B 铅笔涂黑**。
6. 在答题卡上书写与题意无关的语言，或在答题卡上作标记的，均按违纪试卷处理。
7. 考试结束时，由监考人员当面将试卷、答题卡一并收回。
8. 草稿纸由各地统一配发，考后收回。

单项选择题(共60题,每题2分。每题的备选项中只有一个最符合题意。)

1. 材料的孔隙率降低,则其:

A. 密度增大而强度提高　　B. 表观密度增大而强度提高

C. 密度减小而强度降低　　D. 表观密度减小而强度降低

2. 密度为2.6g/cm^3的岩石具有10%的孔隙率,其表观密度为:

A. 2340kg/m^3　　B. 2680kg/m^3

C. 2600kg/m^3　　D. 2364kg/m^3

3. 水泥中不同矿物的水化速率有较大差别,因此可以通过调节其在水泥中的相对含量来满足不同工程对水泥水化速率与凝结时间的要求。早强水泥要求水泥水化速度快,因此以下矿物含量较高的是:

A. 石膏　　B. 铁铝酸四钙

C. 硅酸三钙　　D. 硅酸二钙

4. 混凝土的干燥收缩和徐变的规律相似,而且最终变形量也相互接近,原因是两者具有相同的微观机理,均为:

A. 毛细孔的排水　　B. 过渡区的变形

C. 骨料的吸水　　D. 凝胶孔水分的移动

5. 描述混凝土用砂的粗细程度的指标是:

A. 细度模数　　B. 级配曲线

C. 最大粒径　　D. 最小粒径

6. 下列几种矿物粉料中,适合做沥青的矿物填充料的是:

A. 石灰石粉　　B. 石英砂粉

C. 花岗岩粉　　D. 滑石粉

7. 衡量钢材的塑性高低的技术指标为:

A. 屈服强度　　B. 抗拉强度

C. 断后伸长率　　D. 冲击韧性

8. 水准测量实际工作时，计算出每个测站的高差后，需要进行计算检核，如果$\sum h=\sum a-\sum b$算式成立，则说明：

A. 各测站高差计算正确

B. 前、后视读数正确

C. 高程计算正确

D. 水准测量成果合格

9. 经纬仪有四条主要轴线，如果视准轴不垂直于横轴，此时望远镜绕横轴旋转时，则视准轴的轨迹是：

A. 一个圆锥面　　B. 一个倾斜面

C. 一个竖直面　　D. 一个不规则的曲面

10. 设在三角形 A、B、C 中，直接观测了$\angle A$ 和$\angle B$。$m_A=\pm 4''$、$m_B=\pm 5''$，由$\angle A$、$\angle B$ 计算$\angle C$，则$\angle C$ 的中误差 m_C：

A. $\pm 9''$　　B. $\pm 6.4''$

C. $\pm 3''$　　D. $\pm 4.5''$

11. 导线测量的外业工作在踏勘选点工作完成后，然后需要进行下列何项工作：

A. 水平角测量和竖直角测量

B. 方位角测量和距离测量

C. 高程测量和边长测量

D. 水平角测量和边长测量

12. 建筑场地高程测量，为了便于建(构)筑物的内部测设，在建(构)筑物内设±0 点，一般情况建(构)筑物的室内地坪高程作为±0，因此，各个建(构)筑物的±0 应该是：

A. 同一高程　　B. 根据地形确定高程

C. 依据施工方便确定高程　　D. 不是同一高程

13. 有关我国招投标的一般规定，下列理解错误的是：

A. 采用书面合同

B. 禁止行贿受贿

C. 承包商必须有相应资质

D. 可肢解分包

14. 有关建设单位的工程质量责任与义务，下列理解错误的是：

A. 可将一个工程的各部位分包给不同的设计或施工单位

B. 发包给具有相应资质登记的单位

C. 领取施工许可证或者开工前，办理工程质量监督手续

D. 委托具有相应资质等级的工程监理单位进行监理

15. 国家规定的安全生产责任制度中，对单位主要负责人、施工项目经理、专职人员与从业人员的共同规定是：

A. 报告生产安全事故

B. 确保安全生产费用有效使用

C. 进行工伤事故统计、分析和报告

D. 由有关部门考试合格

16. 就下列叙述中，职工没有侵犯所属单位的知识产权的是：

A. 职工离职一年后将形成的知识产权视为已有或转让他人

B. 在职期间，职工未经许可将所属企业的勘察设计文件转让其他单位或个人

C. 职工在离开企业前复制技术资料

D. 将应属于职务发明创造的科技成果申请成非职务专利

17. 灌注桩的承载能力与施工方法有关，其承载能力由低到高的顺序依次为：

A. 钻孔桩、复打沉管桩、单打沉管桩、反插沉管桩

B. 钻孔桩、单打沉管桩、复打沉管桩、反插沉管桩

C. 钻孔桩、单打沉管桩、反插沉管桩、复打沉管桩

D. 单打沉管桩、反插沉管桩、复打沉管桩、钻孔桩

18. 影响混凝土受冻临界强度的因素是：

A. 水泥品种　　B. 骨料粒径

C. 水灰比　　D. 构件尺寸

19. 对平面呈板式的六层钢筋混凝土预制结构吊装时，宜采用：

A. 人字桅杆式起重机

B. 履带式起重机

C. 轨道式塔式起重机

D. 附着式塔式起重机

20. 在双代号时标网络计划中，若某项工作的箭线上没有波形线，则说明该工作：

A. 为关键工作

B. 自由时差为 0

C. 总时差等于自由时差

D. 自由时差不超过总时差

21. 施工单位的计划系统中，下列哪类计划是编制各种资源需要量计划和施工准备工作计划的依据？

A. 施工准备工作计划

B. 工程年度计划

C. 单位工程施工进度计划

D. 分部分项工程进度计划

22. 钢筋混凝土受扭构件随受扭箍筋配筋率的增加，将发生的受扭破坏形态是：

A. 少筋破坏

B. 适筋破坏

C. 超筋破坏

D. 部分超筋破坏或超筋破坏

23. 关于预应力混凝土受弯构件的描述，正确的是：

A. 受压区设置预应力钢筋目的是增强该受压区的强度

B. 预应力混凝土受弯构件的界限相对受压区高度计算公式与钢筋混凝土受弯构件相同

C. 承载力极限状态时，受拉区预应力钢筋均能达到屈服，且受压区混凝土被压溃

D. 承载力极限状态时，受压区预应力钢筋一般未能达到屈服

24. 与钢筋混凝土框架-剪力墙结构相比，钢筋混凝土筒体结构所特有的规律是：

A. 弯曲型变形与剪切型变形叠加

B. 剪力滞后

C. 是双重抗侧力体系

D. 水平荷载作用下是延性破坏

25. 当适筋梁受拉钢筋刚达到屈服时，是下列中的哪一种状态？

A. 达到极限承载能力

B. 受压边缘混凝土的压应变 $\varepsilon_c = \varepsilon_u$（$\varepsilon_u$ 为混凝土的极限压应变）

C. 受压边缘混凝土的压应变 $\varepsilon_c \leqslant \varepsilon_u$

D. 受压边缘混凝土的压应变 $\varepsilon_c = 0.002$

26. 结构钢材牌号 Q345C 和 Q345D 的主要区别在于：

A. 抗拉强度不同　　B. 冲击韧性不同

C. 含碳量不同　　D. 冷弯角不同

27. 钢结构轴心受拉构件的刚度设计指标是：

A. 荷载标准值产生的轴向变形　　B. 荷载标准值产生的挠度

C. 构件的长细比　　D. 构件的自振频率

28. 计算图示高强度螺栓摩擦型连接节点时，假设螺栓 A 所受的拉力为：

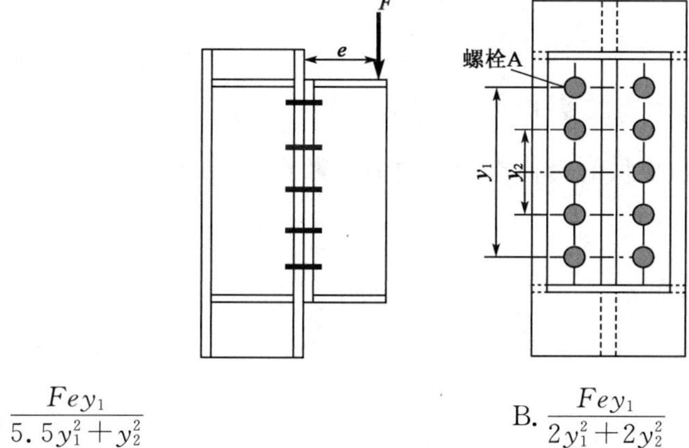

A. $\dfrac{Fey_1}{5.5y_1^2+y_2^2}$　　B. $\dfrac{Fey_1}{2y_1^2+2y_2^2}$

C. $\dfrac{F}{10}$　　D. $\dfrac{F}{5}$

29. 组合梁的塑性设计与弹性设计相比较，受压翼缘的自由外伸宽度 b 与其厚度 t 之比的限值有何不同？

A. 不变　　B. 前者大于后者

C. 后者大于前者　　D. 不一定相等

30. 多层砖砌体房屋钢筋混凝土构造柱的说法，正确的是：

A. 设置构造柱是为了加强砌体构件抵抗地震作用时的承载力

B. 设置构造柱是为了提高墙体的延性、加强房屋的抗震能力

C. 构造柱必须在房屋每个开间的四个转角处设置

D. 设置构造柱后砌体墙体的抗侧刚度有很大的提高

31. 砌体结构房屋，当梁跨度大到一定程度时，在梁支承处宜加设壁柱。对砌块砌体而言，现行规范规定的该跨度限值是：

A. 4.8m　　　　B. 6.0m

C. 7.2m　　　　D. 9m

32. 影响砌体结构房屋空间工作性能的主要因素是下面哪一项：

A. 房屋结构所用块材和砂浆的强度等级

B. 外纵墙的高厚比和门窗洞口的开设是否超过规定

C. 圈梁和构造柱的设置是否满足规范的要求

D. 房屋屋盖、楼盖的类别和横墙的距离

33. 下列中哪一项是砌体局部受压强度提高的原因？

A. 非局部受压面积提供的套箍作用和应力扩散作用

B. 受压面积小

C. 砌体起拱作用而卸载

D. 受压面上应力均匀

34. 图示体系是：

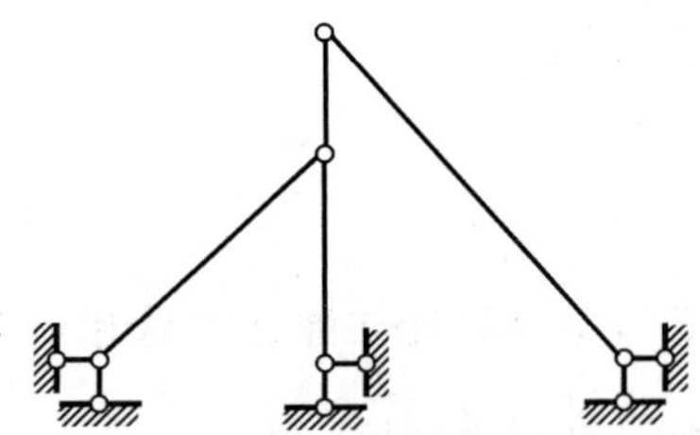

A. 几何不变，无多余约束

B. 瞬变体系

C. 几何不变，有多余约束

D. 常变体系

35. 图示结构 M_{BA} 值的大小为：

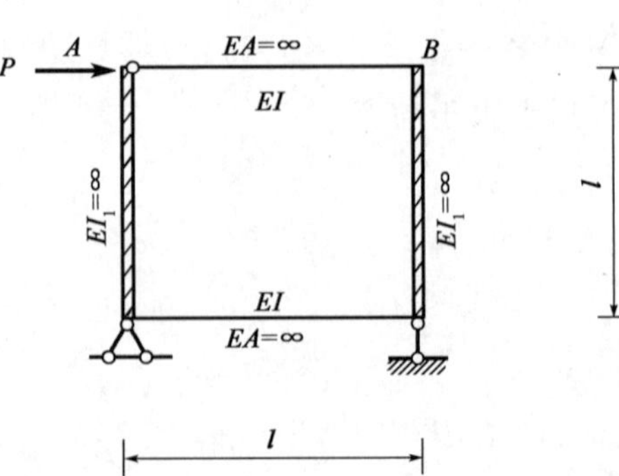

A. $pl/2$

B. $pl/3$

C. $pl/4$

D. $pl/5$

36. 图示对称结构 C 点的水平位移 $\Delta_{CH}=\Delta(\rightarrow)$，若 AC 杆 EI 增大一倍，BC 杆 EI 不变，则 Δ_{CH} 变为：

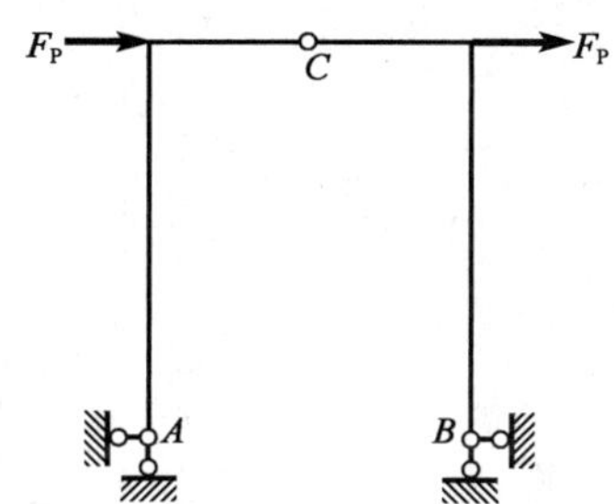

A. 2Δ

B. 1.5Δ

C. 0.5Δ

D. 0.75

37. 图示桁架 a 杆内力为：

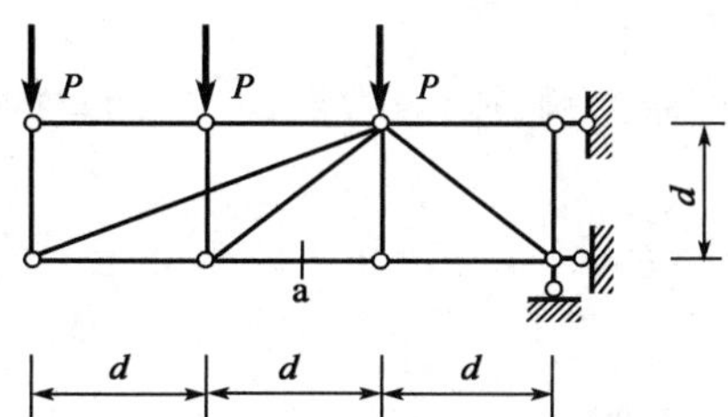

A. $2P$

B. $-2P$

C. $-3P$

D. $3P$

38. 图示结构，取力法基本体系时，不能

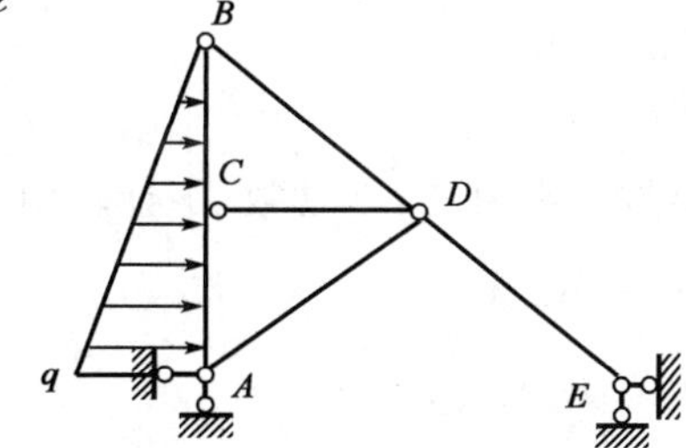

A. BD 杆

B. CD 杆

C. DE 杆

D. AD 杆

39. AB 杆变形如图中虚线所示，则 A 端的杆端弯矩为：

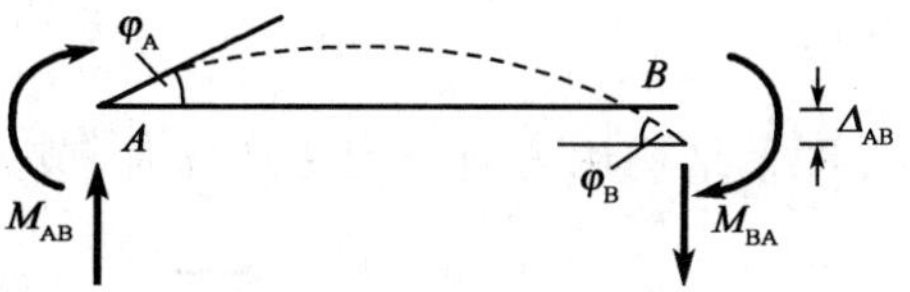

A. $M_{AB}=4i\varphi_A-2i\varphi_B-6i\Delta_{AB}/l$

B. $M_{AB}=4i\varphi_A+2i\varphi_B+6i\Delta_{AB}/l$

C. $M_{AB}=-4i\varphi_A+2i\varphi_B-6i\Delta_{AB}/l$

D. $M_{AB}=-4i\varphi_A-2i\varphi_B+6i\Delta_{AB}/l$

40. 根据位移法，图示 A 端的转动刚度为：

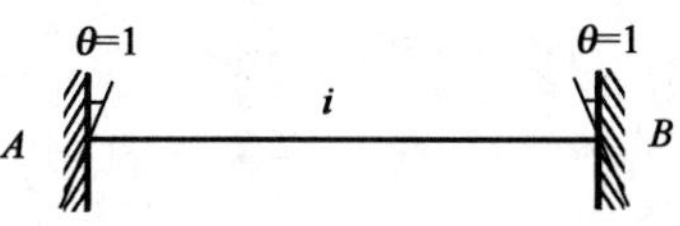

A. $2i$

B. $4i$

C. $6i$

D. i

41. 根据力矩分配法，图示力矩分配系数 μ_{BC} 为（杆件刚度相同）：

A. 0.8

B. 0.2

C. 0.25

D. 0.5

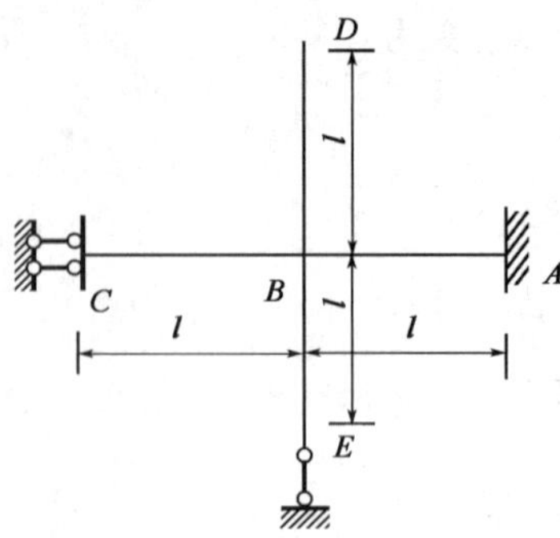

42. 图示结构，EA=常数，C、D 两点的水平相对线位移为：

A. $\frac{2Pa}{EA}$

B. $\frac{Pa}{EA}$

C. $\frac{3Pa}{2EA}$

D. $\frac{Pa}{3EA}$

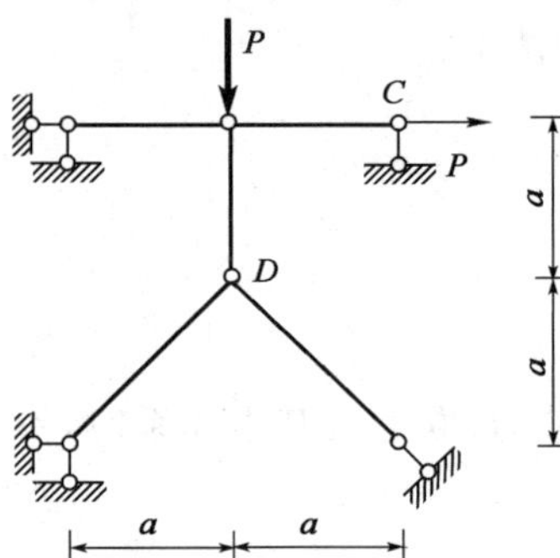

43. 图示结构，各杆 EI=常数，不计轴向变形，M_{BA} 及 M_{CD} 的状况为：

A. $M_{BA}\neq 0, M_{CD}=0$

B. $M_{BA}=0, M_{CD}\neq 0$

C. $M_{BA}=0, M_{CD}=0$

D. $M_{BA}\neq 0, M_{CD}\neq 0$

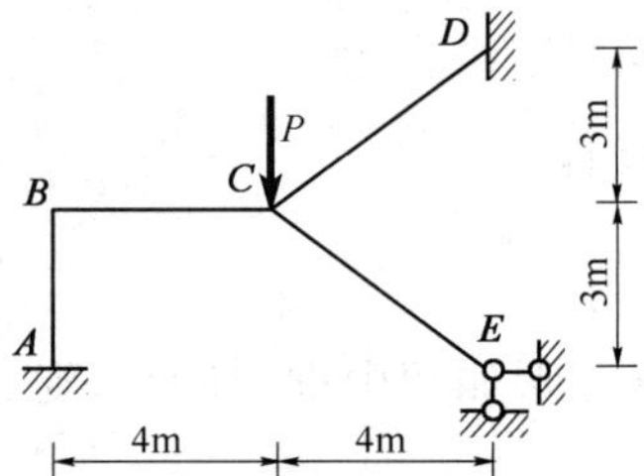

44. 图示结构用力矩分配法计算时，节点 A 的约束力矩（不平衡力矩）M_A 为：

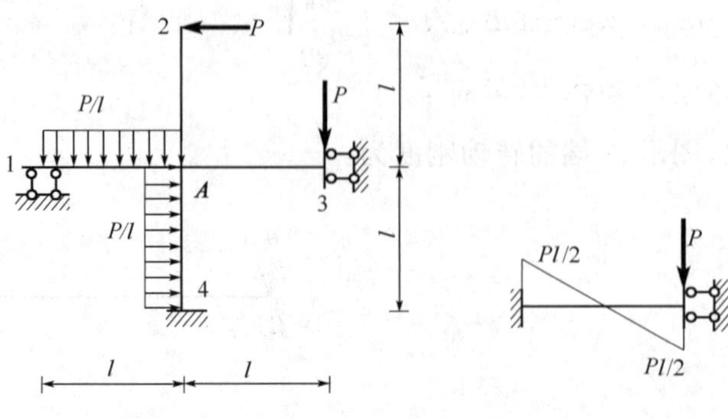

A. $\frac{Pl}{6}$　　B. $\frac{2Pl}{3}$　　C. $\frac{17Pl}{24}$　　D. $\frac{-4Pl}{3}$

45. 下列各结构中，可直接用力矩分配法计算的是：

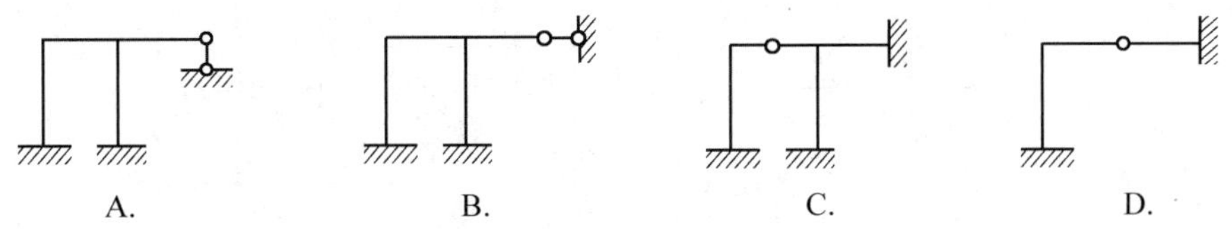

46. 图示梁 a 截面的弯矩影响线在 B 点的竖标为：

A. －1m

B. －1.5m

C. －3m

D. 0

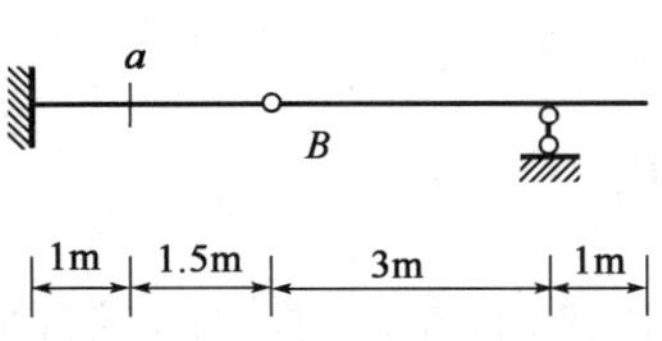

47. 在图示结构中，若要使其自振频率 ω 增大，可以：

A. 增大 P

B. 增大 m

C. 增大 EI

D. 增大 l

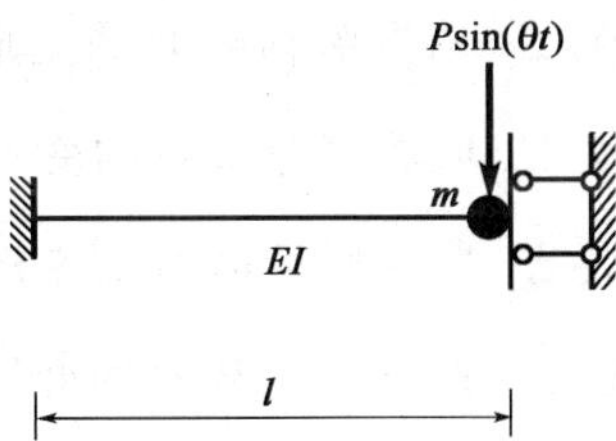

48. 图示体系的自振频率（不计竖杆自重）为：

A. $\sqrt{\dfrac{6EI}{ml^3}}$

B. $\sqrt{\dfrac{3EI}{ml^3}}$

C. $\sqrt{\dfrac{12EI}{ml^3}}$

D. $\sqrt{\dfrac{8EI}{ml^3}}$

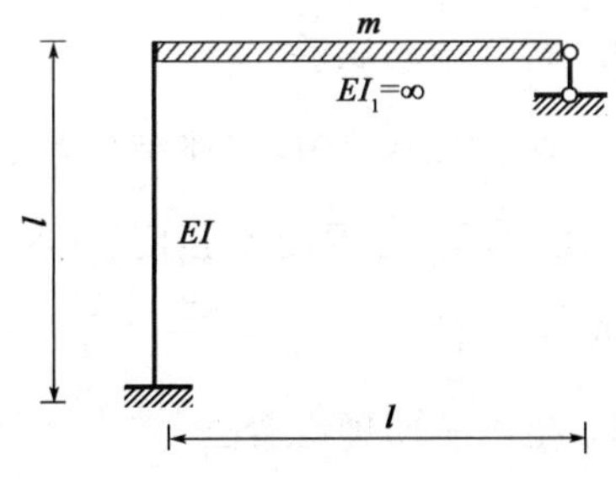

49. 结构试验对测试仪器进行选择时，下列哪一种选择是正确的？

A. 仪器的最小刻度值不大于 3%的最大被测值

B. 仪器的精确度要求，相对误差不超过 5%

C. 一般最大被测值不宜大于仪器最大量程的 70%

D. 最大被测值宜在仪器满量程的$\dfrac{1}{2}$范围内

50. 按图示测点布置，电桥桥路连接时的桥臂系数是：

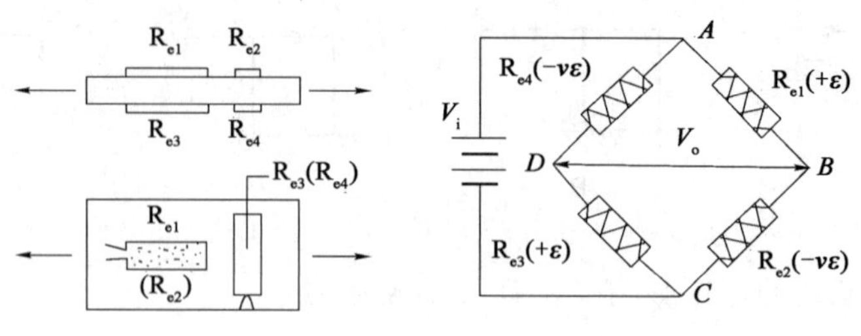

A. $2(1+\nu)$　　B. $1-\nu$

C. $2(1-\nu)$　　D. $1+\nu$

51. 用砖、石砌筑的墙体，进行低周反复加载试验，延性系数用 $\mu=\dfrac{\Delta u}{\Delta y}$ 表示。下列四种情况中，哪一种是实际中采用的？

A. Δy 取开裂荷载时的变形，Δu 取极限荷载时的变形

B. Δy 取屈服荷载时的变形，Δu 取极限荷载时的变形

C. Δy 取屈服荷载时的变形，Δu 取下降段 0.85 极限荷载时的变形

D. Δy 取开裂荷载时的变形，Δu 取下降段 0.85 极限荷载时的变形

52. 下列几种试验方法中，哪一种不属于结构动力特性试验方法？

A. 环境随机振动法　　B. 自由振动法

C. 疲劳振动试验　　D. 强迫振动法

53. 一多层框架结构，主体结构验收后停建四年，继续施工时使用单位提出增加一层，需实测梁、柱混凝土强度，应采用下列哪一种检测方法？

A. 钻芯法　　B. 超声法

C. 超声—回弹综合法　　D. 回弹法

54. 关于土的塑性指数，下面说法正确的是：

A. 可以作为黏性土工程分类的依据之一

B. 可以作为砂土工程分类的依据之一

C. 可以反映黏性土的软硬情况

D. 可以反映砂土的软硬情况

55. 在相同的地基上，甲、乙两条形基础的埋深相等，基底附加压力相等，基础甲的宽度是基础乙的 2 倍。在基础中心以下相同深度 $Z(Z>0)$处基础甲的附加应力 σ_A 与基础乙的附加应力 σ_B 相比：

A. $\sigma_A>\sigma_B$，且 $\sigma_A>2\sigma_B$

B. $\sigma_A>\sigma_B$，且 $\sigma_A<2\sigma_B$

C. $\sigma_A>\sigma_B$，且 $\sigma_A=2\sigma_B$

D. $\sigma_A>\sigma_B$，但 σ_A 与 $2\sigma_B$ 的关系尚要根据深度 Z 与基础宽度的比值确定

56. 下面哪一个可以作为固结系数的单位？

A. 年/m　　B. m^2/年

C. 年　　D. m/年

57. 如果扩展基础的冲切验算不能满足要求，可以采取以下哪种措施？

A. 降低混凝土强度等级　　B. 加大基础底板的配筋

C. 增大基础的高度　　D. 减小基础宽度

58. 在相同的砂土地基上，甲、乙两基础的底面均为正方形，且埋深相同。基础甲的面积为基础乙的 2 倍，根据载荷试验得到的承载力进行深度和宽度修正后，有：

A. 基础甲的承载力大于基础乙

B. 基础乙的承载力大于基础甲

C. 两个基础的承载力相等

D. 根据基础宽度不同，基础甲的承载力可能大于或等于基础乙的承载力，但不会小于基础乙的承载力

59. 下面哪种情况下的群桩效应比较突出？

A. 间距较小的端承桩　　B. 间距较大的端承桩

C. 间距较小的摩擦桩　　D. 间距较大的摩擦桩

60. 采用真空预压法加固地基，计算表明在规定时间内达不到要求的固结度，加快固结进程时，下面哪种措施是正确的？

A. 增加预压荷载　　B. 减小预压荷载

C. 减小井径比　　D. 将真空预压法改为堆载预压

全国勘察设计注册工程师执业资格考试通关试卷[五]基础考试(上)试题解析及参考答案

1. **解** $\lim\limits_{x\to 0}(1-x)^{\frac{k}{x}}=2$

可利用公式 $\lim\limits_{x\to 0}(1+x)^{\frac{1}{x}}=e$ 计算

因 $\lim\limits_{x\to 0}(1-x)^{\frac{-k}{-x}}=\lim\limits_{x\to 0}[(1-x)^{\frac{1}{-x}}]^{-k}=e^{-k}$

所以 $e^{-k}=2, k=-\ln 2$

答案:A

2. **解** $x^2+y^2-z=0, z=x^2+y^2$ 为旋转抛物面。

答案:D

3. **解** $y=\arctan\dfrac{1}{x}, x=0$,分母为零,该点为间断点。

因 $\lim\limits_{x\to 0^+}\arctan\dfrac{1}{x}=\dfrac{\pi}{2}, \lim\limits_{x\to 0^-}\arctan\dfrac{1}{x}=-\dfrac{\pi}{2}$,所以 $x=0$ 为跳跃间断点。

答案:B

4. **解** $\dfrac{\mathrm{d}}{\mathrm{d}x}\int_{2x}^{0}e^{-t^2}\mathrm{d}t=-\dfrac{\mathrm{d}}{\mathrm{d}x}\int_{0}^{2x}e^{-t^2}\mathrm{d}t=-e^{-4x^2}\cdot 2=-2e^{-4x^2}$

答案:C

5. **解** $\dfrac{\mathrm{d}(\ln x)}{\mathrm{d}\sqrt{x}}=\dfrac{\dfrac{1}{x}\mathrm{d}x}{\dfrac{1}{2}\cdot\dfrac{1}{\sqrt{x}}\mathrm{d}x}=\dfrac{2}{\sqrt{x}}$

答案:B

6. **解** $\int\dfrac{x^2}{\sqrt[3]{1+x^3}}\mathrm{d}x=\dfrac{1}{3}\int\dfrac{1}{\sqrt[3]{1+x^3}}\mathrm{d}x^3=\dfrac{1}{3}\int\dfrac{1}{\sqrt[3]{1+x^3}}\mathrm{d}(1+x^3)$

$$=\frac{1}{3}\times\frac{3}{2}(1+x^3)^{\frac{2}{3}}+C=\frac{1}{2}(1+x^3)^{\frac{2}{3}}+C$$

答案:D

7. **解** $a_n=\left(1+\dfrac{1}{n}\right)^n$,数列$\{a_n\}$是单调增而有上界。

答案:B

8.**解**　函数 $f(x)$ 在点 x_0 处可导，则 $f'(x_0)=0$ 是 $f(x)$ 在 x_0 取得极值的必要条件。

答案:C

9.**解**

$$L_1:\frac{x-1}{1}=\frac{y-3}{-2}=\frac{z+5}{1},S_1=\{1,-2,1\}$$

$$L_2:\frac{x-3}{-1}=\frac{y-1}{-1}=\frac{z-1}{2}=t,S_2=\{-1,-1,2\}$$

$$\cos\theta=\frac{S_1\cdot S_2}{\sqrt{S_1}\cdot\sqrt{S_2}}=\frac{1}{2},\theta=\frac{\pi}{3}$$

答案:B

10.**解**　$xy'-y=x^2e^{2x}\Rightarrow y'-\frac{1}{x}y=xe^{2x}$

$P(x)=-\frac{1}{x},Q(x)=xe^{2x}$

$$y=e^{-\int(-\frac{1}{x})\mathrm{d}x}\left[\int xe^{2x}e^{\int(-\frac{1}{x})\mathrm{d}x}\mathrm{d}x+C\right]$$

$$=e^{\ln x}(\int xe^{2x}e^{-\ln x}\mathrm{d}x+C)=x(\int e^{2x}\mathrm{d}x+C)$$

$$=x\left(\frac{1}{2}e^{2x}+C\right)$$

答案:A

11.**解**　$V=\int_0^3\pi y^2\mathrm{d}x=\int_0^3\pi 4x\mathrm{d}x=\pi\int_0^3 4x\mathrm{d}x$

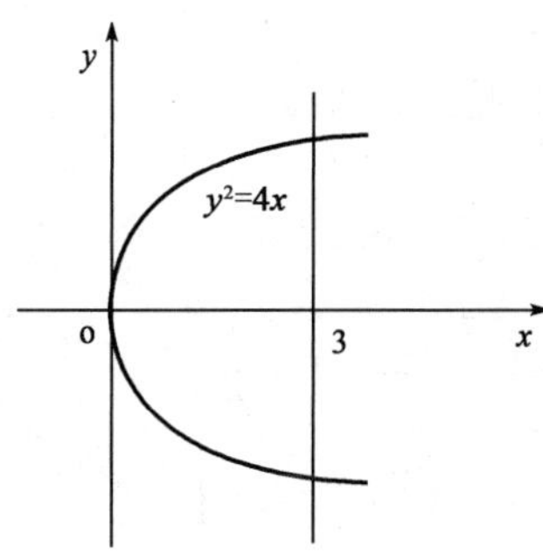

题 11 解图

答案:C

12.**解**　$\sum\limits_{n=1}^{\infty}(-1)^n\frac{1}{n^{p-1}}$ 级数条件收敛应满足条件：①取绝对值后级数发散；②原级数收敛。

$\sum\limits_{n=1}^{\infty}\left|(-1)^n\frac{1}{n^{p-1}}\right|=\sum\limits_{n=1}^{\infty}\frac{1}{n^{p-1}}$，当 $0<p-1\leqslant1$ 时，即 $1<p\leqslant2$，取绝对值后级数发散，原

级数$\sum_{n=1}^{\infty}(-1)^n\frac{1}{n^{p-1}}$为交错级数。

当 $p-1>0$ 时，即 $p>1$

利用幂函数性质判定：$y=x^p(p>0)$

当 $x\in(0,+\infty)$ 时，$y=x^p$ 单增，且过(1,1)点，本题中，$p>1$，因而 $n^{p-1}<(n+1)^{p-1}$，所以 $\frac{1}{n^{p-1}}>\frac{1}{(n+1)^{p-1}}$。

满足：①$\frac{1}{n^{p-1}}>\frac{1}{(n+1)^{p-1}}$；②$\lim_{n\to\infty}\frac{1}{n^{p-1}}=0$。故$\sum_{n=1}^{\infty}(-1)^n\frac{1}{n^{p-1}}$收敛。

综合以上结论，$1<p\leqslant2$ 和 $p>1$，应为 $1<p\leqslant2$。

答案：A

13. **解** $y=C_1e^{-x+C_2}=C_1e^{C_2}e^{-x}$

$y'=-C_1e^{C_2}e^{-x}$，$y''=C_1e^{C_2}e^{-x}$

代入方程得 $C_1e^{C_2}e^{-x}-(-C_1e^{C_2}e^{-x})-2C_1e^{C_2}e^{-x}=0$

$y=C_1e^{-x+C_2}$是方程 $y''-y'-2y=0$ 的解，又因 $y=C_1e^{-x+C_2}=C_1e^{C_2}e^{-x}=C_3e^{-x}$（其中 $C_3=C_1e^{C_2}$）只含有一个独立的任意常数，所以 $y=C_1e^{-x+C_2}$，既不是方程的通解，也不是方程的特解。

答案：D

14. **解** $L:\begin{cases}y=x-2\\x=x\end{cases}$，$x:0\to2$，如解图所示。

注：从起点对应的参数积到终点对应的参数。

$$\int_L\frac{1}{x-y}dx+ydy=\int_0^2\frac{1}{x-(x-2)}dx+(x-2)dx$$

$$=\int_0^2\left(x-\frac{3}{2}\right)dx=\left(\frac{1}{2}x^2-\frac{3}{2}x\right)\bigg|_0^2$$

$$=\frac{1}{2}\times4-\frac{3}{2}\times2=-1$$

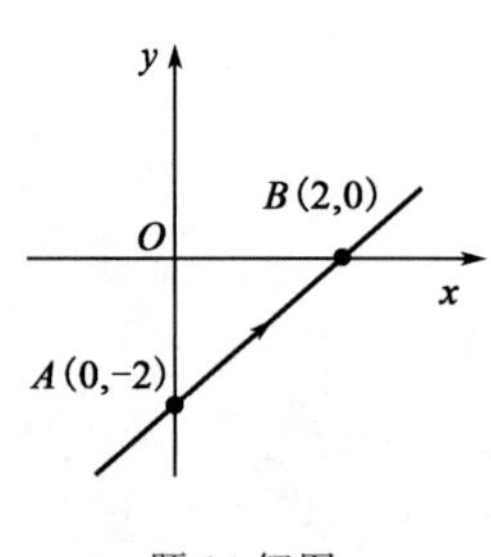

题14解图

答案：B

15. **解** $x^2+y^2+z^2=4z$，$x^2+y^2+z^2-4z=0$

$F_x=2x$，$F_y=2y$，$F_z=2z-4$

$\frac{\partial z}{\partial x}=-\frac{F_x}{F_z}=-\frac{2x}{2z-4}=-\frac{x}{z-2}$，$\frac{\partial z}{\partial y}=-\frac{F_y}{F_z}=-\frac{2y}{2z-4}=-\frac{y}{z-2}$

$dz=\frac{\partial z}{\partial x}dx+\frac{\partial z}{\partial y}dy=-\frac{x}{z-2}dx-\frac{y}{z-2}dy=\frac{1}{2-z}(xdx+ydy)$

答案：B

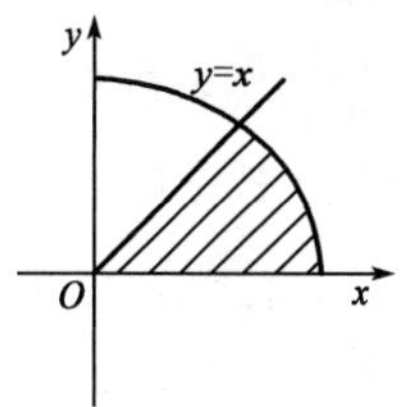

题 16 解图

16. **解** $D:\begin{cases}0\leqslant\theta\leqslant\dfrac{\pi}{4}\\0\leqslant r\leqslant a\end{cases}$，如解图所示。

$$\iint_D \mathrm{d}x\mathrm{d}y=\int_0^{\frac{\pi}{4}}\mathrm{d}\theta\int_0^a r\mathrm{d}r=\frac{\pi}{4}\times\frac{1}{2}r^2\Big|_0^a=\frac{1}{8}\pi a^2$$

答案：A

17. **解** 设 $2x+1=z$，级数为 $\sum\limits_{n=1}^{\infty}\dfrac{z^n}{n}$

$$\lim_{n\to\infty}\left|\frac{a_{n+1}}{a_n}\right|=\lim_{n\to\infty}\frac{\frac{1}{n+1}}{\frac{1}{n}}=1,\rho=1,R=\frac{1}{\rho}=1$$

当 $z=1$ 时，$\sum\limits_{n=1}^{\infty}\dfrac{1}{n}$ 发散，当 $z=-1$ 时，$\sum\limits_{n=1}^{\infty}\dfrac{(-1)^n}{n}$ 收敛

所以 $-1\leqslant z<1$ 收敛，即 $-1\leqslant 2x+1<1$，$-1\leqslant x<0$

答案：C

18. **解** $z=e^{xe^y}$，$\dfrac{\partial z}{\partial x}=e^{xe^y}\cdot e^y=e^y\cdot e^{xe^y}$

$$\frac{\partial^2 z}{\partial x^2}=e^y\cdot e^{xe^y}\cdot e^y=e^{xe^y}\cdot e^{2y}=e^{xe^y+2y}$$

答案：A

19. **解** 方法 1：$|2\boldsymbol{A}^*\boldsymbol{B}^{-1}|=2^3|\boldsymbol{A}^*\boldsymbol{B}^{-1}|=2^3|\boldsymbol{A}^*|\cdot|\boldsymbol{B}^{-1}|$

$$\boldsymbol{A}^{-1}=\frac{1}{|\boldsymbol{A}|}\boldsymbol{A}^*,\boldsymbol{A}^*=|\boldsymbol{A}|\cdot\boldsymbol{A}^{-1}$$

$$\boldsymbol{A}\cdot\boldsymbol{A}^{-1}=\boldsymbol{E},|\boldsymbol{A}|\cdot|\boldsymbol{A}^{-1}|=1,|\boldsymbol{A}^{-1}|=\frac{1}{|\boldsymbol{A}|}=\frac{1}{-\frac{1}{2}}=-2$$

$$|\boldsymbol{A}^*|=\big||\boldsymbol{A}|\cdot\boldsymbol{A}^{-1}\big|=\left|-\frac{1}{2}\mathrm{A}^{-1}\right|=\left(-\frac{1}{2}\right)^3|\boldsymbol{A}^{-1}|=\left(-\frac{1}{2}\right)^3\times(-2)=\frac{1}{4}$$

$$\boldsymbol{B}\cdot\boldsymbol{B}^{-1}=\boldsymbol{E},|\boldsymbol{B}|\cdot|\boldsymbol{B}^{-1}|=1,|\boldsymbol{B}^{-1}|=\frac{1}{|\boldsymbol{B}|}=\frac{1}{2}$$

因此，$|2\boldsymbol{A}^*\boldsymbol{B}^{-1}|=2^3\times\dfrac{1}{4}\times\dfrac{1}{2}=1$

方法 2：直接用公式计算 $|\boldsymbol{A}^*|=|\boldsymbol{A}|^{n-1}$，$|\boldsymbol{B}^{-1}|=\dfrac{1}{|\boldsymbol{B}|}$，$|2\boldsymbol{A}^*\mathrm{B}^{-1}|=2^3|\boldsymbol{A}^*\boldsymbol{B}^{-1}|=$

$$2^3|\boldsymbol{A}^*||\boldsymbol{B}^{-1}|=2^3|\boldsymbol{A}|^{3-1}\cdot\frac{1}{|\boldsymbol{B}|}=2^3\cdot\left(-\frac{1}{2}\right)^2\cdot\frac{1}{2}=1$$

答案：A

20. **解**　选项A，$\boldsymbol{A}$未必是实对称矩阵，即使$\boldsymbol{A}$为实对称矩阵，但所有顺序主子式都小于零，不符合对称矩阵为负定的条件。对称矩阵为负定的充分必要条件：奇数阶顺序主子式为负，而偶数阶顺序主子式为正，所以错误。

选项B，实对称矩阵为正定矩阵的充分必要条件是所有特征值都大于零，选项B给出的条件有时不能满足所有特征值都大于零的条件，例如$\boldsymbol{A}=\begin{bmatrix}1 & 1\\ 1 & 1\end{bmatrix}$，$|\boldsymbol{A}|=0$，$\boldsymbol{A}$有特征值$\lambda=0$，所以错误。

选项D，给出的二次型所对应的对称矩阵为$\begin{bmatrix}1 & \frac{1}{2} & \frac{1}{2}\\ \frac{1}{2} & 1 & \frac{1}{2}\\ \frac{1}{2} & \frac{1}{2} & 1\end{bmatrix}$，所以错误。

选项C，由惯性定理可知，实二次型$f(x_1,x_2,\cdots,x_n)=\boldsymbol{x}^{\mathrm{T}}\boldsymbol{A}\boldsymbol{x}$经可逆线性变换（或配方法）化为标准型时，在标准型（或规范型）中，正、负平方项的个数是唯一确定的。对于缺少平方项的n元二次型的标准型（或规范型），正惯性指数不会等于未知数的个数n。

例如：$f(x_1,x_2)=x_1\cdot x_2$，无平方项，设$\begin{cases}x_1=y_1+y_2\\ x_2=y_1-y_2\end{cases}$，代入变形$f=y_1^2-y_2^2$（标准型），正惯性指数为$1<n=2$。所以二次型$f(x_1,x_2)$不是正定二次型。

答案：C

21. **解**　**方法1：**

已知n元非齐次线性方程组$\boldsymbol{A}\boldsymbol{x}=\boldsymbol{b}$，$r(\boldsymbol{A})=n-2$，对应$n$元齐次线性方程组$\boldsymbol{A}\boldsymbol{x}=\boldsymbol{0}$的基础解系中的线性无关解向量的个数为$n-(n-2)=2$，可验证$\boldsymbol{\alpha}_2-\boldsymbol{\alpha}_1$，$\boldsymbol{\alpha}_2-\boldsymbol{\alpha}_3$为齐次线性方程组的解：$\boldsymbol{A}(\boldsymbol{\alpha}_2-\boldsymbol{\alpha}_1)=\boldsymbol{A}\boldsymbol{\alpha}_2-\boldsymbol{A}\boldsymbol{\alpha}_1=\boldsymbol{b}-\boldsymbol{b}=\boldsymbol{0}$，$\boldsymbol{A}(\boldsymbol{\alpha}_2-\boldsymbol{\alpha}_3)=\boldsymbol{A}\boldsymbol{\alpha}_2-\boldsymbol{A}\boldsymbol{\alpha}_3=\boldsymbol{b}-\boldsymbol{b}=\boldsymbol{0}$；还可验$\boldsymbol{\alpha}_2-\boldsymbol{\alpha}_1$，$\boldsymbol{\alpha}_2-\boldsymbol{\alpha}_3$线性无关。

所以$k_1(\boldsymbol{\alpha}_2-\boldsymbol{\alpha}_1)+k_2(\boldsymbol{\alpha}_2-\boldsymbol{\alpha}_3)$为$n$元齐次线性方程组$\boldsymbol{A}\boldsymbol{x}=\boldsymbol{0}$的通解，而$\boldsymbol{\alpha}_1$为$n$元非齐次线性方程组$\boldsymbol{A}\boldsymbol{x}=\boldsymbol{b}$的一特解。

因此，$\boldsymbol{A}\boldsymbol{x}=\boldsymbol{b}$的通解为$\boldsymbol{x}=k_1(\boldsymbol{\alpha}_2-\boldsymbol{\alpha}_1)+k_2(\boldsymbol{\alpha}_2-\boldsymbol{\alpha}_3)+\boldsymbol{\alpha}_1$。

方法2：

观察四个选项异同点，结合$\boldsymbol{A}\boldsymbol{x}=\boldsymbol{b}$通解结构，想到一个结论：

设y_1、y_2、…、y_s为$\boldsymbol{A}\boldsymbol{x}=\boldsymbol{b}$的解，$k_1$、$k_2$、…、$k_s$为数，则：

当$\sum\limits_{i=1}^{s}k_i=0$时，$\sum\limits_{i=1}^{s}k_iy_i$为$\boldsymbol{A}\boldsymbol{x}=\boldsymbol{0}$的解；

当 $\sum_{i=1}^{s}k_i=1$ 时，$\sum_{i=1}^{s}k_iy_i$ 为 $\boldsymbol{Ax}=\boldsymbol{b}$ 的解。

可以判定选项 C 正确。

答案:C

22. **解**　A 与 B 互不相容，$P(AB)=0$，$P(A|B)=\dfrac{P(AB)}{P(B)}=0$。

答案:B

23. **解**　$\int_{-\infty}^{+\infty}\int_{-\infty}^{+\infty}f(x,y)\mathrm{d}x\mathrm{d}y=\int_0^1\int_0^x k\mathrm{d}y\mathrm{d}x=\dfrac{k}{2}=1$，得 $k=2$

$$E(XY)=\int_{-\infty}^{+\infty}\int_{-\infty}^{+\infty}xyf(x,y)\mathrm{d}x\mathrm{d}y=\int_0^1\int_0^x 2xy\,\mathrm{d}y\mathrm{d}x=\frac{1}{4}$$

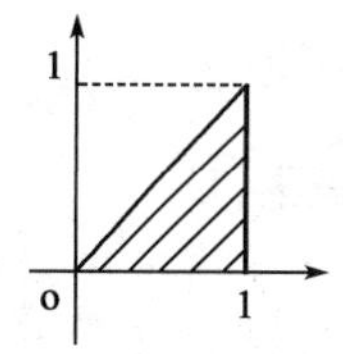

题 23 解图

答案:A

24. **解**　设 $S_1^2=\dfrac{1}{n-1}\sum_{i=1}^{n}(X_i-\overline{X})^2$

因为总体 $X\sim N(\mu,\sigma^2)$

所以 $\dfrac{\sum_{i=1}^{n}(X_i-\overline{X})^2}{\sigma^2}=\dfrac{(n-1)S_1^2}{\sigma^2}\sim\chi^2(n-1)$，同理 $\dfrac{\sum_{i=1}^{n}(Y_i-\overline{Y})^2}{\sigma^2}\sim\chi^2(n-1)$

又因为两样本相互独立

所以 $\dfrac{\sum_{i=1}^{n}(X_i-\overline{X})^2}{\sigma^2}$ 与 $\dfrac{\sum_{i=1}^{n}(Y_i-\overline{Y})^2}{\sigma^2}$ 相互独立

$$\frac{\sum_{i=1}^{n}(X_i-\overline{X})^2}{\sum_{i=1}^{n}(Y_i-\overline{Y})^2}=\frac{\dfrac{\sum_{i=1}^{n}(X_i-\overline{X})^2}{(n-1)\sigma^2}}{\dfrac{\sum_{i=1}^{n}(Y_i-\overline{Y})^2}{(n-1)\sigma^2}}\sim F(n-1,n-1)$$

注意：解答选择题，有时抓住关键点就可判定。$\sum_{i=1}^{n}(X_i-\overline{X})^2$ 与 χ^2 分布有关，$\dfrac{\sum_{i=1}^{n}(X_i-\overline{X})^2}{\sum_{i=1}^{n}(Y_i-\overline{Y})^2}$ 与 F 分布有关，只有选项 B 是 F 分布。

答案:B

25. **解**　由 $E=\dfrac{m}{M}\dfrac{i}{2}RT=\dfrac{i}{2}pV$，注意到氢为双原子分子，氦为单原子分子，

即 $i(H_2)=5$，$i(He)=3$，又 $p(H_2)=p(He)$，$V(H_2)=V(He)$

故 $\dfrac{E(H_2)}{E(He)}=\dfrac{i(H_2)}{i(He)}=\dfrac{5}{3}$

答案:A

26. **解** 由麦克斯韦速率分布函数定义 $f(v)=\dfrac{\mathrm{d}N}{N\mathrm{d}v}$ 可得。

答案:B

27. **解** 由 $W_{等压}=p\Delta V=\dfrac{m}{M}R\Delta T$，今 $\dfrac{m}{M}=1$，故 $\Delta T=\dfrac{W}{R}$。

答案:B

28. **解** 等温膨胀过程的特点是:理想气体从外界吸收的热量 Q,全部转化为气体对外做功 $A(A>0)$。

答案:D

29. **解** 所谓波峰,其纵坐标 $y=+2\times10^{-2}\mathrm{m}$，亦即要求 $\cos2\pi(10t-\dfrac{x}{5})=1$，即

$2\pi(10t-\dfrac{x}{5})=\pm2k\pi$；

当 $t=0.25\mathrm{s}$ 时，$20\pi\times0.25-\dfrac{2\pi x}{5}=\pm2k\pi, x=(12.5\mp5k)$；

因为要取距原点最近的点(注意 $k=0$ 并非最小),逐一取 $k=0,1,2,3,\cdots$，其中 $k=2, x=2.5$；$k=3, x=-2.5$。

答案:A

30. **解** 质元处于平衡位置,此时速度最大,故质元动能最大,动能与势能是同相的,所以势能也最大。

答案:C

31. **解** 声波的频率范围为 20～20000Hz。

答案:C

32. **解** 间距 $\Delta x=\dfrac{D\lambda}{nd}$［$D$ 为双缝到屏幕的垂直距离(如图),d 为缝宽,n 为折射率］

今 $1.33=\dfrac{D\lambda}{d}(n_{空气}\approx1)$，当把实验装置放入水中，则 $\Delta x_{水}=\dfrac{D\lambda}{1.33d}=1$

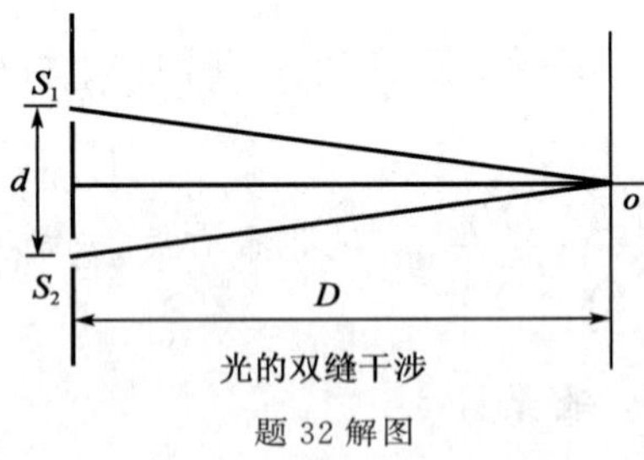

题 32 解图

答案:C

33. **解** 可见光的波长范围 400～760nm。

答案:A

34. **解** 自然光垂直通过第一个偏振片后,变为线偏振光,光强设为 I',即入射至第二个偏振片的线偏振光强度。根据马吕斯定律,自然光通过两个偏振片后，$I=$

$I'\cos^2 45° = \frac{I'}{2}$，$I' = 2I$。

答案:B

35.**解** 中央明纹的宽度由紧邻中央明纹两侧的暗纹($k=1$)决定。如图所示，通常衍射角 ϕ 很小，且 $D \approx f$(f 为焦距)，则 $x \approx \phi f$

由暗纹条件 $a\sin\phi = 1 \times \lambda (k=1)$ (a 缝宽)，得 $\phi \approx \frac{\lambda}{a}$

第一级暗纹距中心 P_0 距离为 $x_1 = \phi f = \frac{\lambda}{a} f$

所以中央明纹的宽度 Δx(中央) $= 2x_1 = \frac{2\lambda f}{a}$

故 $\Delta x = \frac{2 \times 0.5 \times 400 \times 10^{-9}}{10^{-4}} = 400 \times 10^{-5}\,\text{m}$

$= 4 \times 10^{-3}\,\text{m}$

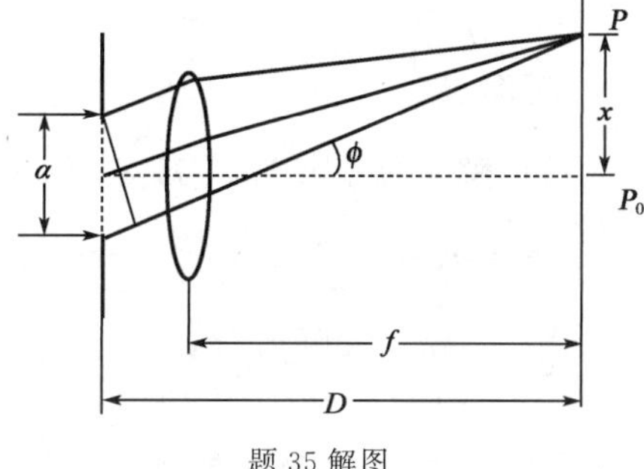

题 35 解图

答案:D

36.**解** 根据光栅的缺级理论，当 $\frac{a+b(\text{光栅常数})}{a(\text{缝宽})}$ = 整数时，会发生缺级现象，今 $\frac{a+b}{a} = \frac{2a}{a} = 2$，在光栅明纹中，将缺 $k = 2,4,6,\cdots$ 级。(此题超纲)

答案:A

37.**解** 周期表中元素电负性的递变规律：同一周期从左到右，主族元素的电负性逐渐增大；同一主族从上到下元素的电负性逐渐减小。

答案:A

38.**解** 离子在外电场或另一离子作用下，发生变形产生诱导偶极的现象叫离子极化。正负离子相互极化的强弱取决于离子的极化力和变形性。离子的极化力为某离子使其他离子变形的能力。极化力取决于：①离子的电荷。电荷数越多，极化力越强。②离子的半径。半径越小，极化力越强。③离子的电子构型。当电荷数相等、半径相近时，极化力的大小为：18 或 18+2 电子构型>9~17 电子构型>8 电子构型。每种离子都具有极化力和变形性，一般情况下，主要考虑正离子的极化力和负离子的变形性。离子半径的变化规律：同周期不同元素离子的半径随离子电荷代数值增大而减小。四个化合物中，$SiCl_4$ 为共价化合物，其余三个为离子化合物。三个离子化合物中阴离子相同，阳离子为同周期元素，离子半径逐渐减小，离子电荷的代数值逐渐增大，所以极化作用逐渐增大。离子极化的结果使离子键向共价键过渡。

答案:C

39. **解**　100mL浓硫酸中 H_2SO_4 的物质的量 $n=\dfrac{100\times 1.84\times 0.98}{98}=1.84\text{mol}$

物质的量浓度 $c=\dfrac{1.84}{0.1}=18.4\text{mol}\cdot\text{L}^{-1}$

答案：A

40. **解**　多重平衡规则：当 n 个反应相加（或相减）得总反应时，总反应的 K 等于各个反应平衡常数的乘积（或商）。题中反应(3) =(1)－(2)，所以$K_3^\ominus=\dfrac{K_1^\ominus}{K_2^\ominus}$。

答案：D

41. **解**　铜电极通入 H_2S，生成 CuS 沉淀，Cu^{2+} 浓度减小。

铜半电池反应为：$Cu^{2+}+2e^-=Cu$，根据电极电势的能斯特方程式：

$$\varphi=\varphi^\ominus+\frac{0.059}{2}\lg\frac{c_{氧化型}}{c_{还原型}}=\varphi^\ominus+\frac{0.059}{2}\lg C_{Cu^{2+}}$$

$C_{Cu^{2+}}$ 减小，电极电势减小

原电池的电动势 $E=\varphi_正-\varphi_负$，$\varphi_正$ 减小，$\varphi_负$ 不变，则电动势 E 减小。

答案：B

42. **解**　电解产物析出顺序由它们的析出电势决定。析出电势与标准电极电势、离子浓度、超电势有关。总的原则：析出电势代数值较大的氧化型物质首先在阴极还原；析出电势代数值较小的还原型物质首先在阳极氧化。

阴极：当 $\varphi^\ominus>\varphi^\ominus_{Al^{3+}/Al}$ 时，$M^{n+}+ne^-=M$

　　　当 $\varphi^\ominus<\varphi^\ominus_{Al^{3+}/Al}$ 时，$2H^++2e^-=H_2$

因 $\varphi^\ominus_{Na^+/Na}<\varphi^\ominus_{Al^{3+}/Al}$ 时，所以 H^+ 首先放电析出。

答案：A

43. **解**　由公式 $\Delta G=\Delta H-T\Delta S$ 可知，当 ΔH 和 ΔS 均小于零时，ΔG 在低温时小于零，所以低温自发，高温非自发。

答案：A

44. **解**　丙烷最多5个原子处于一个平面，丙烯最多7个原子处于一个平面，苯乙烯最多16个原子处于一个平面，$CH_3CH=CH-C\equiv C-CH_3$ 最多10个原子处于一个平面。

答案：C

45. **解**　A为丙烯酸，烯烃能发生加成反应和氧化反应，酸可以发生酯化反应。

答案：A

46. **解**　人造羊毛为聚丙烯腈，由单体丙烯腈通过加聚反应合成，为高分子化合物。

分子中存在共价键，为共价化合物，同时为有机化合物。

答案：C

47. **解** 根据力的投影公式，$F_x = F\cos\alpha$，故 $\alpha = 60°$；而分力 F_x 的大小是力 F 大小的2倍，故力 F 与 y 轴垂直。

答案：A （此题2010年考过）

48. **解** M_1 与 M_2 等值反向，四个分力构成自行封闭的四边形，故合力为零，F_1 与 F_3、F_2 与 F_4 构成顺时针转向的两个力偶，其力偶矩的大小均为 Fa。

答案：D

49. **解** 对系统进行整体分析，外力有主动力 F_P，A、H 处约束力，由于 F_P 与 H 处约束力均为铅垂方向，故 A 处也只有铅垂方向约束力，列平衡方程 $\sum M_H(F) = 0$，便可得结果。

答案：B

50. **解** 分析节点 D 的平衡，可知1杆为零杆。

答案：A

51. **解** 只有当 $t = 1s$ 时两个点才有相同的坐标。

答案：A

52. **解** 根据平行移动刚体的定义和特点。

答案：C （此题2011年考过）

53. **解** 根据定轴转动刚体上一点加速度与转动角速度、角加速度的关系：$a_n = \omega^2 l$，$a_\tau = \alpha l$，此题 $a_n = 0$，$\alpha = \frac{a_\tau}{l} = \frac{a}{l}$。

答案：A

54. **解** 在铅垂平面内垂直于绳的方向列质点运动微分方程(牛顿第二定律)，有：

$$ma_n \cos\alpha = mg\sin\alpha$$

答案：C

55. **解** 两轮质心的速度均为零，动量为零，链条不计质量。

答案：D

56. **解** 根据动能定理：$T_2 - T_1 = W_{12}$，其中 $T_1 = 0$（初瞬时静止），$T_2 = \frac{1}{2} \times \frac{3}{2} mR^2\omega^2$，$W_{12} = mgR$，代入动能定理可得结果。

答案:C

57.**解**　杆水平瞬时,其角速度为零,加在物块上的惯性力铅垂向上,列平衡方程$\sum M_O(F)=0$,则有$(F_g-mg)l=0$,所以$F_g=mg$。

答案:A

58.**解**　已知频率比$\frac{\omega}{\omega_0}=1.27$,且$\omega=40$ rad/s,$\omega_0=\sqrt{\frac{k}{m}}$ $(m=100\text{kg})$

所以,$k=\left(\frac{40}{1.27}\right)^2\times100=9.9\times10^4\approx1\times10^5\text{N/m}$

答案:A

59.**解**　首先取节点C为研究对象,根据节点C的平衡可知,杆1受力为零,杆2的轴力为拉力F;再考虑两杆的变形,杆1无变形,杆2受拉伸长。由于变形后两根杆仍然要连在一起,因此C点变形后的位置,应该在以A点为圆心,以杆1原长为半径的圆弧,和以B点为圆心、以伸长后的杆2长度为半径的圆弧的交点C'上,如图所示。显然这个点在C点向下偏左的位置。

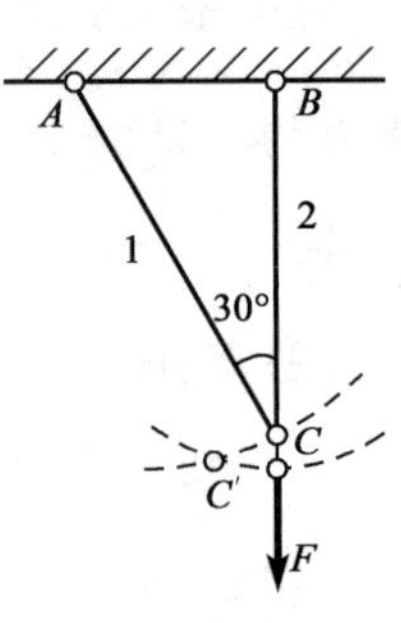

题59解图

答案:B

60.**解**　$\sigma_{AB}=\frac{F_{NAB}}{A_{AB}}=\frac{300\pi\times10^3\text{N}}{\frac{\pi}{4}\times200^2\text{mm}^2}=30\text{MPa}$

$\sigma_{BC}=\frac{F_{NBC}}{A_{BC}}=\frac{100\pi\times10^3\text{N}}{\frac{\pi}{4}\times100^2\text{mm}^2}=40\text{MPa}$

显然杆的最大拉应力是40MPa

答案:A

61.**解**　A图、B图中节点的受力是图a),C图、D图中节点的受力是图b)。

为了充分利用铸铁抗压性能好的特点,应该让铸铁承受更大的压力,显然A图布局比较合理。

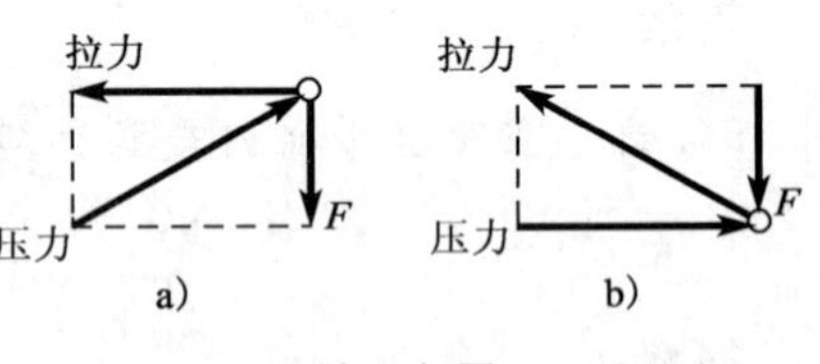

题61解图

答案:A

62.**解**　被冲断的钢板的剪切面是一个圆柱面,其面积$A_Q=\pi dt$,根据钢板破坏的条件:

$$\tau_Q=\frac{Q}{A_Q}=\frac{F}{\pi dt}=\tau_b$$

可得$F=\pi dt\tau_b=\pi\times100\text{mm}\times10\text{mm}\times300\text{MPa}=300\pi\times10^3\text{N}=300\pi\text{kN}$

答案:A

63. **解**　螺杆受拉伸，横截面面积是$\frac{\pi}{4}d^2$，由螺杆的拉伸强度条件，可得：

$$\sigma = \frac{F}{\frac{\pi}{4}d^2} = \frac{4F}{\pi d^2} = [\sigma] \quad ①$$

螺母的内圆周面受剪切，剪切面面积是πdh，由螺母的剪切强度条件，可得：

$$\tau_Q = \frac{F_Q}{A_Q} = \frac{F}{\pi dh} = [\tau] \quad ②$$

把①、②两式同时代入$[\sigma]=2[\tau]$，即有$\frac{4F}{\pi d^2}=2\cdot\frac{F}{\pi dh}$，化简后得$d=2h$。

答案：A

64. **解**　受扭空心圆轴横截面上各点的切应力应与其到圆心的距离成正比，而在空心圆部分因没有材料，故也不应有切应力，故正确的只能是B。

答案：B

65. **解**　根据外力矩（此题中即是扭矩）与功率、转速的计算公式：$M(\text{kN}\cdot\text{m})=9.55\frac{p(\text{kW})}{n(\text{r/min})}$可知，转速小的轴，扭矩（外力矩）大。

答案：B

66. **解**　根据剪力和弯矩的微分关系$\frac{\mathrm{d}m}{\mathrm{d}x}=Q$可知，弯矩的最大值发生在剪力为零的截面，也就是弯矩的导数为零的截面，故选B。

答案：B

67. **解**　题图a)图是偏心受压，在中间段危险截面上，外力作用点O与被削弱的截面形心C之间的偏心距$e=\frac{a}{2}$（如解图），产生的附加弯矩$M=F\cdot\frac{a}{2}$，故题图a)中的最大应力：

$$\sigma_a=-\frac{F_N}{A_a}-\frac{M}{W}=-\frac{F}{3ab}-\frac{F\frac{a}{2}}{\frac{b}{6}(3a)^2}=-\frac{2F}{3ab}$$

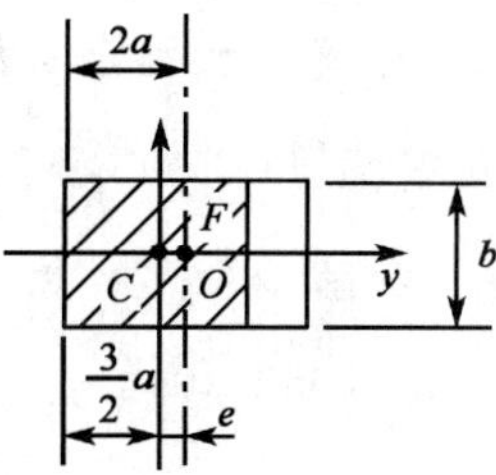

题67解图

题图b)虽然截面面积小，但却是轴向压缩，其最大压应力：

$$\sigma_b=-\frac{F_N}{A_b}=-\frac{F}{2ab}$$

故$\frac{\sigma_b}{\sigma_a}=\frac{3}{4}$

答案：A

68. **解**　由梁的正应力强度条件：

$$\sigma_{max}=\frac{M_{max}}{I}\cdot y_{max}=\frac{M_{max}}{W}\leqslant[\sigma]$$

可知，梁的承载能力与梁横截面惯性矩I（或W）的大小成正比，当外荷载产生的弯矩

M_{max}不变的情况下，截面惯性矩（或 W）越大，其承载能力也越大，显然相同面积制成的梁，矩形比圆形好，空心矩形的惯性矩（或 W）最大，其承载能力最大。

答案：A

69. **解**　图 a）中 $\sigma_1=200\text{MPa},\sigma_2=0,\sigma_3=0$

$\sigma_{r3}^{a}=\sigma_1-\sigma_3=200\text{MPa}$

图 b）中 $\sigma_1=\frac{100}{2}+\sqrt{\left(\frac{100}{2}\right)^2+100^2}=161.8\text{MPa},\sigma_2=0$

$\sigma_3=\frac{100}{2}-\sqrt{\left(\frac{100}{2}\right)^2+100^2}=-61.8\text{MPa}$

$\sigma_{r3}^{b}=\sigma_1-\sigma_3=223.6\text{MPa}$

故图 b）更危险

答案：D

70. **解**　当 $\alpha=0°$时，杆是轴向受位：

$$\sigma_{max}^{0°}=\frac{F_N}{A}=\frac{F}{a^2}$$

当 $\alpha=45°$时，杆是轴向受拉与弯曲组合变形：

$$\sigma_{max}^{45°}=\frac{F_N}{A}+\frac{M_g}{W_g}=\frac{\frac{\sqrt{2}}{2}F}{a^2}+\frac{\frac{\sqrt{2}}{2}F\cdot a}{\frac{a^3}{6}}=\frac{7\sqrt{2}}{2}\frac{F}{a^2}$$

可得$\frac{\sigma_{max}^{45°}}{\sigma_{max}^{0°}}=\frac{\frac{7\sqrt{2}}{2}\frac{F}{a^2}}{\frac{F}{a^2}}=\frac{7\sqrt{2}}{2}$

答案：A

71. **解**　水平静压力 $P_x=\rho g h_c \pi r^2=1\times9.8\times5\times\pi\times(0.1)^2=1.54\text{kN}$

答案：D

72. **解**　A 点绝对压强 $p'_A=p_0+\rho g h=88+1\times9.8\times2=107.6\text{kPa}$

A 点相对压强 $p_A=p'_A-p_a=107.6-101=6.6\text{kPa}$

答案：B

73. **解**　对二维不可压缩流体运动连续性微分方程式为：$\frac{\partial u_x}{\partial x}+\frac{\partial u_y}{\partial y}=0$，即$\frac{\partial u_x}{\partial x}=-\frac{\partial u_y}{\partial y}$。

对题中 C 项求偏导数可得$\frac{\partial u_x}{\partial x}=5,\frac{\partial u_y}{\partial y}=-5$，满足连续性方程。

答案：C

74. **解**　圆管层流中水头损失与管壁粗糙度无关。

答案:D

75.解　$Q_1+Q_2=39\text{L/s}$

$$\frac{Q_1}{Q_2}=\sqrt{\frac{S_2}{S_1}}=\sqrt{\frac{8\lambda L_2}{\pi^2 g d_2^5}\Big/\frac{8\lambda L_1}{\pi^2 g d_1^5}}=\sqrt{\frac{L_2\cdot d_1^5}{L_1\cdot d_2^5}}=\sqrt{\frac{3000}{1800}\times\left(\frac{0.15}{0.20}\right)^5}=0.629$$

即 $0.629Q_2+Q_2=39\text{L/s}$，得 $Q_2=24\text{L/s}$，$Q_1=15\text{L/s}$。

答案:B

76.解　$v=C\sqrt{Ri}$，$C=\frac{1}{n}R^{\frac{1}{6}}=\frac{1}{0.05}(0.8)^{\frac{1}{6}}=19.27\sqrt{\text{m}}/\text{s}$

流速 $v=19.27\times\sqrt{0.8\times0.0006}=0.42\text{m/s}$

答案:A

77.解　地下水的浸润线是指无压地下水的自由水面线。

答案:C

78.解　按雷诺准则设计应满足比尺关系式$\frac{\lambda_v\cdot\lambda_L}{\lambda_\nu}=1$，则流速比尺 $\lambda_v=\frac{\lambda_\nu}{\lambda_L}$，题设用相同温度、同种流体做试验，所以 $\lambda_\nu=1$，$\lambda_v=\frac{1}{\lambda_L}$，而长度比尺 $\lambda_L=\frac{2\text{m}}{0.1\text{m}}=20$，所以流速比尺 $\lambda_v=\frac{1}{20}$，即$\frac{v_{原型}}{v_{模型}}=\frac{1}{20}$，$v_{原型}=\frac{4}{20}\text{m/s}=0.2\text{m/s}$。

答案:A

79.解　三个电荷处在同一直线上，且每个电荷均处于平衡状态，可建立电荷平衡方程：

$$\frac{kq_1q_2}{r^2}=\frac{kq_3q_2}{r^2}$$

则 $q_1=q_3=|q_2|$

答案:B

80.解　根据节点电流关系：$\sum I=0$，即 $I_1+I_2-I_3=0$，得 $I_3=I_1+I_2=-7\text{A}$。

答案:C

81.解　根据叠加原理，写出电压源单独作用时的电路模型。

$$I'=\frac{15}{40+40/\!/40}\times\frac{40}{40+40}=\frac{15}{40+20}\times\frac{1}{2}=0.125\text{A}$$

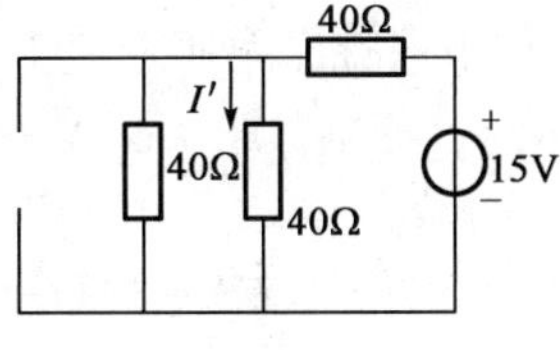

题 81 解图

答案:C

82.解　①$u_{(t)}$ 与 $i_{(t)}$ 的相位差 $\varphi=\psi_u-\psi_i=-20°$

②用有效值相量表示 $u_{(t)}$，$i_{(t)}$：

$$\dot{U} = U\angle\psi_u = \frac{10}{\sqrt{2}}\angle -10° = 7.07\angle -10°\text{V}$$

$$\dot{I} = I\angle\psi_i = \frac{0.1}{\sqrt{2}}\angle 10° = 0.0707\angle 10°\ \dot{\text{A}} = 70.7\angle 10°\text{mA}$$

答案:D

83. **解**　交流电路的功率关系为:

$$S^2 = P^2 + Q^2$$

式中:S——视在功率反映设备容量;

P——耗能元件消耗的有功功率;

Q——储能元件交换的无功功率。

本题中:$P=I^2R=1000\text{W}$,$Q=I^2(X_L-X_C)=200\text{var}$

$S=\sqrt{P^2+Q^2}=1019\approx 1020\text{V}\cdot\text{A}$

答案:D

84. **解**　开关打开以后电路如解图所示。

左边电路中无储能元件,无暂态过程,右边电路中出现暂态过程,变化为:

$$I_{2(0+)} = \frac{U_{C(0+)}}{R} = \frac{U_{C(0-)}}{R} \neq 0$$

$$I_{2(\infty)} = \frac{U_{C(\infty)}}{R} = 0$$

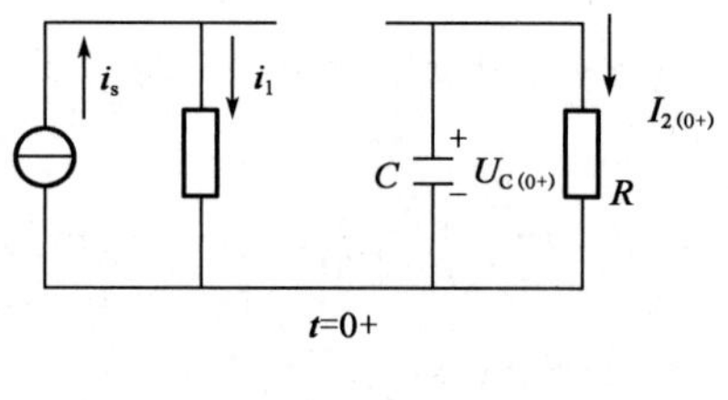

题 84 解图

答案:C

85. **解**　理想变压器空载运行 $R_L\to\infty$,则 $R'_L=K^2R_L\to\infty$

$u_1=u$

又有 $k=\frac{U_1}{U_2}=2$

则 $U_1=2U_2$

答案:B

86. **解**　当正常运行为三角形接法的三相交流异步电动机启动时采用显形接法,电机为降压运行,启动电流和启动力矩均为正常运行的三分之一。

即 $I'_{st}=\frac{1}{3}I_{st}=10\text{A}$,$T'_{st}=\frac{1}{3}T_{st}=15\text{N}\cdot\text{m}$

答案:B

87. **解**　自变量在整个连续区间内都有定义的信号是连续信号或连续时间信号。图示电路的输出信号为时间连续数值离散的信号。

答案:A

88. **解** 图示的非周期信号利用可叠加,性质等效为两个阶跃信号:

$$u(t)=u_1(t)+u_2(t)$$

$$u_1(t)=5\varepsilon(t)$$

$$u_2(t)=-4\varepsilon(t-t_0)$$

答案:C

89. **解** 放大电路是在输入信号控制下,将信号的幅值放大,而频率不变。

电路的传递函数定义为:

$$T(j\omega)=\frac{\dot{U}_o(j\omega)}{\dot{U}_i(j\omega)}=\left|\frac{\dot{U}_o(j\omega)}{\dot{U}_i(j\omega)}\right|\angle\psi_0-\psi_i$$

其中:$\left|\frac{\dot{U}_o(j\omega)}{\dot{U}_i(j\omega)}\right|=T(\omega)$称为"放大器的幅频",特性表为信号的幅值频谱。

答案:D

90. **解** 根据逻辑代数公式分析如下:

$(A+B)(A+C)=A\cdot A+A\cdot B+A\cdot C+B\cdot C=A(1+B+C)+BC=A+BC$

答案:C

91. **解** "与非门"电路遵循输入有"0"输出则"1"的原则,利用输入信号 A、B 的对应波形分析即可。

答案:D

92. **解** 根据真值表,写出函数的最小项表达式后进行化简即可:

$$\begin{aligned}F(A\cdot B\cdot C)&=\overline{A}\,\overline{B}\,\overline{C}+\overline{A}BC+A\overline{B}\,\overline{C}+ABC\\&=(\overline{A}+A)\overline{B}\,\overline{C}+(\overline{A}+A)BC\\&=\overline{B}\,\overline{C}+BC\end{aligned}$$

答案:C

93. **解** 由图示电路分析输出波形如图所示。

$u_i>0$ 时,$u_o=0$;

$u_i<0$ 时,$u_o=u_i$ 为半波整流电路。

$$u_o=0.45u_i=0.45\times\frac{-10}{\sqrt{2}}=-3.18\text{V}$$

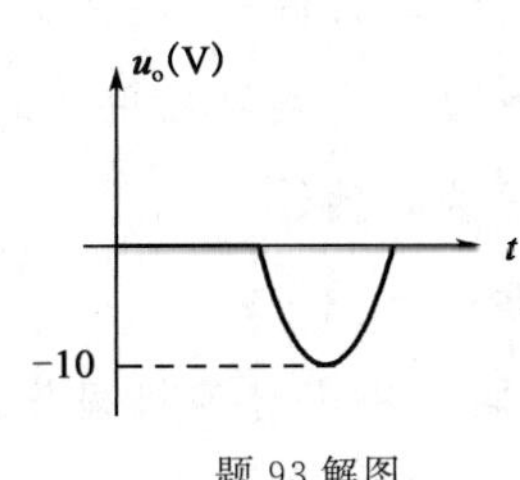

题 93 解图

答案:C

94. **解** ①当 A 端接输入信号,B 端接地时,电路为反相比例放大电路:

$$u_o=-\frac{R_2}{R_1}u_i=-8=-\frac{R_2}{R_1}\times 2$$

得$\frac{R_2}{R_1}=4$

②如 A 端接地,B 端接输入信号为同相放大电路:

$$u_o=\left(1+\frac{R_2}{R_1}\right)u_i=(1+4)\times2=10V$$

答案:C

95.**解** 图示为 D 触发器,触发时刻为 cp 波形的上升沿,输入信号D=A,输出波形为 Q 所示,对应于第一和第二个脉冲的下降沿,Q 为高电平“1”。

答案:D

96.**解** 图示为 J K 触发器和与非门的组合,触发时刻为 cp 脉冲的下降沿,触发器输入信号为:$J=\overline{Q\cdot A}$,K=“0”

输出波形为 Q 所示。两个脉冲的下降沿后 Q 为高电平。

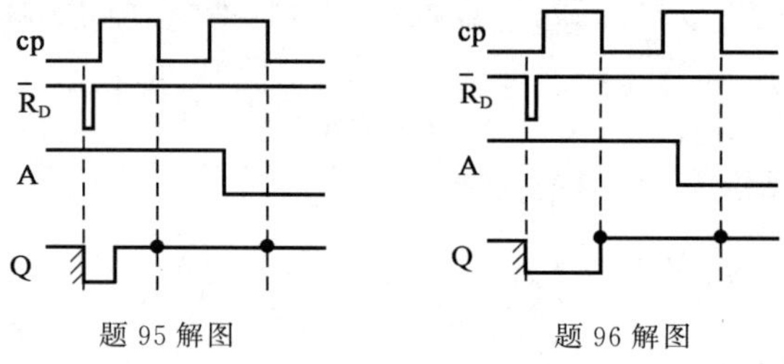

题 95 解图　　题 96 解图

答案:D

97.**解** 根据总线传送信息的类别,可以把总线划分为数据总线、地址总线和控制总线,数据总线用来传送程序或数据;地址总线用来传送主存储器地址码或外围设备码;控制总线用来传送控制信息。

答案:B

98.**解** 为了使计算机系统所有软硬件资源有条不紊、高效、协调、一致地进行工作,需要由一个软件来实施统一管理和统一调度工作,这种软件就是操作系统,由它来负责管理、控制和维护计算机系统的全部软硬件资源以及数据资源。应用软件是指计算机用户为了利用计算机的软、硬件资源而开发研制出的那些专门用于某一目的的软件。用户程序是为解决用户实际应用问题而专门编写的程序。支撑软件是指支援其他软件的编写制作和维护的软件。

答案:D

99.**解** 一个计算机程序执行的过程可分为编辑、编译、连接和运行四个过程。用高级语言编写的程序成为编辑程序,编译程序是一种语言的翻译程序,翻译完的目标程序不能立即被执行,要通过连接程序将目标程序和有关的系统函数库以及系统提供的其他信息连接起来,形成一个可执行程序。

答案:B

100. **解**　先将十进制 256.625 转换成二进制数，整数部分 256 转换成二进制 100000000，小数部分 0.625 转换成二进制 0.101，而后根据四位二进制对应一位十六进制关系进行转换，转换后结果为 100.A。

答案：C

101. **解**　信息加密技术是为提高信息系统及数据的安全性和保密性的技术，是防止数据信息被别人破译而采用的技术，是网络安全的重要技术之一。不是为清除计算机病毒而采用的技术。

答案：D

102. **解**　进程是一段运行的程序，进程运行需要各种资源的支持。

答案：A

103. **解**　文件管理是对计算机的系统软件资源进行管理，主要任务是向计算机用户提供提供一种简便、统一的管理和使用文件的界面。

答案：A

104. **解**　计算机网络可以分为资源子网和通信子网两个组成部分。资源子网主要负责全网的信息处理，为网络用户提供网络服务和资源共享功能等。

答案：A

105. **解**　采用的传输介质的不同，可将网络分为双绞线网、同轴电缆网、光纤网、无线网；按网络的传输技术可以分为广播式网络、点到点式网络；按线路上所传输信号的不同又可分为基带网和宽带网。

答案：A

106. **解**　一个典型的计算机网络系统主要是由网络硬件系统和网络软件系统组成。网络硬件是计算机网络系统的物质基础，网络软件是实现网络功能不可缺少的软件环境。

答案：A

107. **解**　根据等额支付资金回收公式，每年可回收：

$$A=P(A/P,10\%,5)=100\times0.2638=26.38 \text{ 万元}$$

答案：B

108. **解**　经营成本是指项目总成本费用扣除固定资产折旧费、摊销费和利息支出以后的全部费用。即，经营成本＝总成本费用－折旧费－摊销费－利息支出。本题经营成本与折旧费、摊销费之和为 7000 万元，再加上利息支出，则该项目的年总成本费用大于 7000 万元。

答案：C

109. **解**　投资回收期是反映项目盈利能力的财务评价指标之一。

答案：C

110. **解**　该项目的现金流量图如解图所示。

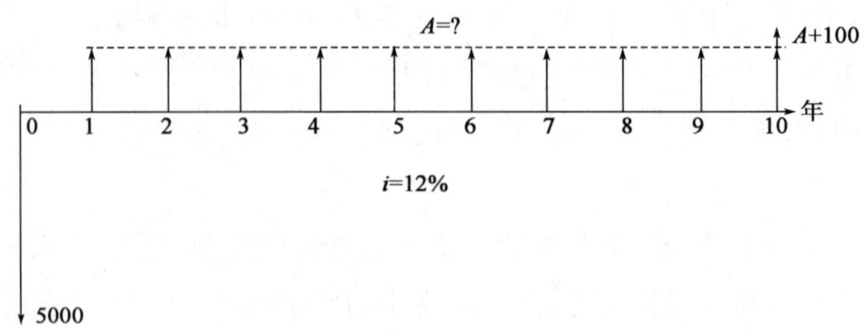

题 110 解图

根据题意有：NPV＝$A(P/A,12\%,10)+100\times(P/F,12\%,10)-P=0$

因此，$A=[P-100\times(P/F,12\%,10)]\div(P/A,12\%,10)$

$=(5000-100\times0.3220)\div5.6500=879.26$ 万元

答案：A

111.**解**　根据题意，该企业单位产品变动成本为：

$$(30000-10000)\div40000=0.5\ 万元/t$$

根据盈亏平衡点计算公式，盈亏平衡生产能力利用率为：

$$E^{*}=\frac{Q^{*}}{Q_{c}}\times100\%=\frac{C_{f}}{(P-C_{v})Q_{c}}\times100\%=\frac{10000}{(1-0.5)\times40000}\times100\%=50\%$$

答案：D

112.**解**　两个寿命期相同的互斥方案只能选择其中一个方案，可采用净现值法、净年值法、差额内部收益率法等选优，不能直接根据方案的内部收益率选优。采用净现值法应选净现值大的方案。

答案：B

113.**解**　最小公倍数法适用于寿命期不等的互斥方案比选。

答案：B

114.**解**　功能 F^{*} 的目标成本为：$10\times0.3=3$ 万元

功能 F^{*} 的现实成本为：$3+0.5=3.5$ 万元

答案：C

115.**解**　《中华人民共和国建筑法》第十三条规定，从事建筑活动的建筑施工企业、勘察单位、设计单位和工程监理单位，按照其拥有的注册资本、专业技术人员、技术装备和已完成的建筑工程业绩等资质条件，划分为不同的资质等级，经资质审查合格，取得相应等级的资质证书后，方可在其资质等级许可的范围内从事建筑活动。

答案：B

116. **解** 《中华人民共和国安全生产法》第三十四条规定，生产经营单位使用的危险物品的容器、运输工具，以及涉及人身安全、危险性较大的海洋石油开采特种设备和矿山井下特种设备，必须按照国家有关规定，由专业生产单位生产，并经具有专业资质的检测、检验机构检测、检验合格，取得安全使用证或者安全标志，方可投入使用。检测、检验机构对检测、检验结果负责。

答案：B

117. **解** 《中华人民共和国招标投标法》第五条规定，招标投标活动应当遵循公开、公平、公正和诚实信用的原则。

答案：A

118. **解** 《中华人民共和国合同法》第十九条规定，有下列情形之一的，要约不得撤销：

(一)要约人确定了承诺期限或者以其他形式明示要约不可撤销。

答案：B

119. **解** 《中华人民共和国行政许可法》第七十条规定，有下列情形之一的，行政机关应当依法办理有关行政许可的注销手续：

(一)行政许可有效期届满未延续的；

(二)赋予公民特定资格的行政许可，该公民死亡或者丧失行为能力的；

(三)法人或者其他组织依法终止的；

(四)行政许可依法被撤销、撤回，或者行政许可证件依法被吊销的；

(五)因不可抗力导致行政许可事项无法实施的；

(六)法律、法规规定的应当注销行政许可的其他情形。

答案：C

120. **解** 《建设工程质量管理条例》第十六条规定，建设单位收到建设工程竣工报告后，应当组织设计、施工、工程监理等有关单位进行竣工验收。建设工程竣工验收应当具备下列条件：

(一)完成建设工程设计和合同约定的各项内容；

(二)有完整的技术档案和施工管理资料；

(三)有工程使用的主要建筑材料、建筑构配件和设备的进场试验报告；

(四)有勘察、设计、施工、工程监理等单位分别签署的质量合格文件；

(五)有施工单位签署的工程保修书。

答案：A

全国勘察设计一级注册结构工程师执业资格考试通关试卷[五]
基础考试(下)试题解析及参考答案

1.**解**　材料的密度是指材料在绝对密实状态下单位体积的质量。表观密度是指材料在自然状态下单位体积的质量。所以密度与孔隙率无关;孔隙率降低,即材料的密实度增大,表观密度增大,而强度提高。

答案:B

2.**解**　孔隙率 $n=1-\frac{\text{表观密度}}{\text{密度}}$

表观密度=(1−n)×密度=(1−10%)×2.6 =2.34g/cm³=2340kg/m³

答案:A

3.**解**　早强水泥要求水泥水化速度快,早期强度高。硅酸盐水泥四种熟料矿物中,水化速度最快的是铝酸三钙,其次是硅酸三钙;早期强度最高的是硅酸三钙。所以早强水泥中硅酸三钙的含量较高。

答案:C

4.**解**　徐变是由于凝胶孔中的水分向毛细孔中迁移引起的。干燥收缩是由于湿度降低导致凝胶孔和毛细孔中的水分失去引起的。所以凝胶孔水分的移动是干燥收缩和徐变的共同机理。

答案:D

5.**解**　描述混凝土用砂粗细程度的指标是细度模数。

答案:A

6.**解**　在沥青中加入的矿物填充料的粉料主要有滑石粉。

答案:D

7.**解**　断后伸长率(即伸长率)是衡量钢材塑性变形的指标。屈服强度和抗拉强度是衡量钢材抗拉性能的指标,冲击韧性是衡量钢材抵抗冲击荷载作用能力的指标。

答案:C

8.**解**　如果$\sum h=\sum a-\sum b$,说明各测站高差计算正确。

答案:A

9.**解**　视准轴不垂直于横轴,望远镜绕横轴旋转形成一个圆锥面。

答案:A

10. **解** 按误差传播定律,$\angle C$ 的中误差计算公式为:

$$\angle C = 180° - \angle A - \angle C$$

$$m_C = \sqrt{m_A^2 + m_B^2} = \sqrt{4^2 + 5^2} = \sqrt{41} = \pm 6.4''$$

答案:B

11. **解** 导线测量外业工作在踏勘选点完成后,需要进行的测量工作是水平角测量和边长测量。

答案:D

12. **解** 在建(构)筑物内设置±0 点,是根据建(构)筑物的室内地坪设计高程确定的,通常±0 点是室内地坪的设计高程。由于不同建(构)筑物的室内地坪设计高程不一定相同,所以各建(构)筑物内的±0 点不是同一高程。

答案:D

13. **解** 《中华人民共和国建筑法》第二十四条规定:提倡对建筑工程实行总承包,禁止将建筑工程肢解发包。

答案:D

14. **解** 《中华人民共和国建筑法》第二十四条规定:提倡对建筑工程实行总承包,禁止将建筑工程肢解发包。

答案:A

15. **解** 《中华人民共和国安全生产法》第八十条规定:生产经营单位发生生产安全事故后,事故现场有关人员应当立即报告本单位负责人。

单位负责人接到事故报告后,应当迅速采取有效措施,组织抢救,防止事故扩大,减少人员伤亡和财产损失,并按照国家有关规定立即如实报告当地负有安全生产监督管理职责的部门,不得隐瞒不报、谎报或者迟报,不得故意破坏事故现场、毁灭有关证据。

答案:A

16. **解** 职工离职一年以后形成的知识产权已经不属于职务发明创造,所以可以转让。关于此点在《中华人民共和国专利法》第十二条中已有规定,条文如下:

专利法第六条所称执行本单位的任务所完成的职务发明创造,是指:

(一)在本职工作中做出的发明创造;

(二)履行本单位交付的本职工作之外的任务所做出的发明创造;

(三)退休、调离原单位后或者劳动、人事关系终止后一年内做出的,与其在原单位承担的本职工作或者原单位分配的任务有关的发明创造。

答案:A

17.**解** 钻孔柱为非挤土桩,而灌注桩为挤土桩,故钻孔桩承载力最低。沉管桩中,单打法的成桩断面不超过桩管的1.3倍,反插法可达到1.5倍,复打法可达到1.8倍左右。

答案:C

18.**解** 影响混凝土受冻临界强度的因素是水泥品种,不同水泥品种的水泥强度不同,水化反映产生的水化热不同,直接影响混凝土的温度及强度增长。

答案:A

19.**解** 桅杆式起重机移动困难,且控制范围小,不适合大面积的结构吊装;一般履带式起重机可吊装五层以下的结构;附着式塔式起重机适合高层塔楼的结构安装;轨道式起重机移动方便,控制范围大,一般适合十层以下板式结构吊装。

答案:C

20.**解** 双代号时标网络计划中,波形线代表某项工作的自由时差,关键工作自由时差、总时差都为0,但自由时差为0不一定是关键工作,非关键线路上的工作也可以自由时差为0,所以没有波形线,只说明该工作自由时差为0。

答案:B

21.**解** 施工单位施工前应进行单位工程施工组织设计的编制,包括单位工程施工进度计划、各种资源需要量计划和施工准备工作计划等。其中,单位工程施工进度计划是关键,要优先编制,它是各种资源需要量计划和施工准备工作计划的重要依据。

答案:C

22.**解** 受扭钢筋包括受扭纵筋和受扭箍筋,当受扭纵筋与受扭箍筋的强度比值$0.6\leqslant\zeta\leqslant1.7$时,两者应力均可以达到屈服强度,为延性破坏。随着箍筋的配筋率增加,可能导致破坏时箍筋达不到屈服,此类构件为部分超筋构件,也具有一定的延性。

答案:D

23.**解** 受压区(预拉区)设置预应力钢筋是为了减小预拉区的拉应力,减小构件的反拱值,选项A错误。

由于预压应力的存在,预应力混凝土受弯构件的相对界限受压区高度ξ_b的计算公式与普通钢筋混凝土受弯构件不同,选项B错误。

承载能力极限状态时,预应力混凝土受弯构件与钢筋混凝土受弯构件相似,当$\xi\leqslant\xi_b$时,受拉区的预应力钢筋先达到屈服,而后受压区混凝土被压碎使构件破坏,当不满足

$\xi \leqslant \xi_b$ 时，选项 C 错误。

受压区的预应力钢筋初始应力为拉应力，承载能力极限状态时，预应力钢筋的应力为拉应力或压应力，但一般不能达到其受压屈服强度，选项 D 正确。

答案：D

24. **解** 钢筋混凝土筒体结构是由四片密柱深梁框架所组成的立体结构。在水平荷载作用下，四片框架同时参与工作。水平剪力主要由平行于荷载方向的“腹板框架”承担，倾覆力矩则由垂直于荷载方向的“翼缘框架”和“腹板框架”共同承担。由于“翼缘”和“腹板”是由密柱深梁的框架所组成，相当于墙面上布满洞口的空腹筒体。尽管深梁的跨度很小，截面高度很大，深梁的竖向弯剪刚度仍然是有限的，因此出现剪力滞后现象，使得柱的轴向力愈接近角柱愈大，框筒的“翼缘框架”和“腹板框架”的各柱轴向力分布均呈现曲线变化。

答案：B

25. **解** 界限破坏时受压边缘混凝土的压应变 $\varepsilon_c = \varepsilon_u$，一般情况下 $\varepsilon_c < \varepsilon_u$。

答案：C

26. **解** 钢材牌号最后的字母代表冲击韧性合格保证，其中 A 级为不要求 V 型冲击试验，B 级为具有常温冲击韧性合格保证。对于 Q235 和 Q345 钢，C 级为具有 0℃（工作温度 $-20℃ < t \leqslant 0℃$）冲击韧性合格保证，D 级为具有 $-20℃$（工作温度 $t \leqslant -20℃$）冲击韧性合格保证，选项 B 正确。

答案：B

27. **解** 钢结构轴心受拉构件的轴向变形一般不需要计算，选项 A 错误。荷载标准值产生的挠度为受弯构件的一个刚度设计指标，选项 B 错误。自振频率为构件的固有动态参数，选项 D 错误。钢结构轴心受拉构件除了应进行强度计算外，还应进行刚度验算，对不同的受拉构件，《钢结构设计标准》(GB 50017—2017)规定了构件的允许长细比来满足刚度要求。

答案：C

28. **解** 螺栓群的转动中心（形心）为中间一排螺栓，受力为零，形心以上螺栓受拉，形心以下螺栓受压。螺栓受力大小与其到形心的距离成正比，有 $\frac{N_1}{y_1/2} = \frac{N_2}{y_2/2}$，则 $N_2 = \frac{N_1 y_2}{y_1}$。

根据弯矩平衡，有 $Fe = 2N_1 y_1 + 2N_2 y_2$

螺栓 A 所受的拉力 $N_1 = \frac{Fey_1}{2y_1^2 + 2y_2^2}$

答案：B

29.**解**　当考虑截面的塑性发展时，$b/t \leqslant 13\varepsilon_k$；如按弹性设计，即 $\gamma_x = \gamma_y = 1.0$ 时，$b/t_w \leqslant 15\varepsilon_k$。

答案:C

30.**解**　构造柱不能够提高砌体的承载能力，选项 A 错误。构造柱应按规范要求进行设置，但并不需要在房屋每个开间的四角处设置，选项 C 错误。设置构造柱后并不能较大提高砌体墙体的抗侧刚度，选项 D 错误。设置构造柱后可以提高墙体的延性，提高房屋的抗震能力，选项 B 正确。

答案:B

31.**解**　构造要求，见《砌体结构设计规范》(GB 50003—2011)第 6.2.8 条，对砌块、料石墙为 4.8m。

答案:A

32.**解**　砌体结构房屋静力计算时，根据房屋的空间工作性能分为刚性方案、刚弹性方案和弹性方案。影响房屋空间工作性能的主要因素有屋盖或楼盖的类别和横墙的间距。见《砌体结构设计规范》(GB 50003—2011)第 4.2.1 条表 4.2.1。

答案:D

33.**解**　周围非局部受压砌体会对受压砌体产生套箍约束及应力扩散作用，提高其抗压强度。

答案:A

34.**解**　根据两刚片规则，在一个刚片上增加一个二元体，该体系仍为几何不变体系。对于本题，先去掉右上角的二元体，再去掉左下角的二元体，该体系剩下三个铰，为几何不变体系，且没有多余约束。

答案:A

35.**解**　用静力平衡条件求得反力后，利用对称性可作图示转化，从而求得 $M_{BA} = \frac{Pl}{2}$。

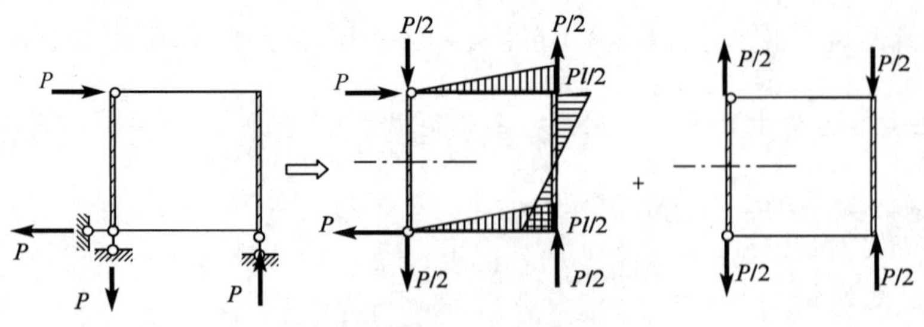

题 35 解图

答案:A

36.**解** 本题荷载弯矩图及求位移加单位力引起的弯矩图均为反对称图形,故图乘时可分左、右分别图乘然后相加。按题意,位移可表达为 $\Delta_{CH}=\frac{1}{2}\Delta+\frac{1}{2}\Delta=\Delta$。

当 AC 杆刚度由 EI 变为 $2EI$ 时,由于图乘时刚度在分母,故新的位移为 $\Delta'_{CH}=\frac{1}{2}\frac{1}{2}\Delta+\frac{1}{2}\Delta=\frac{3}{4}\Delta$。

答案:D

37.**解** 如图所示,在桁架第二节间,取竖直截面,切开的四根杆件中,除 a 杆外,其余三根交于一点 O,因此 a 杆为截面单杆,取左侧脱离体,对 O 点取矩平衡条件:$P\cdot 2d+P\cdot d+N_a\cdot d=0$,即得 a 杆内力为 $-3P$。

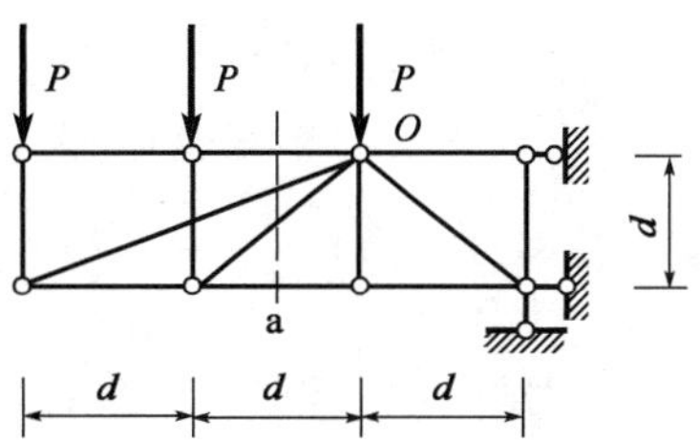

题 37 解图

答案:C

38.**解** 在力法中,将解除多余约束后得到的静定结构称为力法的基本结构。该体系为一次超静定结构,当去掉一个多余约束时,基本体系应该为静定的,但是当去掉 DE 杆时,结构体系变为几何可变体系,所以不能切断 DE 杆。

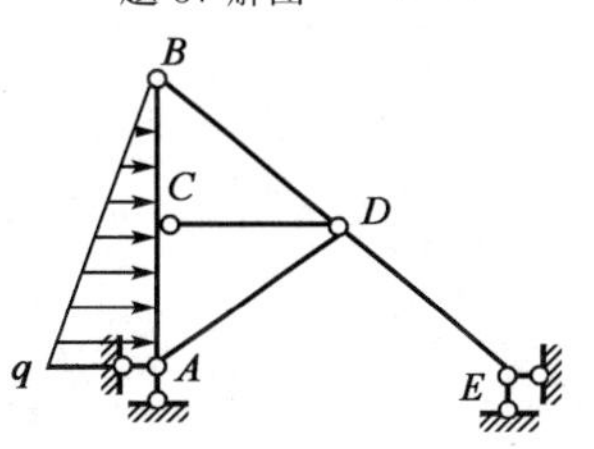

题 38 解图

答案:C

39.**解** 本题是形载常数表的直接叠加利用,另需注意杆端弯矩符号。

答案:C

40.**解** 由形常数结果,分别将只有左端单位转角作用下的弯矩图和只有右端单位转角作用下的弯矩图相加,可得到 A 端最终弯矩值,即为 A 端的转动刚度。

答案:A

41.**解** 由转动刚度定义可知,$S_{BC}=i$,$S_{BA}=4i$,$S_{BD}=0$,$S_{BE}=0$,可得 $\mu_{BC}=\frac{S_{BC}}{S_B}=\frac{i}{i+4i}=0.2$,其中 S_{BC} 为 BC 杆 B 端的转动刚度,S_B 为汇交于 B 节点各杆 B 端的转动刚度之和。

答案:B

42.**解** 竖向力引起对称的内力与变形,D 点无水平位移,水平力仅使水平杆拉伸;或在 C、D 加一对反向水平单位力,用单位荷载法求解。

答案:A

43. **解**　集中力作用在不动节点上，各杆弯矩为零。

答案：C

44. **解**　M_A 等于交于 A 点各固端弯矩的代数和。

答案：B

45. **解**　力矩分配法可直接用于无未知节点线位移的结构（中间铰也是节点）。

答案：B

46. **解**　根据影响线定义，将单位移动荷载放至 B 点（见解图）。图示结构左半部分为基本部分，右半部分为附属部分，截面 a 的弯矩值即为所得。

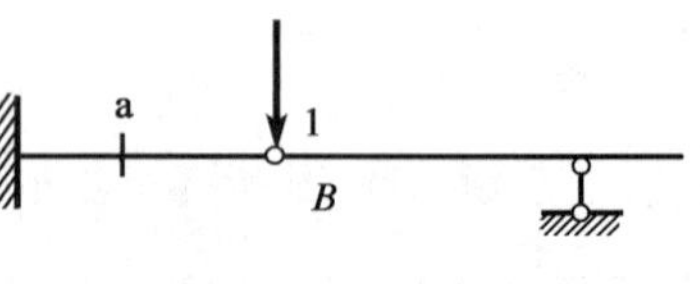

题 46 解图

答案：B

47. **解**　根据频率计算公式 $\omega=\sqrt{\frac{k}{m}}$ 可知，增大刚度可增大自振频率。

答案：C

48. **解**　由解图给水平杆以单位位移，求相应的刚度系数 k，代入频率公式

$$k=\frac{12EI}{l^3}$$

$$\omega=\sqrt{\frac{k}{m}}=\sqrt{\frac{12EI}{ml^3}}$$

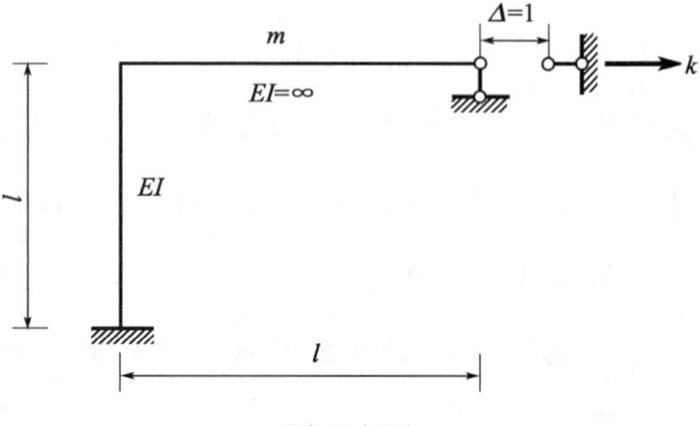

题 48 解图

答案：C

49. **解**　选择仪器时，仪器的精确度要求相对误差不超过 5%。而仪器的最小刻度值要求不大于 5%的最大被测值；一般最大被测值不宜大于仪器最大量程的 80%；最大被测值宜在仪器满量程的 $\frac{1}{5}\sim\frac{2}{3}$ 范围内。

答案：B

50. **解**　当惠斯登电桥四个桥臂不平衡时，B、D 两端有输出电压 V_o，$V_o=\frac{1}{4}V_iK(\varepsilon_1-\varepsilon_2+\varepsilon_3-\varepsilon_4)=\frac{1}{4}V_ik[\varepsilon-(-\nu\varepsilon)+\varepsilon-(-\nu\varepsilon)]=\frac{1}{4}V_ik\times2(1+\nu)\varepsilon$。

答案：A

51. **解**　砌体结构属于脆性结构，能测得出开裂荷载时的变形 Δy；砌体结构不同于钢筋混凝土结构，无法得到屈服荷载及其相应的变形。Δu 取下降段 0.85 极限荷载时的

变形。

答案:D

52.**解** 疲劳振动试验是研究结构在多次重复或反复荷载作用下的结构性能,不是结构的动力特性试验方法。

答案:C

53.**解** 由于主体结构停建时间长,又要增加一层,用钻芯法取圆柱体试件进行抗压强度测试,可直接作为混凝土强度的换算值。用超声法、超声—回弹综合法和回弹法来推定混凝土的强度,只可作为结构混凝土强度的参考值。

答案:A

54.**解** 细颗粒土可以按塑性指数分类。塑性指数 $I_p = w_L - w_p$。液限与塑限之差值(省去%),反映在可塑状态下土的含水率变化范围,此值可作为黏性土分类的指标。

答案:A

55.**解** 根据土中附加应力计算公式:$\sigma_z = \alpha p_0$,基底附加应力 p_0 不变,只要比较两基础的土中附加应力系数 α_A 和 α_B 即可。

沿条形基础长度方向取 1m 作为研究对象,即 $b=1\text{m}$。由题意可知,基础埋深相同,即 $Z_A = Z_B$,故 $Z_A/b = Z_B/b$。根据矩形面积受均布荷载作用时角点下应力系数表,当 $l_A = 2l_B$ 时,$(l_A/2)/b$ 与 Z_A/b 所确定的附加应力系数 α_A 小于 2 倍的附加应力系数 α_B[根据 $(l_B/2)/b$ 与 Z_B/b 所确定],即 $\alpha_A < 2\alpha_B$。

答案:B

56.**解** 一般使用单位为 cm^2/s,与选项 B 量纲相同。

答案:B

57.**解** 增大基础高度即增大基础抗冲切面积。

答案:C

58.**解** 增大基础宽度和埋深可以提高地基承载力。根据《建筑地基基础设计规范》(GB 50007—2011),可对基础宽度在 3~6m 范围内的基础地基承载力进行提高修正。据题意,影响两基础地基承载力的因素只有基础宽度。

答案:D

59.**解** 当摩擦型群桩桩距较小时,群桩效应显著,破坏时接近实体基础破坏形式。

答案:C

60. **解**　井径比为砂井的有效排水直径 d_e 与砂井的直径 d_w 之比。加大砂井直径、增加砂井数量(即减少砂井间距)或减小井径比可加快地基固结进程。

答案:C

全国勘察设计注册工程师

执业资格考试通关试卷［六］

基础考试
（上）

二〇二〇年十月

应考人员注意事项

1. 本试卷科目代码为“1”，考生务必将此代码填涂在答题卡“科目代码”相应的栏目内，否则，无法评分。
2. 书写用笔：**黑色或蓝色钢笔、签字笔或圆珠笔**；
   填涂答题卡用笔：**黑色 2B 铅笔**。
3. 必须用书写用笔将工作单位、姓名、准考证号填写在答题卡和试卷相应的栏目内。
4. 本试卷由 120 题组成，每题 1 分，满分 120 分，本试卷全部为单项选择题，每小题的四个备选项中只有一个正确答案，错选、多选、不选均不得分。
5. 考生作答时，必须**按题号在答题卡上**将相应试题所选选项对应的**字母用 2B 铅笔涂黑**。
6. 在答题卡上书写与题意无关的语言，或在答题卡上作标记的，均按违纪试卷处理。
7. 考试结束时，由监考人员当面将试卷、答题卡一并收回。
8. 草稿纸由各地统一配发，考后收回。

单项选择题(共 120 题,每题 1 分。每题的备选项中只有一个最符合题意。)

1. 下列极限式中,能够使用洛必达法则求极限的是:

A. $\lim\limits_{x\to 0}\dfrac{1+\cos x}{e^x-1}$

B. $\lim\limits_{x\to 0}\dfrac{x-\sin x}{\sin x}$

C. $\lim\limits_{x\to 0}\dfrac{x^2\sin\dfrac{1}{x}}{\sin x}$

D. $\lim\limits_{x\to\infty}\dfrac{x+\sin x}{x-\sin x}$

2. 设$\begin{cases}x=t-\arctan t\\ y=\ln(1+t^2)\end{cases}$,则$\left.\dfrac{\mathrm{d}y}{\mathrm{d}x}\right|_{t=1}$等于:

A. 1

B. -1

C. 2

D. $\dfrac{1}{2}$

3. 微分方程$\dfrac{\mathrm{d}y}{\mathrm{d}x}=\dfrac{1}{xy+y^3}$是:

A. 齐次微分方程

B. 可分离变量的微分方程

C. 一阶线性微分方程

D. 二阶微分方程

4. 若向量$\boldsymbol{\alpha},\boldsymbol{\beta}$满足$|\boldsymbol{\alpha}|=2$,$|\boldsymbol{\beta}|=\sqrt{2}$,且$\boldsymbol{\alpha}\cdot\boldsymbol{\beta}=2$,则$|\boldsymbol{\alpha}\times\boldsymbol{\beta}|$等于:

A. 2

B. $2\sqrt{2}$

C. $2+\sqrt{2}$

D. 不能确定

5. $f(x)$在点x_0处的左、右极限存在且相等是$f(x)$在点x_0处连续的:

A. 必要非充分的条件

B. 充分非必要的条件

C. 充分且必要的条件

D. 既非充分又非必要的条件

6. 设$\int_0^x f(t)\mathrm{d}t=\dfrac{\cos x}{x}$,则$f\left(\dfrac{\pi}{2}\right)$等于:

A. $\dfrac{\pi}{2}$

B. $-\dfrac{2}{\pi}$

C. $\dfrac{2}{\pi}$

D. 0

7. 若$\sec^2 x$是$f(x)$的一个原函数,则$\int xf(x)\mathrm{d}x$等于:

A. $\tan x+C$

B. $x\tan x-\ln|\cos x|+C$

C. $x\sec^2 x+\tan x+C$

D. $x\sec^2 x-\tan x+C$

8. yOz 坐标面上的曲线 $\begin{cases} y^2+z=1 \\ x=0 \end{cases}$ 绕 Oz 轴旋转一周所生成的旋转曲面方程是：

A. $x^2+y^2+z=1$

B. $x+y^2+z=1$

C. $y^2+\sqrt{x^2+z^2}=1$

D. $y^2-\sqrt{x^2+z^2}=1$

9. 若函数 $z=f(x,y)$ 在点 $P_0(x_0,y_0)$ 处可微，则下面结论中错误的是：

A. $z=f(x,y)$ 在 P_0 处连续

B. $\lim\limits_{\substack{x\to x_0 \\ y\to y_0}} f(x,y)$ 存在

C. $f'_x(x_0,y_0)$，$f'_y(x_0,y_0)$ 均存在

D. $f'_x(x,y)$，$f'_y(x,y)$ 在 P_0 处连续

10. 若 $\int_{-\infty}^{+\infty} \frac{A}{1+x^2} \mathrm{d}x = 1$，则常数 A 等于：

A. $\frac{1}{\pi}$

B. $\frac{2}{\pi}$

C. $\frac{\pi}{2}$

D. π

11. 设 $f(x)=x(x-1)(x-2)$，则方程 $f'(x)=0$ 的实根个数是：

A. 3

B. 2

C. 1

D. 0

12. 微分方程 $y''-2y'+y=0$ 的两个线性无关的特解是：

A. $y_1=x, y_2=e^x$

B. $y_1=e^{-x}, y_2=e^x$

C. $y_1=e^{-x}, y_2=xe^{-x}$

D. $y_1=e^x, y_2=xe^x$

13. 设函数 $f(x)$ 在 (a,b) 内可微，且 $f'(x)\neq 0$，则 $f(x)$ 在 (a,b) 内：

A. 必有极大值

B. 必有极小值

C. 必无极值

D. 不能确定有还是没有极值

14. 下列级数中，绝对收敛的级数是：

A. $\sum\limits_{n=1}^{\infty}(-1)^{n-1}\frac{1}{n}$

B. $\sum\limits_{n=1}^{\infty}(-1)^{n-1}\frac{1}{\sqrt{n}}$

C. $\sum\limits_{n=1}^{\infty}\frac{n^2}{1+n^2}$

D. $\sum\limits_{n=1}^{\infty}\frac{\sin\frac{3}{2}n}{n^2}$

15. 若 D 是由 $x=0, y=0, x^2+y^2=1$ 所围成在第一象限的区域，则二重积分 $\iint\limits_D x^2 y\mathrm{d}y\mathrm{d}y$ 等于：

A. $-\frac{1}{15}$

B. $\frac{1}{15}$

C. $-\frac{1}{12}$

B. $\frac{1}{12}$

16. 设 L 是抛物线 $y=x^2$ 上从点 $A(1,1)$ 到点 $O(0,0)$ 的有向弧线，则对坐标的曲线积分 $\int_L x\mathrm{d}x+y\mathrm{d}y$ 等于：

A. 0

B. 1

C. -1

D. 2

17. 幂级数 $\sum_{n=0}^{\infty}\frac{(-1)^n}{2^n}x^n$ 在 $|x|<2$ 的和函数是：

A. $\frac{2}{2+x}$

B. $\frac{2}{2-x}$

C. $\frac{1}{1-2x}$

D. $\frac{1}{1+2x}$

18. 设 $z=\frac{3^{xy}}{x}+xF(u)$，其中 $F(u)$ 可微，且 $u=\frac{y}{x}$，则 $\frac{\partial z}{\partial y}$ 等于：

A. $3^{xy}-\frac{y}{x}F'(u)$

B. $\frac{1}{x}3^{xy}\ln3+F'(u)$

C. $3^{xy}+F'(u)$

D. $3^{xy}\ln3+F'(u)$

19. 若使向量组 $\boldsymbol{\alpha}_1=(6,t,7)^{\mathrm{T}}, \boldsymbol{\alpha}_2=(4,2,2)^{\mathrm{T}}, \boldsymbol{\alpha}_3=(4,1,0)^{\mathrm{T}}$ 线性相关，则 t 等于：

A. -5

B. 5

C. -2

D. 2

20. 下列结论中正确的是：

A. 矩阵 $\boldsymbol{A}$ 的行秩与列秩可以不等

B. 秩为 r 的矩阵中，所有 r 阶子式均不为零

C. 若 n 阶方阵 $\boldsymbol{A}$ 的秩小于 n，则该矩阵 $\boldsymbol{A}$ 的行列式必等于零

D. 秩为 r 的矩阵中，不存在等于零的 $r-1$ 阶子式

21.已知矩阵 $A=\begin{bmatrix}5 & -3 & 2\\ 6 & -4 & 4\\ 4 & -4 & a\end{bmatrix}$ 的两个特征值为 $\lambda_1=1,\lambda_2=3$，则常数 a 和另一特征值 λ_3 为：

A. $a=1,\lambda_3=-2$　　B. $a=5,\lambda_3=2$

C. $a=-1,\lambda_3=0$　　D. $a=-5,\lambda_3=-8$

22.设有事件 A 和 B，已知 $P(A)=0.8,P(B)=0.7$，且 $P(A|B)=0.8$，则下列结论中正确的是：

A. A 与 B 独立　　B. A 与 B 互斥

C. $B\supset A$　　D. $P(A\cup B)=P(A)+P(B)$

23.某店有 7 台电视机，其中 2 台次品。现从中随机地取 3 台，设 X 为其中的次品数，则数学期望 $E(X)$ 等于：

A. $\frac{3}{7}$　　B. $\frac{4}{7}$　　C. $\frac{5}{7}$　　D. $\frac{6}{7}$

24.设总体 $X\sim N(0,\sigma^2)$，$X_1,X_2,\cdots,X_n$ 是来自总体的样本，$\hat{\sigma}^2=\frac{1}{n}\sum_{i=1}^{n}X_i^2$，则下面结论中正确的是：

A. $\hat{\sigma}^2$ 不是 σ^2 的无偏估计量　　B. $\hat{\sigma}^2$ 是 σ^2 的无偏估计量

C. $\hat{\sigma}^2$ 不一定是 σ^2 的无偏估计量　　D. $\hat{\sigma}^2$ 不是 σ^2 的估计量

25.假定氧气的热力学温度提高一倍，氧分子全部离解为氧原子，则氧原子的平均速率是氧分子平均速率的：

A. 4 倍　　B. 2 倍

C. $\sqrt{2}$ 倍　　D. $\frac{1}{\sqrt{2}}$ 倍

26.容积恒定的容器内盛有一定量的某种理想气体，分子的平均自由程为 $\bar{\lambda}_0$，平均碰撞频率为 $\bar{Z}_0$，若气体的温度降低为原来的 $\frac{1}{4}$ 倍，则此时分子的平均自由程 $\bar{\lambda}$ 和平均碰撞频率 $\bar{Z}$ 为：

A. $\bar{\lambda}=\bar{\lambda}_0,\bar{Z}=\bar{Z}_0$　　B. $\bar{\lambda}=\bar{\lambda}_0,\bar{Z}=\frac{1}{2}\bar{Z}_0$

C. $\bar{\lambda}=2\bar{\lambda}_0,\bar{Z}=2\bar{Z}_0$　　D. $\bar{\lambda}=\sqrt{2}\bar{\lambda}_0,\bar{Z}=4\bar{Z}_0$

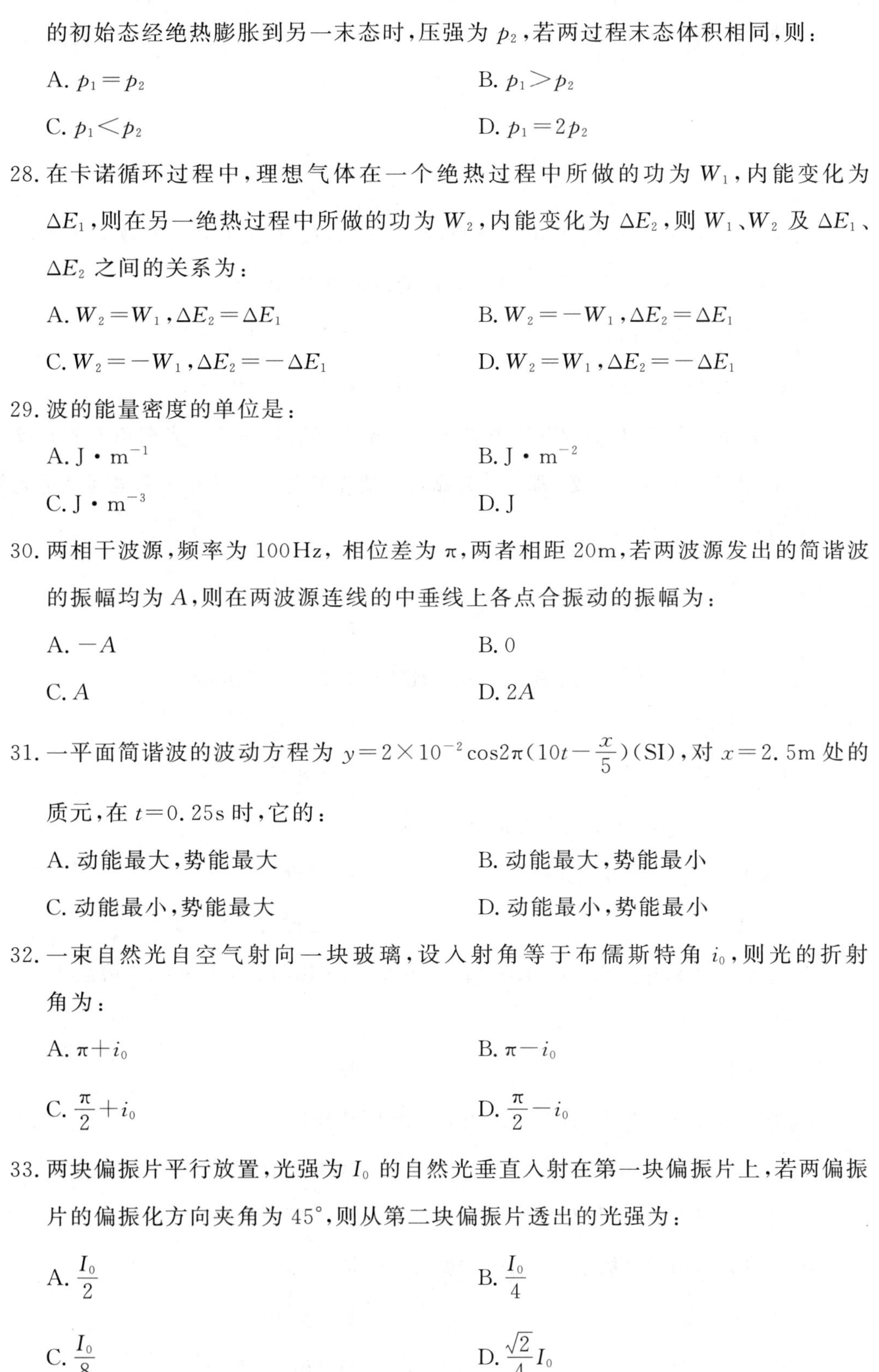

27. 一定量的某种理想气体由初始态经等温膨胀变化到末态时，压强为 p_1；若由相同的初始态经绝热膨胀到另一末态时，压强为 p_2，若两过程末态体积相同，则：

A. $p_1 = p_2$　　B. $p_1 > p_2$

C. $p_1 < p_2$　　D. $p_1 = 2p_2$

28. 在卡诺循环过程中，理想气体在一个绝热过程中所做的功为 W_1，内能变化为 ΔE_1，则在另一绝热过程中所做的功为 W_2，内能变化为 ΔE_2，则 W_1、W_2 及 ΔE_1、ΔE_2 之间的关系为：

A. $W_2 = W_1, \Delta E_2 = \Delta E_1$　　B. $W_2 = -W_1, \Delta E_2 = \Delta E_1$

C. $W_2 = -W_1, \Delta E_2 = -\Delta E_1$　　D. $W_2 = W_1, \Delta E_2 = -\Delta E_1$

29. 波的能量密度的单位是：

A. $J \cdot m^{-1}$　　B. $J \cdot m^{-2}$

C. $J \cdot m^{-3}$　　D. J

30. 两相干波源，频率为 100Hz，相位差为 π，两者相距 20m，若两波源发出的简谐波的振幅均为 A，则在两波源连线的中垂线上各点合振动的振幅为：

A. $-A$　　B. 0

C. A　　D. $2A$

31. 一平面简谐波的波动方程为 $y = 2\times10^{-2}\cos2\pi(10t - \frac{x}{5})$(SI)，对 $x = 2.5$m 处的质元，在 $t = 0.25$s 时，它的：

A. 动能最大，势能最大　　B. 动能最大，势能最小

C. 动能最小，势能最大　　D. 动能最小，势能最小

32. 一束自然光自空气射向一块玻璃，设入射角等于布儒斯特角 i_0，则光的折射角为：

A. $\pi + i_0$　　B. $\pi - i_0$

C. $\frac{\pi}{2} + i_0$　　D. $\frac{\pi}{2} - i_0$

33. 两块偏振片平行放置，光强为 I_0 的自然光垂直入射在第一块偏振片上，若两偏振片的偏振化方向夹角为 45°，则从第二块偏振片透出的光强为：

A. $\frac{I_0}{2}$　　B. $\frac{I_0}{4}$

C. $\frac{I_0}{8}$　　D. $\frac{\sqrt{2}}{4}I_0$

34. 在单缝夫琅禾费衍射实验中，单缝宽度为 a，所用单色光波长为 λ，透镜焦距为 f，则中央明条纹的半宽度为：

A. $\frac{f\lambda}{a}$　　B. $\frac{2f\lambda}{a}$

C. $\frac{a}{f\lambda}$　　D. $\frac{2a}{f\lambda}$

35. 通常亮度下，人眼睛瞳孔的直径约为 3mm，视觉感受到最灵敏的光波波长为 550nm（$1nm=1\times10^{-9}m$），则人眼睛的最小分辨角约为：

A. 2.24×10^{-3} rad　　B. 1.12×10^{-4} rad

C. 2.24×10^{-4} rad　　D. 1.12×10^{-3} rad

36. 在光栅光谱中，假如所有偶数级次的主极大都恰好在透射光栅衍射的暗纹方向上，因而出现缺级现象，那么此光栅每个透光缝宽度 a 和相邻两缝间不透光部分宽度 b 的关系为：

A. $a=2b$　　B. $b=3a$

C. $a=b$　　D. $b=2a$

37. 多电子原子中同一电子层原子轨道能级（量）最高的亚层是：

A. s 亚层　　B. p 亚层

C. d 亚层　　D. f 亚层

38. 在 CO 和 N_2 分子之间存在的分子间力有：

A. 取向力、诱导力、色散力　　B. 氢键

C. 色散力　　D. 色散力、诱导力

39. 已知 $K_b^\ominus(NH_3\cdot H_2O)=1.8\times10^{-5}$，$0.1mol\cdot L^{-1}$ 的 $NH_3\cdot H_2O$ 溶液的 pH 为：

A. 2.87　　B. 11.13

C. 2.37　　D. 11.63

40. 通常情况下，$K_a^\ominus$、$K_b^\ominus$、$K^\ominus$、$K_{sp}^\ominus$，它们的共同特性是：

A. 与有关气体分压有关　　B. 与温度有关

C. 与催化剂的种类有关　　D. 与反应物浓度有关

41. 下列各电对的电极电势与 H^+ 浓度有关的是：

A. Zn^{2+}/Zn　　B. Br_2/Br

C. AgI/Ag　　D. MnO_4^-/Mn^{2+}

42. 电解 Na_2SO_4 水溶液时，阳极上放电的离子是：

A. H^+　　B. OH^-

C. Na^+　　D. SO_4^{2-}

43. 某化学反应在任何温度下都可以自发进行，此反应需满足的条件是：

A. $\Delta_r H_m < 0, \Delta_r S_m > 0$

B. $\Delta_r H_m > 0, \Delta_r S_m < 0$

C. $\Delta_r H_m < 0, \Delta_r S_m < 0$

D. $\Delta_r H_m > 0, \Delta_r S_m > 0$

44. 按系统命名法，下列有机化合物命名正确的是：

A. 3-甲基丁烷　　B. 2-乙基丁烷

C. 2,2-二甲基戊烷　　D. 1,1,3-三甲基戊烷

45. 苯氨酸和山梨酸（$CH_3CH=CHCH=CHCOOH$）都是常见的食品防腐剂。下列物质中只能与其中一种酸发生化学反应的是：

A. 甲醇　　B. 溴水

C. 氢氧化钠　　D. 金属钾

46. 受热到一定程度就能软化的高聚物是：

A. 分子结构复杂的高聚物

B. 相对摩尔质量较大的高聚物

C. 线性结构的高聚物

D. 体型结构的高聚物

47. 图示结构由直杆 AC，DE 和直角弯杆 BCD 所组成，自重不计，受载荷 F 与 $M=F \cdot a$ 作用。则 A 处约束力的作用线与 x 轴正向所成的夹角为：

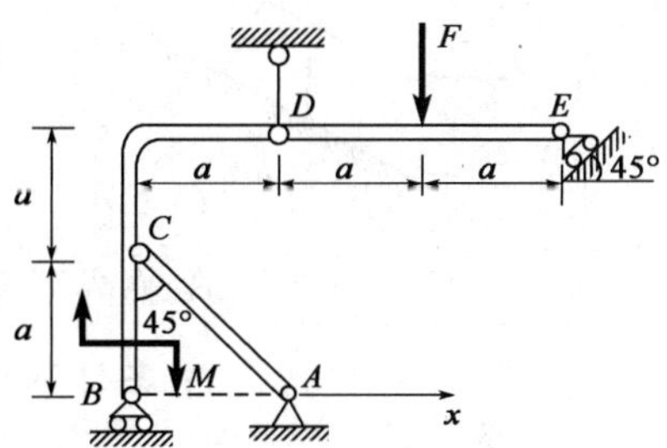

A. 135°　　B. 90°

C. 0°　　D. 45°

48. 图示平面力系中，已知 $q=10\text{kN/m}$，$M=20\text{kN}\cdot\text{m}$，$a=2\text{m}$。则该主动力系对 B 点的合力矩为：

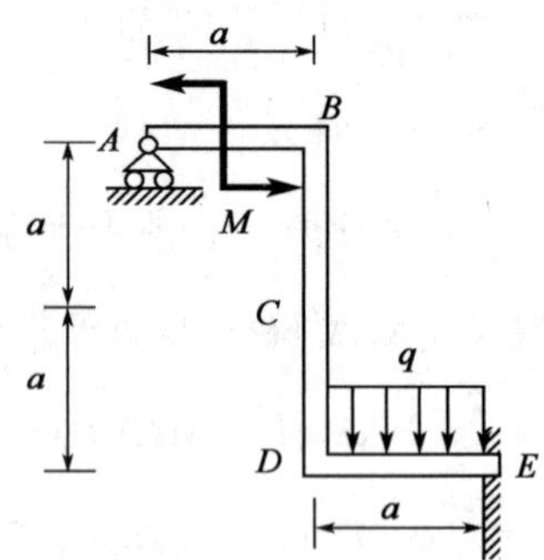

A. $M_B=0$

B. $M_B=20\text{kN}\cdot\text{m}$(↶)

C. $M_B=40\text{kN}\cdot\text{m}$(↶)

D. $M_B=40\text{kN}\cdot\text{m}$(↷)

49. 简支梁受分布荷载作用如图所示。支座 A、B 的约束力为：

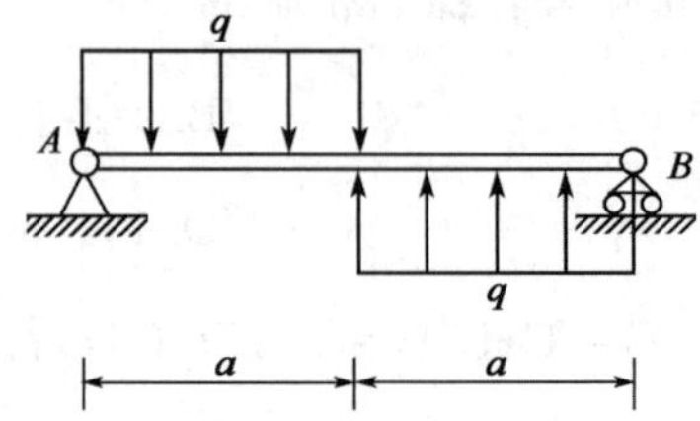

A. $F_A=0$，$F_B=0$

B. $F_A=\frac{1}{2}qa\uparrow$，$F_B=\frac{1}{2}qa\uparrow$

C. $F_A=\frac{1}{2}qa\uparrow$，$F_B=\frac{1}{2}qa\downarrow$

D. $F_A=\frac{1}{2}qa\downarrow$，$F_B=\frac{1}{2}qa\uparrow$

50. 重 W 的物块自由地放在倾角为 α 的斜面上如图示。且 $\sin\alpha=\frac{3}{5}$，$\cos\alpha=\frac{4}{5}$。物块上作用一水平力 F，且 $F=W$。若物块与斜面间的静摩擦系数 $f=0.2$，则该物块的状态为：

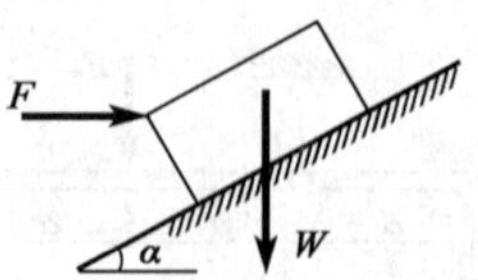

A. 静止状态

B. 临界平衡状态

C. 滑动状态

D. 条件不足，不能确定

51. 一动点沿直线轨道按照 $x=3t^3+t+2$ 的规律运动（x 以 m 计，t 以 s 计），则当 $t=4$s时，动点的位移、速度和加速度分别为：

A. $x=54\text{m}, v=145\text{m/s}, a=18\text{m/s}^2$　　B. $x=198\text{m}, v=145\text{m/s}, a=72\text{m/s}^2$

C. $x=198\text{m}, v=49\text{m/s}, a=72\text{m/s}^2$　　D. $x=192\text{m}, v=145\text{m/s}, a=12\text{m/s}^2$

52. 点在直径为 6m 的圆形轨迹上运动，走过的距离是 $s=3t^2$，则点在 2s 末的切向加速度为：

A. 48m/s^2　　B. 4m/s^2

C. 96m/s^2　　D. 6m/s^2

53. 杆 $OA=l$，绕固定轴 O 转动，某瞬时杆端 A 点的加速度 a 如图所示，则该瞬时杆 OA 的角速度及角加速度为：

A. $0, \dfrac{a}{l}$

B. $\sqrt{\dfrac{a\cos\alpha}{l}}, \dfrac{a\sin\alpha}{l}$

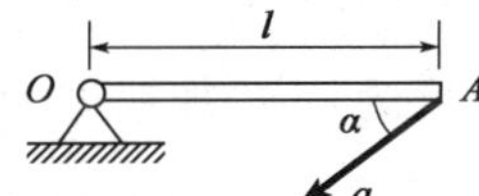

C. $\sqrt{\dfrac{a}{l}}, 0$

D. $0, \sqrt{\dfrac{a}{l}}$

54. 质量为 m 的物体 M 在地面附近自由降落，它所受的空气阻力的大小为 $F_R=Kv^2$，其中 K 为阻力系数，v 为物体速度，该物体所能达到的最大速度为：

A. $v=\sqrt{\dfrac{mg}{K}}$　　B. $v=\sqrt{mgK}$

C. $v=\sqrt{\dfrac{g}{K}}$　　D. $v=\sqrt{gK}$

55. 质点受弹簧力作用而运动，l_0 为弹簧自然长度，k 为弹簧刚度系数，质点由位置 1 到位置 2 和由位置 3 到位置 2 弹簧力所做的功为：

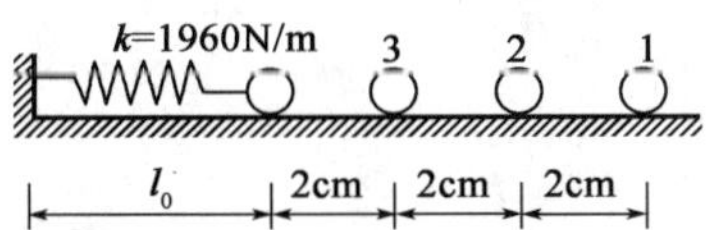

A. $W_{12}=-1.96\text{J}, W_{32}=1.176\text{J}$　　B. $W_{12}=1.96\text{J}, W_{32}=1.176\text{J}$

C. $W_{12}=1.96\text{J}, W_{32}=-1.176\text{J}$　　D. $W_{12}=-1.96\text{J}, W_{32}=-1.176\text{J}$

56. 如图所示圆环以角速度 ω 绕铅直轴 AC 自由转动，圆环的半径为 R，对转轴 z 的转动惯量为 I。在圆环中的 A 点放一质量为 m 的小球，设由于微小的干扰，小球离开 A 点。忽略一切摩擦，则当小球达到 B 点时，圆环的角速度为：

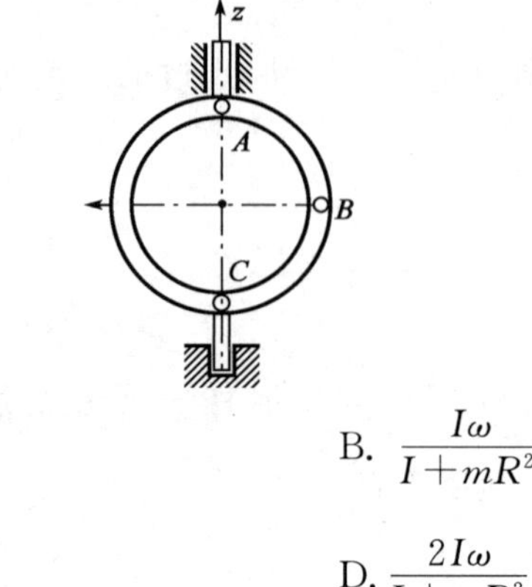

A. $\frac{mR^2\omega}{I+mR^2}$　　B. $\frac{I\omega}{I+mR^2}$

C. ω　　D. $\frac{2I\omega}{I+mR^2}$

57. 图示均质圆轮，质量为 m，半径为 r，在铅垂图面内绕通过圆盘中心 O 的水平轴转动，角速度为 ω，角加速度为 ε，此时将圆轮的惯性力系向 O 点简化，其惯性力主矢和惯性力主矩的大小分别为：

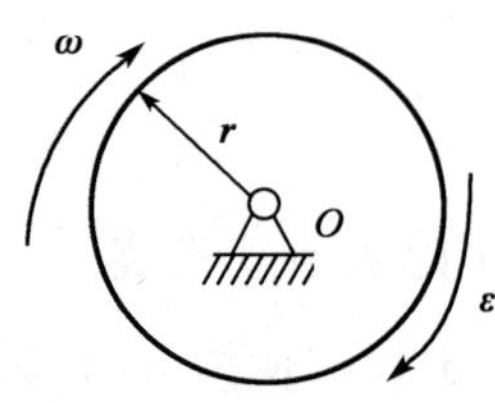

A. 0，0　　B. $mr\varepsilon$，$\frac{1}{2}mr^2\varepsilon$

C. 0，$\frac{1}{2}mr^2\varepsilon$　　D. 0，$\frac{1}{4}mr^2\omega^2$

58. 5kg 质量块振动，其自由振动规律是 $x=X\sin\omega_n t$，如果振动的圆频率为 30rad/s，则此系统的刚度系数为：

A. 2500N/m　　B. 4500N/m

C. 180N/m　　D. 150N/m

59. 横截面直杆，轴向受力如图，杆的最大拉伸轴力是：

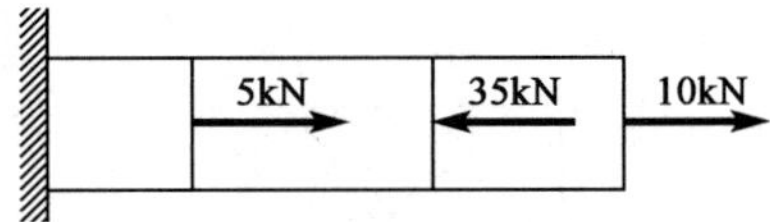

A. 10kN　　　　B. 25kN

C. 35kN　　　　D. 20kN

60. 已知铆钉的许用切应力为$[\tau]$，许用挤压应力为$[\sigma_{bs}]$，钢板的厚度为t，则图示铆钉直径d与钢板厚度t的合理关系是：

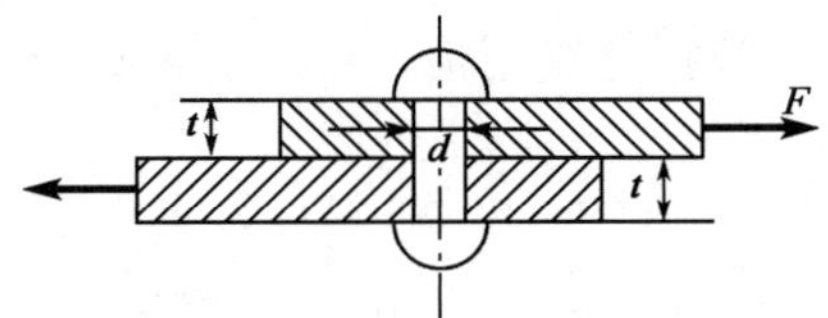

A. $d=\dfrac{8t[\sigma_{bs}]}{\pi[\tau]}$　　　　B. $d=\dfrac{4t[\sigma_{bs}]}{\pi[\tau]}$

C. $d=\dfrac{\pi[\tau]}{8t[\sigma_{bs}]}$　　　　D. $d=\dfrac{\pi[\tau]}{4t[\sigma_{bs}]}$

61. 直径为d的实心圆轴受扭，在扭矩不变的情况下，为使扭转最大切应力减小一半，圆轴的直径应改为：

A. $2d$　　　　B. $0.5d$

C. $\sqrt{2}d$　　　　D. $\sqrt[3]{2}d$

62. 在一套传动系统中，假设所有圆轴传递的功率相同，转速不同。该系统的圆轴转速与其扭矩的关系是：

A. 转速快的轴扭矩大

B. 转速慢的轴扭矩大

C. 全部轴的扭矩相同

D. 无法确定

63. 面积相同的三个图形如图示，对各自水平形心轴 z 的惯性矩之间的关系为：

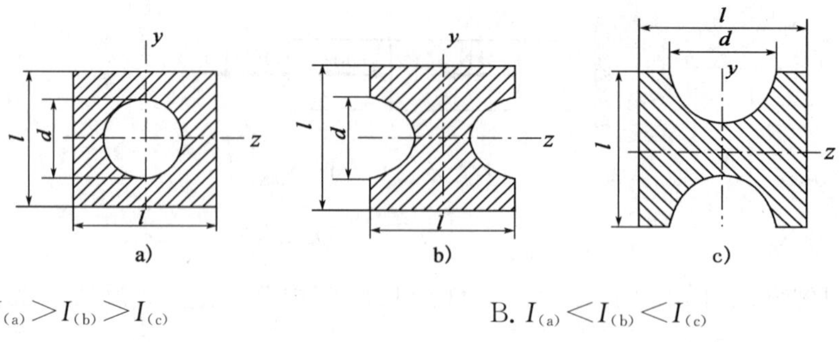

A. $I_{(a)} > I_{(b)} > I_{(c)}$　　B. $I_{(a)} < I_{(b)} < I_{(c)}$

C. $I_{(a)} < I_{(c)} = I_{(b)}$　　D. $I_{(a)} = I_{(b)} > I_{(c)}$

64. 悬臂梁的弯矩如图示，根据弯矩图推得梁上的荷载应为：

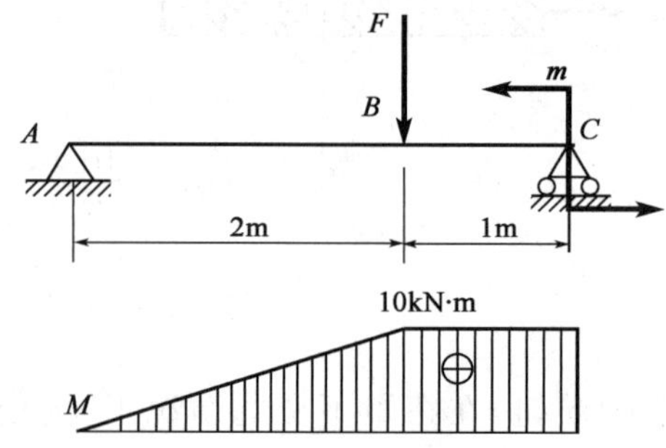

A. $F = 10\text{kN}, m = 10\text{kN} \cdot \text{m}$　　B. $F = 5\text{kN}, m = 10\text{kN} \cdot \text{m}$

C. $F = 10\text{kN}, m = 5\text{kN} \cdot \text{m}$　　D. $F = 5\text{kN}, m = 5\text{kN} \cdot \text{m}$

65. 在图示 xy 坐标系下，单元体的最大主应力 σ_1 大致指向：

A. 第一象限，靠近 x 轴

B. 第一象限，靠近 y 轴

C. 第二象限，靠近 x 轴

D. 第二象限，靠近 y 轴

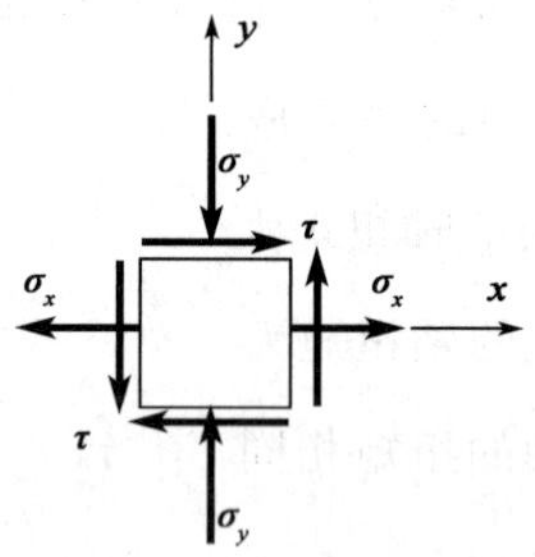

66. 图示变截面短杆，AB 段压应力 σ_{AB} 与 BC 段压应力 σ_{BC} 的关系是：

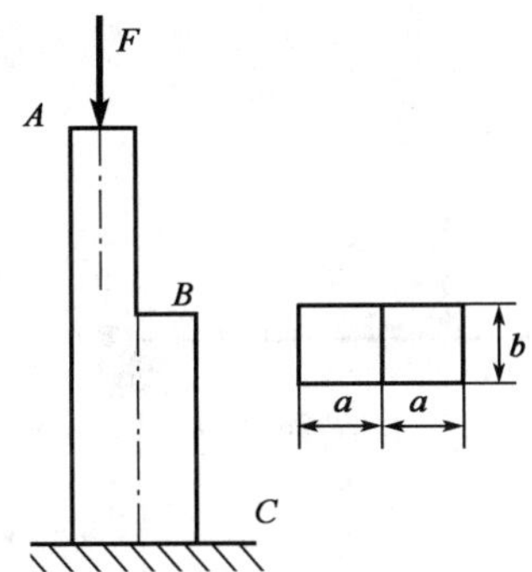

A. $\sigma_{AB}=1.25\sigma_{BC}$

B. $\sigma_{AB}=0.8\sigma_{BC}$

C. $\sigma_{AB}=2\sigma_{BC}$

D. $\sigma_{AB}=0.5\sigma_{BC}$

67. 简支梁 AB 的剪力图和弯矩图如图示。该梁正确的受力图是：

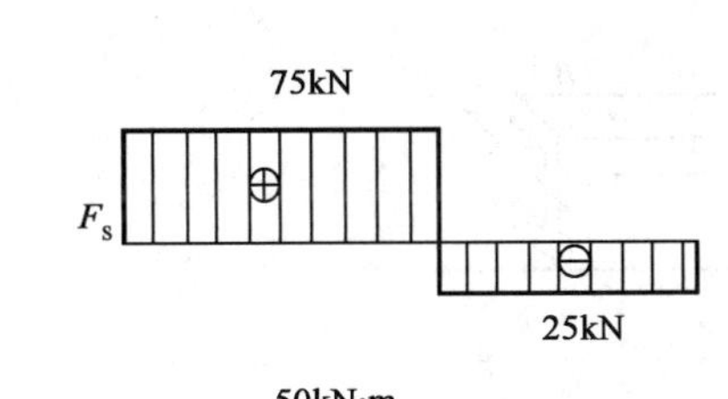

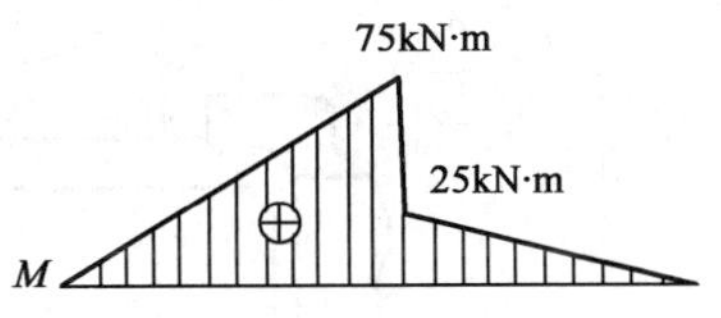

A.

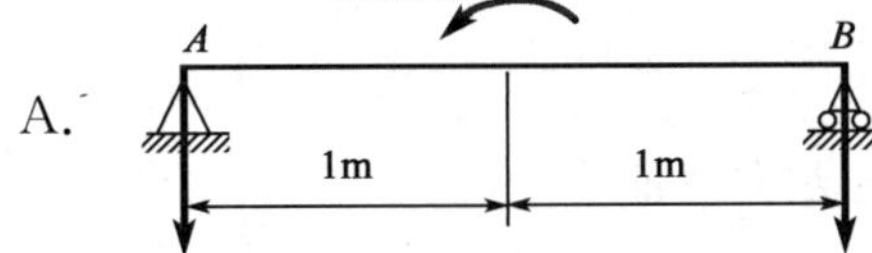

B.

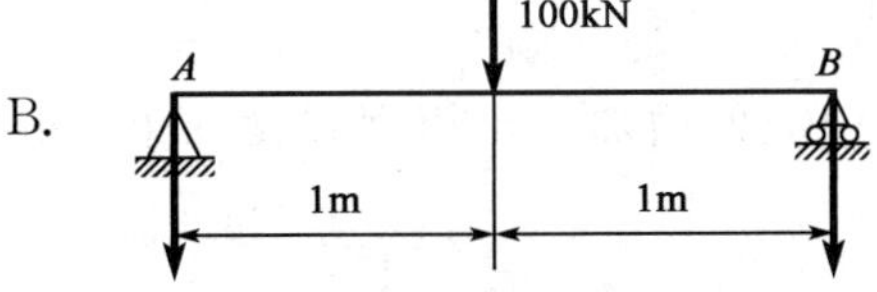

C.

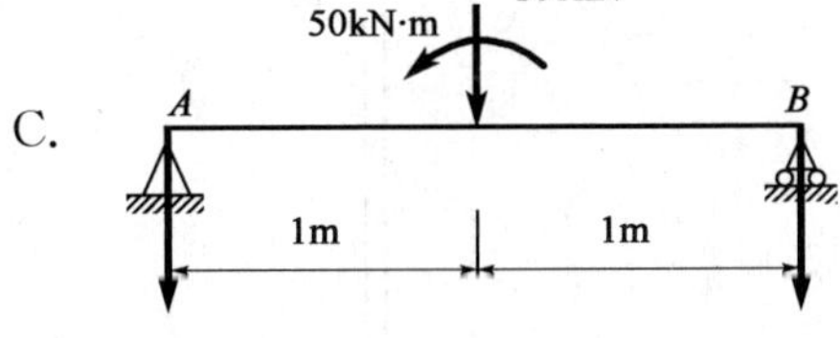

D.

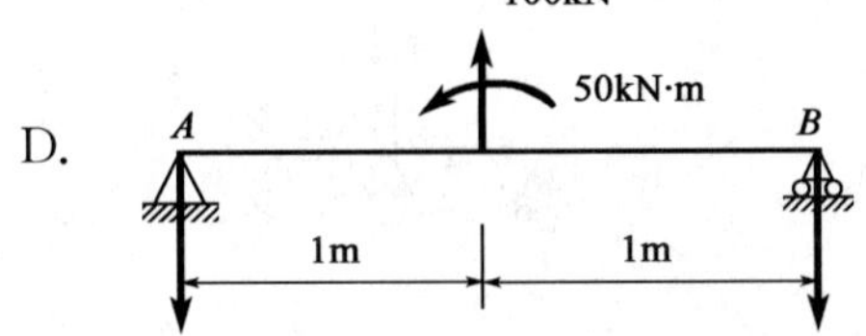

68. 矩形截面简支梁中点承受集中力 $F=100\text{kN}$。若 $h=200\text{mm}$，$b=100\text{mm}$，梁的最大弯曲正应力是：

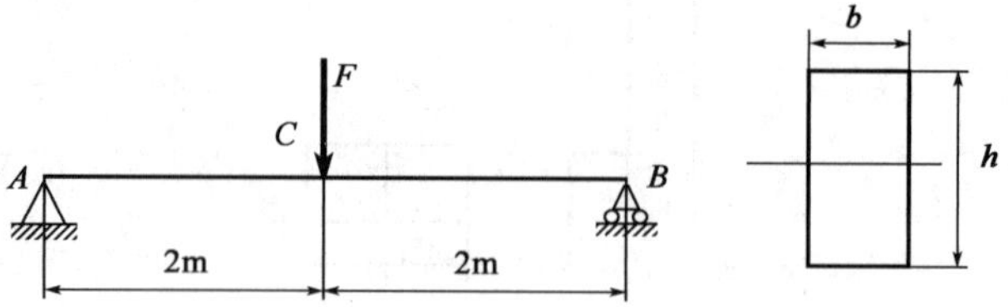

A. 75MPa　　B. 150MPa

C. 300MPa　　D. 50MPa

69. 图示槽形截面杆，一端固定，另一端自由，作用在自由端角点的外力 F 与杆轴线平行。该杆将发生的变形是：

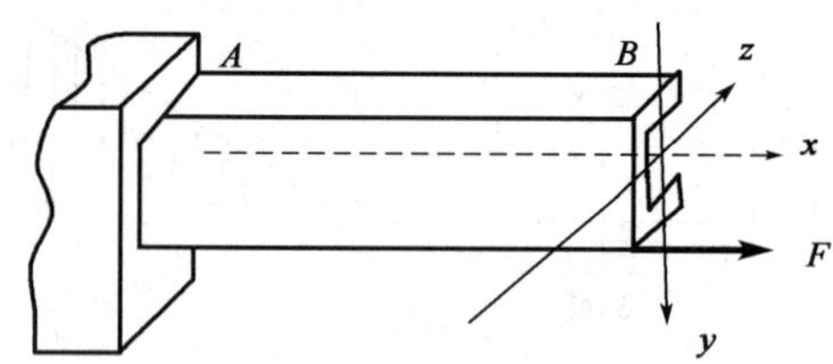

A. xy 平面 xz 平面内的双向弯曲

B. 轴向拉伸及 xy 平面和 xz 平面内的双向弯曲

C. 轴向拉伸和 xy 平面内的平面弯曲

D. 轴向拉伸和 xz 平面内的平面弯曲

70. 两端铰支细长(大柔度)压杆，在下端铰链处增加一个扭簧弹性约束，如图示。该压杆的长度系数 μ 的取值范围是：

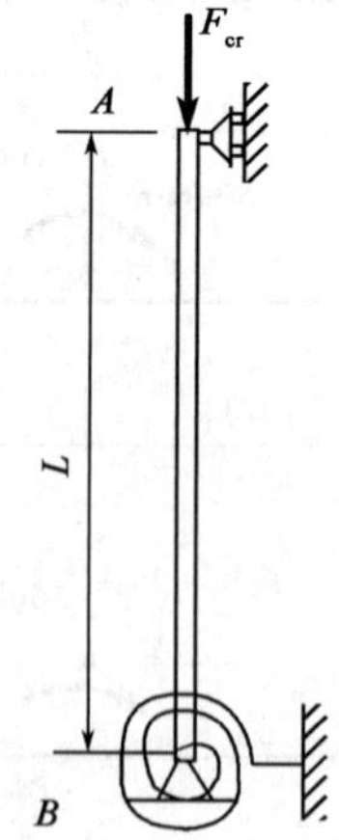

A. $0.7<\mu<1$

B. $2>\mu>1$

C. $0.5<\mu<0.7$

D. $\mu<0.5$

71. 标准大气压时的自由液面下 1m 处的绝对压强为：

A. 0.11MPa　　B. 0.12MPa

C. 0.15MPa　　D. 2.0MPa

72. 一直径 $d_1=0.2\text{m}$ 的圆管，突然扩大到直径为 $d_2=0.3\text{m}$，若 $v_1=9.55\text{m/s}$，则 v_2 与 Q 分别为：

A. 4.24m/s，0.3m³/s　　B. 2.39m/s，0.3m³/s

C. 4.24m/s，0.5m³/s　　D. 2.39m/s，0.5m³/s

73. 直径为 20mm 的管流，平均流速为 9m/s，已知水的运动黏性系数 $\nu=0.0114\text{cm}^2/\text{s}$，则管中水流的流态和水流流态转变的层流流速分别是：

A. 层流，19cm/s　　B. 层流，13cm/s

C. 紊流，19cm/s　　D. 紊流，13cm/s

74. 边界层分离现象的后果是：

A. 减小了液流与边壁的摩擦力　　B. 增大了液流与边壁的摩擦力

C. 增加了潜体运动的压差阻力　　D. 减小了潜体运动的压差阻力

75. 如图由大体积水箱供水，且水位恒定，水箱顶部压力表读数 19600Pa，水深 $H=2\text{m}$，水平管道长 $l=100\text{m}$，直径 $d=200\text{mm}$，沿程损失系数 0.02，忽略局部损失，则管道通过流量是：

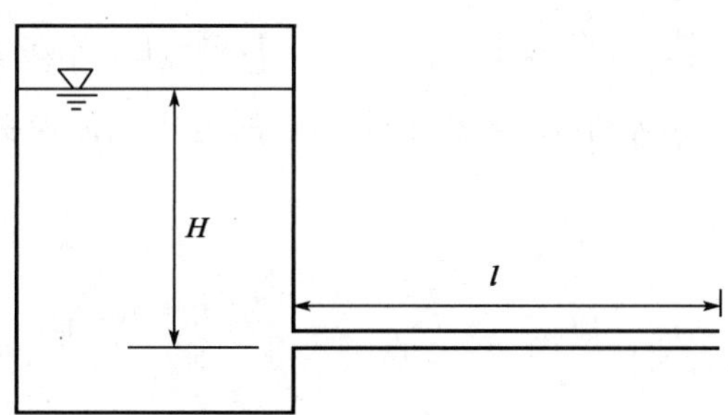

A. 83.8L/s　　B. 196.5L/s

C. 59.3L/s　　D. 47.4L/s

76. 两条明渠过水断面面积相等，断面形状分别为(1)方形，边长为 a；(2)矩形，底边宽为 $2a$，水深为 $0.5a$，它们的底坡与粗糙系数相同，则两者的均匀流流量关系式为：

A. $Q_1>Q_2$　　B. $Q_1=Q_2$

C. $Q_1<Q_2$　　D. 不能确定

77. 如图，均匀砂质土壤装在容器中，设渗透系数为 0.012cm/s，渗流流量为 $0.3m^3/s$，则渗流流速为：

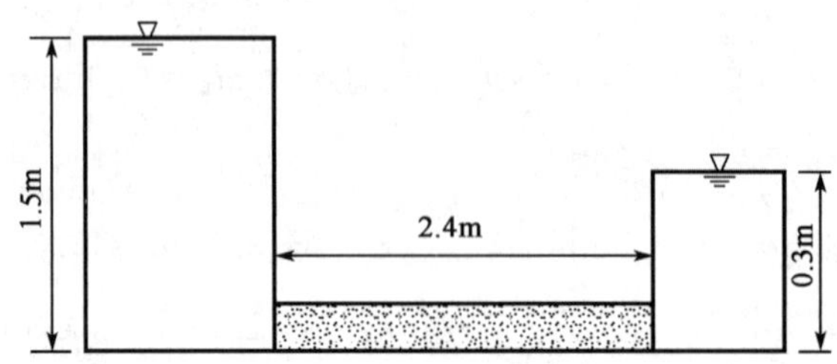

A. 0.003cm/s　　B. 0.006cm/s

C. 0.009cm/s　　D. 0.012cm/s

78. 雷诺数的物理意义是：

A. 压力与黏性力之比　　B. 惯性力与黏性力之比

C. 重力与惯性力之比　　D. 重力与黏性力之比

79. 真空中，点电荷 q_1 和 q_2 的空间位置如图所示，q_1 为正电荷，且 $q_2=-q_1$，则 A 点的电场强度的方向是：

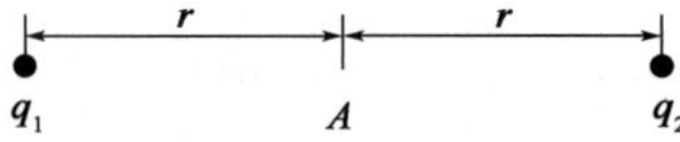

A. 从 A 点指向 q_1　　B. 从 A 点指向 q_2

C. 垂直于 q_1q_2 连线，方向向上　　D. 垂直于 q_1q_2 连线，方向向下

80. 设电阻元件 R、电感元件 L、电容元件 C 上的电压电流取关联方向，则如下关系成立的是：

A. $i_R=R\cdot u_R$　　B. $u_C=C\frac{\mathrm{d}i_C}{\mathrm{d}t}$

C. $i_C=C\frac{\mathrm{d}u_C}{\mathrm{d}t}$　　D. $u_L=\frac{1}{L}\int i_C\mathrm{d}t$

81. 用于求解图示电路的 4 个方程中，有一个错误方程，这个错误方程是：

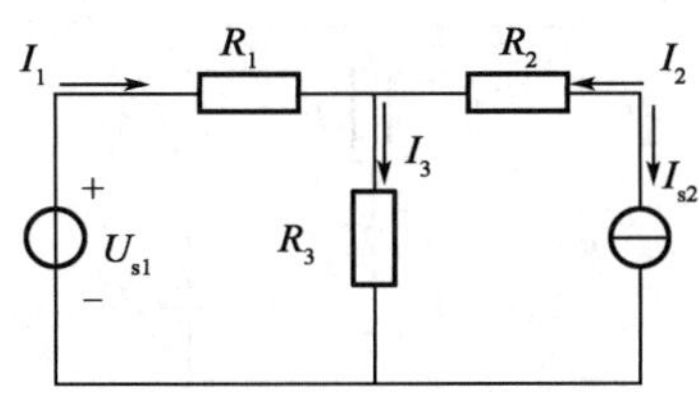

A. $I_1R_1+I_3R_3-U_{s1}=0$　　B. $I_2R_2+I_3R_3=0$

C. $I_1+I_2-I_3=0$　　D. $I_2=-I_{s2}$

82. 已知有效值为 10V 的正弦交流电压的相量图如图所示，则它的时间函数形式是：

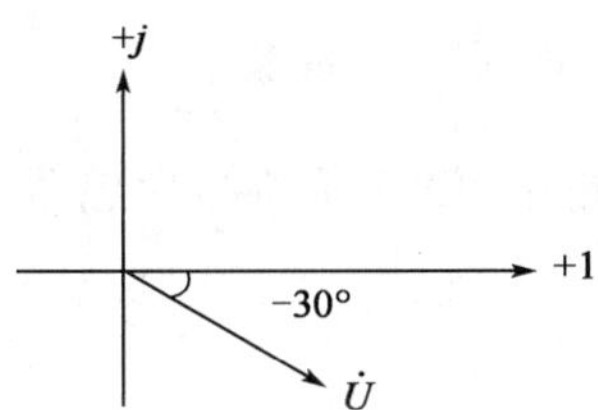

A. $u(t)=10\sqrt{2}\sin(\omega t-30^\circ)$V

B. $u(t)=10\sin(\omega t-30^\circ)$V

C. $u(t)=10\sqrt{2}\sin(-30^\circ)$V

D. $u(t)=10\cos(-30^\circ)+10\sin(-30^\circ)$V

83. 图示电路中，当端电压 $\dot{U}=100\angle0^\circ$V 时，$\dot{I}$ 等于：

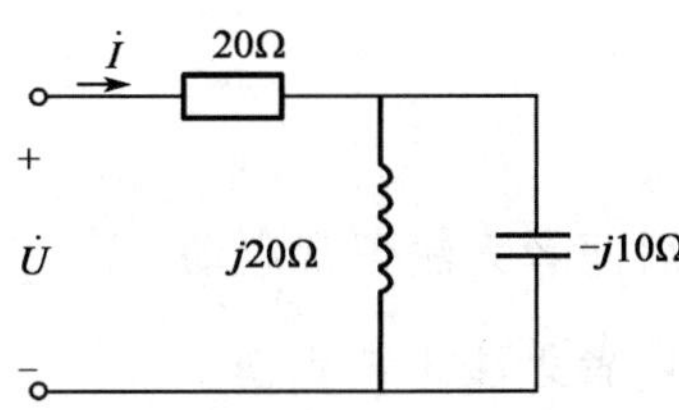

A. $3.5\angle-45^\circ$A　　B. $3.5\angle45^\circ$A

C. $4.5\angle26.6^\circ$A　　D. $4.5\angle-26.6^\circ$A

84. 在图示电路中，开关 S 闭合后：

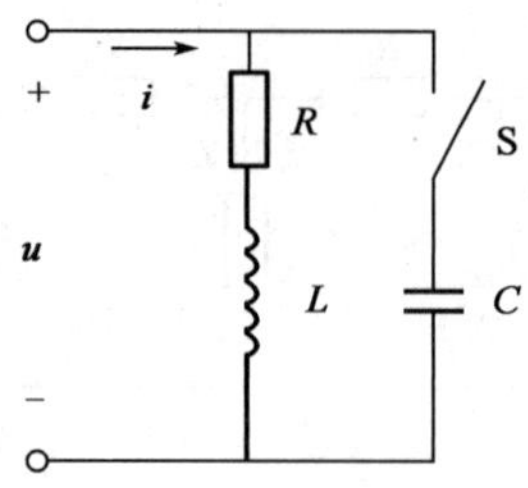

A. 电路的功率因数一定变大

B. 总电流减小时，电路的功率因数变大

C. 总电流减小时，感性负载的功率因数变大

D. 总电流减小时，一定出现过补偿现象

85. 图示变压器空载运行电路中，设变压器为理想器件，若 $u=\sqrt{2}U\sin\omega t$，则此时：

A. $\dfrac{U_2}{U_1}=2$

B. $\dfrac{U}{U_2}=2$

C. $u_2=0, u_1=0$

D. $\dfrac{U}{U_1}=2$

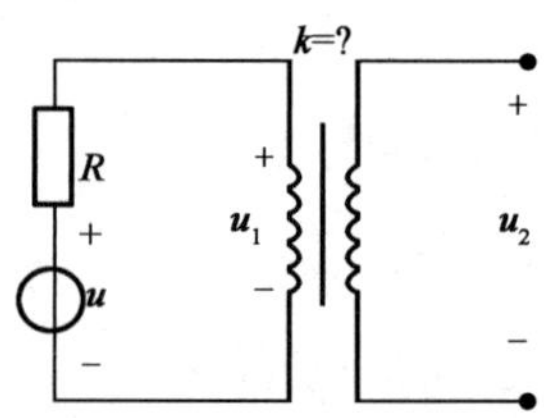

86. 设某△接三相异步电动机的全压启动转矩为 66Nm，当对其使用 Y-△降压启动方案时，当分别带 10Nm、20Nm、30Nm、40Nm 的负载启动时：

A. 均能正常启动

B. 均无法正常启动

C. 前两者能正常启动，后两者无法正常启动

D. 前三者能正常启动，后者无法正常启动

87. 图示电压信号 u_o 是：

A. 二进制代码信号

B. 二值逻辑信号

C. 离散时间信号

D. 连续时间信号

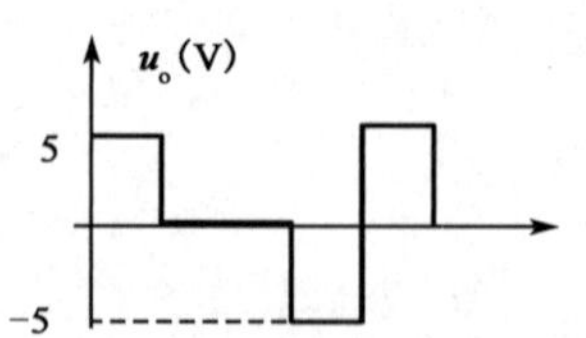

88. 信号 $u(t)=10\cdot 1(t)-10\cdot 1(t-1)$ V，其中，$1(t)$ 表示单位阶跃函数，则 $u(t)$ 应为：

A. 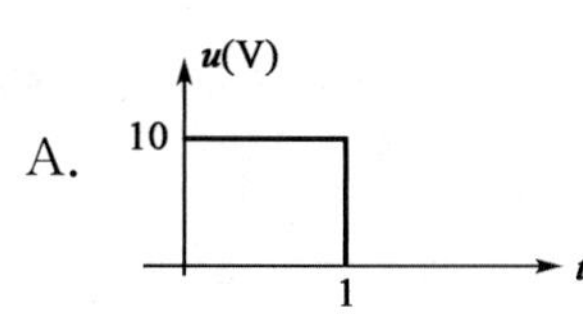

B. 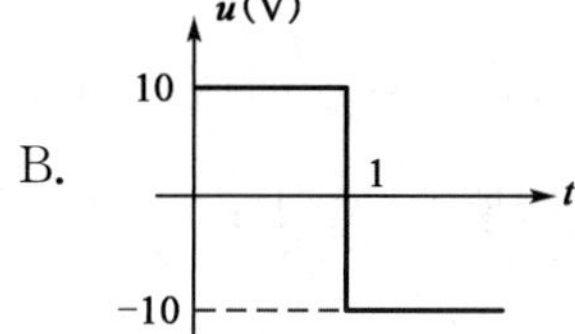

C. 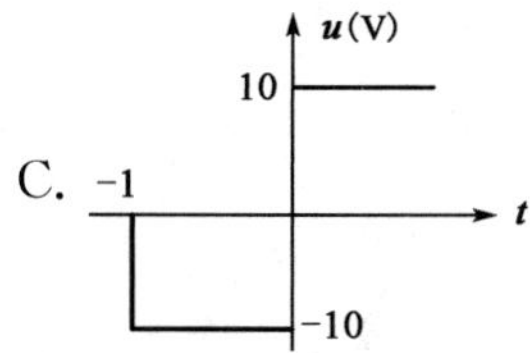

D. 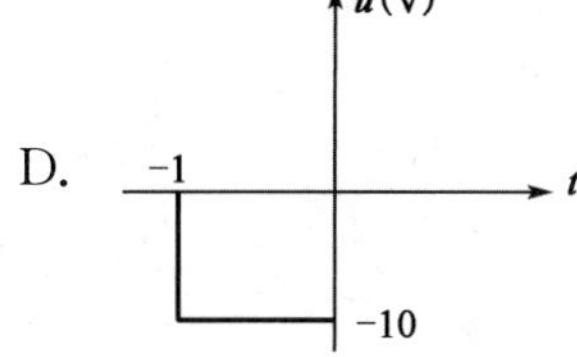

89. 一个低频模拟信号 $u_1(t)$ 被一个高频的噪声信号污染后，能将这个噪声滤除的装置是：

A. 高通滤波器　　B. 低通滤波器

C. 带通滤波器　　D. 带阻滤波器

90. 对逻辑表达式 $\overline{AB}+\overline{BC}$ 的化简结果是：

A. $\overline{A}+\overline{B}+\overline{C}$　　B. $\overline{A}+2\overline{B}+\overline{C}$

C. $\overline{A+C}+B$　　D. $\overline{A}+\overline{C}$

91. 已知数字信号 A 和数字信号 B 的波形如图所示，则数字信号 $F=A\overline{B}+\overline{A}B$ 的波形为：

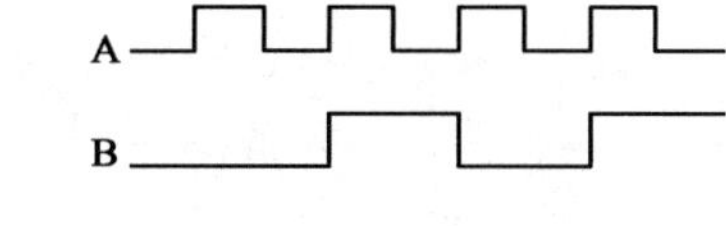

A. F 

B. F

C. F

D. F

92. 十进制数字 10 的 BCD 码为：

A. 00010000　　B. 00001010

C. 1010　　D. 0010

93. 二极管应用电路如图所示，设二极管为理想器件，当 $u_1=10\sin\omega t$ V 时，输出电压 u_o 的平均值 U_o 等于：

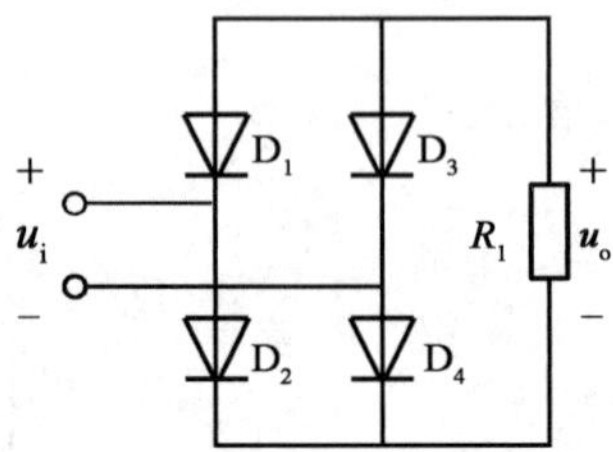

A. 10V　　B. $0.9\times10=9$V

C. $0.9\times\frac{10}{\sqrt{2}}=6.36$V　　D. $-0.9\times\frac{10}{\sqrt{2}}=-6.36$V

94. 运算放大器应用电路如图所示，设运算放大器输出电压的极限值为±11V。如果将−2.5V 电压接入"A"端，而"B"端接地后，测得输出电压为 10V，如果将−2.5V电压接入"B"端，而"A"端接地，则该电路的输出电压 u_o 等于：

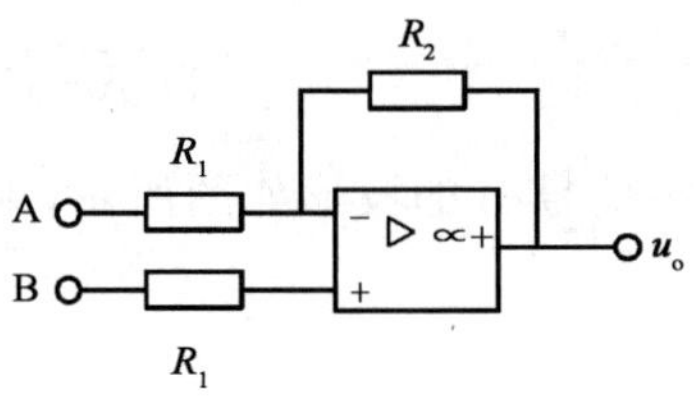

A. 10V　　B. −10V

C. −11V　　D. −12.5V

95. 图示逻辑门的输出 F_1 和 F_2 分别为：

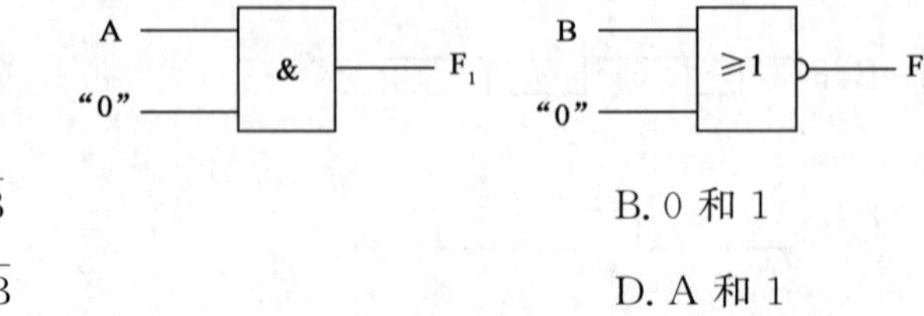

A. 0 和 $\overline{B}$　　B. 0 和 1

C. A 和 $\overline{B}$　　D. A 和 1

96. 图 a)所示电路中，时钟脉冲、复位信号及数模输入信号如图 b)所示。经分析可知，在第一个和第二个时钟脉冲的下降沿过后，输出 Q 先后等于：

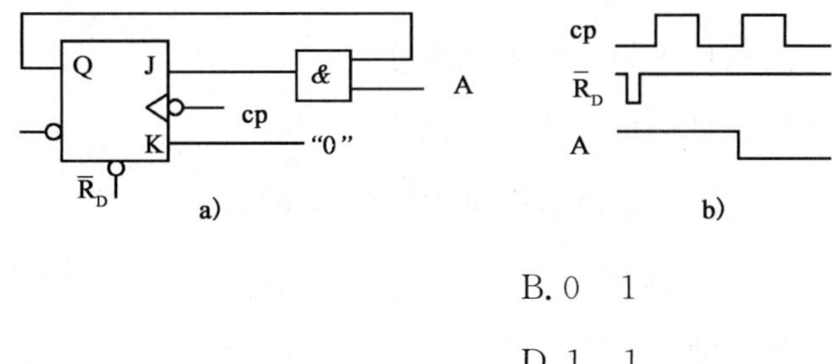

A. 0　0　　B. 0　1

C. 1　0　　D. 1　1

附：触发器的逻辑状态表为

J	K	Q_{n+1}
0	0	Q_n
0	1	0
1	0	1
1	1	$\overline{Q}_n$

97. 计算机发展的人性化的一个重要方面是：

A. 计算机的价格便宜

B. 计算机使用上的“傻瓜化”

C. 计算机使用不需要电能

D. 计算机不需要软件和硬件，自己会思维

98. 计算机存储器是按字节进行编址的，一个存储单元是：

A. 8 个字节　　B. 1 个字节

C. 16 个二进制数位　　D. 32 个二进制数位

99. 下面有关操作系统的描述中，其中错误的是：

A. 操作系统就是充当软、硬件资源的管理者和仲裁者的角色

B. 操作系统具体负责在各个程序之间，进行调度和实施对资源的分配

C. 操作系统保证系统中的各种软、硬件资源得以有效地、充分地利用

D. 操作系统仅能实现管理和使用好各种软件资源

100. 计算机的支撑软件是：

A. 计算机软件系统内的一个组成部分

B. 计算机硬件系统内的一个组成部分

C. 计算机应用软件内的一个组成部分

D. 计算机专用软件内的一个组成部分

101. 操作系统中的进程与处理器管理的主要功能是：

A. 实现程序的安装、卸载

B. 提高主存储器的利用率

C. 使计算机系统中的软硬件资源得以充分利用

D. 优化外部设备的运行环境

102. 影响计算机图像质量的主要参数有：

A. 存储器的容量、图像文件的尺寸、文件保存格式

B. 处理器的速度、图像文件的尺寸、文件保存格式

C. 显卡的品质、图像文件的尺寸、文件保存格式

D. 分辨率、颜色深度、图像文件的尺寸、文件保存格式

103. 计算机操作系统中的设备管理主要是：

A. 微处理器 CPU 的管理　　B. 内存储器的管理

C. 计算机系统中的所有外部设备的管理　　D. 计算机系统中的所有硬件设备的管理

104. 下面四个选项中，不属于数字签名技术的是：

A. 权限管理

B. 接收者能够核实发送者对报文的签名

C. 发送者事后不能对报文的签名进行抵赖

D. 接收者不能伪造对报文的签名

105. 实现计算机网络化后的最大好处是：

A. 存储容量被增大　　B. 计算机运行速度加快

C. 节省大量人力资源　　D. 实现了资源共享

106. 校园网是提高学校教学、科研水平不可缺少的设施，它是属于：

A. 局域网　　B. 城域网

C. 广域网　　D. 网际网

107. 某企业拟购买3年期一次到期债券，打算三年后到期本利和为300万元，按季复利计息，年名义利率为8%，则现在应购买债券：

A. 119.13万元　　B. 236.55万元

C. 238.15万元　　D. 282.70万元

108. 在下列费用中，应列入项目建设投资的是：

A. 项目经营成本　　B. 流动资金

C. 预备费　　D. 建设期利息

109. 某公司向银行借款2400万元，期限为6年，年利率为8%，每年年末付息一次，每年等额还本，到第6年末还完本息。请问该公司第4年年末应还的本息和是：

A. 432万元　　B. 464万元

C. 496万元　　D. 592万元

110. 某项目动态投资回收期刚好等于项目计算期，则以下说法中正确的是：

A. 该项目动态回收期小于基准回收期

B. 该项目净现值大于零

C. 该项目净现值小于零

D. 该项目内部收益率等于基准收益率

111. 某项目要从国外进口一种原材料，原始材料的CIF(到岸价格)为150美元/吨，美元的影子汇率为6.5，进口费用为240元/吨，请问这种原材料的影子价格是：

A. 735元人民币　　B. 975元人民币

C. 1215元人民币　　D. 1710元人民币

112. 已知甲、乙为两个寿命期相同的互斥项目，其中乙项目投资大于甲项目。通过测算得出甲、乙两项目的内部收益率分别为18%和14%，增量内部收益率$\Delta IRR_{(乙-甲)}=13\%$，基准收益率为11%，以下说法中正确的是：

A. 应选择甲项目　　B. 应选择乙项目

C. 应同时选择甲、乙两个项目　　D. 甲、乙两个项目均不应选择

113. 以下关于改扩建项目财务分析的说法中正确的是：

A. 应以财务生存能力分析为主

B. 应以项目清偿能力分析为主

C. 应以企业层次为主进行财务分析

D. 应遵循"有无对比"原则

114. 某工程设计有四个方案，在进行方案选择时计算得出：甲方案功能评价系数 0.85，成本系数 0.92；乙方案功能评价系数 0.6，成本系数 0.7；丙方案功能评价系数 0.94，成本系数 0.88；丁方案功能评价系数 0.67，成本系数 0.82。则最优方案的价值系数为：

A. 0.924　　B. 0.857

C. 1.068　　D. 0.817

115. 根据《中华人民共和国建筑法》的规定，有关工程发包的规定，下列理解错误的是：

A. 关于对建筑工程进行肢解发包的规定，属于禁止性规定

B. 可以将建筑工程的勘察、设计、施工、设备采购一并发包给一个工程总承包单位

C. 建筑工程实行直接发包的，发包单位可以将建筑工程发包给具有资质证书的承包单位

D. 提倡对建筑工程实行总承包

116. 根据《建设工程安全生产管理条例》的规定，施工单位实施爆破、起重吊装等施工时，应当安排现场的监督人员是：

A. 项目管理技术人员　　B 应急救援人员

C. 专职安全生产管理人员　　D. 专职质量管理人员

117. 某工程项目实行公开招标，招标人根据招标项目的特点和需要编制招标文件，其招标文件的内容不包括：

A. 招标项目的技术要求　　B. 对投标人资格审查的标准

C. 拟签订合同的时间　　D. 投标报价要求和评标标准

118. 某水泥厂以电子邮件的方式于 2008 年 3 月 5 日发出销售水泥的要约，要求 2008 年 3 月 6 日 18:00 前回复承诺。甲施工单位于 2008 年 3 月 6 日 16:00 对该要约发出承诺，由于网络原因，导致该电子邮件于 2008 年 3 月 6 日 20:00 到达水泥厂，此时水泥厂的水泥已经售完。下列关于该承诺如何处理的说法，正确的是：

A. 张厂长说邮件未能按时到达，可以不予理会

B. 李厂长说邮件是在期限内发出的，应该作为有效承诺，我们必须想办法给对方供应水泥

C. 王厂长说虽然邮件是在期限内发出的，但是到达晚了，可以认为是无效承诺

D. 赵厂长说我们及时通知对方，因承诺到达已晚，不接受就是了

119. 根据《中华人民共和国环境保护法》的规定，下列关于建设项目中防治污染的设施的说法中，不正确的是：

A. 防治污染的设施，必须与主体工程同时设计、同时施工、同时投入使用

B. 防治污染的设施不得擅自拆除

C. 防治污染的设施不得擅自闲置

D. 防治污染的设施经建设行政主管部门验收合格后方可投入生产或者使用

120. 根据《建设工程质量管理条例》的规定，监理单位代表建设单位对施工质量实施监理，并对施工质量承担监理责任，其监理的依据不包括：

A. 有关技术标准　　B. 设计文件

C. 工程承包合同　　D. 建设单位指令

全国勘察设计一级注册结构工程师

执业资格考试通关试卷［六］

基础考试
（下）

二〇二〇年十月

应考人员注意事项

1. 本试卷科目代码为“2”，考生务必将此代码填涂在答题卡“科目代码”相应的栏目内，否则，无法评分。

2. 书写用笔：**黑色或蓝色钢笔、签字笔或圆珠笔**；
   填涂答题卡用笔：**黑色 2B 铅笔**。

3. 必须用书写用笔将工作单位、姓名、准考证号填写在答题卡和试卷相应的栏目内。

4. 本试卷由 60 题组成，每题 2 分，满分 120 分，本试卷全部为单项选择题，每小题的四个备选项中只有一个正确答案，错选、多选、不选均不得分。

5. 考生作答时，必须**按题号在答题卡上**将相应试题所选选项对应的**字母用 2B 铅笔涂黑**。

6. 在答题卡上书写与题意无关的语言，或在答题卡上作标记的，均按违纪试卷处理。

7. 考试结束时，由监考人员当面将试卷、答题卡一并收回。

8. 草稿纸由各地统一配发，考后收回。

单项选择题(共 60 题,每题 2 分。每题的备选项中只有一个最符合题意。)

1. 土木工程中使用的大量无机非金属材料,叙述错误的是:

A. 亲水性材料　　B. 脆性材料

C. 主要用于承压构件　　D. 完全弹性材料

2. 材料孔隙中可能存在三种介质,水、空气、冰,其导热能力顺序为:

A. 水＞冰＞空气　　B. 冰＞水＞空气

C. 空气＞水＞冰　　D. 空气＞冰＞水

3. 硬化水泥浆体中的孔隙分为水化硅酸钙凝胶的层间孔隙、毛细孔隙和气孔,其中对材料耐久性产生主要影响的是毛细孔隙,其尺寸的数量级为:

A. nm　　B. μm

C. mm　　D. cm

4. 从工程角度,混凝土中钢筋防锈的最经济有效措施是:

A. 使用高效减水剂

B. 使用环氧树脂涂刷钢筋表面

C. 使用不锈钢钢筋

D. 增加混凝土保护层厚度

5. 我国使用立方体试件来测定混凝土的抗压强度,其标准立方体试件的边长为:

A. 100mm　　B. 125mm

C. 150mm　　D. 200mm

6. 下列木材中适宜做装饰材料的是:

A. 松木　　B. 杉木

C. 水曲柳　　D. 柏木

7. 石油沥青的针入度指标反映了石油沥青的:

A. 黏滞性　　B. 温度敏感性

C. 塑性　　D. 大气稳定性

8. 测量中的竖直角是指在同一竖直面内,某一方向线与下列何项之间的夹角:

A. 坐标纵轴　　B. 仪器横轴

C. 正北方向　　D. 水平线

9. 精密量距时，对钢尺量距的结果需要进行下列何项改正，才能达到距离测量精度的要求：

A. 尺长改正，温度改正和倾斜改正

B. 尺长改正，拉力改正和温度改正

C. 温度改正，读数改正和拉力改正

D. 定线改正，倾斜改正和温度改正

10. 有一长方形水池，独立地观测得其边长 $a=30.000\text{m}\pm0.004\text{m}$，$b=25.000\text{m}\pm0.003\text{m}$，则该水池的面积 S 及面积测量的精度 m_s 为：

A. $750\text{m}^2\pm0.134\text{m}^2$　　B. $750\text{m}^2\pm0.084\text{m}^2$

C. $750\text{m}^2\pm0.025\text{m}^2$　　D. $750\text{m}^2\pm0.142\text{m}^2$

11. 进行三、四等水准测量，通常是使用双面水准尺，对于三等水准测量红黑面高差之差的限差是：

A. 3mm　　B. 5mm

C. 2mm　　D. 4mm

12. 由地形图上量得某草坪面积为 632mm^2，若此地形图的比例尺为 1∶500，则该草坪实地面积 S 为：

A. 316m^2　　B. 31.6m^2

C. 158m^2　　D. 15.8m^2

13. 土地使用权人可对下列房地产进行转让的是：

A. 依法收回使用权的土地

B. 共有的房地产却未经所有共有人书面同意

C. 办理登记但尚未领取所有权证书

D. 取得土地使用权证书，并已支付全部土地使用权出让金

14. 下列关于开标流程的叙述正确的是：

A. 开标时间应定于提交投标文件后 15 日

B. 招标人应邀请最有竞争力的投标人参加开标

C. 开标时，由推选代表确认每一投标文件为密封，由工作人员当场拆封

D. 投标文件拆封后即可立即进入评标程序

15. 有关企业质量体系认证与产品质量认证的比较，下列错误的是：

A. 企业质量认证的证书与标记都不能在产品上使用，产品质量认证标志可用于产品

B. 国家对企业认证实行强制性的原则，对产品认证实行自愿的原则

C. 企业质量体系认证依据的标准为《质量管理标准》，产品质量认证依据的标准为《产品标准》

D. 产品认证分为安全认证与合格认证，而企业认证则无此分别

16. 某学校与某建筑公司签订一份学生公寓建设合同，其中约定：采用总价合同形式，工程全部费用于验收合格后一次付清，保修期限为 6 个月等。而竣工验收时，学校发现承重墙体有较多裂缝，但建筑公司认为不影响使用而拒绝修复。8 个月后，该学生公寓内的承重墙倒塌而造成 1 人死亡 3 人受伤致残。基于法律规定，下列合同条款认定与后续处理选项正确的是：

A. 双方的质量期限条款无效，故建筑公司无需赔偿受害者

B. 事故发生时已超过合同质量期限条款，故建筑公司无需赔偿受害者

C. 双方质量期限条款无效，建筑公司应当向受害者承担赔偿责任

D. 虽然事故发生时已超过合同质量管理期限，但人命关天，故建筑公司必须赔偿死者而非伤者

17. 在沉桩前进行现场定位放线时，需设置的水准点应不少于：

A. 1 个　　B. 2 个

C. 3 个　　D. 4 个

18. 现浇框架结构中，厚度为 150mm 的多跨连续预应力混凝土楼板，其预应力施工宜采用：

A. 先张法　　B. 铺设无黏结预应力筋的后张法

C. 预埋螺旋管留孔道的后张法　　D. 钢管抽芯预留孔道的后张法

19. 下列选项中，不是选用履带式起重机时要考虑的因素为：

A. 起重量　　B. 起重动力设备

C. 起重高度　　D. 起重半径

20. 在进行网络计划工期—费用优化时，如果被压缩对象的直接费用率等于工程间接费用率时：

A. 应压缩关键工作的持续时间　　　　B. 应压缩非关键工作的持续时间

C. 停止压缩关键工作的持续时间　　　　D. 停止压缩非关键工作的持续时间

21. 检验批验收的项目包括：

A. 主控项目和一般项目　　　　B. 主控项目和合格项目

C. 主控项目和允许偏差项目　　　　D. 优良项目和合格项目

22. 关于混凝土局部受压强度，下列描述中正确的是：

A. 不小于非局部受压时的强度

B. 一定比非局部受压时强度要大

C. 与局部受压时强度相同

D. 一定比非局部受压时强度要小

23. 关于钢筋混凝土受弯构件正截面即将开裂时的描述，下列哪个不正确：

A. 截面受压区混凝土应力沿截面高度呈线性分布

B. 截面受拉区混凝土应力沿截面高度近似均匀分布

C. 受拉钢筋应力很小，远未达其屈服强度

D. 受压区高度约为截面高度的 1/3

24. 承受水平荷载的钢筋混凝土框架剪力墙结构中，框架和剪力墙协同工作，但两者之间：

A. 只在上部楼层，框架部分拉住剪力墙部分，使其变形减小

B. 只在下部楼层，框架部分拉住剪力墙部分，使其变形减小

C. 只在中间楼层，框架部分拉住剪力墙部分，使其变形减小

D. 在所有楼层，框架部分拉住剪力墙部分，使其变形减小

25. 钢筋混凝土纯扭构件应如何配筋？

A. 只配与梁轴线成 45°角的螺旋筋

B. 只配抗扭纵向受力钢筋

C. 只配抗扭箍筋

D. 既配抗扭纵筋，又配抗扭箍筋

26. 结构钢材冶炼和轧制过程中可提高强度的方法是：

A. 降低含碳量　　B. 镀锌或镀铝

C. 热处理　　D. 减少脱氧剂

27. 设计起重量为 $Q=100\text{t}$ 的钢结构焊接工字形截面吊车梁且应力变化的循环次数 $n\geqslant5\times10^4$ 次时，截面塑性发展系数取：

A. 1.05　　B. 1.2

C. 1.15　　D. 1.0

28. 焊接 T 形截面构件中，腹板和翼缘相交处的纵向焊接残余应力为：

A. 压应力　　B. 拉应力

C. 剪应力　　D. 零

29. 图中所示的拼接，板件分别为—240×8 和—180×8，采用三面角焊缝连接，钢材 Q235，焊条 E43 型，角焊缝的强度设计值 $f_t^w=160\text{MPa}$，焊脚尺寸 $h_f=6\text{mm}$。此焊缝连接可承担的静载拉力设计值的计算式为：

A. $4\times0.7\times6\times160\times300+2\times0.7\times6\times160\times180$

B. $4\times0.7\times6\times160\times(300-10)+2\times0.7\times6\times160\times180$

C. $4\times0.7\times6\times160\times(300-10)+1.22\times2\times0.7\times6\times160\times180$

D. $4\times0.7\times6\times160\times(300-2\times6)+1.22\times2\times0.7\times6\times160\times180$

30. 下列砌体结构抗震设计的概念，正确的是：

A. 6 度设防，多层砌体结构既不需做承载力抗震验算，也不需考虑抗震构造措施

B. 6 度设防，多层砌体结构不需做承载力抗震验算，但要满足抗震构造措施

C. 8 度设防，多层砌体结构需进行薄弱处抗震弹性变形验算

D. 8 度设防，多层砌体结构需进行薄弱处抗震弹塑性变形验算

31. 设计多层砌体房屋时，受工程地质条件的影响，预期房屋中部的沉降比两端大，为防止地基不均匀沉降对房屋的影响，最宜采取的措施是：

A. 设置构造柱　　B. 在檐口处设置圈梁

C. 在基础顶面设置圈梁　　D. 采用配筋砌体结构

32. 砌体局部承载力验算时，局部抗压强度提高系数 γ 受到限制的原因是：

A. 防止构件失稳破坏　　B. 防止砌体发生劈裂破坏

C. 防止局部受压面积以外的砌体破坏　　D. 防止砌体过早发生局部破坏

33. 刚性方案多层房屋的外墙，在静力计算时不考虑风荷载的影响，应符合以下哪些要求？

①洞口水平截面面积不超过全截面面积的 1/2；

②屋面自重不小于 0.8kN/m²；

③基本风压值为 0.4kN/m² 时，层高≤4.0m，房屋总高≤28m；

④基本风压值为 0.7kN/m² 时，层高≤3.5m，房屋总高≤18m。

A. ①②　　　　B. ①②③

C. ②③④　　　　D. ①③④

34. 图示体系是：

A. 几何不变体系，无多余约束

B. 瞬变体系

C. 几何不变体系，有多余约束

D. 常变体系

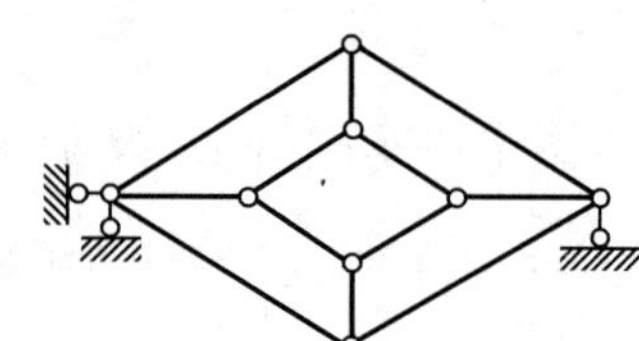

35. 图示对称结构 $M_{AD}=ql^2/36$（左拉），$F_{NAD}=5ql/12$（压），则 M_{BC} 为（以下侧受拉为正）：

A. $-ql^2/6$

B. $ql^2/6$

C. $-ql^2/9$

D. $ql^2/9$

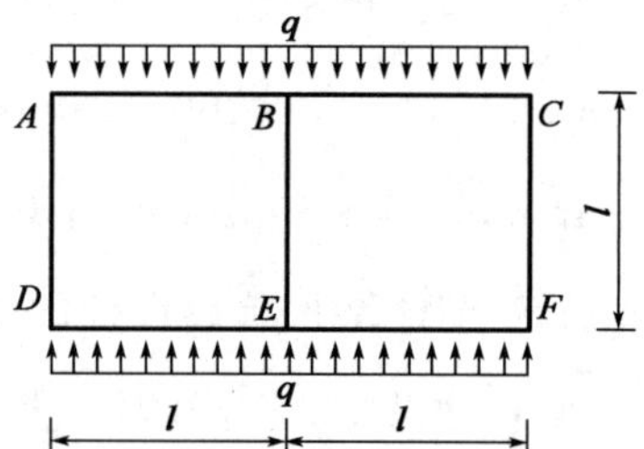

36. 图示结构 EI＝常数，在给定荷载作用下，水平反力 H_A 为：

A. P

B. $2P$

C. $3P$

D. $4P$

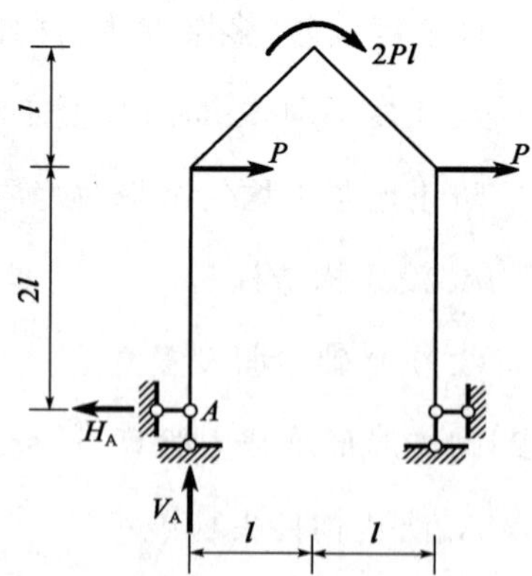

37. 图示梁的抗弯刚度为 EI，长度为 l，欲使梁中点 C 弯矩为零，则弹性支座刚度 k 的取值应为：

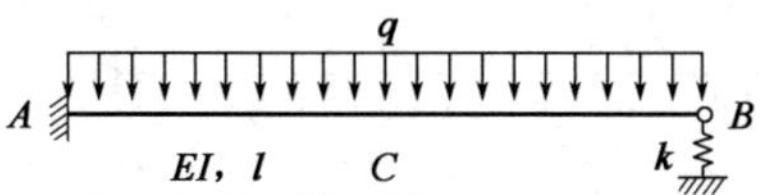

A. $3EI/l^3$　　B. $6EI/l^3$

C. $9EI/l^3$　　D. $12EI/l^3$

38. 图示为对称结构，则 a 杆的轴力为：

A. 受压

B. 受拉

C. 0

D. 无法确定

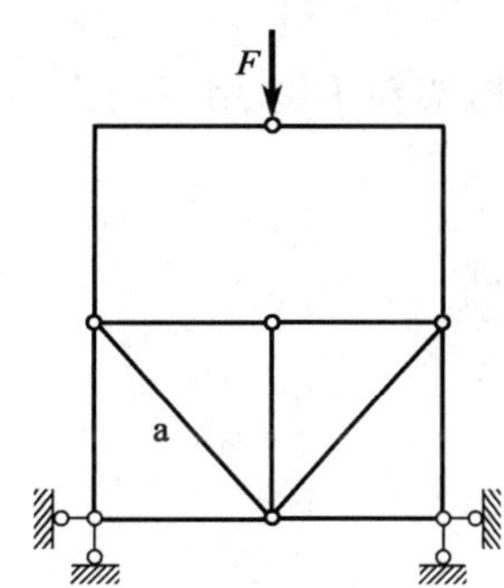

39. 图示 A 端弯矩为：

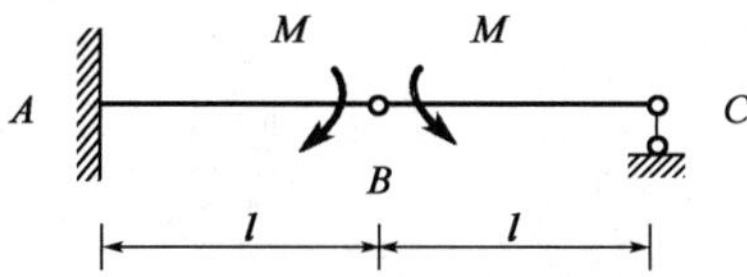

A. $2M$，上侧受拉　　B. $2M$，下侧受拉

C. M，上侧受拉　　D. M，下侧受拉

40. 图示结构，EI 为常数，则 C 点位移方向为：

A. 向下

B. 向上

C. 向左

D. 向右

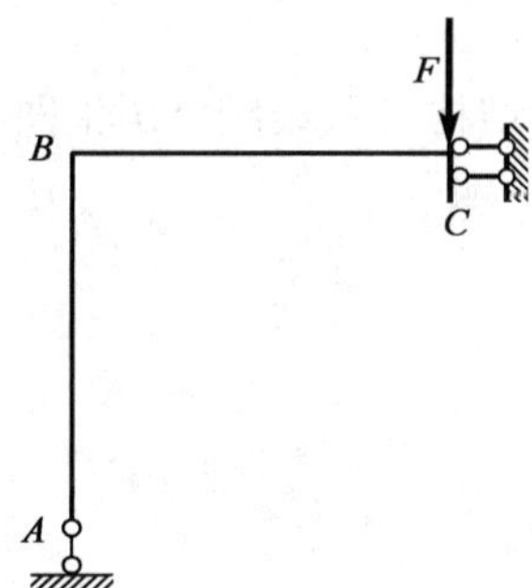

41. 图示 A 处截面逆时针转角为 θ，B 处竖直向下沉降 c，则该体系力法方程为：

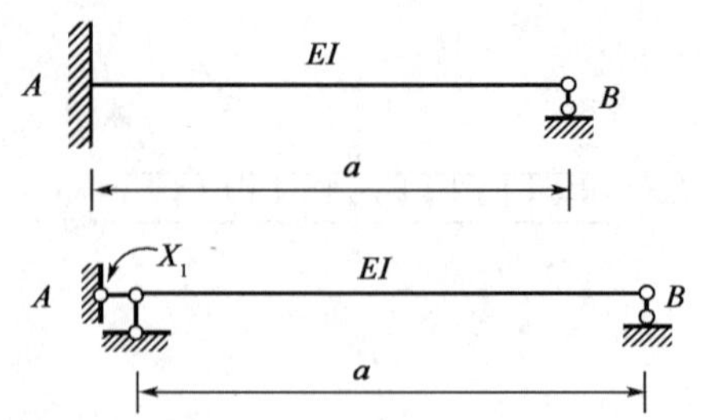

A. $\delta_{11}X_1+\frac{c}{a}=-\theta$　　B. $\delta_{11}X_1-\frac{c}{a}=-\theta$

C. $\delta_{11}X_1+\frac{c}{a}=\theta$　　D. $\delta_{11}X_1-\frac{c}{a}=\theta$

42. 图示桁架在 P 作用下的内力如图所示，EA＝常数，此时 C 点的水平位移为：

A. 0

B. $\frac{2.914Pa}{EA}(\rightarrow)$

C. $\frac{Pa}{2EA}(\rightarrow)$

D. $\frac{2.914Pa}{EA}(\leftarrow)$

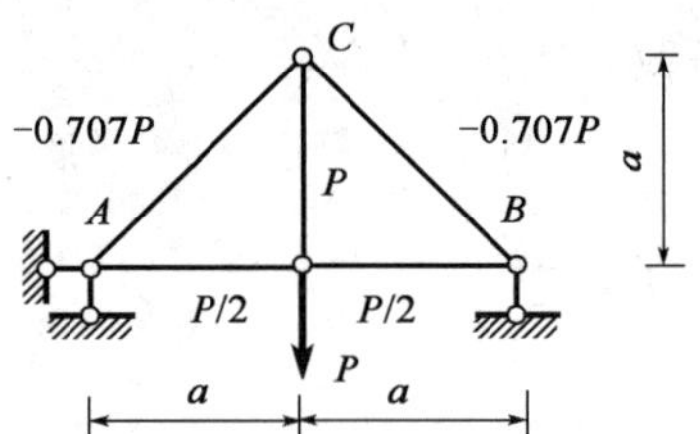

43. 图示结构各杆线刚度 i 相同，用力矩分配法计算时，力矩分配系数 μ_{BA} 及传递系数 C_{BC} 分别为：

A. $\frac{1}{2}$，0

B. $\frac{4}{7}$，0

C. $\frac{4}{7}$，$\frac{1}{2}$

D. $\frac{4}{5}$，-1

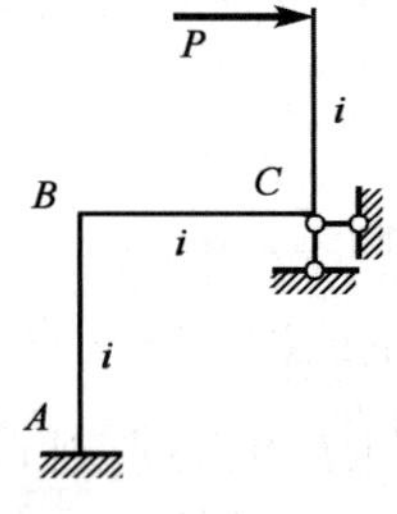

44. 图示结构各杆线刚度 i 相同，用力矩分配法计算时，力矩分配系数 μ_{BA} 应为：

A. $\frac{1}{2}$

B. $\frac{4}{7}$

C. $\frac{4}{5}$

D. 1

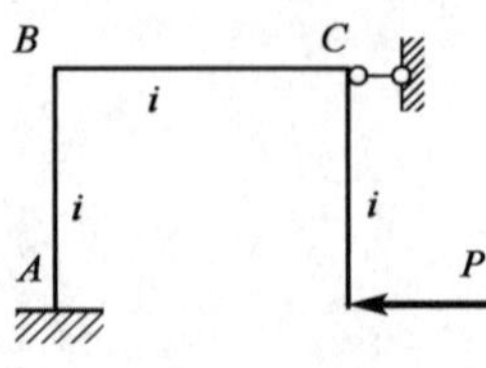

45. 图示结构各杆线刚度 i 相同，角 $\alpha \neq 0$，用力矩分配法计算时，力矩分配系数 μ_{AB} 应为：

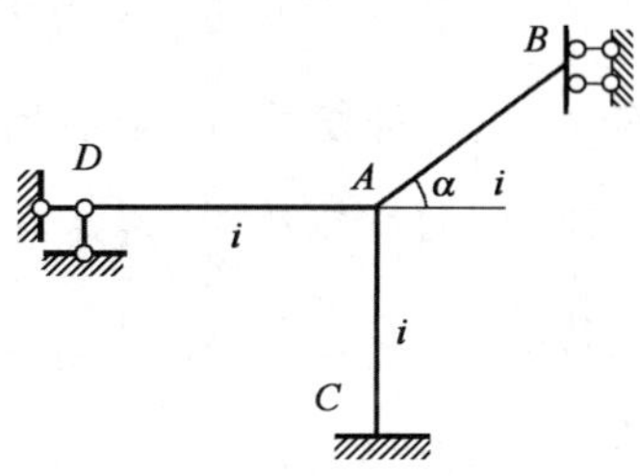

A. 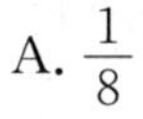 $\frac{1}{8}$

B. $\frac{3}{10}$

C. $\frac{4}{11}$

D. 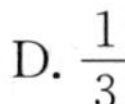 $\frac{1}{3}$

46. 图示 A 点剪力影响线在 A 点右侧竖标的值为：

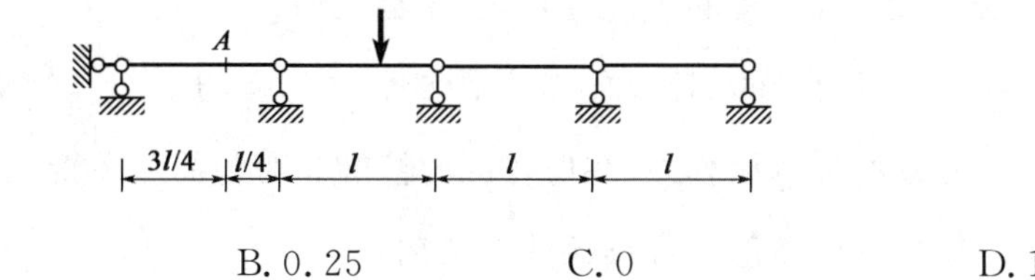

A. 0.75　　B. 0.25　　C. 0　　D. 1

47. 图示自振频率大小排序正确的是：

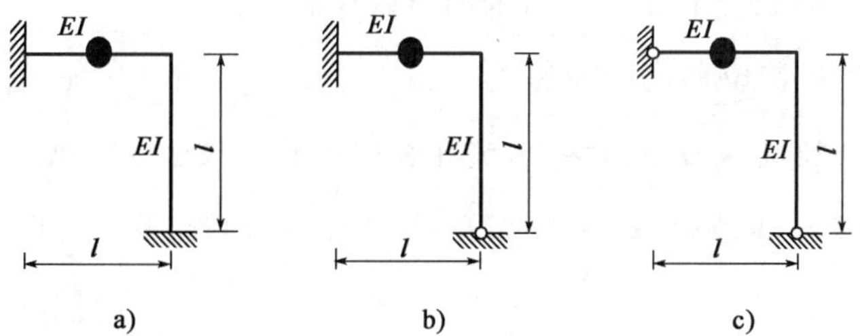

A. $W_a > W_b > W_c$　　B. $W_b > W_a > W_c$

C. $W_a = W_b > W_c$　　D. $W_a > W_c > W_b$

48. 图示无阻尼等截面梁承受一静力荷载 P，设在 $t=0$ 时把这个荷载突然撤除，质点 m 的位移为：

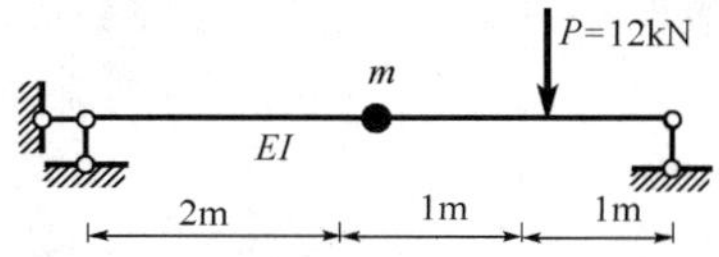

A. $y(t)=\frac{11}{EI}\cos\sqrt{\frac{3EI}{4m}}t$

B. $y(t)=\frac{4mg}{3EI}\cos\sqrt{\frac{3EI}{4m}}t$

C. $y(t)=\frac{11}{EI}\cos\sqrt{\frac{4EI}{3mg}}t$

D. $y(t)=\frac{4mg}{3EI}\cos\sqrt{\frac{EI}{11}}t$

49. 图示一个受拉试件，在受力方向粘贴工作片 R_1，在试件的旁边粘贴补偿片 R_2。为消除环境温度变化而产生的温度应力，下列几项要求中哪一项是不必要的？

A. 工作片 R_1 和补偿片 R_2 采用相同标距

B. 工作片 R_1 和补偿片 R_2 阻值相同，即 $R_1=R_2$

C. 工作片 R_1 和补偿片 R_2 灵敏系数相同，即 $K_1=K_2$

D. 工作片 R_1 和补偿片 R_2 粘贴在相同的材料上

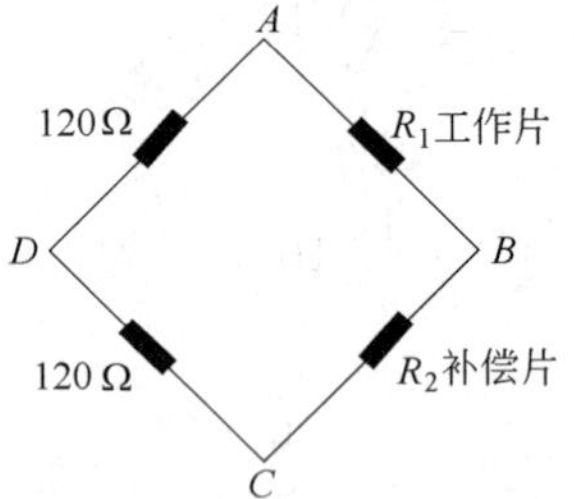

50. 图示简支混凝土梁，两个集中力三分点加载，关于应变测点的布置，下列中哪一项是不合理的？

A. 纯弯段顶面底面布置应变片，测平截面假定

B. 在剪弯段沿梁的侧面，布置一排（5 个以上）45°应变片，测主应力轨迹线

C. 研究梁的抗剪承载力，在剪弯区的箍筋和弯起筋上布置应变测点

D. 在梁的支座顶部布置校核性应变测点

51. 对砌体墙进行低周反复加载试验时，下列哪一项做法是不正确的？

A. 水平反复荷载在墙体开裂前采用荷载控制

B. 墙体开裂后按位移进行控制

C. 通常以开裂位移为控制参数，按开裂位移的倍数逐级加载

D. 按位移控制加载时，应使骨架曲线出现下降段，下降到极限荷载的 80%，试验结束

52. 在进行模型设计时，下列哪一项是不正确的？

A. 根据模型与原型结构相似常数之间的关系，求得模型与原型结构之间的相似条件（相似指标）

B. 根据模型与原型结构相似条件和模型试验得到的数据来推算原型结构的数据

C. 模型设计时，首先确定 S_l（几何相似常数）和 S_E（弹性模型相似常数）

D. 当材料的弹性模量 E_m（模型）$<E_p$（原型）时，材料的密度应选择 ρ_m（模型）$>\rho_p$（原型）

53. 用下列检测方法得到的检测值，哪一项不需要修正？

A. 回弹法非水平方向的回弹值

B. 回弹法非混凝土浇筑侧面的回弹值

C. 超声法混凝土侧面测试的声速值

D. 钻芯法高径比大于 1.0 的强度换算值

54. 计算砂土相对密实度 D_r 的公式是：

A. $D_r=\frac{e_{max}-e}{e_{max}-e_{min}}$

B. $D_r=\frac{e-e_{min}}{e_{max}-e_{min}}$

C. $D_r=\frac{\rho_{dmax}}{\rho_d}$

D. $D_r=\frac{\rho_d}{\rho_{dmax}}$

55. 利用土的侧限压缩试验不能得到的指标是：

A. 压缩系数

B. 侧限变形模量

C. 体积压缩系数

D. 泊松比

56. 土的强度指标 c、φ 涉及下面的哪一种情况：

A. 一维固结

B. 地基土的渗流

C. 地基承载力

D. 黏性土的压密

57. 在保证安全可靠的前提下，浅基础深埋设计时应考虑：

A. 尽量浅埋

B. 尽量埋在地下水位以下

C. 尽量埋在冻结深度以上

D. 尽量采用人工地基

58. 下面哪种情况不能提高地基承载力：

A. 加大基础宽度

B. 增加基础埋深

C. 降低地下水

D. 增加基础材料的强度

59. 断桩现象最容易发生在下面哪种桩？

A. 预制桩

B. 灌注桩

C. 旋喷桩

D. 水泥土桩

60. 下面哪一种属于深层挤密法？

A. 振冲法

B. 深层搅拌法

C. 机械压密法

D. 高压喷射注浆法

全国勘察设计注册工程师执业资格考试通关试卷[六]
基础考试(上)试题解析及参考答案

1. 解　$\lim\limits_{x\to 0}\dfrac{x-\sin x}{\sin x}\overset{\frac{0}{0}}{=}\lim\limits_{x\to 0}\dfrac{1-\cos x}{\cos x}=0$

答案:B

2. 解　由$\begin{cases}x=t-\arctan t\\ y=\ln(1+t^2)\end{cases}$,知$\dfrac{\mathrm{d}x}{\mathrm{d}t}=\dfrac{t^2}{1+t^2}$,$\dfrac{\mathrm{d}y}{\mathrm{d}t}=\dfrac{2t}{1+t^2}$,则$\dfrac{\mathrm{d}y}{\mathrm{d}x}=\dfrac{\frac{\mathrm{d}y}{\mathrm{d}t}}{\frac{\mathrm{d}x}{\mathrm{d}t}}=\dfrac{2t}{t^2}$,$\dfrac{\mathrm{d}y}{\mathrm{d}x}\Big|_{t=1}=\dfrac{2}{t}\Big|_{t=1}=2$

答案:C

3. 解　$\dfrac{\mathrm{d}y}{\mathrm{d}x}=\dfrac{1}{xy+y^3}$,$\dfrac{\mathrm{d}x}{\mathrm{d}y}=xy+y^3$,$\dfrac{\mathrm{d}x}{\mathrm{d}y}-yx=y^3$,方程为关于$F(y,x,x')=0$的一阶线性微分方程。

答案:C

4. 解　$|\boldsymbol{\alpha}|=2$,$|\boldsymbol{\beta}|=\sqrt{2}$,$\boldsymbol{\alpha}\cdot\boldsymbol{\beta}=2$

由$\boldsymbol{\alpha}\cdot\boldsymbol{\beta}=|\boldsymbol{\alpha}||\boldsymbol{\beta}|\cos(\widehat{\boldsymbol{\alpha}\boldsymbol{\beta}})=2\cdot\sqrt{2}\cos(\widehat{\boldsymbol{\alpha}\boldsymbol{\beta}})=2$,知$\cos(\widehat{\boldsymbol{\alpha}\boldsymbol{\beta}})=\dfrac{\sqrt{2}}{2}$,$(\widehat{\boldsymbol{\alpha}\boldsymbol{\beta}})=\dfrac{\pi}{4}$

故$|\boldsymbol{\alpha}\times\boldsymbol{\beta}|=|\boldsymbol{\alpha}||\boldsymbol{\beta}|\sin(\widehat{\boldsymbol{\alpha}\boldsymbol{\beta}})=2\cdot\sqrt{2}\cdot\dfrac{\sqrt{2}}{2}=2$

答案:A

5. 解　$f(x)$在点x_0处的左、右极限存在且相等,是$f(x)$在点x_0连续的必要非充分条件。

答案:A

6. 解　对$\int_0^x f(t)\mathrm{d}t=\dfrac{\cos x}{x}$两边求导,得$f(x)=\dfrac{-x\sin x-\cos x}{x^2}$

则$f\left(\dfrac{\pi}{2}\right)=\dfrac{-\frac{\pi}{2}\cdot 1-0}{\frac{\pi^2}{4}}=-\dfrac{2}{\pi}$

答案:B

7. 解　$\int xf(x)\mathrm{d}x=\int x\mathrm{d}\sec^2x=x\sec^2x-\int\sec^2x\mathrm{d}x=x\sec^2x-\tan x+C$

答案:D

8. **解** $\begin{cases} y^2+z=1 \\ x=0 \end{cases}$ 表示在 yOz 平面上曲线绕 z 轴旋转，得曲面方程 $x^2+y^2+z=1$。

答案：A

9. **解** $f'_x(x_0,y_0)$，$f'_y(x_0,y_0)$ 在点 $P_0(x_0,y_0)$ 处连续仅是函数 $z=f(x,y)$ 在点 $P_0(x_0,y_0)$ 可微的充分条件，反之不一定成立，即 $z=f(x,y)$ 在点 $P_0(x_0,y_0)$ 处可微，不能保证偏导 $f'_x(x_0,y_0)$，$f'_y(x_0,y_0)$ 在点 $P_0(x_0,y_0)$ 处连续。没有定理保证。

答案：D

10. **解** $$\int_{-\infty}^{+\infty}\frac{A}{1+x^2}\mathrm{d}x=A\int_{-\infty}^{+\infty}\frac{1}{1+x^2}\mathrm{d}x=A\left[\int_{-\infty}^{0}\frac{1}{1+x^2}\mathrm{d}x+\int_{0}^{+\infty}\frac{1}{1+x^2}\mathrm{d}x\right]$$

$$=A\left(\arctan x\Big|_{-\infty}^{0}+\arctan x\Big|_{0}^{+\infty}\right)=A\left(\frac{\pi}{2}+\frac{\pi}{2}\right)=A\pi$$

由 $A\pi=1$，得 $A=\dfrac{1}{\pi}$

答案：A

11. **解** $f(x)=x(x-1)(x-2)$

$f(x)$ 在 $[0,1]$ 连续，在 $(0,1)$ 可导，且 $f(0)=f(1)$

由罗尔定理可知，存在 $f'(\zeta_1)=0$，ζ_1 在 $(0,1)$ 之间

$f(x)$ 在 $[1,2]$ 连续，在 $(1,2)$ 可导，且 $f(1)=f(2)$

由罗尔定理可知，存在 $f'(\zeta_2)=0$，ζ_2 在 $(1,2)$ 之间

因为 $f'(x)=0$ 是二次方程，所以 $f'(x)=0$ 的实根个数为 2

答案：B

12. **解** $y''-2y'+y=0$，$r^2-2r+1=0$，$r=1$，二重根。

通解 $y=(C_1+C_2x)e^x$（其中 C_1，C_2 为任意常数）

线性无关的特解为 $y_1=e^x$，$y_2=xe^x$

答案：D

13. **解** $f(x)$ 在 (a,b) 内可微，且 $f'(x)\neq 0$。

由函数极值存在的必要条件，$f(x)$ 在 (a,b) 内可微，即 $f(x)$ 在 (a,b) 内可导，且在 x_0 处取得极值，那么 $f'(x_0)=0$。

该题不符合此条件，所以必无极值。

答案：C

14. **解** 对 $\sum\limits_{n=1}^{\infty}\dfrac{\sin\frac{3}{2}n}{n^2}$ 取绝对值，即 $\sum\limits_{n=1}^{\infty}\left|\dfrac{\sin\frac{3}{2}n}{n^2}\right|$，而 $\left|\dfrac{\sin\frac{3}{2}n}{n^2}\right|\leqslant\dfrac{1}{n^2}$

因为$\sum_{n=1}^{\infty}\frac{1}{n^2}$，$p=2>1$，收敛，由比较法知$\sum_{n=1}^{\infty}\left|\frac{\sin\frac{3}{2}n}{n^2}\right|$收敛，所以级数$\sum_{n=1}^{\infty}\frac{\sin\frac{3}{2}n}{n^2}$绝对收敛。

答案：D

15. 解　如解图所示，$D:\begin{cases}0\leqslant r\leqslant 1\\ 0\leqslant\theta\leqslant\frac{\pi}{2}\end{cases}$

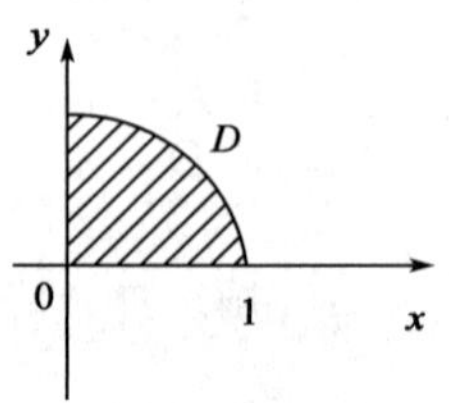

题 15 解图

$$\iint_D x^2y\mathrm{d}x\mathrm{d}y=\int_0^{\frac{\pi}{2}}\cos^2\theta\sin\theta\mathrm{d}\theta\int_0^1 r^4\mathrm{d}r$$

$$=\frac{1}{5}\int_0^{\frac{\pi}{2}}\cos^2\theta\ \sin\theta\mathrm{d}\theta=-\frac{1}{5}\int_0^{\frac{\pi}{2}}\cos^2\theta\mathrm{d}\cos\theta$$

$$=-\frac{1}{5}\cdot\frac{1}{3}\cos^3\theta\Big|_0^{\frac{\pi}{2}}=\frac{1}{15}$$

答案：B

16. 解　如解图所示，$L:\begin{cases}y=x^2\\ x=x\end{cases}\quad(x:1\rightarrow 0)$

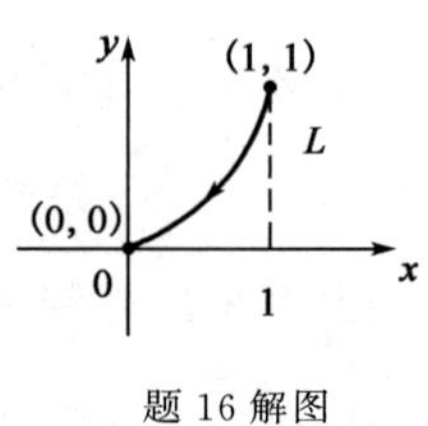

题 16 解图

$$\int_L x\mathrm{d}x+y\mathrm{d}y=\int_1^0 x\mathrm{d}x+x^2\cdot 2x\mathrm{d}x=-\int_0^1(x+2x^3)\mathrm{d}x$$

$$=-\left(\frac{1}{2}x^2+\frac{2}{4}x^4\right)\Big|_0^1$$

$$=-(\frac{1}{2}+\frac{1}{2})=-1$$

答案：C

17. 解　$\sum_{n=0}^{\infty}\frac{(-1)^n}{2^n}x^n=1-\frac{x}{2}+\left(\frac{x}{2}\right)^2-\left(\frac{x}{2}\right)^3+\cdots$

因为$|x|<2$，所以$\left|\frac{x}{2}\right|<1$，$q=-\frac{x}{2}$，$|q|=\left|\frac{x}{2}\right|<1$

级数的和函数$S=\frac{a_1}{1-q}=\frac{1}{1-(-\frac{x}{2})}=\frac{2}{2+x}$

答案：A

18. 解　$z=\frac{3^{xy}}{x}+xF(u)$，$u=\frac{y}{x}$

$$\frac{\partial z}{\partial y}=\frac{1}{x}3^{xy}\cdot\ln 3\cdot x+xF'(u)\frac{1}{x}=3^{xy}\ln 3+F'(u)$$

答案：D

19. **解**　将 $\boldsymbol{\alpha}_1,\boldsymbol{\alpha}_2,\boldsymbol{\alpha}_3$ 组成矩阵 $\begin{bmatrix} 6 & 4 & 4 \\ t & 2 & 1 \\ 7 & 2 & 0 \end{bmatrix}$

$\boldsymbol{\alpha}_1,\boldsymbol{\alpha}_2,\boldsymbol{\alpha}_3$ 线性相关的充要条件是 $\begin{vmatrix} 6 & 4 & 4 \\ t & 2 & 1 \\ 7 & 2 & 0 \end{vmatrix}=0$

$$\begin{vmatrix} 6 & 4 & 4 \\ t & 2 & 1 \\ 7 & 2 & 0 \end{vmatrix} \xlongequal{r_2(-4)+r_1} \begin{vmatrix} 6-4t & -4 & 0 \\ t & 2 & 1 \\ 7 & 2 & 0 \end{vmatrix} = 1\cdot(-1)^{2+3}\begin{vmatrix} 6-4t & -4 \\ 7 & 2 \end{vmatrix}$$

$=(-1)(12-8t+28)=-(-8t+40)=8t-40=0$，得 $t=5$

答案：B

20. **解**　根据 n 阶方阵 $\boldsymbol{A}$ 的秩小于 n 的充要条件是 $|\boldsymbol{A}|=0$，可知选项 C 正确。

答案：C

21. **解**　由方阵 $\boldsymbol{A}$ 的特征值和特征向量的重要性质计算

设方阵 $\boldsymbol{A}$ 的特征值为 $\lambda_1,\lambda_2,\lambda_3$

则 $\begin{cases} \lambda_1+\lambda_2+\lambda_3=a_{11}+a_{22}+a_{33} & ① \\ \lambda_1\cdot\lambda_2\cdot\lambda_3=|\boldsymbol{A}| & ② \end{cases}$

由①式可知　$1+3+\lambda_3=5+(-4)+a$

得 $\lambda_3-a=-3$

由②式可知　$1\cdot 3\cdot\lambda_3=\begin{vmatrix} 5 & -3 & 2 \\ 6 & -4 & 4 \\ 4 & -4 & a \end{vmatrix}$

$$得\ 3\lambda_3=2\begin{vmatrix} 5 & -3 & 2 \\ 3 & -2 & 2 \\ 4 & -4 & a \end{vmatrix} \xlongequal{r_1(-1)+r_2} 2\begin{vmatrix} 5 & -3 & 2 \\ -2 & 1 & 0 \\ 4 & -4 & a \end{vmatrix} \xlongequal{2c_2+c_1} 2\begin{vmatrix} -1 & -3 & 2 \\ 0 & 1 & 0 \\ -4 & -4 & a \end{vmatrix}$$

$$=2\cdot 1(-1)^{2+2}\begin{vmatrix} -1 & 2 \\ -4 & a \end{vmatrix}$$

$$=2(-a+8)=-2a+16$$

解方程组 $\begin{cases} \lambda_3-a=-3 \\ 3\lambda_3+2a=16 \end{cases}$

得 $\lambda_3=2, a=5$

答案:B

22.**解**　因 $P(AB)=P(B)P(A|B)=0.7\times0.8=0.56$,而 $P(A)P(B)=0.8\times0.7=0.56$,故 $P(AB)=P(A)P(B)$,即 A 与 B 独立。因 $P(AB)=P(A)+P(B)-P(A\cup B)=1.5-P(A\cup B)>0$,选项 B 错。因 $P(A)>P(B)$,选项 C 错。因 $P(A)+P(B)=1.5>1$,选项 D 错。

注意:独立是用概率定义的,即可用概率来判定是否独立。而互斥、包含、对立(互逆)是不能由概率来判定的,所以选项 B、C 错。

答案:A

23.**解**

$$P(X=0)=\frac{C_5^3}{C_7^3}=\frac{\dfrac{5\times4\times3}{1\times2\times3}}{\dfrac{7\times6\times5}{1\times2\times3}}=\frac{2}{7}$$

$$P(X=1)=\frac{C_5^2C_2^1}{C_7^3}=\frac{\dfrac{5\times4}{1\times2}\times2}{\dfrac{7\times6\times5}{1\times2\times3}}=\frac{4}{7}$$

$$P(X=2)=\frac{C_5^1C_2^2}{C_7^3}=\frac{5}{\dfrac{7\times6\times5}{1\times2\times3}}=\frac{1}{7}\text{ 或 }P(X=2)=1-\frac{2}{7}-\frac{4}{7}=\frac{1}{7}$$

$$E(X)=0\times P(X=0)+1\times P(X=1)+2\times P(X=2)=\frac{6}{7}$$

[求 $E(X)$ 时,可以不求 $P(X=0)$]

答案:D

24.**解**　$X_1, X_2, \cdots, X_n$ 与总体 X 同分布

$$E(\hat{\sigma}^2)=E\left(\frac{1}{n}\sum_{i=1}^{n}X_i^2\right)=\frac{1}{n}\sum_{i=1}^{n}E(X_i^2)=\frac{1}{n}\sum_{i=1}^{n}E(X^2)=E(X^2)$$

$$=D(X)+[E(X)]^2=\sigma^2+0^2=\sigma^2$$

答案:B

25.**解**　$\bar{v}=\sqrt{\dfrac{8RT}{\pi M}}$,　$\bar{v}_{O_2}=\sqrt{\dfrac{8RT}{\pi M}}=\sqrt{\dfrac{8RT}{\pi\cdot32}}$

氧气的热力学温度提高一倍,氧分子全部离解为氧原子,$T_O=2T_{O_2}$

$\bar{v}_O=\sqrt{\dfrac{8RT_O}{\pi M_0}}=\sqrt{\dfrac{8R\cdot2T}{\pi\cdot16}}$,则 $\dfrac{\bar{v}_O}{\bar{v}_{O_2}}=\dfrac{\sqrt{\dfrac{8R\cdot2T}{\pi\cdot16}}}{\sqrt{\dfrac{8RT}{\pi\cdot32}}}=2$

答案:B

26.**解** 气体分子的平均碰撞频率 $Z_0 = \sqrt{2} n\pi d^2 \bar{v} = \sqrt{2} n\pi d^2 \sqrt{\dfrac{8RT}{\pi M}}$

平均自由程为 $\bar{\lambda}_0 = \dfrac{\bar{v}}{\bar{Z}_0} = \dfrac{1}{\sqrt{2} n\pi d^2}$

$$T' = \frac{1}{4}T \text{ , } \bar{\lambda} = \bar{\lambda}_0 \text{ , } \bar{Z} = \frac{1}{2}\bar{Z}_0$$

答案:B

27.**解** 气体从同一状态出发做相同体积的等温膨胀或绝热膨胀,如解图所示。

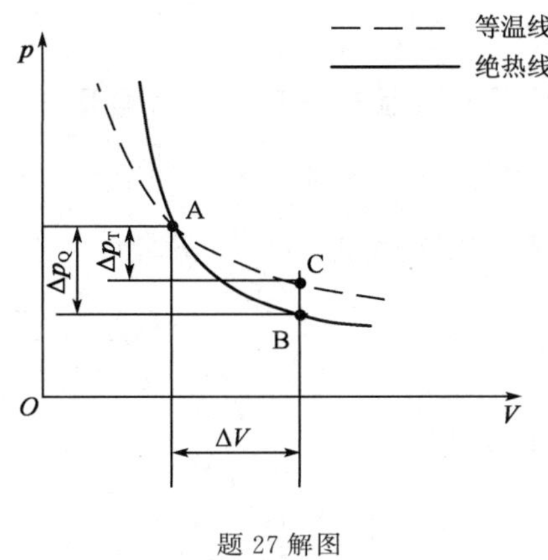

题 27 解图

绝热线比等温线陡,故 $p_1 > p_2$。

答案:B

28.**解** 卡诺正循环由两个准静态等温过程和两个准静态绝热过程组成,如解图所示。

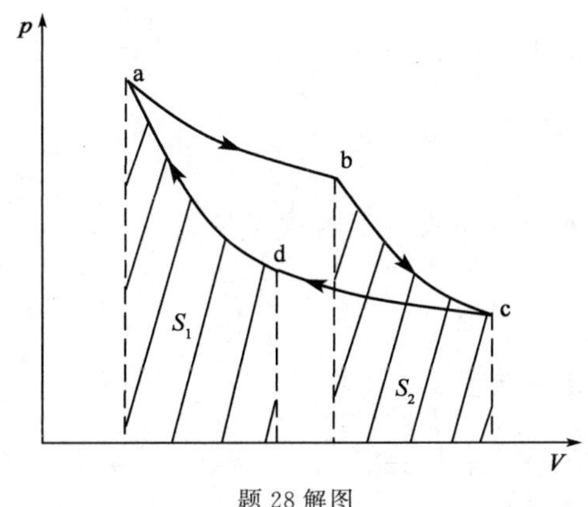

题 28 解图

由热力学第一定律:$Q = \Delta E + W$,绝热过程 $Q=0$,两个绝热过程高低温热源温度相同,温差相等,内能差相同。一个绝热过程为绝热膨胀,另一个绝热过程为绝热压缩,$W_2 = -W_1$,一个内能增大,一个内能减小,$\Delta E_2 = -\Delta E_1$。

答案:C

29. **解** 单位体积的介质中波所具有的能量称为能量密度。

$$w = \frac{\Delta W}{\Delta V} = \rho\,\omega^2 A^2 \sin^2\left[\omega\left(t - \frac{x}{u}\right)\right]$$

答案:C

30. **解** 在中垂线上各点:波程差为零,初相差为 π

$$\Delta\varphi = \alpha_2 - \alpha_1 - \frac{2\pi(r_2 - r_1)}{\lambda} = \pi$$

符合干涉减弱条件,故振幅为 $A=A_2-A_1=0$

答案:B

31. **解** 简谐波在弹性媒质中传播时媒质质元的能量不守恒,任一质元 $W_p = W_k$,平衡位置时动能及势能均为最大,最大位移处动能及势能均为零。

将 $x=2.5\text{m}$,$t=0.25\text{s}$ 代入波动方程:

$$y = 2 \times 10^{-2} \cos 2\pi(10 \times 0.25 - \frac{2.5}{5}) = 0.02\text{m}$$

为波峰位置,动能及势能均为零。

答案:D

32. **解** 当自然光以布儒斯特角 i_0 入射时,$i_0 + \gamma = \frac{\pi}{2}$,故光的折射角为 $\frac{\pi}{2} - i_0$。

答案:D

33. **解** 此题考查的知识点为马吕斯定律。光强为 I_0 的自然光通过第一个偏振片光强为入射光强的一半,通过第二个偏振片光强为 $I = \frac{I_0}{2}\cos^2\frac{\pi}{4} = \frac{I_0}{4}$。

答案:B

34. **解** 单缝夫琅禾费衍射中央明条纹的宽度 $l_0 = 2x_1 = \frac{2\lambda}{a}f$,半宽度 $\frac{f\lambda}{a}$。

答案:A

35. **解** 人眼睛的最小分辨角:

$$\theta = 1.22\frac{\lambda}{D} = \frac{1.22 \times 550 \times 10^{-6}}{3} = 2.24 \times 10^{-4}\text{rad}$$

答案:C

36. **解** 光栅衍射是单缝衍射和多缝干涉的和效果,当多缝干涉明纹与单缝衍射暗纹方向相同时,将出现缺级现象。

单缝衍射暗纹条件：$a\sin\varphi = k\lambda$

光栅衍射明纹条件：$(a+b)\sin\varphi = k'\lambda$

$$\frac{a\sin\varphi}{(a+b)\sin\varphi} = \frac{k\lambda}{k'\lambda} = \frac{1}{2},\frac{2}{4},\frac{3}{6},\cdots$$

$$2a = a + b, a = b$$

答案：C

37. **解**　多电子原子中原子轨道的能级取决于主量子数 n 和角量子数 l：主量子数 n 相同时，l 越大，能量越高；角量子数 l 相同时，n 越大，能量越高。n 决定原子轨道所处的电子层数，l 决定原子轨道所处亚层（$l=0$ 为 s 亚层，$l=1$ 为 p 亚层，$l=2$ 为 d 亚层，$l=3$ 为 f 亚层）。同一电子层中的原子轨道 n 相同，l 越大，能量越高。

答案：D

38. **解**　分子间力包括色散力、诱导力、取向力。极性分子与极性分子之间的分子间力有色散力、诱导力、取向力；极性分子与非极性分子之间的分子间力有色散力、诱导力；非极性分子与非极性分子之间的分子间力只有色散力。CO 为极性分子，N_2 为非极性分子，所以，CO 与 N_2 间的分子间力有色散力、诱导力。

答案：D

39. **解**　$NH_3 \cdot H_2O$ 为一元弱碱

$$C_{OH^-} = \sqrt{K_b \cdot C} = \sqrt{1.8 \times 10^{-5} \times 0.1} \approx 1.34 \times 10^{-3} \text{mol/L}$$

$$C_{H^+} = 10^{-14}/C_{OH^-} \approx 7.46 \times 10^{-12}, \text{pH} = -\lg C_{H^+} \approx 11.13$$

答案：B

40. **解**　它们都属于平衡常数，平衡常数是温度的函数，与温度有关，与分压、浓度、催化剂都没有关系。

答案：B

41. **解**　四个电对的电极反应分别为：

$$Zn^{2+} + 2e = Zn; Br_2 + 2e^- = 2Br^-$$

$$AgI + e = Ag + I^-$$

$$MnO_4^- + 8H^+ + 5e = Mn^{2+} + 4H_2O$$

只有 MnO_4^- / Mn^{2+} 电对的电极反应与 H^+ 的浓度有关。

根据电极电势的能斯特方程式，MnO_4^- / Mn^{2+} 电对的电极电势与 H^+ 的浓度有关。

答案：D

42. **解**　如果阳极为惰性电极，阳极放电顺序：

①溶液中简单负离子如I^-、Br^-、Cl^-将优先OH^-离子在阳极上失去电子析出单质；

② 若溶液中只有含氧根离子（如SO_4^{2-}、NO_3^-），则溶液中OH^-在阳极放电析出O_2。

答案：B

43. **解**　由公式$\Delta G=\Delta H-T\Delta S$可知，当$\Delta H<0$和$\Delta S>0$时，$\Delta G$在任何温度下都小于零，都能自发进行。

答案：A

44. **解**　系统命名法：

(1)链烃及其衍生物的命名

①选择主链：选择最长碳链或含有官能团的最长碳链为主链；

②主链编号：从距取代基或官能团最近的一端开始对碳原子进行编号；

③写出全称：将取代基的位置编号、数目和名称写在前面，将母体化合物的名称写在后面。

(2)其衍生物的命名

①选择母体：选择苯环上所连官能团或带官能团最长的碳链为母体，把苯环视为取代基；

②编号：将母体中碳原子依次编号，使官能团或取代基位次具有最小值。

答案：C

45. **解**　甲醇可以和两个酸发生酯化反应；氢氧化钠可以和两个酸发生酸碱反应；金属钾可以和两个酸反应生成苯氨酸钾和山梨酸钾；溴水只能和山梨酸发生加成反应。

答案：B

46. **解**　塑料一般分为热塑性塑料和热固性塑料。前者为线性结构的高分子化合物，这类化合物能溶于适当的有机溶剂，受热时会软化、熔融，加工成各种形状，冷后固化，可以反复加热成型；后者为体型结构的高分子化合物，具有热固性，一旦成型后不溶于溶剂，加热也不再软化、熔融，只能一次加热成型。

答案：C

47. **解**　首先分析杆DE，E处为活动铰链支座，约束力垂直于支撑面，如解图a)所示，杆DE的铰链D处的约束力可按三力汇交原理确定；其次分析铰链D，D处铰接了杆DE、直角弯杆BCD和连杆，连杆的约束力F_D沿杆为铅垂方向，杆DE作用在铰链D上的力为$F'_{D右}$，按照铰链D的平衡，其受力图如解图b)所示；最后分析直杆AC和直角弯杆BCD，直杆AC为二力杆，A处约束力沿杆方向，根据力偶的平衡，由F_A与$F'_{D左}$组成的逆时针转向力偶与顺时针转向的主动力偶 M 组成平衡力系，故 A 处约束力的指向如解图 c)所示。

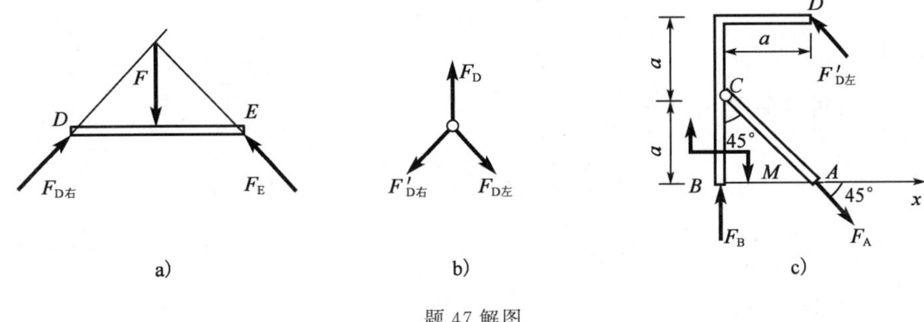

题 47 解图

答案:D

48.**解**　将主动力系对 B 点取矩求代数和：

$$M_B = M - qa^2/2 = 20 - 10 \times 2^2/2 = 0$$

答案:A

49.**解**　均布力组成了力偶矩为 qa^2 的逆时针转向力偶。A、B 处的约束力应沿铅垂方向组成顺时针转向的力偶。

答案:C　(此题 2010 年考过)

50.**解**　如解图,若物块平衡沿斜面方向有：

$$F_f = F\cos\alpha - W\sin\alpha = 0.2F$$

而最大静摩擦力 $F_{fmax} = f \cdot F_N$

$$= f(F\sin\alpha + W\cos\alpha) = 0.28F$$

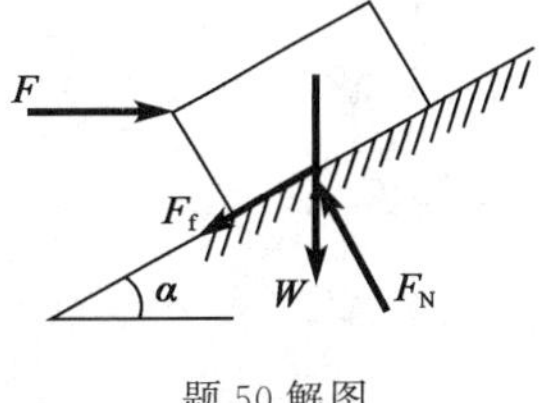

题 50 解图

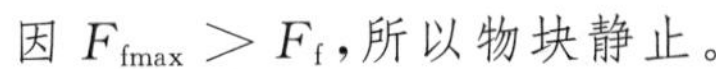
因 $F_{fmax} > F_f$,所以物块静止。

答案:A

51.**解**　将 x 对时间 t 求一阶导数为速度,即：$v = 9t^2 + 1$；再对时间 t 求一阶导数为加速度,即 $a = 18t$,将 $t = 4s$ 代入,可得：$x = 198m$,$v = 145m/s$,$a = 72m/s^2$。

答案:B

52.**解**　根据定义,切向加速度为弧坐标 s 对时间的二阶导数,即 $a_\tau = 6m/s^2$。

答案:D

53.**解**　根据定轴转动刚体上一点加速度与转动角速度、角加速度的关系：$a_n = \omega^2 l$,$a_\tau = \alpha l$,而题中 $a_n = a\cos\alpha = \omega^2 l$,所以 $\omega = \sqrt{\frac{a\cos\alpha}{l}}$,$a_\tau = a\sin\alpha = \alpha l$,所以 $\alpha = \frac{a\sin\alpha}{l}$。

答案:B　(此题 2009 年考过)

54. **解**　按照牛顿第二定律，在铅垂方向有 $ma = F_R - mg = Kv^2 - mg$，当 $a = 0$（速度 v 的导数为零）时有速度最大，为 $v = \sqrt{\frac{mg}{K}}$。

答案：A

55. **解**　根据弹簧力的功公式：

$$W_{12} = \frac{k}{2}(0.06^2 - 0.04^2) = 1.96\text{J}$$

$$W_{32} = \frac{k}{2}(0.02^2 - 0.04^2) = -1.176\text{J}$$

答案：C

56. **解**　系统在转动中对转动轴 z 的动量矩守恒，即：$I\omega = (I + mR^2)\omega_t$（设 ω_t 为小球达到 B 点时圆环的角速度），则 $\omega_t = \frac{I\omega}{I + mR^2}$。

答案：B

57. **解**　根据定轴转动刚体惯性力系的简化结果：惯性力主矢和主矩的大小分别为 $F_I = ma_C = 0$，$M_{IO} = J_O\alpha = \frac{1}{2}mr^2\varepsilon$。

答案：C　（此题 2010 年考过）

58. **解**　由公式 $\omega_n^2 = k/m$，$k = m\omega_n^2 = 5\times30^2 = 4500\text{N/m}$。

答案：B

59. **解**　首先考虑整体平衡，可求出左端支座反力是水平向右的力，大小等于 20kN，分三段求出各段的轴力，画出轴力图如解图所示。

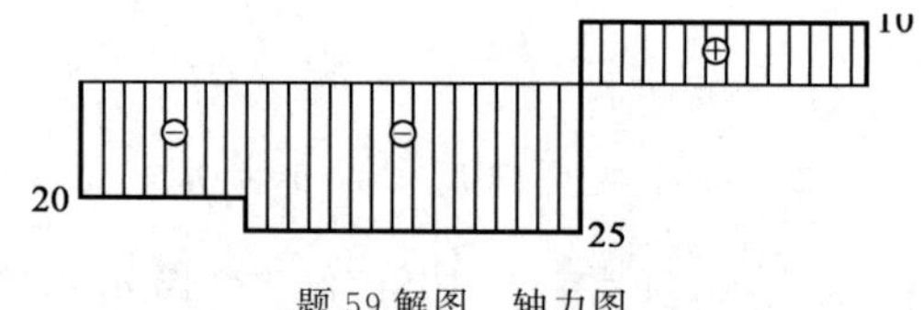

题 59 解图　轴力图

可以看到最大拉伸轴力是 10kN。

答案：A

60. **解**　由铆钉的剪切强度条件：$\tau = \frac{F_s}{A_s} = \frac{F}{\frac{\pi}{4}d^2} = [\tau]$

可得：$\frac{4F}{\pi d^2} = [\tau]$　①

由铆钉的挤压强度条件：$\sigma_{bs} = \frac{F_{bs}}{A_{bs}} = \frac{F}{dt} = [\sigma_{bs}]$

可得：$\dfrac{F}{dt}=[\sigma_{bs}]$ ②

d 与 t 的合理关系应使两式同时成立，②式除以①式，得到 $\dfrac{\pi d}{4t}=\dfrac{[\sigma_{bs}]}{[\tau]}$，即 $d=\dfrac{4t[\sigma_{bs}]}{\pi[\tau]}$。

答案：B

61. **解** 设原直径为 d 时，最大切应力为 τ，最大切应力减小后为 τ_1，直径为 d_1。

则有

$$\tau=\frac{T}{\frac{\pi}{16}d^3},\tau_1=\frac{T}{\frac{\pi}{16}d_1^3}$$

因 $\tau_1=\dfrac{\tau}{2}$，则 $\dfrac{T}{\frac{\pi}{16}d_1^3}=\dfrac{1}{2}\cdot\dfrac{T}{\frac{\pi}{16}d^3}$，即 $d_1^3=2d^3$，所以 $d_1=\sqrt[3]{2}\,d$。

答案：D

62. **解** 根据外力偶矩（扭矩 T）与功率（P）和转速（n）的关系：

$$T=M_e=9550\frac{P}{n}$$

可见，在功率相同的情况下，转速慢（n 小）的轴扭矩 T 大。

答案：B

63. **解** 图(a)与图(b)面积相同，面积分布的位置到 z 轴的距离也相同，故惯性矩 $I_{z(a)}=I_{z(b)}$，而图(c)虽然面积与(a)、(b)相同，但是其面积分布的位置到 z 轴的距离小，所以惯性矩 $I_{z(c)}$ 也小。

答案：D

64. **解** 由于 C 端的弯矩就等于外力偶矩，所以 $m=10\text{kN}\cdot\text{m}$，又因为 BC 段弯矩图是水平线，属于纯弯曲，剪力为零，所以 C 点支反力为零。

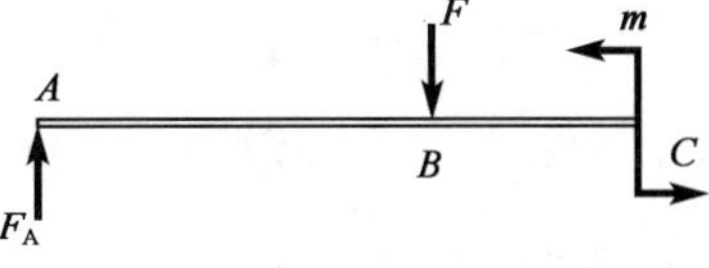

题 64 解图

由梁的整体受力图可知 $F_A=F$，所以 B 点的弯矩 $M_B=F_A\times2=10\text{kN}\cdot\text{m}$，即 $F_A=5\text{kN}$。

答案：B

65. **解** 图示单元体的最大主应力 σ_1 的方向，可以看作是 σ_x 的方向（沿 x 轴）和纯剪切单元体的最大拉应力的主方向（在第一象限沿 45°向上），叠加后的合应力的指向。

答案：A （此题 2011 年考过）

66. **解** AB 段是轴向受压，$\sigma_{AB}=\dfrac{F}{ab}$；

BC 段是偏心受压，$\sigma_{BC}=\dfrac{F}{2ab}+\dfrac{F\cdot\frac{a}{2}}{\frac{b}{6}(2a)^2}=\dfrac{5F}{4ab}$。

答案:B （此题 2011 年考过）

67.**解** 从剪力图看梁跨中有一个向下的突变，对应于一个向下的集中力，其值等于突变值 100kN；从弯矩图看梁的跨中有一个突变值 50kN·m，对应于一个外力偶矩 50kN·m，所以只能选 C 图。

答案:C

68.**解** 梁两端的支座反力为 $\frac{F}{2}=50\text{kN}$，梁中点最大弯矩 $M_{\max}=50\times2=100\text{kN}\cdot\text{m}$

最大弯曲正应力 $\sigma_{\max}=\frac{M_{\max}}{W_z}=\frac{M_{\max}}{\frac{bh^2}{6}}=\frac{100\times10^6\text{N}\cdot\text{mm}}{\frac{1}{6}\times100\times200^2\text{mm}^3}=150\text{MPa}$

答案:B

69.**解** 本题是一个偏心拉伸问题，由于水平力 F 对两个形心主轴 y、z 都有偏心距，所以可以把 F 力平移到形心轴 x 以后，将产生两个平面内的双向弯曲和 x 轴方向的轴向拉伸的组合变形。

答案:B

70.**解** 从常用的四种杆端约束的长度系数 μ 的值可看出，杆端约束越强，μ 值越小，而杆端约束越弱，则 μ 值越大。本题图中所示压杆的杆端约束比两端铰支压杆($\mu=1$)强，又比一端铰支、一端固定压杆($\mu=0.7$)弱，故 $0.7<\mu<1$。

答案:A

71.**解** 静水压力基本方程为 $p=p_0+\rho gh$，将题设条件代入可得：绝对压强 $p=101.325\text{kPa}+9.8\text{kPa/m}\times1\text{m}=111.125\text{kPa}\approx0.111\text{MPa}$。

答案:A

72.**解** 流速 $v_2=v_1\times\left(\frac{d_1}{d_2}\right)^2=9.55\times\left(\frac{0.2}{0.3}\right)^2=4.24\text{m/s}$

流量 $Q=v_1\times\frac{\pi}{4}d_1{}^2=9.55\times\frac{\pi}{4}(0.2)^2=0.3\text{m}^3/\text{s}$

答案:A

73.**解** 管中雷诺数 $\text{Re}=\frac{v\cdot d}{\nu}=\frac{2\times900}{0.0114}=157894.74\gg\text{Re}_\text{k}$，为紊流

欲使流态转变为层流时的流速 $v_\text{k}=\frac{\text{Re}_\text{k}\cdot\nu}{d}=\frac{2300\times0.0114}{2}=13.1\text{cm/s}$

答案:D

74.**解** 边界层分离增加了潜体运动的压差阻力。

答案:C

75.解　对水箱自由液面与管道出口写能量方程:

$$H+\frac{p}{\rho g}=\frac{v^2}{2g}+h_f=\frac{v^2}{2g}\left(1+\lambda\frac{L}{d}\right)$$

代入题设数据并化简:

$$2+\frac{19600}{9800}=\frac{v^2}{2g}\left(1+0.02\times\frac{100}{0.2}\right)$$

计算得流速 $v=2.67\text{m/s}$

流量 $Q=v\times\frac{\pi}{4}d^2=2.67\times\frac{\pi}{4}(0.2)^2=0.08384\text{m}^3/\text{s}=83.84\text{L/s}$

答案:A

76.解　由明渠均匀流谢才-曼宁公式 $Q=\frac{1}{n}R^{\frac{2}{3}}i^{\frac{1}{2}}A$ 可知:在题设条件下面积 A,粗糙系数 n,底坡 i 均相同,则流量 Q 的大小取决于水力半径 R 的大小。对于方形断面,其水力半径 $R_1=\frac{a^2}{3a}=\frac{a}{3}$,对于矩形断面,其水力半径为 $R_2=\frac{2a\times0.5a}{2a+2\times0.5a}=\frac{a^2}{3a}=\frac{a}{3}$,即 $R_1=R_2$。故 $Q_1=Q_2$。

答案:B

77.解　将题设条件代入达西定律 $v=kJ$

则有渗流速度 $v=0.012\text{cm/s}\times\frac{1.5-0.3}{2.4}=0.006\text{cm/s}$

答案:B

78.解　雷诺数的物理意义为:惯性力与黏性力之比。

答案:B

79.解　点电荷 q_1、q_2 电场作用的方向分布为:始于正电荷(q_1),终止于负电荷(q_2)。

答案:B

80.解　电路中,如果取元件中电压电流正方向一致,则它们的电压电流关系如下:

电压:$u_L=L\frac{\mathrm{d}i_L}{\mathrm{d}t}$

电容:$i_C=C\frac{\mathrm{d}u_C}{\mathrm{d}t}$

电阻:$u_R=Ri_R$

答案:C

81. **解**　本题考查对电流源的理解和对基本 KCL、KVL 方程的应用。

需注意，电流源的端电压由外电路决定。

如解图所示，当电流源的端电压 U_{Is2} 与 I_{s2} 取一致方向时：

$$U_{Is2}=I_2R_2+I_3R_3\neq 0$$

题 81 解图

其他方程正确。

答案：B

82. **解**　本题注意正弦交流电的三个特征(大小、相位、速度)和描述方法，图中电压 $\dot{U}$ 为有效值相量。

由相量图可分析，电压最大值为 $10\sqrt{2}$V，初相位为 $-30°$，角频率用 ω 表示，时间函数的正确描述为：

$$u(t)=10\sqrt{2}\sin(\omega t-30°)\text{V}$$

答案：A

83. **解**　用相量法。

$$\dot{I}=\frac{\dot{U}}{20+(j20//-j10)}=\frac{100\angle 0°}{20-j20}$$

$$=\frac{5}{\sqrt{2}}\angle 45°=3.5\angle 45°\text{A}$$

答案：B

84. **解**　电路中 R-L 串联支路为电感性质，右支路电容为功率因数补偿所设。

如图所示，当电容量适当增加时电路功率因数提高。当 $\varphi=0$，$\cos\varphi=1$ 时，总电流 I 达到最小值。如果 I_c 继续增加出现过补偿(即电流 $\dot{I}$ 超前于电压 $\dot{U}$ 时)，会使电路的功率因数降低。

题 84 解图

当电容参数 C 改变时，感性电路的功率因数 $\cos\varphi_L$ 不变。通常，进行功率因数补偿时不出现 $\varphi<0$ 情况。仅有总电流 I 减小时电路的功率因素($\cos\varphi$)变大。

答案：B

85. **解**　理想变压器副边空载时，可以认为原边电流为零，则 $U=U_1$。根据电压变比关系可知：$\frac{U}{U_2}=2$。

答案：B

86. **解** 三相交流异步电动机正常运行采用三角形接法时，为了降低启动电流可以采用星形启动，即 Y-△启动。但随之带来的是启动转矩也是△接法的 1/3。

答案：C

87. **解** 本题信号波形在时间轴上连续，数值取值为＋5、0、－5，是离散的。"二进制代码信号""二值逻辑信号"均不符合题义。只能认为是连续的时间信号。

答案：D

88. **解** 将图形用数学函数描述为：$u(t)=10\cdot 1(t)-10\cdot 1(t-1)$，这是两个阶跃信号的叠加。

答案：A

89. **解** 低通滤波器可以使低频信号畅通，而高频的干扰信号淹没。

答案：B

90. **解** 此题可以利用反演定理处理如下：

$$\overline{AB}+\overline{BC}=\overline{A}+\overline{B}+\overline{B}+\overline{C}=\overline{A}+\overline{B}+\overline{C}$$

答案：A

91. **解** $F=A\overline{B}+\overline{A}B$ 为异或关系。

由输入量 A、B 和输出的波形分析可见：

$\begin{cases}\text{当输入 A 与 B 相异时，输出 F 为“1”。}\\ \text{当输入 A 与 B 相同时，输出 F 为“0”。}\end{cases}$

答案：A

92. **解** BCD 码是用二进制表示的十进制数，当用四位二进制数表示十进制的 10 时，可以写为"0001 0000"。

答案：A

93. **解** 本题采用全波整流电路，结合二极管连接方式分析。

输出直流电压 U_o 与输入交流有效值 U_i 的关系为：

$$U_o=-0.9U_i$$

本题 $U_i=\frac{10}{\sqrt{2}}$V，代入上式得 $U_o=-0.9\times\frac{10}{\sqrt{2}}=-6.36$V。

答案：D

94. **解**　将电路“A”端接入－2.5V 的信号电压，“B”端接地，则构成如解图 a)所示的反相比例运算电路。输出电压与输入的信号电压关系为：

$$u_o = -\frac{R_2}{R_1}u_i$$

可知：

$$\frac{R_2}{R_1} = -\frac{u_o}{u_i} = 4$$

当“A”端接地，“B”端接信号电压，就构成解图 b)的同相比例电路，则输出 u_o 与输入电压 u_i 的关系为：

$$u_o = \left(1+\frac{R_2}{R_1}\right)u_i = -12.5\text{V}$$

考虑到运算放大器输出电压在－11～11V 之间，可以确定放大器已经工作在负饱和状态，输出电压为负的极限值－11V。

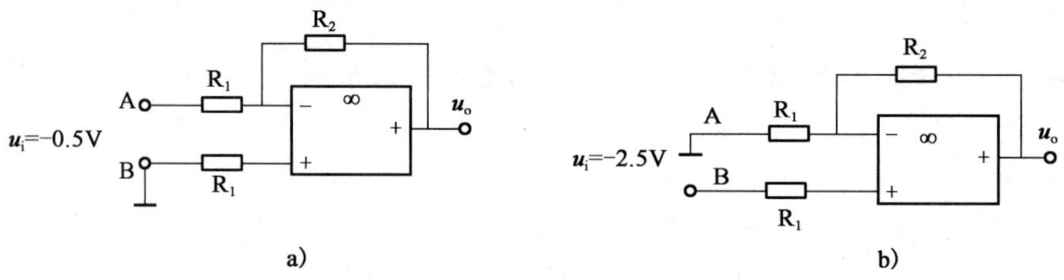

题 94 解图

答案：C

95. **解**　左侧电路为与门：$F_1 = A \cdot 0 = 0$，右侧电路为或非门：$F_2 = \overline{B+0} = \overline{B}$。

答案：A

96. **解**　本题为 J-K 触发器(脉冲下降沿动作)和与门构成的时序逻辑电路。其中 J 触发信号为 $J = Q \cdot A$。(注：为波形分析方便，作者补充了 J 端的辅助波形，图中阴影表示该信号未知。)

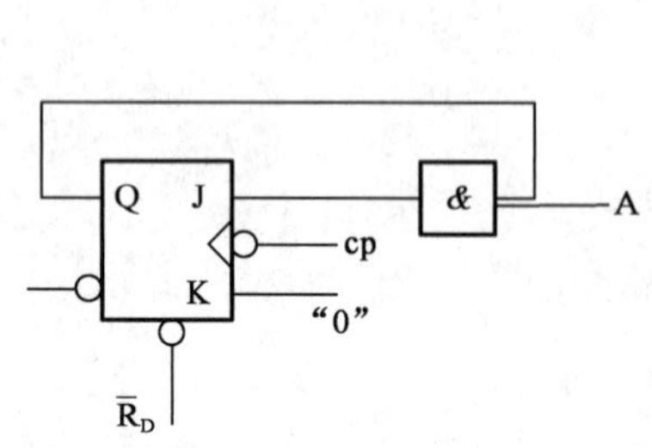

cp

$\overline{R}_D$

A

J

Q

题 96 解图

答案：A

97.**解** 计算机发展的人性化的一个重要方面是“使用傻瓜化”。计算机要成为大众的工具,首先必须做到“使用傻瓜化”。要让计算机能听懂、能说话、能识字、能写文、能看图像、能现实场景等。

答案:B

98.**解** 计算机内的存储器是由一个个存储单元组成的,每一个存储单元的容量为8位二进制信息,称一个字节。

答案:B

99.**解** 操作系统是一个庞大的管理控制程序。通常,它是由进程与处理器调度、作业管理、存储管理、设备管理、文件管理等五大功能组成。

答案:D

100.**解** 支撑软件是指支援其他软件的编写制作和维护的软件,主要包括环境数据库、各种接口软件和工具软件,是计算机系统内的一个组成部分。

答案:A

101.**解** 进程与处理器调度负责把CPU的运行时间合理地分配给各个程序,以使处理器的软硬件资源得以充分的利用。

答案:C

102.**解** 影响计算机图像质量的主要参数有分辨率、颜色深度、图像文件的尺寸和文件保存格式等。

答案:D

103.**解** 计算机操作系统中的设备管理的主要功能是负责分配、回收外部设备,并控制设备的运行,是人与外部设备之间的接口。

答案:C

104.**解** 数字签名机制提供了一种鉴别方法,以解决伪造、抵赖、冒充和篡改等安全问题。接收方能够鉴别发送方所宣称的身份,发送方事后不能否认他曾经发送过数据这一事实。

答案:A

105.**解** 计算机网络是用通信线路和通信设备将分布在不同地点的具有独立功能的多个计算机系统互相连接起来,在功能完善的网络软件的支持下实现彼此之间的数据通信和资源共享的系统。

答案:D

106. **解**　局域网是指在一个较小地理范围内的各种计算机网络设备互连在一起的通信网络，可以包含一个或多个子网，通常其作用范围是一座楼房、一个学校或一个单位，地理范围一般不超过几公里。城域网的地理范围一般是一座城市。广域网实际上是一种可以跨越长距离，且可以将两个或多个局域网或主机连接在一起的网络。网际网实际上是多个不同的网络通过网络互联设备互联而成的大型网络。

答案：A

107. **解**　首先计算年实际利率：$i=\left(1+\frac{8\%}{4}\right)^4-1=8.243\%$

根据一次支付现值公式：

$$P=\frac{F}{(1+i)^n}=\frac{300}{(1+8.24\%)^3}=236.55\text{ 万元}$$

或季利率 $i=8\%/4=2\%$，三年共 12 个季度，按一次支付现值公式计算：

$$P=\frac{F}{(1+i)^n}=\frac{300}{(1+2\%)^{12}}=236.55\text{ 万元}$$

答案：B

108. **解**　建设项目评价中的总投资包括建设投资、建设期利息和流动资金之和。建设投资由工程费用（建筑工程费、设备购置费、安装工程费）、工程建设其他费用和预备费（基本预备费和涨价预备费）组成。

答案：C

109. **解**　该公司借款偿还方式为等额本金法。

每年应偿还的本金：2400/6＝400 万元

前 3 年已经偿还本金：400×3＝1200 万元

尚未还款本金：2400－1200＝1200 万元

第 4 年应还利息 $I_4=1200\times8\%=96$ 万元，本息和 $A_4=400+96=496$ 万元

或按等额本金法公式计算：

$$A_t=\frac{I_c}{n}+I_c\left(1-\frac{t-1}{n}\right)i=\frac{2400}{6}+2400\times\left(1-\frac{4-1}{6}\right)\times8\%=496\text{ 万元}$$

答案：C

110. **解**　动态投资回收期 T^* 是指在给定的基准收益率（基准折现率）i_c 的条件下，用项目的净收益回收总投资所需要的时间。动态投资回收期的表达式为：

$$\sum_{t=0}^{T^*}(\mathrm{CI}-\mathrm{CO})_t(1+i_c)^{-t}=0$$

式中，i_c 为基准收益率。

内部收益率 IRR 是使一个项目在整个计算期内各年净现金流量的现值累计为零时的利率，表达式为：

$$\sum_{t=0}^{n}(\mathrm{CI}-\mathrm{CO})_t(1+\mathrm{IRR})^{-t}=0$$

式中，n 为项目计算期。如果项目的动态投资回收期 T 正好等于计算期 n，则该项目的内部收益率 IRR 等于基准收益率 i_c。

答案：D

111. **解**　直接进口原材料的影子价格（到厂价）＝到岸价（CIF）×影子汇率＋进口费用＝150×6.5＋240＝1215 元人民币/t。

答案：C

112. **解**　对于寿命期相等的互斥项目，应依据增量内部收益率指标选优。如果增量内部收益率 ΔIRR 大于基准收益率 i_c，应选择投资额大的方案；如果增量内部收益率 ΔIRR 小于基准收益率 i_c，则应选择投资额小的方案。

答案：B

113. **解**　改扩建项目财务分析要进行项目层次和企业层次两个层次的分析。项目层次应进行盈利能力分析、清偿能力分析和财务生存能力分析，应遵循"有无对比"的原则。

答案：D

114. **解**　价值系数＝功能评价系数/成本系数，本题各方案价值系数：

甲方案：0.85/0.92＝0.924

乙方案：0.6/0.7＝0.857

丙方案：0.94/0.88＝1.068

丁方案：0.67/0.82＝0.817

其中，丙方案价值系数 1.068，与 1 相差 6.8%，说明功能与成本基本一致，为四个方案中的最优方案。

答案：C

115. **解**　见《中华人民共和国建筑法》第二十四条，可知选项 A、B、D 正确，又第二十二条规定：发包单位应当将建筑工程发包给具有资质证书的承包单位。

答案：C

116. **解** 《中华人民共和国安全生产法》第四十条规定，生产经营单位进行爆破、吊装以及国务院安全生产监督管理部门会同国务院有关部门规定的其他危险作业，应当安排专门人员进行现场安全管理，确保操作规程的遵守和安全措施的落实。

答案:C

117. **解** 其招标文件要包括拟签订的合同条款，而不是签订时间。

《中华人民共和国招标投标法》第十九条规定，招标人应当根据招标项目的特点和需要编制招标文件。招标文件应当包括招标项目的技术要求、对投标人资格审查的标准、投标报价要求和评标标准等所有实质性要求和条件以及拟签订合同的主要条款。

答案:C

118. **解** 水泥厂只要求18:00之前回复，并没有写明是18:00点之前到达水泥厂，所以施工单位在约定的18:00之前发出的承诺是符合要求的。

答案:B

119. **解** 应由环保部门验收，不是建设行政主管部门验收，见《中华人民共和国环境保护法》。

《中华人民共和国环境保护法》第十条规定，国务院环境保护主管部门，对全国环境保护工作实施统一监督管理；县级以上地方人民政府环境保护主管部门，对本行政区域环境保护工作实施统一监督管理。

县级以上人民政府有关部门和军队环境保护部门，依照有关法律的规定对资源保护和污染防治等环境保护工作实施监督管理。

第四十一条规定，建设项目中防治污染的设施，应当与主体工程同时设计、同时施工、同时投产使用。防治污染的设施应当符合经批准的环境影响评价文件的要求，不得擅自拆除或者闲置。

（旧版《中华人民共和国环境保护法》第二十六条规定，建设项目中防治污染的措施，必须与主体工程同时设计、同时施工、同时投产使用。防治污染的设施必须经原审批环境影响报告书的环境保护行政主管部门验收合格后，该建设项目方可投入生产或者使用。）

答案:D

120. **解** 《中华人民共和国建筑法》第三十二条规定，建筑工程监理应当依照法律、行政法规及有关的技术标准、设计文件和建筑工程承包合同，对承包单位在施工质量、建设工期和建设资金使用等方面，代表建设单位实施监督。

答案:D

全国勘察设计一级注册结构工程师执业资格考试通关试卷[六]
基础考试(下)试题解析及参考答案

1. **解** 无机非金属材料为容易被水润湿,为亲水性材料;不能承受冲击荷载作用,为脆性材料,故适合于做承压构件;不是完全弹性材料。

答案:D

2. **解** 空气的导热系数为 0.023W/(m·K),水的导热系数为 0.58W/(m·K),冰的导热系数为 2.20W/(m·K),故三种介质的导热能力顺序为:冰>水>空气,所以保温材料要保持干燥,防潮。

答案:B

3. **解** 水化硅酸钙凝胶的层间孔隙尺寸为 1~5nm;毛细孔尺寸为 10~1000nm,大小取决于水泥浆体的水化程度和水灰比,多数为 100nm 左右;而气孔尺寸为几毫米。

答案:A

4. **解** 以上措施均可以提高钢筋混凝土中钢筋的防锈效果。使用环氧树脂涂刷钢筋和使用不锈钢钢筋都会大幅度增加成本,增加混凝土保护层厚度会增加混凝土用量,减小有效使用面积,不经济,所以比较而言,通过使用高效减水剂提高混凝土的密实度是最经济有效的措施。

答案:A

5. **解** 我国使用立方体试件来测定混凝土的抗压强度,其标准立方体试件的边长为 150mm。

答案:C

6. **解** 木材分为针叶树和阔叶树。针叶树(又称软木树)的树干通直高大,纹理平顺,材质均匀,表观密度和胀缩变形小,耐腐蚀性较强,材质较软,多用作承重构件,有松、杉、柏。阔叶树(又称硬木树)强度较高,纹理漂亮,胀缩翘曲变形较大,易开裂,较难加工,适合作装饰,有水曲柳、桦木、椴木、柚木、樟木、榉木、榆木等。

答案:C

7. **解** 石油沥青的针入度反映其黏滞性(也称黏性)的大小,针入度越大,黏滞性越小。

答案:A

8. **解** 竖直角是在同一竖直面内,某一方向与水平线的夹角。

答案:D

9. **解** 钢尺精密量距需进行尺长改正、温度改正及倾斜(高差)改正。

答案:A

10. **解** $S=a\times b=30.000\times 25.000=750.000\text{m}^2$

$\frac{\partial S}{\partial a}=b, \frac{\partial S}{\partial b}=a$

$m_s=\pm\sqrt{b^2\cdot m_a^2+a^2\cdot m_b^2}$

$=\pm\sqrt{25.000^2\times 0.004^2+30.000^2\times 0.003^2}$

$=\pm 0.134\text{m}^2$

$S=750.000\text{m}^2\pm 0.134\text{m}^2$

答案:A

11. **解** 三等水准测量红黑面高差之差的限值是±3mm，详见《国家三、四等水准测量规范》(GB/T 12898—2009)。

答案:A

12. **解** $S_{实地}=S_{图}\times 500^2=1.58\times 10^8\text{mm}^2=158.00\text{m}^2$

答案:C

13. **解** 《中华人民共和国城市房地产管理法》第三十八条规定，下列房地产，不得转让：

(一)以出让方式取得土地使用权的，不符合本法第三十九条规定的条件的；

(二)司法机关和行政机关依法裁定、决定查封或者以其他形式限制房地产权利的；

(三)依法收回土地使用权的；

(四)共有房地产，未经其他共有人书面同意的；

(五)权属有争议的；

(六)未依法登记领取权属证书的；

(七)法律、行政法规规定禁止转让的其他情形。

按照上述条文规定，题目中的选项A、B、C均属于不得转让的情形，所以选项D正确。

答案:D

14. **解** 《中华人民共和国招投标法》第三十四条规定，开标应当在招标文件确定的提交投标文件截止时间的同一时间公开进行。所以选项A错误。

第三十五条规定，开标由招标人主持，邀请所有投标人参加。所以选项B错误。

选项C没有明确是谁来推举代表，所以表述也是不准确的，按照第三十六条的规定：开标时，由投标人或者其推选的代表检查投标文件的密封情况，也可以由招标人委托的公证机构检查并公证；经确认无误后，由工作人员当众拆封，宣读投标人名称、投标价格和投标文件的其他主要内容。

评标要在保密的情况下进行，开标后尽快评标有利于保密，所以选项D正确。

答案:D

15. **解**　国家推行企业质量体系的认证，但不是强制性的，但是对某些产品是要求强制性的认证制度的。

《中华人民共和国认证认可条例》第二十八条规定，为了保护国家安全、防止欺诈行为、保护人体健康或者安全、保护动植物生命或者健康、保护环境，国家规定相关产品必须经过认证的，应当经过认证并标注认证标志后，方可出厂、销售、进口或者在其他经营活动中使用。所以选项B的说法错误，正好说反了。

答案：B

16. **解**　《中华人民共和国合同法》第二百八十二条规定，因承包人的原因致使建设工程在合理使用期限内造成人身和财产损害的，承包人应当承担损害赔偿责任。

保修期限是国务院规定的，企业自定期限不能小于国家规定。

答案：C

17. **解**　为了保证施工质量，沉桩施工前应布置测量控制网、水准基点，按平面图进行测量放线。设置的控制点和水准点的数量不得少于2个，并应设在受打桩影响范围以外。

答案：B

18. **解**　先张法不能用于现浇结构。在多跨连续结构构件中预应力筋需曲线形设置，而楼板较薄，难以留设孔道，故宜采用铺设无黏结预应力筋的后张法施工。

答案：B

19. **解**　起重机型号选择需依据其技术性能参数。起重机的主要技术性能参数包括起重量、起重高度和起重半径。因此选用履带式起重机时，"起重动力设备"不是选用履带式起重机时要考虑的因素。

答案：B

20. **解**　工期—费用优化是通过压缩直接费率较低的关键工作的持续时间，使工期缩短，但直接费用将增加；而随着工期缩短，工程的间接费用会降低；通过两者叠加比较，即可求出工程费用最低时的相应最优工期。因此优化时，在确定了一个压缩方案后，必须将被压缩工作的直接费用率与间接费用率进行比较，如果直接费用率小于间接费用率，则需继续压缩；如果直接费用率已等于间接费用率，则已得到优化方案，停止压缩；如果直接费用率已大于间接费用率，则在此之前的直接费用率小于间接费用率的压缩方案即为优化方案。

答案：C

21. **解**　《建筑工程施工质量验收统一标准》(GB 50300—2013)第3.0.6条第3款规

定，检验批的质量应按主控项目和一般项目验收。

答案：A

22. **解** 混凝土局部受压时的强度提高系数 $\beta_l=\sqrt{A_b/A_l}$。其中，A_l 为混凝土局部受压面积，A_b 为局部受压计算底面积。当构件处于边角局部受压时，$A_b=A_l$，即 $\beta_l=1.0$。

见《混凝土结构设计规范》(GB 50010—2010)第6.6.1条、第6.6.2条。

答案：A

23. **解** 钢筋混凝土受弯构件正截面即将开裂时，受压区混凝土基本处于弹性工作性质，受压区应力图形接近三角形(线性分布)。由于混凝土抗拉能力远较抗压能力弱，此时受拉区混凝土表现出明显的塑性性质(应力沿截面高度近似均匀分布)；由于黏结力的存在，受拉钢筋的应变与同一水平处混凝土拉应变相等，钢筋的拉应力处于较低的水平。对于矩形截面的混凝土梁，此时其受压区高度约为截面高度的1/2。

答案：D

24. **解** 水平荷载单独作用于框架结构时，结构侧移曲线呈剪切型，单独作用于剪力墙结构时，结构侧移曲线呈弯曲型。所以，在结构的底部，框架结构的侧向变形较剪力墙结构大，在结构的顶部，剪力墙结构的侧向变形较框架结构大。二者协同工作后，在上部楼层，框架部分拉住剪力墙部分，使其变形减小。

答案：A

25. **解** 钢筋混凝土受扭构件的扭矩应由抗扭纵筋和抗扭箍筋共同承担。

答案：D

26. **解** ①含碳量增加，钢材的强度提高，但塑性和韧性下降。②镀锌或镀铝的目的是防止钢材表面被氧化而发生锈蚀。③钢在冶炼过程中，脱氧程度取决于脱氧剂的数量和种类，脱氧剂的多少与钢材的强度没有直接关系。④钢材通过热处理(调质处理)，可以获得不同的金相组织，从而改变其力学性能，提高强度。

答案：C

27. **解** 《钢结构设计标准》(GB 50017—2017)第16.1.1条规定，直接承受动力荷载重复作用的钢结构构件，当应力变化的循环次数 $n\geqslant5\times10^4$ 次时，应进行疲劳计算；第6.1.2条第3款规定，对需要计算疲劳的梁，其截面塑性发展系数宜取1.0。

答案：D

28. **解** 焊接T形截面构件，腹板与翼缘用焊缝顶接，翼缘与腹板相交处因焊缝收缩受到两边钢板的阻碍而产生纵向拉应力。

答案:B

29.**解** 对于承受静力荷载或间接承受动力荷载作用的结构,正面角焊缝的强度设计值可乘以增大系数1.22;每条角焊缝的计算长度取其实际长度减去$2h_f$。

答案:D

30.**解** 《砌体结构设计规范》(GB 50003—2011)第10.1.7条第1款规定,抗震设防烈度为6度时,规则的砌体结构房屋构件,应允许不进行抗震验算,但应有符合现行国家标准的抗震构造措施。

答案:B

31.**解** 为了防止地基不均匀沉降,可在多层砌体房屋的基础顶面和檐口处各设一道圈梁。当房屋中部沉降较两端为大时,基础顶面的圈梁作用大;当房屋两端沉降较中部为大时,则檐口处的圈梁作用大。

答案:C

32.**解** 砌体局部抗压强度提高系数$\gamma=1+0.35\sqrt{A_0/A_l-1}$,其中第一项为局部受压面积本身砌体的抗压强度,第二项是非局部受压面积(A_0-A_l)的套箍作用与应力扩散作用对抗压强度的综合影响。为了避免A_0/A_l大于某一限值时会出现危险的劈裂破坏,《砌体结构设计规范》(GB 50003—2011)对γ规定了上限值。

答案:B

33.**解** 《砌体结构设计规范》(GB 50003—2011)第4.2.6条第2款规定,静力计算可不考虑风荷载的影响应符合下列要求:①洞口水平截面面积不超过全截面面积的2/3;②屋面自重不小于$0.8kN/m^2$;同时表4.2.6中列出了不同基本风压下的房屋的最大层高及总高。综合以上,①项错误,其余均正确。

答案:C

34.**解** 体系内部缺少一个约束,为几何常变体系。

答案:D

35.**解** 此结构为双轴对称结构承受对称荷载,其内力分布对称,可知杆AD及CF的中点剪力为零。

通过杆AD中点及点B作截面取出隔离体(见解图),对B取矩得:

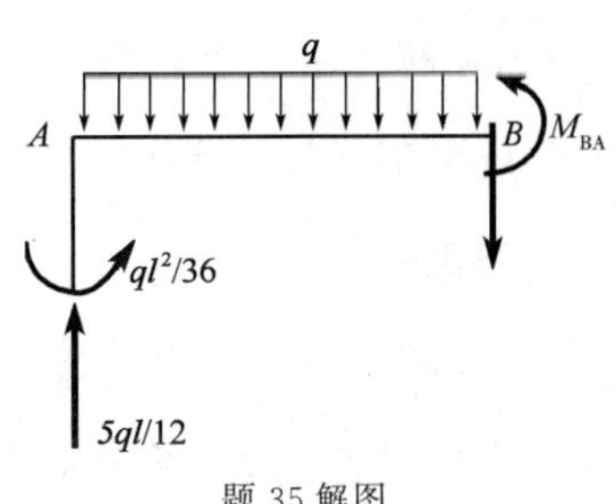

题35解图

$$M_{BA}=\frac{5ql}{12}l-\frac{ql^2}{36}-ql\frac{l}{2}=-\frac{ql^2}{9}$$

由于对称，故 $M_{BC}=M_{BA}=-\dfrac{ql^2}{9}$

答案：C

36. **解** 结构对称荷载反对称，其反力及内力必为反对称，可知两个水平反力等值同向，设方向向左，根据结构整体平衡有

$$\sum X=0, H_A+H_B=2H_A=P+P$$

$$H_A=P$$

答案：A

37. **解** 设弹簧压缩量为 Δ，按题意由 CB 段的平衡可知：

$$k\Delta=\frac{ql}{4}$$

按解图，可建立力法方程：

$$\frac{l^2}{2EI}\cdot\frac{2l}{3}\cdot k\Delta-\frac{1}{3EI}\cdot\frac{ql^2}{2}\cdot l\cdot\frac{3l}{4}=-\Delta$$

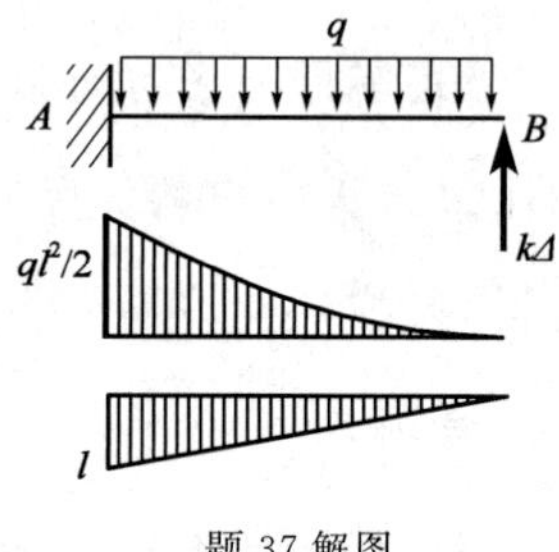

题 37 解图

联立以上两式，解得：$k=\dfrac{6EI}{l^3}$

答案：B

38. **解** 由零杆的判断方法可知，中间竖杆件为零杆，再由对称性可知，两个斜杆也为零杆。

答案：C

39. **解** 图示为多跨静定梁结构，BC 段为附属部分，AB 段为基本部分，先由静定梁可求得 BC 段弯矩图，再注意到在整个 ABC 部分的弯矩图为一条直线，即可得 A 端弯矩为 $2M$，且上侧受拉。

答案：A

40. **解** 注意到 C 支座为滑动支座，且只在 C 点有向下的荷载，即得 C 点位移方向向下。

答案：A

41. **解** 根据力法原理，本题假设多余未知力 X_1 逆时针为正，因此力法方程右端项为 θ，B 处向下沉降 c，将产生顺时针转角 c/a。

答案：D

42. **解** 用单位荷载法，或利用对称性分析（撤去水平链杆产生对称的内力与变形，下弦向两侧伸长，再左移刚体位移，以满足支座 A 的约束条件）。

答案：C

43. **解**　节点 C 可视为 BC 杆的铰支端。

答案:B

44. **解**　BC 杆弯矩静定,转动刚度系数 $S_{BC}=0$。

答案:D

45. **解**　支座 B 相当于固定端。

答案:C

46. **解**　本题为多跨简支梁,直接由第一跨剪力影响线知,剪力 Q_A 影响线在 A 点右侧处竖标为 0.25。

答案:B

47. **解**　根据单自由度自振频率公式值,结构刚度越大,则自振频率越大。题目的三种结构中,根据端部约束情况可知,图 a)结构的约束最强,刚度最大;图 c)结构的约束最弱,刚度最小。

答案:A

48. **解**　本题为无阻尼单自由度体系,以初速为零、初位移为 y_0 引起的自由振动,其位移表达式应为 $y(t)=y_0\cos\omega t$,初位移 y_0 与重力加速度 g 无关,可排除备选选项 B 和 D。求得梁的柔度系数代入频率计算公式,得:

$$\delta=\frac{l^3}{48EI}\qquad k=\frac{48EI}{l^3}$$

$$\omega=\sqrt{\frac{k}{m}}=\sqrt{\frac{48EI}{ml^3}}=\sqrt{\frac{48EI}{m(4)^3}}=\sqrt{\frac{3EI}{4m}}$$

对比备选选项 A 和 C 可知 A 正确。

答案:A

49. **解**　用半桥连接消除工作片 R_1 的温度效应,应满足以下要求:补偿片 R_2 与工作片 R_1 是同一批应变片,即 $K_1=K_2$;标距相同;阻值差 $(R_1-R_2)<0.5\Omega$,避免测量时应变仪有初读数,当 $(R_1-R_2)>0.5\Omega$ 时,初读数增大;R_2 与 R_1 粘贴在相同材料上,具有相同的线膨胀系数,处在同一个温度场。

答案:B

50. **解**　混凝土简支梁测纯弯段的平截面假定,需在同一截面上布置 5 个以上水平方向的应变测点。

答案:A

51. **解**　用砌体砌筑的墙体,进行低周反复加载试验时,为便于发现墙体开裂和开裂荷载，开裂前按荷载控制，开裂后按开裂位移的倍数逐级增加进行控制，直到骨架曲线出现下降段，荷载下降到85%的极限荷载，试验结束。

答案：D

52. **解** 在进行模型设计时，A、B、C三项均是正确的，由于重力加速度 $S_g=1$，所以 $S_E/S_\rho=S_l$，而几何相似常数通常 $S_l<1$，模型材料 $E_m<E_p$，而模型材料 $\rho_m>\rho_p$ 很难满足，一般采用在模型上附加分布质量的方法来解决。

答案：D

53. **解** 超声法在混凝土浇筑顶面及底面测试声速时，修正系数 $\beta=1.034$，在混凝土侧面 $\beta=1.0$。回弹法水平方向的回弹值不需修正，非水平方向回弹值需修正；回弹法混凝土浇筑侧面回弹值不需修正，非浇筑侧面需修正；钻芯法高径比 $h/d=1.0$，强度换算值不需修正，$h/d>1.0$ 需修正。

答案：C

54. **解** 相对密实度公式为 $D_r=\frac{e_{max}-e}{e_{max}-e_{min}}$。

答案：A

55. **解** 通过土的侧限压缩试验能得到的压缩性指标分别为压缩系数、侧限压缩模量、体积压缩系数。

答案：D

56. **解** 各选项中只有地基承载力与黏聚力(c)和内摩擦角(φ)有关。

答案：C

57. **解** 浅基础，如条件允许，宜尽量浅埋。

答案：A

58. **解** 根据地基承载力计算公式 $f_a=f_{ak}+\eta_b\gamma(b-3)+\eta_d\gamma_m(d-0.5)$，增加基础材料强度与地基承载力无关。

答案：D

59. **解** 灌注桩浇筑混凝土施工过程中，因钻孔护壁达不到效果或混凝土灌注不及时出现塌孔，才容易出现断桩现象。

答案：B

60. **解** 振冲法对深层土有挤密作用。

答案：A

2017年度全国勘察设计注册工程师

执业资格考试试卷

基础考试

（上）

二〇一七年九月

应考人员注意事项

1. 本试卷科目代码为“1”，考生务必将此代码填涂在答题卡“科目代码”相应的栏目内，否则，无法评分。

2. 书写用笔：**黑色或蓝色钢笔、签字笔或圆珠笔；**

   填涂答题卡用笔：**黑色 2B 铅笔**。

3. 必须用书写用笔将工作单位、姓名、准考证号填写在答题卡和试卷相应的栏目内。

4. 本试卷由 120 题组成，每题 1 分，满分 120 分，本试卷全部为单项选择题，每小题的四个备选项中只有一个正确答案，错选、多选、不选均不得分。

5. 考生作答时，必须**按题号在答题卡上**将相应试题所选选项对应的**字母用 2B 铅笔涂黑**。

6. 在答题卡上书写与题意无关的语言，或在答题卡上作标记的，均按违纪试卷处理。

7. 考试结束时，由监考人员当面将试卷、答题卡一并收回。

8. 草稿纸由各地统一配发，考后收回。

单项选择题(共 120 题，每题 1 分。每题的备选项中只有一个最符合题意。)

1. 要使得函数 $f(x)=\begin{cases}\dfrac{x\ln x}{1-x}, & x>0\\ a, & x=1\end{cases}$ 在$(0,+\infty)$上连续，则常数 a 等于：

A. 0　　B. 1

C. -1　　D. 2

2. 函数 $y=\sin\dfrac{1}{x}$ 是定义域内的：

A. 有界函数　　B. 无界函数

C. 单调函数　　D. 周期函数

3. 设 $\boldsymbol{\alpha}$、$\boldsymbol{\beta}$ 均为非零向量，则下面结论正确的是：

A. $\boldsymbol{\alpha}\times\boldsymbol{\beta}=\mathbf{0}$ 是 $\boldsymbol{\alpha}$ 与 $\boldsymbol{\beta}$ 垂直的充要条件

B. $\boldsymbol{\alpha}\cdot\boldsymbol{\beta}=0$ 是 $\boldsymbol{\alpha}$ 与 $\boldsymbol{\beta}$ 平行的充要条件

C. $\boldsymbol{\alpha}\times\boldsymbol{\beta}=\mathbf{0}$ 是 $\boldsymbol{\alpha}$ 与 $\boldsymbol{\beta}$ 平行的充要条件

D. 若 $\boldsymbol{\alpha}=\lambda\boldsymbol{\beta}$($\lambda$ 是常数)，则 $\boldsymbol{\alpha}\cdot\boldsymbol{\beta}=0$

4. 微分方程 $y'-y=0$ 满足 $y(0)=2$ 的特解是：

A. $y=2e^{-x}$　　B. $y=2e^{x}$

C. $y=e^{x}+1$　　D. $y=e^{-x}+1$

5. 设函数 $f(x)=\int_{x}^{2}\sqrt{5+t^{2}}\,\mathrm{d}t$，$f'(1)$ 等于：

A. $2-\sqrt{6}$　　B. $2+\sqrt{6}$

C. $\sqrt{6}$　　D. $-\sqrt{6}$

6. 若 $y=g(x)$由方程 $e^{y}+xy=e$ 确定，则 $y'(0)$等于：

A. $-\dfrac{y}{e^{y}}$　　B. $-\dfrac{y}{x+e^{y}}$

C. 0　　D. $\dfrac{1}{e}$

7. $\int f(x)\mathrm{d}x=\ln x+C$，则$\int\cos x f(\cos x)\mathrm{d}x$ 等于：

A. $\cos x+C$　　B. $x+C$

C. $\sin x+C$　　D. $\ln\cos x+C$

8. 函数 $f(x,y)$ 在点 $P_0(x_0,y_0)$ 处有一阶偏导数是函数在该点连续的：

A. 必要条件

B. 充分条件

C. 充分必要条件

D. 既非充分又非必要

9. 过点$(-1,-2,3)$且平行于 z 轴的直线的对称方程是：

A. $\begin{cases} x=1 \\ y=-2 \\ z=-3t \end{cases}$

B. $\frac{x-1}{0}=\frac{y+2}{0}=\frac{z-3}{1}$

C. $z=3$

D. $\frac{x+1}{0}=\frac{y+2}{0}=\frac{z-3}{1}$

10. 定积分 $\int_1^2 \frac{1-\frac{1}{x}}{x^2}\mathrm{d}x$ 等于：

A. 0

B. $-\frac{1}{8}$

C. $\frac{1}{8}$

D. 2

11. 函数 $f(x)=\sin\left(x+\frac{\pi}{2}+\pi\right)$ 在区间$[-\pi,\pi]$上的最小值点 x_0 等于：

A. $-\pi$

B. 0

C. $\frac{\pi}{2}$

D. π

12. 设 L 是椭圆 $\begin{cases} x=a\cos\theta \\ y=b\sin\theta \end{cases}$ $(a>0,b>0)$ 的上半椭圆周，沿顺时针方向，则曲线积分 $\int_L y^2\mathrm{d}x$ 等于：

A. $\frac{5}{3}ab^2$

B. $\frac{4}{3}ab^2$

C. $\frac{2}{3}ab^2$

D. $\frac{1}{3}ab^2$

13. 级数 $\sum_{n=1}^{\infty}\frac{(-1)^n}{a_n}$ $(a_n>0)$ 满足下列什么条件时收敛：

A. $\lim\limits_{n\to\infty}a_n=\infty$

B. $\lim\limits_{n\to\infty}\frac{1}{a_n}=0$

C. $\sum\limits_{n=1}^{\infty}a_n$ 发散

D. a_n 单调递增且 $\lim\limits_{n\to\infty}a_n=+\infty$

14. 曲线 $f(x)=xe^{-x}$ 的拐点是：

A. $(2,2e^{-2})$

B. $(-2,-2e^{2})$

C. $(-1,e)$

D. $(1,e^{-1})$

15. 微分方程 $y''+y'+y=e^{x}$ 的特解是：

A. $y=e^{x}$

B. $y=\frac{1}{2}e^{x}$

C. $y=\frac{1}{3}e^{x}$

D. $y=\frac{1}{4}e^{x}$

16. 若圆域 $D:x^2+y^2\leqslant 1$，则二重积分 $\iint\limits_{D}\frac{\mathrm{d}x\mathrm{d}y}{1+x^2+y^2}$ 等于：

A. $\frac{\pi}{2}$

B. π

C. $2\pi\ln 2$

D. $\pi\ln 2$

17. 幂级数 $\sum\limits_{n=1}^{\infty}\frac{x^n}{n!}$ 的和函数 $S(x)$ 等于：

A. e^{x}

B. $e^{x}+1$

C. $e^{x}-1$

D. $\cos x$

18. 设 $z=y\varphi\left(\frac{x}{y}\right)$，其中 $\varphi(u)$ 具有二阶连续导数，则 $\frac{\partial^2 z}{\partial x\partial y}$ 等于：

A. $\frac{1}{y}\varphi''\left(\frac{x}{y}\right)$

B. $-\frac{x}{y^2}\varphi''\left(\frac{x}{y}\right)$

C. 1

D. $\varphi''\left(\frac{x}{y}\right)-\frac{x}{y}\varphi'\left(\frac{x}{y}\right)$

19. 矩阵 $\mathbf{A}=\begin{bmatrix}0 & 0 & -2\\ 0 & 3 & 0\\ 1 & 0 & 0\end{bmatrix}$ 的逆矩阵是 $\mathbf{A}^{-1}$ 是：

A. $\begin{bmatrix}-\frac{1}{2} & 0 & 0\\ 0 & \frac{1}{3} & 0\\ 0 & 0 & 1\end{bmatrix}$

B. $\begin{bmatrix}0 & 0 & -\frac{1}{2}\\ 0 & \frac{1}{3} & 0\\ 1 & 0 & 0\end{bmatrix}$

C. $\begin{bmatrix}0 & 0 & 1\\ 0 & \frac{1}{3} & 0\\ -\frac{1}{2} & 0 & 0\end{bmatrix}$

D. $\begin{bmatrix}0 & 0 & 6\\ 0 & 2 & 0\\ 3 & 0 & 0\end{bmatrix}$

20. 设 $\boldsymbol{A}$ 为 $m \times n$ 矩阵，则齐次线性方程组 $\boldsymbol{Ax}=\boldsymbol{0}$ 有非零解的充分必要条件是：

A. 矩阵 $\boldsymbol{A}$ 的任意两个列向量线性相关

B. 矩阵 $\boldsymbol{A}$ 的任意两个列向量线性无关

C. 矩阵 $\boldsymbol{A}$ 的任一列向量是其余列向量的线性组合

D. 矩阵 $\boldsymbol{A}$ 必有一个列向量是其余列向量的线性组合

21. 设 $\lambda_1=6,\lambda_2=\lambda_3=3$ 为三阶实对称矩阵 $\boldsymbol{A}$ 的特征值，属于 $\lambda_2=\lambda_3=3$ 的特征向量为 $\xi_2=(-1,0,1)^T,\xi_3=(1,2,1)^T$，则属于 $\lambda_1=6$ 的特征向量是：

A. $(1,-1,1)^T$

B. $(1,1,1)^T$

C. $(0,2,2)^T$

D. $(2,2,0)^T$

22. 有 A、B、C 三个事件，下列选项中与事件 A 互斥的事件是：

A. $\overline{B \cup C}$

B. $\overline{A \cup B \cup C}$

C. $\overline{A}B+A\overline{C}$

D. $A(B+C)$

23. 设二维随机变量(X,Y)的概率密度为 $f(x,y)=\begin{cases} e^{-2ax+by}, & x>0,y>0 \\ 0, & \text{其他} \end{cases}$，则常数 a,b 应满足的条件是：

A. $ab=-\frac{1}{2}$，且 $a>0,b<0$

B. $ab=\frac{1}{2}$，且 $a>0,b>0$

C. $ab=-\frac{1}{2}$，$a<0,b>0$

D. $ab=\frac{1}{2}$，且 $a<0,b<0$

24. 设 $\hat{\theta}$ 是参数 θ 的一个无偏估计量，又方差 $D(\hat{\theta})>0$，下面结论中正确的是：

A. $(\hat{\theta})^2$ 是 θ^2 的无偏估计量

B. $(\hat{\theta})^2$ 不是 θ^2 的无偏估计量

C. 不能确定$(\hat{\theta})^2$ 是不是 θ^2 的无偏估计量

D. $(\hat{\theta})^2$ 不是 θ^2 的估计量

25. 有两种理想气体，第一种的压强为 p_1，体积为 V_1，温度为 T_1，总质量为 M_1，摩尔质量为 μ_1；第二种的压强为 p_2，体积为 V_2，温度为 T_2，总质量为 M_2，摩尔质量为 μ_2。当 $V_1=V_2$，$T_1=T_2$，$M_1=M_2$ 时，则$\frac{\mu_1}{\mu_2}$：

A. $\frac{\mu_1}{\mu_2}=\sqrt{\frac{p_1}{p_2}}$

B. $\frac{\mu_1}{\mu_2}=\frac{p_1}{p_2}$

C. $\frac{\mu_1}{\mu_2}=\sqrt{\frac{p_2}{p_1}}$

D. $\frac{\mu_1}{\mu_2}=\frac{p_2}{p_1}$

26. 在恒定不变的压强下，气体分子的平均碰撞频率 $\overline{Z}$ 与温度 T 的关系是：

A. $\overline{Z}$ 与 T 无关

B. $\overline{Z}$ 与$\sqrt{T}$无关

C. $\overline{Z}$ 与$\sqrt{T}$成反比

D. $\overline{Z}$ 与$\sqrt{T}$成正比

27. 一定量的理想气体对外做了 500J 的功，如果过程是绝热的，则气体内能的增量为：

A. 0J

B. 500J

C. −500J

D. 250J

28. 热力学第二定律的开尔文表述和克劳修斯表述中，下述正确的是：

A. 开尔文表述指出了功热转换的过程是不可逆的

B. 开尔文表述指出了热量由高温物体传到低温物体的过程是不可逆的

C. 克劳修斯表述指出通过摩擦而做功变成热的过程是不可逆的

D. 克劳修斯表述指出气体的自由膨胀过程是不可逆的

29. 已知平面简谐波的方程为 $y=A\cos(Bt-Cx)$，式中 A、B、C 为正常数，此波的波长和波速分别为：

A. $\frac{B}{C},\frac{2\pi}{C}$

B. $\frac{2\pi}{C},\frac{B}{C}$

C. $\frac{\pi}{C},\frac{2B}{C}$

D. $\frac{2\pi}{C},\frac{C}{B}$

30. 对平面简谐波而言，波长 λ 反映：

A. 波在时间上的周期性　　B. 波在空间上的周期性

C. 波中质元振动位移的周期性　　D. 波中质元振动速度的周期性

31. 在波的传播方向上，有相距为 3m 的两质元，两者的相位差为 $\frac{\pi}{6}$，若波的周期为 4s，则此波的波长和波速分别为：

A. 36m 和 6m/s　　B. 36m 和 9m/s

C. 12m 和 6m/s　　D. 12m 和 9m/s

32. 在双缝干涉实验中，入射光的波长为 λ，用透明玻璃纸遮住双缝中的一条缝（靠近屏的一侧），若玻璃纸中光程比相同厚度的空气的光程大 2.5λ，则屏上原来的明纹处：

A. 仍为明条纹　　B. 变为暗条纹

C. 既非明条纹也非暗条纹　　D. 无法确定是明纹还是暗纹

33. 一束自然光通过两块叠放在一起的偏振片，若两偏振片的偏振化方向间夹角由 α_1 转到 α_2，则前后透射光强度之比为：

A. $\frac{\cos^2\alpha_2}{\cos^2\alpha_1}$　　B. $\frac{\cos\alpha_2}{\cos\alpha_1}$

C. $\frac{\cos^2\alpha_1}{\cos^2\alpha_2}$　　D. $\frac{\cos\alpha_1}{\cos\alpha_2}$

34. 若用衍射光栅准确测定一单色可见光的波长，在下列各种光栅常数的光栅中，选用哪一种最好：

A. 1.0×10^{-1}mm　　B. 5.0×10^{-1}mm

C. 1.0×10^{-2}mm　　D. 1.0×10^{-3}mm

35. 在双缝干涉实验中，光的波长 600nm，双缝间距 2mm，双缝与屏的间距为 300cm，则屏上形成的干涉图样的相邻明条纹间距为：

A. 0.45mm　　B. 0.9mm

C. 9mm　　D. 4.5mm

36. 一束自然光从空气投射到玻璃板表面上，当折射角为 30°时，反射光为完全偏振光，则此玻璃的折射率为：

A. 2　　B . 3

C. $\sqrt{2}$　　D. $\sqrt{3}$

37. 某原子序数为 15 的元素，其基态原子的核外电子分布中，未成对电子数是：

A. 0
B. 1
C. 2
D. 3

38. 下列晶体中熔点最高的是：

A. NaCl
B. 冰
C. SiC
D. Cu

39. 将 $0.1mol \cdot L^{-1}$ 的 HOAc 溶液冲稀一倍，下列叙述正确的是：

A. HOAc 的电离度增大
B. 溶液中有关离子浓度增大
C. HOAc 的电离常数增大
D. 溶液的 pH 值降低

40. 已知 $K_b(NH_3 \cdot H_2O) = 1.8 \times 10^{-5}$，将 $0.2mol \cdot L^{-1}$ 的 $NH_3 \cdot H_2O$ 溶液和 $0.2mol \cdot L^{-1}$ 的 HCl 溶液等体积混合，其混合溶液的 pH 值为：

A. 5.12
B. 8.87
C. 1.63
D. 9.73

41. 反应 $A(S) + B(g) \rightleftharpoons C(g)$ 的 $\Delta H < 0$，欲增大其平衡常数，可采取的措施是：

A. 增大 B 的分压
B. 降低反应温度
C. 使用催化剂
D. 减小 C 的分压

42. 两个电极组成原电池，下列叙述正确的是：

A. 作正极的电极的 $E_{(+)}$ 值必须大于零

B. 作负极的电极的 $E_{(-)}$ 值必须小于零

C. 必须是 $E^{\ominus}_{(+)} > E^{\ominus}_{(-)}$

D. 电极电势 E 值大的是正极，E 值小的是负极

43. 金属钠在氯气中燃烧生成氯化钠晶体，其反应的熵变是：

A. 增大
B. 减少
C. 不变
D. 无法判断

44. 某液体烃与溴水发生加成反应生成 2,3-二溴-2-甲基丁烷，该液体烃是：

A. 2-丁烯
B. 2-甲基-1-丁烷
C. 3-甲基-1-丁烷
D. 2-甲基-2-丁烯

45. 下列物质中与乙醇互为同系物的是：

A. $CH_2=CHCH_2OH$

B. 甘油

C. $C_6H_5-CH_2OH$

D. $CH_3CH_2CH_2CH_2OH$

46. 下列有机物不属于烃的衍生物的是：

A. $CH_2=CHCl$

B. $CH_2=CH_2$

C. $CH_3CH_2NO_2$

D. CCl_4

47. 结构如图所示，杆 DE 的点 H 由水平闸拉住，其上的销钉 C 置于杆 AB 的光滑直槽中，各杆自重均不计，已知 $F_P=10kN$。销钉 C 处约束力的作用线与 x 轴正向所成的夹角为：

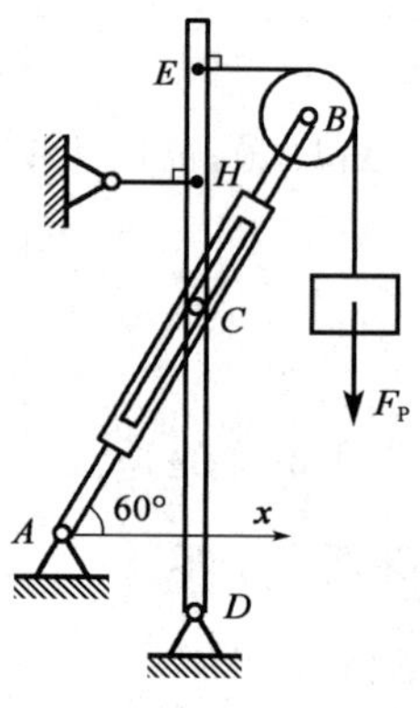

A. 0°

B. 90°

C. 60°

D. 150°

48. 力 F_1、F_2、F_3、F_4 分别作用在刚体上同一平面内的 A、B、C、D 四点，各力矢首尾相连形成一矩形如图所示。该力系的简化结果为：

A. 平衡

B. 一合力

C. 一合力偶

D. 一力和一力偶

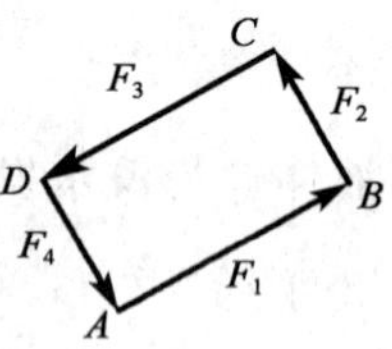

49. 均质圆柱体重力为 P，直径为 D，置于两光滑的斜面上。设有图示方向力 F 作用，当圆柱不移动时，接触面 2 处的约束力 F_{N2} 的大小为：

A. $F_{N2}=\dfrac{\sqrt{2}}{2}(P-F)$

B. $F_{N2}=\dfrac{\sqrt{2}}{2}F$

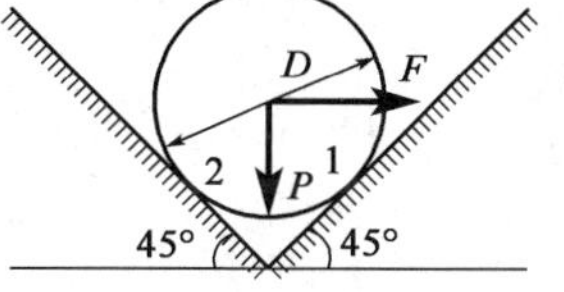

C. $F_{N2}=\dfrac{\sqrt{2}}{2}P$

D. $F_{N2}=\dfrac{\sqrt{2}}{2}(P+F)$

50. 如图所示，杆 AB 的 A 端置于光滑水平面上，AB 与水平面夹角为 30°，杆重力大小为 P，B 处有摩擦，则杆 AB 平衡时，B 处的摩擦力与 x 方向的夹角为：

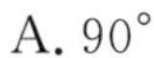

A. 90°

B. 30°

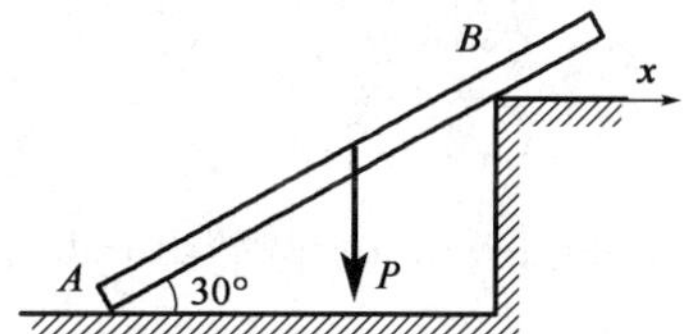

C. 60°

D. 45°

51. 点沿直线运动，其速度 $v=20t+5$，已知：当 $t=0$ 时，$x=5\text{m}$，则点的运动方程为：

A. $x=10t^2+5t+5$　　B. $x=20t+5$

C. $x=10t^2+5t$　　D. $x=20t^2+5t+5$

52. 杆 $OA=l$，绕固定轴 O 转动，某瞬时杆端 A 点的加速度 a 如图所示，则该瞬时杆 OA 的角速度及角加速度为：

A. $0,\ \dfrac{a}{l}$

B. $\sqrt{\dfrac{a}{l}}\ ,\ \dfrac{a}{l}$

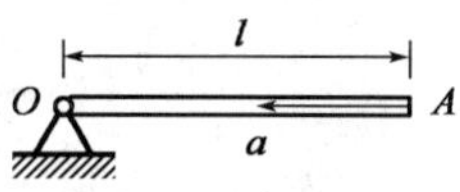

C. $\sqrt{\dfrac{a}{l}}\ ,0$

D. $0,\ \sqrt{\dfrac{a}{l}}$

53. 如图所示，一绳缠绕在半径为 r 的鼓轮上，绳端系一重物 M，重物 M 以速度 v 和加速度 a 向下运动，则绳上两点 A、D 和轮缘上两点 B、C 的加速度是：

A. A、B 两点的加速度相同，C、D 两点的加速度相同

B. A、B 两点的加速度不相同，C、D 两点的加速度不相同

C. A、B 两点的加速度相同，C、D 两点的加速度不相同

D. A、B 两点的加速度不相同，C、D 两点的加速度相同

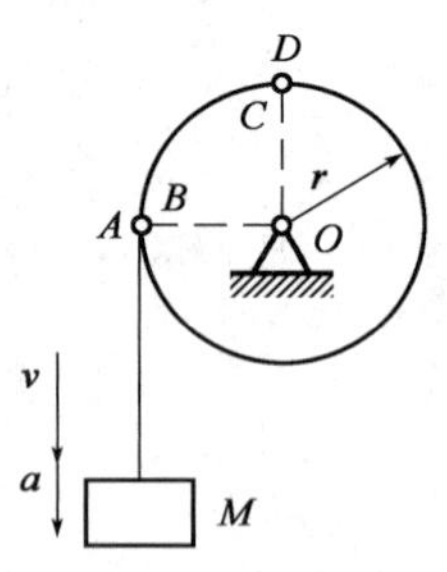

54. 汽车重力大小为 $W=2800\text{N}$，并以匀速 $v=10\text{m/s}$ 的行驶速度驶入刚性洼地底部，洼地底部的曲率半径 $\rho=5\text{m}$，取重力加速度 $g=10\text{m/s}^2$，则在此处地面给汽车约束力的大小为：

A. 5600N

B. 2800N

C. 3360N

D. 8400N

55. 图示均质圆轮，质量 m，半径 R，由挂在绳上的重力大小为 W 的物块使其绕 O 运动。设物块速度为 v，不计绳重，则系统动量、动能的大小为：

A. $\dfrac{W}{g}\cdot v$；$\dfrac{1}{2}\cdot\dfrac{v^2}{g}\left(\dfrac{1}{2}mg+W\right)$

B. mv；$\dfrac{1}{2}\cdot\dfrac{v^2}{g}\left(\dfrac{1}{2}mg+W\right)$

C. $\dfrac{W}{g}\cdot v+mv$；$\dfrac{1}{2}\cdot\dfrac{v^2}{g}\left(\dfrac{1}{2}mg-W\right)$

D. $\dfrac{W}{g}\cdot v-mv$；$\dfrac{W}{g}\cdot v+mv$

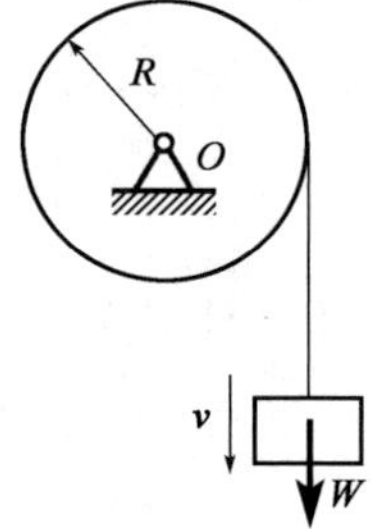

56. 边长为 L 的均质正方形平板，位于铅垂平面内并置于光滑水平面上，在微小扰动下，平板从图示位置开始倾倒，在倾倒过程中，其质心 C 的运动轨迹为：

A. 半径为 $L/\sqrt{2}$ 的圆弧

B. 抛物线

C. 铅垂直线

D. 椭圆曲线

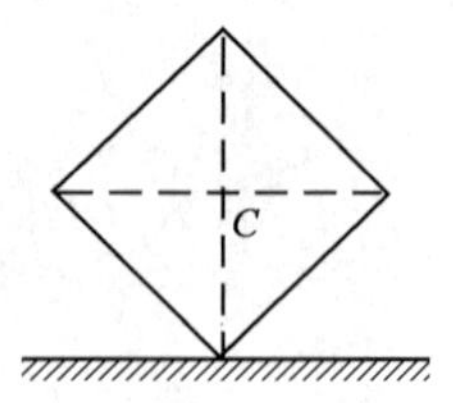

57. 如图所示，均质直杆 OA 的质量为 m，长为 l，以匀角速度 ω 绕 O 轴转动。此时将 OA 杆的惯性力系向 O 点简化，其惯性力主矢和惯性力主矩的大小分别为：

A. 0，0

B. $\frac{1}{2}ml\omega^2$，$\frac{1}{3}ml^2\omega^2$

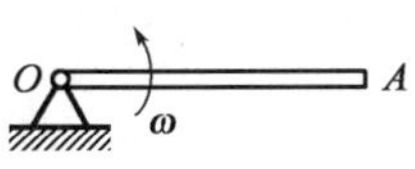

C. $ml\omega^2$，$\frac{1}{2}ml^2\omega^2$

D. $\frac{1}{2}ml\omega^2$，0

58. 如图所示，重力大小为 W 的质点，由长为 l 的绳子连接，则单摆运动的固有频率为：

A. $\sqrt{\frac{g}{2l}}$

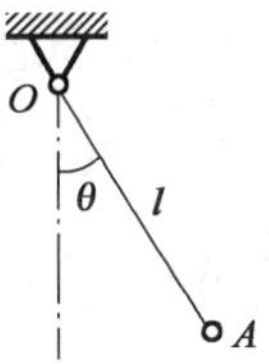

B. $\sqrt{\frac{W}{l}}$

C. $\sqrt{\frac{g}{l}}$

D. $\sqrt{\frac{2g}{l}}$

59. 已知拉杆横截面积 $A=100\text{mm}^2$，弹性模量 $E=200\text{GPa}$，横向变形系数 $\mu=0.3$，轴向拉力 $F=20\text{kN}$，则拉杆的横向应变 ε' 是：

A. $\varepsilon'=0.3\times10^{-3}$

B. $\varepsilon'=-0.3\times10^{-3}$

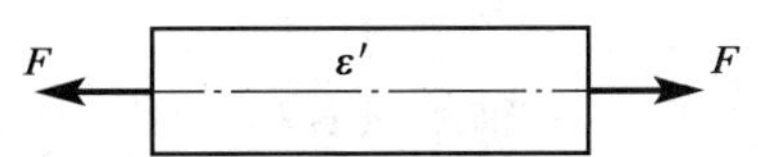

C. $\varepsilon'=10^{-3}$

D. $\varepsilon'=-10^{-3}$

60. 图示两根相同的脆性材料等截面直杆，其中一根有沿横截面的微小裂纹。在承受图示拉伸荷载时，有微小裂纹的杆件的承载能力比没有裂纹杆件的承载能力明显降低，其主要原因是：

A. 横截面积小

B. 偏心拉伸

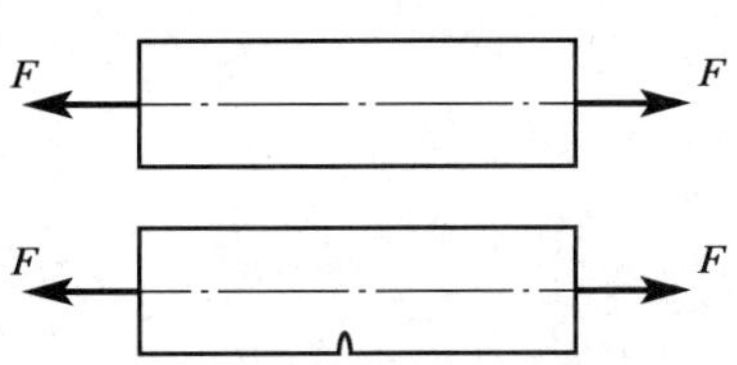

C. 应力集中

D. 稳定性差

61. 已知图示杆件的许用拉应力$[\sigma]=120\text{MPa}$，许用剪应力$[\tau]=90\text{MPa}$，许用挤压应力$[\sigma_{bs}]=240\text{MPa}$，则杆件的许用拉力$[P]$等于：

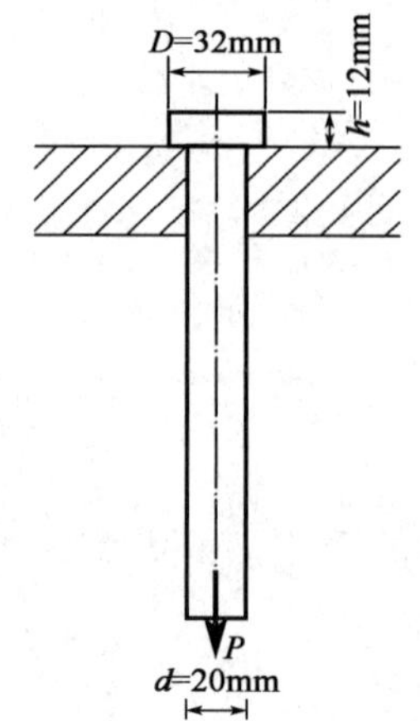

A. 18.8kN　　B. 67.86kN

C. 117.6kN　　D. 37.7kN

62. 如图所示，等截面传动轴，轴上安装a、b、c三个齿轮，其上的外力偶矩的大小和转向一定，但齿轮的位置可以调换。从受力的观点来看，齿轮a的位置应放置在下列选项中的何处？

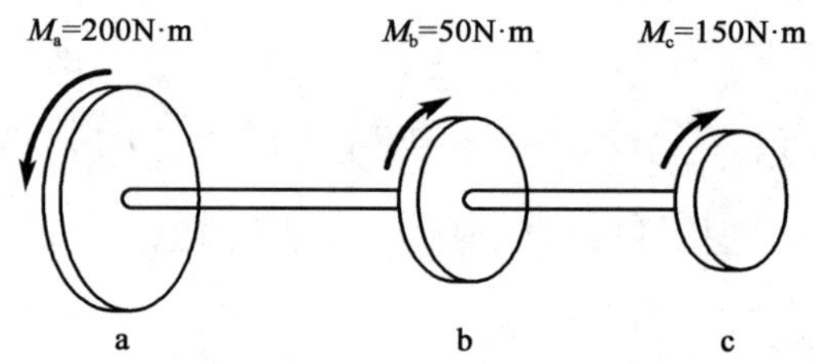

A. 任意处　　B. 轴的最左端

C. 轴的最右端　　D. 齿轮b与c之间

63. 梁 AB 的弯矩图如图所示，则梁上荷载 F、m 的值为：

A. $F=8\text{kN}, m=14\text{kN}\cdot\text{m}$

B. $F=8\text{kN}, m=6\text{kN}\cdot\text{m}$

C. $F=6\text{kN}, m=8\text{kN}\cdot\text{m}$

D. $F=6\text{kN}, m=14\text{kN}\cdot\text{m}$

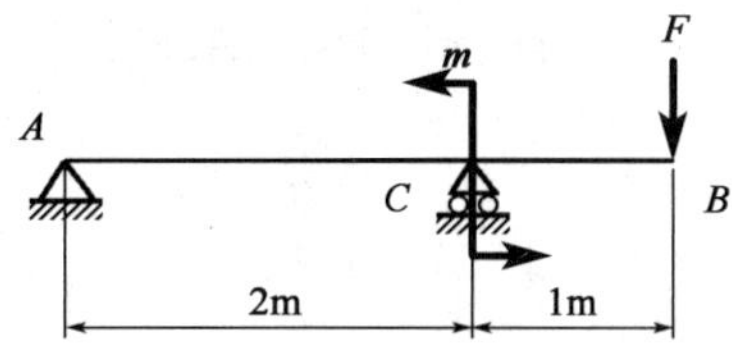

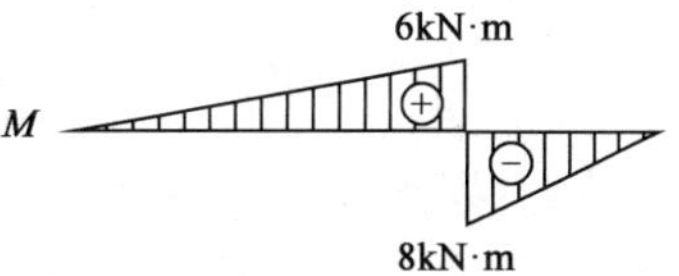

64. 悬臂梁 AB 由三根相同的矩形截面直杆胶合而成，材料的许用应力为$[\sigma]$，在力 F 的作用下，若胶合面完全开裂，接触面之间无摩擦力，假设开裂后三根杆的挠曲线相同，则开裂后的梁强度条件的承载能力是原来的：

A. 1/9

B. 1/3

C. 两者相同

D. 3 倍

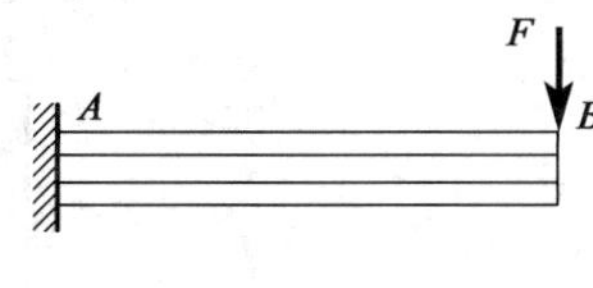

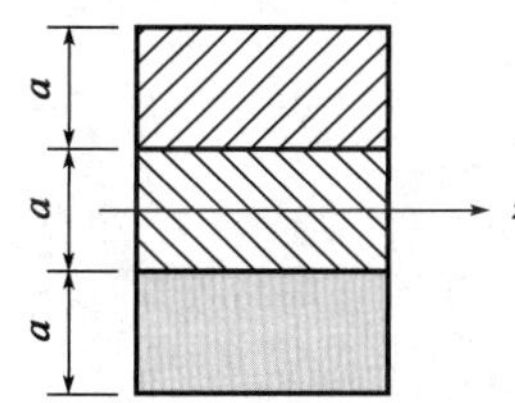

65. 梁的横截面为图示薄壁工字型，z 轴为截面中性轴，设截面上的剪力竖直向下，则该截面上的最大弯曲切应力在：

A. 翼缘的中性轴处 4 点

B. 腹板上缘延长线与翼缘相交处的 2 点

C. 左侧翼缘的上端 1 点

D. 腹板上边缘的 3 点

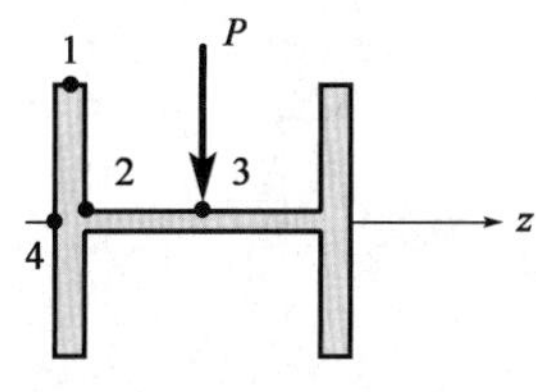

66. 图示悬臂梁自由端承受集中力偶 m_g。若梁的长度减少一半，梁的最大挠度是原来的：

A. 1/2

B. 1/4

C. 1/8

D. 1/16

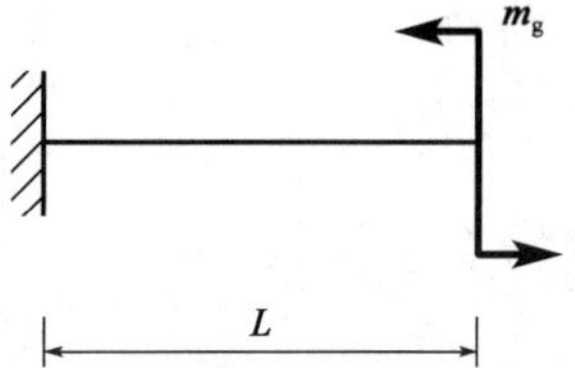

67. 矩形截面简支梁梁中点承受集中力 F，若 $h=2b$，若分别采用图 a)、b)两种方式放置，图 a)梁的最大挠度是图 b)的：

A. 1/2　　　　B. 2 倍

C. 4 倍　　　　D. 6 倍

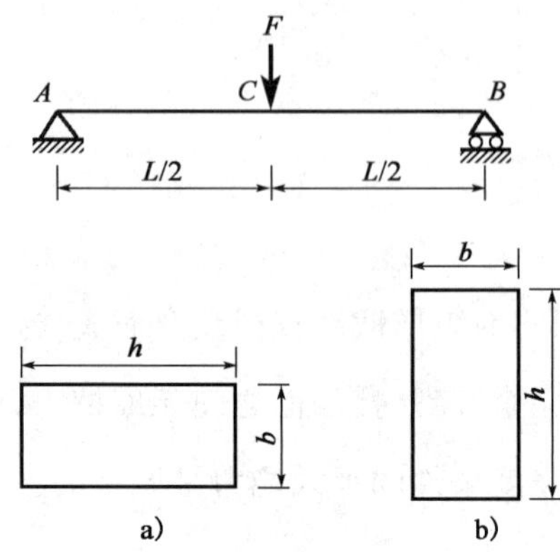

68. 已知图示单元体上的 $\sigma>\tau$，则按第三强度理论，其强度条件为：

A. $\sigma-\tau\leqslant[\sigma]$

B. $\sigma+\tau\leqslant[\sigma]$

C. $\sqrt{\sigma^2+4\tau^2}\leqslant[\sigma]$

D. $\sqrt{\left(\dfrac{\sigma}{2}\right)^2+\tau^2}\leqslant[\sigma]$

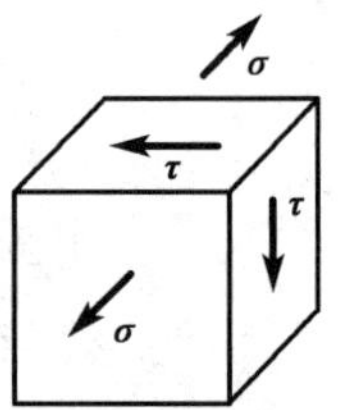

69. 图示矩形截面拉杆中间开一深为 $\dfrac{h}{2}$ 的缺口，与不开缺口时的拉杆相比（不计应力集中影响），杆内最大正应力是不开口时正应力的多少倍？

A. 2　　　　B. 4

C. 8　　　　D. 16

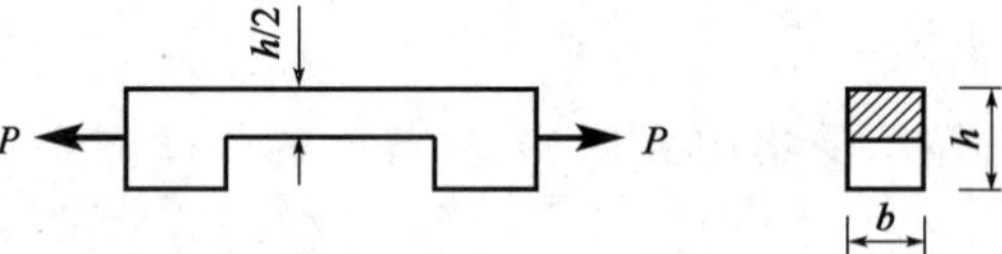

70. 一端固定另一端自由的细长(大柔度)压杆,长度为 L(图 a),当杆的长度减少一半时(图 b),其临界载荷是原来的:

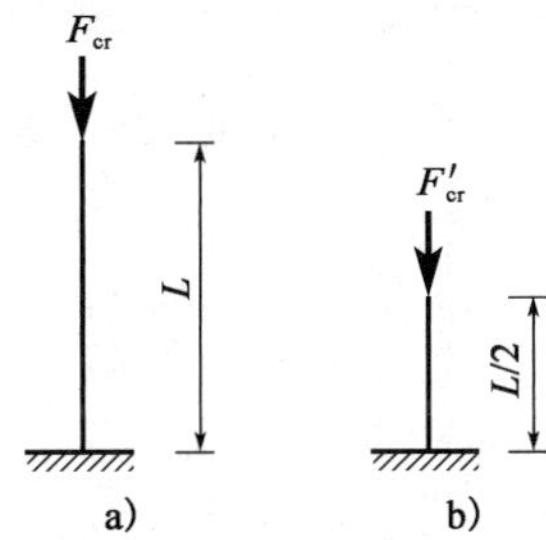

A. 4 倍

B. 3 倍

C. 2 倍

D. 1 倍

71. 水的运动黏性系数随温度的升高而:

A. 增大

B. 减小

C. 不变

D. 先减小然后增大

72. 密闭水箱如图所示,已知水深 $h=1\text{m}$,自由面上的压强 $p_0=90\text{kN/m}^2$,当地大气压 $p_a=101\text{kN/m}^2$,则水箱底部 A 点的真空度为:

A. -1.2kN/m^2

B. 9.8kN/m^2

C. 1.2kN/m^2

D. -9.8kN/m^2

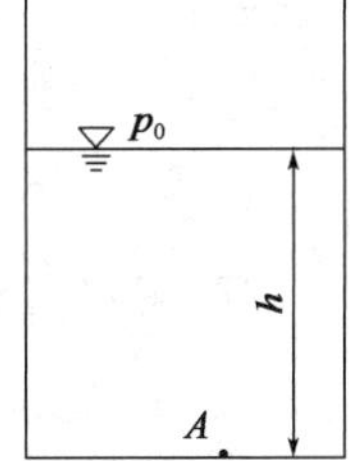

73. 关于流线,错误的说法是:

A. 流线不能相交

B. 流线可以是一条直线,也可以是光滑的曲线,但不可能是折线

C. 在恒定流中,流线与迹线重合

D. 流线表示不同时刻的流动趋势

74. 如图所示，两个水箱用两段不同直径的管道连接，1～3 管段长 $l_1=10\text{m}$，直径 $d_1=200\text{mm}$，$\lambda_1=0.019$；3～6 管段长 $l_2=10\text{m}$，直径 $d_2=100\text{mm}$，$\lambda_2=0.018$，管道中的局部管件：1 为入口（$\xi_1=0.5$）；2 和 5 为 90°弯头（$\xi_2=\xi_5=0.5$）；3 为渐缩管（$\xi_3=0.024$）；4 为闸阀（$\xi_4=0.5$）；6 为管道出口（$\xi_6=1$）。若输送流量为 40L/s，则两水箱水面高度差为：

A. 3.501m

B. 4.312m

C. 5.204m

D. 6.123m

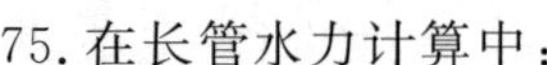

75. 在长管水力计算中：

A. 只有速度水头可忽略不计

B. 只有局部水头损失可忽略不计

C. 速度水头和局部水头损失均可忽略不计

D. 两断面的测压管水头差并不等于两断面间的沿程水头损失

76. 矩形排水沟，底宽 5m，水深 3m，则水力半径为：

A. 5m　　B. 3m

C. 1.36m　　D. 0.94m

77. 潜水完全井抽水量大小与相关物理量的关系是：

A. 与井半径成正比

B. 与井的影响半径成正比

C. 与含水层厚度成正比

D. 与土体渗透系数成正比

78. 合力 F、密度 ρ、长度 l、速度 v 组合的无量纲数是：

A. $\frac{F}{\rho v l}$　　B. $\frac{F}{\rho v^2 l}$

C. $\frac{F}{\rho v^2 l^2}$　　D. $\frac{F}{\rho v l^2}$

79. 由图示长直导线上的电流产生的磁场：

A. 方向与电流方向相同

B. 方向与电流方向相反

C. 顺时针方向环绕长直导线（自上向下俯视）

D. 逆时针方向环绕长直导线（自上向下俯视）

80. 已知电路如图所示，其中电流 I 等于：

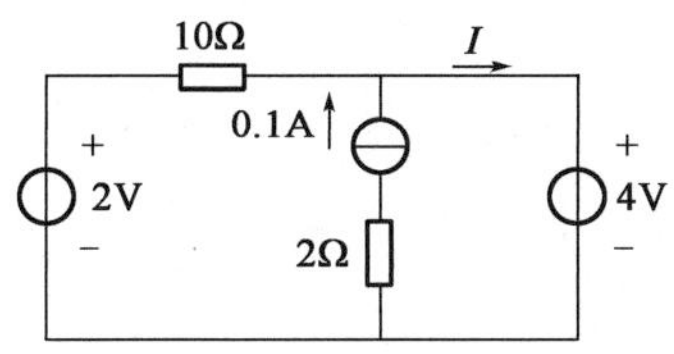

A. 0.1A　　B. 0.2A

C. −0.1A　　D. −0.2A

81. 已知电路如图所示，其中响应电流 I 在电流源单独作用时的分量为：

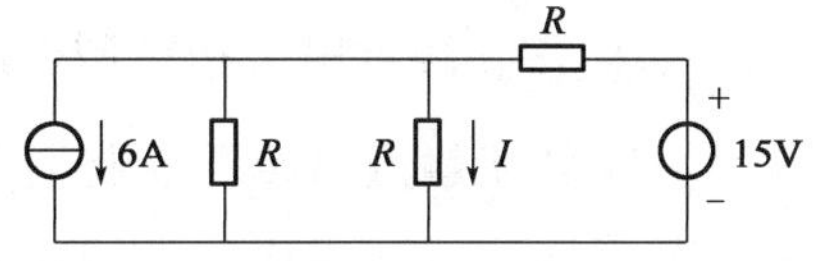

A. 因电阻 R 未知，故无法求出

B. 3A

C. 2A

D. −2A

82. 用电压表测量图示电路 $u(t)$ 和 $i(t)$ 的结果是 10V 和 0.2A，设电流 $i(t)$ 的初相位为 10°，电压与电流呈反相关系，则如下关系成立的是：

A. $\dot{U}=10\angle-10°$V

B. $\dot{U}=-10\angle-10°$V

C. $\dot{U}=10\sqrt{2}\angle-170°$V

D. $\dot{U}=10\angle-170°$V

83. 测得某交流电路的端电压 u 和电流 i 分别为 110V 和 1A，两者的相位差为 30°，则该电路的有功功率、无功功率和视在功率分别为：

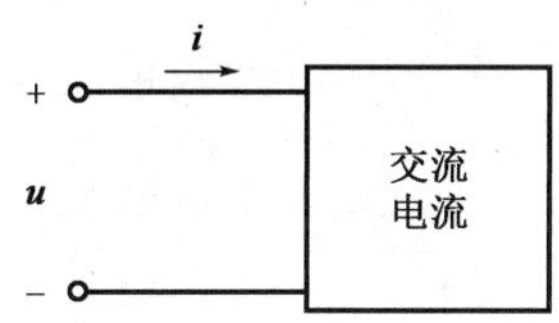

A. 95.3W，55var，110V·A

B. 55W，95.3var，110V·A

C. 110W，110var，110V·A

D. 95.3W，55var，150.3V·A

84. 已知电路如图所示，设开关在 $t=0$ 时刻断开，那么：

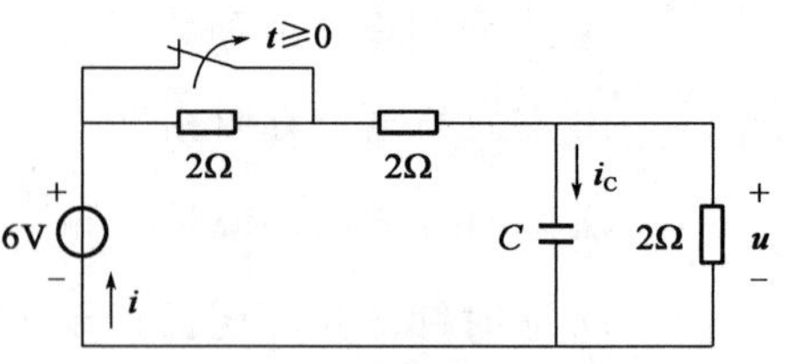

A. 电流 i_C 从 0 逐渐增长，再逐渐衰减为 0

B. 电压从 3V 逐渐衰减到 2V

C. 电压从 2V 逐渐增长到 3V

D. 时间常数 $\tau=4C$

85. 图示变压器为理想变压器，且 $N_1=100$ 匝，若希望 $I_1=1A$ 时，$P_{R2}=40W$，则 N_2 应为：

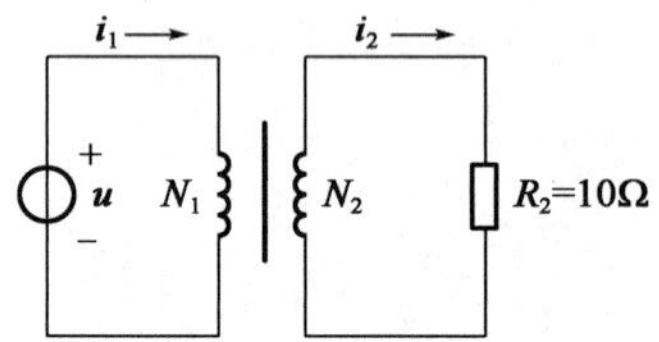

A. 50 匝

B. 200 匝

C. 25 匝

D. 400 匝

86. 为实现对电动机的过载保护，除了将热继电器的热元件串接在电动机的供电电路中外，还应将其：

A. 常开触点串接在控制电路中

B. 常闭触点串接在控制电路中

C. 常开触点串接在主电路中

D. 常闭触点串接在主电路中

87. 通过两种测量手段测得某管道中液体的压力和流量信号如图中曲线 1 和曲线 2 所示，由此可以说明：

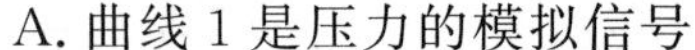

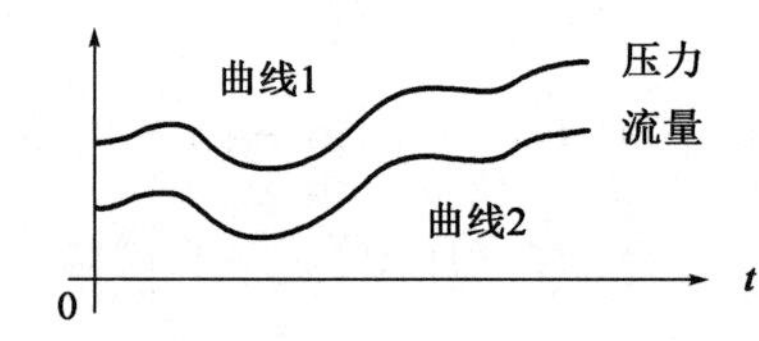

A. 曲线 1 是压力的模拟信号

B. 曲线 2 是流量的模拟信号

C. 曲线 1 和曲线 2 均为模拟信号

D. 曲线 1 和曲线 2 均为连续信号

88. 设周期信号 $u(t)$ 的幅值频谱如图所示，则该信号：

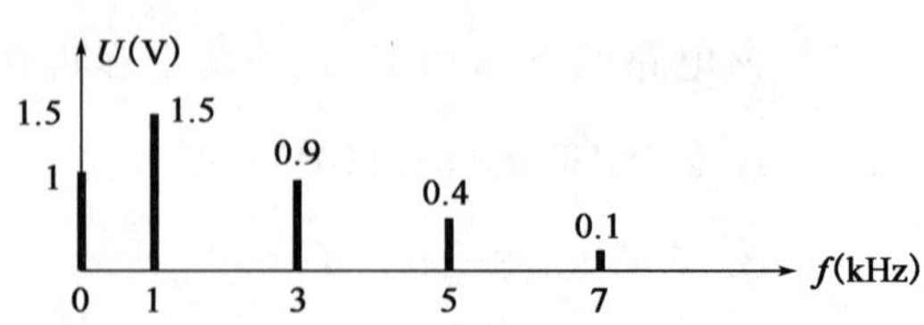

A. 是一个离散时间信号

B. 是一个连续时间信号

C. 在任意瞬间均取正值

D. 最大瞬时值为 1.5V

89. 设放大器的输入信号为 $u_1(t)$，放大器的幅频特性如图所示，令 $u_1(t)=\sqrt{2}u_1\sin2\pi ft$，且 $f>f_H$，则：

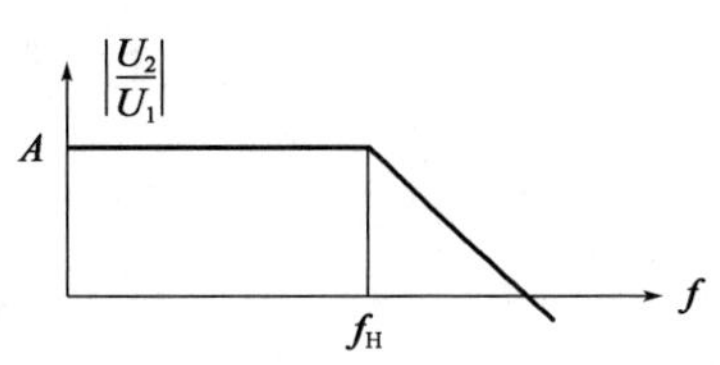

A. $u_2(t)$的出现频率失真

B. $u_2(t)$的有效值 $U_2=AU_1$

C. $u_2(t)$的有效值 $U_2<AU_1$

D. $u_2(t)$的有效值 $U_2>AU_1$

90. 对逻辑表达式 $AC+DC+\overline{AD}\cdot C$ 的化简结果是：

A. C　　　　B. A+D+C

C. AC+DC　　　　D. $\overline{A}+\overline{C}$

91. 已知数字信号 A 和数字信号 B 的波形如图所示，则数字信号 $F=\overline{A+B}$的波形为：

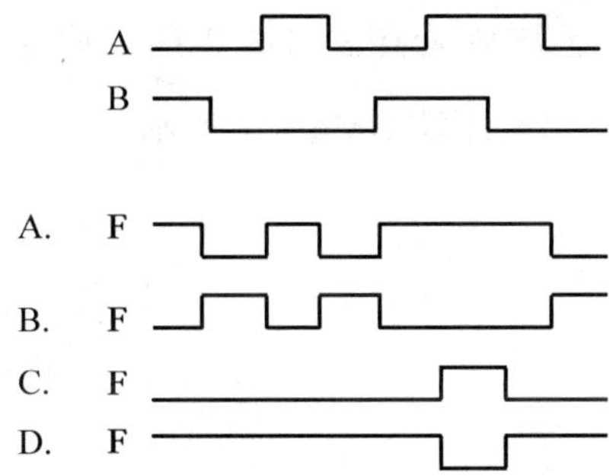

92. 十进制数字 88 的 BCD 码为：

A. 00010001　　　　B. 10001000

C. 01100110　　　　D. 01000100

93. 二极管应用电路如图 a)所示，电路的激励 u_f 如图 b)所示，设二极管为理想器件，则电路输出电压 u_o 的波形为：

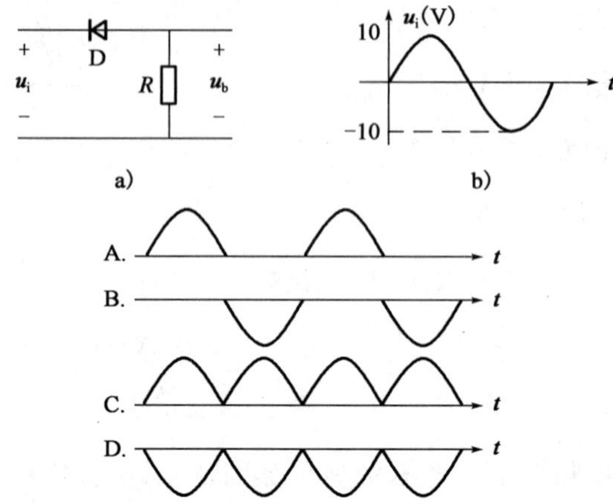

94. 图 a)所示的电路中，运算放大器输出电压的极限值为 $\pm U_{oM}$，当输入电压 $u_{i1}=1V$，$u_{i2}=2\sin at$ 时，输出电压波形如图 b)所示。如果将 u_{i1} 从 1V 调至 1.5V，将会使输出电压的：

A. 频率发生改变　　　　B. 幅度发生改变

C. 平均值升高　　　　D. 平均值降低

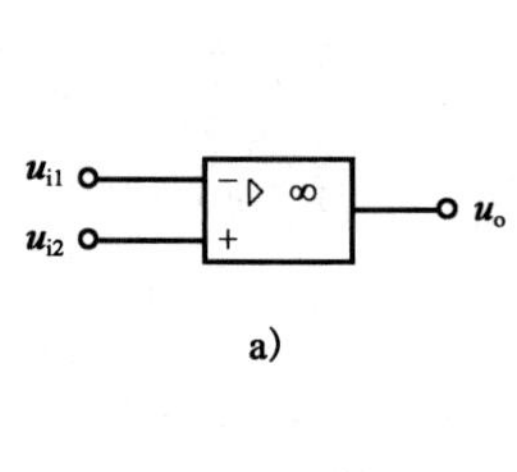

a)

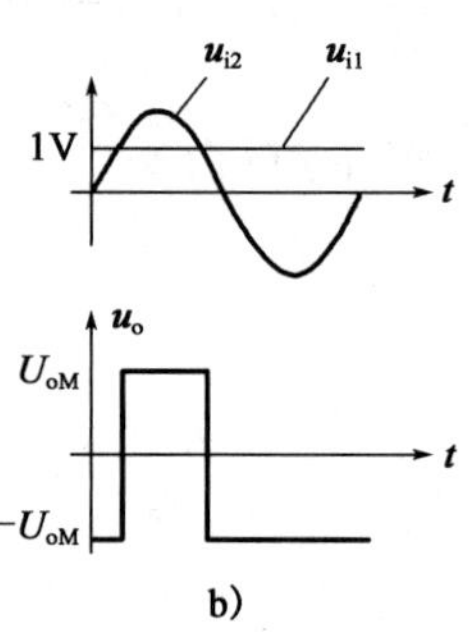

b)

95. 图 a)所示的电路中，复位信号 $\overline{R}_D$、信号 A 及时钟脉冲信号 cp 如图 b)所示，经分析可知，在第一个和第二个时钟脉冲的下降沿时刻，输出 Q 先后等于：

A. 0　0　　　　B. 0　1

C. 1　0　　　　D. 1　1

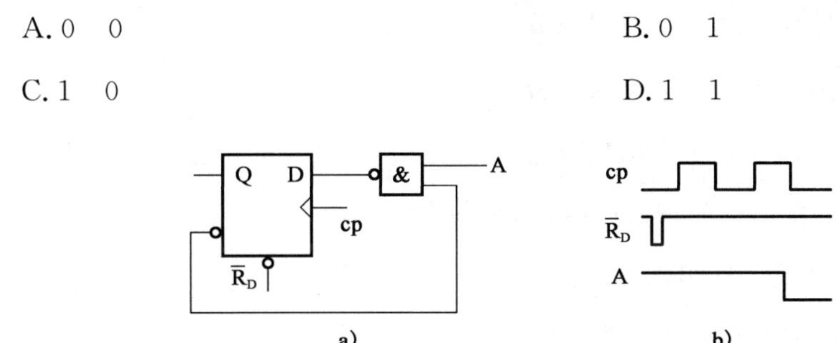

附：触发器的逻辑状态表为

D	Q_{n+1}
0	0
1	1

96. 图示时序逻辑电路是一个：

A. 左移寄存器

B. 右移寄存器

C. 异步三位二进制加法计数器

D. 同步六进制计数器

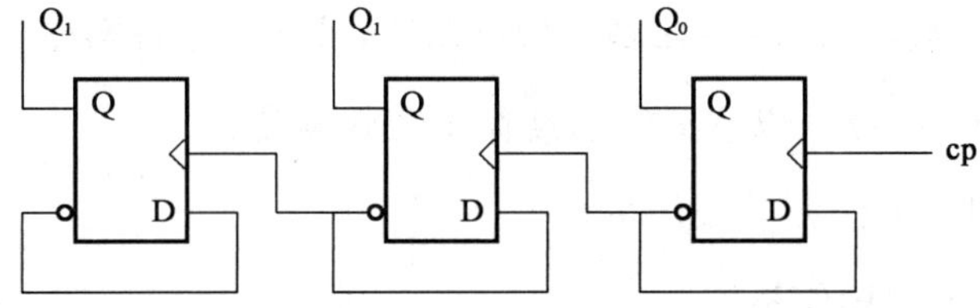

附：触发器的逻辑状态表为

D	Q_{n+1}
0	0
1	1

97. 计算机系统的内存存储器是：

A. 计算机软件系统的一个组成部分

B. 计算机硬件系统的一个组成部分

C. 隶属于外围设备的一个组成部分

D. 隶属于控制部件的一个组成部分

98. 根据冯·诺依曼结构原理，计算机的硬件由：

A. 运算器、存储器、打印机组成

B. 寄存器、存储器、硬盘存储器组成

C. 运算器、控制器、存储器、I/O 设备组成

D. CPU、显示器、键盘组成

99. 微处理器与存储器以及外围设备之间的数据传送操作通过：

A. 显示器和键盘进行　　B. 总线进行

C. 输入/输出设备进行　　D. 控制命令进行

100. 操作系统的随机性指的是：

A. 操作系统的运行操作是多层次的

B. 操作系统与单个用户程序共享系统资源

C. 操作系统的运行是在一个随机的环境中进行的

D. 在计算机系统中同时存在多个操作系统，且同时进行操作

101. Windows 2000 以及以后更新的操作系统版本是：

A. 一种单用户单任务的操作系统

B. 一种多任务的操作系统

C. 一种不支持虚拟存储器管理的操作系统

D. 一种不适用于商业用户的营组系统

102. 十进制的数 256.625，用八进制表示则是：

A. 412.5　　B. 326.5

C. 418.8　　D. 400.5

103. 计算机的信息数量的单位常用 kB、MB、GB、TB 表示，它们中表示信息数量最大的一个是：

A. kB　　B. MB

C. GB　　D. TB

104. 下列选项中，不是计算机病毒特点的是：

A. 非授权执行性、复制传播性

B. 感染性、寄生性

C. 潜伏性、破坏性、依附性

D. 人机共患性、细菌传播性

105. 按计算机网络作用范围的大小，可将网络划分为：

A. X. 25 网、ATM 网

B. 广域网、有线网、无线网

C. 局域网、城域网、广域网

D. 环形网、星形网、树形网、混合网

106. 下列选项中不属于局域网拓扑结构的是：

A. 星形　　B. 互联形

C. 环形　　D. 总线型

107. 某项目借款 2000 万元，借款期限 3 年，年利率为 6%，若每半年计复利一次，则实际年利率会高出名义利率多少：

A. 0.16%　　B. 0.25%

C. 0.09%　　D. 0.06%

108. 某建设项目的建设期为 2 年，第一年贷款额为 400 万元，第二年贷款额为 800 万元，贷款在年内均衡发生，贷款年利率为 6%，建设期内不支付利息，则建设期贷款利息为：

A. 12 万元　　B. 48.72 万

C. 60 万元　　D. 60.72 万元

109. 某公司发行普通股筹资 8000 万元，筹资费率为 3%，第一年股利率为 10%，以后每年增长 5%，所得税率为 25%，则普通股资金成本为：

A. 7.73%　　B. 10.31%

C. 11.48%　　D. 15.31%

110. 某投资项目原始投资额为 200 万元，使用寿命为 10 年，预计净残值为零，已知该项目第 10 年的经营净现金流量为 25 万元，回收营运资金 20 万元，则该项目第 10 年的净现金流量为：

A. 20 万元　　B. 25 万元

C. 45 万元　　D. 65 万元

111. 以下关于社会折现率的说法中，不正确的是：

A. 社会折现率可用作经济内部收益率的判别基准

B. 社会折现率可用作衡量资金时间经济价值

C. 社会折现率可用作不同年份之间资金价值转化的折现率

D. 社会折现率不能反映资金占用的机会成本

112. 某项目在进行敏感性分析时，得到以下结论：产品价格下降 10%，可使 NPV＝0；经营成本上升 15%，NPV＝0；寿命期缩短 20%，NPV＝0；投资增加 25%，NPV＝0。则下列因素中，最敏感的是：

A. 产品价格　　B. 经营成本

C. 寿命期　　D. 投资

113. 现有两个寿命期相同的互斥投资方案 A 和 B，B 方案的投资额和净现值都大于 A 方案，A 方案的内部收益率为 14%，B 方案的内部收益率为 15%，差额的内部收益率为 13%，则使 A、B 两方案优劣相等时的基准收益率应为：

A. 13%　　B. 14%

C. 15%　　D. 13%至 15%之间

114. 某产品共有五项功能 F_1、F_2、F_3、F_4、F_5，用强制确定法确定零件功能评价体系时，其功能得分分别为 3、5、4、1、2，则 F_5 的功能评价系数为：

A. 0.20　　B. 0.13　　C. 0.27　　D. 0.33

115. 根据《中华人民共和国建筑法》规定，施工企业可以将部分工程分包给其他具有相应资质的分包单位施工，下列情形中不违反有关承包的禁止性规定的是：

A. 建筑施工企业超越本企业资质等级许可的业务范围或者以任何形式用其他建筑施工企业的名义承揽工程

B. 承包单位将其承包的全部建筑工程转包给他人

C. 承包单位将其承包的全部建筑工程肢解以后以分包的名义分别转包给他人

D. 两个不同资质等级的承包单位联合共同承包

116. 根据《中华人民共和国安全生产法》规定，从业人员享有权利并承担义务，下列情形中属于从业人员履行义务的是：

A. 张某发现直接危及人身安全的紧急情况时禁止作业撤离现场

B. 李某发现事故隐患或者其他不安全因素，立即向现场安全生产管理人员或者本单位负责人报告

C. 王某对本单位安全生产工作中存在的问题提出批评、检举、控告

D. 赵某对本单位的安全生产工作提出建议

117. 某工程实行公开招标，招标文件规定，投标人提交投标文件截止时间为3月22日下午5点整。投标人D由于交通拥堵于3月22日下午5点10分送达投标文件，其后果是：

A. 投标保证金被没收

B. 招标人拒收该投标文件

C. 投标人提交的投标文件有效

D. 由评标委员会确定为废标

118. 在订立合同是显失公平的合同时，当事人可以请求人民法院撤销该合同，其行使撤销权的有效期限是：

A. 自知道或者应当知道撤销事由之日起五年内

B. 自撤销事由发生之日一年内

C. 自知道或者应当知道撤销事由之日起一年内

D. 自撤销事由发生之日五年内

119. 根据《建设工程质量管理条例》规定，下列有关建设工程质量保修的说法中，正确的是：

A. 建设工程的保修期，自工程移交之日起计算

B. 供冷系统在正常使用条件下，最低保修期限为2年

C. 供热系统在正常使用条件下，最低保修期限为2年采暖期

D. 建设工程承包单位向建设单位提交竣工结算资料时，应当出具质量保修书

120. 根据《建设工程安全生产管理条例》规定，建设单位确定建设工程安全作业环境及安全施工措施所需费用的时间是：

A. 编制工程概算时　　B. 编制设计预算时

C. 编制施工预算时　　D. 编制投资估算时

2017年度全国勘察设计一级注册结构工程师执业资格考试试卷

基础考试
(下)

二〇一七年九月

应考人员注意事项

1. 本试卷科目代码为“2”，考生务必将此代码填涂在答题卡“科目代码”相应的栏目内，否则，无法评分。
2. 书写用笔：**黑色或蓝色钢笔、签字笔或圆珠笔；**
   填涂答题卡用笔：**黑色 2B 铅笔**。
3. 必须用书写用笔将工作单位、姓名、准考证号填写在答题卡和试卷相应的栏目内。
4. 本试卷由 60 题组成，每题 2 分，满分 120 分，本试卷全部为单项选择题，每小题的四个备选项中只有一个正确答案，错选、多选、不选均不得分。
5. 考生作答时，必须**按题号在答题卡上**将相应试题所选选项对应的**字母用 2B 铅笔涂黑**。
6. 在答题卡上书写与题意无关的语言，或在答题卡上作标记的，均按违纪试卷处理。
7. 考试结束时，由监考人员当面将试卷、答题卡一并收回。
8. 草稿纸由各地统一配发，考后收回。

单项选择题(共 60 题,每题 2 分。每题的备选项中只有一个最符合题意。)

1. 材料的孔隙率增加,特别是开口孔隙率增加时,会使材料的性能发生如下变化:

A. 抗冻性、抗渗性、耐腐蚀性提高

B. 抗冻性、抗渗性、耐腐蚀性降低

C. 密度、导热系数、软化系数提高

D. 密度、导热系数、软化系数降低

2. 当外力达到一定限度后,材料突然破坏,且破坏时无明显的塑性变形,材料的这种性质称为:

A. 弹性　　B. 塑性

C. 脆性　　D. 韧性

3. 硬化水泥浆体的强度与自身的孔隙率有关,与强度直接相关的孔隙率是指:

A. 总孔隙率　　B. 毛细孔隙率

C. 气孔孔隙率　　D. 层间孔隙率

4. 在我国西北干旱和盐渍土地区,影响地面混凝土构件耐久性的主要过程是:

A. 碱骨料反应　　B. 混凝土碳化反应

C. 盐结晶破坏　　D. 盐类化学反应

5. 混凝土材料的抗压强度与下列哪个因素不直接相关:

A. 集料强度　　B. 硬化水泥浆强度

C. 集料界面过渡区　　D. 拌和水的品质

6. 以下性质中哪个不属于石材的工艺性质:

A. 加工性　　B. 抗酸腐蚀性

C. 抗钻性　　D. 磨光性

7. 配制乳化沥青时需要加入:

A. 有机溶剂　　B. 乳化剂

C. 塑化剂　　D. 无机填料

8. 若 $\Delta X_{AB}<0$,且 $\Delta Y_{AB}<0$,则下列哪项表达了坐标方位角 α_{AB}:

A. $\alpha_{AB}=\arctan\dfrac{\Delta Y_{AB}}{\Delta X_{AB}}$　　B. $\alpha_{AB}=\arctan\dfrac{\Delta Y_{AB}}{\Delta X_{AB}}+\pi$

C. $\alpha_{AB}=\pi-\arctan\dfrac{\Delta Y_{AB}}{\Delta X_{AB}}$　　D. $\alpha_{AB}=\arctan\dfrac{\Delta Y_{AB}}{\Delta X_{AB}}-\pi$

9. 某图幅编号为 J50B001001，则该图比例尺为：

A. 1 ∶ 100000　　B. 1 ∶ 50000

C. 1 ∶ 500000　　D. 1 ∶ 250000

10. 经纬仪测量水平角时，下列何种方法用于测量两个方向所夹的水平角：

A. 测回法　　B. 方向观测法

C. 半测回法　　D. 全圆方向法

11. 在工业企业建筑设计总平面图上，根据建（构）筑物的分布及建筑物的轴线方向，布设矩形网的主轴线，纵横两条主轴线要与建（构）筑物的轴线平行。下列哪项关于主轴线上主点的个数的要求是正确的：

A. 不少于 2 个　　B. 不多于 3 个

C. 不少于 3 个　　D. 4 个以上

12. 用视距测量方法测量水平距离时，水平距离 D 可用下列哪项公式表示（l 为尺间隔，α 为竖直角）：

A. $D=Kl\cos^2\alpha$　　B. $D=Kl\cos\alpha$

C. $D=\frac{1}{2}Kl\sin^2\alpha$　　D. $D=\frac{1}{2}Kl\sin\alpha$

13. 在我国，房地产价格评估制度是根据以下哪一层级的法律法规确立的一项房地产交易基本制度：

A. 法律　　B. 行政法规

C. 部门规章　　D. 政府规范性文件

14.《中华人民共和国节约能源法》所称的能源，是指以下哪些能源和电子、热力以及其他直接或者通过加工、转换而取得有用能的各种资源：

A. 煤炭、石油、天然气、生物质能　　B. 太阳能、风能

C. 煤炭、水电、核能　　D. 可再生能源和新能源

15. 根据《中华人民共和国建筑法》的规定，实施施工许可证制度的建筑工程（除国务院建设行政主管部门确定的限额以下的小型工程外），在施工开始前，下列哪个单位应当按照国家有关规定向工程所在地县级以上人民政府建设行政主管部门申请施工许可：

A. 建设单位　　B. 设计单位

C. 施工单位　　D. 监理单位

16. 违反工程建设强制性标准造成工程质量、安全隐患或者工程事故的，应按照《建设工程质量管理条例》的有关规定：

A. 对事故责任单位和责任人进行处罚

B. 对事故责任单位的上级单位进行处罚

C. 对事故责任单位的法定代理人进行处罚

D. 对事故责任单位的负责人进行处罚

17. 当沉桩采用以桩尖设计标高控制为主时，桩尖应处于的土层是：

A. 坚硬的黏土　　B. 碎石土

C. 风化岩　　D. 软土层

18. 冬期施工中配制混凝土用的水泥，应优先选用：

A. 矿渣水泥　　B. 硅酸盐水泥

C. 火山灰水泥　　D. 粉煤灰水泥

19. 对平面呈板式的六层钢筋混凝土预制结构吊装时，宜使用：

A. 人字桅杆式起重机　　B. 履带式起重机

C. 附着式塔式起重机　　D. 轨道式塔式起重机

20. 某工作最早完成时间与其所有紧后工作的最早开始时间之差中的最小值，称为：

A. 总时差　　B. 自由时差

C. 虚工作　　D. 时间间隔

21. 在施工过程中，对于来自外部的各种因素所导致的工期延长，应通过工期签证予以扣除，下列不属于应办理工期签证的情形是：

A. 不可抗拒的自然灾害（地震、洪水、台风等）导致工期拖延

B. 由于设计变更导致的返工时间

C. 基础施工时，遇到不可预见的障碍物后停止施工，进行处理的时间

D. 下雨导致场地泥泞，施工材料运输不通畅导致工期拖延

22. 当钢筋混凝土受扭构件还同时作用有剪力时，此时构件的受扭承载力将发生下列哪种变化：

A. 减小　　B. 增大

C. 不变　　D. 不确定

23. 在按《混凝土结构设计规范》(GB 50010—2010)所给的公式计算钢筋混凝土受弯构件斜截面承载力时，下列哪项不需要考虑：

A. 截面尺寸是否过小

B. 所配的配箍是否大于最小配箍率

C. 箍筋的直径和间距是否满足其构造要求

D. 箍筋间距是否满足 10 倍纵向受力钢筋的直径

24. 下列给出的混凝土楼板塑性铰线正确的是：

A. 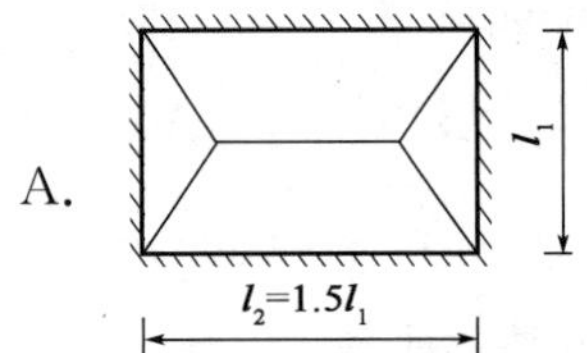

B. 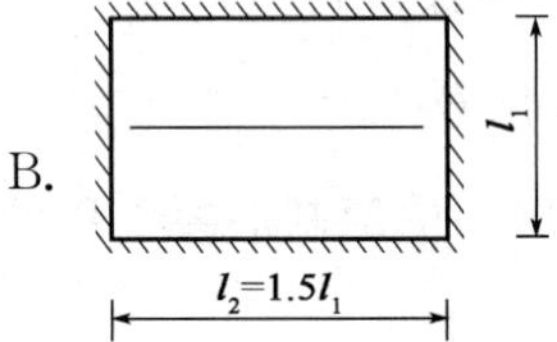

C. 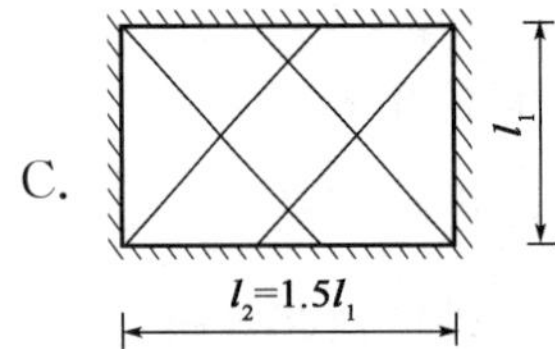

D. 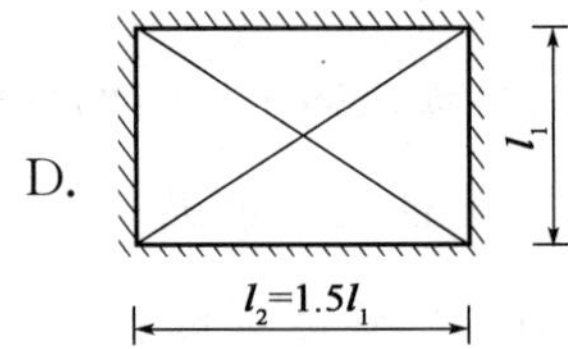

25. 下列关于钢筋混凝土剪力墙结构的中边缘构件的说法中，不正确的是：

A. 分为构造边缘构件和约束边缘构件两类

B. 边缘构件内混凝土为受约束的混凝土，因此可提高墙体的延性

C. 构造边缘构件内可不设置箍筋

D. 所有剪力墙都要设置边缘构件

26. 高强度低合金钢划分为 A、B、C、D、E 五个质量等级，其划分指标为：

A. 屈服强度　　　　B. 伸长率

C. 冲击韧性　　　　D. 含碳量

27. 计算普通钢结构轴心受压构件的整体稳定性时，应计算：

A. 构件的长细比　　　　B. 板件的宽厚比

C. 钢材的冷弯效应　　　　D. 构件的净截面处应力

28. 计算角焊缝抗剪承载力时需要限制焊缝的计算长度，主要考虑了：

A. 焊脚尺寸的影响　　　　B. 焊缝剪应力分布的影响

C. 钢材标号的影响　　　　D. 焊缝检测方法的影响

29. 钢结构屋盖中横向水平支撑的主要作用是：

A. 传递吊车荷载　　　　B. 承受屋面竖向荷载

C. 固定檩条和系杆　　　　D. 提供屋架侧向支承点

30. 对于截面尺寸、砂浆、砌体强度等级都相同的墙体，下列哪种说法是正确的：

A. 承载能力随偏心距的增大而增大

B. 承载能力随高厚比增加而减小

C. 承载能力随相邻横墙间距增加而增大

D. 承载能力不随截面尺寸、砂浆、砌体强度等级变化

31. 影响砌体结构房屋空间工作性能的主要因素是下列哪一项：

A. 房屋结构所用块材和砂浆的强度等级

B. 外纵墙的高厚比和门窗洞口的开设是否超过规定

C. 圈梁和构造柱的设置是否满足规范的要求

D. 房屋屋盖、楼盖的类别和横墙的距离

32. 进行墙梁设计时，下列说法正确的是：

A. 无论何种设计阶段，其顶面的荷载设计值计算方法相同

B. 托梁应按偏心受拉构件进行施工阶段承载力计算

C. 承重墙梁的支座处均应设落地翼墙

D. 托梁在使用阶段斜截面受剪承载力应按偏心受拉构件计算

33. 对多层砌体房屋总高度与总宽度的比值要加以限制，主要是为了考虑：

A. 避免房屋两个主轴方向尺寸差异大、刚度悬殊，产生过大的不均匀沉降

B. 避免房屋纵横两个方向温度应力不均匀，导致墙体产生裂缝

C. 保证房屋不致因整体弯曲而破坏

D. 防止房屋因抗剪不足而破坏

34. 图示体系的几何组成为：

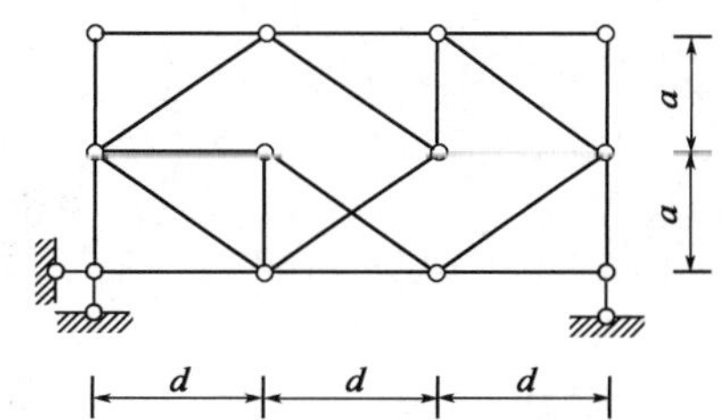

A. 无多余约束的几何不变体系

B. 有多余约束的几何不变体系

C. 几何瞬变体系

D. 几何常变体系

35. 图示刚架M_{ED}值为：

A. 36kN·m

B. 48kN·m

C. 60kN·m

D. 72kN·m

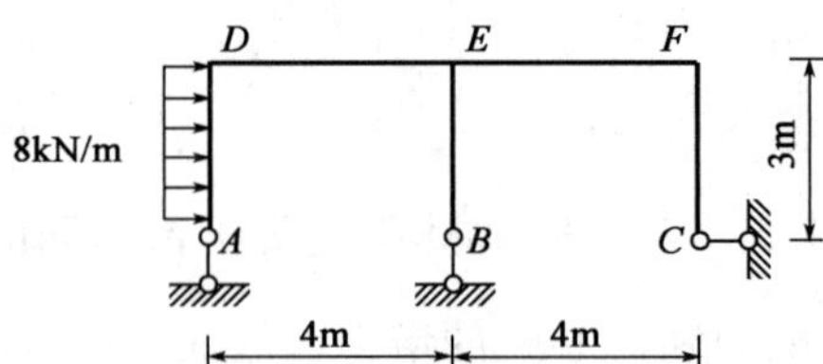

36. 图示对称结构$M_{AD}=ql^2/36$(左拉)，$F_{NAD}=-5ql/12$(压)，则M_{BC}为(以下侧受拉为正)：

A. $-ql^2/6$

B. $ql^2/6$

C. $-ql^2/9$

D. $ql^2/9$

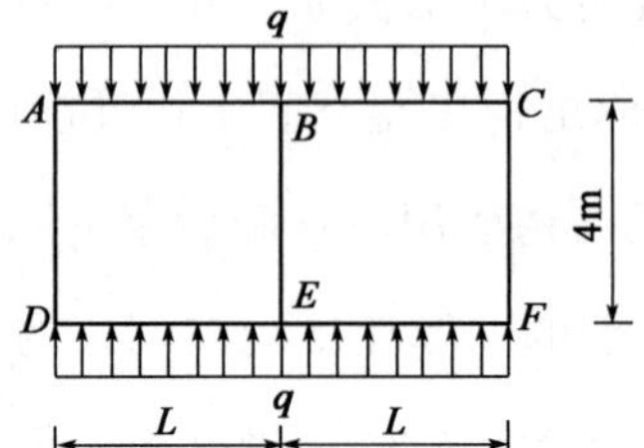

37. 图示圆弧曲梁 K 截面弯矩M_K(外侧受拉为正)影响线在 C 点的竖标为：

A. $4(\sqrt{3}-1)$

B. $4\sqrt{3}$

C. 0

D. 4

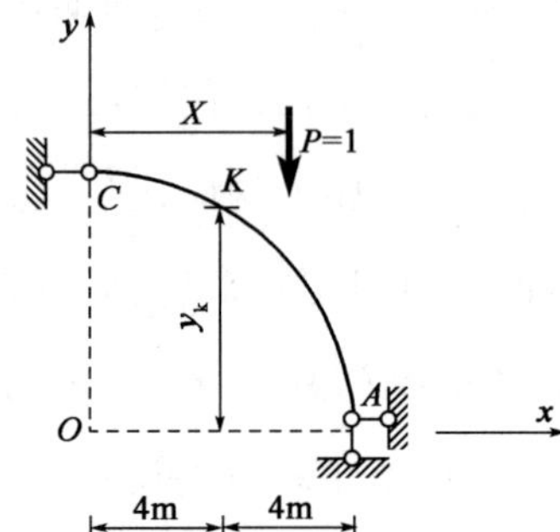

38. 图示三铰拱支座 B 的水平反力(以向右为正)等于：

A. P

B. $\frac{\sqrt{2}}{2}P$

C. $\frac{\sqrt{3}}{2}P$

D. $\frac{\sqrt{3}-1}{2}P$

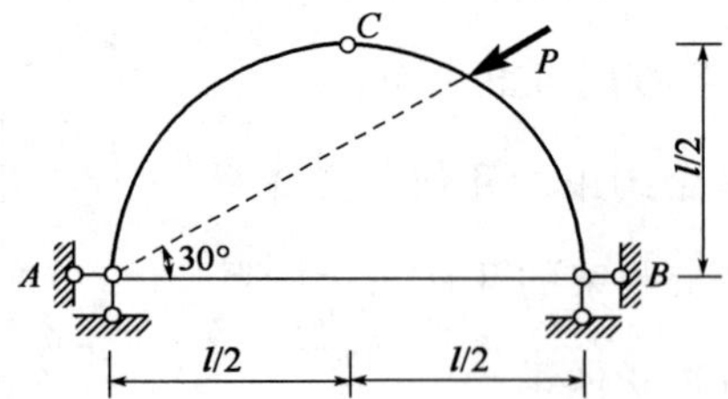

39. 图示结构忽略轴向变形和剪切变形，若增大弹簧刚度 k，则 A 节点的水平位移Δ_{AH}：

A. 增大

B. 减小

C. 不变

D. 可能增大，也可能减小

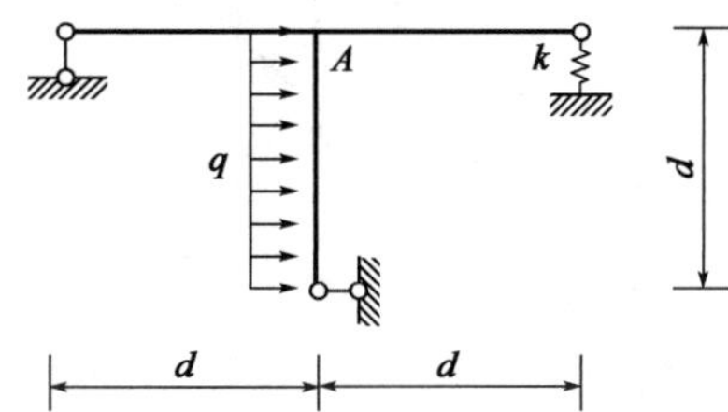

40. 图示结构 EI=常数，在给定荷载作用下，水平反力 H_A 为：

A. P

B. $2P$

C. $3P$

D. $4P$

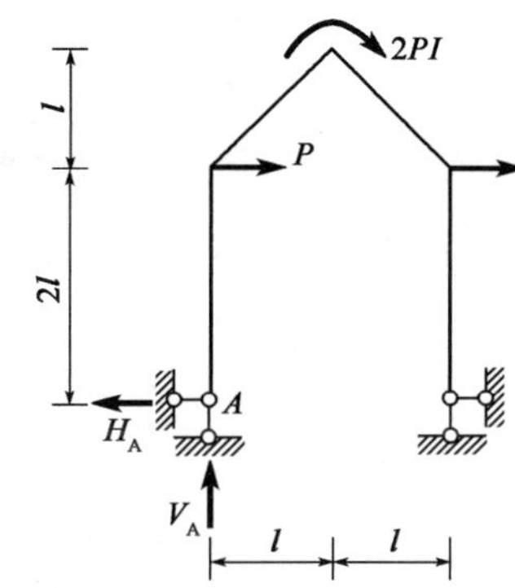

41. 图示结构 B 处弹性支座的弹簧刚度 $k=6EI/l^3$，则 B 截面的弯矩为：

A. Pl

B. $\dfrac{Pl}{2}$

C. $\dfrac{Pl}{3}$

D. $\dfrac{Pl}{4}$

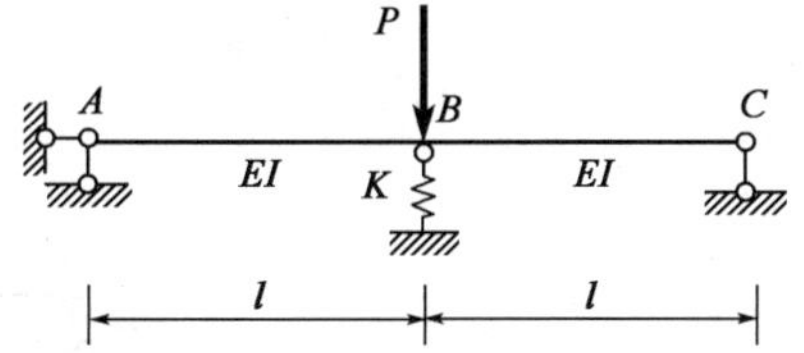

42. 图示梁的抗弯刚度为 EI，长度为 l，欲使梁中点 C 弯矩为零，则弹性支座刚度 k 的取值应为：

A. $3EI/l^3$

B. $6EI/l^3$

C. $9EI/l^3$

D. $12EI/l^3$

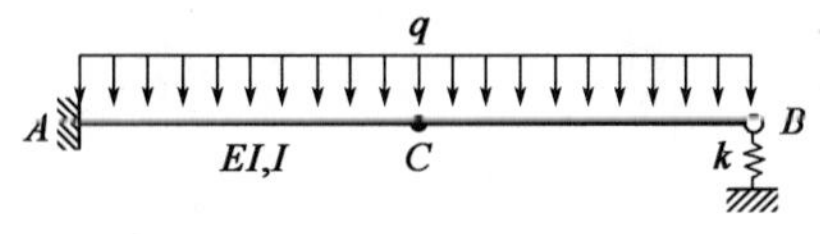

43. 图示两桁架温度均匀升高 t(℃)，则温度引起的结构内力为：

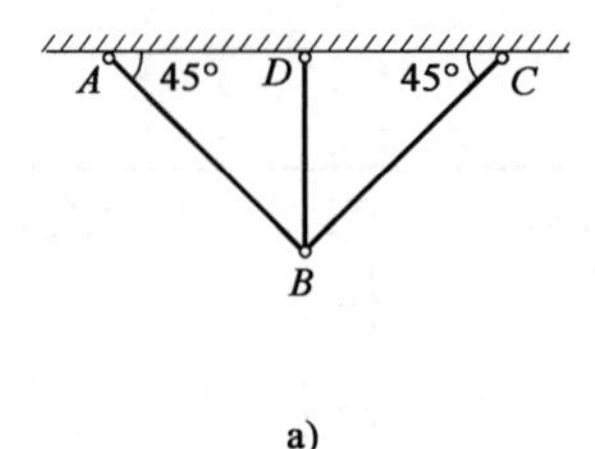

a)

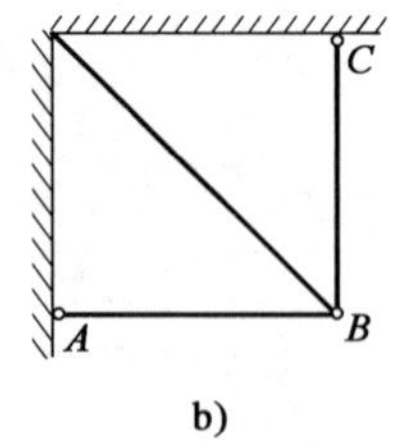

b)

A. a)无，b)有　　　　B. a)有，b)无

C. 两者均有　　　　D. 两者均无

44. 图示结构 EI＝常数，不考虑轴向变形，则M_{BA}为(以下侧受拉为正)：

A. $\frac{Pl}{4}$

B. $-\frac{Pl}{4}$

C. $\frac{Pl}{2}$

D. $-\frac{Pl}{2}$

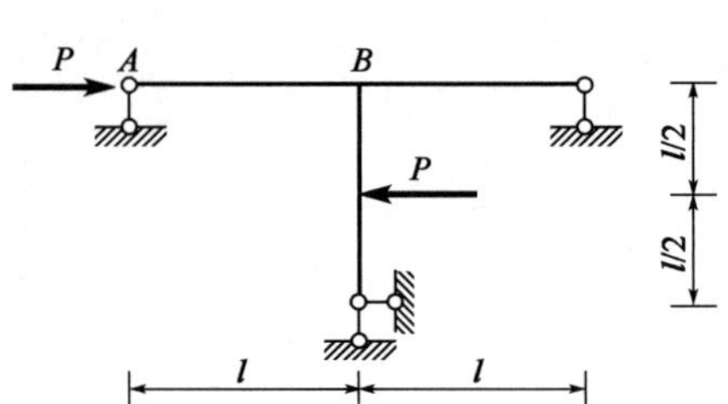

45. 图示结构用力矩分配法计算时，分配系数μ_{A4}为：

A. 1/4

B. 4/7

C. 1/2

D. 6/11

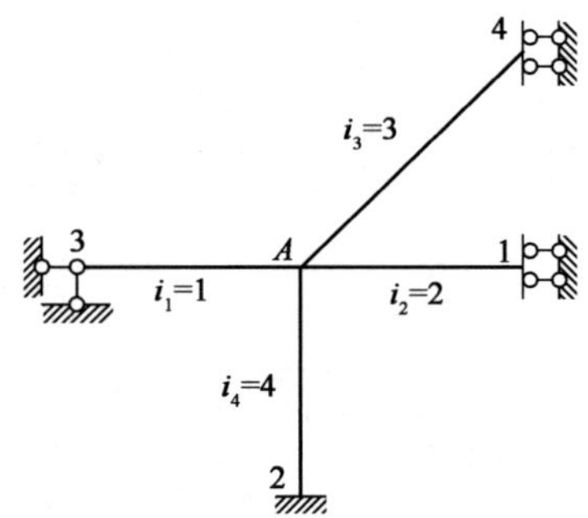

46. 图示结构，质量 m 在杆件中点，$EI=\infty$，弹簧刚度为 k，则该体系的自振频率为：

A. $\sqrt{\frac{9k}{4m}}$

B. $\sqrt{\frac{2k}{m}}$

C. $\sqrt{\frac{9k}{2m}}$

D. $\sqrt{\frac{4k}{m}}$

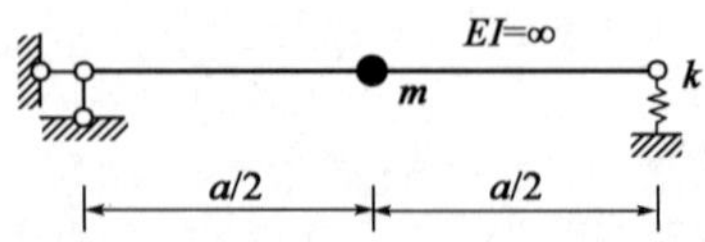

47. 图示单自由度体系受简谐荷载作用，简谐荷载频率等于结构自振频率的两倍，则位移的动力放大系数为：

A. 2

B. 4/3

C. −1/2

D. −1/3

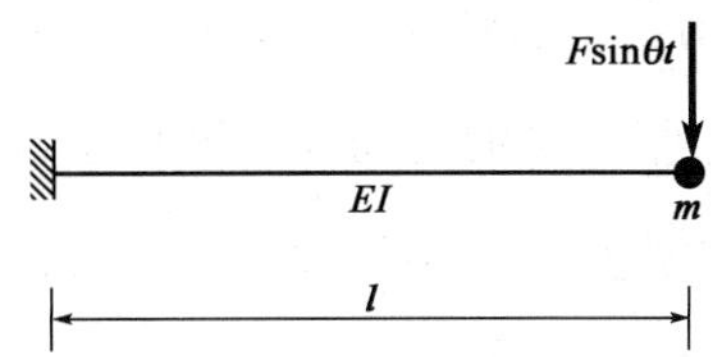

48. 由度体系自由振动时，实测振动 5 周后振幅衰减为$y_5=0.04\ y_0$，则阻尼比等于：

A. 0.05　　　　B. 0.02

C. 0.008　　　　D. 0.1025

49. 在结构试验室进行混凝土构件的最大承载能力试验，需在试验前计算最大加载值和相应变形值，应选取下列哪一项材料参数值进行计算：

A. 材料的设计值　　　　B. 实际材料性能指标

C. 材料的标准值　　　　D. 试件最大荷载值

50. 通过测量混凝土棱柱体试件的应力-应变曲线计算混凝土试件的弹性模量，棱柱体试件的尺寸为 100mm×100mm×300mm，浇筑试件所用骨料的最大粒径为 20mm，最适合完成该试件应变测量的应变片为：

A. 标距为 20mm 的电阻应变片

B. 标距为 50mm 的电阻应变片

C. 标距为 80mm 的电阻应变片

D. 标距为 100mm 的电阻应变片

51. 对砌体结构墙体进行低周反复加载试验时，下列哪一项做法是不正确的：

A. 水平反复荷载在墙体开裂前采用荷载控制

B. 按位移控制加载时，应使骨架曲线出现下降段，下降到极限荷载的 90%，试验结束

C. 通常以开裂位移为控制参数，按开裂位移的倍数逐级加载

D. 墙体开裂后按位移进行控制

52. 为获得建筑结构的动力特性，常采用脉动法量测和分析，下列对该方法的描述中不正确的是：

A. 结构受到的脉动激励来自大地环境的扰动，包括地基的微振、周边车辆的运动

B. 还包括人员的运动和周围环境风的扰动

C. 上述扰动对结构的激励可以看作有限带宽的白噪声激励

D. 脉动实测时采集到的信号可认为是非各态历经的平稳随机过程

53. 采用下列哪一种方法可检测混凝土内部钢筋的锈蚀：

A. 电位差法　　B. 电磁感应法

C. 超声波法　　D. 声发射法

54. 厚度为21.7mm的干砂试样在固结仪中进行压缩实验，当垂直应力由初始的10.0kPa增加到40.0kPa后，试样厚度减小了0.043mm，则该试样的体积压缩系数m_V(MPa^{-1})为：

A. 8.40×10^{-2}　　B. 6.60×10^{-2}

B. 3.29×10^{-2}　　D. 3.40×10^{-2}

55. 一黏性土处于可塑状态时，土中水主要是：

A. 强结合水　　B. 弱结合水

C. 自由水　　D. 毛细水

56. 完全饱和的黏土试样在三轴不排水试验中，先将围压提高到40.0kPa，然后再将垂直加载杆附加应力提高至37.7kPa，则理论上该试样的孔隙水压力为：

A. 52.57kPa　　B. 40kPa

B. 77.7kPa　　D. 25.9kPa

57. 正常固结砂土地基土的内摩擦角为30°，则其静止土压力系数为：

A. 0.50　　B. 1.0

C. 0.68　　D. 0.25

58. 软土上的建筑物为减小地基的变形和不均匀沉降，无效的措施是：

A. 减小基底附加应力　　B. 增大基础宽度和埋深

C. 增大基础的强度　　D. 增大上部结构的刚度

59. 某 4×4 等间距排列的端承桩群，桩径 1m，桩距 5m，单桩承载力 2000kN，则此群桩承载力为：

A. 32000kN　　B. 16000kN

C. 12000kN　　D. 8000kN

60. 按地基处理作用机理，加筋法属于：

A. 土质改良　　B. 土的置换

C. 土的补强　　D. 土的化学加固

2017 年度全国勘察设计注册工程师执业资格考试基础考试(上)试题解析及参考答案

1. **解**　本题考查分段函数的连续性问题，重点考查在分界点处的连续性。

要求在分界点处函数的左右极限存在且相等并且等于该点的函数值：

$$\lim_{x\to 1}\frac{x\ln x}{1-x}\overset{\frac{0}{0}\text{型}}{=\!=}\lim_{x\to 1}\frac{(x\ln x)'}{(1-x)'}=\lim_{x\to 1}\frac{1\cdot\ln x+x\cdot\frac{1}{x}}{-1}=-1$$

而$\lim\limits_{x\to 1}\frac{x\ln x}{1-x}=f(1)=a\Rightarrow a=-1$

答案:C

2. **解**　本题考查复合函数在定义域内的性质。

函数 $\sin\frac{1}{x}$ 的定义域为$(-\infty,0)$,$(0,+\infty)$，它是由函数 $y=\sin t$，$t=\frac{1}{t}$ 复合而成的，当 t 在$(-\infty,0)$,$(0,+\infty)$变化时，函数 $y=\sin t$ 在$(-\infty,+\infty)$内变化，值域为$[-1,1]$。

答案:A

3. **解**　本题考查空间向量的相关性质，注意“点乘”和“叉乘”对向量运算的几何意义。

选项 A、C 中，$|\boldsymbol{\alpha}\times\boldsymbol{\beta}|=|\boldsymbol{\alpha}|\cdot|\boldsymbol{\beta}|\cdot\sin(\boldsymbol{\alpha},\boldsymbol{\beta})$，若 $\boldsymbol{\alpha}\times\boldsymbol{\beta}=\boldsymbol{0}$，且 $\boldsymbol{\alpha},\boldsymbol{\beta}$ 非零，则有 $\sin(\boldsymbol{\alpha},\boldsymbol{\beta})=0$，故 $\boldsymbol{\alpha}/\!/\boldsymbol{\beta}$，选项 A 错误，C 正确。

选项 B 中，$\boldsymbol{\alpha}\cdot\boldsymbol{\beta}=|\boldsymbol{\alpha}|\cdot|\boldsymbol{\beta}|\cdot\cos(\boldsymbol{\alpha},\boldsymbol{\beta})$，若 $\boldsymbol{\alpha}\cdot\boldsymbol{\beta}=0$，且 $\boldsymbol{\alpha},\boldsymbol{\beta}$ 非零，则有 $\cos(\boldsymbol{\alpha},\boldsymbol{\beta})=0$，故 $\boldsymbol{\alpha}\perp\boldsymbol{\beta}$，选项 B 错误。

选项 D 中，若 $\boldsymbol{\alpha}=\lambda\boldsymbol{\beta}$，则 $\boldsymbol{\alpha}/\!/\boldsymbol{\beta}$，此时 $\boldsymbol{\alpha}\cdot\boldsymbol{\beta}=\lambda\boldsymbol{\beta}\cdot\boldsymbol{\beta}=\lambda|\boldsymbol{\beta}||\boldsymbol{\beta}|\cos0°\neq0$，选项 D 错误。

答案:C

4. **解**　本题考查一阶线性微分方程的特解形式，本题采用公式法和代入法均能得到结果。

方法 1:公式法，一阶线性微分方程的一般形式为：$y'+P(x)y=Q(x)$

其通解为 $y=e^{-\int P(x)\mathrm{d}x}[\int Q(x)e^{\int P(x)\mathrm{d}x}\mathrm{d}x+C]$

本题中，$P(x)=-1$，$Q(x)=0$，有 $y=e^{-\int -1\mathrm{d}x}[0+C]=Ce^{x}$

由 $y(0)=2\Rightarrow Ce^{0}=2$，即 $C=2$，故 $y=2e^{x}$

方法 2:利用可分离变量方程计算。

方法3:代入法,将选项 A 中 $y=2e^{-x}$ 代入 $y'-y=0$ 中,不满足方程。同理,选项 C、D 也不满足。

答案:B

5. **解** 本题考查变限定积分求导的问题。

对于下限有变量的定积分求导,可先转化为上限有变量的定积分求导问题,注意交换上下限的位置之后,增加一个负号,再利用公式即可:

$$f(x)=\int_x^2\sqrt{5+t^2}\,dt=-\int_2^x\sqrt{5+t^2}\,dt$$

$$f'(x)=-\sqrt{5+x^2}$$

$$f'(1)=-\sqrt{6}$$

答案:D

6. **解** 本题考查隐函数求导的问题。

方法1:方程两边对 x 求导,注意 y 是 x 的函数:

$$e^y+x'y=e$$

$$(e^y)'+(xy)'=e'$$

$$e^y\cdot y'+(y+xy')=0$$

解出 $y'=\dfrac{-y}{x+e^y}$

当 $x=0$ 时,有 $e^y=e\Rightarrow y=1, y'(0)=-\dfrac{1}{e}$

方法2:利用二元方程确定的隐函数导数的计算方法计算。

$$e^y+xy=e, e^y+xy-e=0$$

设 $F(x,y)=e^y+xy-e$

$$F'_y(x,y)=e^y+x, F'_x(x,y)=y$$

所以 $\dfrac{dy}{dx}=-\dfrac{F'_x(x,y)}{F'_y(x,y)}=-\dfrac{y}{e^y+x}$

当 $x=0$ 时,$y=1$,代入得

$\left.\dfrac{dy}{dx}\right|_{x=0}=-\dfrac{1}{e}$

注:本题易错选 B 项,选 B 则是没有看清题意,题中所求是 $y'(0)$ 而并非 $y'(x)$。

答案:D

7.**解** 本题考查不定积分的相关内容。

已知$\int f(x)\mathrm{d}x=\ln x+C$,可知$f(x)=\frac{1}{x}$

则$f(\cos x)=\frac{1}{\cos x}$,即$\int \cos x f(\cos x)\mathrm{d}x=\int \cos x\cdot\frac{1}{\cos x}\mathrm{d}x=x+C$

注:本题不适合采用凑微分的形式。

答案:B

8.**解** 本题考查多元函数微分学的概念性问题,涉及多元函数偏导数与多元函数连续等概念,需记忆下图的关系式方可快速解答:

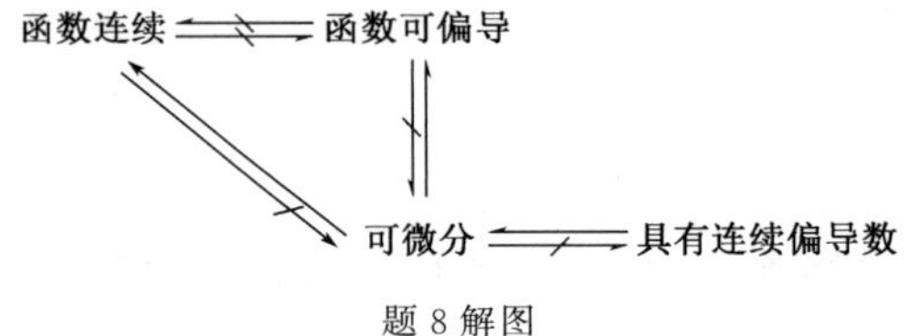

题8解图

$f(x,y)$在点$P_0(x_0,y_0)$有一阶偏导数,不能推出$f(x,y)$在$P_0(x_0,y_0)$连续。

同样,$f(x,y)$在$P_0(x_0,y_0)$连续,不能推出$f(x,y)$在$P_0(x_0,y_0)$有一阶偏导数。

可知,函数可偏导与函数连续之间的关系是不能相互导出的。

答案:D

9.**解** 本题考查空间解析几何中对称直线方程的概念。

对称式直线方程的特点是连等号的存在,故而选项A和C可直接排除,且选项A和C并不是直线的表达式。由于所求直线平行于z轴,取z轴的方向向量为所求直线的方向向量。

$\vec{S}_{z轴}=\{0,0,1\}$,$M_0(-1,-2,3)$

利用点向式写出对称式方程:

$$\frac{x+1}{0}=\frac{y+2}{0}=\frac{z-3}{1}$$

答案:D

10.本题考查定积分的计算。对于定积分的计算,首选凑微分和分部积分。

对本题,观察分子中有$\frac{1}{x}$,而$\left(\frac{1}{x}\right)'=-\frac{1}{x^2}$,故适合采用凑微分解答:

原式$=\int_1^2-\left(1-\frac{1}{x}\right)\mathrm{d}\left(\frac{1}{x}\right)=\int_1^2\left(\frac{1}{x}-1\right)\mathrm{d}\left(\frac{1}{x}\right)=\int_1^2\frac{1}{x}\mathrm{d}\left(\frac{1}{x}\right)-\int_1^2 1\mathrm{d}\left(\frac{1}{x}\right)$

$$= \frac{1}{2}\left(\frac{1}{x}\right)^2\Big|_1^2 - \frac{1}{x}\Big|_1^2 = \frac{1}{8}$$

答案:C

11.**解**　本题考查了三角函数的基本性质,可以采用求导的方法直接求出。

方法1:$f(x) = \sin\left(x + \frac{\pi}{2} + \pi\right) = -\cos x$

$x \in [-\pi, \pi]$

$f'(x) = \sin x, f'(x) = 0$,即 $\sin x = 0, x = 0, -\pi, \pi$ 为驻点

则 $f(0) = -\cos 0 = -1, f(-\pi) = -\cos(-\pi) = 1, f(\pi) = -\cos\pi = 1$

所以 $x = 0$,函数取得最小值,最小值点 $x_0 = 0$

方法2:通过作图,可以看出在$[-\pi,\pi]$上的最小值点 $x_0=0$。

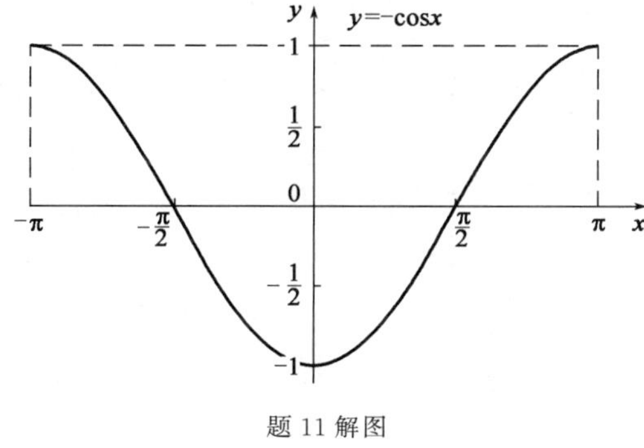

题11解图

答案:B

12.**解**　本题考查参数方程形式的对坐标的曲线积分(也称第二类曲线积分),注意绕行方向为顺时针。

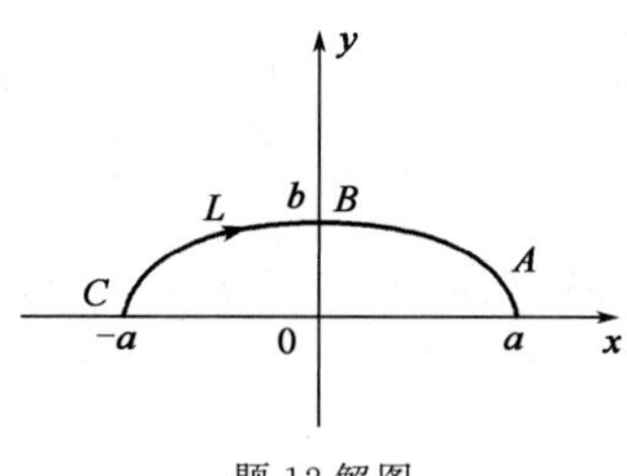

题12解图

如解图所示,上半椭圆 ABC 是由参数方程$\begin{cases} x = a\cos\theta \\ y = b\sin\theta \end{cases}$ $(a>0, b>0)$画出的。本题积分路径 L 为沿上半椭圆顺时针方向,从 C 到 B,再到 A,θ 变化范围由 π 变化到 0,具体计算可由方程 $x=a\cos\theta$ 得到。起点为 $C(-a,0)$,把 $-a$ 代入方程中的 x,得$\theta=\pi$。终点为 $A(a,0)$,把 a 代入方程中的 x,得 $\theta=0$,因此参数 θ 的变化为从 $\theta=\pi$ 变化到 $\theta=0$,

即$\theta:\pi\to 0$。

由 $x=a\cos\theta$ 可知，$dx=-a\sin\theta d\theta$，因此原式有：

$$\int_L y^2 dx=\int_\pi^0 (b\sin\theta)^2(-a\sin\theta)d\theta=\int_0^\pi ab^2\sin^3\theta d\theta=ab^2\int_0^\pi \sin^2\theta d(-\cos\theta)$$

$$=-ab^2\int_0^\pi (1-\cos^2\theta)d(\cos\theta)=\frac{4}{3}ab^2$$

注：对坐标的曲线积分应注意积分路径的方向，然后写出积分变量的上下限，本题若取逆时针为绕行方向，则 θ 的范围应从 0 到 π。简单作图即可观察和验证。

答案：B

13. **解** 本题考查级数收敛的充分条件。

注意本题有$(-1)^n$，显然$\sum\limits_{n=1}^{\infty}\frac{(-1)^n}{a_n}(a_n>0)$是一个交错级数。

交错级数收敛，即$\sum\limits_{n=1}^{\infty}(-1)^n a_n$ 只要满足：①$a_n>a_{n+1}$，②$a_n\to 0(n\to\infty)$即可。

在选项 D 中，已知 a_n 单调递增，即 $a_n<a_{n+1}$，所以$\frac{1}{a_n}>\frac{1}{a_{n+1}}$

又知$\lim\limits_{n\to\infty}a_n=+\infty$，所以$\lim\limits_{n\to\infty}\frac{1}{a_n}=0$

故级数$\sum\limits_{n=1}^{\infty}\frac{(-1)^n}{a_n}(a_n>0)$收敛

其他选项均不符合交错级数收敛的判别方法。

答案：D

14. **解** 本题考查函数拐点的求法。

求解函数拐点即求函数的二阶导数为 0 的点，因此有：

$$f'(x)=e^{-x}-xe^{-x}$$

$$f''(x)=xe^{-x}-2e^{-x}=(x-2)e^{-x}$$

令 $f''(x)=0$，解出 $x=2$

当 $x\in(-\infty,2)$时，$f''(x)<0$

当 $x\in(2,+\infty)$时，$f''(x)>0$

所以拐点为$(2,2e^{-2})$

答案：A

15. **解** 本题考查二阶常系数线性非齐次方程的特解问题。

严格说来本题有点超纲，大纲要求是求解二阶常系数线性齐次微分方程，对于非齐次方程并不做要求。因此本题可采用代入法求解,考虑到 $e^x=(e^x)'=(e^x)''$,观察各选项,易知选项 C 符合要求。

具体解析过程如下:

$y''+y'+y=e^x$ 对应的齐次方程为 $y''+y'+y=0$

$r^2+r+1=0\Rightarrow r_{1,2}=\frac{-1\pm\sqrt{3}i}{2}$

所以 $\lambda=1$ 不是特征方程的根

设二阶非齐次线性方程的特解 $y^*=Ax^0e^x=Ae^x$

$(y^*)'=Ae^x,(y^*)''=Ae^x$

代入,得 $Ae^x+Ae^x+Ae^x=e^x$

$3Ae^x=e^x,3A=1,A=\frac{1}{3}$,所以特解为 $y^*=\frac{1}{3}e^x$

答案:C

16. **解** 本题考查二重积分在极坐标下的运算规则。

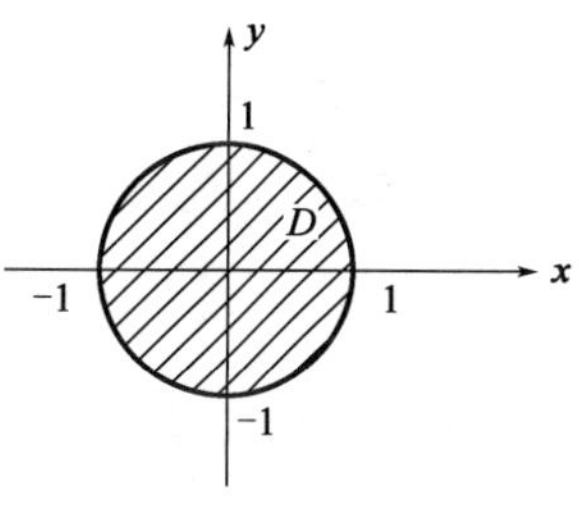

题 16 解图

注意到在二重积分的极坐标中有 $x=r\cos\theta,y=r\sin\theta$,故 $x^2+y^2=r^2$,因此对于圆域有 $0\leqslant r^2\leqslant 1$,也即 $r:0\to 1$,整个圆域范围内有 $\theta:0\to 2\pi$,如解图所示,同时注意二重积分中面积元素 $\mathrm{d}x\mathrm{d}y=r\mathrm{d}r\mathrm{d}\theta$,故:

$$\iint_D\frac{\mathrm{d}x\mathrm{d}y}{1+x^2+y^2}=\int_0^{2\pi}\mathrm{d}\theta\int_0^1\frac{1}{1+r^2}r\mathrm{d}r\xrightarrow[\text{对 }r\text{ 凑微分}]{\theta\text{ 和 }r\text{ 无关直接积分,}}2\pi\int_0^1\frac{1}{2}\frac{1}{1+r^2}\mathrm{d}(1+r^2)$$

$$=\pi\ln(1+r^2)\Big|_0^1=\pi\ln 2$$

答案:D

17. **解** 本题考查幂级数的和函数的基本运算。

级数 $\sum_{n=1}^{\infty}\frac{x^n}{n!}=\frac{x}{1!}+\frac{x^2}{2!}+\frac{x^3}{3!}+\cdots+\frac{x^n}{n!}+\cdots$

已知 $e^x=1+\frac{x}{1!}+\frac{x^2}{2!}+\cdots+\frac{x^n}{n!}+\cdots\quad(-\infty,+\infty)$

所以级数 $\sum_{n=1}^{\infty}\frac{x^n}{n!}$ 的和函数 $S(x)=e^x-1$

注:考试中常见的幂级数展开式有:

$\frac{1}{1-x}=1+x+x^2+\cdots+x^k+\cdots=\sum_{k=0}^{\infty}x^k,|x|<1$

$$\frac{1}{1+x}=1-x+x^2-\cdots+(-1)^k x^k+\cdots=\sum_{k=0}^{\infty}(-1)^k x^k, |x|<1$$

$$e^x=1+x+\frac{x^2}{2!}+\cdots+\frac{x^k}{k!}+\cdots=\sum_{k=0}^{\infty}\frac{x^k}{k!}, (-\infty, +\infty)$$

答案:C

18. **解**　本题考查多元抽象函数偏导数的运算,及多元复合函数偏导数的计算方法。

$$z=y\varphi\left(\frac{x}{y}\right)$$

$$\frac{\partial z}{\partial x}=y\cdot\varphi'\left(\frac{x}{y}\right)\cdot\frac{1}{y}=\varphi'\left(\frac{x}{y}\right)$$

$$\frac{\partial^2 z}{\partial x\partial y}=\varphi''\left(\frac{x}{y}\right)\cdot\left(\frac{x}{y}\right)'=\varphi''\left(\frac{x}{y}\right)\cdot\left(\frac{x}{-y^2}\right)$$

注:复合函数的链式法则为 $f'(g(x))=f'\cdot g'$,读者应注意题目中同时含有抽象函数与具体函数的求导规则,抽象函数求导就直接加一撇,具体函数求导则利用求导公式。

答案:B

19. **解**　本题考查可逆矩阵的相关知识。

方法 1:利用初等行变换求解如下:

由$[\boldsymbol{A} \mid \boldsymbol{E}]\xrightarrow{\text{初等行变换}}[\boldsymbol{E} \mid \boldsymbol{A}^{-1}]$

得:$\left[\begin{array}{ccc:ccc}0&0&-2&1&0&0\\0&3&0&0&1&0\\1&0&0&0&0&1\end{array}\right]\xrightarrow{r_1\leftrightarrow r_2}\left[\begin{array}{ccc:ccc}1&0&0&0&0&1\\0&3&0&0&1&0\\0&0&-2&1&0&0\end{array}\right]\xrightarrow{\frac{1}{3}r_2, -\frac{1}{2}r_3}$

$$\left[\begin{array}{ccc:ccc}1&0&0&0&0&1\\0&1&0&0&\frac{1}{3}&0\\0&0&1&-\frac{1}{2}&0&0\end{array}\right]$$

故 $\boldsymbol{A}^{-1}=\begin{bmatrix}0&0&1\\0&\frac{1}{3}&0\\-\frac{1}{2}&0&0\end{bmatrix}$

方法 2:逐项代入法,与矩阵 $\boldsymbol{A}$ 乘积等于 $\boldsymbol{E}$,即为正确答案。验证选项 C,计算过程如下:

$$\begin{bmatrix}0&0&-2\\0&3&0\\1&0&0\end{bmatrix}\begin{bmatrix}0&0&1\\0&\frac{1}{3}&0\\-\frac{1}{2}&0&0\end{bmatrix}=\begin{bmatrix}1&0&0\\0&1&0\\0&0&1\end{bmatrix}$$

方法3:利用求逆矩阵公式:

$$A^{-1}=\frac{A^*}{|A|}=\frac{1}{|A|}\begin{bmatrix}A_{11} & A_{21} & A_{31}\\ A_{12} & A_{22} & A_{32}\\ A_{13} & A_{23} & A_{33}\end{bmatrix}$$

答案:C

20.**解** 本题考查线性齐次方程组解的基本知识,矩阵的秩和矩阵列向量组的线性相关性。

方法1:

$\boldsymbol{A}\boldsymbol{x}=0$ 有非零解 $\Longleftrightarrow R(\boldsymbol{A})<n\Longleftrightarrow\boldsymbol{A}$ 的列向量组线性相关 $\Longleftrightarrow$ 至少有一个列向量是其余列向量的线性组合。

方法2:

举反例:$\boldsymbol{A}=\begin{bmatrix}1 & 0 & 0\\ 0 & 1 & 1\\ 0 & 0 & 0\end{bmatrix}$,齐次方程组 $\boldsymbol{A}\boldsymbol{x}=0$ 就有无穷多解,因为 $R(\boldsymbol{A})=2<3$,然而矩阵中第一列和第二列线性无关,选项A错。第二列和第三列线性相关,选项B错。第一列不是第二列、第三列的线性组合,选项C错。

答案:D

21.**解** 本题考查实对称阵的特征值与特征向量的相关知识。

已知重要结论:实对称矩阵属于不同特征值的特征向量必然正交。

方法1:

设对应 $\lambda_1=6$ 的特征向量 $\boldsymbol{\xi}_1=(x_1\quad x_2\quad x_3)^{\mathrm{T}}$,由于 $\boldsymbol{A}$ 是实对称矩阵,故 $\boldsymbol{\xi}_1^{\mathrm{T}}\cdot\boldsymbol{\xi}_2=0$,$\boldsymbol{\xi}_1^{\mathrm{T}}\cdot\boldsymbol{\xi}_3=0$,即

$$\begin{cases}(x_1\quad x_2\quad x_3)\begin{bmatrix}-1\\ 0\\ 1\end{bmatrix}=0\\ (x_1\quad x_2\quad x_3)\begin{bmatrix}1\\ 2\\ 1\end{bmatrix}=0\end{cases}\Rightarrow\begin{cases}-x_1+x_3=0\\ x_1+2x_2+x_3=0\end{cases}$$

$$\begin{bmatrix}-1 & 0 & 1\\ 1 & 2 & 1\end{bmatrix}\to\begin{bmatrix}1 & 0 & -1\\ 1 & 2 & 1\end{bmatrix}\to\begin{bmatrix}1 & 0 & -1\\ 0 & 2 & 2\end{bmatrix}\to\begin{bmatrix}1 & 0 & -1\\ 0 & 1 & 1\end{bmatrix}$$

该同解方程组为 $\begin{cases}x_1-x_3=0\\ x_2+x_3=0\end{cases}\Rightarrow\begin{cases}x_1=x_3\\ x_2=-x_3\end{cases}$

当 $x_3=1$ 时，$x_1=1, x_2=-1$

方程组的基础解系 $\boldsymbol{\xi}=(1 \quad -1 \quad 1)^{\mathrm{T}}$，取 $\boldsymbol{\xi}_1=(1 \quad -1 \quad 1)^{\mathrm{T}}$

方法 2：

采用代入法，对四个选项进行验证，对于选项 A：

$$(1 \quad -1 \quad 1)\begin{bmatrix}-1\\0\\1\end{bmatrix}=0,(1 \quad -1 \quad 1)\begin{bmatrix}1\\2\\1\end{bmatrix}=0\text{，可知正确。}$$

答案：A

22. **解** $A(\overline{B \cup C})=A\overline{B}\,\overline{C}$可能发生，选项 A 错。

$A(\overline{A \cup B \cup C})=A\overline{A}\,\overline{B}\,\overline{C}=\varnothing$，选项 B 对。

或见解图，图 a)$\overline{B \cup C}$(斜线区域)与 A 有交集，图 b)$\overline{A \cup B \cup C}$(斜线区域)与 A 无交集。

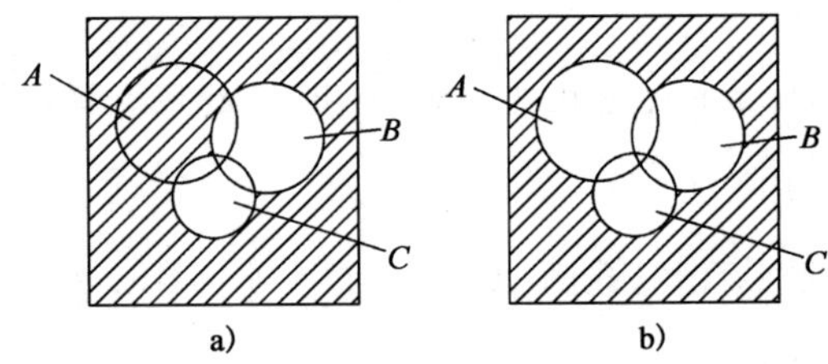

题 22 解图

答案：B

23. **解** 本题考查概率密度的性质：$\int_{-\infty}^{+\infty}\int_{-\infty}^{+\infty} f(x,y)\mathrm{d}x\mathrm{d}y=1$

方法 1：

$$\int_0^{+\infty}\int_0^{+\infty} e^{-2ax+by}\mathrm{d}y\mathrm{d}x=\int_0^{+\infty} e^{-2ax}\mathrm{d}x \cdot \int_0^{+\infty} e^{by}\mathrm{d}y=1$$

当 $a>0$ 时，$\int_0^{+\infty} e^{-2ax}\mathrm{d}x=\dfrac{-1}{2a}e^{-2ax}\Big|_0^{+\infty}=\dfrac{1}{2a}$

当 $b<0$ 时，$\int_0^{+\infty} e^{by}\mathrm{d}y=\dfrac{1}{b}e^{by}\Big|_0^{+\infty}=\dfrac{-1}{b}$

$$\frac{1}{2a}\cdot\frac{-1}{b}=1, ab=-\frac{1}{2}$$

方法 2：

当 $x>0, y>0$ 时，$f(x,y)=e^{-2ax+by}=2ae^{-2ax}\cdot(-b)e^{by}\cdot\dfrac{-1}{2ab}$

当 $\dfrac{-1}{2ab}=1$，即 $ab=-\dfrac{1}{2}$ 时，X 与 Y 相互独立，且

X 服从参数 $\lambda=2a(a>0)$ 的指数分布，Y 服从参数 $\lambda=-b(b<0)$ 的指数分布。

答案：A

24. **解** 因为 $\hat{\theta}$ 是 θ 的无偏估计量，即 $E(\hat{\theta})=\theta$

所以 $E[(\hat{\theta})^2]=D(\hat{\theta})+[E(\hat{\theta})]^2=D(\hat{\theta})+\theta^2$

又因为 $D(\hat{\theta})>0$，所以 $E[(\hat{\theta})^2]>\theta^2$，$(\hat{\theta})^2$ 不是 θ^2 的无偏估计量

答案：B

25. **解** 理想气体状态方程 $pV=\dfrac{M}{\mu}RT$，因为 $V_1=V_2$，$T_1=T_2$，$M_1=M_2$，所以$\dfrac{\mu_1}{\mu_2}=\dfrac{p_2}{p_1}$。

答案：D

26. **解** 气体分子的平均碰撞频率：$\overline{Z}=\sqrt{2}n\pi d^2\overline{v}$，已知 $\overline{v}=1.6\sqrt{\dfrac{RT}{M}}$，$p=nkT$，则：

$$\overline{Z}=\sqrt{2}n\pi d^2\overline{v}=\sqrt{2}\frac{p}{kT}\pi d^2\cdot 1.6\sqrt{\frac{RT}{M}}\propto\frac{1}{\sqrt{T}}$$

答案：C

27. **解** 热力学第一定律 $Q=W+\Delta E$，绝热过程做功等于内能增量的负值，即 $\Delta E=-W=-500\text{J}$。

答案：C

28. **解** 此题考查对热力学第二定律与可逆过程概念的理解。开尔文表述的是关于热功转换过程中的不可逆性，克劳修斯表述则指出热传导过程中的不可逆性。

答案：A

29. **解** 此题考查波动方程基本关系。

$$y=A\cos(Bt-Cx)=A\cos B\left(t-\frac{x}{B/C}\right)$$

$$u=\frac{B}{C},\omega=B,T=\frac{2\pi}{\omega}=\frac{2\pi}{B}$$

$$\lambda=u\cdot T=\frac{B}{C}\cdot\frac{2\pi}{B}=\frac{2\pi}{C}$$

答案：B

30. **解** 波长 λ 反映的是波在空间上的周期性。

答案：B

31. **解** 由描述波动的基本物理量之间的关系得：

$$\frac{\lambda}{3}=\frac{2\pi}{\pi/6},\lambda=36$$

$$u=\frac{\lambda}{T}=\frac{36}{4}=9$$

答案:B

32.**解** 光的干涉,光程差变化为半波长的奇数倍时,原明纹处变为暗条纹。

答案:B

33.**解** 此题考查马吕斯定律。

$I=I_0\cos^2\alpha$,光强为 I_0 的自然光通过第一个偏振片,光强为入射光强的一半,通过第二个偏振片,光强为 $I=\frac{I_0}{2}\cos^2\alpha$,则:

$$\frac{I_1}{I_2}=\frac{\frac{1}{2}I_0\cos^2\alpha_1}{\frac{1}{2}I_0\cos^2\alpha_2}=\frac{\cos^2\alpha_1}{\cos^2\alpha_2}$$

答案:C

34.**解** 光栅公式 $d\sin\theta=k\lambda$,对同级条纹,光栅常数小,衍射角大,选光栅常数小的。

答案:D

35.**解** 由双缝干涉条纹间距公式计算:

$$\Delta x=\frac{D}{d}\lambda=\frac{3000}{2}\times600\times10^{-6}=0.9\text{mm}$$

答案:B

36.**解** 由布儒斯特定律,折射角为 30°时,入射角为 60°,$\tan60°=\frac{n_2}{n_1}=\sqrt{3}$。

答案:D

37.**解** 原子序数为 15 的元素,原子核外有 15 个电子,基态原子的核外电子排布式为 $1s^2\,2s^2\,2p^6\,3s^2\,3p^3$,根据洪特规则,$3p^3$ 中 3 个电子分占三个不同的轨道,并且自旋方向相同。所以原子序数为 15 的元素,其基态原子核外电子分布中,有 3 个未成对电子。

答案:D

38.**解** NaCl 是离子晶体,冰是分子晶体,SiC 是原子晶体,Cu 是金属晶体。所以 SiC 的熔点最高。

答案:C

39.**解** 根据稀释定律 $\alpha=\sqrt{K_a/C}$,一元弱酸 HOAc 的浓度越小,解离度越大。所以 HOAc 浓度稀释一倍,解离度增大。

注:HOAc 一般写为 HAc,普通化学书中常用 HAc。

答案:A

40.**解** 将 0.2 $mol \cdot L^{-1}$ 的 $NH_3 \cdot H_2O$ 与 0.2$mol \cdot L^{-1}$ 的 HCl 溶液等体积混合生成 0.1$mol \cdot L^{-1}$ 的 NH_4Cl 溶液,NH_4Cl 为强酸弱碱盐,可以水解,溶液 $C_{H^+} = \sqrt{C \cdot K_W / K_b} = \sqrt{0.1 \times \frac{10^{-14}}{1.8 \times 10^{-5}}} \approx 7.5 \times 10^{-6}$,$pH = -\lg C_{H^+} = 5.12$。

答案:A

41.**解** 此反应为放热反应。平衡常数只是温度的函数,对于放热反应,平衡常数随着温度升高而减小。相反,对于吸热反应,平衡常数随着温度的升高而增大。

答案:B

42.**解** 电对的电极电势越大,其氧化态的氧化能力越强,越易得电子发生还原反应,做正极;电对的电极电势越小,其还原态的还原能力越强,越易失电子发生氧化反应,做负极。

答案:D

43.**解** 反应方程式为 $2Na(s) + Cl_2(g) = 2NaCl(s)$。气体分子数增加的反应,其熵值增大;气体分子数减小的反应,熵值减小。

答案:B

44.**解** 加成反应生成 2,3-二溴-2-甲基丁烷,所以在 2,3 位碳碳间有双键,所以该烃为 2-甲基-2-丁烯。

答案:D

45.**解** 同系物是指结构相似、分子组成相差若干个$-CH_2-$原子团的有机化合物。

答案:D

46.**解** 烃类化合物是碳氢化合物的统称,是由碳与氢原子所构成的化合物,主要包含烷烃、环烷烃、烯烃、炔烃、芳香烃。烃分子中的氢原子被其他原子或者原子团所取代而生成的一系列化合物称为烃的衍生物。

答案:B

47.**解** 销钉 C 处为光滑接触约束,约束力应垂直于 AB 光滑直槽,由于 $\boldsymbol{F}_P$ 的作用,直槽的左上侧与销钉接触,故其约束力的作用线与 x 轴正向所成的夹角为 150°。

答案:D

48.**解** 根据力系简化结果分析,分力首尾相连组成自行封闭的力多边形,则简化后的主矢为零,而 $\boldsymbol{F}_1$ 与 $\boldsymbol{F}_3$、$\boldsymbol{F}_2$ 与 $\boldsymbol{F}_4$ 分别组成逆时针转向的力偶,合成后为一合力偶。

答案:C

49. **解**　以圆柱体为研究对象，沿1、2接触点的法线方向有约束力 $\boldsymbol{F}_{N1}$ 和 $\boldsymbol{F}_{N2}$，受力如解图所示。对圆柱体列 $\boldsymbol{F}_{N2}$ 方向的平衡方程：

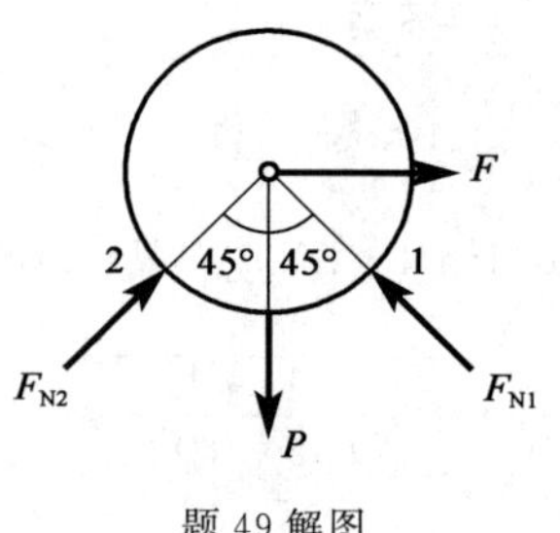

题49解图

$$\sum F_2=0, F_{N2}-P\cos45°+F\sin45°=0$$

$$F_{N2}=\frac{\sqrt{2}}{2}(P-F)$$

答案：A

50. **解**　在重力作用下，杆 A 端有向左侧滑动的趋势，故 B 处摩擦力应沿杆指向右上方向。

答案：B

51. **解**　因为速度 $v=\dfrac{\mathrm{d}x}{\mathrm{d}t}$，积一次分，即：$\int_5^x \mathrm{d}x=\int_0^t(20t+5)\mathrm{d}t$，$x-5=10t^2+5t$。

答案：A

52. **解**　根据定轴转动刚体上一点加速度与转动角速度、角加速度的关系：$a_n=\omega^2 l$，$a_\tau=\alpha l$，而题中 $a_n=a=\omega^2 l$，所以 $\omega=\sqrt{\dfrac{a}{l}}$，$a_\tau=0=\alpha l$，所以 $\alpha=0$。

答案：C

53. **解**　绳上各点的加速度大小均为 a，而轮缘上各点的加速度大小为 $\sqrt{a^2+\left(\dfrac{v^2}{r}\right)^2}$。

答案：B

54. **解**　汽车运动到洼地底部时加速度的大小为 $a=a_n=\dfrac{v^2}{\rho}$，其运动及受力如解图所示，按照牛顿第二定律，在铅垂方向有 $ma=F_N-W$，$\boldsymbol{F}_N$ 为地面给汽车的合约束，力 $F_N=\dfrac{W}{g}\cdot\dfrac{v^2}{\rho}+W=\dfrac{2800}{10}\times\dfrac{10^2}{5}+2800=8400\text{N}$。

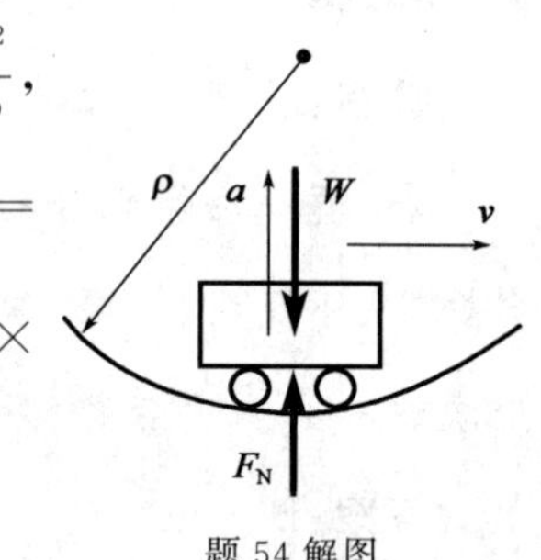

题54解图

答案：D

55. **解**　根据动量的公式：$p=mv_C$，则圆轮质心速度为零，动量为零，故系统的动量只有物块的 $\dfrac{W}{g}\cdot v$；又根据动能的公式：圆轮的动能为 $\dfrac{1}{2}\cdot\dfrac{1}{2}mR^2\omega^2=\dfrac{1}{4}mR^2\left(\dfrac{v}{R}\right)^2\Big|=\dfrac{1}{4}mv^2$，物块的动能为 $\dfrac{1}{2}\cdot\dfrac{W}{g}v^2$，两者相加为 $\dfrac{1}{2}\cdot\dfrac{v^2}{g}\left(\dfrac{1}{2}mg+W\right)$。

答案：A

56. **解**　由于系统在水平方向受力为零，故在水平方向有质心守恒，即质心只沿铅垂方向运动。

答案：C

57. **解**　根据定轴转动刚体惯性力系的简化结果分析，匀角速度转动($\alpha=0$)刚体的惯性力主矢和主矩的大小分别为：$F_{\mathrm{I}}=ma_{\mathrm{C}}=\frac{1}{2}ml\omega^2$，$M_{\mathrm{IO}}=J_{\mathrm{O}}\alpha=0$。

答案：D

58. **解**　单摆运动的固有频率公式：$\omega_n=\sqrt{\frac{g}{l}}$。

答案：C

59. **解**　$\varepsilon'=-\mu\varepsilon=-\mu\frac{\sigma}{E}=-\mu\frac{F_{\mathrm{N}}}{AE}$

$$=-0.3\times\frac{20\times10^3\mathrm{N}}{100\mathrm{mm}^2\times200\times10^3\mathrm{MPa}}=-0.3\times10^{-3}$$

答案：B

60. **解**　由于沿横截面有微小裂纹，使得横截面的形心有变化，杆件由原来的轴向拉伸变成了偏心拉伸，其应力 $\sigma=\frac{F_{\mathrm{N}}}{A}+\frac{M_z}{W_z}$ 明显变大，故有裂纹的杆件比没有裂纹杆件的承载能力明显降低。

答案：B

61. **解**　由 $\sigma=\frac{P}{\frac{1}{4}\pi d^2}\leqslant[\sigma]$，$\tau=\frac{P}{\pi dh}\leqslant[\tau]$，$\sigma_{\mathrm{bs}}=\frac{P}{\frac{\pi}{4}(D^2-d^2)}\leqslant[\sigma_{\mathrm{bs}}]$分别求出$[P]$，然后取最小值即为杆件的许用拉力。

答案：D

62. **解**　由于 a 轮上的外力偶矩 M_{a} 最大，当 a 轮放在两端时轴内将产生较大扭矩；只有当 a 轮放在中间时，轴内扭矩才较小。

答案：D

63. **解**　由最大负弯矩为 8kN·m，可以反推：$M_{\max}=F\times1\mathrm{m}$，故 $F=8\mathrm{kN}$

再由支座 C 处(即外力偶矩 M 作用处)两侧的弯矩的突变值是 14kN·m，可知外力偶矩＝14kN·m

答案：A

64. **解**　开裂前，由整体梁的强度条件 $\sigma_{\max}=\frac{M}{W_z}\leqslant[\sigma]$，可知：

$$M \leqslant [\sigma]W_z = [\sigma]\frac{b(3a)^2}{6} = \frac{3}{2}ba^2[\sigma]$$

胶合面开裂后，每根梁承担总弯矩 M_1 的$\frac{1}{3}$，由单根梁的强度条件 $\sigma_{1\max} = \frac{M_1}{W_{z1}} = \frac{\frac{M_1}{3}}{W_{z1}} = \frac{M_1}{3W_{z1}} \leqslant [\sigma]$，可知：

$$M_1 \leqslant 3[\sigma]W_{z1} = 3[\sigma]\frac{ba^2}{6} = \frac{1}{2}ba^2[\sigma]$$

故开裂后每根梁的承载能力是原来的$\frac{1}{3}$。

答案：B

65. **解**　矩形截面切应力的分布是一个抛物线形状，最大切应力在中性轴 z 上，图示梁的横截面可以看作是一个中性轴附近梁的宽度 b 突然变大的矩形截面。根据弯曲切应力的计算公式：

$$\tau = \frac{QS_z^*}{bI_z}$$

在 b 突然变大的情况下，中性轴附近的 τ 突然变小，切应力分布图沿 y 方向的分布如解图所示，所以最大切应力在 2 点。

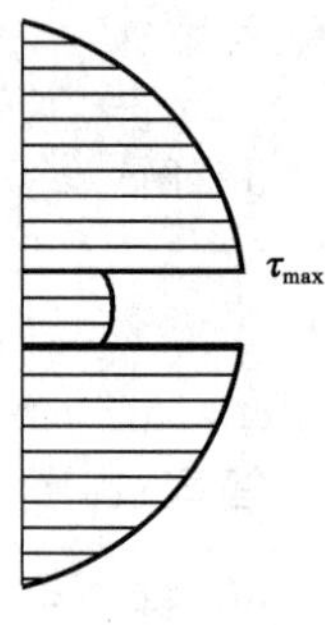

题 65 解图

答案：B

66. **解**　由悬臂梁的最大挠度计算公式 $f_{\max} = \frac{m_g L^2}{2EI}$，可知 $f_{\max}$ 与 L^2 成正比，故有

$$f'_{\max} = \frac{m_g\left(\frac{L}{2}\right)^2}{2EI} = \frac{1}{4}f_{\max}$$

答案：B

67. **解**　由跨中受集中力 F 作用的简支梁最大挠度的公式 $f_c = \frac{Fl^3}{48EI}$，可知最大挠度与截面对中性轴的惯性矩成反比。

因为 $I_a = \frac{b^3 h}{12} = \frac{b^4}{6}$，而 $I_b = \frac{bh^3}{12} = \frac{2b^4}{3}$，所以 $\frac{f_a}{f_b} = \frac{I_b}{I_a} = \frac{\frac{2}{3}b^4}{\frac{b^4}{6}} = 4$

答案：C

68. **解**　首先求出三个主应力：$\sigma_1 = \sigma$，$\sigma_2 = \tau$，$\sigma_3 = -\tau$，再由第三强度理论得 $\sigma_{r3} = \sigma_1 - \sigma_3 = \sigma + \tau \leqslant [\sigma]$。

答案：B

69. **解**　开缺口的截面是偏心受拉，偏心距为$\frac{h}{4}$，由公式 $\sigma_{\max} = \frac{P}{A} + \frac{P \cdot \frac{h}{4}}{W_z}$ 可求得结果。

答案:C

70.**解** 由一端固定、另一端自由的细长压杆的临界力计算公式 $F_{cr}=\frac{\pi^2 EI}{(2L)^2}$,可知 F_{cr} 与 L^2 成反比,故有

$$F'_{cr}=\frac{\pi^2 EI}{\left(2\cdot\frac{L}{2}\right)^2}=4\frac{\pi^2 EI}{(2L)^2}=4F_{cr}$$

答案:A

71.**解** 水的运动黏性系数随温度的升高而减小。

答案:B

72.**解** 真空度 $p_v=p_a-p'=101-(90+9.8)=1.2\text{kN/m}^2$

答案:C

73.**解** 流线表示同一时刻的流动趋势。

答案:D

74.**解** 对两水箱水面写能量方程可得:$H=h_w=h_{w_1}+h_{w_2}$

1~3 管段中的流速 $v_1=\frac{Q}{\frac{\pi}{4}d_1^2}=\frac{0.04}{\frac{\pi}{4}\times(0.2)^2}=1.27\text{m/s}$

$$h_{w_1}=\left(\lambda_1\frac{l_1}{d_1}+\sum\zeta_1\right)\frac{v_1^2}{2g}=\left(0.019\times\frac{10}{0.2}+0.5+0.5+0.024\right)\times\frac{1.27^2}{2\times9.8}=0.162\text{m}$$

3~6 管段中的流速 $v_2=\frac{Q}{\frac{\pi}{4}d_2^2}=\frac{0.04}{\frac{\pi}{4}\times0.1^2}=5.1\text{m/s}$

$$h_{w_2}=\left(\lambda_2\frac{l_2}{d_2}+\sum\zeta_2\right)\frac{v_2^2}{2g}=\left(0.018\times\frac{10}{0.1}+0.5+0.05+1\right)\times\frac{5.1^2}{2\times9.8}=5.042\text{m}$$

$H=h_{w_1}+h_{w_2}=0.162+5.042=5.204\text{m}$

答案:C

75.**解** 在长管水力计算中,速度水头和局部损失均可忽略不计。

答案:C

76.**解** 矩形排水管水力半径 $R=\frac{A}{\chi}=\frac{5\times3}{5+2\times3}=1.36\text{m}$。

答案:C

77.**解** 潜水完全井流量 $Q=1.36k\frac{H^2-h^2}{\lg\frac{R}{r}}$,因此 Q 与土体渗透数 k 成正比。

答案:D

78.解　无量纲量即量纲为1的量,$\dim\frac{F}{\rho v^2 l^2}=\frac{\rho v^2 l^2}{\rho v^2 l^2}=1$

答案:C

79.解　电流与磁场的方向可以根据右手螺旋定则确定,即让右手大拇指指向电流的方向,则四指的指向就是磁感线的环绕方向。

答案:D

80.解　见解图,设2V电压源电流为I',则:

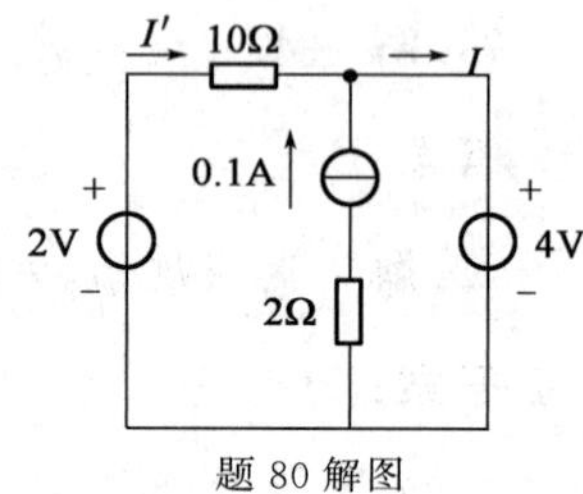

题80解图

$I=I'+0.1$

$10I'=2-4=-2\text{V}$

$I'=-0.2\text{A}$

$I=-0.2+0.1=-0.1\text{A}$

答案:C

81.解　电流源单独作用时,15V的电压源做短路处理,则

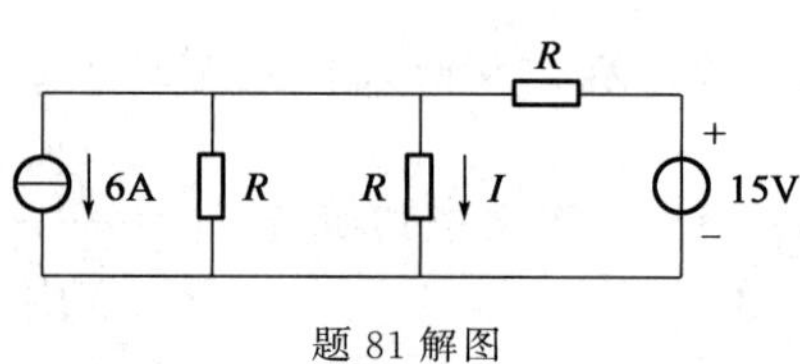

题81解图

$$I=\frac{1}{3}\times(-6)=-2\text{A}$$

答案:D

82.解　画相量图分析(见解图),电压表和电流表读数为有效值。

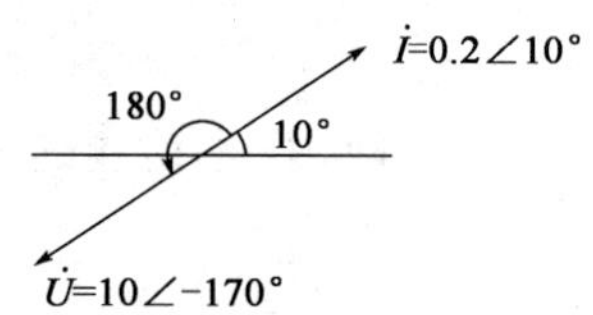

题82解图

答案:D

83.解　$P=UI\cos\varphi$

$=110\times1\times\cos30°=95.3\text{W}$

$Q=UI\sin\varphi$

$=110\times1\times\sin30°=55\text{W}$

$S=UI=110\times1=110\text{V}\cdot\text{A}$

题83解图

答案:A

84.解　在直流稳态电路中电容作开路处理。开关未动作前,$u=U_{C(0-)}$

电容为开路状态时,$U_{C(0-)}=\frac{1}{2}\times6=3\text{V}$

电源充电进入新的稳态时

$$U_{C(\infty)}=\frac{1}{3}\times 6=2\text{V}$$

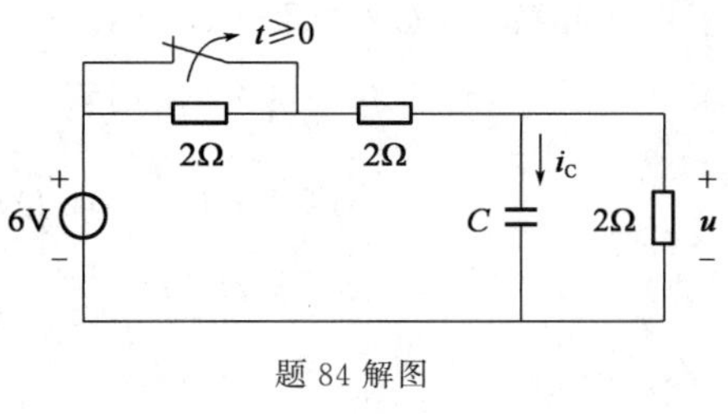

题 84 解图

因此换路电容电压逐步衰减到 2V。电路的时间常数 $\tau=RC$，本题中 C 值没给出，是不能确定 τ 的数值的。

答案：B

85. **解** 如解图所示，根据理想变压器关系有

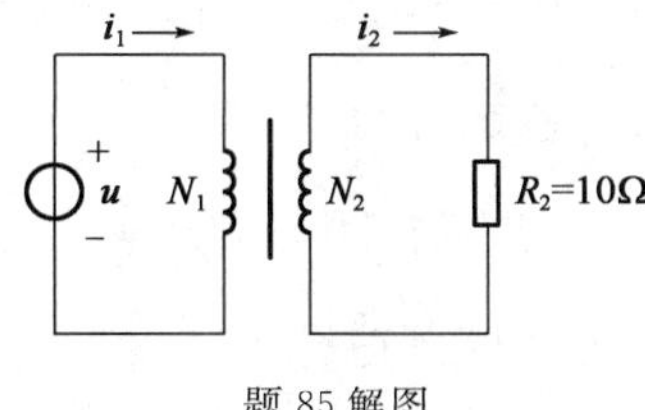

题 85 解图

$$I_2=\sqrt{\frac{P_2}{R_2}}=\sqrt{\frac{40}{10}}=2\text{A}$$

$$K=\frac{I_2}{I_1}=2$$

$$N_2=\frac{N_1}{K}=\frac{100}{2}=50\ \text{匝}$$

答案：A

86. **解** 实现对电动机的过载保护，除了将热继电器的热元件串联在电动机的主电路外，还应将热继电器的常闭触点串接在控制电路中。

当电机过载时，这个常闭触点断开，控制电路供电通路断开。

答案：B

87. **解** 模拟信号与连续时间信号不同，模拟信号是幅值连续变化的连续时间信号。题中两条曲线均符合该性质。

答案：C

88. **解** 周期信号的幅值频谱是离散且收敛的。这个周期信号一定是时间上的连续信号。

本题给出的图形是周期信号的频谱图。频谱图是非正弦信号中不同正弦信号分量的幅值按频率变化排列的图形，其大小是表示各次谐波分量的幅值，用正值表示。例如本题频谱图中出现的 1.5V 对应于 1kHz 的正弦信号分量的幅值，而不是这个周期信号的幅值。因此本题选项 C 或 D 都是错误的。

答案：B

89. **解** 放大器的输入为正弦交流信号。但 $u_1(t)$ 的频率过高，超出了上限频率 f_H，放大倍数小于 A，因此输出信号 u_2 的有效值 $U_2<AU_1$。

答案：C

90.**解**　$AC+DC+\overline{AD}\cdot C$

$$=(A+D+\overline{AD})\cdot C$$

$$=(A+D+\overline{A}+\overline{D})\cdot C$$

$$=1\cdot C=C$$

答案:A

91.**解**　$\overline{A+B}=F$

F 是个或非关系,可以用"有 1 则 0"的口诀处理。

答案:B

92.**解**　本题各选项均是用八位二进制 BCD 码表示的十进制数,即是以四位二进制表示一位十进制。

十进制数字 88 的 BCD 码是 10001000。

答案:B

93.**解**　图示为二极管的单相半波整流电路。

当 $u_i>0$ 时,二极管截止,输出电压 $u_o=0$;当 $u_i<0$ 时,二极管导通,输出电压 u_o 与输入电压 u_i 相等。

答案:B

94.**解**　本题为用运算放大器构成的电压比较电路,波形分析如下:

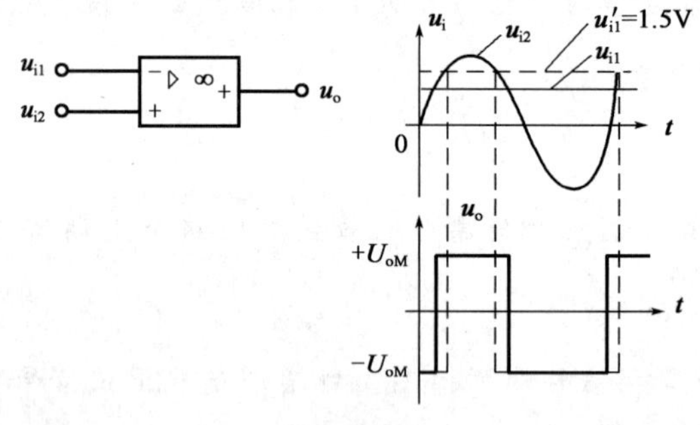

题 94 解图

当 $u_{i1}<u_{i2}$ 时,$u_o=+U_{oM}$

当 $u_{i1}>u_{i2}$ 时,$u_o=-U_{oM}$

当 u_{i1} 升高到 1.5V 时,u_o 波形的正向面积减小,反向面积增加,电压平均值降低(如解图中虚线波形所示)。

答案:D

95.**解**　题图为一个时序逻辑电路,由解图可以看出,第一个和第二个时钟的下降沿时刻，输出 Q 均等于 0。

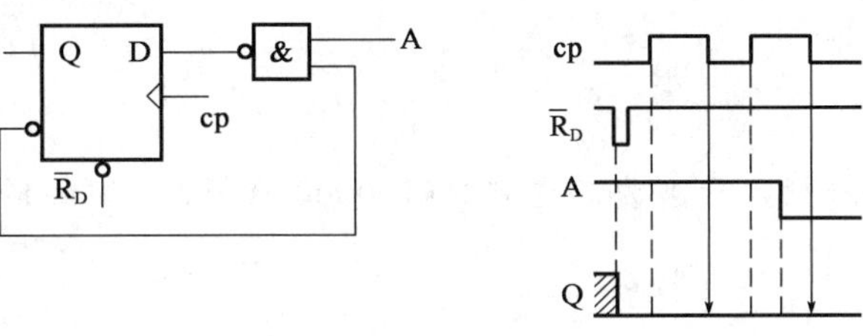

题 95 解图

答案：A

96. **解** 图示为三位的异步二进制加法计数器，波形图分析如下。

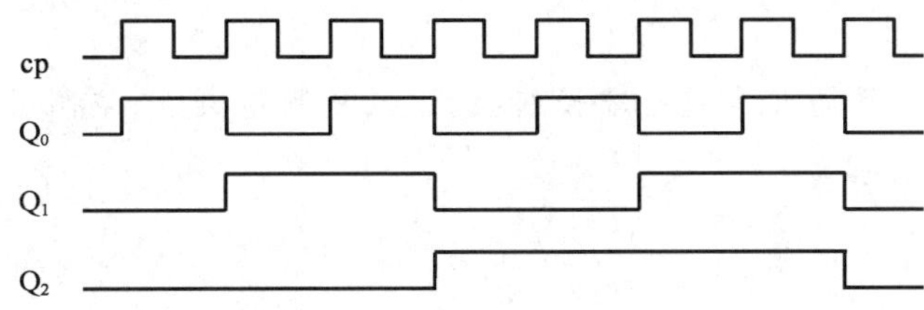

答案：C

97. **解** 计算机硬件的组成包括输入/输出设备、存储器、运算器、控制器。内存储器是主机的一部分，属于计算机的硬件系统。

答案：B

98. **解** 根据冯·诺依曼结构原理，计算机硬件是由运算器、控制器、存储器、I/O 设备组成。

答案：C

99. **解** 当要对存储器中的内容进行读写操作时，来自地址总线的存储器地址经地址译码器译码之后，选中指定的存储单元，而读写控制电路根据读写命令实施对存储器的存取操作，数据总线则用来传送写入内存储器或从内存储器读出的信息。

答案：B

100. **解** 操作系统的运行是在一个随机的环境中进行的，也就是说，人们不能对于所运行的程序的行为以及硬件设备的情况做任何的假定，一个设备可能在任何时候向微处理器发出中断请求。人们也无法知道运行着的程序会在什么时候做了些什么事情，也无法确切的知道操作系统正处于什么样的状态之中，这就是随机性的含义。

答案：C

101. **解** 多任务操作系统是指可以同时运行多个应用程序。比如：在操作系统下，在打开网页的同时还可以打开QQ进行聊天，可以打开播放器看视频等。目前的操作系统都是多任务的操作系统。

答案:B

102.**解** 先将十进制数转换为二进制数(100000000＋0.101＝100000000.101)，而后三位二进制数对应于一位八进制数。

答案:D

103.**解** $1kB=2^{10}B=1024B$，$1MB=2^{20}B=1024kB$，$1GB=2^{30}B=1024MB=1024\times1024kB$，$1TB=2^{40}B=1024GB=1024\times1024MB$。

答案:D

104.**解** 计算机病毒特点包括非授权执行性、复制传染性、依附性、寄生性、潜伏性、破坏性、隐蔽性、可触发性。

答案:D

105.**解** 通常人们按照作用范围的大小，将计算机网络分为三类：局域网、城域网和广域网。

答案:C

106.**解** 常见的局域网拓扑结构分为星形网、环形网、总线网，以及它们的混合型。

答案:B

107.**解** 年实际利率为：

$$i=\left(1+\frac{r}{m}\right)^{m}-1=\left(1+\frac{6\%}{2}\right)^{2}-1=6.09\%$$

年实际利率高出名义利率：6.09%－6%＝0.09%

答案:C

108.**解** 第一年贷款利息：400/2×6%＝12万元

第二年贷款利息：(400＋800/2＋12)×6%＝48.72万元

建设期贷款利息：12＋48.72＝60.72万元

答案:D

109.**解** 由于股利必须在企业税后利润中支付，因而不能抵减所得税的缴纳。普通股资金成本为：

$$K_{s}=\frac{8000\times10\%}{8000\times(1-3\%)}+5\%=15.31\%$$

答案:D

110. **解**　回收营运资金为现金流入，故项目第 10 年的净现金流量为 25＋20＝45 万元。

答案：C

111. **解**　社会折现率是用以衡量资金时间经济价值的重要参数，代表资金占用的机会成本，并且用作不同年份之间资金价值换算的折现率。

答案：D

112. **解**　题目给出的影响因素中，产品价格变化较小就使得项目净现值为零，故该因素最敏感。

答案：A

113. **解**　差额投资内部收益率是两个方案各年净现金流量差额的现值之和等于零时的折现率。差额内部收益率等于基准收益率时，两方案的净现值相等，即两方案的优劣相等。

答案：A

114. **解**　F_3 的功能系数为：$F_3=\frac{4}{3+5+4+1+2}=0.27$

答案：C

115. **解**　《中华人民共和国建筑法》第二十七条规定，大型建筑工程或者结构复杂的建筑工程，可以由两个以上的承包单位联合共同承包。共同承包的各方对承包合同的履行承担连带责任。

两个以上不同资质等级的单位实行联合共同承包的，应当按照资质等级低的单位的业务许可范围承揽工程。

答案：D

116. **解**　选项 B 属于义务，其他几条属于权利。

答案：B

117. **解**　《中华人民共和国招标投标法》第二十八条规定，投标人应当在招标文件要求提交投标文件的截止时间前，将投标文件送达投标地点。招标人收到投标文件后，应当签收保存，不得开启。投标人少于三个的，招标人应当依照本法重新招标。在招标文件要求提交投标文件的截止时间后送达的投标文件，招标人应当拒收。

答案：B

118. **解**　《中华人民共和国合同法》第五十四条规定，下列合同，当事人一方有权请求人民法院或者仲裁机构变更或者撤销：

（一）因重大误解订立的；

（二）在订立合同时显失公平的。

……

第五十五条　有下列情形之一的，撤销权消灭：

（一）具有撤销权的当事人自知道或者应当知道撤销事由之日起一年内没有行使撤销权。

……

答案：C

119.**解**　《建筑工程质量管理条例》第三十九条规定，建设工程实行质量保修制度。建设工程承包单位在向建设单位提交工程竣工验收报告时，应当向建设单位出具质量保修书。质量保修书中应当明确建设工程的保修范围、保修期限和保修责任等。

建设工程的保修期，自竣工验收合格之日起计算。

国务院规定的保修年限没有"最低"这个限制词，所以选项B和C都不对。

答案：D

120.**解**　《建设工程安全生产管理条例》第八条规定，建设单位在编制工程概算时，应当确定建设工程安全作业环境及安全施工措施所需费用。

答案：A

2017 年度全国勘察设计一级注册结构工程师执业资格考试基础考试(下)试题解析及参考答案

1. **解** 随着开口孔隙率的增加,材料的密度不变,抗冻性、抗渗性、耐腐蚀性、耐水性(即软化系数)降低,导热性(即导热系数)提高。

答案:B

2. **解** 在外力作用下材料产生变形,外力取消后变形消失,材料能完全恢复原来形状的性质称为弹性;在外力作用下材料产生变形,外力取消后仍保持变形后的形状和尺寸,但不产生裂隙的性质称为塑性;外力达到一定限度后,材料突然破坏,且破坏时无明显的塑性变形的性质称为脆性;材料在冲击或振动荷载作用下,能吸收较大的能量,同时产生较大的变形而不破坏的性质称为韧性。

答案:C

3. **解** 硬化水泥浆体的强度取决于水泥的强度和水灰比。水灰比越大,硬化后多余水分蒸发留下的毛细孔隙越多,即毛细孔隙率越大,硬化水泥浆体强度越低。所以与硬化水泥浆体强度直接相关的是毛细孔隙率。

答案:B

4. **解** 碱集料反应是指混凝土内水泥中的碱性氧化物($Na_2O+0.658K_2O$)与集料中的活性 SiO_2 发生化学反应生成的碱硅酸凝胶吸水体积膨胀,引起混凝土裂缝,甚至破坏的现象。混凝土碳化反应是指混凝土中的 $Ca(OH)_2$ 在潮湿条件下与空气中 CO_2 反应生成 $CaCO_3$ 和 H_2O 的过程。盐结晶破坏是指盐类物质(如 Na_2SO_4、$MgSO_4$ 等硫酸盐)在干湿变化或降温作用下结晶产生体积膨胀而使混凝土表面产生剥蚀破坏的现象。盐类化学反应是指盐类中含有的各种离子(如 Cl^-、SO_4^{2-} 离子等)与混凝土中的成分发生化学反应而导致混凝土化学腐蚀破坏的现象。由于我国西北干旱和盐渍土地区存在大量盐类物质且湿度低,所以影响地面混凝土耐久性的主要过程为盐类化学反应。

答案:D

5. **解** 混凝土主要由硬化水泥浆、集料及硬化水泥浆与骨料的界面过渡区组成,所以硬化水泥浆强度越高,骨料的强度越高,界面过渡区结合越紧密,则混凝土强度越高。所以混凝土材料的抗压强度与拌和水的品质没有直接关系。

答案:D

6.解　石材的工艺性质是指石材开采及加工过程的难易程度,包括加工性、抗钻性、磨光性等。加工性是指岩石在开采、劈解、破碎与凿琢等加工工艺的难易程度;磨光性是指石材能否磨光成光滑平整表面的性质;抗钻性是指石材钻孔时的难易程度。所以抗酸腐蚀性不属于石材的工艺性质。

答案:B

7.解　乳化沥青是沥青微粒分散在有乳化剂的水中而成的乳胶体,所以配制乳化沥青时需要加入乳化剂。

答案:B

8.解　因为$\Delta x_{AB}<0$,$\Delta y_{AB}<0$,根据测量坐标系中方位角及象限角之间的关系,可以判定该方位角位于第三象限内。

答案:B

9.解　根据国家基本地图的分幅与编号方法,参见《国家基本比例尺地形图分幅和编号》(GB/T 13989—2012),地形图的编号以1∶100万为基础,大于该比例尺的地形图,如1∶50万、1∶25万、1∶10万等,应在1∶100万地图编号之后加比例尺代号,再加行号和列号。由题中所给图幅的编号J50B001001可知:J50为1∶100万的基本图,后面的比例尺代码B为1∶50万地形图,001、001为该1∶50万图所在的行号和列号。

答案:C

10.解　用经纬仪测量两个方向所夹的水平角通常采用测回法。半测回法适用于测量精度要求不高,不需盘左、盘右测量角度的情况。方向观测法和全圆测回法是同一种水平角测量方法,适用于两个以上方向的水平角测量。

答案:A

11.解　采用建筑基线作为平面控制,基线布置应根据建筑物分布、场地地形和原有控制点的状况而定,基线点数不得少于3个。

答案:C

12.解　视距测量水平距离计算公式为:$D=kl\cos^2\alpha$。式中,D为水平距离,k为视距常数,l为视距间隔,α为竖直角。

答案:A

13.解　《中华人民共和国城市房地产管理法》第三十四条规定,国家实行房地产价格评估制度。所以本题答案应为法律。

答案:A

14.**解**　《中华人民共和国节约能源法》第二条规定,本法所称能源,是指煤炭、石油、天然气、生物质能和电力、热力以及其他直接或者通过加工、转换而取得有用能的各种资源。

答案:A

15.**解**　《中华人民共和国建筑法》第七条规定,建筑工程开工前,建设单位应当按照国家有关规定向工程所在地县级以上人民政府建设行政主管部门申请领取施工许可证;但是,国务院建设行政主管部门确定的限额以下的小型工程除外。

答案:A

16.**解**　《建设工程质量管理条例》第三条规定,建设单位、勘察单位、设计单位、施工单位、工程监理单位依法对建设工程质量负责。

第七十四条规定,建设单位、设计单位、施工单位、工程监理单位违反国家规定,降低工程质量标准,造成重大安全事故,构成犯罪的,对直接责任人员依法追究刑事责任。

答案:A

17.**解**　《建筑地基基础工程施工规范》(GB 51004—2015)第5.5.24条规定,终止沉桩应以桩端标高控制为主,贯入度控制为辅;当桩端处于坚硬或硬塑的黏性土、中密以上的粉土、砂土、碎石类土及风化岩时,沉桩时应以贯入度控制为主,桩端标高控制为辅。可见,选项A、B、C的土层均需以贯入度控制为主(属于端承桩),而选项D则应以桩端(桩尖)标高控制为主(属于摩擦桩)。

答案:D

18.**解**　《混凝土结构施工规范》(GB 50666—2011)第10.2.1条规定,为提高混凝土早期强度增长率,以便尽快达到受冻临界强度,冬期施工宜优先选用硅酸盐水泥或普通硅酸盐水泥。使用其他水泥需通过试验确定混凝土在负温下的强度发展规律、抗渗性能等是否满足工程设计和施工进度要求。当采用蒸汽养护时,则宜采用具有较好蒸养适应性的矿渣硅酸盐水泥。《建筑工程冬期施工规程》(JGJ/T 104—2011)第6.1.3条规定,混凝土最小水泥用量不宜低于280kg/m^3,水胶比不应大于0.55。

答案:B

19.**解**　选项A,人字桅杆式起重机起重范围小,不便移动,仅能用于设备安装或少量平面尺寸小的构件吊装,不能用于大面积房屋结构吊装。选项B,履带式起重机适合于五层以下的房屋结构吊装。选项C,附着式塔式起重机起重高度大,但不便移动,吊装平面范围取决于臂长，适合于高层或超高层、塔式房屋结构吊装。选项D，轨道式塔式起重机移动方便、服务范围大，最适合10层以下、长度较大的板式房屋结构吊装，且经济合理。

答案：D

20.**解**　选项A，总时差是指在不影响工期的前提下，一项工作可以利用的机动时间；可用本工作最迟与最早开始时间或最迟与最早完成时间相减得到。选项B，自由时差是指在不影响其紧后工作最早开始的前提下，一项工作可以利用的机动时间；可用紧后工作的最早开始时间减本工作的最早完成时间得到，也可以说是“某工作最早完成时间与其紧后工作的最早开始时间之差”。选项C，虚工作不是时间参数，它是既不耗用时间；也不耗用资源的虚拟工作，在双代号网络计划中为正确表达前后工作之间的逻辑关系，在单代号网络计划中为保证开始和(或)结束成为唯一节点而设置的。选项D，时间间隔是指相邻两工作间可能存在的最大间歇时间。

答案：B

21.**解**　工期签证是工程签证的一种。对非施工单位原因导致的工期延长，应通过工期签证予以扣除。可办理工期签证的情形主要有：

①不可抗力(如地震、洪水、台风等自然灾害)和社会政治原因(如战争、骚乱、罢工，政策、法规改变等)引起的工期延误；

②发包人的原因(如未能按照约定提供图纸、设备及材料、开工条件，设计变更或工程量增加，未按照约定日期支付费用等)引起的工期延误；

③签约时双方不可预见的因素(如挖掘到文物、地下管线、障碍物，恶劣天气等)引起的工期延误；

④停水、停电、停气引起的工期延误等。

选项D，属施工单位未按规定硬化场地和道路，自身原因造成的工期拖延，不属于应办理工期签证的情形。

答案：D

22.**解**　钢筋混凝土受剪力和扭矩共同作用时，应考虑剪扭的相关性。此时构件的抗扭承载力为：$T=0.35\beta_t f_t W_t+1.2\sqrt{\zeta}f_{yv}\dfrac{A_{st1}A_{cor}}{s}$，式中$\beta_t$为剪扭构件混凝土受扭承载力降低系数$(0.5\leqslant\beta_t\leqslant1.0)$，所以剪力的存在将使受剪扭钢筋混凝土构件的抗扭承载力降低。

答案：A

23. **解** 《混凝土结构设计规范》(GB 50010—2010)第 6.3.1 条给出了受剪截面的控制条件,目的是通过控制最小截面尺寸防止发生斜压破坏。第 9.2.9 条规定了配箍率 $\rho_{sv} \geqslant 0.24f_t/f_{yv}$,同时给出了箍筋的最小直径和箍筋最大间距的构造要求。

答案:D

24. **解** 板的长短边之比 $l_2/l_1=1.5$,为双向板。四边固定的双向板,板面负塑性铰线既为板的支座边线,斜向正塑性铰线由板角 45°向板内延伸,并与跨中水平塑性铰线相交(均布荷载下,塑性铰线是直线)。

答案:A

25. **解** 钢筋混凝土剪力墙结构边缘构件分为构造边缘构件和约束边缘构件两类,选项 A 正确。剪力墙内的边缘构件相当于暗柱,暗柱内的混凝土受到钢筋的约束,因此可提高墙体的延性,选项 B 正确。《建筑抗震设计规范》(GB 50011—2010)第 6.4.5 条规定,抗震墙两端和洞口两侧应设置边缘构件,边缘构件包括暗柱、端墙和翼墙,同时表 6.4.5-2 规定了抗震墙构造边缘构件的配筋要求,选项 C 错误,选项 D 正确。

答案:C

26. **解** 钢材质量等级由 A 到 E,其质量由低到高,划分指标为冲击韧性,其中 A 级为不要求 V 型冲击试验,B 级为具有常温冲击韧性合格保证;C 级为具有 0℃(工作温度 $-20℃<t\leqslant0℃$)冲击韧性合格保证;D 级为具有−20℃(工作温度 $t\leqslant-20℃$)冲击韧性合格保证;对于 Q345、Q390 钢,E 级为具有−40℃(工作温度 $t\leqslant-40℃$)冲击韧性合格保证。

答案:C

27. **解** 《钢结构设计标准》(GB 50017—2017)第 7.2.1 条规定,普通钢结构轴心受压构件的稳定性应按下式计算:$\frac{N}{\varphi A}\leqslant f$,式中稳定性系数 φ 与构件的长细比、钢材型号和截面类别等有关。

答案:A

28. **解** 侧面角焊缝在弹性工作阶段沿其长度方向受力是不均匀的,两端大中间小。如果焊缝不是太长,两端焊缝达到屈服后继续加载,应力会逐渐趋于均匀。焊缝越长,应力集中现象越严重,所以《钢结构设计标准》(GB 50017—2017)第 11.2.6 条规定,角焊缝的搭接焊接连接中,如果焊缝计算长度 l_w 超过 $60h_f$,则焊缝的承载力设计值应乘以折减系数。

答案:B

29. **解**　屋盖支撑的主要作用包括：①保证在施工和使用阶段厂房屋盖结构的空间几何稳定性；②保证屋盖结构的横向、纵向空间刚度和空间整体性；③为屋架弦杆提供必要的侧向支撑点，避免压杆侧向失稳和防止拉杆产生过大的振动；④承受和传递水平荷载。

答案：D

30. **解**　《砌体结构设计规范》(GB 50003—2011)第5.1.1条规定，无筋砌体受压构件的承载力按下式计算：$N \leqslant \varphi f A$。式中，φ 为高厚比 β 和轴向压力的偏心距 e 对受压构件承载力的影响系数，f 为砌体的抗压强度设计值，A 为截面面积。当 $\beta \leqslant 3$ 时，$\varphi = \dfrac{1}{1+12\,(e/h)^2}$，当 $\beta > 3$ 时，$\varphi = \dfrac{1}{1+12\left[\dfrac{e}{h}+\sqrt{\dfrac{1}{12}\left(\dfrac{1}{\varphi_0}-1\right)}\right]^2}$。式中，$\varphi_0$ 为轴向受压构件的稳定系数 $\varphi_0 = \dfrac{1}{1+\alpha\beta^2}$；$\alpha$ 为与砂浆强度等级有关的系数。

综上，偏心距增大，承载力减小，选项A错误；高厚比增加，承载力减小，选项B正确；承载力与相邻横墙间距无关，选项C错误；承载能力与截面尺寸、砂浆、砌体强度等级均有关，选项D错误。

答案：B

31. **解**　砌体结构房屋静力计算时，根据房屋的空间工作性能分为刚性方案、刚弹性方案和弹性方案。影响房屋空间工作性能的主要因素为屋盖或楼盖的类别和横墙的间距。根据《砌体结构设计规范》(GB 50003—2011)第4.2.1条表4.2.1可知，选项D正确。

答案：D

32. **解**　《砌体结构设计规范》(GB 50003—2011)第7.3.4条规定，关于墙梁的计算荷载，规定了使用阶段和施工阶段不同的取值要求，选项A错误。第7.3.11条规定，托梁应按混凝土受弯构件进行施工阶段的受弯、受剪承载力验算，选项B错误。第7.3.12条第6款规定，承重墙梁的支座处应设置落地翼墙，当不能设置翼墙时，应设置落地且上、下贯通的混凝土构造柱，选项C正确。第7.3.8条规定，墙梁的托梁斜截面受剪承载力应按混凝土受弯构件计算，选项D错误。

答案：C

33. **解**　若砌体房屋考虑整体弯曲进行验算，目前的方法即使在抗震设防烈度为7度时，超过三层就不满足要求，与大量的地震宏观调查结果不符。实际上，多层砌体房屋一般可以不做整体弯曲验算，但为了保证房屋的稳定性，《建筑抗震设计规范》(GB 50011—

2010)第 7.1.4 条规定了多层砌体房屋总高度与总宽度的最大比值。

答案:C

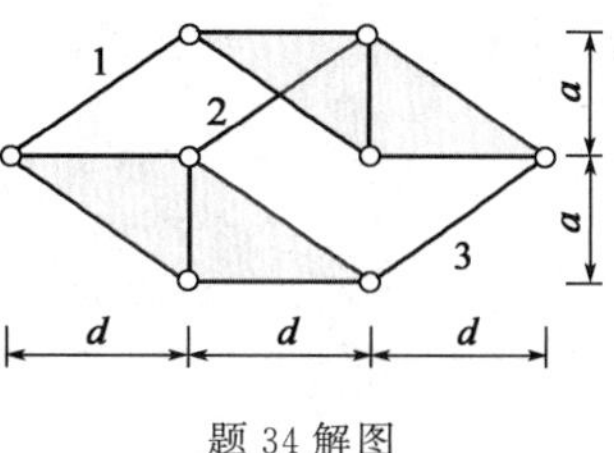

题 34 解图

34.**解** 先去掉不影响几何构造性质的简支支座,再去掉四个角的二元体,可看出两个刚片用三根相互平行且等长的链杆相连,故原体系为常变体系。

答案:D

35.**解** 先由整体水平力平衡可得,支座 C 的水平反力为:8kN/m×3m=24kN(←),再取截面 E 以右为隔离体(见解图),对 E 取矩可得:

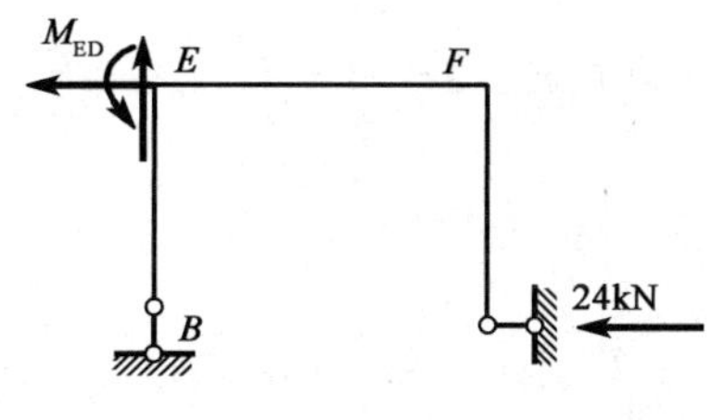

题 35 解图

$$M_{ED}=24\text{kN}\times 3\text{m}=72\text{kN}\cdot\text{m}(\text{上侧受拉})$$

答案:D

36.**解** 本题为双轴对称结构承受双轴对称荷载,其内力为双轴对称,$M_{BC}=M_{BA}$,竖杆剪力为 0。取 AB 为隔离体,对 B 点取矩可得:

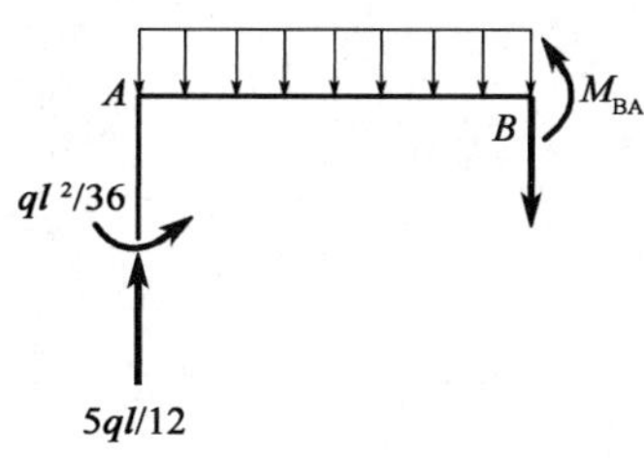

题 36 解图

$$M_{BA}=\frac{5ql}{12}l-\frac{ql^2}{36}-ql\frac{l}{2}=-\frac{ql^3}{9}$$

答案:C

37.**解** 根据影响线定义,所求 M_K 影响线在 C 点的竖标即为单位力作用在 C 点时 M_K 的值。令图中 $x=0$,由整体平衡对 A 点取矩,求得支座 C 的水平反力为 1(向右)。由几何关系可得:$y_K=8\frac{\sqrt{3}}{2}m=4\sqrt{3}m$。取截面 K 以左为隔离体,对 K 点取矩,可得:

$$M_K-1\times 4\text{m}-1\times(8\text{m}-4\sqrt{3}\text{m})=4(\sqrt{3}-1)\text{m} \qquad (\text{外侧受拉})$$

答案:A

38.**解** 由整体平衡对 A 点取矩可知,支座 B 的竖向反力为 0。再取 BC 为隔离体,将荷载 P 移动到图示位置分解,对 C 点取矩可求得支座 B 的水平反力

$$H\frac{l}{2}-\frac{\sqrt{3}}{2}P\left(\frac{l}{2}-\frac{l}{2}\frac{1}{\sqrt{3}}\right)=0$$

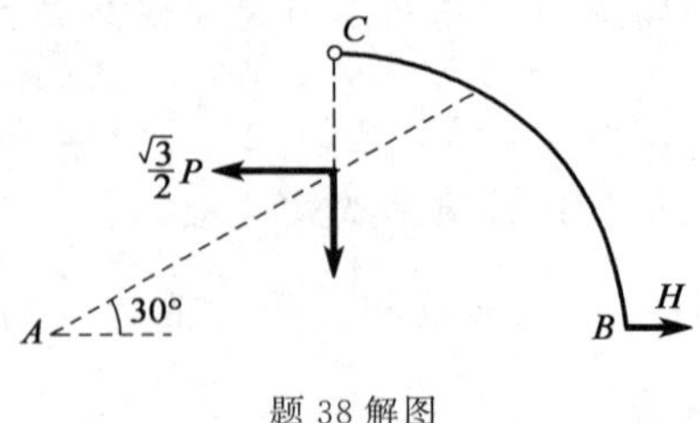

题 38 解图

$$H=\frac{\sqrt{3}-1}{2}P$$

答案:D

39.**解** 根据位移计算公式,本题除考虑弯曲变形对位移的贡献外(与弹簧刚度无关),尚需叠加弹簧变形对位移的贡献,由于弹簧刚度在后者的分母,所以当弹簧刚度增大时位移减小。

答案:B

40.**解** 本题为对称结构承受反对称荷载,其反力必为反对称。由整体水平力平衡可知,两个支座的水平反力均为 P,方向都向左。

答案:A

41.**解** 用力法求解,由解图可得力法方程

$$\left(\frac{2l^3}{3EI}+2\frac{2}{k}\right)X_1-2\frac{P}{k}=0 \qquad k=\frac{6EI}{l^3}$$

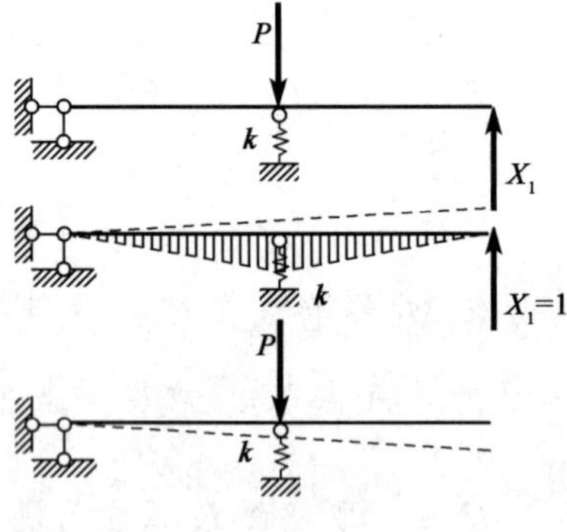

题 41 解图

解得 $$X_1=\frac{P}{4},M_B=X_1l=\frac{Pl}{4}$$

答案:D

42.**解** 按力法求解,取支座 B 的弹簧压力 X 为基本未知量,可得力法方程

$$\frac{l^3}{3EI}X-\frac{ql^4}{8EI}=-\frac{X}{k}$$

当梁中点弯矩为 0 时，由 CB 段隔离体平衡可得，弹簧压力 $X=ql/4$，代入上式解得

$$k=6\frac{EI}{l^3}$$

答案:B

43.**解** 设想撤去铰 B，当经历温度均匀升高时，若将竖杆伸长量计为 Δ，则斜杆伸长量为$\sqrt{2}\Delta$，这时每杆下端可以上端铰为圆心，以伸长后的杆长为半径画弧（现为小变形用切线代替）。图 b）中三切线共同交于 B'点，在此点重新用铰连接，既满足零内力平衡又满足变形协调，即为真实状态。而图 a）中三切线没有共同交点，即零内力无法满足变形协调，只有杆件受力才能保持端铰的连接。

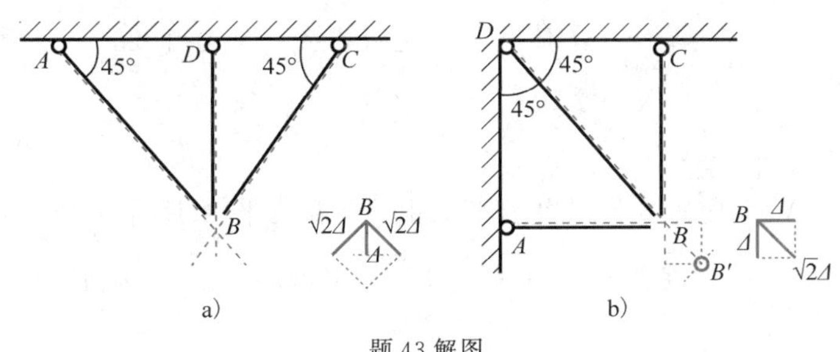

题 43 解图

答案:B

44.**解** 本题为对称结构，可将荷载分解为对称与反对称的组合。图 a）弯矩为 0，图 b）为反对称受力状态，求得竖向反力后可得 $M_{BA}=-Pl/4$。

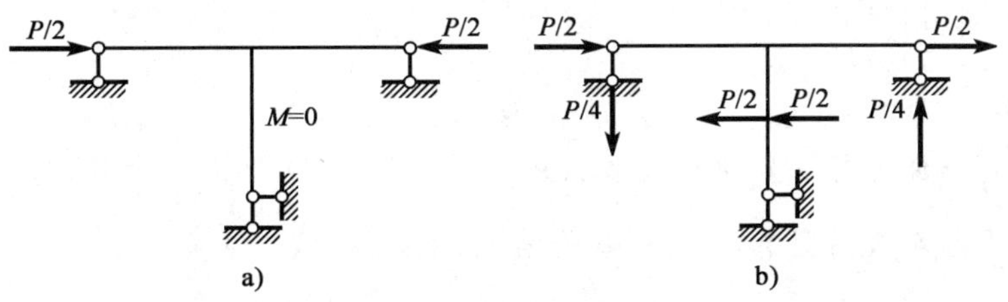

题 44 解图

答案:B

45.**解** 按分配系数公式计算

$$\mu=\frac{4\times3}{2+4\times1+3\times1+4\times3}=\frac{12}{21}=\frac{4}{7}$$

答案:B

46.**解** 沿质点振动方向加单位力，求得柔度系数 $\delta=\frac{1}{2}\cdot\frac{1}{2k}=\frac{1}{4k}$，代入频率计算公式得 $\omega=$

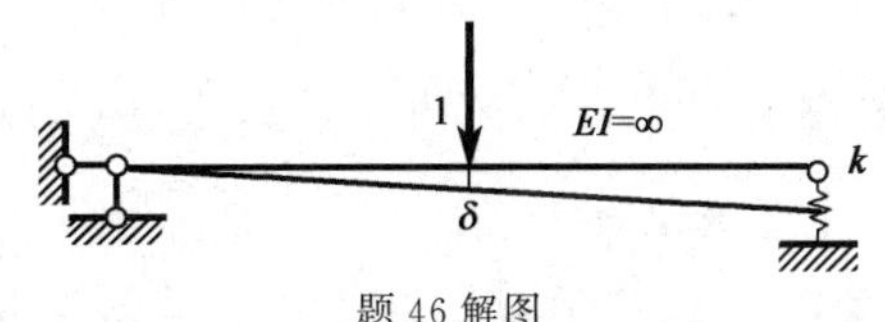

题 46 解图

$\sqrt{\dfrac{1}{m\delta}}=\sqrt{\dfrac{4k}{m}}$

答案:D

47.**解** 按动力系数公式计算

$$\mu=\frac{1}{1-\left(\dfrac{\theta}{\omega}\right)^{2}}=\frac{1}{1-2^{2}}=-\frac{1}{3}$$

答案:D

48.**解** 按阻尼比公式计算

$$\xi=\frac{1}{2\pi n}\ln\frac{y_k}{y_{k+n}}=\frac{1}{2\pi(5)}\ln\frac{1}{0.04}=0.1025$$

答案:D

49.**解** 选项A、C是材料的强度指标,用于混凝土构件设计。构件试验用构件实际材料性能指标进行计算构件的最大承载力,因此答案是B。选项D试件最大荷载值不存在。

答案:B

50.**解** 用电阻应变测量混凝土试件的弹性模量,得到标距1范围内的平均应变,由于混凝土内有石子和砂浆,所以应变片的标距应大于混凝土中骨料最大粒径的4倍,因此选用标距为100mm的应变片。

答案:D

51.**解** 对墙体进行低周反复加载试验,选项A、C、D都是正确的,选项B骨架曲线出现下降段,下降至极限荷载的85%试验结束,不是90%。

答案:B

52.**解** 脉动法是通过量测环境随机激励而产生的结构微小振动,来分析其动力特性,所以选项A、B是正确的。脉动法的信号是白噪音信号,建筑物的脉动是一种平稳的各态历经的随机过程,因此选项C正确,选项D错误。

答案:D

53.**解** 选项A电位差法用于检测混凝土内钢筋的锈蚀。选项B项电磁感应法用于检测混凝土内钢筋的位置。选项C、D超声波法和发射法均用于检测钢材和焊缝的缺陷。

答案:A

54.**解** 由于土体的体积压缩系数计算公式可得:

$$m_v = \frac{\frac{\Delta h}{h}}{\Delta p} = \frac{\frac{0.043}{21.7}}{(40-10)\times 10^{-3}} = 6.60\times 10^{-2}\text{MPa}^{-1}$$

答案:B

55.**解** 黏性土处于可塑状态时,土中水以弱结合水为主。这时两个相邻的黏土颗粒间结合水膜最外侧的弱结合水分子和带正电离子同时受到来自两个土颗粒电场力的作用,表现为两个土颗粒相互吸引(其是主要原因之一)。又由于这个电场力较弱,使得弱结合水分子具有一定的自由度,两土粒之间的联系不很牢固,表现出土的可塑状态。

答案:B

56.**解** 三轴不固结不排水试验,外荷载全由孔隙水来承担,即孔隙水压力为 37.7+40=77.7kPa。

答案:C

57.**解** 土的静止土压力系数是指土体在无侧向变形条件下固结后的水平向主应力与竖向主应力之比,即原始应力状态下的水平向主应力与竖向主应力之比。其简化经验公式 $K_0=1-\sin 30°=0.5$。

答案:A

58.**解** 基底附加应力 P_0 是荷载通过基础施加给基底以下、基础埋置深度处地基土体的应力增量,减小基底附加应力即可减小基底以下地基土体的压缩变形,故选项 A 正确。

由基底附加应力的计算公式 $P_0=P-\gamma h$ 可知,增大基础尺寸和埋深可减小 P,增大 γh,从而达到减小 P_0,减小地基压缩变形的目的,故选项 B 正确。

增大上部结构刚度,可以减小基础自身变形引起的地基土体不均匀沉降故选项 D 正确。

增大基础自身强度不能使 P_0 减小,故选项 C 错误。

答案:C

59.**解** 根据题意和《公路桥涵地基与基础设计规范》(JTG D63—2007),桩径 1m,桩距 5m,桩距大于两倍的桩径,不考虑群桩作用,符合端承桩叠加计算计算条件,则群桩承载力可按单桩承载力之和计算:$P_u=nQ_u=4\times 4\times 2000=32000$kN。

答案:A

60.**解** 加筋法是通过在土层埋设强度较高的土工聚合物、拉筋、受力拉杆等抗拉材料,达到改善土的力学性能、减小变形、提高地基承载力、维持土体稳定的目的。

答案:C

2018 年度全国勘察设计注册工程师

执业资格考试试卷

基础考试
(上)

二〇一八年十月

应考人员注意事项

1. 本试卷科目代码为“1”，考生务必将此代码填涂在答题卡“科目代码”相应的栏目内，否则，无法评分。
2. 书写用笔：**黑色或蓝色钢笔、签字笔或圆珠笔；**
   填涂答题卡用笔：**黑色 2B 铅笔**。
3. 必须用书写用笔将工作单位、姓名、准考证号填写在答题卡和试卷相应的栏目内。
4. 本试卷由 120 题组成，每题 1 分，满分 120 分，本试卷全部为单项选择题，每小题的四个备选项中只有一个正确答案，错选、多选、不选均不得分。
5. 考生作答时，必须按**题号在答题卡上**将相应试题所选选项对应的**字母用 2B 铅笔涂黑**。
6. 在答题卡上书写与题意无关的语言，或在答题卡上作标记的，均按违纪试卷处理。
7. 考试结束时，由监考人员当面将试卷、答题卡一并收回。
8. 草稿纸由各地统一配发，考后收回。

单项选择题(共 120 题,每题 1 分。每题的备选项中只有一个最符合题意。)

1. 下列等式中不成立的是：

A. $\lim\limits_{x\to 0}\dfrac{\sin x^2}{x^2}=1$

B. $\lim\limits_{x\to \infty}\dfrac{\sin x}{x}=1$

C. $\lim\limits_{x\to 0}\dfrac{\sin x}{x}=1$

D. $\lim\limits_{x\to \infty}x\sin\dfrac{1}{x}=1$

2. 设 $f(x)$为偶函数,$g(x)$为奇函数,则下列函数中为奇函数的是：

A. $f[g(x)]$

B. $f[f(x)]$

C. $g[f(x)]$

D. $g[g(x)]$

3. 若 $f'(x_0)$存在,则$\lim\limits_{x\to x_0}\dfrac{xf(x_0)-x_0f(x)}{x-x_0}=$：

A. $f'(x_0)$

B. $-x_0f'(x_0)$

C. $f(x_0)-x_0f'(x_0)$

D. $x_0f'(x_0)$

4. 已知 $\varphi(x)$可导,则 $\dfrac{\mathrm{d}}{\mathrm{d}x}\displaystyle\int_{\varphi(x^2)}^{\varphi(x)}e^{t^2}\mathrm{d}t$ 等于：

A. $\varphi'(x)e^{[\varphi(x)]^2}-2x\varphi'(x^2)e^{[\varphi(x^2)]^2}$

B. $e^{[\varphi(x)]^2}-e^{[\varphi(x^2)]^2}$

C. $\varphi'(x)e^{[\varphi(x)]^2}-\varphi'(x^2)e^{[\varphi(x^2)]^2}$

D. $\varphi'(x)e^{\varphi(x)}-2x\varphi'(x^2)e^{\varphi(x^2)}$

5. 若$\displaystyle\int f(x)\mathrm{d}x=F(x)+C$,则$\displaystyle\int xf(1-x^2)\mathrm{d}x$ 等于：

A. $F(1-x^2)+C$

B. $-\dfrac{1}{2}F(1-x^2)+C$

C. $\dfrac{1}{2}F(1-x^2)+C$

D. $-\dfrac{1}{2}F(x)+C$

6. 若 $x=1$ 是函数 $y=2x^2+ax+1$ 的驻点,则常数 a 等于：

A. 2

B. -2

C. 4

D. -4

7. 设向量 $\boldsymbol{\alpha}$ 与向量 $\boldsymbol{\beta}$ 的夹角 $\theta=\dfrac{\pi}{3}$,$|\boldsymbol{\alpha}|=1$,$|\boldsymbol{\beta}|=2$,则$|\boldsymbol{\alpha}+\boldsymbol{\beta}|$等于：

A. $\sqrt{8}$

B. $\sqrt{7}$

C. $\sqrt{6}$

D. $\sqrt{5}$

8. 微分方程 $y''=\sin x$ 的通解 y 等于：

A. $-\sin x+C_1+C_2$

B. $-\sin x+C_1x+C_2$

C. $-\cos x+C_1x+C_2$

D. $\sin x+C_1x+C_2$

9. 设函数 $f(x)$，$g(x)$在$[a,b]$上均可导($a<b$)，且恒正，若 $f'(x)g(x)+f(x)g'(x)>0$，则当 $x\in(a,b)$时，下列不等式中成立的是：

A. $\frac{f(x)}{g(x)}>\frac{f(a)}{g(b)}$

B. $\frac{f(x)}{g(x)}>\frac{f(b)}{g(b)}$

C. $f(x)g(x)>f(a)g(a)$

D. $f(x)g(x)>f(b)g(b)$

10. 由曲线 $y=\ln x$，y 轴与直线 $y=\ln a$，$y=\ln b(b>a>0)$所围成的平面图形的面积等于：

A. $\ln b-\ln a$

B. $b-a$

C. e^b-e^a

D. e^b+e^a

11. 下列平面中，平行于且非重合于 yOz 坐标面的平面方程是：

A. $y+z+1=0$

B. $z+1=0$

C. $y+1=0$

D. $x+1=0$

12. 函数 $f(x,y)$在点 $P_0(x_0,y_0)$处的一阶偏导数存在是该函数在此点可微分的：

A. 必要条件

B. 充分条件

C. 充分必要条件

D. 既非充分条件也非必要条件

13. 下列级数中，发散的是：

A. $\sum_{n=1}^{\infty}\frac{1}{n(n+1)}$

B. $\sum_{n=1}^{\infty}\frac{1}{n^{3/2}}$

C. $\sum_{n=1}^{\infty}\left(\frac{n}{2n+1}\right)^2$

D. $\sum_{n=1}^{\infty}(-1)^n\frac{1}{\sqrt{n}}$

14. 在下列微分方程中，以函数 $y=C_1e^{-x}+C_2e^{4x}$(C_1，C_2 为任意常数)为通解的微分方程是：

A. $y''+3y'-4y=0$

B. $y''-3y'-4y=0$

C. $y''+3y'+4y=0$

D. $y''+y'-4y=0$

15. 设 L 是从点 $A(0,1)$ 到点 $B(1,0)$ 的直线段，则对弧长的曲线积分 $\int_L \cos(x+y)\mathrm{d}s$ 等于：

A. $\cos 1$

B. $2\cos 1$

C. $\sqrt{2}\cos 1$

D. $\sqrt{2}\sin 1$

16. 若正方形区域 D：$|x|\leqslant 1$，$|y|\leqslant 1$，则二重积分 $\iint_D (x^2+y^2)\mathrm{d}x\mathrm{d}y$ 等于：

A. 4

B. $\frac{8}{3}$

C. 2

D. $\frac{2}{3}$

17. 函数 $f(x)=a^x(a>0,a\neq 1)$ 的麦克劳林展开式中的前三项是：

A. $1+x\ln a+\frac{x^2}{2}$

B. $1+x\ln a+\frac{\ln a}{2}x^2$

C. $1+x\ln a+\frac{(\ln a)^2}{2}x^2$

D. $1+\frac{x}{\ln a}+\frac{x^2}{2\ln a}$

18. 设函数 $z=f(x^2y)$，其中 $f(u)$ 具有二阶导数，则 $\frac{\partial^2 z}{\partial x\partial y}$ 等于：

A. $f''(x^2y)$

B. $f'(x^2y)+x^2f''(x^2y)$

C. $2x[f'(x^2y)+xf''(x^2y)]$

D. $2x[f'(x^2y)+x^2yf''(x^2y)]$

19. 设 $\boldsymbol{A}$、$\boldsymbol{B}$ 均为三阶矩阵，且行列式 $|\boldsymbol{A}|=1$，$|\boldsymbol{B}|=-2$，$\boldsymbol{A}^{\mathrm{T}}$ 为 $\boldsymbol{A}$ 的转置矩阵，则行列式 $|-2\boldsymbol{A}^{\mathrm{T}}\boldsymbol{B}^{-1}|$ 等于：

A. -1

B. 1

C. -4

D. 4

20. 要使齐次线性方程组 $\begin{cases}ax_1+x_2+x_3=0\\x_1+ax_2+x_3=0\\x_1+x_2+ax_3=0\end{cases}$，有非零解，则 a 应满足：

A. $-2<a<1$

B. $a=1$ 或 $a=-2$

C. $a\neq -1$ 且 $a\neq -2$

D. $a>1$

21. 矩阵 $\boldsymbol{A}=\begin{bmatrix}1 & -1 & 0\\ -1 & 3 & 0\\ 0 & 0 & 0\end{bmatrix}$所对应的二次型的标准型是：

A. $f=y_1^2-3y_2^2$

B. $f=y_1^2-2y_2^2$

C. $f=y_1^2+2y_2^2$

D. $f=y_1^2-y_2^2$

22. 已知事件 $\boldsymbol{A}$ 与 $\boldsymbol{B}$ 相互独立，且 $P(\overline{A})=0.4$，$P(\overline{B})=0.5$，则 $P(A\cup B)$等于：

A. 0.6

B. 0.7

C. 0.8

D. 0.9

23. 设随机变量 X 的分布函数为 $F(x)=\begin{cases}0 & x\leqslant 0\\ x^3 & 0<x\leqslant 1\\ 1 & x>1\end{cases}$，则数学期望 $E(X)$等于：

A. $\int_0^1 3x^2\mathrm{d}x$

B. $\int_0^1 3x^3\mathrm{d}x$

C. $\int_0^1 \frac{x^4}{4}\mathrm{d}x+\int_1^{+\infty} x\mathrm{d}x$

D. $\int_0^{+\infty} 3x^3\mathrm{d}x$

24. 若二维随机变量(X,Y)的分布规律为：

y \ x	1	2	3
1	$\frac{1}{6}$	$\frac{1}{9}$	$\frac{1}{18}$
2	$\frac{1}{3}$	$\boldsymbol{\beta}$	α

且 X 与 Y 相互独立，则 α、β 取值为：

A. $\alpha=\frac{1}{6},\beta=\frac{1}{6}$

B. $\alpha=0,\beta=\frac{1}{3}$

C. $\alpha=\frac{2}{9},\beta=\frac{1}{9}$

D. $\alpha=\frac{1}{9},\beta=\frac{2}{9}$

25. 1mol 理想气体（刚性双原子分子），当温度为 T 时，每个分子的平均平动动能为：

A. $\frac{3}{2}RT$

B. $\frac{5}{2}RT$

C. $\frac{3}{2}kT$

D. $\frac{5}{2}kT$

26. 一密闭容器中盛有 1mol 氦气（视为理想气体），容器中分子无规则运动的平均自由程仅取决于：

A. 压强 p

B. 体积 V

C. 温度 T

D. 平均碰撞频率$\overline{Z}$

27.“理想气体和单一恒温热源接触做等温膨胀时，吸收的热量全部用来对外界做功。”对此说法，有以下几种讨论，其中正确的是：

A. 不违反热力学第一定律，但违反热力学第二定律

B. 不违反热力学第二定律，但违反热力学第一定律

C. 不违反热力学第一定律，也不违反热力学第二定律

D. 违反热力学第一定律，也违反热力学第二定律

28. 一定量的理想气体，由一平衡态（p_1，V_1，T_1）变化到另一平衡态（p_2，V_2，T_2），若 $V_2>V_1$，但 $T_2=T_1$，无论气体经历怎样的过程：

A. 气体对外做的功一定为正值　　　　B. 气体对外做的功一定为负值

C. 气体的内能一定增加　　　　D. 气体的内能保持不变

29. 一平面简谐波的波动方程为 $y=0.01\cos10\pi(25t-x)$（SI），则在 $t=0.1\text{s}$ 时刻，$x=2\text{m}$ 处质元的振动位移是：

A. 0.01cm　　　　B. 0.01m

C. −0.01m　　　　D. 0.01mm

30. 一平面简谐波的波动方程为 $y=0.02\cos\pi(50t+4x)$（SI），此波的振幅和周期分别为：

A. 0.02m，0.04s　　　　B. 0.02m，0.02s

C. −0.02m，0.02s　　　　D. 0.02m，25s

31. 当机械波在媒质中传播，一媒质质元的最大形变量发生在：

A. 媒质质元离开其平衡位置的最大位移处

B. 媒质质元离开其平衡位置的 $\frac{\sqrt{2}}{2}A$ 处（A 为振幅）

C. 媒质质元离开其平衡位置的 $\frac{A}{2}$ 处

D. 媒质质元在其平衡位置处

32. 双缝干涉实验中，若在两缝后（靠近屏一侧）各覆盖一块厚度均为 d，但折射率分别为 n_1 和 n_2（$n_2>n_1$）的透明薄片，则从两缝发出的光在原来中央明纹初相遇时，光程差为：

A. $d(n_2-n_1)$　　　　B. $2d(n_2-n_1)$

C. $d(n_2-1)$　　　　D. $d(n_1-1)$

33. 在空气中做牛顿环实验，当平凸透镜垂直向上缓慢平移而远离平面镜时，可以观察到这些环状干涉条纹：

A. 向右平移　　B. 静止不动

C. 向外扩张　　D. 向中心收缩

34. 真空中波长为 λ 的单色光，在折射率为 n 的均匀透明媒质中，从 A 点沿某一路径传播到 B 点，路径的长度为 l，A、B 两点光振动的相位差为 $\Delta\varphi$，则：

A. $l=\frac{3\lambda}{2}$，$\Delta\varphi=3\pi$　　B. $l=\frac{3\lambda}{2n}$，$\Delta\varphi=3n\pi$

C. $l=\frac{3\lambda}{2n}$，$\Delta\varphi=3\pi$　　D. $l=\frac{3n\lambda}{2}$，$\Delta\varphi=3n\pi$

35. 空气中用白光垂直照射一块折射率为 1.50、厚度为 0.4×10^{-6}m 的薄玻璃片，在可见光范围内，光在反射中被加强的光波波长是（$1\text{m}=1\times10^{9}\text{nm}$）：

A. 480nm　　B. 600nm

C. 2400nm　　D. 800nm

36. 有一玻璃劈尖，置于空气中，劈尖角 $\theta=8\times10^{-5}$rad（弧度），用波长 $\lambda=589$nm 的单色光垂直照射此劈尖，测得相邻干涉条纹间距 $l=2.4$mm，则此玻璃的折射率为：

A. 2.86　　B. 1.53　　C. 15.3　　D. 28.6

37. 某元素正二价离子（M^{2+}）的外层电子构型是 $3s^{2}3p^{6}$，该元素在元素周期表中的位置是：

A. 第三周期，第 VIII 族　　B. 第三周期，第 VIA 族

C. 第四周期，第 IIA 族　　D. 第四周期，第 VIII 族

38. 在 Li^{+}、Na^{+}、K^{+}、Rb^{+} 中，极化力最大的是：

A. Li^{+}　　B. Na^{+}　　C. K^{+}　　D. Rb^{+}

39. 浓度均为 $0.1\text{mol}\cdot\text{L}^{-1}$ 的 NH_4Cl、NaCl、NaOAc、Na_3PO_4 溶液，其 pH 值从小到大顺序正确的是：

A. NH_4Cl，NaCl，NaOAc，Na_3PO_4　　B. Na_3PO_4，NaOAc，NaCl，NH_4Cl

C. NH_4Cl，NaCl，Na_3PO_4，NaOAc　　D. NaOAc，Na_3PO_4，NaCl，NH_4Cl

40. 某温度下，在密闭容器中进行如下反应 $2A(g)+B(g)\rightleftharpoons2C(g)$，开始时，$p(A)=p(B)=300\text{kPa}$，$p(C)=0\text{kPa}$，平衡时，$p(C)=100\text{kPa}$，在此温度下反应的标准平衡常数 $K^{\ominus}$ 是：

A. 0.1　　B. 0.4　　C. 0.001　　D. 0.002

41. 在酸性介质中，反应 $MnO_4^- + SO_3^{2-} + H^+ \rightarrow Mn^{2+} + SO_4^{2-}$，配平后，$H^+$ 的系数为：

A. 8　　B. 6　　C. 0　　D. 5

42. 已知：酸性介质中，$E^\Theta(ClO_4^-/Cl^-) = 1.39V$，$E^\Theta(ClO_3^-/Cl^-) = 1.45V$，$E^\Theta(HClO/Cl^-) = 1.49V$，$E^\Theta(Cl_2/Cl^-) = 1.36V$，以上各电对中氧化型物质氧化能力最强的是：

A. ClO_4^-　　B. ClO_3^-　　C. HClO　　D. Cl_2

43. 下列反应的热效应等于 $CO_2(g)$ 的 $\Delta_f H_m^\Theta$ 的是：

A. C(金刚石)$+O_2(g) \rightarrow CO_2(g)$　　B. $CO(g)+\frac{1}{2}O_2(g) \rightarrow CO_2(g)$

C. C(石墨)$+O_2(g) \rightarrow CO_2(g)$　　D. 2C(石墨)$+2O_2(g) \rightarrow 2CO_2(g)$

44. 下列物质在一定条件下不能发生银镜反应的是：

A. 甲醛　　B. 丁醛

C. 甲酸甲酯　　D. 乙酸乙酯

45. 下列物质一定不是天然高分子的是：

A. 蔗糖　　B. 塑料

C. 橡胶　　D. 纤维素

46. 某不饱和烃催化加氢反应后，得到 $(CH_3)_2CHCH_2CH_3$，该不饱和烃是：

A. 1-戊炔　　B. 3-甲基-1-丁炔

C. 2-戊炔　　D. 1,2-戊二烯

47. 设力 $\boldsymbol{F}$ 在 x 轴上的投影为 F，则该力在与 x 轴共面的任一轴上的投影：

A. 一定不等于零　　B. 不一定不等于零

C. 一定等于零　　D. 等于 F

48. 在图示边长为 a 的正方形物块 $OABC$ 上作用一平面力系，已知：$F_1=F_2=F_3=10N$，$a=1m$，力偶的转向如图所示，力偶矩的大小为 $M_1=M_2=10N\cdot m$，则力系向 O 点简化的主矢、主矩为：

A. $F_R=30N$(方向铅垂向上)，$M_O=10N\cdot m(\rightarrow)$

B. $F_R=30N$(方向铅垂向上)，$M_O=10N\cdot m(\leftarrow)$

C. $F_R=50N$(方向铅垂向上)，$M_O=30N\cdot m(\rightarrow)$

D. $F_R=10N$(方向铅垂向上)，$M_O=10N\cdot m(\leftarrow)$

49. 在图示结构中，已知 $AB=AC=2r$，物重 F_p，其余质量不计，则支座 A 的约束力为：

A. $F_A=0$

B. $F_A=\frac{1}{2}F_P$(←)

C. $F_A=\frac{1}{2}\cdot 3F_P$(→)

D. $F_A=\frac{1}{2}\cdot 3F_P$(←)

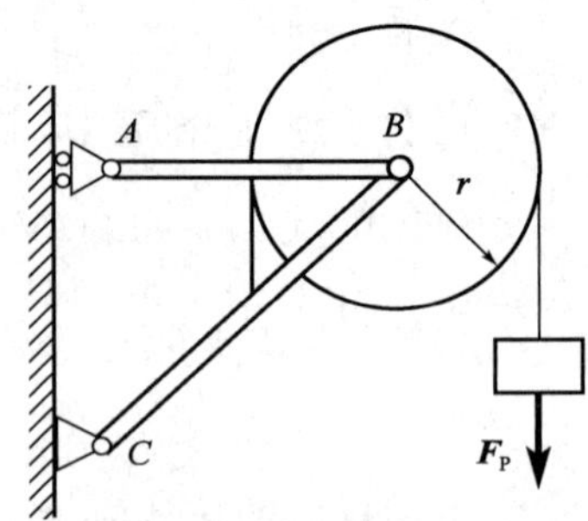

50. 图示平面结构，各杆自重不计，已知 $q=10\text{kN/m}$，$F_P=20\text{kN}$，$F=30\text{kN}$，$L_1=2\text{m}$，$L_2=5\text{m}$，B、C 处为铰链连接，则 BC 杆的内力为：

A. $F_{BC}=-30\text{kN}$

B. $F_{BC}=30\text{kN}$

C. $F_{BC}=10\text{kN}$

D. $F_{BC}=0$

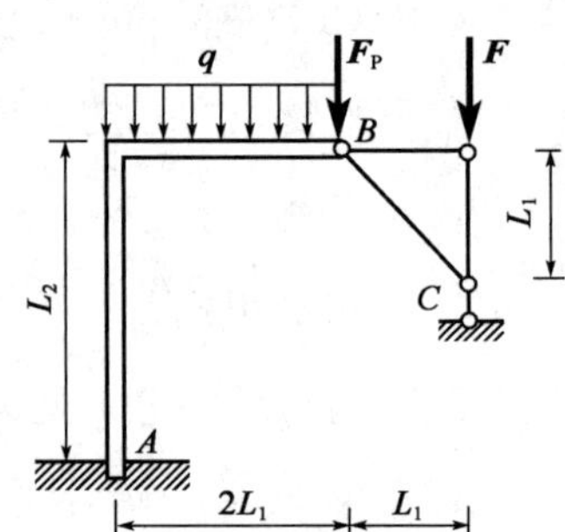

51. 点的运动由关系式 $S=t^4-3t^3+2t^2-8$ 决定（S 以 m 计，t 以 s 计），则 $t=2\text{s}$ 时的速度和加速度为：

A. $-4\text{m/s}, 16\text{m/s}^2$ B. $4\text{m/s}, 12\text{m/s}^2$

C. $4\text{m/s}, 16\text{m/s}^2$ D. $4\text{m/s}, -16\text{m/s}^2$

52. 质点以匀速度 15m/s 绕直径为 10m 的圆周运动，则其法向加速度为：

A. 22.5m/s^2 B. 45m/s^2

C. 0 D. 75m/s^2

53. 四连杆机构如图所示，已知曲柄O_1A 长为 r，且 $O_1A=O_2B$，$O_1O_2=AB=2b$，角速度为 ω，角加速度为 α，则杆 AB 的中点 M 的速度、法向和切向加速度的大小分别为：

A. $v_M=b\omega, a_M^n=b\omega^2, a_M^t=b\alpha$

B. $v_M=b\omega, a_M^n=r\omega^2, a_M^t=r\alpha$

C. $v_M=r\omega, a_M^n=r\omega^2, a_M^t=r\alpha$

D. $v_M=r\omega, a_M^n=b\omega^2, a_M^t=b\alpha$

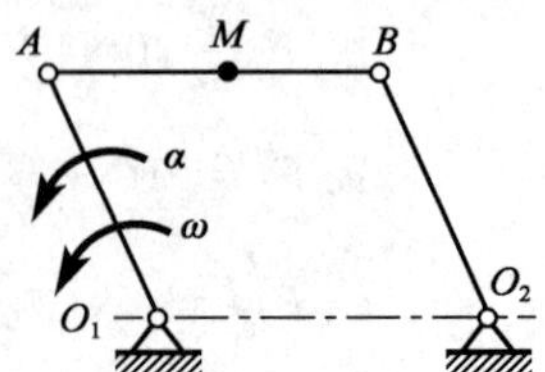

54. 质量为 m 的小物块在匀速转动的圆桌上，与转轴的距离为 r，如图所示。设物块与圆桌之间的摩擦系数为 μ，为使物块与桌面之间不产生相对滑动，则物块的最大速度为：

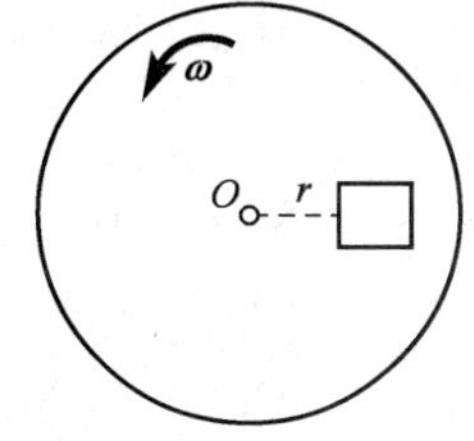

A. $\sqrt{\mu g}$

B. 2 $\sqrt{\mu g r}$

C. $\sqrt{\mu g r}$

D. $\sqrt{\mu r}$

55. 重 10N 的物块沿水平面滑行 4m，如果摩擦系数是 0.3，则重力及摩擦力各做的功是：

A. 40N · m，40N · m

B. 0，40N · m

C. 0，12N · m

D. 40N · m，12N · m

56. 质量 m_1 与半径 r 均相同的三个均质滑轮，在绳端作用有力或挂有重物，如图所示。已知均质滑轮的质量为 $m_1=2\text{kN}\cdot\text{s}^2/\text{m}$，重物的质量分别为 $m_2=0.2\text{kN}\cdot\text{s}^2/\text{m}$，$m_3=0.1\text{kN}\cdot\text{s}^2/\text{m}$，重力加速度按 $g=10\text{m/s}^2$ 计算，则各轮转动的角加速度 α 间的关系是：

A. $\alpha_1=\alpha_3>\alpha_2$

B. $\alpha_1<\alpha_2<\alpha_3$

C. $\alpha_1>\alpha_3>\alpha_2$

D. $\alpha_1\neq\alpha_2=\alpha_3$

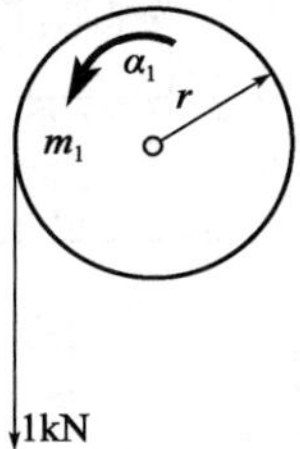

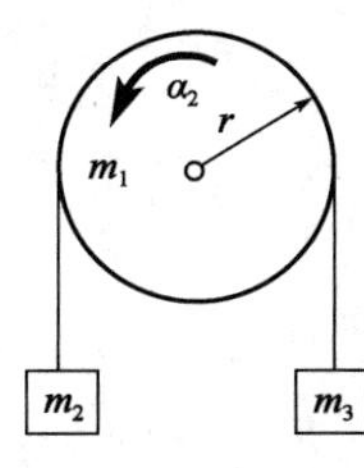

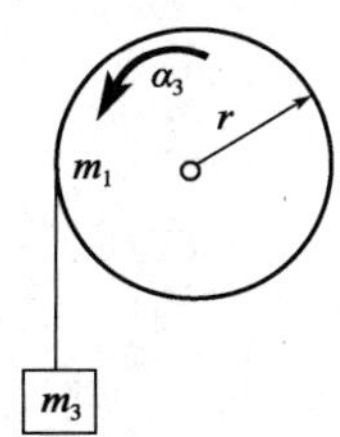

57. 均质细杆 OA，质量为 m，长 l。在如图所示水平位置静止释放，释放瞬时轴承 O 施加于杆 OA 的附加动反力为：

A. $3mg\uparrow$

B. $3mg\downarrow$

C. $\frac{3}{4}mg\uparrow$

D. $\frac{3}{4}mg\downarrow$

58. 图示两系统均做自由振动，其固有圆频率分别为：

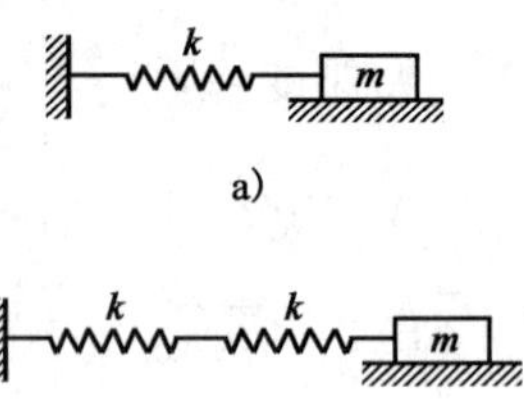

A. $\sqrt{\frac{2k}{m}}$，$\sqrt{\frac{k}{2m}}$

B. $\sqrt{\frac{k}{m}}$，$\sqrt{\frac{m}{2k}}$

C. $\sqrt{\frac{k}{2m}}$，$\sqrt{\frac{k}{m}}$

D. $\sqrt{\frac{k}{m}}$，$\sqrt{\frac{k}{2m}}$

59. 等截面杆，轴向受力如图所示，则杆的最大轴力是：

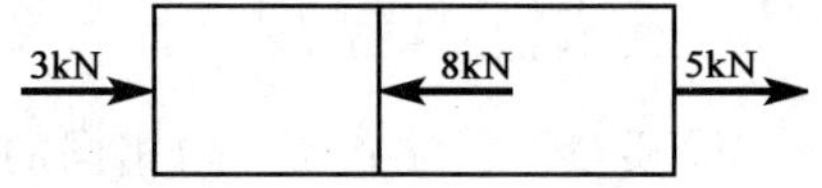

A. 8kN

B. 5kN

C. 3kN

D. 13kN

60. 变截面杆 AC 受力如图所示。已知材料弹性模量为 E，杆 BC 段的截面积为 A，杆 AB 段的截面积为 $2A$，则杆 C 截面的轴向位移是：

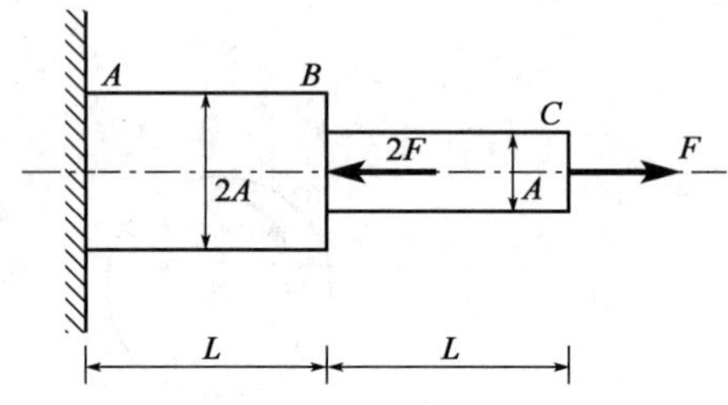

A. $\frac{FL}{2EA}$

B. $\frac{FL}{EA}$

C. $\frac{2FL}{EA}$

D. $\frac{3FL}{EA}$

61. 直径 $d=0.5$m 的圆截面立柱，固定在直径 $D=1$m 的圆形混凝土基座上，圆柱的轴向压力 $F=1000$kN，混凝土的许用应力$[\tau]=1.5$MPa。假设地基对混凝土板的支反力均匀分布，为使混凝土基座不被立柱压穿，混凝土基座所需的最小厚度 t 应是：

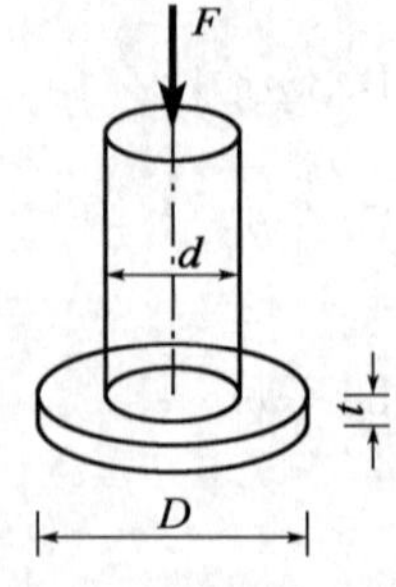

A. 159mm

B. 212mm

C. 318mm

D. 424mm

62. 实心圆轴受扭，若将轴的直径减小一半，则扭转角是原来的：

A. 2 倍　　B. 4 倍

C. 8 倍　　D. 16 倍

63. 图示截面对 z 轴的惯性矩 I_z 为：

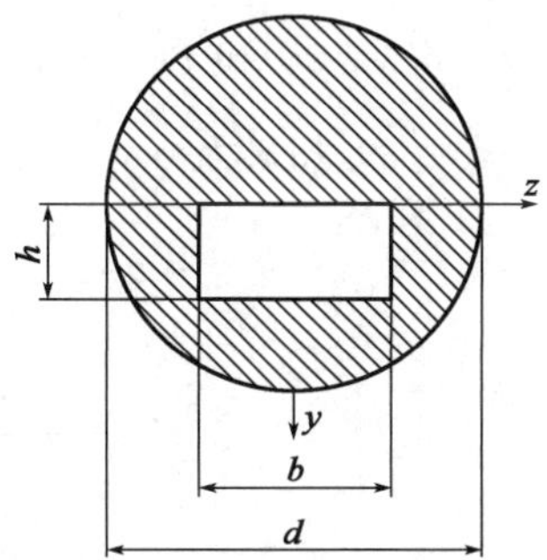

A. $I_z=\frac{\pi d^4}{64}-\frac{bh^3}{3}$

B. $I_z=\frac{\pi d^4}{64}-\frac{bh^3}{12}$

C. $I_z=\frac{\pi d^4}{32}-\frac{bh^3}{6}$

D. $I_z=\frac{\pi d^4}{64}-\frac{13bh^3}{12}$

64. 图示圆轴的抗扭截面系数为 W_T，切变模量为 G。扭转变形后，圆轴表面 A 点处截取的单元体互相垂直的相邻边线改变了 γ 角，如图所示。圆轴承受的扭矩 T 是：

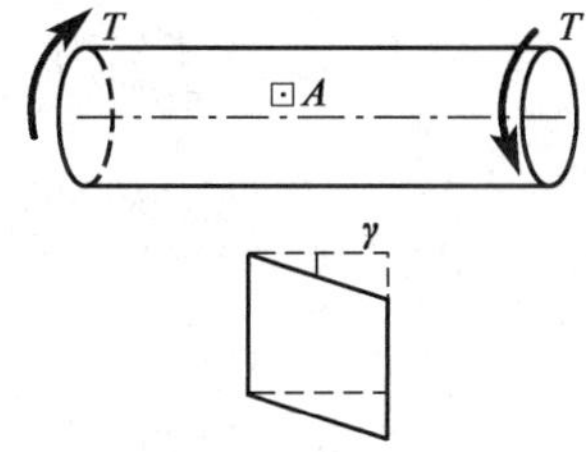

A. $T=G\gamma W_T$

B. $T=\frac{G\gamma}{W_T}$

C. $T=\frac{\gamma}{G}W_T$

D. $T=\frac{W_T}{G\gamma}$

65. 材料相同的两根矩形截面梁叠合在一起，接触面之间可以相对滑动且无摩擦力。设两根梁的自由端共同承担集中力偶 m，弯曲后两根梁的挠曲线相同，则上面梁承担的力偶矩是：

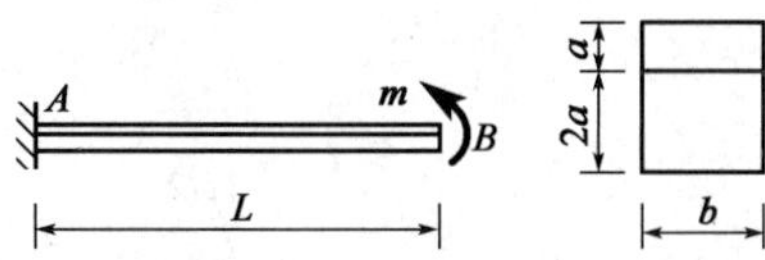

A. $m/9$

B. $m/5$

C. $m/3$

D. $m/2$

66. 图示等边角钢制成的悬臂梁 AB，C 点为截面形心，x 为该梁轴线，y'、z' 为形心主轴。集中力 $\boldsymbol{F}$ 竖直向下，作用线过形心，则梁将发生以下哪种变化：

A. xy 平面内的平面弯曲

B. 扭转和 xy 平面内的平面弯曲

C. xy' 和 xz' 平面内的双向弯曲

D. 扭转及 xy' 和 xz' 平面内的双向弯曲

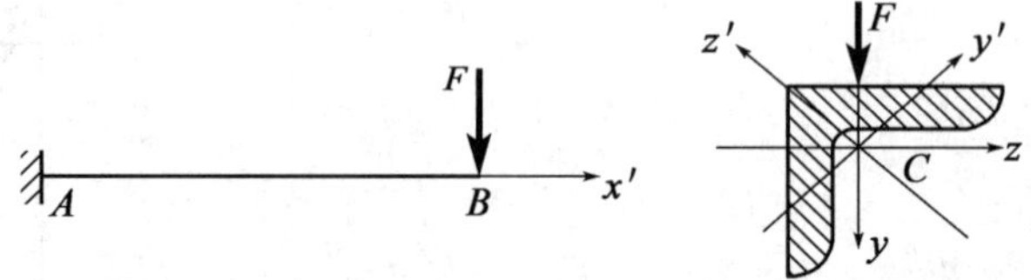

67. 图示直径为 d 的圆轴，承受轴向拉力 $\boldsymbol{F}$ 和扭矩 $\boldsymbol{T}$。按第三强度理论，截面危险的相当应力 σ_{eq3} 为：

A. $\sigma_{eq3}=\dfrac{32}{\pi d^3}\sqrt{F^2+T^2}$

B. $\sigma_{eq3}=\dfrac{16}{\pi d^3}\sqrt{F^2+T^2}$

C. $\sigma_{eq3}=\sqrt{\left(\dfrac{4F}{\pi d^2}\right)^2+4\left(\dfrac{16T}{\pi d^3}\right)^2}$

D. $\sigma_{eq3}=\sqrt{\left(\dfrac{4F}{\pi d^2}\right)^2+4\left(\dfrac{32T}{\pi d^3}\right)^2}$

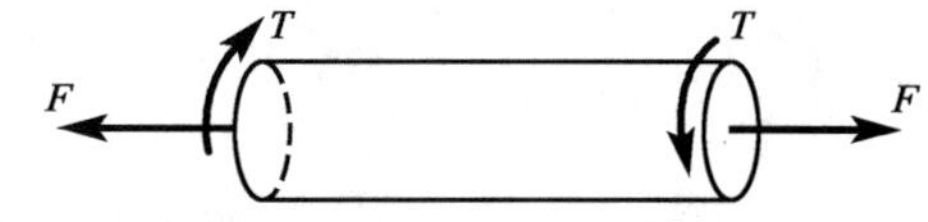

68. 在图示 4 种应力状态中，最大切应力 τ_{max} 数值最大的应力状态是：

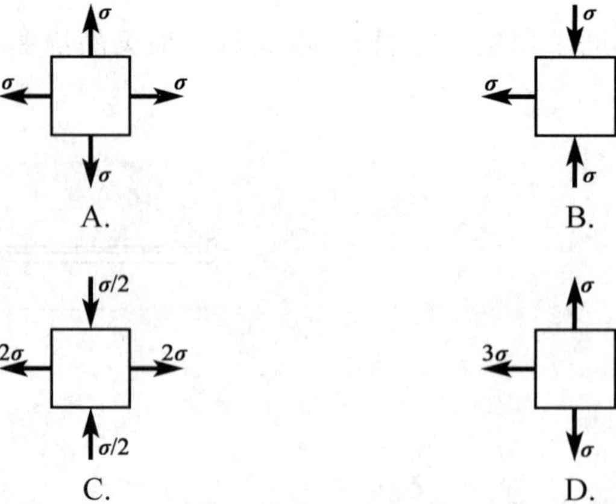

69. 图示圆轴固定端最上缘 A 点单元体的应力状态是：

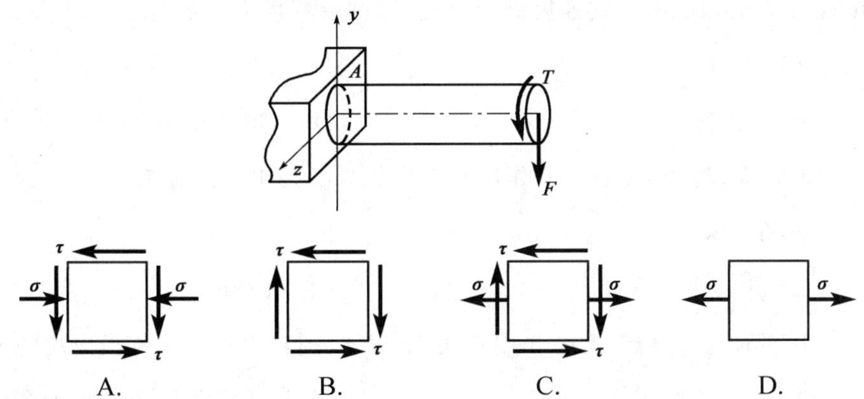

70. 图示三根压杆均为细长(大柔度)压杆，且弯曲刚度为 EI。三根压杆的临界荷载 F_{cr} 的关系为：

A. $F_{cra}>F_{crb}>F_{crc}$　　B. $F_{crb}>F_{cra}>F_{crc}$

C. $F_{crc}>F_{cra}>F_{crb}$　　D. $F_{crb}>F_{crc}>F_{cra}$

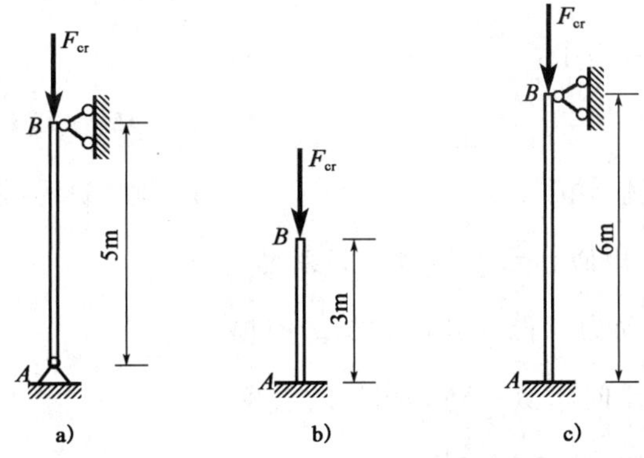

71. 压力表测出的压强是：

A. 绝对压强　　B. 真空压强

C. 相对压强　　D. 实际压强

72. 有一变截面压力管道，测得流量为 15L/s，其中一截面的直径为 100mm，另一截面处的流速为 20m/s，则此截面的直径为：

A. 29mm　　B. 31mm

C. 35mm　　D. 26mm

73. 一直径为 50mm 的圆管，运动黏滞系数 $\nu=0.18\text{cm}^2/\text{s}$、密度 $\rho=0.85\text{g}/\text{cm}^3$ 的油在管内以 $v=10\text{cm}/\text{s}$ 的速度做层流运动，则沿程损失系数是：

A. 0.18　　B. 0.23

C. 0.20　　D. 0.26

74. 圆柱形管嘴，直径为 0.04m，作用水头为 7.5m，则出水流量为：

A. $0.008\text{m}^3/\text{s}$　　B. $0.023\text{m}^3/\text{s}$

C. $0.020\text{m}^3/\text{s}$　　D. $0.013\text{m}^3/\text{s}$

75. 同一系统的孔口出流，有效作用水头 H 相同，则自由出流与淹没出流的关系为：

A. 流量系数不等，流量不等　　B. 流量系数不等，流量相等

C. 流量系数相等，流量不等　　D. 流量系数相等，流量相等

76. 一梯形断面明渠，水力半径 $R=1\text{m}$，底坡 $i=0.0008$，粗糙系数 $n=0.02$，则输水流速度为：

A. 1m/s　　B. 1.4m/s

C. 2.2m/s　　D. 0.84m/s

77. 渗流达西定律适用于：

A. 地下水渗流　　B. 砂质土壤渗流

C. 均匀土壤层流渗流　　D. 地下水层流渗流

78. 几何相似、运动相似和动力相似的关系是：

A. 运动相似和动力相似是几何相似的前提

B. 运动相似是几何相似和动力相似的表象

C. 只有运动相似，才能几何相似

D. 只有动力相似，才能几何相似

79. 图示为环线半径为 r 的铁芯环路，绕有匝数为 N 的线圈，线圈中通有直流电流 I，磁路上的磁场强度 H 处处均匀，则 H 值为：

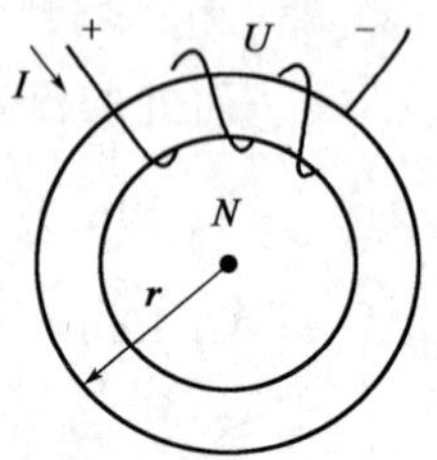

A. $\dfrac{NI}{r}$，顺时针方向

B. $\dfrac{NI}{2\pi r}$，顺时针方向

C. $\dfrac{NI}{r}$，逆时针方向

D. $\dfrac{NI}{2\pi r}$，逆时针方向

80. 图示电路中，电压 U＝

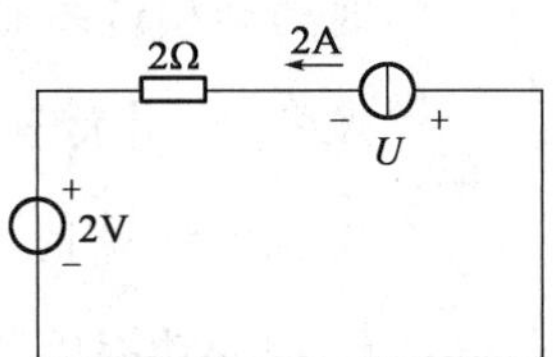

A. 0V

B. 4V

C. 6V

D. －6V

81. 对于图示电路，可以列写 a、b、c、d 4 个结点的 KCL 方程和①、②、③、④、⑤5 个回路的 KVL 方程。为求出 6 个未知电流 I_1～I_6，正确的求解模型应该是：

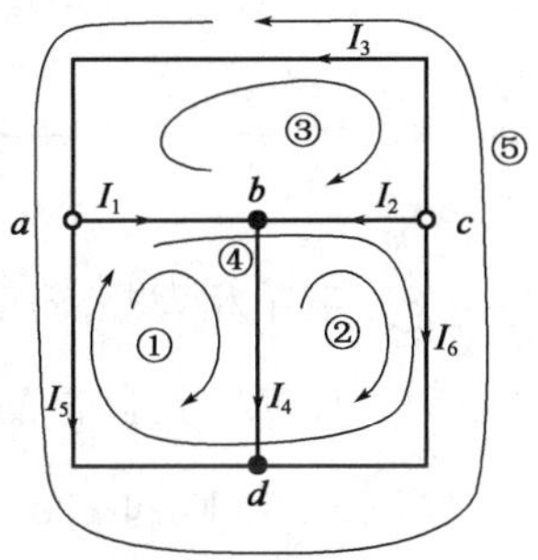

A. 任选 3 个 KCL 方程和 3 个 KVL 方程

B. 任选 3 个 KCL 方程和①、②、③ 3 个回路的 KVL 方程

C. 任选 3 个 KCL 方程和①、②、④ 3 个回路的 KVL 方程

D. 写出 4 个 KCL 方程和任意 2 个 KVL 方程

82. 已知交流电流 $i(t)$ 的周期 T＝1ms，有效值 I＝0.5A，当 t＝0 时，i＝$0.5\sqrt{2}$A，则它的时间函数描述形式是：

A. $i(t)=0.5\sqrt{2}\sin 1000t$A

B. $i(t)=0.5\sin 2000\pi t$A

C. $i(t)=0.5\sqrt{2}\sin(2000\pi t+90°)$A

D. $i(t)=0.5\sqrt{2}\sin(1000\pi t+90°)$A

83. 图 a)滤波器的幅频特性如图 b)所示，当 $u_i=u_{i1}=10\sqrt{2}\sin 100t$V 时，输出 $u_o=u_{o1}$，当 $u_i=u_{i2}=10\sqrt{2}\sin 10^4 t$V 时，输出 $u_o=u_{o2}$，则可以算出：

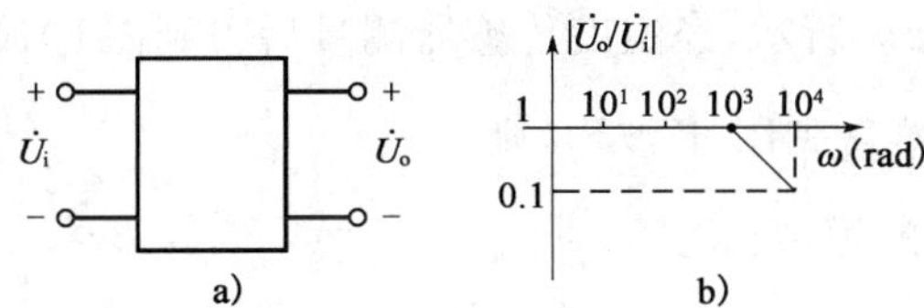

A. $U_{o1}=U_{o2}=10$V

B. $U_{o1}=10$V，U_{o2}不能确定，但小于 10V

C. $U_{o1}<10$V，$U_{o2}=0$

D. $U_{o1}=10$V，$U_{o2}=1$V

84. 如图 a)所示功率因数补偿电路中，当 $C=C_1$ 时得到相量图如图 b)所示，当 $C=C_2$ 时得到相量图如图 c)所示，则：

A. C_1 一定大于 C_2

B. 当 $C=C_1$ 时，功率因数$\lambda|_{C_1}=-0.866$；当 $C=C_2$ 时，功率因数$\lambda|_{C_2}=0.866$

C. 因为功率因数$\lambda|_{C_1}=\lambda|_{C_2}$，所以采用两种方案均可

D. 当 $C=C_2$ 时，电路出现过补偿，不可取

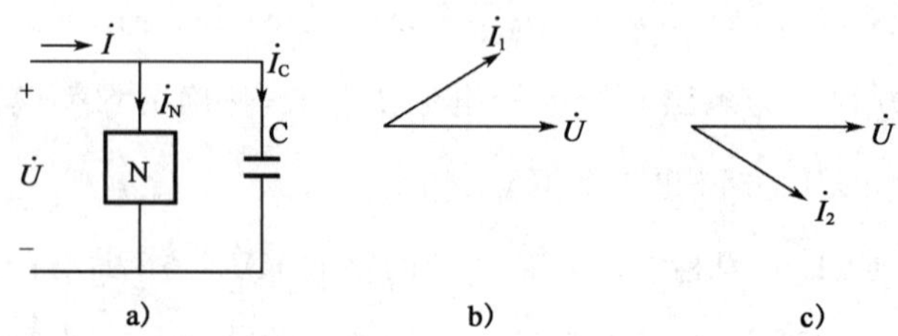

a)　　　　b)　　　　c)

85. 某单相理想变压器，其一次线圈为 550 匝，有两个二次线圈。若希望一次电压为 100V 时，获得的二次电压分别为 10V 和 20V，则$N_2|_{10V}$和$N_2|_{20V}$应分别为：

A. 50 匝和 100 匝　　　　B. 100 匝和 50 匝

C. 55 匝和 110 匝　　　　D. 110 匝和 55 匝

86. 为实现对电动机的过载保护，除了将热继电器的常闭触点串接在电动机的控制电路中外，还应将其热元件：

A. 也串接在控制电路中

B. 再并接在控制电路中

C. 串接在主电路中

D. 并接在主电路中

87. 某温度信号如图 a)所示，经温度传感器测量后得到图 b)波形，经采样后得到图 c)波形，再经保持器得到图 d)波形，则：

A. 图 b)是图 a)的模拟信号

B. 图 a)是图 b)的模拟信号

C. 图 c)是图 b)的数字信号

D. 图 d)是图 a)的模拟信号

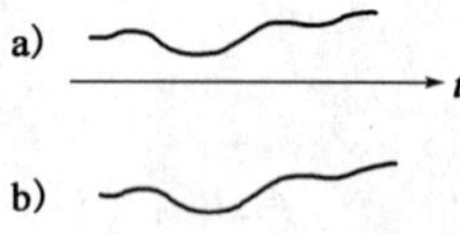

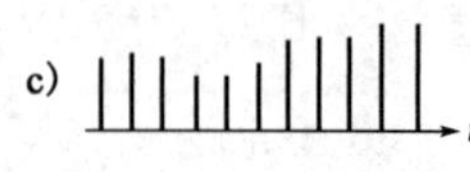

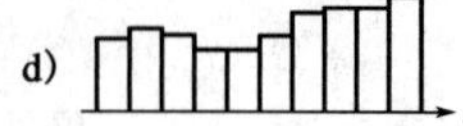

88. 若某周期信号的一次谐波分量为 $5\sin 10^3 t$V，则它的三次谐波分量可表示为：

A. $U\sin 3\times 10^3 t, U>5$V

B. $U\sin 3\times 10^3 t, U<5$V

C. $U\sin 10^6 t, U>5$V

D. $U\sin 10^6 t, U<5$V

89. 设放大器的输入信号为 $u_1(t)$，放大器的幅频特性如图所示，令 $u_1(t)=\sqrt{2}U_1\sin 2\pi ft$，则 $U_1\sin 2\pi ft$，且 $f>f_H$，则：

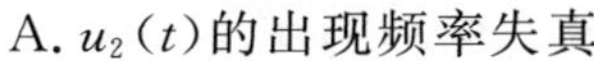

A. $u_2(t)$的出现频率失真

B. $u_2(t)$的有效值 $U_2=AU_1$

C. $u_2(t)$的有效值 $U_2<AU_1$

D. $u_2(t)$的有效值 $U_2>AU_1$

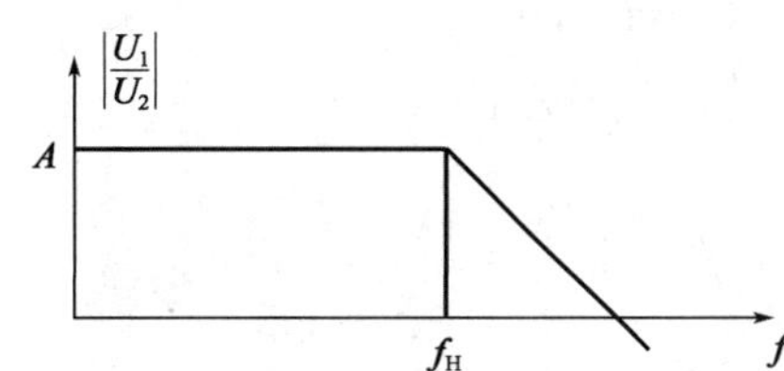

90. 对逻辑表达式$\overline{AD+\overline{A}\,\overline{D}}$的化简结果是：

A. 0

B. 1

C. $\overline{A}D+A\overline{D}$

D. $\overline{AD}+AD$

91. 已知数字信号 A 和数字信号 B 的波形如图所示，则数字信号 $F=\overline{A+B}$的波形为：

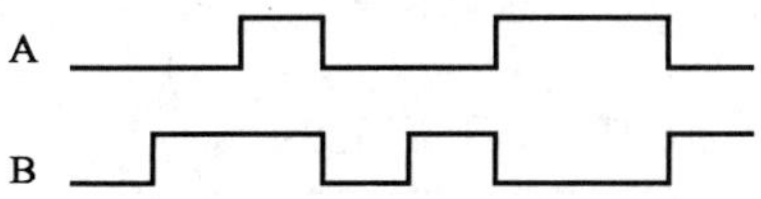

A

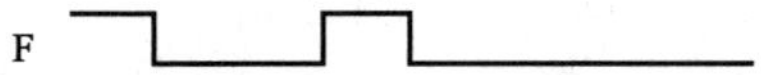

B

A. F

B. F

C. 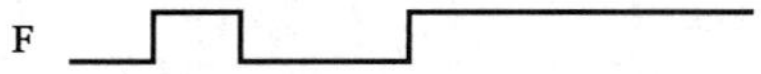 F

D. 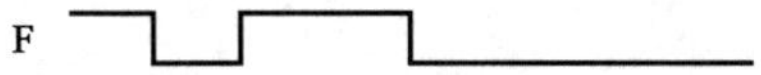 F

92. 十进制数字 16 的 BCD 码为：

A. 00010000

B. 00010110

C. 00010100

D. 00011110

93. 二极管应用电路如图所示，$U_A=1V$，$U_B=5V$，设二极管为理想器件，则输出电压U_F：

A. 等于 1V

B. 等于 5V

C. 等于 0V

D. 因 R 未知，无法确定

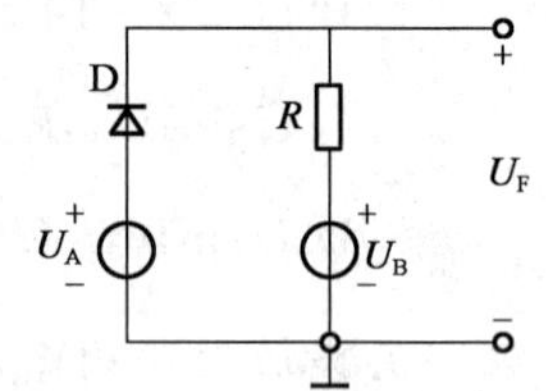

94. 运算放大器应用电路如图所示，其中 $C=1\mu F$，$R=1M\Omega$，$U_{OM}=\pm10V$，若 $u_1=1V$，则 u_o：

A. 等于 0V

B. 等于 1V

C. 等于 10V

D. $t<10s$ 时，为$-t$；$t\geqslant10s$ 后，为$-10V$

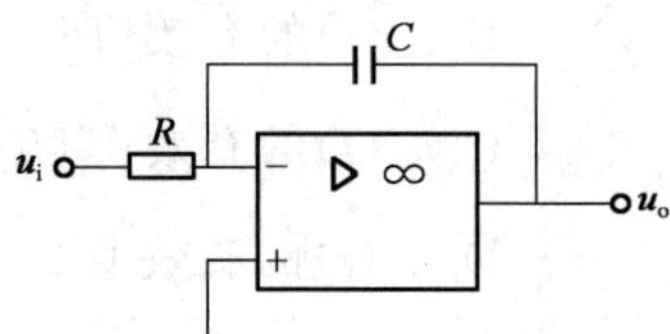

95. 图 a)所示电路中，复位信号$\overline{R}_D$、信号 A 及时钟脉冲信号 cp 如图 b)所示，经分析可知，在第一个和第二个时钟脉冲的下降沿时刻，输出 Q 先后等于：

A. 0　　0　　　　B. 0　　1

C. 1　　0　　　　D. 1　　1

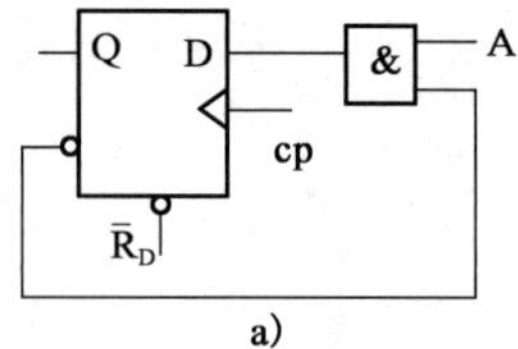

a)

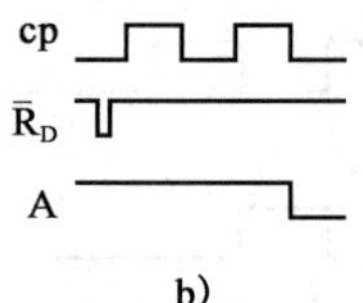

b)

附：触发器的逻辑状态表

D	Q_{n+1}
0	0
1	1

96. 图示电路的功能和寄存数据是：

A. 左移的三位移位寄存器，寄存数据是 010

B. 右移的三位移位寄存器，寄存数据是 010

C. 左移的三位移位寄存器，寄存数据是 000

D. 右移的三位移位寄存器，寄存数据是 010

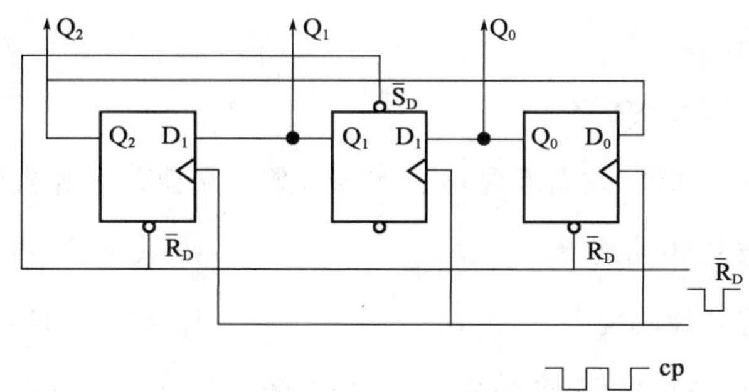

97. 计算机按用途可分为：

A. 专业计算机和通用计算机　　B. 专业计算机和数字计算机

C. 通用计算机和模拟计算机　　D. 数字计算机和现代计算机

98. 当前微机所配备的内存储器大多是：

A. 半导体存储器　　B. 磁介质存储器

C. 光线(纤)存储器　　D. 光电子存储器

99. 批处理操作系统的功能是将用户的一批作业有序地排列起来：

A. 在用户指令的指挥下、顺序地执行作业流

B. 计算机系统会自动地、顺序地执行作业流

C. 由专门的计算机程序员控制作业流的执行

D. 由微软提供的应用软件来控制作业流的执行

100. 杀毒软件应具有的功能是：

A. 消除病毒　　B. 预防病毒

C. 检查病毒　　D. 检查并消除病毒

101. 目前，微机系统中普遍使用的字符信息编码是：

A. BCD 编码　　B. ASCII 编码

C. EBCDIC 编码　　D. 汉字字型码

102. 下列选项中，不属于 Windows 特点的是：

A. 友好的图形用户界面　　B. 使用方便

C. 多用户单任务　　D. 系统稳定可靠

103. 操作系统中采用虚拟存储技术，是为了对：

A. 外为存储空间的分配

B. 外存储器进行变换

C. 内存储器的保护

D. 内存储器容量的扩充

104. 通过网络传送邮件、发布新闻消息和进行数据交换是计算机网络的：

A. 共享软件资源功能　　B. 共享硬件资源功能

C. 增强系统处理功能　　D. 数据通信功能

105. 下列有关因特网提供服务的叙述中，错误的一条是：

A. 文件传输服务、远程登录服务

B. 信息搜索服务、WWW 服务

C. 信息搜索服务、电子邮件服务

D. 网络自动连接、网络自动管理

106. 若按网络传输技术的不同，可将网络分为：

A. 广播式网络、点到点式网络

B. 双绞线网、同轴电缆网、光纤网、无线网

C. 基带网和宽带网

D. 电路交换类、报文交换类、分组交换类

107. 某企业准备 5 年后进行设备更新，到时所需资金估计为 600 万元，若存款利率为 5%，从现在开始每年年末均等额存款，则每年应存款：

[已知：$(A/F, 5\%, 5) = 0.18097$]

A. 78.65 万元　　B. 108.58 万元

C. 120 万元　　D. 165.77 万元

108. 某项目投资于邮电通信业，运营后的营业收入全部来源于对客户提供的电信服务，则在估计该项目现金流时不包括：

A. 企业所得税　　B. 增值税

C. 城市维护建设税　　D. 教育税附加

109. 某公司向银行借款 150 万元，期限为 5 年，年利率为 8%，每年年末等额还本付息一次（即等额本息法），到第五年末还完本息。则该公司第 2 年年末偿还的利息为：

[已知：$(A/P,8\%,5)=0.2505$]

A. 9.954 万元
B. 12 万元
C. 25.575 万元
D. 37.575 万元

110. 以下关于项目内部收益率指标的说法正确的是：

A. 内部收益率属于静态评价指标
B. 项目内部收益率就是项目的基准收益率
C. 常规项目可能存在多个内部收益率
D. 计算内部收益率不必事先知道准确的基准收益率 i_c

111. 影子价格是商品或生产要素的任何边际变化对国家的基本社会经济目标所做贡献的价值，因而影子价格是：

A. 目标价格
B. 反映市场供求状况和资源稀缺程度的价格
C. 计划价格
D. 理论价格

112. 在对项目进行盈亏平衡分析时，各方案的盈亏平衡点生产能力利用率有如下四种数据，则抗风险能力较强的是：

A. 30%
B. 60%
C. 80%
D. 90%

113. 甲、乙为两个互斥的投资方案。甲方案现时点的投资为 25 万元，此后从第一年年末开始，年运行成本为 4 万元，寿命期为 20 年，净残值为 8 万元；乙方案现时点的投资额为 12 万元，此后从第一年年末开始，年运行成本为 6 万元，寿命期也为 20 年，净残值 6 万元。若基准收益率为 20%，则甲、乙方案费用现值分别为：

[已知：$(P/A,20\%,20)=4.8696$，$(P/F,20\%,20)=0.02608$]

A. 50.80 万元，−41.06 万元
B. 54.32 万元，41.06 万元
C. 44.27 万元，41.06 万元
D. 50.80 万元，44.27 万元

114. 某产品的实际成本为 10000 元，它由多个零部件组成，其中一个零部件的实际成本为 880 元，功能评价系数为 0.140，则该零部件的价值指数为：

A. 0.628　　　　B. 0.880

C. 1.400　　　　D. 1.591

115. 某工程项目甲建设单位委托乙监理单位对丙施工总承包单位进行监理，有关监理单位的行为符合规定的是：

A. 在监理合同规定的范围内承揽监理业务

B. 按建设单位委托，客观公正地执行监理任务

C. 与施工单位建立隶属关系或者其他利害关系

D. 将工程监理业务转让给具有相应资质的其他监理单位

116. 某施工企业取得了安全生产许可证后，在从事建筑施工活动中，被发现已经不具备安全生产条件，则正确的处理方法是：

A. 由颁发安全生产许可证的机关暂扣或吊销安全生产许可证

B. 由国务院建设行政主管部门责令整改

C. 由国务院安全管理部门责令停业整顿

D. 吊销安全生产许可证，5 年内不得从事施工活动

117. 某工程项目进行公开招标，甲乙两个施工单位组成联合体投标该项目，下列做法中，不合法的是：

A. 双方商定以一个投标人的身份共同投标

B. 要求双方至少一方应当具备承担招标项目的相应能力

C. 按照资质等级较低的单位确定资质等级

D. 联合体各方协商签订共同投标协议

118. 某建设工程总承包合同约定，材料价格按照市场价履约，但具体价款没有明确约定，结算时应当依据的价格是：

A. 订立合同时履行地的市场价格

B. 结算时买方所在地的市场价格

C. 订立合同时签约地的市场价格

D. 结算工程所在地的市场价格

119. 某城市计划对本地城市建设进行全面规划，根据《中华人民共和国环境保护法》的规定，下列城乡建设行为不符合《中华人民共和国环境保护法》规定的是：

A. 加强在自然景观中修建人文景观

B. 有效保护植被、水域

C. 加强城市园林、绿地园林

D. 加强风景名胜区的建设

120. 根据《建设工程安全生产管理条例》规定，施工单位主要负责人应当承担的责任是：

A. 落实安全生产责任制度、安全生产规章制度和操作规程

B. 保证本单位安全生产条件所需资金的投入

C. 确保安全生产费用的有效使用

D. 根据工程的特点组织特定安全施工措施

2018 年度全国勘察设计一级注册结构工程师

执业资格考试试卷

基础考试
（下）

二〇一八年十月

应考人员注意事项

1. 本试卷科目代码为“2”，考生务必将此代码填涂在答题卡“科目代码”相应的栏目内，否则，无法评分。
2. 书写用笔：**黑色或蓝色钢笔、签字笔或圆珠笔**；
   填涂答题卡用笔：**黑色 2B 铅笔**。
3. 必须用书写用笔将工作单位、姓名、准考证号填写在答题卡和试卷相应的栏目内。
4. 本试卷由 60 题组成，每题 2 分，满分 120 分，本试卷全部为单项选择题，每小题的四个备选项中只有一个正确答案，错选、多选、不选均不得分。
5. 考生作答时，必须**按题号在答题卡上**将相应试题所选选项对应的**字母用 2B 铅笔涂黑**。
6. 在答题卡上书写与题意无关的语言，或在答题卡上作标记的，均按违纪试卷处理。
7. 考试结束时，由监考人员当面将试卷、答题卡一并收回。
8. 草稿纸由各地统一配发，考后收回。

单项选择题(共 60 题,每题 2 分。每题的备选项中只有一个最符合题意。)

1. 下列材料中属于韧性材料的是：

A. 烧结普通砖　　B. 石材

C. 高强混凝土　　D. 木材

2. 轻质无机材料吸水后,该材料的：

A. 密实度增加　　B. 绝热性能提高

C. 导热系数增大　　D. 孔隙率降低

3. 硬化的水泥浆体中,位于水化硅酸钙凝胶的层间孔隙中的水与凝胶有很强的结合作用,一旦失去,水泥浆体将会：

A. 发生主要矿物解体　　B. 保持体积不变

C. 发生显著的收缩　　D. 发生明显的温度变化

4. 混凝土配合比设计通常需满足多项基本要求,这些基本要求不包括：

A. 混凝土强度　　B. 混凝土和易性

C. 混凝土用水量　　D. 混凝土成本

5. 增大混凝土的骨料含量,混凝土的徐变和干燥收缩的变化规律为：

A. 都会增大　　B. 都会减小

C. 徐变增大,干燥收缩减小　　D. 徐变减小,干燥收缩增大

6. 衡量钢材的塑性变形能力的技术指标为：

A. 屈服强度　　B. 抗拉强度

C. 断后伸长率　　D. 冲击韧性

7. 在测定沥青的延度和针入度时,需保持以下哪一个条件恒定：

A. 室内温度　　B. 沥青试样的温度

C. 试件质量　　D. 试件的养护条件

8. 图根导线测量中,以下哪一项反映了导线全长相对闭合差精度要求：

A. $K \leqslant \frac{1}{2000}$　　B. $K \geqslant \frac{1}{2000}$

C. $K \leqslant \frac{1}{5000}$　　D. $K \approx \frac{1}{5000}$

9. 水准测量中，对每一测站的高差都必须采取措施进行检核测量，这种检核称为测站检核。下列哪一个属于常用的测站检核方法：

A. 双面尺法　　B. 黑面尺读数

C. 红面尺读数　　D. 单次仪器高法

10. 下列关于等高线的描述正确的是：

A. 相同等高距下，等高线平距越小，地势越陡

B. 相同等高距下，等高线平距越大，地势越陡

C. 同一幅图中地形变化大时，可选择不同的基本等高距

D. 同一幅图中任意一条等高线一定是封闭的

11. 设 A、B 坐标系为施工坐标系，A 轴在测量坐标系中的方位角为 α，施工坐标系的原点为 O'，其坐标为 x_0 和 y_0，下列可表达点 P 的施工坐标 A_P、B_P 转换为测量坐标 x_P、y_P 的公式是：

A. $\begin{pmatrix} x_P - x_0 \\ y_P - y_0 \end{pmatrix} = \begin{pmatrix} \cos\alpha & -\sin\alpha \\ \sin\alpha & \cos\alpha \end{pmatrix} \begin{pmatrix} A_P \\ B_P \end{pmatrix}$　　B. $\begin{pmatrix} x_P - x_0 \\ y_P - y_0 \end{pmatrix} = \begin{pmatrix} \cos\alpha & \sin\alpha \\ \sin\alpha & \cos\alpha \end{pmatrix} \begin{pmatrix} A_P \\ B_P \end{pmatrix}$

C. $\begin{pmatrix} x_P - x_0 \\ y_P - y_0 \end{pmatrix} = \begin{pmatrix} \sin\alpha & -\cos\alpha \\ \cos\alpha & \sin\alpha \end{pmatrix} \begin{pmatrix} A_P \\ B_P \end{pmatrix}$　　D. $\begin{pmatrix} x_P - x_0 \\ y_P - y_0 \end{pmatrix} = \begin{pmatrix} \sin\alpha & \cos\alpha \\ \cos\alpha & \sin\alpha \end{pmatrix} \begin{pmatrix} A_P \\ B_P \end{pmatrix}$

12. 偶然误差具有下列何种特性：

A. 测量仪器产生的误差　　B. 外界环境影响产生的误差

C. 单个误差的出现没有一定的规律性　　D. 大量的误差缺乏统计规律性

13. 建筑工程的消防设计图纸及有关资料应由以下哪一个单位报送公安消防机构审核：

A. 建设单位　　B. 设计单位

C. 施工单位　　D. 监理单位

14. 房地产开发企业销售商品住宅，保修期应从何时计起：

A. 工程竣工验收合格之日起

B. 物业验收合格之日起

C. 购房人实际入住之日起

D. 开发企业向购房人交付房屋之日起

15. 施工单位签署建设工程项目质量合格的文件上，必须有下列哪类工程师的签字盖章：

A. 注册建筑师　　B. 注册结构工程师

C. 注册建造师　　D. 注册施工管理师

16. 建设工程竣工验收，是由下列哪个部门负责组织实施？

A. 工程质量监督机构　　B. 建设单位

C. 工程监理单位　　D. 房地产开发主管部门

17. 某基坑回填工程，检查其填土压实质量时，应：

A. 每三层取一次试样　　B. 每 $1000m^3$ 取样不少于一组

C. 在每层上半部取样　　D. 以干密度作为检测指标

18. 下列有关先张法预应力筋放张的顺序，说法错误的是：

A. 压杆的预应力筋应同时放张

B. 梁应先同时放张预应力较大区域的预应力筋

C. 桩的预应力筋应同时放张

D. 板类构件应从板外边向里对称放张

19. 下列关于工作面的说法不正确的是：

A. 工作面是指安排专业工人进行操作或者布置机械设备进行施工所需的活动空间

B. 最小工作面所对应安排的施工人数和机械数量是最少的

C. 工作面根据专业工种的计划产量定额、操作规程和安全施工技术规程确定

D. 施工过程不同，所对应的描述工作面的计量单位不一定相同

20. 网络计划中的关键工作是：

A. 自由时差总和最大线路上的工作

B. 施工工序最多线路上的工作

C. 总持续时间最短线路上的工作

D. 总持续时间最长线路上的工作

21.《建筑工程质量管理条例》规定，在正常使用条件下，电气管线、给排水管道、设备安装和装修工程的最低保修期限为：

A. 3 年　　B. 2 年

C. 1 年　　D. 5 年

22. 关于钢筋混凝土受弯构件疲劳验算，下列描述正确的是：

A. 正截面受压区混凝土的法向应力图可取为三角形，而不再取抛物状分布

B. 荷载应取设计值

C. 应计算正截面受压边缘处混凝土的剪应力和钢筋的应力幅

D. 应计算纵向受压钢筋的应力幅

23. 关于钢筋混凝土矩形截面小偏心受压构件的构造要求，下列描述正确的是：

A. 宜采用高强度等级的混凝土

B. 宜采用高强度等级的纵筋

C. 截面长短边比值宜大于 1.5

D. 若采用高强度等级的混凝土，则需选用高强度等级的纵筋

24. 在均布荷载 $q=8\text{kN/m}^2$ 作用下，如图所示的四边简支钢筋混凝土板最大弯矩应为：

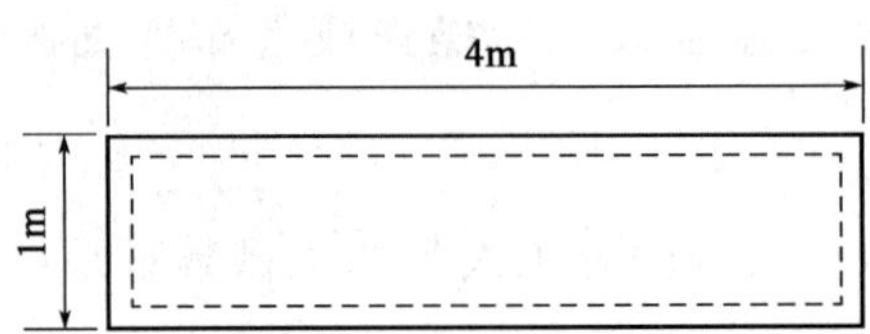

A. 1kN · m　　B. 4kN · m

C. 8kN · m　　D. 16kN · m

25. 钢筋混凝土框架结构在水平荷载作用下的内力计算可采用反弯点方法，通常反弯点的位置在：

A. 柱的顶端　　B. 柱的底端

C. 柱高的中点　　D. 柱的下半段

26. 通过单向拉伸试验可检测钢材的：

A. 疲劳强度　　B. 冷弯角

C. 冲击韧性　　D. 伸长率

27. 计算钢结构框架柱弯矩作用平面内稳定性时采用的(高效)等效弯矩系数 β_{mx} 是考虑了：

A. 截面应力分布的影响　　　　B. 截面形状的影响

C. 构件弯矩分布的影响　　　　D. 支座约束条件的影响

28. 检测焊透对接焊缝质量时，如采用三级焊缝：

A. 需要进行外观检测和无损检测

B. 只需进行外观检测

C. 只需进行无损检测

D. 只需抽样 20%进行检测

29. 钢屋盖结构中常用圆管刚性系杆时，应控制杆件的：

A. 长细比不超过 200

B. 应力设计值不超过 150MPa

C. 直径和壁厚之比不超过 50

D. 轴向变形不超过 1/400

30. 作用在过梁上的荷载有砌体自重和过梁计算高度范围内的梁板荷载，对于砖砌体，可以不考虑高于 $l_n/3$(l_n 为过梁净跨)的墙体自重以及高度大于 l_n 上的梁板荷载，这是由于考虑了：

A. 起拱产生的荷载　　　　B. 应力重分布

C. 应力扩散　　　　D. 梁墙间的相互作用

31. 下列关于构造柱的说法，不正确的是：

A. 构造柱必须先砌墙后浇柱

B. 构造柱应设置在震害较重、连接构造较薄弱和易于应力集中的部位

C. 构造柱必须单独设基础

D. 构造柱最小截面尺寸为 240mm×180mm

32. 下列关于砖砌体的抗压强度与砖及砂浆的抗压强度的关系，说法正确的是：

①砖的抗压强度恒大于砖砌体的抗压强度；

②砂浆的抗压强度恒大于砖砌体的抗压强度；

③砌体的抗压强度随砂浆的强度提高而提高；

④砌体的抗压强度随块体的强度提高而提高。

A. ①②③④　　B. ①③④

C. ②③④　　D. ③④

33. 砌体房屋中对抗震不利的情况是：

A. 楼梯间设在房屋尽端

B. 采用纵横墙混合承重的结构布置方案

C. 纵横墙布置均匀对称

D. 高宽比为 1∶1.5

34. 超静定结构是：

A. 有多余约束的几何不变体系　　B. 无多余约束的几何不变体系

C. 有多余约束的几何可变体系　　D. 无多余约束的几何可变体系

35. 图示刚架 M_{EB} 的大小为：

A. 36kN·m

B. 54kN·m

C. 72kN·m

D. 108kN·m

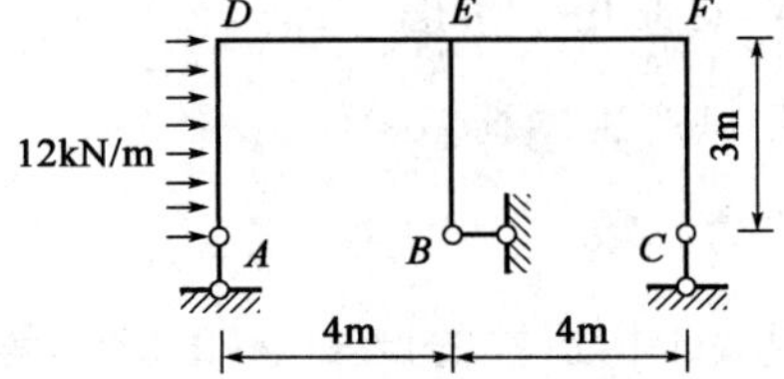

36. 图示对称结构 $M_{AD}=ql^2/36$(左拉)，$F_{N,AD}=-5ql/12$(压)，则 M_{BA} 为(以下侧受拉为正)：

A. $-\frac{ql^2}{6}$

B. $\frac{ql^2}{6}$

C. $-\frac{ql^2}{9}$

D. $\frac{ql^2}{9}$

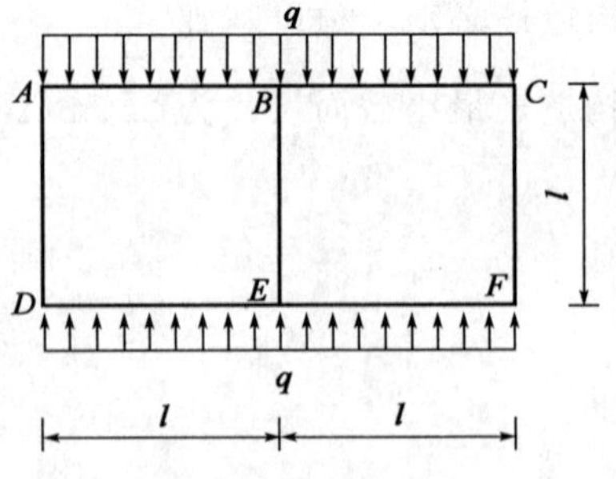

37. 图示结构中的反力F_H为：

A. $\frac{M}{L}$

B. $\frac{-M}{L}$

C. $\frac{2M}{L}$

D. $\frac{-2M}{L}$

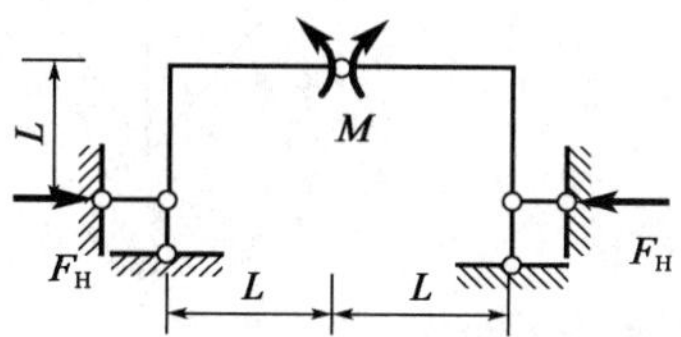

38. 图示结构忽略轴向变形和剪切变形，若减小弹簧刚度 k，则 A 节点水平位移Δ_{AH}：

A. 增大

B. 减小

C. 不变

D. 可能增大，亦可能减小

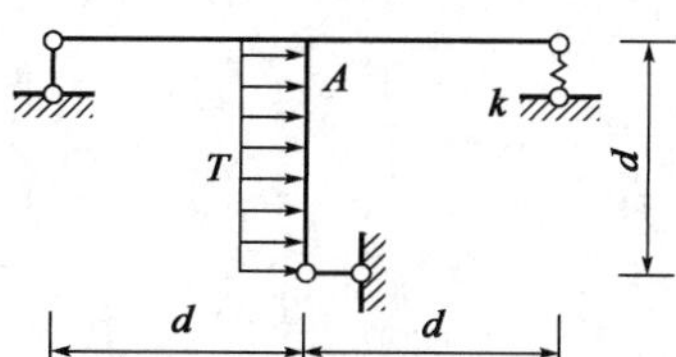

39. 图示结构 EI＝常数，在给定荷载作用下，竖向反力 V_A 为：

A. $-P$

B. $2P$

C. $-3P$

D. $4P$

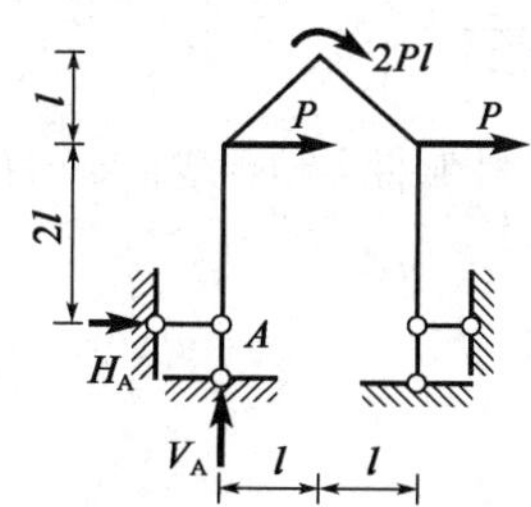

40. 图示三铰拱，若使水平推力 $F_H=F_P/3$，则高跨比 f/L 应为：

A. $\frac{3}{8}$　　B. $\frac{1}{2}$

C. $\frac{5}{8}$　　D. $\frac{3}{4}$

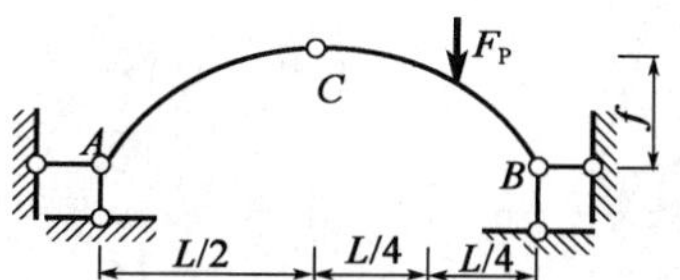

41. 图示结构 B 处弹性支座的弹簧刚度 $k=12EI/l^3$，B 截面的弯矩为：

A. $\frac{Pl}{2}$

B. $\frac{Pl}{3}$

C. $\frac{Pl}{4}$

D. $\frac{Pl}{6}$

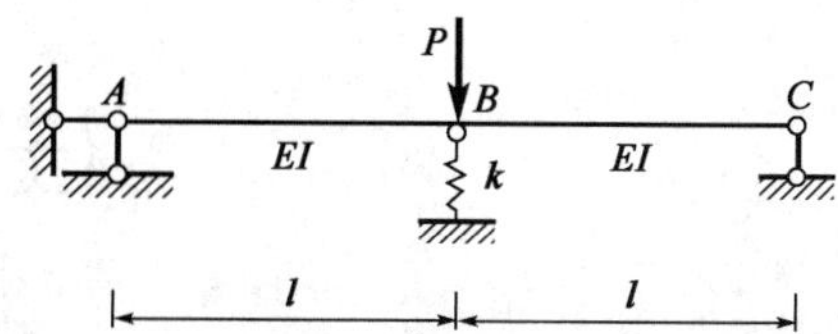

42. 图示两桁架温度均匀降低，则温度改变引起的结构内力状况为：

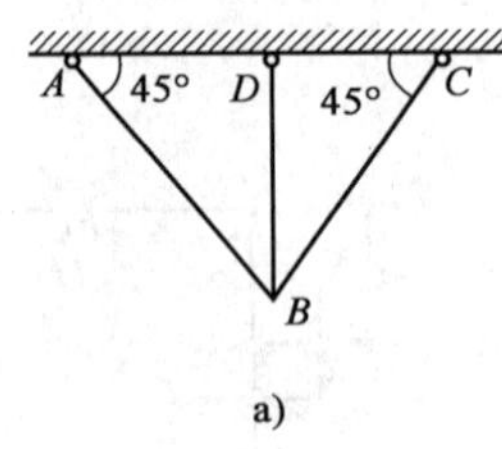

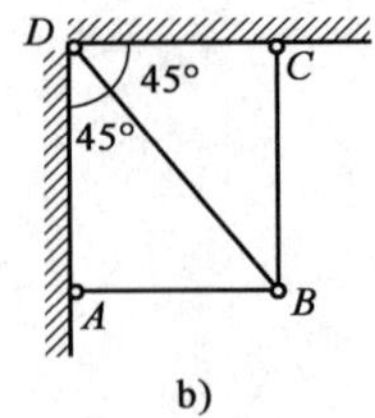

A. a)无，b)有

B. a)有，b)无

C. 两者均有

D. 两者均无

43. 图示结构 EI＝常数，不考虑轴向变形，则 $F_{Q,BA}$ 为：

A. $\frac{P}{4}$

B. $-\frac{P}{4}$

C. $\frac{P}{2}$

D. $-\frac{P}{2}$

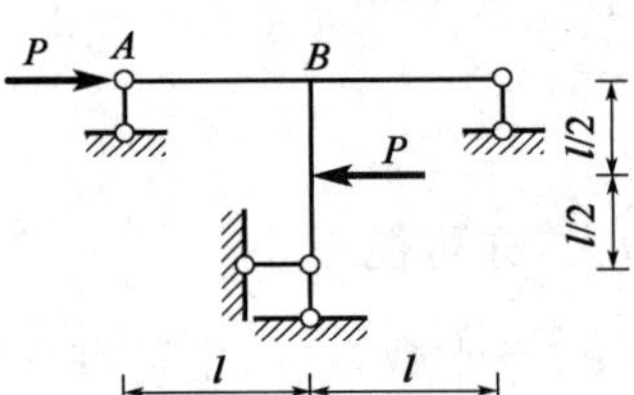

44. 图示圆弧曲梁 K 截面轴力 F_{NK}（受拉为正）影响线在 C 点的竖标为：

A. $\frac{\sqrt{3}-1}{2}$

B. $-\frac{\sqrt{3}-1}{2}$

C. $\frac{\sqrt{3}+1}{2}$

D. $-\frac{\sqrt{3}+1}{2}$

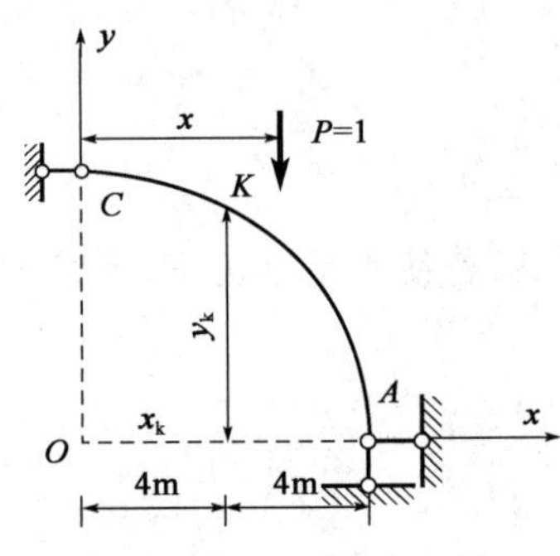

45. 图示结构用力矩分配法计算时，分配系数 μ_{A4} 为：

A. $\frac{1}{4}$

B. $\frac{4}{7}$

C. $\frac{1}{2}$

D. $\frac{6}{11}$

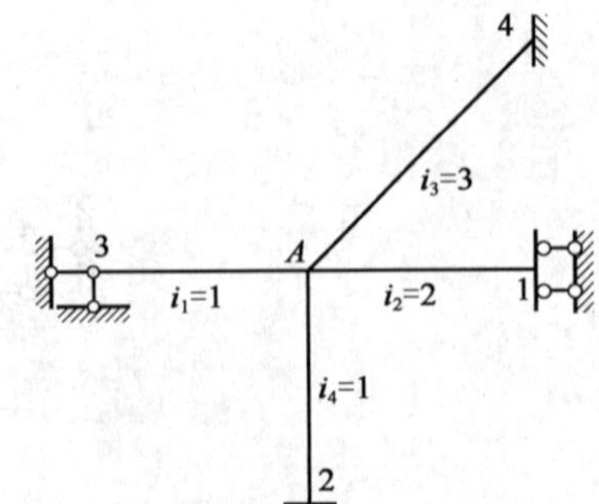

46. 有阻尼单自由度体系受简谐荷载作用，当简谐荷载频率等于结构自振频率时，与外荷载平衡的力是：

A. 惯性力　　B. 阻尼力

C. 弹性力　　D. 弹性力＋惯性力

47. 单自由度体系受简谐荷载作用，当简谐荷载频率等于结构自振频率的 2 倍时，位移的动力放大系数为：

A. 2　　B. $\frac{4}{3}$

C. $-\frac{1}{2}$　　D. $-\frac{1}{3}$

48. 不计阻尼时，图示体系的运动方程为：

A. $m\ddot{y}+\frac{24EI}{l^3}y=M\sin(\theta t)$

B. $m\ddot{y}+\frac{24EI}{l^3}y=\frac{3}{l}M\sin(\theta t)$

C. $m\ddot{y}+\frac{3EI}{l^3}y=\frac{3}{2l}M\sin(\theta t)$

D. $m\ddot{y}+\frac{3EI}{l^3}y=\frac{3}{8l}M\sin(\theta t)$

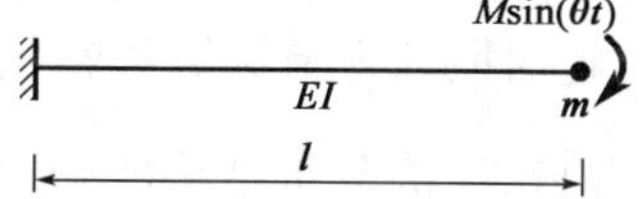

49. 为测定结构材料的实际物理力学性能指标，应包括以下哪项内容：

A. 强度、变形、轴向应力-应变曲线

B. 弹性模量、泊松比

C. 强度、泊松比、轴向应力-应变曲线

D. 强度、变形、弹性模量

50. 标距 $L=200\text{mm}$ 的手持应变仪，用千分表进行量测读数，读数为 3 小格，测得的应变值为（μ_ε 表示微应变）：

A. $1.5\mu_\varepsilon$　　B. $15\mu_\varepsilon$

C. $6\mu_\varepsilon$　　D. $12\mu_\varepsilon$

51. 利用电阻应变原理实测钢梁受到弯曲荷载作用下的弯曲应变，采用如图所示的测点布置和桥臂连接方式，则电桥的测试值是实际值的多少倍（注：ν 是被测构件材料的泊松比）：

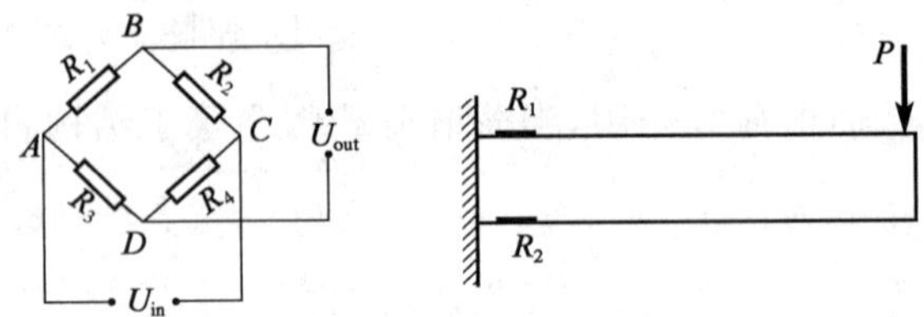

A. $2(1+\nu)$

B. 1

C. 2

D. $1+\nu$

52. 为获得建筑物的动力特性，下列激振方法错误的是：

A. 采用脉动法量测和分析结构的动力特性

B. 采用锤击激励的方法分析结构的动力特性

C. 对结构施加拟动力荷载分析结构的动力特性

D. 采用自由振动法分析结构的动力特性

53. 下列可用于检测混凝土内部钢筋锈蚀的方法是：

A. 声发射方法

B. 电磁感应法

C. 超声波法

D. 电位差法

54. 某外国，用固结仪试验结果计算土样的压缩指数（常数）时，不是用常数对数，而是用自然对数对应取值的。如果根据我国标准（常用对数），一个土样的压缩指数（常数）为 0.0112，则根据该外国标准，该土样的压缩指数为：

A. 4.86×10^{-3}

B. 5.0×10^{-4}

C. 2.34×10^{-3}

D. 6.43×10^{-3}

55. 一个厚度为 25mm 的黏土试样固结试验结果表明，孔隙水压力消散为 0 需要 11min，该试验仅在样品的上表面排水。如果地基中有一层 4.6m 厚的相同黏土层，上下两个面都可以排水，则该层黏土固结时间为：

A. 258.6d

B. 64.7d

C. 15.5d

D. 120d

56. 与地基的临界水力梯度有关的因素为：

A. 有效重度
B. 抗剪强度
C. 渗透系数
D. 剪切刚度

57. 一个离心机模型堤坝高 0.10m，当离心加速度为 61g 时破坏，则用同种材料修筑的真实堤坝的最大可能高度为：

A. 6.1m
B. 10m
C. 61.1m
D. 1m

58. 减小地基不均匀沉降的措施不包括：

A. 增加建筑物的刚度和整体性
B. 同一建筑物尽量采用同一类型的基础并埋置于同一土层中
C. 采用钢筋混凝土十字交叉条形基础或筏板基础、箱形基础等整体性好的基础形式
D. 上部采用静定结构

59. 对桩周土层、桩尺寸和桩顶竖向荷载都一样的摩擦桩，桩距为桩径 3 倍的群桩的沉降量比单桩的沉降量：

A. 大
B. 小
C. 大或小均有可能
D. 一样大

60. 土工聚合物在地基处理中的作用不包括：

A. 排水作用
B. 加筋
C. 挤密
D. 反滤

2018年度全国勘察设计注册工程师执业资格考试基础考试(上)试题解析及参考答案

1. **解** 本题考查基本极限公式以及无穷小量的性质。

选项A和C是基本极限公式,成立。

选项B,$\lim\limits_{x\to\infty}\dfrac{\sin x}{x}=\lim\limits_{x\to\infty}\dfrac{1}{x}\sin x$,其中$\dfrac{1}{x}$是无穷小,$\sin x$是有界函数,无穷小乘以有界函数的值为无穷小量,也就是0,故选项B不成立。

选项D,只要令$t=\dfrac{1}{x}$,则可化为选项C的结果。

答案:B

2. **解** 本题考查奇偶函数的性质。当$f(-x)=-f(x)$时,$f(x)$为奇函数;当$f(-x)=f(x)$时,$f(x)$为偶函数。

方法1:

选项D,设$H(x)=g[g(x)]$,则

$$H(-x)=g[g(-x)]\xlongequal[\text{奇函数}]{g(x)\text{为}}g[-g(x)]=-g[g(x)]=-H(x)$$

故$g[g(x)]$为奇函数。

方法2:

采用特殊值法,题中$f(x)$是偶函数,$g(x)$是奇函数,可设$f(x)=x^2$,$g(x)=x$,验证选项A、B、C均是偶函数,错误。

答案:D

3. **解** 本题考查导数的定义,需要熟练拼凑相应的形式。

根据导数定义:$f'(x_0)=\lim\limits_{x\to x_0}\dfrac{f(x)-f(x_0)}{x-x_0}$,与题中所给形式类似,进行拼凑:

$$\lim_{x\to x_0}\frac{xf(x_0)-x_0f(x)}{x-x_0}=\lim_{x\to x_0}\frac{xf(x_0)-x_0f(x)+x_0f(x_0)-x_0f(x_0)}{x-x_0}$$

$$=\lim_{x\to x_0}\left[\frac{-x_0f(x)+x_0f(x_0)}{x-x_0}+\frac{xf(x_0)-x_0f(x_0)}{x-x_0}\right]$$

$$=-x_0f'(x_0)+f(x_0)$$

答案:C

4.**解**　本题考查变限定积分求导的计算方法。

变限定积分求导的方法如下：

$$\frac{\mathrm{d}\left(\int_{\psi(x)}^{\varphi(x)} f(t)\mathrm{d}t\right)}{\mathrm{d}x}=\frac{\mathrm{d}}{\mathrm{d}x}\left(\int_{\psi(x)}^{a} f(t)\mathrm{d}t+\int_{a}^{\varphi(x)} f(t)\mathrm{d}t\right)\quad(a\text{ 为常数})$$

$$=\frac{\mathrm{d}}{\mathrm{d}x}\left(-\int_{a}^{\psi(x)} f(t)\mathrm{d}t+\int_{a}^{\varphi(x)} f(t)\mathrm{d}t\right)$$

$$=-f(\psi(x))\psi'(x)+f(\varphi(x))\varphi'(x)$$

求导时，先把积分下限函数化为积分上限函数，再求导。

计算如下：

$$\frac{\mathrm{d}}{\mathrm{d}x}\int_{\varphi(x^2)}^{\varphi(x)} e^{t^2}\mathrm{d}t$$

$$=\frac{\mathrm{d}}{\mathrm{d}x}\left[\int_{\varphi(x^2)}^{a} e^{t^2}\mathrm{d}t+\int_{a}^{\varphi(x)} e^{t^2}\mathrm{d}t\right]\quad(a\text{ 为常数})$$

$$=\frac{\mathrm{d}}{\mathrm{d}x}\left[-\int_{a}^{\varphi(x^2)} e^{t^2}\mathrm{d}t+\int_{a}^{\varphi(x)} e^{t^2}\mathrm{d}t\right]$$

$$=-e^{[\varphi(x^2)]^2}\varphi'(x^2)\cdot 2x+e^{[\varphi(x)]^2}\cdot\varphi'(x)$$

$$=\varphi'(x)e^{[\varphi(x)]^2}-2x\varphi'(x^2)e^{[\varphi(x^2)]^2}$$

答案：A

5.**解**　本题考查不定积分的基本计算技巧：凑微分。

$$\int xf(1-x^2)\mathrm{d}x=-\frac{1}{2}\int f(1-x^2)\mathrm{d}(1-x^2)\xlongequal[\int f(x)\mathrm{d}x=F(x)+C]{\text{已知}}-\frac{1}{2}F(1-x^2)+C$$

答案：B

6.**解**　本题考查一阶导数的应用。

驻点是函数的一阶导数为0的点，本题中函数明显是光滑连续的，所以对函数求导，有 $y'=4x+a$，将 $x=1$ 代入得到 $y'(1)=4+a=0$，解出 $a=-4$。

答案：D

7.**解**　本题考查向量代数的基本运算。

方法1：

$$(\boldsymbol{\alpha}+\boldsymbol{\beta})\cdot(\boldsymbol{\alpha}+\boldsymbol{\beta})=|\boldsymbol{\alpha}+\boldsymbol{\beta}|\cdot|\boldsymbol{\alpha}+\boldsymbol{\beta}|\cdot\cos 0=|\boldsymbol{\alpha}+\boldsymbol{\beta}|^2$$

所以 $|\boldsymbol{\alpha}+\boldsymbol{\beta}|^2=(\boldsymbol{\alpha}+\boldsymbol{\beta})\cdot(\boldsymbol{\alpha}+\boldsymbol{\beta})=\boldsymbol{\alpha}\cdot\boldsymbol{\alpha}+\boldsymbol{\beta}\cdot\boldsymbol{\alpha}+\boldsymbol{\alpha}\cdot\boldsymbol{\beta}+\boldsymbol{\beta}\cdot\boldsymbol{\beta}$

$$=\boldsymbol{\alpha}\cdot\boldsymbol{\alpha}+2\boldsymbol{\alpha}\cdot\boldsymbol{\beta}+\boldsymbol{\beta}\cdot\boldsymbol{\beta}$$

$$\xlongequal[\theta=\frac{\pi}{3}]{|\boldsymbol{\alpha}|=1,|\boldsymbol{\beta}|=2} 1\times 1\times \cos 0+2\times 1\times 2\times \cos\frac{\pi}{3}+2\times 2\times \cos 0$$

$$=7$$

所以，$|\boldsymbol{\alpha}+\boldsymbol{\beta}|^2=7$，则 $|\boldsymbol{\alpha}+\boldsymbol{\beta}|=\sqrt{7}$

方法 2：可通过作图来辅助求解。

如解图所示：若设 $\boldsymbol{\beta}=(2,0)$，由于 $\boldsymbol{\alpha}$ 和 $\boldsymbol{\beta}$ 的夹角为 $\frac{\pi}{3}$，

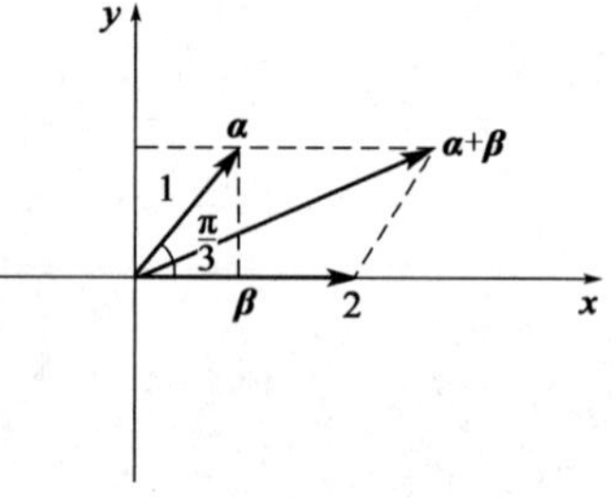

题 7 解图

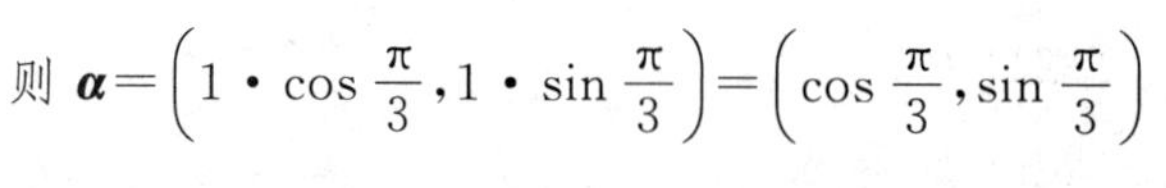

则 $\boldsymbol{\alpha}=\left(1\cdot\cos\frac{\pi}{3},1\cdot\sin\frac{\pi}{3}\right)=\left(\cos\frac{\pi}{3},\sin\frac{\pi}{3}\right)$

$\boldsymbol{\beta}=(2,0)$

$\boldsymbol{\alpha}+\boldsymbol{\beta}=\left(2+\cos\frac{\pi}{3},\sin\frac{\pi}{3}\right)$

$$|\boldsymbol{\alpha}+\boldsymbol{\beta}|=\sqrt{\left(2+\cos\frac{\pi}{3}\right)^2+\sin^2\frac{\pi}{3}}$$

$$=\sqrt{4+2\times 2\times\cos\frac{\pi}{3}+\cos^2\frac{\pi}{3}+\sin^2\frac{\pi}{3}}=\sqrt{7}$$

答案：B

8. **解** 本题考查简单的二阶常微分方程求解，直接进行两次积分即可。

$y''=\sin x$，则 $y'=\int\sin x\mathrm{d}x=-\cos x+C_1$

再次对 x 进行积分，有：

$$y=\int(-\cos x+C_1)\mathrm{d}x=-\sin x+C_1x+C_2$$

答案：B

9. **解** 本题考查导数的基本应用与计算。

已知 $f(x)$，$g(x)$ 在 $[a,b]$ 上均可导，且恒正，

设 $H(x)=f(x)g(x)$，则 $H'(x)=f'(x)g(x)+f(x)g'(x)$，

已知 $f'(x)g(x)+f(x)g'(x)>0$，所以函数 $H(x)=f(x)g(x)$ 在 $x\in(a,b)$ 时单调增加，因此有 $H(a)<H(x)<H(b)$，即 $f(a)g(a)<f(x)g(x)<f(b)g(b)$。

答案：C

10. **解** 本题考查定积分的基本几何应用。注意积分变量的选择，是选择 x 方便，还是选择 y 方便？

如解图所示，本题所求图形面积即为阴影图形面积，此时选择积分变量 y 较方便。

$$A=\int_{\ln a}^{\ln b}\varphi(y)\mathrm{d}y$$

因为 $y=\ln x$，则 $x=e^y$，故：

$$A=\int_{\ln a}^{\ln b}e^y\mathrm{d}y=e^y\Big|_{\ln a}^{\ln b}=e^{\ln b}-e^{\ln a}=b-a$$

答案：B

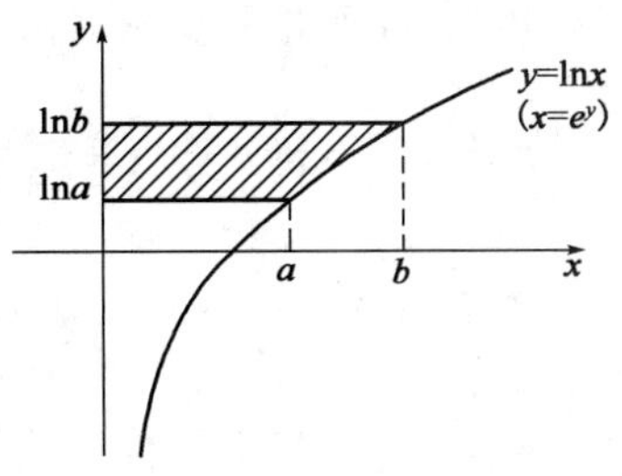

题 10 解图

11. **解** 本题考查空间解析几何中平面的基本性质和运算。

方法 1：

若某平面 π 平行于 yOz 坐标面，则平面 π 的法向量平行于 x 轴，可取 $\boldsymbol{n}=(1,0,0)$，利用平面 $Ax+By+Cz+D=0$ 所对应的法向量 $\boldsymbol{n}=(A,B,C)$ 判定选项 D 中，平面方程 $x+1=0$ 的法线向量为 $\vec{n}=(1,0,0)$，正确。

方法 2：

可通过画出选项 A、B、C 的图形来确定。

答案：D

12. **解** 本题考查多元函数微分学的概念性问题，涉及多元函数偏导数与多元函数连续等概念，需记忆下图的关系式方可快速解答：

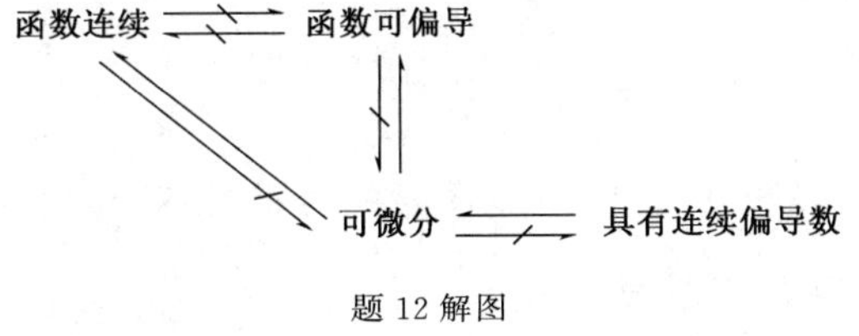

题 12 解图

可知，函数可微可推出一阶偏导数存在，而函数一阶偏导数存在推不出函数可微，故在此点一阶偏导数存在是函数在该点可微的必要条件。

答案：A

13. **解** 本题考查级数中常数项级数的敛散性。

利用级数敛散性判定方法以及 p 级数的相关性判定。

选项 A，利用比较法的极限形式，选择级数 $\sum\limits_{n=1}^{\infty}\dfrac{1}{n^2}$，$p>1$ 收敛。

而 $\lim\limits_{n\to\infty}\dfrac{\dfrac{1}{n(n+1)}}{\dfrac{1}{n^2}}=\lim\limits_{n\to\infty}\dfrac{n^2}{n^2+n}=1$

所以级数收敛。

选项 B,可利用 p 级数的敛散性判断。

p 级数 $\sum_{n=1}^{\infty}\frac{1}{n^p}(p>0$,实数),当 $p>1$ 时,p 级数收敛;当 $p\leqslant 1$ 时,p 级数发散。

选项 B,$p=\frac{3}{2}>1$,故级数收敛。

选项 D,可利用交错级数的莱布尼茨定理判断。

设交错级数 $\sum_{n=1}^{\infty}(-1)^{n-1}a_n$,其中 $a_n>0$,只要:①$a_n\geqslant a_{n+1}(n=1,2,\cdots)$,②$\lim\limits_{n\to\infty}a_n=0$,则 $\sum_{n=1}^{\infty}(-1)^{n-1}a_n$ 就收敛。

选项 D 中①$\frac{1}{\sqrt{n}}>\frac{1}{\sqrt{n+1}}(n=1,2,\cdots)$,②$\lim\limits_{n\to\infty}\frac{1}{\sqrt{n}}=0$,故级数收敛。

选项 C,对于级数 $\sum_{n=1}^{\infty}\left(\frac{n}{2n+1}\right)^2$,$\lim\limits_{n\to\infty}u_n=\lim\limits_{n\to\infty}\left(\frac{n}{2n+1}\right)^2=\left(\frac{1}{2}\right)^2=\frac{1}{4}\neq 0$

级数收敛的必要条件是 $\lim\limits_{n\to\infty}u_n=0$,而本选项 $\lim\limits_{n\to\infty}u_n\neq 0$,故级数发散。

答案:C

14.**解** 本题考查二阶常系数微分方程解的基本结构。

已知函数 $y=C_1e^{-x}+C_2e^{4x}$ 是某微分方程的通解,则该微分方程拥有的特征方程的解分别为 $r_1=-1$,$r_2=+4$,则有 $(r+1)(r-4)=0$,展开有 $r^2-3r-4=0$,故对应的微分方程为 $y''-3y'-4y=0$。

答案:B

15.**解** 本题考查对弧长曲线积分(也称第一类曲线积分)的相关计算。

依据题意,作解图,知 L 方程为 $y=-x+1$

L 的参数方程为 $\begin{cases}x=x\\y=-x+1\end{cases}\quad(0\leqslant x\leqslant 1)$

题 15 解图

$\mathrm{d}S=\sqrt{1^2+(-1)^2}\,\mathrm{d}x=\sqrt{2}\,\mathrm{d}x$

$$\int_L\cos(x+y)\mathrm{d}S=\int_0^1\cos[x+(-x+1)]\sqrt{2}\,\mathrm{d}x$$

$$=\int_0^1\sqrt{2}\cos 1\mathrm{d}x=\sqrt{2}\cos 1\cdot x\Big|_0^1=\sqrt{2}\cos 1$$

注:写出直线 L 的方程后,需判断 x 的取值范围(对弧长的曲线积分,积分变量应由小变大),从方程中看可知 x:0→1,若考查对坐标的曲线积分(也称第二类曲线积分),则应特别注意路径行走方向,以便判断 x 的上下限。

答案:C

16. **解**　本题考查直角坐标系下的二重积分计算问题。

根据题中所给正方形区域可作图，其中，$D:|x|\leqslant 1,|y|\leqslant 1$，即 $-1\leqslant x\leqslant 1,-1\leqslant y\leqslant 1$。

有 $\iint\limits_D (x^2+y^2)\mathrm{d}x\mathrm{d}y=\int_{-1}^{1}\mathrm{d}x\int_{-1}^{1}(x^2+y^2)\mathrm{d}y=\int_{-1}^{1}\left(x^2y+\dfrac{y^3}{3}\right)\Big|_{-1}^{1}\mathrm{d}x$

$$=\int_{-1}^{1}\left(2x^2+\frac{2}{3}\right)\mathrm{d}x=\left(\frac{2}{3}x^3+\frac{2}{3}x\right)\Big|_{-1}^{1}=\frac{8}{3}$$

或利用对称性，$D=4D_1$，则

$$\iint\limits_D (x^2+y^2)\mathrm{d}x\mathrm{d}y \xlongequal{\text{利用对称性}} 4\iint\limits_{D_1}(x^2+y^2)\mathrm{d}x\mathrm{d}y$$

$$=4\int_0^1\mathrm{d}x\int_0^1(x^2+y^2)\mathrm{d}y=4\int_0^1\left(x^2y+\frac{1}{3}y^3\right)\Big|_0^1\mathrm{d}x$$

$$=4\int_0^1\left(x^2+\frac{1}{3}\right)\mathrm{d}x=4\times\left[\frac{1}{3}x^3+\frac{1}{3}x\right]_0^1$$

$$=4\times\left(\frac{1}{3}+\frac{1}{3}\right)=\frac{8}{3}$$

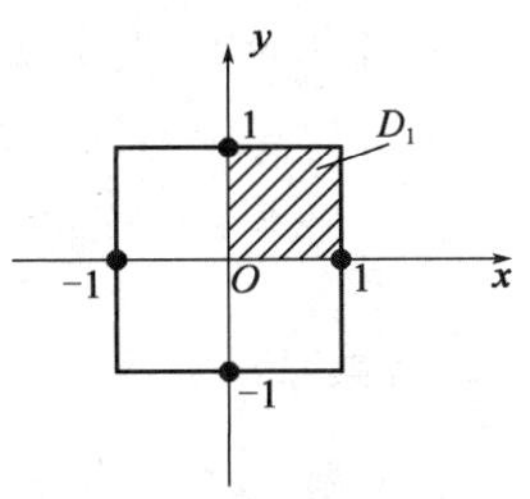

题 16 解图

答案:B

17. **解**　本题考查麦克劳林展开式的基本概念。

麦克劳林展开式的一般形式为

$$f(x)=f(0)+f'(0)x+\frac{f''(0)}{2!}x^2+\cdots+\frac{f^{(n)}(0)}{n!}x^n+R_n(x)$$

其中 $R_n(x)=\dfrac{f^{(n+1)}(\xi)}{(n+1)!}x^{n+1}$，这里 ξ 是介于 0 与 x 之间的某个值。

$f'(x)=a^x\ln a, f''(x)=a^x(\ln a)^2$，故 $f'(0)=\ln a, f''(0)=(\ln a)^2, f(0)=1$，

$$f(x)=1+x\ln a+\frac{(\ln a)^2}{2}x^2$$

答案:C

18. **解**　本题考查多元函数的混合偏导数求解。

函数 $z=f(x^2y)$

$$\frac{\partial z}{\partial x}=2xyf'(x^2y)$$

$$\frac{\partial^2 z}{\partial x\partial y}=2x[f'(x^2y)+yf''(x^2y)x^2]$$

$$=2x[f'(x^2y)+x^2yf''(x^2y)]$$

答案:D

19. **解**　本题考查矩阵和行列式的基本计算。

因为 $\boldsymbol{A}$、$\boldsymbol{B}$ 均为三阶矩阵，则

$$|-2\boldsymbol{A}^{\mathrm{T}}\boldsymbol{B}^{-1}|$$

$$=(-2)^3|\boldsymbol{A}^{\mathrm{T}}\boldsymbol{B}^{-1}|$$

$$=(-8)|\boldsymbol{A}^{\mathrm{T}}|\cdot|\boldsymbol{B}^{-1}|\text{（矩阵乘积的行列式性质）}$$

$$=(-8)|\boldsymbol{A}|\cdot\frac{1}{|\boldsymbol{B}|}$$

$$\left(\text{矩阵转置行列式性质，}|\boldsymbol{B}\boldsymbol{B}^{-1}|=|\boldsymbol{E}|,|\boldsymbol{B}|\cdot|\boldsymbol{B}^{-1}|=1,|\boldsymbol{B}^{-1}|=\frac{1}{|\boldsymbol{B}|}\right)$$

$$=-8\times1\times\frac{1}{-2}=4$$

答案：D

20.**解**　本题考查线性方程组 $\boldsymbol{Ax}=\boldsymbol{0}$，有非零解的充要条件。

方程组 $\begin{cases}ax_1+x_2+x_3=0\\x_1+ax_2+x_3=0\\x_1+x_2+ax_3=0\end{cases}$ 有非零解的充要条件是 $\begin{vmatrix}a&1&1\\1&a&1\\1&1&a\end{vmatrix}=0$

$$\begin{vmatrix}a&1&1\\1&a&1\\1&1&a\end{vmatrix}\xlongequal{(-1)c_3+c_2}\begin{vmatrix}a&0&1\\1&a-1&1\\1&1-a&a\end{vmatrix}\xlongequal{(-a)c_3+c_1}\begin{vmatrix}0&0&1\\1-a&a-1&1\\1-a^2&1-a&a\end{vmatrix}$$

$$=\begin{vmatrix}1-a&a-1\\1-a^2&1-a\end{vmatrix}=(1-a)^2\begin{vmatrix}1&-1\\1+a&1\end{vmatrix}=(1-a)^2(2+a)=0$$

所以 $a=1$ 或 -2。

答案：B

21.**解**　本题考查利用配方法求二次型的标准型，考查的知识点较偏。

方法 1：

由矩阵 $\boldsymbol{A}$ 可写出二次型为 $f(x_1,x_2,x_3)=x_1^2-2x_1x_2+3x_2^2$，利用配方法得到：

$$f(x_1,x_2,x_3)=x_1^2-2x_1x_2+x_2^2+2x_2^2=(x_1-x_2)^2+2x_2^2$$

令 $x_1-x_2=y_1,x_2=y_2$

可得 $f=y_1^2+2y_2^2$

方法 2：

利用惯性定理，选项 A、B、D（正惯性指数为 1，负惯性指数为 1）可以互化，因此对单选题，一定是错的。不用计算可知，只能选 C。

答案:C

22.**解**　因为 A 与 B 独立,所以 $\overline{A}$ 与 $\overline{B}$ 独立。

$P(A\cup B)=1-P(\overline{A\cup B})=1-P(\overline{A}\,\overline{B})=1-P(\overline{A})P(\overline{B})=1-0.4\times0.5=0.8$

或者 $P(A\cup B)=P(A)+P(B)-P(AB)$

由于 A 与 B 相互独立,则 $P(AB)=P(A)P(B)$

而 $P(A)=1-P(\overline{A})=0.6$,$P(B)=1-P(\overline{B})=0.5$

故 $P(A\cup B)=0.6+0.5-0.6\times0.5=0.8$

答案:C

23.**解**　数学期望 $E(X)=\int_{-\infty}^{+\infty}xf(x)\mathrm{d}x$,

$$f(x)=F'(x)=\begin{cases}3x^2,0<x<1\\0,\text{其他}\end{cases}$$

$$E(X)=\int_0^1 x\cdot 3x^2\mathrm{d}x$$

答案:B

24.**解**　二维离散型随机变量 X、Y 相互独立的充要条件是 $P_{ij}=P_{i\cdot}P_{\cdot j}$

还有分布律性质 $\sum\limits_i\sum\limits_j P(X=i,Y=j)=1$

利用上述等式建立两个独立方程,解出 α、β。

下面根据独立性推出一个公式:

因为 $\dfrac{P(X=i,Y=1)}{P(X=i,Y=2)}=\dfrac{P(X=i)P(Y=1)}{P(X=i)P(Y=2)}=\dfrac{P(Y=1)}{P(Y=2)}\quad i=1,2,3,\cdots$

所以 $\dfrac{P(X=1,Y=1)}{P(X=1,Y=2)}=\dfrac{P(X=2,Y=1)}{P(X=2,Y=2)}=\dfrac{P(X=3,Y=1)}{P(X=3,Y=2)}$

即 $\dfrac{\frac{1}{6}}{\frac{1}{3}}=\dfrac{\frac{1}{9}}{\beta}=\dfrac{\frac{1}{18}}{\alpha}$

选项 D 对。

答案:D

25.**解**　分子的平均平动动能公式 $\overline{\omega}=\dfrac{3}{2}kT$,分子的平均动能公式 $\overline{\varepsilon}=\dfrac{i}{2}kT$,刚性双原子分子自由度 $i=5$,但此题问的是每个分子的平均平动动能而不是平均动能,故正确答案为 C。

答案:C

26. **解** 分子无规则运动的平均自由程公式$\lambda=\frac{\bar{v}}{\bar{Z}}=\frac{1}{\sqrt{2}\pi d^2 n}$,气体定了,$d$就定了,所以容器中分子无规则运动的平均自由程仅取决于n,即单位体积的分子数。此题给定1mol氦气,分子总数定了,故容器中分子无规则运动的平均自由程仅取决于体积V。

答案:B

27. **解** 理想气体和单一恒温热源做等温膨胀时,吸收的热量全部用来对外界做功,既不违反热力学第一定律,也不违反热力学第二定律。因为等温膨胀是一个单一的热力学过程而非循环过程。

答案:C

28. **解** 理想气体的功和热量是过程量。内能是状态量,是温度的单值函数。此题给出$T_2=T_1$,无论气体经历怎样的过程,气体的内能保持不变。而因为不知气体变化过程,故无法判断功的正负。

答案:D

29. **解** 将$t=0.1\text{s}$,$x=2\text{m}$代入方程,即

$y=0.01\cos 10\pi(25t-x)=0.01\cos 10\pi(2.5-2)=-0.01$

答案:C

30. **解** $A=0.02\text{m}, T=\frac{2\pi}{\omega}=\frac{2\pi}{50\pi}=\frac{1}{25}=0.04\text{s}$

答案:A

31. **解** 机械波在媒质中传播,一媒质质元的最大形变量发生在平衡位置,此位置动能最大,势能也最大,总机械能亦最大。

答案:D

32. **解** 上下缝各覆盖一块厚度为d的透明薄片,则从两缝发出的光在原来中央明纹初相遇时,光程差为:

$\delta=r-d+n_2d-(r-d+n_1d)=d(n_2-n_1)$

答案:A

33. **解** 牛顿环的环状干涉条纹为等厚干涉条纹,当平凸透镜垂直向上缓慢平移而远离平面镜时,原k级条纹向环中心移动,故这些环状干涉条纹向中心收缩。

答案:D

34.**解** $\Delta\varphi=\frac{2\pi}{\lambda}\delta=\frac{2\pi}{\lambda}nl=3\pi, l=\frac{3\lambda}{2n}$

答案:C

35.**解** 反射光的光程差加强条件 $\delta=2nd+\frac{\lambda}{2}=k\lambda$

可见光范围 λ(400～760nm),取 $\lambda=400$nm,$k=3.5$;取 $\lambda=760$nm,$k=2.1$

k 取整数,$k=3$,$\lambda=480$nm

答案:A

36.**解** 玻璃劈尖相邻干涉条纹间距公式为:$l=\frac{\lambda}{2n\theta}$

此玻璃的折射率为:$n=\frac{\lambda}{2l\theta}=1.53$

答案:B

37.**解** 当原子失去电子成为正离子时,一般是能量较高的最外层电子先失去,而且往往引起电子层数的减少。某元素正二价离子(M^{2+})的外层电子构型是 $3s^2 3p^6$,所以该元素原子基态核外电子构型为 $1s^2 2s^2 2p^6 3s^2 3p^6 4s^2$。该元素基态核外电子最高主量子数为 4,为第四周期元素;价电子构型为 $4s^2$,为 s 区元素,IIA 族元素。

答案:C

38.**解** 离子的极化力是指某离子使其他离子变形的能力。极化率(离子的变形性)是指某离子在电场作用下电子云变形的程度。每种离子都具有极化力与变形性,一般情况下,主要考虑正离子的极化力和负离子的变形性。极化力与离子半径有关,离子半径越小,极化力越强。

答案:A

39.**解** NH_4Cl 为强酸弱碱盐,水解显酸性;NaCl 不水解;NaOAc 和 Na_3PO_4 均为强碱弱酸盐,水解显碱性,因为 $K_a(HAc)>K_{a3}(H_3PO_4)$,所以 Na_3PO_4 的水解程度更大,碱性更强。

答案:A

40.**解** 根据理想气体状态方程 $pV=nRT$,得 $n=pVRT$。所以当温度和体积不变时,反应器中气体(反应物或生成物)的物质的量与气体分压成正比。根据 $2A(g)+B(g)\rightleftharpoons 2C(g)$ 可知,生成物气体 C 的平衡分压为 100kPa,则 A 要消耗 100kPa,B 要消耗 50kPa,平衡时 $p(A)=200$kPa,$p(B)=250$kPa。

$$K^{\ominus}=\frac{\left(\frac{p(C)}{p^{\ominus}}\right)^2}{\left(\frac{p(A)}{p^{\ominus}}\right)^2\left(\frac{p(B)}{p^{\ominus}}\right)}=\frac{\left(\frac{100}{100}\right)^2}{\left(\frac{200}{100}\right)^2\left(\frac{250}{100}\right)}=0.1。$$

答案:A

41.**解**　根据氧化还原反应配平原则,还原剂失电子总数等于氧化剂得电子总数,配平后的方程式为:$2MnO_4^- + 5SO_3^{2-} + 6H^+ = 2Mn^{2+} + 5SO_4^{2-} + 3H_2O$。

答案:B

42.**解**　电极电势的大小,可以判断氧化剂与还原剂的相对强弱。电极电势越大,表示电对中氧化态的氧化能力越强。所以题中氧化剂氧化能力最强的是 HClO。

答案:C

43.**解**　标准状态时,由指定单质生成单位物质的量的纯物质 B 时反应的焓变(反应的热效应),称为标准摩尔焓变,记作 $\Delta_f H_m^{\ominus}$。指定单质通常指标准压力和该温度下最稳定的单质,如 C 的指定单质为石墨(s)。选项 A 中 C(金刚石)不是指定单质,选项 D 中不是生成单位物质的量的 CO_2(g)。

答案:C

44.**解**　发生银镜反应的物质要含有醛基(—CHO),所以甲醛、乙醛、乙二醛等各种醛类、甲酸及其盐(如 HCOOH、HCOONa)、甲酸酯(如甲酸甲酯 $HCOOCH_3$、甲酸丙酯 $HCOOC_3H_7$ 等)和葡萄糖、麦芽糖等分子中含醛基的糖与银氨溶液在适当条件下可以发生银镜反应。

答案:D

45.**解**　塑料、橡胶、纤维素都是天然高分子,蔗糖($C_{12}H_{22}O_{11}$)不是。

答案:A

46.**解**　1-戊炔、2-戊炔、1,2-戊二烯催化加氢后产物均为戊烷,3-甲基-1-丁炔催化加氢后产物为 2-甲基丁烷,结构式为$(CH_3)_2CHCH_2CH_3$。

答案:B

47.**解**　根据力的投影公式,$\boldsymbol{F}_x=\boldsymbol{F}\cos\alpha$,故只有当 $\alpha=0°$ 时 $\boldsymbol{F}_x=\boldsymbol{F}$,即力 $\boldsymbol{F}$ 与 x 轴平行;而除力 $\boldsymbol{F}$ 在与 x 轴垂直的 y 轴($\alpha=90°$)上投影为 0 外,在其余与 x 轴共面轴上的投影均不为 0。

答案:B

48.**解**　主矢 $\boldsymbol{F}_R=\boldsymbol{F}_1+\boldsymbol{F}_2+\boldsymbol{F}_3=30\boldsymbol{j}$N 为三力的矢量和;对 O 点的主矩为各力向 O

点取矩及外力偶矩的代数和，即 $M_O=F_3a-M_1-M_2=-10\text{N}\cdot\text{m}$(顺时针)。

答案:A

49. **解**　取整体为研究对象，受力如解图所示。

列平衡方程：

$\sum m_C(F)=0, F_A\cdot 2r-F_p\cdot 3r=0$

$F_A=\dfrac{3}{2}F_p$

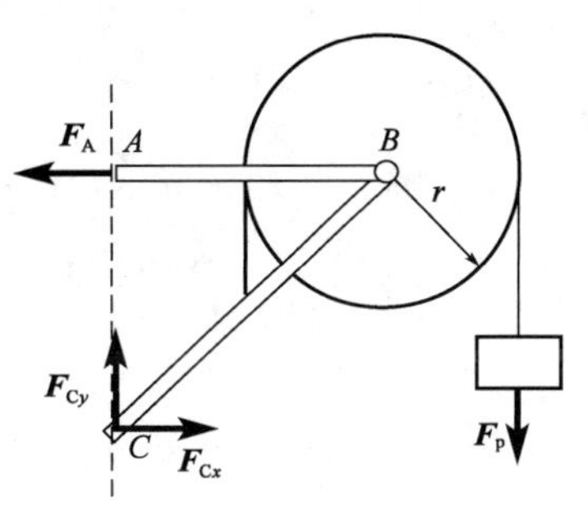

题 49 解图

答案:D

50. **解**　分析节点 C 的平衡，可知 BC 杆为零杆。

答案:D

51. **解**　当 $t=2\text{s}$ 时，点的速度 $v=\dfrac{\text{d}S}{\text{d}t}=4t^3-9t^2+4t=4\text{m/s}$

点的加速度 $a=\dfrac{\text{d}^2S}{\text{d}t^2}=12t^2-18t+4=16\text{m/s}^2$

答案:C

52. **解**　根据点做曲线运动时法向加速度的公式：$a_n=\dfrac{v^2}{\rho}=\dfrac{15^2}{5}=45\text{m/s}^2$。

答案:B

53. **解**　因为点 A、B 两点的速度、加速度方向相同，大小相等，根据刚体做平行移动时的特性，可判断杆 AB 的运动形式为平行移动，因此，平行移动刚体上 M 点和 A 点有相同的速度和加速度，即：$v_M=v_A=r\omega$，$a_M^n=a_A^n=r\omega^2$，$a_M^t=a_M^t=r\alpha$。

答案:C

54. **解**　物块与桌面之间最大的摩擦力 $F=\mu mg$

根据牛顿第二定律：$ma=F$

即 $m\dfrac{v^2}{r}=F=\mu mg$，则得 $v=\sqrt{\mu gr}$

答案:C

55. **解**　重力与水平位移相垂直，故做功为零，摩擦力 $F=10\times 0.3=3\text{N}$，所做之功 $W=3\times 4=12\text{N}\cdot\text{m}$。

答案:C

56. **解**　根据动量矩定理：$J\alpha_1=1\times r$(J 为滑轮的转动惯量)；$J\alpha_2+m_2r^2\alpha_2+m_3r^2\alpha_2=$

$(m_2g-m_3g)r=1\times r$；$J\alpha_3+m_3r^2\alpha_3=m_3gr=1\times r$。

则 $\alpha_1=\dfrac{1\times r}{J}$；$\alpha_2=\dfrac{1\times r}{J+m_2r^2+m_3r^2}$；$\alpha_3=\dfrac{1\times r}{J+m_3r^2}$

答案：C

57. **解** 如解图所示，杆释放瞬时，其角速度为零，根据动量矩定理：$J_O\alpha=mg\dfrac{l}{2}$，$\dfrac{1}{3}ml^2\alpha=mg\dfrac{l}{2}$，$\alpha=\dfrac{3g}{2l}$；施加于杆 OA 上的附加动反力为 $ma_C=m\dfrac{3g}{2l}\cdot\dfrac{l}{2}=\dfrac{3}{4}mg$，方向与质心加速度 a_C 方向相反。

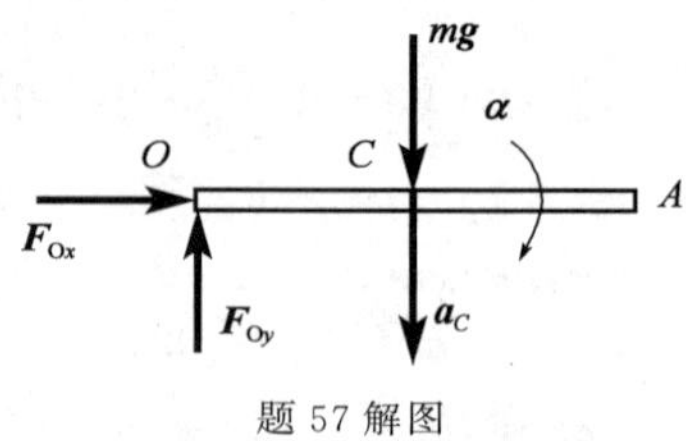

题 57 解图

答案：C

58. **解** 根据单自由度质点直线振动固有频率公式，

a) 系统：$\omega_a=\sqrt{\dfrac{k}{m}}$；

b) 系统：等效的弹簧刚度为 $\dfrac{k}{2}$，$\omega_b=\sqrt{\dfrac{k}{2m}}$。

答案：D

59. **解** 用直接法求轴力，可得：左段杆的轴力是 −3kN，右段杆的轴力是 5kN。所以杆的最大轴力是 5kN。

答案：B

60. **解** 用直接法求轴力，可得：$N_{AB}=-F$，$N_{BC}=F$

杆 C 截面的位移是：

$$\delta_C=\Delta l_{AB}+\Delta l_{BC}=\frac{-F\cdot l}{E\cdot 2A}+\frac{Fl}{EA}=\frac{Fl}{2EA}$$

答案：A

61. **解** 混凝土基座与圆截面立柱的交接面，即圆环形基座板的内圆柱面即为剪切面（如解图所示）：

$$A_Q=\pi dt$$

圆形混凝土基座上的均布压力（面荷载）为：

$$q=\frac{1000\times10^3\text{N}}{\frac{\pi}{4}\times1000^2\text{mm}^2}=\frac{4}{\pi}\text{MPa}$$

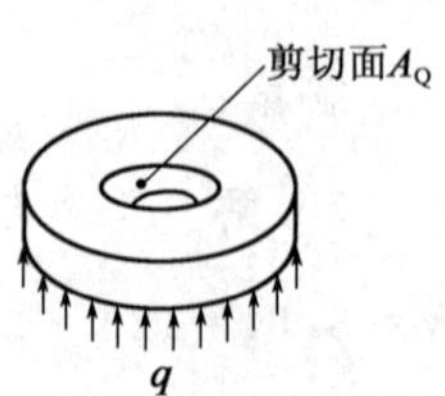

题 61 解图

作用在剪切面上的剪力为：

$Q=q\cdot\frac{\pi}{4}(1000^2-500^2)=750\text{kN}$

由剪切强度条件：$\tau=\frac{Q}{A_Q}=\frac{Q}{\pi dt}\leqslant[\tau]$

可得：$t\geqslant\frac{Q}{\pi d[\tau]}=\frac{750\times10^3\text{N}}{\pi\times500\text{mm}\times1.5\text{MPa}}=318.3\text{mm}$

答案：C

62. **解**　设实心圆轴直径为 d，则：

$$\phi=\frac{Tl}{GI_p}=\frac{Tl}{G\frac{\pi}{32}d^4}=32\frac{Tl}{\pi d^4G}$$

若实心圆轴直径减小为 $d_1=\frac{d}{2}$，则：

$$\phi_1=\frac{Tl}{GI_{p1}}=\frac{Tl}{G\frac{\pi}{32}\left(\frac{d}{2}\right)^4}=16\frac{32Tl}{\pi d^4G}=16\phi$$

答案：D

63. **解**　图示截面对 z 轴的惯性矩等于圆形截面对 z 轴的惯性矩减去矩形对 z 轴的惯性矩。

$$I_z^{矩}=\frac{bh^3}{12}+\left(\frac{h}{2}\right)^2\cdot bh=\frac{bh^3}{3}$$

$$I_z=I_z^{圆}-I_z^{矩}=\frac{\pi d^4}{64}-\frac{bh^3}{3}$$

答案：A

64. **解**　圆轴表面 A 点的剪应力 $\tau=\frac{T}{W_T}$

根据胡克定律 $\tau=G\gamma$

因此 $T=\tau W_T=G\gamma W_T$

答案：A

65. **解**　上下梁的挠曲线曲率相同，故有：

$$\rho=\frac{M_1}{EI_1}=\frac{M_2}{EI_2}$$

所以 $\frac{M_1}{M_2}=\frac{I_1}{I_2}=\frac{\frac{ba^3}{12}}{\frac{b(2a)^3}{12}}=\frac{1}{8}$

即 $M_2=8M_1$

又有 $M_1+M_2=m$，因此 $M_1=\frac{m}{9}$

答案：A

66.**解** 图示截面的弯曲中心是两个狭长矩形边的中线交点，形心主轴是 y' 和 z'，因为外力 $\boldsymbol{F}$ 作用线没有通过弯曲中心，故无扭转，还有沿两个形心主轴 y'、z' 方向的双向弯曲。

答案：D

67.**解** 本题是拉扭组合变形，轴向拉伸产生的正应力 $\sigma=\frac{F}{A}=\frac{4F}{\pi d^2}$

扭转产生的剪应力 $\tau=\frac{T}{W_{\mathrm{T}}}=\frac{16T}{\pi d^3}$

$$\sigma_{eq3}=\sqrt{\sigma^2+4\tau^2}=\sqrt{\left(\frac{4F}{\pi d^2}\right)^2+4\left(\frac{16T}{\pi d^3}\right)^2}$$

答案：C

68.**解** A 图：$\sigma_1=\sigma,\sigma_2=\sigma,\sigma_3=0$

$$\tau_{\max}=\frac{\sigma-0}{2}=\frac{\sigma}{2}$$

B 图：$\sigma_1=\sigma,\sigma_2=0,\sigma_3=-\sigma$

$$\tau_{\max}=\frac{\sigma-(-\sigma)}{2}=\sigma$$

C 图：$\sigma_1=2\sigma,\sigma_2=0,\sigma_3=-\frac{\sigma}{2}$

$$\tau_{\max}=\frac{2\sigma-\left(-\frac{\sigma}{2}\right)}{2}=\frac{5}{4}\sigma$$

D 图：$\sigma_1=3\sigma,\sigma_2=\sigma,\sigma_3=0$

$$\tau_{\max}=\frac{3\sigma-0}{2}=\frac{3}{2}\sigma$$

答案：D

69.**解** 图示圆轴是弯扭组合变形，力 F 作用下产生的弯矩在固定端最上缘 A 点引起拉伸正应力 σ，外力偶 T 在 A 点引起扭转切应力 τ，故 A 点单元体的应力状态是选项 C。

答案：C

70.**解** A 图：$\mu l=1\times5=5$

B 图：$\mu l=2\times3=6$

C 图：$\mu l=0.7\times6=4.2$

根据压杆的临界荷载公式 $F_{cr}=\frac{\pi^2 EI}{(\mu l)^2}$

可知：μl 越大，临界荷载越小；μl 越小，临界荷载越大。

所以 F_{crc} 最大，而 F_{crb} 最小。

答案：C

71. **解** 压力表测出的是相对压强。

答案：C

72. **解** 设第一截面的流速为 $v_1=\frac{Q}{\frac{\pi}{4}d_1^2}=\frac{0.015\text{m}^3/\text{s}}{\frac{\pi}{4}(0.1)^2\text{m}^2}=1.91\text{m/s}$

另一截面流速 $v_2=20\text{m/s}$，待求直径为 d_2，由连续方程可得：

$$d_2=\sqrt{\frac{v_1}{v_2}d_1^2}=\sqrt{\frac{1.91}{20}(0.1)^2}=0.031\text{m}=31\text{mm}$$

答案：B

73. **解** 层流沿程损失系数 $\lambda=\frac{64}{\text{Re}}$，而雷诺数 $\text{Re}=\frac{vd}{\nu}$

代入题设数据，得：$\text{Re}=\frac{10\times5}{0.18}=278$

沿程损失系数 $\lambda=\frac{64}{278}=0.23$

答案：B

74. **解** 圆柱形管嘴出水流量 $Q=\mu A\sqrt{2gH_0}$

代入题设数据，得：$Q=0.82\times\frac{\pi}{4}(0.04)^2\sqrt{2\times9.8\times7.5}=0.0125\text{m}^3/\text{s}\approx0.013\text{m}^3/\text{s}$

答案：D

75. **解** 在题设条件下，则自由出流孔口与淹没出流孔口的关系应为：流量系数相等、流量相等。

答案：D

76. **解** 由明渠均匀流谢才公式知流速 $v=C\sqrt{Ri}$，$C=\frac{1}{n}R^{\frac{1}{6}}$

代入题设数据，得：$C=\frac{1}{0.02}(1)^{\frac{1}{6}}=50\sqrt{\text{m}}/\text{s}$

流速 $v=50\sqrt{1\times0.0008}=1.41\text{m/s}$

答案：B

77. **解**　达西渗流定律适用于均匀土壤层流渗流。

答案:C

78. **解**　运动相似是几何相似和动力相似的表象。

答案:B

79. **解**　根据恒定磁路的安培环路定律:$\sum HL=\sum NI$

得:$H=\frac{NI}{L}=\frac{NI}{2\pi\gamma}$

磁场方向按右手螺旋关系判断为顺时针方向。

答案:B

80. **解**　$U=-2\times2-2=-6\text{V}$

答案:D

81. **解**　该电路具有6条支路,为求出6个独立的支路电流,所列方程数应该与支路数相等,即要列出6阶方程。

正确的列写方法是:

KCL独立节点方程=节点数−1=4−1=3

KVL独立回路方程(网孔数)=支路数−独立节点数=6−3=3

"网孔"为内部不含支路的回路。

答案:B

82. **解**　$i(t)=I_m\sin(\omega t+\psi_i)\text{A}$

$t=0$时,$i(t)=I_m\sin\psi_i=0.5\sqrt{2}\text{A}$

$$\begin{cases}\sin\psi_i=1,\psi_i=90^\circ\\ I_m=0.5\sqrt{2}\text{A}\\ \omega=2\pi f=2\pi\frac{1}{T}=2000\pi\end{cases}$$

$i(t)=0.5\sqrt{2}\sin(2000\pi t+90^\circ)\text{A}$

答案:C

83. **解**　图b)给出了滤波器的幅频特性曲线。U_{i1}与U_{i2}的频率不同,它们的放大倍数是不一样的。

从特性曲线查出:

$U_{o1}/U_{i1}=1\Rightarrow U_{o1}=U_{i1}=10\text{V}\Rightarrow U_{o2}/U_{i2}=0.1\Rightarrow U_{o2}=0.1\times U_{i2}=1\text{V}$

答案:D

84.**解** 画相量图分析，如解图所示。

$\dot{I}_2=\dot{I}_N+\dot{I}_{C2}$

$\dot{I}_1=\dot{I}_N+\dot{I}_{C1}$

$|\dot{I}_{C1}|>|\dot{I}_{C2}|$

$I_C=\dfrac{U}{X_C}=\dfrac{U}{\dfrac{1}{\omega C}}=U\omega C\propto C$

题 84 解图

有 $I_{C1}>I_{C2}$，所以 $C_1>C_2$

并且功率因数在 $\lambda|_{C_1}=-0.866$ 时电路出现过补偿，呈容性性质，一般不采用。

当 $C=C_2$ 时，电路中总电流 $\dot{I}_2$ 落后于电压 $\dot{U}$，为感性性质，不为过补偿。

答案:A

85.**解** 如解图所示，由题意可知：

$N_1=550$ 匝

当 $U_1=100\text{V}$ 时，$U_{21}=10\text{V}$，$U_{22}=20\text{V}$

$\dfrac{N_1}{N_{2|10\text{V}}}=\dfrac{U_1}{U_{21}}$，$N_{2|10\text{V}}=N_1\cdot\dfrac{U_{21}}{U_1}=550\times\dfrac{10}{100}=55$ 匝

$\dfrac{N_1}{N_{2|20\text{V}}}=\dfrac{U_1}{U_{22}}$，$N_{2|20\text{V}}=N_1\cdot\dfrac{U_{22}}{U_1}=550\times\dfrac{20}{100}=110$ 匝

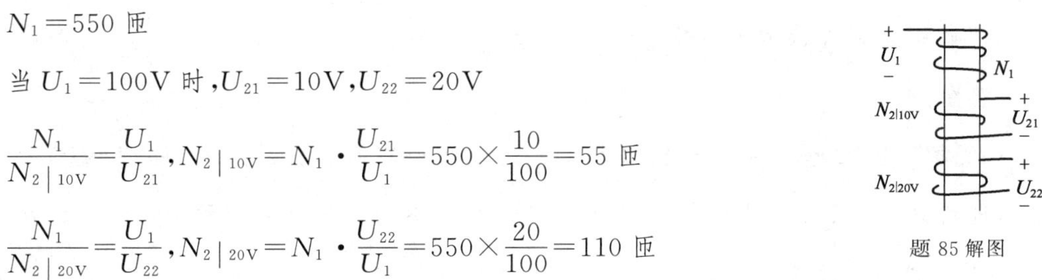

题 85 解图

答案:C

86.**解** 为实现对电动机的过载保护，热继电器的热元件串联在电动机的主电路中，测量电动机的主电流，同时将热继电器的常闭触点接在控制电路中，一旦电动机过载，则常闭触点断开，切断电机的供电电路。

答案:C

87.**解** “模拟”是指把某一个量用与它相对应的连续的物理量(电压)来表示；图 d)不是模拟信号，图 c)是采样信号，而非数字信号。对本题的分析可见，图 b)是图 a)的模拟信号。

答案:A

88.**解** 周期信号频谱是离散的频谱，信号的幅度随谐波次数的增高而减小。针对本题情况可知该周期信号的一次谐波分量为：

$u_1=U_{1\text{m}}\sin\omega_1 t=5\sin10^3 t$

$U_{1\text{m}}=5\text{V}$，$\omega_1=10^3$

$u_3 = U_{3m}\sin 3\omega t$

$\omega_3 = 3\omega_1 = 3\times 10^3$

$U_{3m} < U_{1m}$

答案:B

89.**解** 放大器的输入为正弦交流信号,但 $u_1(t)$ 的频率过高,超出了上限频率 f_H,放大倍数小于 A,因此输出信号 u_2 的有效值 $U_2 < AU_1$。

答案:C

90.**解** 根据逻辑电路的反演关系,对公式变化可知结果

$$\overline{\mathrm{AD}+\overline{\mathrm{A}}\,\overline{\mathrm{D}}} = \overline{\mathrm{AD}}\cdot\overline{\overline{\mathrm{A}}\,\overline{\mathrm{D}}} = (\overline{\mathrm{A}}+\overline{\mathrm{D}})\cdot(\mathrm{A}+\mathrm{D}) = \overline{\mathrm{A}}\mathrm{D}+\mathrm{A}\overline{\mathrm{D}}$$

答案:C

91.**解** 本题输入信号 A、B 与输出信号 F 为或非逻辑关系,$\mathrm{F}=\overline{\mathrm{A}+\mathrm{B}}$(输入有 1 输出则 0),对齐相位画输出波形如解图所示。

A

B

F

题 91 解图

结果与选项 A 的图形一致。

答案:A

92.**解** BCD 码是用二进制数表示十进制数。有两种常用形式,压缩 BCD 码,用 4 位二进制数表示 1 位十进制数;非压缩 BCD 码,用 8 位二进制数表示 1 位十进制数,本题的 BCD 码形式属于第一种。

选项 B,0001 表示十进制的 1,0110 表示十进制的 6,即 $(16)_{BCD} = (0001\ \ 0110)_B$,正确。

答案:B

93.**解** 设二极管 D 截止,可以判断:

$U_{D阳} = 1V$

$U_{D阴} = 5V$

D 为反向偏置状态,可见假设成立,$U_F = U_B = 5V$

答案:B

94.**解** 该电路为运算放大器的积分运算电路。

$u_o = -\dfrac{1}{RC}\int u_i \mathrm{d}t$

当 $u_i = 1V$ 时,$u_o = -\dfrac{1}{RC}t$

当 $t<10\text{s}$ 时，$u_o=-t$

$t\geqslant 10\text{s}$ 后，电路出现反向饱和，$u_o=-10\text{V}$

答案：D

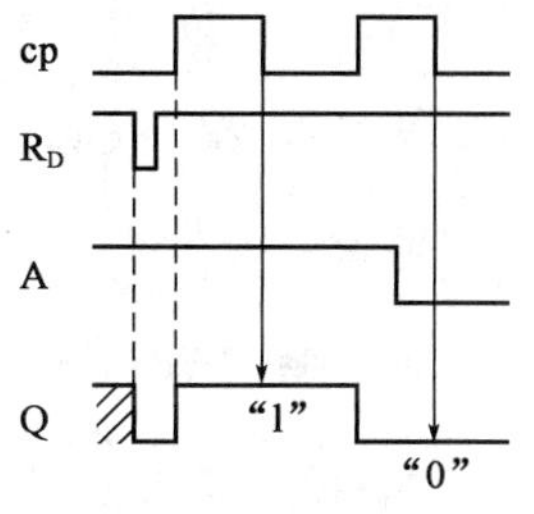

题 95 解图

95. **解** 输出 Q 与输入信号 A 的关系：$Q_{n+1}=D=A\cdot\overline{Q}_n$

输入信号 Q 在时钟脉冲的上升沿触发。

如解图所示，可知 cp 脉冲的两个下降沿时刻 Q 的状态分别是1　0。

答案：C

96. **解** 由题图可见该电路由 3 个 D 触发器组成，在时钟脉冲的作用下，存储数据依次向左循环移位。

当 $\overline{R}_D=0$ 时，系统初始化：$Q_2=0$，$Q_1=1$，$Q_0=0$。

即存储数据是"010"。

答案：A

97. **解** 计算机按用途可分为专业计算机和通用计算机。专业计算机是为解决某种特殊问题而设计的计算机，针对具体问题能显示出有效、快速和经济的特性，但它的适应性较差，不适用于其他方面的应用。在导弹和火箭上使用的计算机很大部分就是专业计算机。通用计算机适应性很强，应用范围很广，如应用于科学计算、数据处理和实时控制等领域。

答案：A

98. **解** 当前计算机的内存储器多数是半导体存储器。半导体存储器从使用功能上分，有随机存储器（Random Access Memory，简称 RAM，又称读写存储器），只读存储器（Read Only Memory，简称 ROM）。

答案：A

99. **解** 批处理操作系统是指将用户的一批作业有序地排列在一起，形成一个庞大的作业流。计算机指令系统会自动地顺序执行作业流，以节省人工操作时间和提高计算机的使用效率。

答案：B

100. **解** 杀毒软件能防止计算机病毒的入侵，及时有效地提醒用户当前计算机的安全状况，可以对计算机内的所有文件进行检查，发现病毒时可清除病毒，有效地保护计算机内的数据安全。

答案：D

101. **解**　ASCII码是"美国信息交换标准代码"的简称，是目前国际上最为流行的字符信息编码方案。在这种编码中每个字符用7个二进制位表示。这样，从0000000到1111111可以给出128种编码，可以用来表示128个不同的字符，其中包括10个数字、大小写字母各26个、算术运算符、标点符号及专用符号等。

答案：B

102. **解**　Windows特点的是使用方便、系统稳定可靠、有友好的用户界面、更高的可移动性，笔记本用户可以随时访问信息等。

答案：C

103. **解**　虚拟存储技术实际上是在一个较小的物理内存储器空间上，来运行一个较大的用户程序。它利用大容量的外存储器来扩充内存储器的容量，产生一个比内存空间大得多、逻辑上的虚拟存储空间。

答案：D

104. **解**　通信和数据传输是计算机网络主要功能之一，用来在计算机系统之间传送各种信息。利用该功能，地理位置分散的生产单位和业务部门可通过计算机网络连接在一起进行集中控制和管理。也可以通过计算机网络传送电子邮件，发布新闻消息和进行电子数据交换，极大地方便了用户，提高了工作效率。

答案：D

105. **解**　因特网提供的服务有电子邮件服务、远程登录服务、文件传输服务、WWW服务、信息搜索服务。

答案：D

106. **解**　按采用的传输介质不同，可将网络分为双绞线网、同轴电缆网、光纤网、无线网；按网络传输技术不同，可将网络分为广播式网络和点到点式网络；按线路上所传输信号的不同，又可将网络分为基带网和宽带网两种。

答案：A

107. **解**　根据等额支付偿债基金公式（已知 F，求 A）：

$$A=F\left[\frac{i}{(1+i)^n-1}\right]=F(A/F,i,n)$$

$$=600\times(A/F,5\%,5)=600\times0.18097=108.58\text{ 万元}$$

答案：B

108. **解**　从企业角度进行投资项目现金流量分析时，可不考虑增值税，因为增值税是价外税，不进入企业成本也不进入销售收入。执行新的《中华人民共和国增值税暂行条例》以后，为了体现固定资产进项税抵扣导致企业应纳增值税的降低进而致使净现金流量增加的作用，应在现金流入中增加销项税额，同时在现金流出中增加进项税额以及应纳增值税。

答案：B

109. **解**　注意题目问的是第 2 年年末偿还的利息（不包括本金）。

等额本息法每年还款的本利和相等，根据等额支付资金回收公式（已知 P 求 A），每年年末还本付息金额为：

$$A=P\left[\frac{i(1+i)^n}{(1+i)^n-1}\right]$$

$$=P(A/P,8\%,5)=150\times0.2505=37.575 \text{ 万元}$$

则第 1 年末偿还利息为 150×8%＝12 万元，偿还本金为 37.575－12＝25.575 万元

第 1 年已经偿还本金 25.575 万元，尚未偿还本金为 150－25.575＝124.425 万元

第 2 年年末应偿还利息为（150－25.575）×8%＝9.954 万元

答案：A

110. **解**　内部收益率是指项目在计算期内各年净现金流量现值累计等于零时的收益率，属于动态评价指标。计算内部收益率不需要事先给定基准收益率 i_c，计算出内部收益率后，再与项目的基准收益率 i_c 比较，以判定项目财务上的可行性。

常规项目投资方案是指除了建设期初或投产期初的净现金流量为负值外，以后年份的净现金流量均为正值，计算期内净现金流量由负到正只变化一次，这类项目只要累计净现金流量大于零，内部收益率就有唯一解，即项目的内部收益率。

答案：D

111. **解**　影子价格是能够反映资源真实价值和市场供求关系的价格。

答案：B

112. **解**　生产能力利用率的盈亏平衡点指标数值越低，说明较低的生产能力利用率即可达到盈亏平衡，也即说明企业经营抗风险能力较强。

答案：A

113. **解**　由于残值可以回收，并没有真正形成费用消耗，故应从费用中将残值减掉。

由甲方案的现金流量图可知：

甲方案的费用现值：

$P=4(P/A,20\%,20)+25-8(P/F,20\%,20)$

$=4\times4.8696+25-8\times0.02608=44.27$ 万元

同理可计算乙方案的费用现值：

$P=6(P/A,20\%,20)+12-6(P/F,20\%,20)$

$=6\times4.8696+12-6\times0.02608=41.06$ 万元

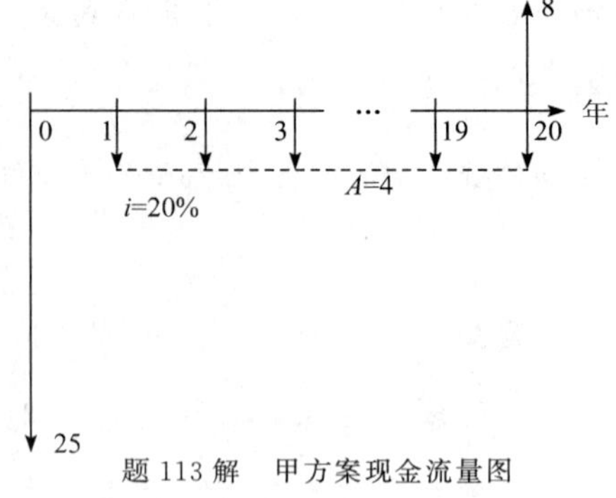

题 113 解　甲方案现金流量图

答案：C

114.**解**　该零件的成本系数为：

$$C=880\div10000=0.088$$

该零部件的价值指数为：

$$0.140\div0.088=1.591$$

答案：D

115.**解**　《中华人民共和国建筑法》第三十四条规定，工程监理单位应当根据建设单位的委托，客观、公正地执行监理任务。

选项C和D明显错误。选项A也是错误的，因为监理单位承揽监理业务的范围是根据其单位资质决定的，而不是和甲方签订的合同所决定的。

答案：B

116.**解**　《中华人民共和国安全法》第六十条规定，负有安全生产监督管理职责的部门依照有关法律、法规的规定，对涉及安全生产的事项需要审查批准(包括批准、核准、许可、注册、认证、颁发证照等，下同)或者验收的，必须严格依照有关法律、法规和国家标准或者行业标准规定的安全生产条件和程序进行审查；不符合有关法律、法规和国家标准或者行业标准规定的安全生产条件的，不得批准或者验收通过。对未依法取得批准或者验收合格的单位擅自从事有关活动的，负责行政审批的部门发现或者接到举报后应当立即予以取缔，并依法予以处理。对已经依法取得批准的单位，负责行政审批的部门发现其不再具备安全生产条件的，应当撤销原批准。

答案：A

117.**解**　《中华人民共和国建筑法》第二十七条规定，大型建筑工程或者结构复杂的建筑工程，可以由两个以上的承包单位联合共同承包。共同承包的各方对承包合同的履行承担连带责任。

两个以上不同资质等级的单位实行联合共同承包的，应当按照资质等级低的单位的业务许可范围承揽工程。

答案:B

118.**解** 《中华人民共和国合同法》第六十二条第二款规定,价款或者报酬不明确的,按照订立合同时履行地的市场价格履行。

答案:A

119.**解** 《中华人民共和国环境保护法》第三十五条规定,城乡建设应当结合当地自然环境的特点,保护植被、水域和自然景观,加强城市园林、绿地和风景名胜区的建设与管理。

答案:A

120.**解** 《中华人民共和国安全法》第十八条规定,生产经营单位的主要负责人对本单位安全生产工作负有下列职责:

(一)建立、健全本单位安全生产责任制;

(二)组织制定本单位安全生产规章制度和操作规程;

(三)组织制定并实施本单位安全生产教育和培训计划;

(四)保证本单位安全生产投入的有效实施;

(五)督促、检查本单位的安全生产工作,及时消除生产安全事故隐患;

(六)组织制定并实施本单位的生产安全事故应急救援预案;

(七)及时、如实报告生产安全事故。

答案:A

2018 年度全国勘察设计一级注册结构工程师执业资格考试基础考试(下)试题解析及参考答案

1. **解**　材料受外力作用，当外力达到一定数值时，材料发生突然破坏，且破坏时无明显的塑性变形，这种性质称为脆性，具有这种性质的材料称为脆性材料。脆性材料的抗压强度比抗拉强度大很多，如烧结普通砖、混凝土、石材等，适合做承压构件。材料在冲击或振动荷载作用下，能吸收较大的能量，同时产生较大的变形而不破坏的性质称为韧性，具有这种性质的材料称为韧性材料，如建筑钢材、木材、橡胶、沥青等。

答案:D

2. **解**　密实度是指材料中固体体积占总体积的百分率，孔隙率是指材料中孔隙体积占总体积的百分率，密实度＋孔隙率＝1，因此，密实度和孔隙率的大小取决于材料的结构，与材料含水状态无关。导热系数反映材料传导热量的能力，导热系数越大，材料的传热能力越强，绝热性能越差。轻质无机材料所含孔隙越多，导热系数越小，其绝热性能越好，但是当孔隙中吸水后，由于水的导热系数大于空气的导热系数，使得材料的导热系数增大，绝热性能降低。

答案:C

3. **解**　硬化水泥浆体中水化硅酸钙凝胶中的层间水失去后，会导致凝胶颗粒相互靠近，表现出明显的体积减小，使水泥浆体发生显著的收缩。

答案:C

4. **解**　混凝土配合比设计时需要满足各项技术和经济要求，技术要求包括施工和易性、强度和耐久性等，经济要求指在满足技术要求的前提下控制成本，所以混凝土用水量不属于需要满足的基本要求。

答案:C

5. **解**　徐变是指混凝土在恒定荷载长期作用下，随时间而增加的变形。徐变是因为外力作用下，混凝土中的凝胶体向毛细孔中迁移产生的收缩变形。干燥收缩是由于混凝土的毛细孔和凝胶孔中的水分失去所引起的。骨料，特别是粗骨料的主要作用是抑制收缩，所以增大混凝土中的骨料含量，可以降低浆体的含量，最终使徐变和干燥收缩减小。

答案:B

6. **解**　屈服强度是钢材在拉应力-应变曲线中，屈服阶段所对应的强度。抗拉强度是指钢材在拉应力作用下所承受的极限荷载时的强度。断后伸长率是指钢材拉断后增加的长度占原始标距长度的百分比，是衡量钢材塑性变形能力的技术指标。冲击韧性指钢材抵抗冲击荷载作用的能力。

答案:C

7. **解**　沥青的延度指沥青的延展度，延度越大，表明沥青的塑性越好。测定沥青延度时采用八字形标准试件，将制作好的试件浸入规定试验温度的水槽中1～1.5h后，以规定的速度拉伸试件至断裂时的长度(cm)即为延度。沥青的针入度表示沥青的黏性和稠度及抵抗剪切破坏的能力，针入度越大，沥青的黏性越小。在规定温度(比如25℃)和5s时间内，在100g荷重下，标准针垂直穿入沥青试样的深度为针入度(1/10mm)。随着温度升高，沥青黏性降低，塑性增大；反之，随着温度降低，沥青黏性增大，塑性降低。所以在测定沥青的延度和针入度时，需保持沥青试样的温度。

答案:B

8. **解**　图根导线测量中，导线全长相对闭合差精度要求$K \leqslant \frac{1}{2000}$。

答案:A

9. **解**　水准测量中，测站的高差检核方法有双面尺法、变动仪器高法。

答案:A

10. **解**　相同等高距下，等高线平距越小，表明地势越陡。

答案:A

11. **解**　依题意，此处测量坐标系与施工坐标系间的转换公式为：

$$\begin{pmatrix} x_P - x_0 \\ y_P - y_0 \end{pmatrix} = \begin{bmatrix} \cos\alpha & -\sin\alpha \\ \sin\alpha & \cos\alpha \end{bmatrix} \begin{pmatrix} A_P \\ B_P \end{pmatrix}$$

答案:A

12. **解**　大量的偶然误差具有统计规律性：有限性、集中性、对称性及抵偿性。换言之，单个偶然误差的出现没有一定的规律性。

答案:C

13. **解**　消防设计图纸及有关资料应由设计单位报送公安消防机构审核。

答案:B

14. **解**　《建设工程质量管理条例》第四十条规定，建设工程的保修期，自竣工验收合格之日起计算。

答案:A

15.**解** 《注册建造师管理规定》第十二条规定,施工单位签署质量合格的文件上,必须有注册建造师的签字盖章。

答案:C

16.**解** 《建设工程质量管理条例》第十六条规定,建设单位收到建设工程竣工报告后,应当组织设计、施工、工程监理等有关单位进行竣工验收。

答案:B

17.**解** 填土压实质量是以填土压实后的干密度作为检测指标,以判断压实系数是否符合设计要求。可采用环刀法取样,取样部位应在每层压实后的下半部。取样组数,按照《建筑地基基础工程施工规范》(GB 51004—2015)第8.5.9条第4款规定,基坑和室内土方回填,每层按100~500m^2取样一组,且不应少于一组;柱基回填,每层抽样柱基总数的10%,且不应少于5组;基槽和管沟回填,每层按20~50m取样一组,且不应少于一组;场地平整填土,每层按400~900m^2取样一组。

答案:D

18.**解** 先张法预应力筋放张顺序的确定,应避免损坏构件。按照《混凝土结构工程施工规范》(GB 50666—2011)第6.4.12条规定,预应力筋放张宜采取缓慢放张工艺进行逐根或整体放张;对轴心受压构件,所用预应力筋宜同时放张;对受弯或偏心受压的构件,应先同时放张预压应力较小区域的预应力筋,再同时放张预压应力较大区域的预应力筋;不能满足上述要求时,应分阶段、对称、相互交错放张。梁属于受弯构件,故选项B"先同时放张预应力较大区域的预应力筋"的说法是错误的。

答案:B

19.**解** "工作面"是流水施工的空间参数之一,是指某专业工种施工时为保证安全生产和有效操作所必须具备的活动空间。它的大小,应根据该工种工程的计划产量定额、操作规程和安全施工技术规程的要求来确定。施工过程不同,所对应的描述工作面的计量单位不一定相同,如砌墙按长度,而抹灰则按面积。最小工作面是指满足操作规程和安全施工技术规程所需的最小活动空间,并非能够安排的施工人数和机械数量的多少,故选项B不正确。

答案:B

20.**解** 网络计划中,关键线路就是总持续时间最长的线路,它决定了工期,因此关键线路上的每项工作都是关键工作;关键线路上各工作的总时差、自由时差均为零(当计划工期与计算工期不等时,总时差、自由时差均为最小值);工序数量多少与是否为关键线路无关。因此,仅选项D正确。

答案:D

21. **解** 据《建筑工程质量管理条例》(2000年国务院令第279号)第四十条规定,在正常使用条件下,建设工程的最低保修期限为:

(一)基础设施工程、房屋建筑的地基基础工程和主体结构工程,为设计文件规定的该工程的合理使用年限;

(二)屋面防水工程、有防水要求的卫生间、房间和外墙面的防渗漏,为5年;

(三)供热与供冷系统,为2个采暖期、供冷期;

(四)电气管线、给排水管道、设备安装和装修工程,为2年。

其他项目的保修期限由发包方与承包方约定。建设工程的保修期,自竣工验收合格之日起计算。故选项B正确。

答案:B

22. **解** 根据《混凝土结构设计规范》(GB 50010—2010)第6.7.1条第2款规定,钢筋混凝土受弯构件的正截面疲劳应力验算时,假定受压区混凝土的法向应力图形取为三角形。

答案:A

23. **解** 钢筋混凝土小偏心受压构件,其破坏形态为受压破坏,宜采用较高强度等级的混凝土。由于混凝土的极限压应变为0.2%,根据变形协调,高强度等级的钢筋并不能充分发挥作用。

答案:A

24. **解** 该板为单向板,跨度为1m,取1m板带计算,则跨中最大弯矩为:

$$\frac{1}{8}ql^2=\frac{1}{8}\times 8\times 1(1\text{m 宽板带})\times 1^2=1\text{kN}\cdot\text{m}$$

答案:A

25. **解** 采用反弯点法计算水平荷载作用下钢筋混凝土框架结构的内力时,假定除底层以外的各个柱的上、下端节点转角均相同,即假定除底层外,各层框架柱的反弯点位于层高的中点;对于底层柱,则假定其反弯点位于距支座2/3层高处。

答案:C

26. **解** 单向拉伸试验可检测钢材的屈服强度、抗拉强度(极限强度)和伸长率。

答案:D

27. **解** 等效弯矩系数 β_{mx}是考虑了构件弯矩非均匀分布的影响而引入的系数。

答案:C

28. **解** 焊缝质量检验一般可采用外观检查和无损检测。焊缝质量检验和质量标准分为三级,一级焊缝的检验项目是外观检查和超声波探伤及射线探伤,探伤比例为100%;二级焊缝的检验项目是外观检查和超声波探伤,探伤比例不低于20%;三级焊缝的检查项目是对全部焊缝做外观检查。《钢结构工程施工质量验收规范》(GB 50205—2001)第5.2.8条规定,三级对接焊缝应按二级焊缝标准进行外观质量检验。

答案:B

29. **解** 刚性系杆为受压构件,根据《钢结构设计标准》(GB 50017—2017)第7.4.6条规定,其容许长细比为200。

答案:A

30. **解** 试验表明,当过梁上的砖砌体的砌筑高度接近跨度的一半时,跨中挠度增量减小很快。随着砌筑高度的增加,跨中挠度增加极小。这是由于砌体砂浆随时间增长而逐渐硬化,使参加工作的砌体高度不断增加的缘故。正是这种砌体与过梁的组合作用,使作用在过梁上的砌体当量荷载仅相当于高度等于跨度的1/3的砌体自重。试验还表明,当在砖砌体高度约等于跨度的4/5位置施加荷载时,过梁挠度变化极微。可以认为,在高度等于或大于跨度的砌体上施加荷载时,由于过梁与砌体的组合作用,荷载将通过组合深梁传给砖墙,而不是单独通过过梁传给砖墙,故对过梁内应力增大不多。而过梁计算习惯上不是按组合截面而只是按钢筋混凝土构件考虑。为了简化计算,《砌体结构设计规范》(GB 50003—2011)第7.2.2条第1、2款规定,当过梁上的墙体高度 h_w 小于 $l_n/3$(l_n为过梁净跨)时,墙体荷载应按墙体的均布自重采用,否则应按高度为 $l_n/3$ 墙体的均布自重来采用。当梁、板下的墙体高度 h_w 小于过梁的净跨 l_n 时,过梁应计入梁、板传来的荷载,否则可不考虑梁、板荷载。

答案:D

31. **解** 《砌体结构设计规范》(GB 50003—2011)第10.2.5条第4款规定,构造柱可不单独设置基础,但应伸入室外地面以下500mm,或与埋深小于500mm的基础圈梁相连。

答案:C

32. **解** 《砌体结构设计规范》(GB 50003—2011)第 3.2.1 条规定,砖的强度等级(抗压强度)均大于砖砌体的抗压强度设计值,故①正确;砂浆的强度等级(抗压强度)普遍大于砖砌体的抗压强度设计值,但当砂浆强度为 0 时(施工阶段尚未硬化的砂浆),砖砌体的抗压强度均大于 0,故②错误。砌体的抗压强度设计值随砂浆(砂浆强度为 0 时除外)、砖的强度等级的提高而提高,故③、④正确。

答案:B

33. **解** 楼梯间设置在砌体房屋的尽端对抗震极为不利。《建筑抗震设计规范》(GB 50011—2010)第 7.1.7 条第 4 款规定,楼梯间不宜设置在房屋的尽端或转角处。

答案:A

34. **解** 超静定结构的几何特征是:几何不变,有多余约束;其静力特征是:未知力数大于独立平衡方程式数。

答案:A

35. **解** 由整体水平力平衡可得支座 B 的水平反力为 12×3=36kN(向左),再取 BE 为隔离体,对 E 取矩,可得:$M_{EB}=36\times3=108\text{kN}\cdot\text{m}$

答案:D

36. **解** 本题为双轴对称结构,承受双轴对称荷载,其内力对双轴对称,竖杆剪力为零。取 AB 为隔离体(见解图),对 B 取矩得:

$$M_{BA}=\frac{5ql}{12}l-\frac{ql^2}{36}-ql\,\frac{l}{2}=-\frac{ql^2}{9}$$

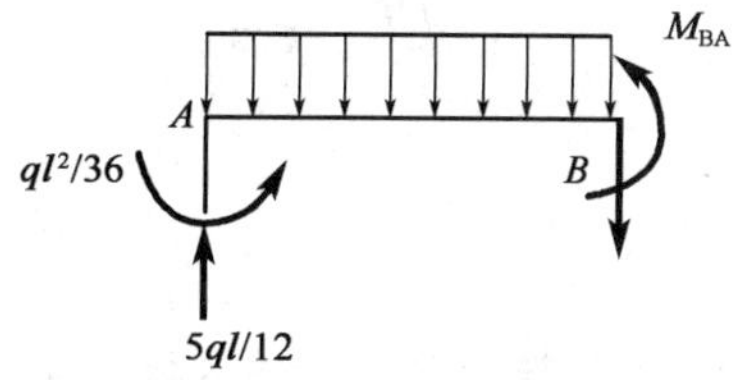

题 36 解图

答案:C

37. **解** 由对底铰力矩平衡可知,两个竖向反力为零,再由对顶铰力矩平衡:

$$F_H L+M=0$$

可得:$F_H=-\dfrac{M}{L}$

答案:B

38. **解** 在位移计算公式中,弹簧刚度在弹簧影响项的分母,其值减小,位移增大。

答案:A

39. **解** 本题竖向反力静定,由对右底铰的力矩平衡:

$$V_A\times2L+2P\times2L+2PL=0$$

可得:$V_A=-3P$

答案:C

40. **解**　由整体平衡可得,支座 A 的竖向反力为 $F_P/4$(向上);然后求水平反力:

令 $F_H = \dfrac{\dfrac{F_P}{4}\dfrac{L}{2}}{f'} = \dfrac{F_P}{3}$

解得:$\dfrac{f}{L} = \dfrac{3}{8}$

答案:A

41. **解**　**方法1**:按力法求解,取截面 B 的弯矩为力法基本未知量 X_1,参照解图建立力法方程:

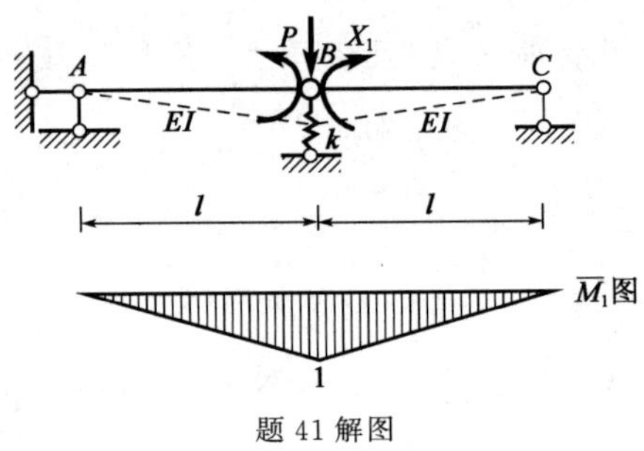

题 41 解图

$$\left[\frac{2}{EI}\left(\frac{1}{2}\times1\times l\right)\frac{2}{3}+2\frac{2}{kl}\frac{1}{l}\right]X_1-2\frac{P}{kl}=0$$

代入 $k=12\dfrac{EI}{l^3}$,解得:

$$X_1=\frac{Pl}{6}$$

方法2:按位移法求解,取截面 B 的竖向位移 Δ(向下)为位移法基本未知量,建立位移法方程:

$$\left[2\left(\frac{3EI}{l^3}\right)+k\right]\Delta-P=0$$

代入 $k=\dfrac{12EI}{l^3}$,解得:

$$\Delta=\frac{Pl^3}{18EI}$$

弯矩 $M_{BC}=-3i_{BC}\dfrac{\Delta_{BC}}{l}=-3\dfrac{EI}{l}\dfrac{-\Delta}{l}=\dfrac{Pl}{6}$

答案:D

42. **解**　设想撤去铰 B,当经历温度均匀降低时,若竖杆缩短量为 Δ,则斜杆缩短量为 $\sqrt{2}\Delta$,如解图所示,这时每杆下端可以上端铰为圆心以缩短后的杆长为半径画弧(现为小变形用切线代替)寻找联结点。在图 b)中三切线共同交于 B'点,在此点重新用铰联结,既满足零内力平衡又满足变形协调,即为真实状态。而图 a)中三切线没有共同交点,即零内力无法满足变形协调,只有杆件受力才能变形协调用铰联结。

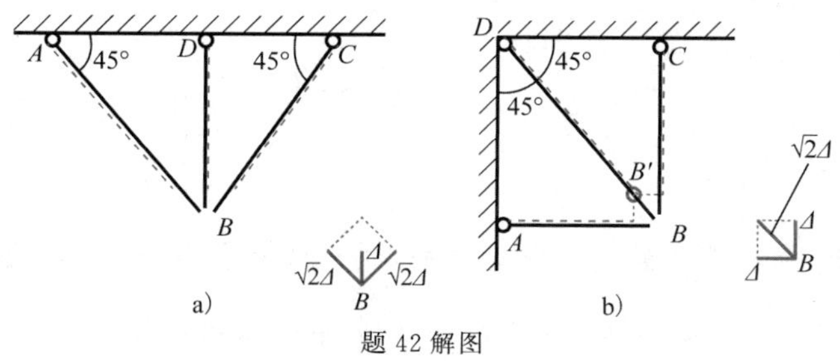

题 42 解图

答案:B

43.**解** 本题为对称结构,可将荷载分解为对称与反对称的组合(见解图)。图 a)弯矩及剪力为零,图 b)为反对称受力状态,由平衡条件求得反力,进而可求得 $F_{Q,BA}=-\dfrac{P}{4}$。

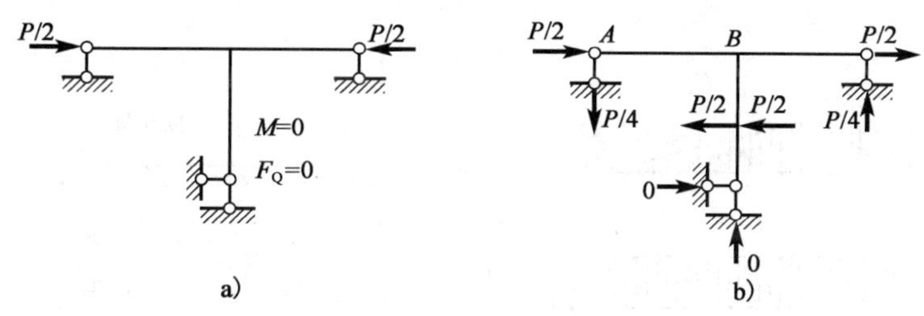

题 43 解图

答案:B

44.**解** 所求即为当单位移动荷载行至 C 点($x=0$)时 K 截面的轴力,此时三个反力值均为 1,可用轴力公式计算,也可取 CK 为隔离体(见解图)用平衡条件计算。

$$N_K(x=0)=-\frac{\sqrt{3}}{2}-\frac{1}{2}=-\frac{\sqrt{3}+1}{2}$$

题 44 解图

答案:D

45.**解** 按力矩分配系数公式计算:

$$\mu_{A4}=\frac{4\times3}{1\times2+4\times1+3\times1+4\times3}=\frac{4}{7}$$

答案:B

46.**解** 有阻尼单自由度体系受简谐荷载作用,当荷载频率接近结构自振频率(接近共振)时,位移与荷载相差的相位角接近 90°。故当荷载值为最大时,位移和加速度接近于零,因而弹性力和惯性力都接近于零,这时动荷载主要由阻尼力平衡。共振时阻尼力起重要作用，不容忽视。

答案：B

47. **解**　按动力系数公式计算：

$$\beta=\frac{1}{1-\left(\frac{\theta}{\omega}\right)^2}=\frac{1}{1-2^2}=-\frac{1}{3}$$

答案：D

48. **解**　本题动荷载不是沿质点振动方向，质点的动位移需分别考虑惯性力及动荷载的影响，应用叠加原理求得。为此，先按解图 a)求柔度系数：

$$\delta_{11}=\frac{l^3}{3EI};\delta_{12}=\frac{l^2}{2EI}$$

再按图 b)加惯性力，用柔度法建立运动微分方程：

$$y=\delta_{11}(-m\ddot{y})+\delta_{12}M\sin\theta t=\frac{l^3}{3EI}(-m\ddot{y})+\frac{l^2}{2EI}M\sin\theta t$$

即：$m\ddot{y}+\frac{3EI}{l^3}y=\frac{3}{2l}M\sin\theta t$

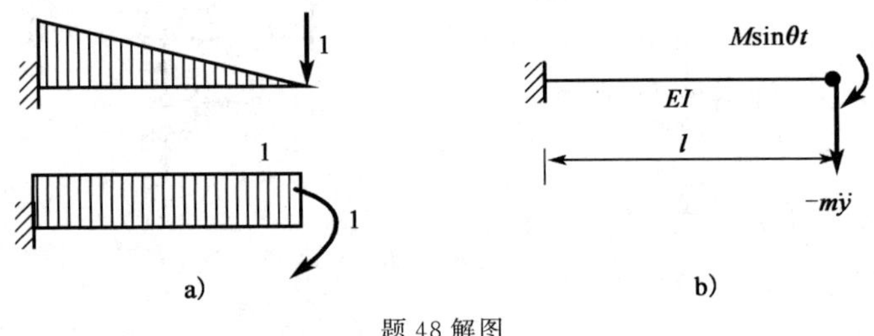

题 48 解图

答案：C

49. **解**　结构材料有钢筋、混凝土、砖等。以混凝土为例，其物理力学性能指标有：

(1)强度，包括立方体抗压强度 f_{cu}、轴心抗压强度 f_c 等。因此，选项 B 不正确。

(2)变形，有轴心应力-应变曲线等，选项 C 不正确。

(3)材料抵抗弹性变形能力的指标，如弹性模量 E。

答案：D

50. **解**　应变 $\varepsilon=\frac{\Delta l}{l}$，千分表读数 3 小格，即 $\Delta l=3\times0.001\text{mm}$，$1\mu_\varepsilon=10^{-6}$，$\varepsilon=\frac{3\times0.001}{200}\times10^{-6}=15\mu_\varepsilon$。

答案：B

51. **解**　测试值是实测值的 2 倍。

答案：C

52. **解** 建筑物的动力特性是指结构的自振频率、振型和阻尼系数等，可用脉动法、锤击激励和自由振动法量测与分析得到。拟动力荷载是结构的抗震试验，与动力特性试验无关。

答案：C

53. **解** 声发射方法不属于非破损检测技术。电磁感应法可用于检测混凝土内部钢筋位置。超声波法可用于检测混凝土内部缺陷。电位差法可用于检测混凝土内部钢筋的锈蚀情况。

答案：D

54. **解** $\frac{x}{0.0112}=\frac{\lg t}{\ln t}=\frac{\frac{\ln t}{\ln 10}}{\ln t}=\frac{1}{\ln 10}=\frac{1}{2.30258}=0.43429$

则 $x=\frac{0.0112}{\ln 10}=0.0112\times 0.43429=4.864\times 10^{-3}$

答案：A

55. **解** 土的固结时间因数 $T_v=\frac{C_v t}{H^2}$，双面排水 H' 取为 $\frac{1}{2}H$

则 $t=11\times\left(\frac{4600}{25}\times 2\right)^2=64.65\text{d}$

答案：B

56. **解** $i_{cr}=\frac{\gamma_{sat}}{\gamma_w}-1=\frac{\gamma'}{\gamma_w}$，故临界水力梯度与有效重度有关。

答案：A

57. **解** 根据《土工离心模型试验规程》(DL/T 5012—1999)第4.0.3条和第4.0.4条可知，模型率 $n=\frac{L_P}{L_m}$，L_P 为原型构筑物尺寸，L_m 为模型尺寸，实验加速度 $a=\frac{L_P}{L_m}g$，题中实验加速度为61g，即 $a=61g$，则 $\frac{L_P}{L_m}=61$，因 $L_m=0.1\text{m}$，则 $L_P=6.1\text{m}$。

答案：A

58. **解** 前三个措施都是有助于减小地基不均匀沉降的结构措施。

答案：D

59. **解** 由于群桩效应，群桩的承载力一般小于单桩承载力之和，群桩的沉降一般大于单桩的沉降。

答案：A

60. **解** 土工聚合物对土没有挤密作用。

答案：C

2019 年度全国勘察设计注册工程师

执业资格考试试卷

基础考试

（上）

二〇一九年十月

应考人员注意事项

1. 本试卷科目代码为“1”，考生务必将此代码填涂在答题卡“科目代码”相应的栏目内，否则，无法评分。

2. 书写用笔：**黑色或蓝色钢笔、签字笔或圆珠笔；**
   填涂答题卡用笔：**黑色 2B 铅笔**。

3. 必须用书写用笔将工作单位、姓名、准考证号填写在答题卡和试卷相应的栏目内。

4. 本试卷由 120 题组成，每题 1 分，满分 120 分，本试卷全部为单项选择题，每小题的四个备选项中只有一个正确答案，错选、多选、不选均不得分。

5. 考生作答时，必须按**题号在答题卡上**将相应试题所选选项对应的**字母用 2B 铅笔涂黑**。

6. 在答题卡上书写与题意无关的语言，或在答题卡上作标记的，均按违纪试卷处理。

7. 考试结束时，由监考人员当面将试卷、答题卡一并收回。

8. 草稿纸由各地统一配发，考后收回。

单项选择题(共 120 题,每题 1 分。每题的备选项中只有一个最符合题意。)

1. 极限 $\lim\limits_{x\to 0}\dfrac{3+e^{\frac{1}{x}}}{1-x^{\frac{2}{x}}}$ 等于：

A. 3　　B. -1

C. 0　　D. 不存在

2. 函数 $f(x)$ 在点 $x=x_0$ 处连续是 $f(x)$ 在点 $x=x_0$ 处可微的：

A. 充分条件　　B. 充要条件

C. 必要条件　　D. 无关条件

3. x 趋于 0 时，$\sqrt{1-x^2}-\sqrt{1+x^2}$ 与 x^k 是同阶无穷小,则常数 k 等于：

A. -1　　B. 2

C. 1　　D. 1/2

4. 设 $y=\ln(\sin x)$,则二阶导数 y''等于：

A. $\dfrac{\cos x}{\sin^2 x}$　　B. $\dfrac{1}{\cos^2 x}$

C. $\dfrac{1}{\sin^2 x}$　　D. $-\dfrac{1}{\sin^2 x}$

5. 若函数 $f(x)$ 在 $[a,b]$ 上连续,在 (a,b) 内可导,且 $f(a)=f(b)$,则在 (a,b) 内满足 $f'(x_0)=0$ 的点 x_0 ：

A. 必存在且只有一个　　B. 至少存在一个

C. 不一定存在　　D. 不存在

6. 设 $f(x)$ 在 $(-\infty,+\infty)$ 内连续,其导数 $f'(x)$ 的图形如图所示,则 $f(x)$ 有：

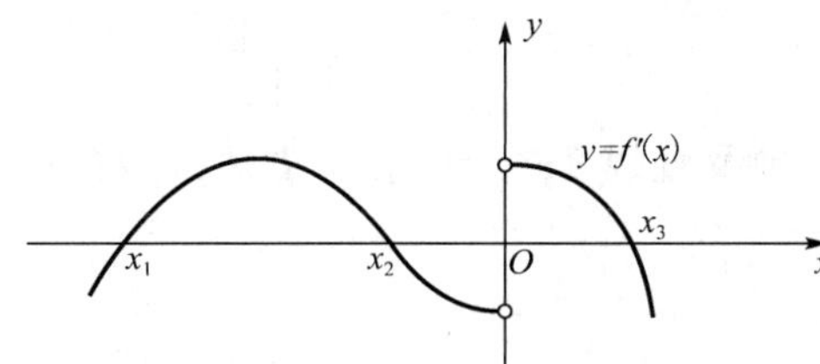

A. 一个极小值点和两个极大值点

B. 两个极小值点和两个极大值点

C. 两个极小值点和一个极大值点

D. 一个极小值点和三个极大值点

7. 不定积分 $\int \frac{x}{\sin^2(x^2+1)}\mathrm{d}x$ 等于：

A. $-\frac{1}{2}\cot(x^2+1)+C$

B. $\frac{1}{\sin(x^2+1)}+C$

C. $-\frac{1}{2}\tan(x^2+1)+C$

D. $-\frac{1}{2}\cot x+C$

8. 广义积分 $\int_{-2}^{2}\frac{1}{(1+x)^2}\mathrm{d}x$ 的值为：

A. $\frac{4}{3}$

B. $-\frac{4}{3}$

C. $\frac{2}{3}$

D. 发散

9. 已知向量 $\boldsymbol{\alpha}=(2,1,-1)$，若向量 $\boldsymbol{\beta}$ 与 $\boldsymbol{\alpha}$ 平行，且 $\boldsymbol{\alpha}\cdot\boldsymbol{\beta}=3$，则 $\boldsymbol{\beta}$ 为：

A. $(2,1,-1)$

B. $\left(\frac{3}{2},\frac{3}{4},-\frac{3}{4}\right)$

C. $\left(1,\frac{1}{2},-\frac{1}{2}\right)$

D. $\left(1,-\frac{1}{2},\frac{1}{2}\right)$

10. 过点 $(2,0,-1)$ 且垂直于 xOy 坐标面的直线方程是：

A. $\frac{x-2}{1}=\frac{y}{0}=\frac{z+1}{0}$

B. $\frac{x-2}{0}=\frac{y}{1}=\frac{z+1}{0}$

C. $\frac{x-2}{0}=\frac{y}{0}=\frac{z+1}{1}$

D. $\begin{cases}x=2\\z=-1\end{cases}$

11. 微分方程 $y\ln x\mathrm{d}x-x\ln y\mathrm{d}y=0$ 满足条件 $y(1)=1$ 的特解是：

A. $\ln^2 x+\ln^2 y=1$

B. $\ln^2 x-\ln^2 y=1$

C. $\ln^2 x+\ln^2 y=0$

D. $\ln^2 x-\ln^2 y=0$

12. 若 D 是由 x 轴、y 轴及直线 $2x+y-2=0$ 所围成的闭区域，则二重积分 $\iint\limits_D \mathrm{d}x\mathrm{d}y$ 的值等于：

A. 1

B. 2

C. $\frac{1}{2}$

D. -1

13. 函数 $y=C_1C_2e^{-x}$（C_1、C_2 是任意常数）是微分方程 $y''-2y'-3y=0$ 的：

A. 通解

B. 特解

C. 不是解

D. 既不是通解又不是特解，而是解

14. 设圆周曲线 $L: x^2+y^2=1$ 取逆时针方向，则对坐标的曲线积分 $\int_L \frac{y\mathrm{d}x - x\mathrm{d}y}{x^2+y^2}$ 等于：

A. 2π　　B. -2π

C. π　　D. 0

15. 对于函数 $f(x,y)=xy$，原点 $(0,0)$：

A. 不是驻点　　B. 是驻点但非极值点

C. 是驻点且为极小值点　　D. 是驻点且为极大值点

16. 关于级数 $\sum_{n=1}^{\infty}(-1)^{n-1}\frac{1}{n^p}$ 收敛性的正确结论是：

A. $0<p\leqslant 1$ 时发散

B. $p>1$ 时条件收敛

C. $0<p\leqslant 1$ 时绝对收敛

D. $0<p\leqslant 1$ 时条件收敛

17. 设函数 $z=\left(\frac{y}{x}\right)^x$，则全微分 $\mathrm{d}z\Big|_{\substack{x=1\\y=2}}=$

A. $\ln 2\mathrm{d}x+\frac{1}{2}\mathrm{d}y$

B. $(\ln 2+1)\mathrm{d}x+\frac{1}{2}\mathrm{d}y$

C. $2\left[(\ln 2-1)\mathrm{d}x+\frac{1}{2}\mathrm{d}y\right]$

D. $\frac{1}{2}\ln 2\mathrm{d}x+2\mathrm{d}y$

18. 幂级数 $\sum_{n=1}^{\infty}(-1)^{n-1}\frac{x^{2n-1}}{2n-1}$ 的收敛域是：

A. $[-1,1]$　　B. $(-1,1]$

C. $[-1,1)$　　D. $(-1,1)$

19. 若 n 阶方阵 $\boldsymbol{A}$ 满足 $|\boldsymbol{A}|=b\ (b\neq 0, n\geqslant 2)$，而 $\boldsymbol{A}^*$ 是 $\boldsymbol{A}$ 的伴随矩阵，则行列式 $|\boldsymbol{A}^*|$ 等丁：

A. b^n　　B. b^{n-1}

C. b^{n-2}　　D. b^{n-3}

20. 已知二阶实对称矩阵 $\boldsymbol{A}$ 的一个特征值为 1，而 $\boldsymbol{A}$ 的对应特征值 1 的特征向量为 $\begin{bmatrix} 1 \\ -1 \end{bmatrix}$，若 $|\boldsymbol{A}|=-1$，则 $\boldsymbol{A}$ 的另一个特征值及其对应的特征向量是：

A. $\begin{cases} \lambda = 1 \\ x = (1,1)^{\mathrm{T}} \end{cases}$

B. $\begin{cases} \lambda = -1 \\ x = (1,1)^{\mathrm{T}} \end{cases}$

C. $\begin{cases} \lambda = -1 \\ x = (-1,1)^{\mathrm{T}} \end{cases}$

D. $\begin{cases} \lambda = -1 \\ x = (1,-1)^{\mathrm{T}} \end{cases}$

21. 设二次型 $f(x_1,x_2,x_3)=x_1^2+tx_2^2+3x_3^2+2x_1x_2$，要使其秩为 2，则参数 t 的值等于：

A. 3

B. 2

C. 1

D. 0

22. 设 A、B 为两个事件，且 $P(A)=\dfrac{1}{3}$，$P(B)=\dfrac{1}{4}$，$P(B \mid A)=\dfrac{1}{6}$，则 $P(A \mid B)$ 等于：

A. $\dfrac{1}{9}$

B. $\dfrac{2}{9}$

C. $\dfrac{1}{3}$

D. $\dfrac{4}{9}$

23. 设随机向量 (X,Y) 的联合分布律为

X \ Y	-1	0
1	1/4	1/4
2	1/6	a

则 a 的值等于：

A. $\dfrac{1}{3}$

B. $\dfrac{2}{3}$

C. $\dfrac{1}{4}$

D. $\dfrac{3}{4}$

24. 设总体 X 服从均匀分布 $U(1,\theta)$，$\overline{X}=\dfrac{1}{n}\sum\limits_{i=1}^{n}X_i$，则 θ 的矩估计为：

A. $\overline{X}$

B. $2\overline{X}$

C. $2\overline{X}-1$

D. $2\overline{X}+1$

25. 关于温度的意义，有下列几种说法：

(1)气体的温度是分子平均平动动能的量度；

(2)气体的温度是大量气体分子热运动的集体表现，具有统计意义；

(3)温度的高低反映物质内部分子运动剧烈程度的不同；

(4)从微观上看，气体的温度表示每个气体分子的冷热程度。

这些说法中正确的是：

A. (1)、(2)、(4)

B. (1)、(2)、(3)

C. (2)、(3)、(4)

D. (1)、(3)、(4)

26. 设 $\bar{v}$ 代表气体分子运动的平均速率，v_p 代表气体分子运动的最概然速率，$(\overline{v^2})^{\frac{1}{2}}$ 代表气体分子运动的方均根速率，处于平衡状态下的理想气体，三种速率关系正确的是：

A. $(\overline{v^2})^{\frac{1}{2}} = \bar{v} = v_p$

B. $\bar{v} = v_p < (\overline{v^2})^{\frac{1}{2}}$

C. $v_p < \bar{v} < (\overline{v^2})^{\frac{1}{2}}$

D. $v_p > \bar{v} > (\overline{v^2})^{\frac{1}{2}}$

27. 理想气体向真空做绝热膨胀：

A. 膨胀后，温度不变，压强减小

B. 膨胀后，温度降低，压强减小

C. 膨胀后，温度升高，加强减小

D. 膨胀后，温度不变，压强不变

28. 两个卡诺热机的循环曲线如图所示，一个工作在温度为 T_1 与 T_3 的两个热源之间，另一个工作在温度为 T_2 与 T_3 的两个热源之间，已知这两个循环曲线所包围的面积相等，由此可知：

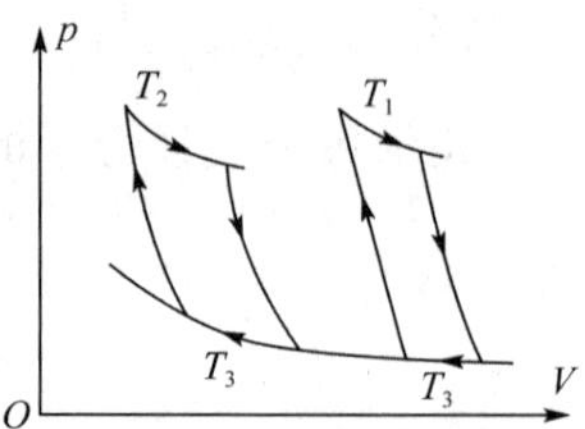

A. 两个热机的效率一定相等

B. 两个热机从高温热源所吸收的热量一定相等

C. 两个热机向低温热源所放出的热量一定相等

D. 两个热机吸收的热量与放出的热量(绝对值)的差值一定相等

29. 刚性双原子分子理想气体的定压摩尔热容量 C_p 与其定体摩尔热容量 C_V 之比，C_p/C_V 等于：

A. $\frac{5}{3}$

B. $\frac{3}{5}$

C. $\frac{7}{5}$

D. $\frac{5}{7}$

30. 一横波沿绳子传播时，波的表达式为 $y = 0.05\cos(4\pi x - 10\pi t)$(SI)，则：

A. 波长为 0.5m

B. 波速为 5m/s

C. 波速为 25m/s

D. 频率为 2Hz

31. 火车疾驰而来时，人们听到的汽笛音调，与火车远离而去时人们听到的汽笛音调相比较，音调：

A. 由高变低

B. 由低变高

C. 不变

D. 是变高还是变低不能确定

32. 在波的传播过程中，若保持其他条件不变，仅使振幅增加一倍，则波的强度增加到：

A. 1 倍　　B. 2 倍

C. 3 倍　　D. 4 倍

33. 两列相干波，其表达式为 $y_1 = A\cos 2\pi\left(\upsilon t - \frac{x}{\lambda}\right)$ 和 $y_2 = A\cos 2\pi\left(\upsilon t + \frac{x}{\lambda}\right)$，在叠加后形成的驻波中，波腹处质元振幅为：

A. A　　B. $-A$

C. $2A$　　D. $-2A$

34. 在玻璃（折射率 $n_1 = 1.60$）表面镀一层 MgF_2（折射率 $n_2 = 1.38$）薄膜作为增透膜，为了使波长为 500nm（1nm $= 10^{-9}$m）的光从空气（$n_1 = 1.00$）正入射时尽可能少反射，MgF_2 薄膜的最小厚度应为：

A. 78.1nm　　B. 90.6nm

C. 125nm　　D. 181nm

35. 在单缝衍射实验中，若单缝处波面恰好被分成奇数个半波带，在相邻半波带上，任何两个对应点所发出的光在明条纹处的光程差为：

A. λ　　B. 2λ

C. $\lambda/2$　　D. $\lambda/4$

36. 在双缝干涉实验中，用单色自然光，在屏上形成干涉条纹。若在两缝后放一个偏振片，则：

A. 干涉条纹的间距不变，但明纹的亮度加强

B. 干涉条纹的间距不变，但明纹的亮度减弱

C. 干涉条纹的间距变窄，但明纹的亮度减弱

D. 无干涉条纹

37. 下列元素中第一电离能最小的是：

A. H　　B. Li

C. Na　　D. K

38. $H_2C = HC—CH = CH_2$ 分子中所含化学键共有：

A. 4 个 σ 键，2 个 π 键

B. 9 个 σ 键，2 个 π 键

C. 7 个 σ 键，4 个 π 键

D. 5 个 σ 键，4 个 π 键

39. 在 NaCl，$MgCl_2$，$AlCl_3$，$SiCl_4$ 四种物质的晶体中，离子极化作用最强的是：

A. NaCl　　B. $MgCl_2$

C. $AlCl_3$　　D. $SiCl_4$

40. pH＝2 溶液中的 $c(OH^-)$ 是 pH＝4 溶液中 $c(OH^-)$ 的：

A. 2 倍　　B. 0.5 倍

C. 0.01 倍　　D. 100 倍

41. 某反应在 298K 及标准状态下不能自发进行，当温度升高到一定值时，反应能自发进行，下列符合此条件的是：

A. $\Delta_r H_m^\ominus > 0, \Delta_r S_m^\ominus > 0$

B. $\Delta_r H_m^\ominus < 0, \Delta_r S_m^\ominus < 0$

C. $\Delta_r H_m^\ominus < 0, \Delta_r S_m^\ominus > 0$

D. $\Delta_r H_m^\ominus > 0, \Delta_r S_m^\ominus < 0$

42. 下列物质水溶液 pH＞7 的是：

A. NaCl　　B. Na_2CO_3

C. $Al_2(SO_4)_3$　　D. $(NH_4)_2SO_4$

43. 已知 $E^\ominus(Fe^{3+}/Fe^{2+}) = 0.77V$，$E^\ominus(MnO_4^-/Mn^{2+}) = 1.51V$，当同时提高两电对酸度时，两电对电极电势数值的变化下列正确的是：

A. $E^\ominus(Fe^{3+}/Fe^{2+})$ 变小，$E^\ominus(MnO_4^-/Mn^{2+})$ 变大

B. $E^\ominus(Fe^{3+}/Fe^{2+})$ 变大，$E^\ominus(MnO_4^-/Mn^{2+})$ 变大

C. $E^\ominus(Fe^{3+}/Fe^{2+})$ 不变，$E^\ominus(MnO_4^-/Mn^{2+})$ 变大

D. $E^\ominus(Fe^{3+}/Fe^{2+})$ 不变，$E^\ominus(MnO_4^-/Mn^{2+})$ 不变

44. 分子式为 C_5H_{12} 的各种异构体中，所含甲基数和它的一氯代物的数目与下列情况相符的是：

A．2 个甲基，能生成 4 种一氯代物　　B．3 个甲基，能生成 5 种一氯代物

C．3 个甲基，能生成 4 种一氯代物　　D．4 个甲基，能生成 4 种一氯代物

45. 在下列有机物中，经催化加氢反应后不能生成 2-甲基戊烷的是：

A. 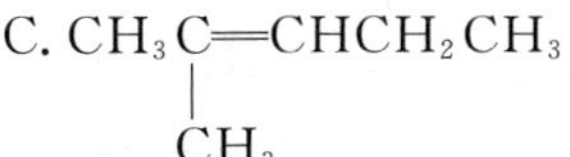
$CH_2=CCH_2CH_2CH_3$
　　|
　CH_3

B. $(CH_3)_2CHCH_2CH=CH_2$

C. $CH_3C=CHCH_2CH_3$
　　|
　CH_3

D. $CH_3CH_2CHCH=CH_2$
　　　　|
　　　CH_3

46. 以下是分子式为 $C_5H_{12}O$ 的有机物，其中能被氧化为含相同碳原子数的醛的化合物是：

① $CH_2CH_2CH_2CH_2CH_3$
　|
　OH

② $CH_3CHCH_2CH_2CH_3$
　　|
　　OH

③ $CH_3CH_2CHCH_2CH_3$
　　　　|
　　　　OH

④ $CH_3CHCH_2CH_3$
　　|
　CH_2OH

A. ①②　　B. ③④

C. ①④　　D. 只有①

47. 图示三角刚架中，若将作用于构件 BC 上的力 F 沿其作用线移至构件 AC 上，则 A、B、C 处约束力的大小：

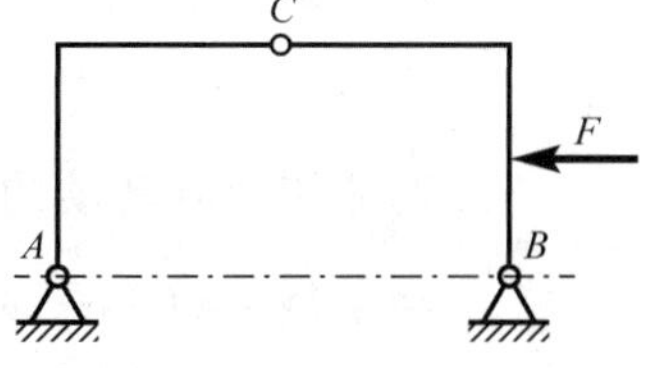

A. 都不变

B. 都改变

C. 只有 C 处改变

D. 只有 C 处不改变

48. 平面力系如图所示，已知：$F_1=160\text{N}$，$M=4\text{N}\cdot\text{m}$，则力系向 A 点简化后的主矩大小应为：

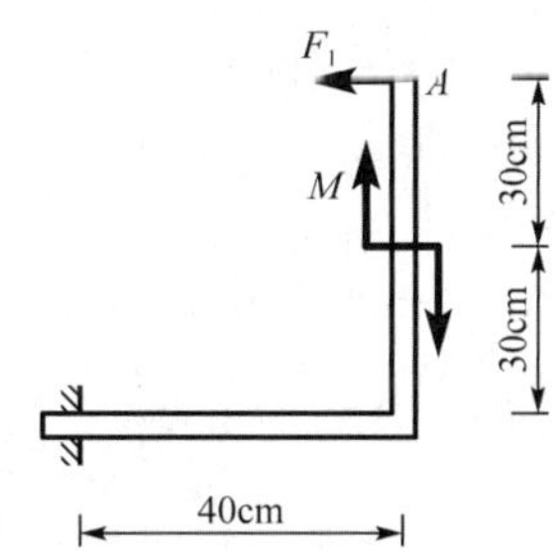

A. $M_A=4\text{N}\cdot\text{m}$

B. $M_A=1.2\text{N}\cdot\text{m}$

C. $M_A=1.6\text{N}\cdot\text{m}$

D. $M_A=0.8\text{N}\cdot\text{m}$

49. 图示承重装置，B、C、D、E 处均为光滑铰链连接，各杆和滑轮的重量略去不计，已知：a,r,F_p。则固定端 A 的约束力偶为：

A. $M_A = F_p \times \left(\dfrac{a}{2} + r\right)$（顺时针）

B. $M_A = F_p \times \left(\dfrac{a}{2} + r\right)$（逆时针）

C. $M_A = F_p r$（逆时针）

D. $M_A = \dfrac{a}{2} F_p$（顺时针）

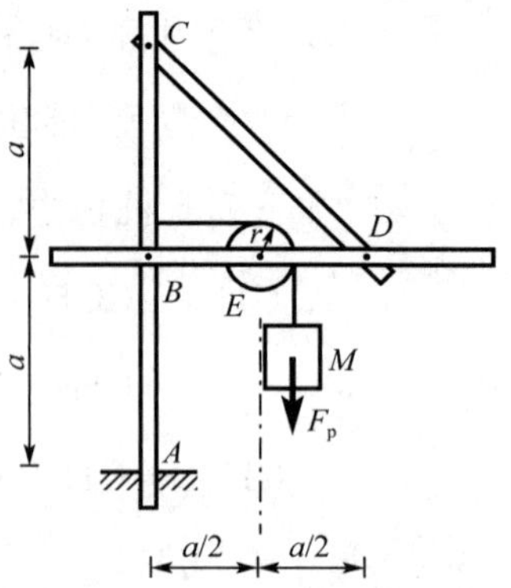

50. 判断图示桁架结构中，内力为零的杆数是：

A. 3

B. 4

C. 5

D. 6

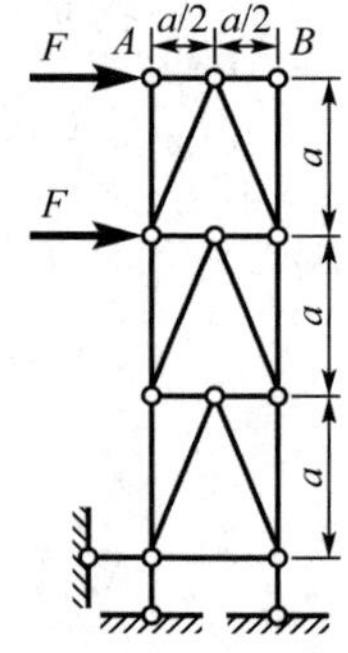

51. 汽车匀加速运动，在 10s 内，速度由 0 增加到 5m/s。则汽车在此时间内行驶的距离为：

A. 25m　　B. 50m

C. 75m　　D. 100m

52. 物体作定轴转动的运动方程为 $\varphi = 4t - 3t^2$（φ 以 rad 计，t 以 s 计），则此物体内转动半径 $r=0.5$m 的一点在 $t=1$s 时的速度和切向加速度的大小分别为：

A. -2m/s，-20m/s^2　　B. -1m/s，-3m/s^2

C. -2m/s，-8.54m/s^2　　D. 0，-20.2m/s^2

53. 如图所示机构中，曲柄 $OA=r$，以常角速度 ω 转动。则滑动构件 BC 的速度、加速度的表达式分别为：

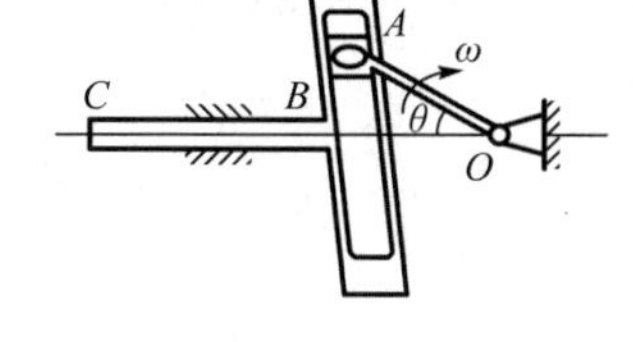

A. $r\omega\sin\omega t, r\omega\cos\omega t$

B. $r\omega\cos\omega t, r\omega^2\sin\omega t$

C. $r\sin\omega t, r\omega\cos\omega t$

D. $r\omega\sin\omega t, r\omega^2\cos\omega t$

54. 重力为 $\boldsymbol{W}$ 的货物由电梯载运下降，当电梯加速下降、匀速下降及减速下降时，货物对地板的压力分别为 $\boldsymbol{F}_1$、$\boldsymbol{F}_2$、$\boldsymbol{F}_3$，则它们之间的关系正确的是：

A. $F_1=F_2=F_3$

B. $F_1>F_2>F_3$

C. $F_1<F_2<F_3$

D. $F_1<F_2>F_3$

55. 均质圆盘的质量为 m，半径为 R，在铅垂平面内绕 O 轴转动，图示瞬时角速度为 ω，则其对 O 轴的动量矩大小为：

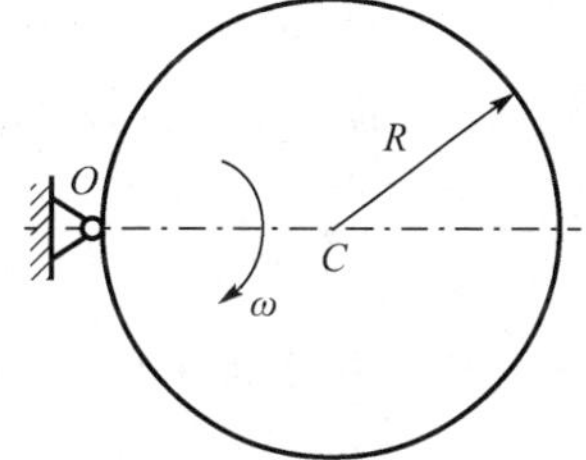

A. $mR\omega$

B. $\frac{1}{2}mR\omega$

C. $\frac{1}{2}mR^2\omega$

D. $\frac{3}{2}mR^2\omega$

56. 均质圆柱体半径为 R，质量为 m，绕关于对纸面垂直的固定水平轴自由转动，初瞬时静止 $\theta=0°$，如图所示，则圆柱体在任意位置 θ 时的角速度为：

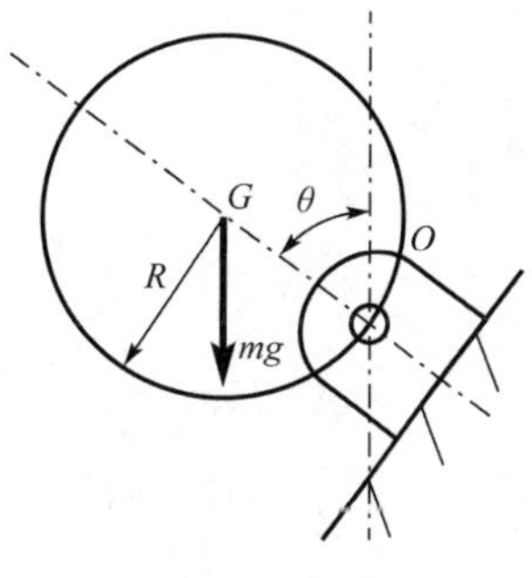

A. $\sqrt{\frac{4g(1-\sin\theta)}{3R}}$

B. $\sqrt{\frac{4g(1-\cos\theta)}{3R}}$

C. $\sqrt{\frac{2g(1-\cos\theta)}{3R}}$

D. $\sqrt{\frac{g(1-\cos\theta)}{2R}}$

57. 质量为 m 的物体 A，置于水平成 θ 角的倾面 B 上，如图所示，A 与 B 间的摩擦系数为 f，当保持 A 与 B 一起以加速度 a 水平向右运动时，则物块 A 的惯性力是：

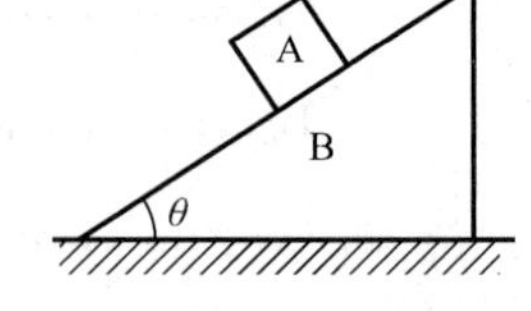

A. ma(←)

B. ma(→)

C. ma(↗)

D. ma(↙)

58. 一无阻尼弹簧—质量系统受简谐激振力作用，当激振频率 $\omega_1 = 6\text{rad/s}$ 时，系统发生共振，给质量块增加 1kg 的质量后重新试验，测得共振频率 $\omega_2 = 5.86\text{rad/s}$。则原系统的质量及弹簧刚度系数是：

A. 19.69kg，623.55N/m

B. 20.69kg，623.55N/m

C. 21.69kg，744.84N/m

D. 20.69kg，744.84N/m

59. 图示四种材料的应力—应变曲线中，强度最大的材料是：

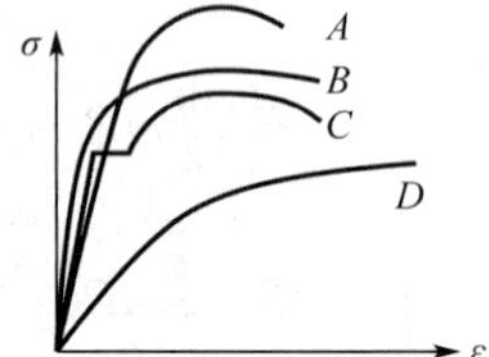

A. A

B. B

C. C

D. D

60. 图示等截面直杆，杆的横截面面积为 A，材料的弹性模量为 E，在图示轴向荷载作用下杆的总伸长度为：

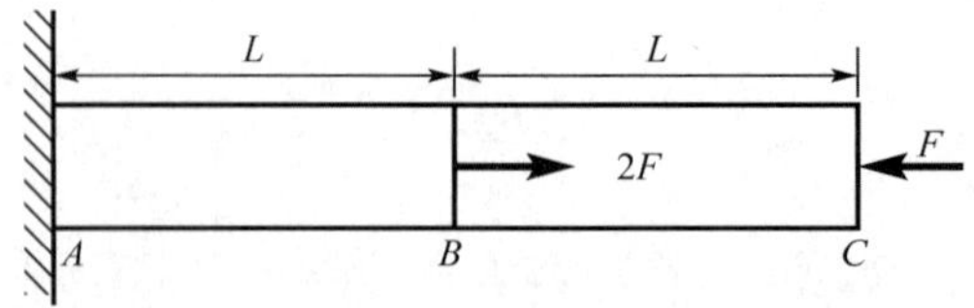

A. $\Delta L = 0$

B. $\Delta L = \dfrac{FL}{4EA}$

C. $\Delta L = \dfrac{FL}{2EA}$

D. $\Delta L = \dfrac{FL}{EA}$

61. 两根木杆用图示结构连接，尺寸如图所示，在轴向外力 F 作用下，可能引起连接结构发生剪切破坏的名义切应力是：

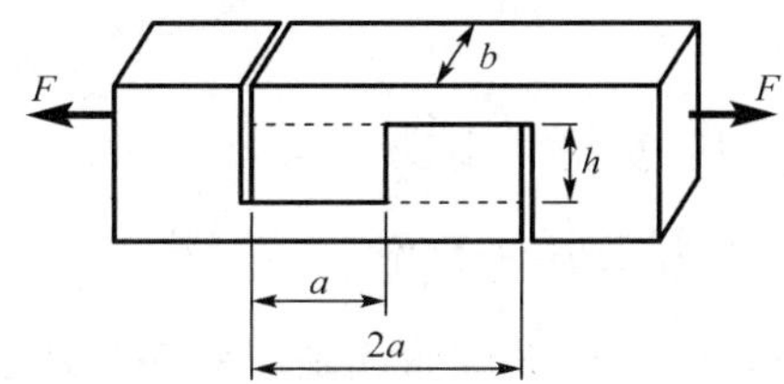

A. $\tau=\dfrac{F}{ab}$　　B. $\tau=\dfrac{F}{ah}$

C. $\tau=\dfrac{F}{bh}$　　D. $\tau=\dfrac{F}{2ab}$

62. 扭转切应力公式 $\tau_\rho=\rho\dfrac{T}{I_p}$ 适用的杆件是：

A. 矩形截面杆　　B. 任意实心截面杆

C. 弹塑性变形的圆截面杆　　D. 线弹性变形的圆截面杆

63. 已知实心圆轴按强度条件可承担的最大扭矩为 T，若改变该轴的直径，使其横截面积增加 1 倍，则可承担的最大扭矩为：

A. $\sqrt{2}T$　　B. $2T$

C. $2\sqrt{2}T$　　D. $4T$

64. 在下列关于平面图形几何性质的说法中，错误的是：

A. 对称轴必定通过圆形形心

B. 两个对称轴的交点必为圆形形心

C. 图形关于对称轴的静矩为零

D. 使静矩为零的轴必为对称轴

65. 悬臂梁的载荷情况如图所示，若有集中力偶 m 在梁上移动，则梁的内力变化情况是：

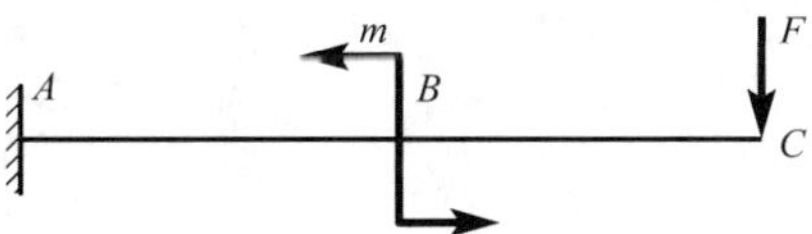

A. 剪力图、弯矩图均不变

B. 剪力图、弯矩图均改变

C. 剪力图不变，弯矩图改变

D. 剪力图改变，弯矩图不变

66. 图示悬臂梁，若梁的长度增加 1 倍，则梁的最大正应力和最大切应力与原来相比：

A. 均不变

B. 均为原来的 2 倍

C. 正应力为原来的 2 倍，剪应力不变

D. 正应力不变，剪应力为原来的 2 倍

67. 简支梁受力如图所示，梁的正确挠曲线是图示四条曲线中的：

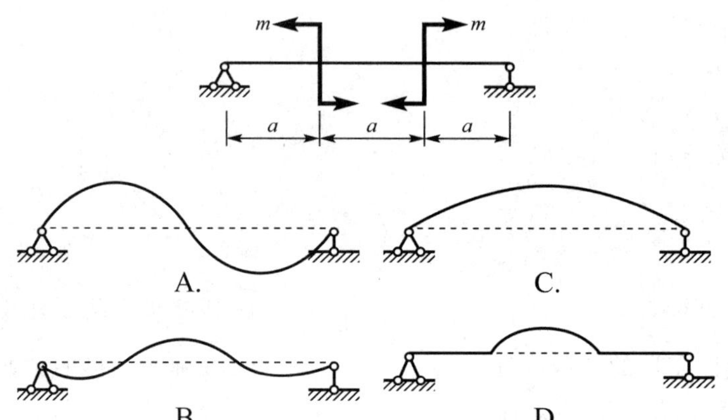

68. 两单元体分别如图 a)、b)所示。关于其主应力和主方向，下列论述正确的是：

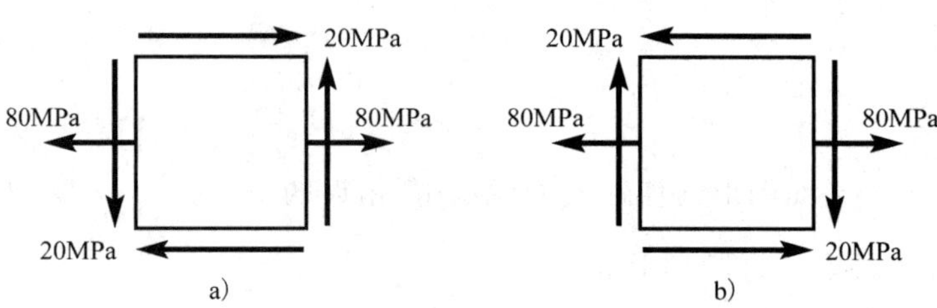

A. 主应力大小和方向均相同

B. 主应力大小相同，但方向不同

C. 主应力大小和方向均不同

D. 主应力大小不同，但方向均相同

69. 图示圆轴截面面积为 A，抗弯截面系数为 W，若同时受到扭矩 T、弯矩 M 和轴向内力 F_N 的作用，按第三强度理论，下面的强度条件表达式中正确的是：

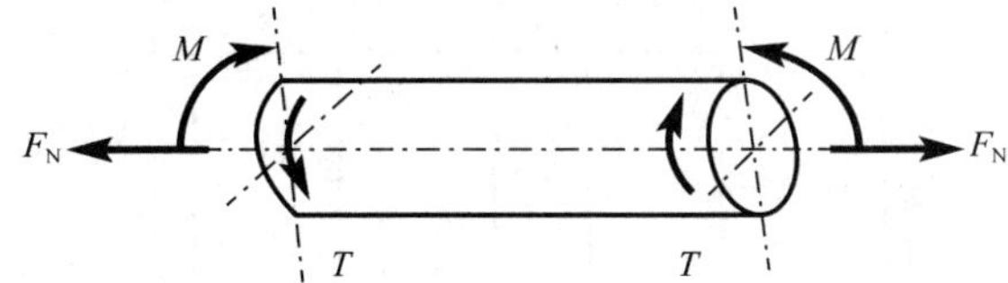

A. $\frac{F_N}{A}+\frac{1}{W}\sqrt{M^2+T^2}\leqslant[\sigma]$

B. $\sqrt{\left(\frac{F_N}{A}\right)^2+\left(\frac{M}{W}\right)^2+\left(\frac{T}{2W}\right)^2}\leqslant[\sigma]$

C. $\sqrt{\left(\frac{F_N}{A}+\frac{M}{W}\right)^2+\left(\frac{T}{W}\right)^2}\leqslant[\sigma]$

D. $\sqrt{\left(\frac{F_N}{A}+\frac{M}{W}\right)^2+4\left(\frac{T}{W}\right)^2}\leqslant[\sigma]$

70. 图示四根细长（大柔度）压杆，弯曲刚度为 EI。其中具有最大临界荷载 F_{cr} 的压杆是：

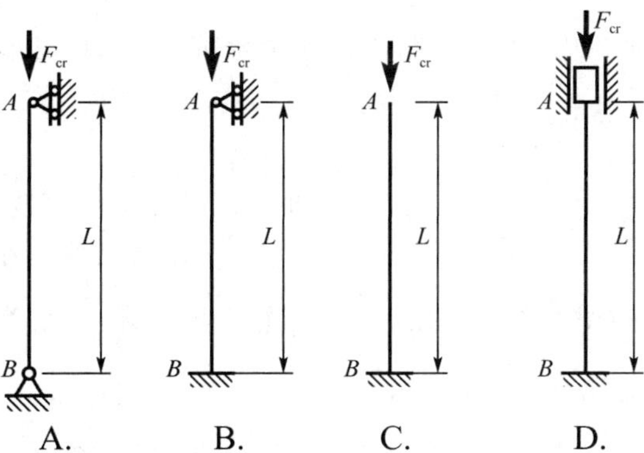

71. 连续介质假设意味着是：

A. 流体分子相互紧连

B. 流体的物理量是连续函数

C. 流体分子间有间隙

D. 流体不可压缩

72. 盛水容器形状如图所示，已知 $h_1=0.9\text{m}$，$h_2=0.4\text{m}$，$h_3=1.1\text{m}$，$h_4=0.75\text{m}$，$h_5=1.33\text{m}$，则下列各点的相对压强正确的是：

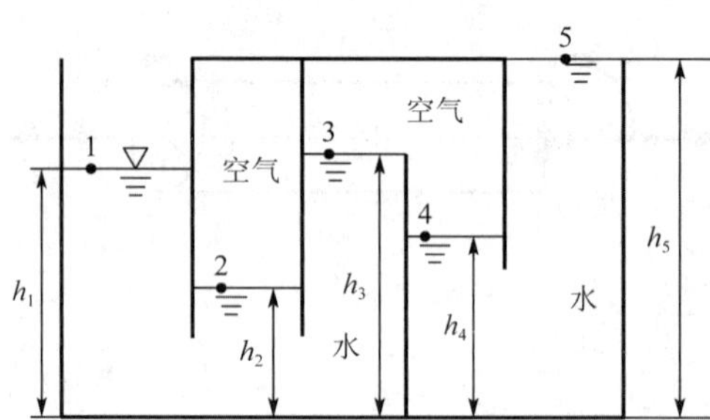

A. $p_1=0$，$p_2=4.90\text{kPa}$，$p_3=-1.96\text{kPa}$，$p_4=-1.96\text{kPa}$，$p_5=-7.64\text{kPa}$

B. $p_1=-4.90\text{kPa}$，$p_2=0$，$p_3=-6.86\text{kPa}$，$p_4=-6.86\text{kPa}$，$p_5=-19.4\text{kPa}$

C. $p_1=1.96\text{kPa}$，$p_2=6.86\text{kPa}$，$p_3=0$，$p_4=0$，$p_5=-5.68\text{kPa}$

D. $p_1=7.64\text{kPa}$，$p_2=12.54\text{kPa}$，$p_3=5.68\text{kPa}$，$p_4=5.68\text{kPa}$，$p_5=0$

73. 流体的连续性方程 $v_1A_1=v_2A_2$ 适用于：

A. 可压缩流体　　B. 不可压缩流体

C. 理想流体　　D. 任何流体

74. 尼古拉兹实验曲线中，当某管路流动在紊流光滑区时，随着雷诺数 Re 的增大，其沿程损失系数 λ 将：

A. 增大　　B. 减小

C. 不变　　D. 增大或减小

75. 正常工作条件下的薄壁小孔口 d_1 与圆柱形外管嘴 d_2 相等，作用水头 H 相等，则孔口与管嘴的流量关系正确的是：

A. $Q_1>Q_2$　　B. $Q_1<Q_2$

C. $Q_1=Q_2$　　D. 条件不足无法确定

76. 半圆形明渠，半径 $r_0=4\text{m}$，水力半径为：

A. 4m　　B. 3m

C. 2m　　D. 1m

77. 有一完全井，半径 $r_0=0.3\text{m}$，含水层厚度 $H=15\text{m}$，抽水稳定后，井水深度 $h=10\text{m}$，影响半径 $R=375\text{m}$，已知井的抽水量是 $0.0276\text{m}^3/\text{s}$，则土壤的渗透系数 k 为：

A. 0.0005m/s　　　　B. 0.0015m/s

C. 0.0010m/s　　　　D. 0.00025m/s

78. L 为长度量纲，T 为时间量纲，则沿程损失系数 λ 的量纲为：

A. L　　　　B. L/T

C. L^2/T　　　　D. 无量纲

79. 图示铁芯线圈通以直流电流 I，并在铁芯中产生磁通 Φ，线圈的电阻为 R，那么线圈两端的电压为：

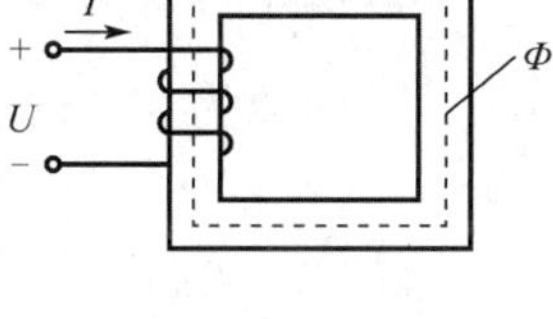

A. $U=IR$

B. $U=N\dfrac{\mathrm{d}\Phi}{\mathrm{d}t}$

C. $U=-N\dfrac{\mathrm{d}\Phi}{\mathrm{d}t}$

D. $U=0$

80. 图示电路，如下关系成立的是：

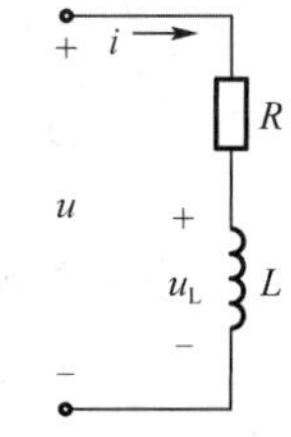

A. $R=\dfrac{u}{i}$

B. $u=i(R+L)$

C. $i=L\dfrac{\mathrm{d}u}{\mathrm{d}t}$

D. $u_L=L\dfrac{\mathrm{d}i}{\mathrm{d}t}$

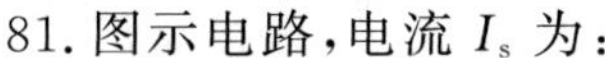

81. 图示电路，电流 I_s 为：

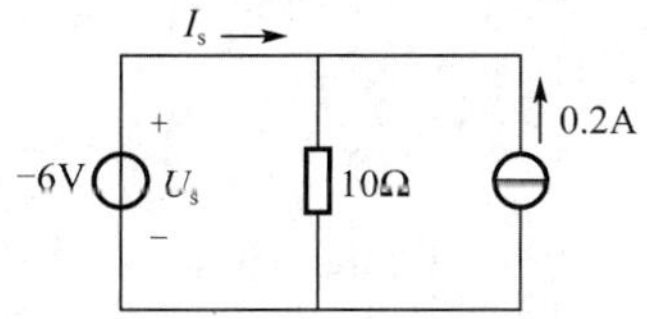

A. −0.8A

B. 0.8A

C. 0.6A

D. −0.6A

82. 图示电流 $i(t)$ 和电压 $u(t)$ 的相量分别为：

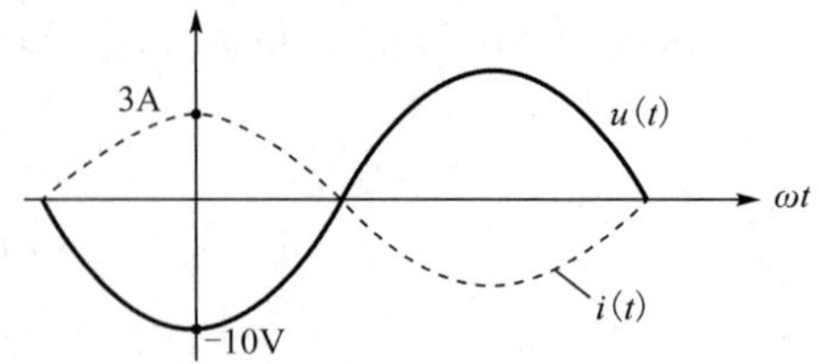

A. $\dot{I}=j2.12\text{A}$，$\dot{U}=-j7.07\text{V}$

B. $\dot{I}=2.12\angle 90^\circ\text{A}$，$\dot{U}=-7.07\angle -90^\circ\text{V}$

C. $\dot{I}=j3\text{A}$，$\dot{U}=-j10\text{V}$

D. $\dot{I}=3\text{A}$，$\dot{U}_{\text{m}}=-10\text{V}$

83. 额定容量为 20kV·A、额定电压为 220V 的某交流电源，有功功率为 8kW、功率因数为 0.6 的感性负载供电后，负载电流的有效值为：

A. $\dfrac{20\times10^3}{220}=90.9\text{A}$

B. $\dfrac{8\times10^3}{0.6\times220}=60.6\text{A}$

C. $\dfrac{8\times10^3}{220}=36.36\text{A}$

D. $\dfrac{20\times10^3}{0.6\times220}=151.5\text{A}$

84. 图示电路中，电感及电容元件上没有初始储能，开关 S 在 $t=0$ 时刻闭合，那么，在开关闭合瞬间（$t=0$），电路中取值为 10V 的电压是：

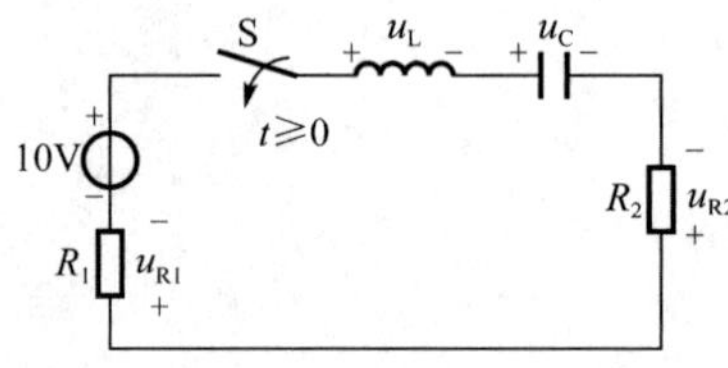

A. u_{L}

B. u_{C}

C. $u_{\text{R1}}+U_{\text{R2}}$

D. u_{R2}

85. 设图示变压器为理想器件，且 $u_s = 90\sqrt{2}\sin\omega t\,\text{V}$，开关 S 闭合时，信号源的内阻 R_1 与信号源右侧电路的等效电阻相等，那么，开关 S 断开后，电压 u_1：

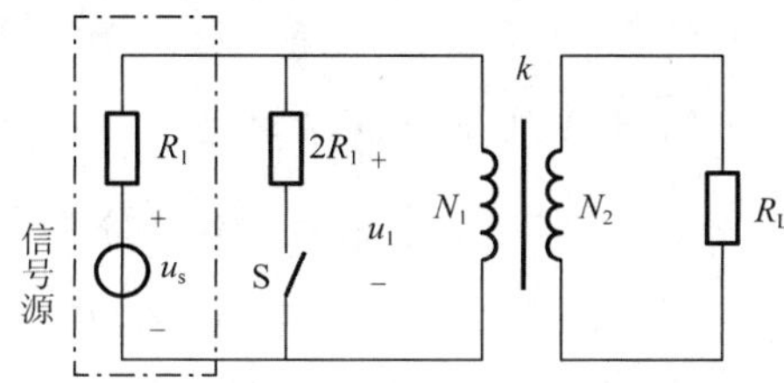

A. 因变压器的匝数比 k、电阻 R_L 和 R_1 未知而无法确定

B. $u_1 = 45\sqrt{2}\sin\omega t\,\text{V}$

C. $u_1 = 60\sqrt{2}\sin\omega t\,\text{V}$

D. $u_1 = 30\sqrt{2}\sin\omega t\,\text{V}$

86. 三相异步电动机在满载启动时，为了不引起电网电压的过大波动，则应该采用的异步电动机类型和启动方案是：

A. 鼠笼式电动机和 Y-△降压启动

B. 鼠笼式电动机和自耦调压器降压启动

C. 绕线式电动机和转子绕组串电阻启动

D. 绕线式电动机和 Y-△降压启动

87. 在模拟信号、采样信号和采样保持信号这几种信号中，属于连续时间信号的是：

A. 模拟信号与采样保持信号　　B. 模拟信号和采样信号

C. 采样信号与采样保持信号　　D. 采样信号

88. 模拟信号 $u_1(t)$ 和 $u_2(t)$ 的幅值频谱分别如图 a)和图 b)所示，则在时域中：

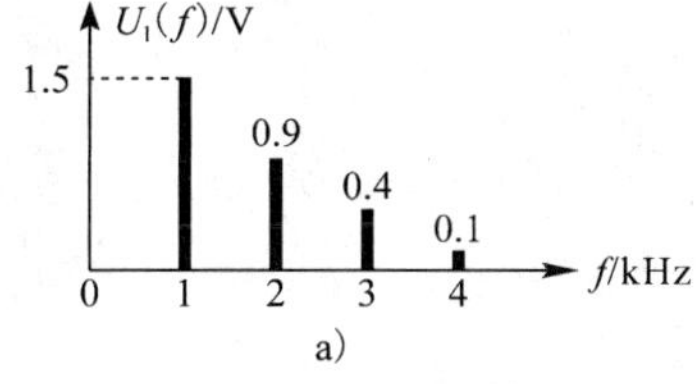

a)

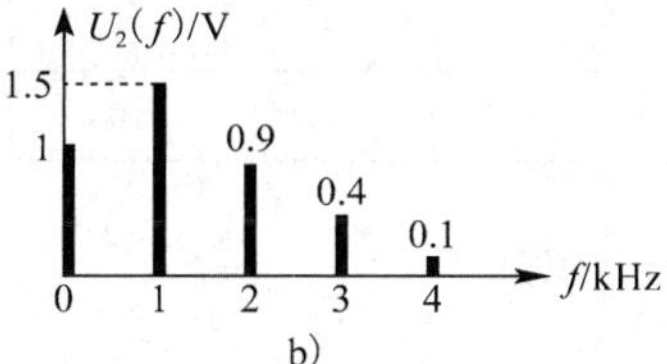

b)

A. $u_1(t)$ 和 $u_2(t)$ 是同一个函数

B. $u_1(t)$ 和 $u_2(t)$ 都是离散时间函数

C. $u_1(t)$ 和 $u_2(t)$ 都是周期性连续时间函数

D. $u_1(t)$ 是非周期性时间函数，$u_2(t)$ 是周期性时间函数

89. 放大器在信号处理系统中的作用是：

A. 从信号中提取有用信息　　B. 消除信号中的干扰信号

C. 分解信号中的谐波成分　　D. 增强信号的幅值以便后续处理

90. 对逻辑表达式 $ABC+A\overline{B}+AB\overline{C}$ 的化简结果是：

A. A　　B. $A\overline{B}$

C. AB　　D. $AB\overline{C}$

91. 已知数字信号 A 和数字信号 B 的波形如图所示，则数字信号 $F=\overline{A+B}$ 的波形为：

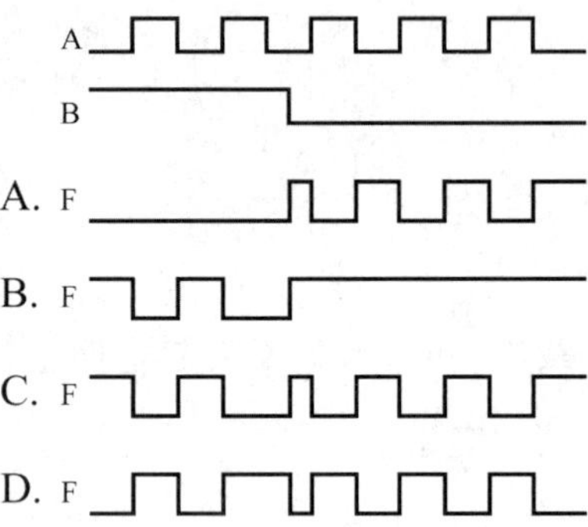

92. 逻辑函数 $F=f(A,B,C)$ 的真值表如下所示，由此可知：

A	B	C	F
0	0	0	0
0	0	1	1
0	1	0	1
0	1	1	0
1	0	0	0
1	0	1	0
1	1	0	0
1	1	1	0

A. $F=\overline{A}\overline{B}C+B\overline{C}$

B. $F=\overline{A}\overline{B}C+\overline{A}B\overline{C}$

C. $F=\overline{A}\overline{B}\overline{C}+\overline{A}BC$

D. $F=A\overline{B}\overline{C}+ABC$

93. 二极管应用电路如图所示，图中，$u_A = 1V$，$u_B = 5V$，$R = 1k\Omega$，设二极管均为理想器件，则电流 $i_R =$

A. 5mA

B. 1mA

C. 6mA

D. 0mA

94. 图示电路中，能够完成加法运算的电路：

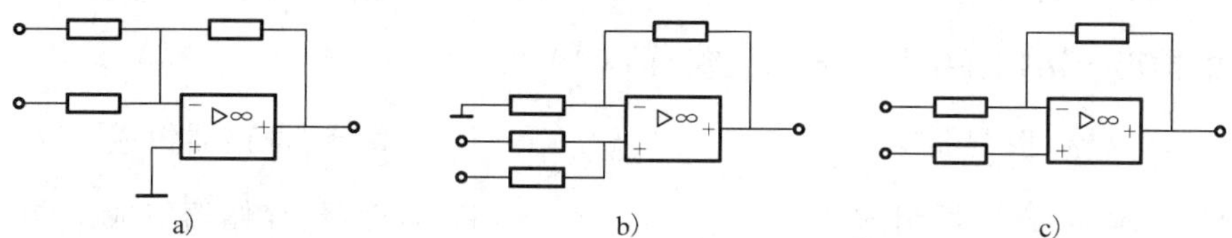
a)　　b)　　c)

A. 是图 a)和图 b)

B. 仅是图 a)

C. 仅是图 b)

D. 是图 c)

95. 图 a)示电路中，复位信号及时钟脉冲信号如图 b)所示，经分析可知，在 t_1 时刻，输出 Q_{JK} 和 Q_D 分别等于：

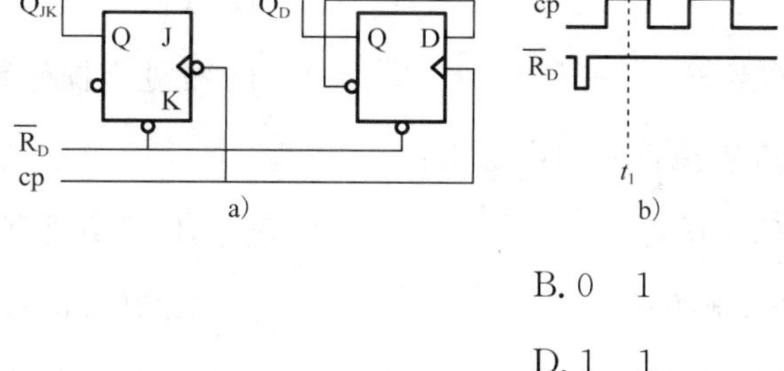

a)　　b)

A. 0　0

B. 0　1

C. 1　0

D. 1　1

附：D 触发器的逻辑状态表为

D	Q_{n+1}
0	0
1	1

JK 触发器的逻辑状态表为

J	K	Q_{n+1}
0	0	Q_n
0	1	0
1	0	1
1	1	$\overline{Q}_n$

96. 图 a)示时序逻辑电路的工作波形如图 b)所示，由此可知，图 a)电路是一个：

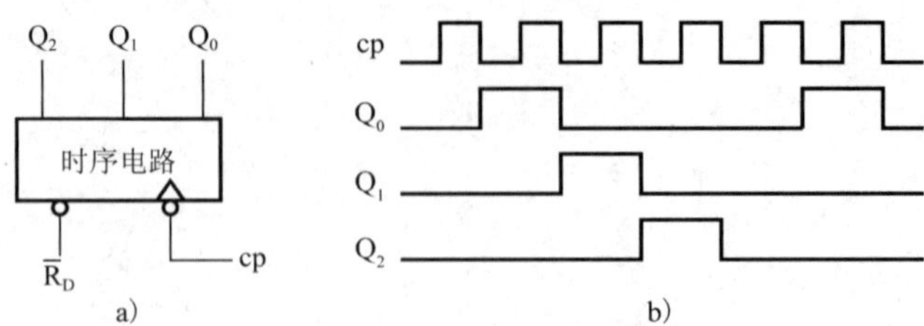

A. 右移寄存器　　B. 三进制计数器

C. 四进制计数器　　D. 五进制计数器

97. 根据冯·诺依曼结构原理，计算机的 CPU 是由：

A. 运算器、控制器组成　　B. 运算器、寄存器组成

C. 控制器、寄存器组成　　D. 运算器、存储器组成

98. 在计算机内，为有条不紊地进行信息传输操作，要用总线将硬件系统中的各个部件：

A. 连接起来　　B. 串接起来

C. 集合起来　　D. 耦合起来

99. 若干台计算机相互协作完成同一任务的操作系统属于：

A. 分时操作系统　　B. 嵌入式操作系统

C. 分布式操作系统　　D. 批处理操作系统

100. 计算机可以直接执行的程序是用：

A. 自然语言编制的程序　　B. 汇编语言编制的程序

C. 机器语言编制的程序　　D. 高级语言编制的程序

101. 汉字的国标码是用两个字节码表示的，为与 ASCII 码区别，是将两个字节的最高位：

A. 都置成 0　　B. 都置成 1

C. 分别置成 1 和 0　　D. 分别置成 0 和 1

102. 下列所列的四条存储容量单位之间换算表达式中，正确的一条是：

A. 1GB＝1024B　　B. 1GB＝1024KB

C. 1GB＝1024MB　　D. 1GB＝1024TB

103. 下列四条关于防范计算机病毒的方法中，并非有效的一条是：

A. 不使用来历不明的软件　　B. 安装防病毒软件

C. 定期对系统进行病毒检测　　D. 计算机使用完后锁起来

104. 下面四条描述操作系统与其他软件明显不同的特征中，正确的一条是：

A. 并发性、共享性、随机性　　B. 共享性、随机性、动态性

C. 静态性、共享性、同步性　　D. 动态性、并发性、异步性

105. 构成信息化社会的主要技术支柱有三个，它们是：

A. 计算机技术、通信技术和网络技术

B. 数据库技术、计算机技术和数字技术

C. 可视技术、大规模集成技术、网络技术

D. 动画技术、网络技术、通信技术

106. 为有效防范网络中的冒充、非法访问等威胁，应采用的网络安全技术是：

A. 数据加密技术　　B. 防火墙技术

C. 身份验证与鉴别技术　　D. 访问控制与目录管理技术

107. 某项目向银行借款，按半年复利计息，年实际利率为 8.6%，则年名义利率为：

A. 8%　　B. 8.16%

C. 8.24%　　D. 8.42%

108. 对于国家鼓励发展的缴纳增值税的经营性项目，可以获得增值税的优惠。在财务评价中，先征后返的增值税应记作项目的：

A. 补贴收入　　B. 营业收入

C. 经营成本　　D. 营业外收入

109. 下列筹资方式中，属于项目资本金的筹集方式的是：

A. 银行贷款　　B. 政府投资

C. 融资租赁　　D. 发行债券

110. 某建设项目预计第三年息税前利润为 200 万元，折旧与摊销为 30 万元，所得税为 20 万元，项目生产期第三年应还本付息金额为 100 万元。则该年偿债备付率为：

A. 1.5 万元　　B. 1.9 万元

C. 2.1 万元　　D. 2.5 万元

111. 在进行融资前项目投资现金流量分析时，现金流量应包括：

A. 资产处置收益分配　　B. 流动资金

C. 借款本金偿还　　D. 借款利息偿还

112. 某拟建生产企业设计年产 6 万 t 化工原料，年固定成本为 1000 万元，单位可变成本、销售税金和单位产品增值税之和为 800 万元/t，单位产品售价为 1000 元/t。销售收入和成本费用均采用含税价格表示。以生产能力利用率表示的盈亏平衡点为：

A. 9.25%　　B. 21%

C. 66.7%　　D. 83.3%

113. 某项目有甲、乙两个建设方案，投资分别为 500 万元和 1000 万元，项目期均为 10 年，甲项目年收益为 140 万元，乙项目年收益为 250 万元。假设基准收益率为 10%，则两项目的差额净现值为：

[已知：$(P/A,10\%,10)=6.1446$]

A. 175.9 万元　　B. 360.24 万元

C. 536.14 万元　　D. 896.38 万元

114. 某项目打算采用甲工艺进行施工，但经广泛的市场调研和技术论证后，决定用乙工艺代替甲工艺，并达到了同样的施工质量，且成本下降 15%。根据价值工程原理，该项目提高价值的途径是：

A. 功能不变，成本降低　　B. 功能提高，成本降低

C. 功能和成本均下降，但成本降低幅度更大　　D. 功能提高，成本不变

115. 某投资亿元的建设工程，建设工期 3 年，建设单位申请领取施工许可证，经审查该申请不符合法定条件的是：

A. 已取得该建设工程规划许可证

B. 已依法确定施工单位

C. 到位资金达到投资额的 30%

D. 该建设工程设计已经发包由某设计单位完成

116. 根据《中华人民共和国安全生产法》，组织制定并实施本单位的生产安全事故应急救援预案的责任人是：

A. 项目负责人

B. 安全生产管理人员

C. 单位主要负责人

D. 主管安全的负责人

117. 根据《中华人民共和国招标投标法》，下列工程建设项目，项目的勘察、设计、施工、监理以及与工程建设有关的重要设备、材料等的采购，按照国家有关规定可不进行招标的是：

A. 大型基础设施、公用事业等关系社会公共利益、公众安全的项目

B. 全部或者部分使用国有资金投资或者国家融资的项目

C. 使用国际组织或者外国政府贷款、援助基金的项目

D. 利用扶贫资金实行以工代赈、需要使用农民工的项目

118. 订立合同需要经过要约和承诺两个阶段，下列关于要约的说法，错误的是：

A. 要约是希望和他人订立合同的意思表示

B. 要约内容应当具体明确

C. 要约是吸引他人向自己提出订立合同的意思表示

D. 经受要约人承诺，要约人即受该意思表示约束

119. 根据《中华人民共和国行政许可法》，行政机关对申请人提出的行政许可申请，应当根据不同情况分别作出处理。下列行政机关的处理，符合规定的是：

A. 申请事项依法不需要取得行政许可的，应当即时告知申请人向有关行政机关申请

B. 申请事项依法不属于本行政机关职权范围内的，应当即时告知申请人不需申请

C. 申请材料存在可以当场更正的错误的，应当告知申请人 3 日内补正

D. 申请材料不齐全，应当当场或者在 5 日内一次告知申请人需要补正的全部内容

120. 根据《建设工程质量管理条例》，下列有关建设单位的质量责任和义务的说法，正确的是：

A. 建设工程发包单位不得暗示承包方以低价竞标

B. 建设单位在办理工程质量监督手续前，应当领取施工许可证

C. 建设单位可以明示或者暗示设计单位违反工程建设强制性标准

D. 建设单位提供的与建设工程有关的原始资料必须真实、准确、齐全

2019年度全国勘察设计一级注册结构工程师

执业资格考试试卷

基础考试

(下)

二〇一九年十月

应考人员注意事项

1. 本试卷科目代码为“2”，考生务必将此代码填涂在答题卡“科目代码”相应的栏目内，否则，无法评分。
2. 书写用笔：**黑色或蓝色钢笔、签字笔或圆珠笔；**
   填涂答题卡用笔：**黑色 2B 铅笔**。
3. 必须用书写用笔将工作单位、姓名、准考证号填写在答题卡和试卷相应的栏目内。
4. 本试卷由 60 题组成，每题 2 分，满分 120 分，本试卷全部为单项选择题，每小题的四个备选项中只有一个正确答案，错选、多选、不选均不得分。
5. 考生作答时，必须**按题号在答题卡上**将相应试题所选选项对应的**字母用 2B 铅笔涂黑**。
6. 在答题卡上书写与题意无关的语言，或在答题卡上作标记的，均按违纪试卷处理。
7. 考试结束时，由监考人员当面将试卷、答题卡一并收回。
8. 草稿纸由各地统一配发，考后收回。

单项选择题(共 60 题,每题 2 分。每题的备选项中只有一个最符合题意。)

1. 亲水材料的润湿角:

A. $>90°$　　B. $\leqslant 90°$

C. $>45°$　　D. $\leqslant 180°$

2. 含水率 5% 的砂 250g,其中所含的水量为:

A. 12.5g　　B. 12.9g

C. 11.0g　　D. 11.9g

3. 某工程基础部分使用大体积混凝土浇筑,为降低水泥水化温升,针对水泥可以采用如下哪项措施?

A. 加大水泥用量

B. 掺入活性混合材料

C. 提高水泥细度

D. 降低碱含量

4. 粉煤灰是现代混凝土材料胶凝材料中常见的矿物掺合物,其主要活性成分是:

A. 二氧化硅和氧化钙

B. 二氧化硅和三氧化二铝

C. 氧化钙和三氧化二铝

D. 氧化铁和三氧化二铝

5. 混凝土强度的形成受到其养护条件的影响,主要是指:

A. 环境温湿度　　B. 搅拌时间

C. 试件大小　　D. 混凝土水灰比

6. 石油沥青的软化点反映了沥青的:

A. 黏滞性　　B. 温度敏感性

C. 强度　　D. 耐久性

7. 钢材中的含碳量降低,会降低钢材的:

A. 强度　　B. 塑性

C. 可焊性　　D. 韧性

8. 下列表示 AB 两点间坡度的是：

A. $i_{AB}=\frac{h_{AB}}{D_{AB}}\%$

B. $i_{AB}=\frac{H_B-H_A}{D_{AB}}$

C. $i_{AB}=\frac{H_A-H_B}{D_{AB}}$

D. $i_{AB}=\frac{H_A-H_B}{D_{AB}}\%$

9. 下列哪一项是利用仪器所提供的一条水平视线来获取的？

A. 三角高程测量

B. 物理高程测量

C. GPS 高程测量

D. 水准测量

10. 下列对比例尺精度的解释正确的是：

A. 传统地形图上 0.1mm 所代表的实地长度

B. 数字地形图上 0.1mm 所代表的实地长度

C. 数字地形图上 0.2mm 所代表的实地长度

D. 传统地形图上 0.2mm 所代表的实地长度

11. 钢尺量距时，下列不需要的改正是：

A. 尺长改正

B. 温度改正

C. 倾斜改正

D. 地球曲率和大气折光改正

12. 建筑物的沉降观测是依据埋设在建筑物附件的水准点进行的，为了防止由于某个水准点的高程变动造成差错，一般至少埋设及格水准点：

A. 3 个

B. 4 个

C. 6 个

D. 10 个以上

13.《中华人民共和国建筑法》关于申请领取施工许可证的相关规定中，下列表述中正确的是：

A. 需要拆迁的工程，拆迁完毕后建设单位才可以申请领取施工许可证

B. 建设行政主管部门应当自收到申请之日起一个月内，对符合条件的申请人颁发施工许可证

C. 建设资金必须全部到位后，建没单位才可以申请领取施工许可证

D. 领取施工许可证按期开工的工程，中止施工不满一年，恢复施工前已向颁发施工许可证机关报告

14. 根据《中华人民共和国招标投标法》依法必须进行招标的项目，其招标投标活动不受地区或者部门的限制。该规定体现了《中华人民共和国招标投标法》的下述哪一原则？

A. 公开　　B. 公平

C. 公正　　D. 诚实信用

15. 下列选项中错误的是：

A. 未依法进行环境影响评价的开发利用规划，不得组织施工；未依法进行环境影响评价的建设项目，不得开工建设

B. 已经进行了环境影响评价的规划所包含的具体建设项目，其环境影响评价内容建设单位可以简化

C. 环境影响评价文件中的环境影响报告书或者环境影响报告表，应当由具有环境影响评价资质的机构编制

D. 环境保护行政主管部门可以为建设单位指定对其建设项目进行环境影评价资质的机构

16. 取得注册结构工程师执业资格证书者，要从事结构工程设计业务的，须申请注册，下列情形中，可以予以注册的是：

A. 甲不具备完全民事行为能力

B. 乙曾受过刑事处罚，处罚完毕之日至申请注册之日已满 3 年

C. 丙因曾在结构工程设计业务中犯有错误并受到了行政处罚，处罚决定之日起至申请注册之日已满 3 年

D. 丁受到吊销注册结构工程师注册证书处罚，处罚决定之日起至申请注册之日已满 3 年

17. 作为检验填土压实质量控制指标的是：

A. 土的干密度　　B. 土的压实度

C. 土的压缩比　　D. 土的可松性

18. 采用钢管抽芯法留设孔道时，抽管时间宜为：

A. 混凝土初凝前

B. 混凝土初凝后，终凝前

C. 混凝土终凝后

D. 混凝土达到 30％设计强度

19. 设置脚手架连墙杆的目的是：

A. 抵抗风荷载　　B. 增加建筑结构的稳定性

C. 方便外装饰的施工操作　　D. 为悬挂吊篮创造条件

20. 进行“资源有限、工期最短”优化时，当将某工作移出超过限量的资源时段后，计算发现工期增量Δ小于零，以下说明正确的是：

A. 总工期不变　　B. 总工期会缩短

C. 总工期会延长　　D. 这种情况不会出现

21. 以整个建设项日或建筑群为编制对象，用以指导整个建筑群或建设项目施工全过程的各项施工活动的综合技术经济文件为：

A. 分部工程施工组织设计

B. 分项工程施工组织设计

C. 施工组织总设计

D. 单位工程施工组织设计

22. 建筑结构用的碳素钢强度与延性间的关系下列正确的是：

A. 强度越高，延性越高

B. 延性不随强度而变化

C. 强度越高，延性越低

D. 强度越低，延性越低

23. 钢筋混凝土受弯构件界限受压区高度确定的依据是：

A. 平截面假定及纵向受拉钢筋达到屈服和受压区边缘混凝土达到极限压应变

B. 平截面假定和纵向受拉钢筋达到屈服

C. 平截面假定和受压区边缘混凝土达到极限压应变

D. 仅平截面假定

24. 五等跨连续梁，为使第2跨与第3跨之间的支座上出现最大负弯矩，活荷载应布置在以下哪几跨？

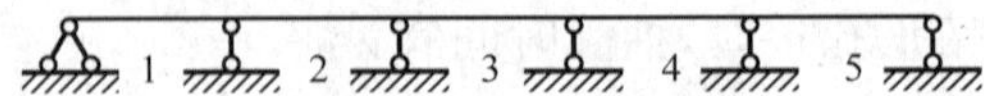

A. 第2、3、4跨　　B. 第1、2、3、4、5跨

C. 第2、3、5跨　　D. 第1、3、5跨

25. 高层筒中筒结构、框架—筒体结构设置加强层的作用是：

A. 使结构侧向位移变小和内筒弯矩减小

B. 增加结构刚度，不影响内力

C. 不影响刚度，增加结构整体性

D. 使结构刚度降低

26. 钢材检验塑性的试验方法为：

A. 冷弯试验　　B. 硬度试验

C. 拉伸试验　　D. 冲击试验

27. 设计钢结构圆管截面支撑压杆时，需要计算构件的：

A. 挠度　　B. 弯扭稳定性

C. 长细比　　D. 扭转稳定性

28. 采用三级对接焊缝拼接的钢板，如采用引弧板，计算焊缝强度时：

A. 应折减焊缝计算长度

B. 无须折减焊缝计算长度

C. 应折减焊缝厚度

D. 应采用角焊缝设计强度值

29. 结构钢材的碳含量指标反映了钢材的：

A. 屈服强度大小　　B. 伸长率大小

C. 冲击韧性大小　　D. 可焊性优劣

30. 砌体是由块材和砂浆组合而成的。砌体抗压强度与块材及砂浆强度的关系下列正确的是：

A. 砂浆的抗压强度恒小于砌体的抗压强度

B. 砌体的抗压强度随砂浆强度的提高而提高

C. 砌体的抗压强度与块材的抗压强度无关

D. 砌体的抗压强度与块材的抗拉强度有关

31. 截面尺寸为 240mm×370mm 的砌块短柱，当轴向力 N 的偏心距如图所示（尺寸单位：mm）时，受压承载力的大小顺序为：

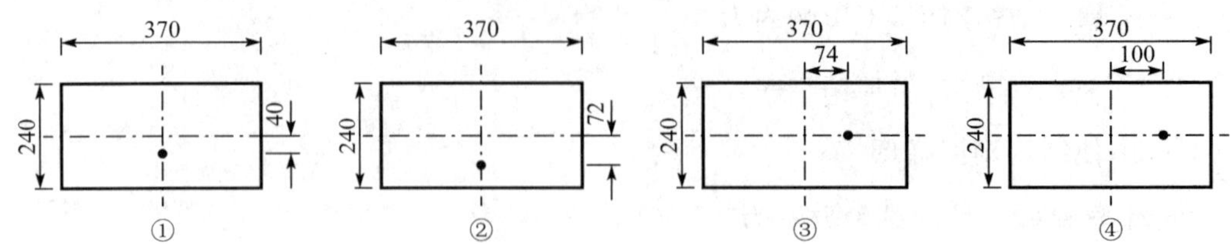

A. ①＞③＞④＞②　　　　B. ①＞②＞③＞④

C. ③＞①＞②＞④　　　　D. ③＞②＞①＞④

32. 砌体结构的设计原则是：

①采用以概率理论为基础的极限状态设计方法；

②按承载力极限状态设计，进行变形验算满足正常使用极限状态要求；

③按承载力根限状态设计，由相应构造措施满足正常使用极限状态要求；

④根据建筑结构的安全等级，按重要性系数考虑其重要程度。

A. ①②④　　　　B. ①③④

C. ②④　　　　D. ③④

33. 用水泥砂浆与用同等级混合砂浆砌筑的砌体（块材相同），两者的抗压强度：

A. 相等　　　　B. 前者小于后者

C. 前者大于后者　　　　D. 不一定

34. 超静定结构的计算自由度：

A. ＞0

B. ＜0

C. ＝0

D. 不定

35. 图示结构 BC 杆的轴力为：

A. $-2F_{\mathrm{p}}$

B. $-2\sqrt{2}F_{\mathrm{p}}$

C. $-\sqrt{2}F_{\mathrm{p}}$

D. $-4F_{\mathrm{p}}$

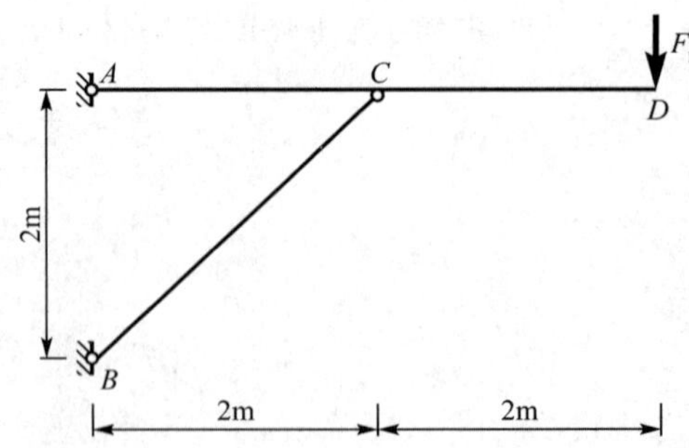

36. 图示刚架 M_{DC} 为(下侧受拉为正):

A. 20kN·m

B. 40kN·m

C. 60kN·m

D. 0kN·m

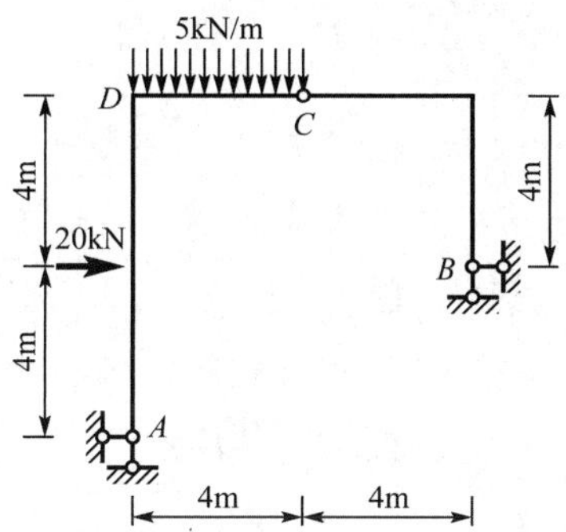

37. 图示三铰拱,若高跨比为 1/2,则水平推力 F_H 为:

A. $\frac{1}{4}F_p$

B. $\frac{1}{2}F_p$

C. $\frac{3}{4}F_p$

D. $\frac{3}{8}F_p$

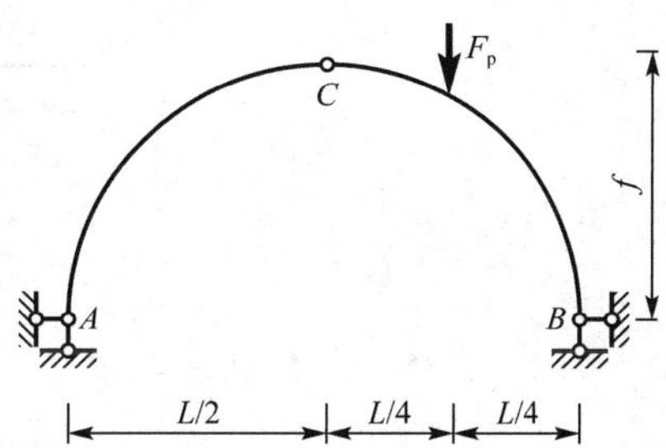

38. 图示桁架杆 1 的内力为:

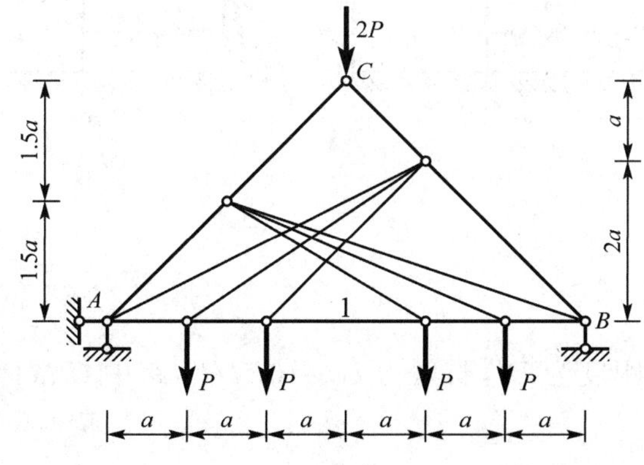

A. $-P$

B. $-2P$

C. P

D. $2P$

39. 图示三铰拱支座 A 的竖向反力(以向上为正)等于：

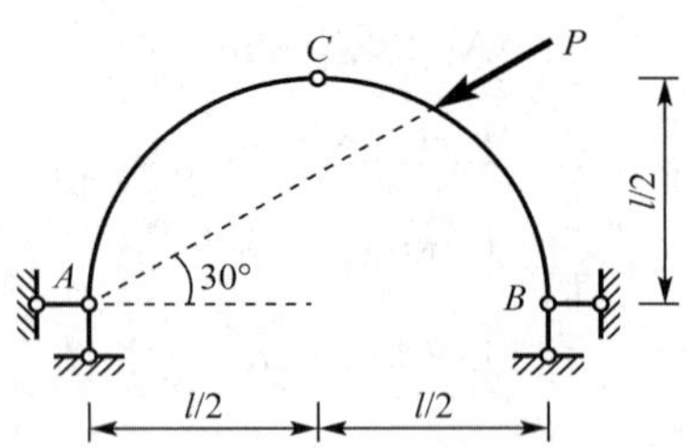

A. P

B. $\frac{1}{2}P$

C. $\frac{\sqrt{3}}{2}P$

D. $\frac{\sqrt{3}-1}{2}P$

40. 图示结构 B 截面转角位移为(以顺时针为正)：

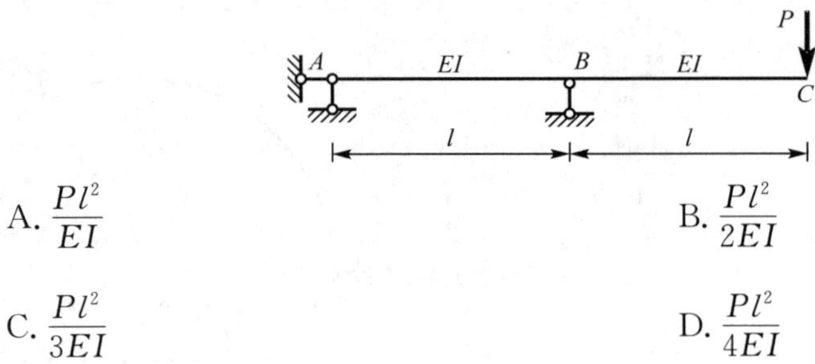

A. $\frac{Pl^2}{EI}$

B. $\frac{Pl^2}{2EI}$

C. $\frac{Pl^2}{3EI}$

D. $\frac{Pl^2}{4EI}$

41. 图示 a)结构如化为图 b)所示的等效结构，则图 b)中弹簧的等效刚度 k_e 为：

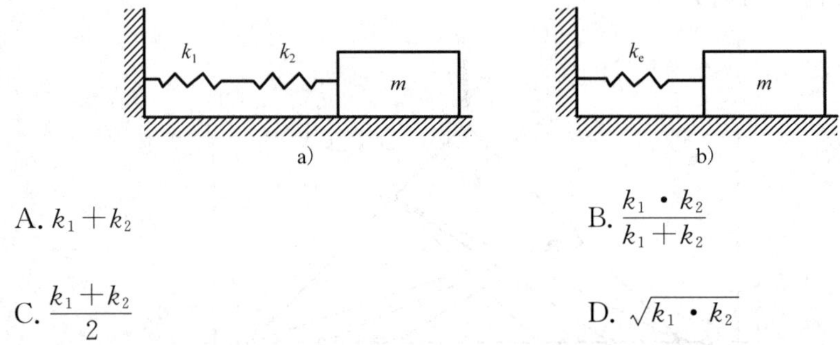

A. k_1+k_2

B. $\frac{k_1 \cdot k_2}{k_1+k_2}$

C. $\frac{k_1+k_2}{2}$

D. $\sqrt{k_1 \cdot k_2}$

42. 图示梁的抗弯刚度为 EI，长度为 l，$k=6EI/l^3$，跨中 C 截面的弯矩为(以下侧受拉为正)：

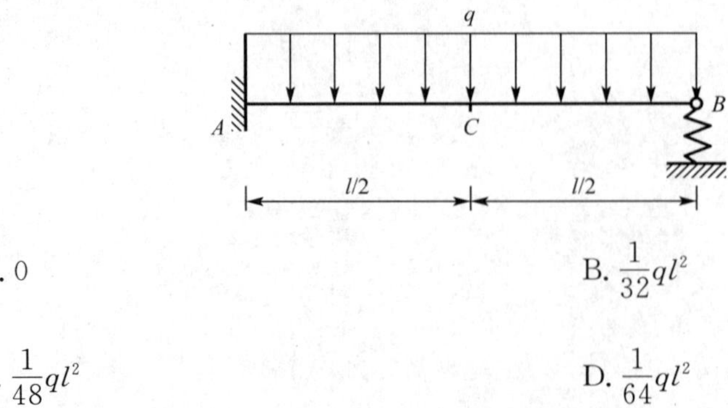

A. 0

B. $\frac{1}{32}ql^2$

C. $\frac{1}{48}ql^2$

D. $\frac{1}{64}ql^2$

43. 图示结构 EI＝常数，当支座 A 发生转角 θ，则支座 B 处截面的转角为（以顺时针为正）：

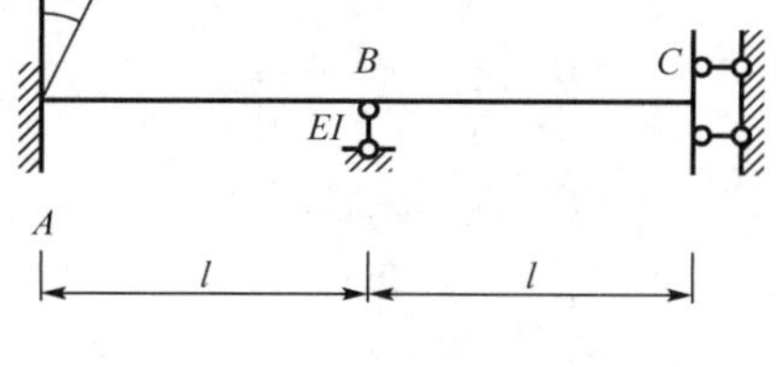

A. 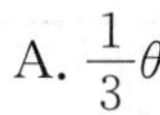 $\frac{1}{3}\theta$

B. 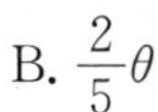 $\frac{2}{5}\theta$

C. 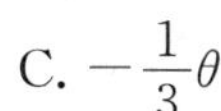 $-\frac{1}{3}\theta$

D. 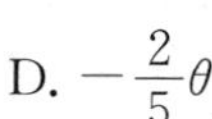 $-\frac{2}{5}\theta$

44. 图示结构用力矩分配法计算时，分配系数 μ_{AC} 为：

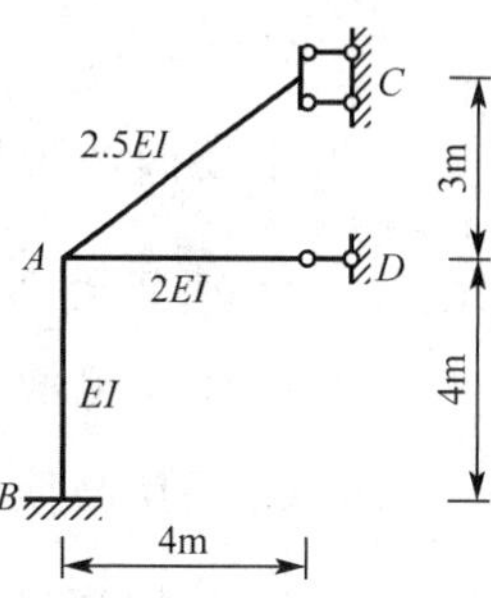

A. $\frac{1}{4}$

B. $\frac{1}{2}$

C. $\frac{2}{3}$

D. $\frac{4}{9}$

45. 图示结构 B 处弹性支座的弹簧刚度 $k=3EI/l^3$，则 B 结点向下的竖向位移为：

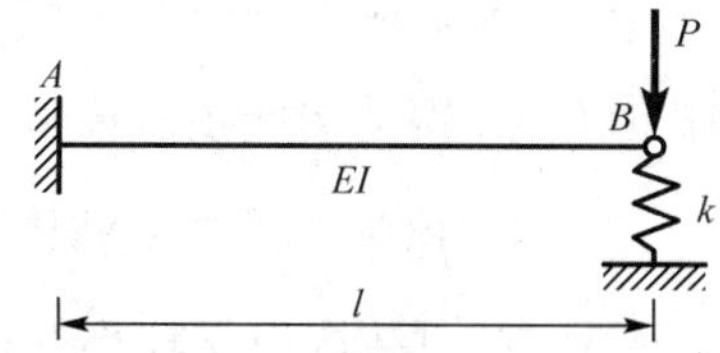

A. $\frac{Pl^3}{12EI}$

B. $\frac{Pl^3}{6EI}$

C. $\frac{Pl^3}{4EI}$

D. $\frac{Pl^3}{3EI}$

46. 图示简支梁在移动荷载作用下截面 K 的最大弯矩值是：

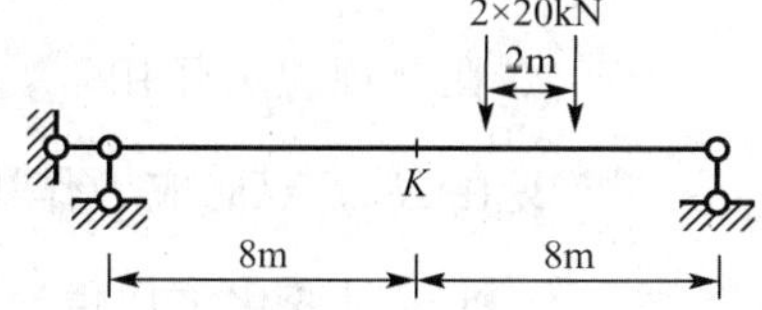

A. 120kN · m

B. 140kN · m

C. 160kN · m

D. 180kN · m

47. 设 μ_a 和 μ_b 分别表示图 a)、b)示两结构的位移动力系数，则：

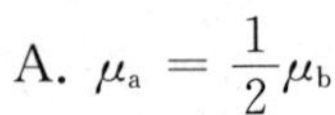

A. $\mu_a=\frac{1}{2}\mu_b$

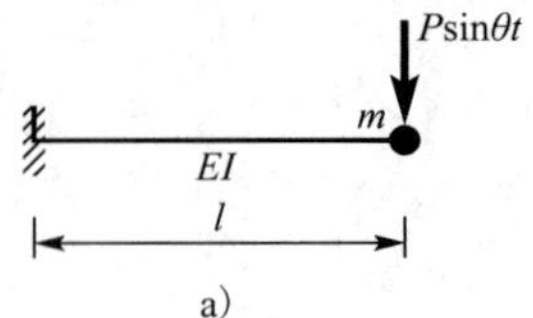

B. $\mu_a=-\frac{1}{2}\mu_b$

C. $\mu_a=\mu_b$

D. $\mu_a=-\mu_b$

48. 单自由度体系自由振动时，实测振动 10 周后振幅衰减为 $y_{10}=0.0016y_0$，则阻尼比等于：

A. 0.05　　B. 0.02

C. 0.008　　D. 0.1025

49. 下述四种试验所选用的设备最不合适的是：

A. 采用试件表面刷石腊后，四周封闭抽真空产生负压方法进行薄壳试验

B. 采用电液伺服加载装置对梁柱节点构件进行模拟地震反应试验

C. 采用激振器方法对吊车梁做疲劳试验

D. 采用液压千斤顶对桁架进行承载力试验

50. 结构试验前，应进行预载，以下结论不正确的是：

A. 混凝土结构预载值不可以超过开裂荷载值

B. 预应力混凝土结构预载值可以超过开裂荷载值

C. 钢结构的预载值可以加至使用荷载值

D. 预应力混凝土结构预载值可以加至使用荷载值

51. 对原结构损伤较小的情况下，在评定混凝土强度时，下列方法较为理想的是：

A. 回弹法　　B. 超声波法

C. 钻孔后装法　　D. 钻芯法

52. 应变片灵敏系数指下列哪一项：

A. 在单项应力作用下，应变片电阻的相对变化与沿其轴向的应变之比值

B. 在 X、Y 双向应力作用下，X 方向应变片电阻的相对变化与 Y 方向应变片电阻的相对变化之比值

C. 在 X、Y 双向应力作用下，X 方向应变值与 Y 方向应变值之比值

D. 对于同一单向应变值，应变片在此应变方向垂直安装时的指示应变与沿此应变方向安装时指示应变的比值（以百分数表示）

53. 下列量测仪表属于零位测定法的是：

A. 百分表应变量测装置(量测标距 250mm)

B. 长标距电阻应变计

C. 机械式杠杆应变仪

D. 电阻应变式位移计(量测标距 250mm)

54. 由两层土体组成的一个地基，其中上层为厚 4m 的粉砂层，其下则为粉质土层，粉砂的天然重度为 $17kN/m^3$，而粉质黏土的重度为 $20kN/m^3$，那么埋深 6m 处的总竖向地应力为：

A. 108kPa　　B. 120kPa

C. 188kPa　　D. 222kPa

55. 软弱下卧层验算公式 $p_z+p_{cz}\leqslant f_{az}$，其中 p_{cz} 为软弱下卧层顶面处土的自重应力，则下列说法正确的是：

A. p_{cz}的计算应当从基础底面算起

B. p_{cz}的计算应当从地下水位算起

C. p_{cz}的计算应当从基础顶面算起

D. p_{cz}的计算应当从地表算起

56. 土体的孔隙比为 47.71%，那么用百分比表示的该土体的孔隙率为：

A. 109.60%　　B. 91.24%

C. 67.70%　　D. 32.30%

57. 影响岩土抗剪强度的因素有：

A. 应力路径　　B. 剪胀性

C. 加载速度　　D. 以上都是

58. 桩基岩工程勘察中对碎石土宜采用的原位测试手段为：

A. 静力触探

B. 标准贯入试验

C. 旁压试验

D. 重型或超重型圆锥动力触探

59. 某匀质地基承载力特征值为 100kPa，基础深度的地基承载力修正系数为 1.45，地下水位深 2m，水位以上天然重度为 16kN/m^3、水位以下饱和重度为 20kN/m^3 的条形基础宽 3m，则基础埋置深度为 3m 时，按深度修正后的地基承载力为：

A. 151kPa　　B. 165kPa

C. 171kPa　　D. 181kPa

60. 打入式敞口钢管桩属于：

A. 非挤土桩　　B. 部分挤土桩

C. 挤土桩　　D. 端承桩

2019 年度全国勘察设计注册工程师执业资格考试基础考试(上)试题解析及参考答案

1. **解**　本题考查函数极限的求法以及洛必达法则的应用。

当自变量 $x\to 0$ 时，只有当 $x\to 0^+$ 及 $x\to 0^-$ 时，函数左右极限各自存在并且相等时，函数极限才存在。即当 $\lim\limits_{x\to 0^+}f(x)=\lim\limits_{x\to 0^-}f(x)=A$ 时，$\lim\limits_{x\to 0}f(x)=A$，否则函数极限不存在。

应用洛必达法则：

$$\lim_{x\to 0^+}\frac{3+e^{\frac{1}{x}}}{1-e^{\frac{2}{x}}}\xlongequal[\text{当 } x\to 0^+ \text{ 时}, y\to +\infty]{\text{设 } y=\frac{1}{x}}\lim_{y\to +\infty}\frac{3+e^y}{1-e^{2y}}\xlongequal{\frac{\infty}{\infty}}\lim_{y\to +\infty}\frac{e^y}{-2e^{2y}}=\lim_{y\to +\infty}\frac{1}{-2e^y}=0$$

$$\lim_{x\to 0^-}\frac{3+e^{\frac{1}{x}}}{1-e^{\frac{2}{x}}}\xlongequal[\text{当 } x\to 0^- \text{ 时}, y\to -\infty]{\text{设 } y=\frac{1}{x}}\lim_{y\to -\infty}\frac{3+e^y}{1-e^{2y}}\xlongequal[e^y\to 0]{y\to -\infty}\frac{3}{1}=3$$

因 $\lim\limits_{x\to 0^+}f(x)\neq\lim\limits_{x\to 0^-}f(x)$，所以 $\lim\limits_{x\to 0}f(x)$ 不存在。

答案:D

2. **解**　本题考查函数可微、可导与函数连续之间的关系。

对于一元函数而言，函数可导和函数可微等价。函数可导必连续，函数连续不一定可导(例如 $y=|x|$ 在 $x=0$ 处连续，但不可导)。因而，$f(x)$ 在点 $x=x_0$ 处连续为函数在该点处可微的必要条件。

答案:C

3. **解**　利用同阶无穷小定义计算。

求极限 $\lim\limits_{x\to 0}\dfrac{\sqrt{1-x^2}-\sqrt{1+x^2}}{x^k}$，只要当极限值为常数 C，且 $C\neq 0$ 时，即为同阶无穷小。

$$\lim_{x\to 0}\frac{\sqrt{1-x^2}-\sqrt{1+x^2}}{x^k}\xlongequal{\text{分子有理化}}\lim_{x\to 0}\frac{(\sqrt{1-x^2}-\sqrt{1+x^2})(\sqrt{1-x^2}+\sqrt{1+x^2})}{x^k(\sqrt{1-x^2}+\sqrt{1+x^2})}$$

$$=\lim_{x\to 0}\frac{-2x^2}{x^k(\sqrt{1-x^2}+\sqrt{1+x^2})}\xlongequal{\text{只有 } k=2 \text{ 时，极限值才满足为常数 } C\text{，且 } C\neq 0}$$

$$\lim_{x\to 0}\frac{-2x^2}{x^2(\sqrt{1-x^2}+\sqrt{1+x^2})}=-1$$

答案:B

4. **解**　本题为求复合函数的二阶导数，可利用复合函数求导公式计算。

设 $y=\ln u, u=\sin x$，先对中间变量求导，再乘以中间变量 u 对自变量 x 的导数（注意正确使用导数公式）。

$$y'=\frac{1}{\sin x}\cdot\cos x=\cot x, y''=(\cot x)'=-\frac{1}{\sin^2 x}$$

答案：D

5. **解**　本期考查罗尔中值定理。

由罗尔中值定理可知，函数满足：①在闭区间连续；②在开区间可导；③两端函数值相等，则在开区间内至少存在一点 ξ，使得 $f'(\xi)=0$。本题满足罗尔中值定理的条件，因而结论 B 成立。

答案：B

6. **解**　$x=0$ 处导数不存在。x_1 和 O 点两侧导函数符号由负变为正，函数在该点取得极小值，故 x_1 和 O 点是函数的极小值点；x_2 和 x_3 点两侧导函数符号由正变为负，函数在该点取得极大值，故 x_2 和 x_3 点是函数的极大值点。

答案：B

7. **解**　本题可用第一类换元积分方法计算，也可用凑微分方法计算。

方法 1：

设 $x^2+1=t$，则有 $2x\mathrm{d}x=\mathrm{d}t$，即 $x\mathrm{d}x=\frac{1}{2}\mathrm{d}t$

$$\int\frac{x}{\sin^2(x^2+1)}\mathrm{d}x=\int\frac{1}{\sin^2 t}\frac{1}{2}\mathrm{d}t=\frac{1}{2}\int\csc^2 t\mathrm{d}t=-\frac{1}{2}\cot t+C=-\frac{1}{2}\cot(x^2+1)+C$$

方法 2：

$$\int\frac{x}{\sin^2(x^2+1)}\mathrm{d}x=\frac{1}{2}\int\frac{1}{\sin^2(x^2+1)}\mathrm{d}(x^2+1)=-\frac{1}{2}\cot(x^2+1)+C$$

答案：A

8. **解**　当 $x=-1$ 时，$\lim\limits_{x\to-1}\frac{1}{(1+x)^2}=+\infty$，所以 $x=-1$ 为函数的无穷不连续点。

本题为被积函数有无穷不连续点的广义积分。按照这类广义积分的计算方法，把广义积分在无穷不连续点 $x=-1$ 处分成两部分，只有当每一部分都收敛时，广义积分才收敛，否则广义积分发散。

即：$\int_{-2}^{2}\frac{1}{(1+x)^2}\mathrm{d}x=\int_{-2}^{-1}\frac{1}{(1+x)^2}\mathrm{d}x+\int_{-1}^{2}\frac{1}{(1+x)^2}\mathrm{d}x$

计算第一部分：

$$\int_{-2}^{-1}\frac{1}{(1+x)^2}dx=\int_{-2}^{-1}\frac{1}{(1+x)^2}d(x+1)=-\frac{1}{1+x}\bigg|_{-2}^{-1}=\lim_{x\to-1}\left(-\frac{1}{1+x}\right)-\left(-\frac{1}{-1}\right)=\infty,$$

发散

所以，广义积分发散。

答案：D

9. **解** 利用两向量平行的知识以及两向量数量积的运算法则计算。

已知 $\boldsymbol{\beta}//\boldsymbol{\alpha}$，则有 $\beta=\lambda\boldsymbol{\alpha}$（$\lambda$ 为任意非零常数）

所以 $\boldsymbol{\alpha}\cdot\boldsymbol{\beta}=\boldsymbol{\alpha}\cdot\lambda\boldsymbol{\alpha}=\lambda(\boldsymbol{\alpha}\cdot\boldsymbol{\alpha})=\lambda[2\times2+1\times1+(-1)\times(-1)]=6\lambda$

已知 $\boldsymbol{\alpha}\cdot\boldsymbol{\beta}=3$，即 $6\lambda=3$，$\lambda=\frac{1}{2}$

所以 $\boldsymbol{\beta}=\frac{1}{2}\boldsymbol{\alpha}=\left(1,\frac{1}{2},-\frac{1}{2}\right)$

答案：C

10. **解** 因直线垂直于 xOy 平面，因而直线的方向向量只要选与 z 轴平行的向量即可，取所求直线的方向向量 $\vec{s}=(0,0,1)$，如解图所示，再按照直线的点向式方程的写法写出直线方程：

$$\frac{x-2}{0}=\frac{y-0}{0}=\frac{z+1}{1}$$

题 10 解图

答案：C

11. **解** 通过分析可知，本题为一阶可分离变量方程，分离变量后两边积分求出方程的通解，再代入初始条件求出方程的特解。

$$y\ln x dx-x\ln y dy=0\Rightarrow y\ln x dx=x\ln y dy\Rightarrow\frac{\ln x}{x}dx=\frac{\ln y}{y}dy$$

$$\Rightarrow\int\frac{\ln x}{x}dx=\int\frac{\ln y}{y}dy\Rightarrow\int\ln x d(\ln x)=\int\ln y d(\ln y)$$

$$\Rightarrow\frac{1}{2}\ln^2x=\frac{1}{2}\ln^2y+C_1\Rightarrow\ln^2x-\ln^2y=C_2\quad（其中，C_2=2C_1）$$

代入初始条件 $y(x=1)=1$，得 $C_2=0$

所以方程的特解：$\ln^2x-\ln^2y=0$

答案：D

12. **解** 画出积分区域 D 的图形，如解图所示。

方法 1：

因被积函数 $f(x,y)=1$，所以积分 $\iint\limits_D dxdy$ 的值即为这三条直线所围成的区域面积，

所以 $\iint\limits_{D} \mathrm{d}x\mathrm{d}y = \frac{1}{2} \times 1 \times 2 = 1$ 。

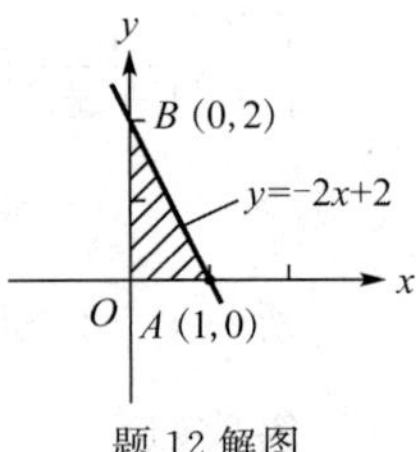

题 12 解图

方法 2：

把二重积分转化为二次积分，可先对 y 积分再对 x 积分，也可先对 x 积分再对 y 积分。本题先对 y 积分后再对 x 积分：

$$D:\begin{cases} 0 \leqslant x \leqslant 1 \\ 0 \leqslant y \leqslant -2x+2 \end{cases}$$

$$\iint\limits_{D} \mathrm{d}x\mathrm{d}y = \int_0^1 \mathrm{d}x \int_0^{-2x+2} \mathrm{d}y = \int_0^1 y \Big|_0^{-2x+2} \mathrm{d}x$$

$$= \int_0^1 (-2x+2)\mathrm{d}x = (-x^2+2x)\Big|_0^1 = -1+2 = 1$$

答案：A

13. **解**　$y = C_1C_2e^{-x}$，因 C_1、C_2 是任意常数，可设 $C = C_1 \cdot C_2$（C 仍为任意常数），即 $y = Ce^{-x}$，则有 $y' = -Ce^{-x}$，$y'' = Ce^{-x}$。

代入得 $Ce^{-x} - 2(-Ce^{-x}) - 3Ce^{-x} = 0$，可知 $y = Ce^{-x}$ 为方程的解。

因 $y = Ce^{-x}$ 仅含一个独立的任意常数，可知 $y = Ce^{-x}$ 既不是方程的通解，也不是方程的特解，只是方程的解。

答案：D

14. **解**　本题考查对坐标的曲线积分的计算方法。

应注意，对坐标的曲线积分与曲线的积分路径、方向有关，积分变量的变化区间应从起点所对应的参数积到终点所对应的参数。

$L: x^2 + y^2 = 1$

参数方程可表示为 $\begin{cases} x = \cos\theta \\ y = \sin\theta \end{cases}$ $(\theta: 0 \to 2\pi)$

则 $\int_L \frac{y\mathrm{d}x - x\mathrm{d}y}{x^2+y^2} = \int_0^{2\pi} \frac{\sin\theta(-\sin\theta) - \cos\theta\cos\theta}{\cos^2\theta + \sin^2\theta}\mathrm{d}\theta = \int_0^{2\pi}(-1)\mathrm{d}\theta = -\theta\Big|_0^{2\pi} = -2\pi$

答案：B

15. **解**　本题函数为二元函数，先求出二元函数的驻点，再利用二元函数取得极值的充分条件判定。

$f(x,y) = xy$

求得偏导数 $\begin{cases} f_x(x,y) = y \\ f_y(x,y) = x \end{cases}$，则 $\begin{cases} f_x(0,0) = 0 \\ f_y(0,0) = 0 \end{cases}$，故点 $(0,0)$ 为二元函数的驻点。

求得二阶导数 $f''_{xx}(x,y)=0, f''_{xy}(x,y)=1, f''_{yy}(x,y)=0$

则有 $A=f''_{xx}(0,0)=0, B=f''_{xy}(0,0)=1, C=f''_{yy}(0,0)=0$

$AC-B^2=-1<0$，所以在驻点(0,0)处取不到极值。

点(0,0)是驻点，但非极值点。

答案：B

16. **解** 本题考查级数条件收敛、绝对收敛的有关概念，以及级数收敛与发散的基本判定方法。

将级数 $\sum_{n=1}^{\infty}(-1)^{n-1}\frac{1}{n^p}$ 各项取绝对值，得 p 级数 $\sum_{n=1}^{\infty}\frac{1}{n^p}$。

当 $p>1$ 时，原级数 $\sum_{n=1}^{\infty}(-1)^{n-1}\frac{1}{n^p}$ 绝对收敛；当 $0<p\leqslant 1$ 时，级数 $\sum_{n=1}^{\infty}\frac{1}{n^p}$ 发散。所以，选项 B、C 均不成立。

再判定原级数 $\sum_{n=1}^{\infty}(-1)^{n-1}\frac{1}{n^p}$ 在 $0<p\leqslant 1$ 时的敛散性。

级数 $\sum_{n=1}^{\infty}(-1)^{n-1}\frac{1}{n^p}$ 为交错级数，记 $u_n=\frac{1}{n^p}$。

当 $p>0$ 时，$n^p<(n+1)^p$，则 $\frac{1}{n^p}>\frac{1}{(n+1)^p}$，$u_n>u_{n+1}$，又 $\lim\limits_{n\to\infty}u_n=0$，所以级数 $\sum_{n=1}^{\infty}(-1)^{n-1}\frac{1}{n^p}$ 在 $0<p\leqslant 1$ 时条件收敛。

答案：D

17. **解** 利用二元函数求全微分公式 $\mathrm{d}z=\frac{\partial z}{\partial x}\mathrm{d}x+\frac{\partial z}{\partial y}\mathrm{d}y$ 计算，然后代入 $x=1, y=2$ 求出 $\mathrm{d}z\Big|_{\substack{x=1\\y=2}}$ 的值。

(1)计算 $\frac{\partial z}{\partial x}$：

$z=\left(\frac{y}{x}\right)^x$，两边取对数，得 $\ln z=x\ln\left(\frac{y}{x}\right)$，两边对 x 求导，得：

$\frac{1}{z}z_x=\ln\frac{y}{x}+x\frac{x}{y}\left(-\frac{y}{x^2}\right)=\ln\frac{y}{x}-1$

进而得：$z_x=z\left(\ln\frac{y}{x}-1\right)=\left(\frac{y}{x}\right)^x\left(\ln\frac{y}{x}-1\right)$

(2)计算 $\frac{\partial z}{\partial y}$：

$\frac{\partial z}{\partial y}=x\left(\frac{y}{x}\right)^{x-1}\frac{1}{x}=\left(\frac{y}{x}\right)^{x-1}$

$$dz=\frac{\partial z}{\partial x}dx+\frac{\partial z}{\partial y}dy=\left(\frac{y}{x}\right)^x\left(\ln\frac{y}{x}-1\right)dx+\left(\frac{y}{x}\right)^{x-1}dy$$

$$dz\Big|_{\substack{x=1\\y=2}}=2(\ln2-1)dx+dy=2\left[(\ln2-1)dx+\frac{1}{2}dy\right]$$

答案:C

18.**解**　幂级数只含奇数次幂项,求出级数的收敛半径,再判断端点的敛散性。

方法1:

$$\lim_{n\to\infty}\left|\frac{u_{n+1}(x)}{u_n(x)}\right|=\lim_{n\to\infty}\left|\frac{\frac{x^{2n+1}}{2n+1}}{\frac{x^{2n-1}}{2n-1}}\right|=\lim_{n\to\infty}\left|\frac{2n-1}{2n+1}x^2\right|=x^2$$

当 $x^2<1$,即 $-1<x<1$ 时,级数收敛;当 $x^2>1$,即 $x>1$ 或 $x<-1$ 时,级数发散:判断端点的敛散性。

当 $x=1$ 时,$\sum_{n=1}^{\infty}(-1)^{n-1}\frac{x^{2n-1}}{2n-1}\Rightarrow\sum_{n=1}^{\infty}(-1)^{n-1}\frac{1}{2n-1}$,为交错级数,同时满足 $u_n>u_{n+1}$ 和 $\lim_{n\to\infty}u_n=0$,级数收敛。

当 $x=-1$ 时,$\sum_{n=1}^{\infty}(-1)^{n-1}\frac{x^{2n-1}}{2n-1}\Rightarrow\sum_{n=1}^{\infty}(-1)^{n}\frac{-1}{2n-1}$,为交错级数,同时满足 $u_n>u_{n+1}$ 和 $\lim_{n\to\infty}u_n=0$,级数收敛。

综上,级数 $\sum_{n=1}^{\infty}(-1)^{n-1}\frac{x^{2n-1}}{2n-1}$ 的收敛域为$[-1,1]$。

方法2:

四个选项已给出,仅在端点处不同,直接判断端点 $x=1$、$x=-1$ 的敛散性即可。

答案:A

19.**解**　利用公式 $|\boldsymbol{A}^*|=\boldsymbol{A}^{n-1}$ 判断。代入$|\boldsymbol{A}|=b$,得$|\boldsymbol{A}^*|=b^{n-1}$。

答案:D

20.**解**　利用公式 $|\boldsymbol{A}|=\lambda_1\lambda_2\cdots\lambda_n$,当 $\boldsymbol{A}$ 为二阶方阵时,$|\boldsymbol{A}|=\lambda_1\lambda_2$

则有 $\lambda_2=\frac{|\boldsymbol{A}|}{\lambda_1}=\frac{-1}{1}=-1$

由"实对称矩阵对应不同特征值的特征向量正交"判断:

$$\begin{pmatrix}1\\1\end{pmatrix}^{\mathrm{T}}\begin{pmatrix}1\\-1\end{pmatrix}=(1,1)\begin{pmatrix}1\\-1\end{pmatrix}=0$$

所以 $\begin{pmatrix}1\\1\end{pmatrix}$ 与 $\begin{pmatrix}1\\-1\end{pmatrix}$ 正交

答案:B

21. **解**　二次型 f 的秩就是对应矩阵 $\boldsymbol{A}$ 的秩。

二次型对应矩阵为 $\boldsymbol{A}=\begin{bmatrix}1 & 1 & 0\\ 1 & t & 0\\ 0 & 0 & 3\end{bmatrix}$，$R(\boldsymbol{A})=2$，则有 $|\boldsymbol{A}|=0$，即 $3(t-1)=0$，可以得出 $t=1$。

答案:C

22. **解**　$P(A\mid B)=\dfrac{P(AB)}{P(B)}=\dfrac{P(A)P(B\mid A)}{P(B)}=\dfrac{\frac{1}{3}\times\frac{1}{6}}{\frac{1}{4}}=\dfrac{2}{9}$

答案:B

23. **解**　由联合分布律的性质：$\sum\limits_i\sum\limits_j p_{ij}=1$，得 $\dfrac{1}{4}+\dfrac{1}{4}+\dfrac{1}{6}+a=1$，则 $a=\dfrac{1}{3}$。

答案:A

24. **解**　因为 $X\sim U(1,\theta)$，所以 $E(X)=\dfrac{1+\theta}{2}$，则 $\theta=2E(X)-1$，用 $\overline{X}$ 代替 $E(X)$，得 θ 的矩估计 $\hat{\theta}=2\overline{X}-1$。

答案:C

25. **解**　温度的统计意义告诉我们：气体的温度是分子平均平动动能的量度，气体的温度是大量气体分子热运动的集体体现，具有统计意义，温度的高低反映物质内部分子运动剧烈程度的不同，正是因为它的统计意义，单独说某个分子的温度是没有意义的。

答案:B

26. **解**　气体分子运动的三种速率：

$$v_{\mathrm{p}}=\sqrt{\frac{2kT}{m}}\approx 1.41\sqrt{\frac{RT}{M}}$$

$$\bar{v}=\sqrt{\frac{8kT}{\pi m}}\approx 1.60\sqrt{\frac{RT}{M}}，\sqrt{\overline{v^2}}=\sqrt{\frac{3kT}{m}}\approx 1.73\sqrt{\frac{RT}{M}}$$

答案:C

27. **解**　理想气体向真空作绝热膨胀，注意“真空”和“绝热”。由热力学第一定律 $Q=\Delta E+W$，理想气体向真空作绝热膨胀不做功，不吸热，故内能变化为零，温度不变，但膨胀致体积增大，单位体积分子数 n 减少，根据 $p=nkT$，故压强减小。

答案:A

28. **解**　此题考查卡诺循环。

卡诺循环的热机效率为：$\eta = 1 - \frac{T_2}{T_1}$

T_1 与 T_2 不同，所以效率不同。

两个循环曲线所包围的面积相等，净功相等，$W = Q_1 - Q_2$，即两个热机吸收的热量与放出的热量（绝对值）的差值一定相等。

答案：D

29. **解**　此题考查理想气体分子的摩尔热容。

$C_V = \frac{i}{2}R, C_p = C_V + R = \frac{i+2}{2}R$

刚性双原子分子理想气体 $i=5$，故 $\frac{C_p}{C_V} = \frac{7}{5}$

答案：C

30. **解**　将波动方程化为标准式：$y = 0.05\cos(4\pi x - 10\pi t) = 0.05\cos 10\pi\left(t - \frac{x}{2.5}\right)$

$$u = 2.5\text{m/s}, \omega = 2\pi\nu = 10\pi, \nu = 5\text{Hz}, \lambda = u/\nu = \frac{2.5}{5} = 0.5\text{m}$$

答案：A

31. **解**　此题考查声波的多普勒效应。

题目讨论的是火车疾驰而来时的过程与火车远离而去时人们听到的汽笛音调比较。

火车疾驰而来时音调（即频率）：$\nu'_{来} = \frac{u}{u - v_s}\nu$

火车远离而去时的音调：$\nu'_{去} = \frac{u}{u + v_s}\nu$

式中，u 为声速，v_s 为火车相对地的速度，ν 为火车发出汽笛声的原频率。

相比，人们听到的汽笛音调应是由高变低的。

答案：A

32. **解**　此题考查波的强度公式：$I = \frac{1}{2}\rho u A^2 \omega^2$

保持其他条件不变，仅使振幅 A 增加 1 倍，则波的强度增加到原来的 4 倍。

答案：D

33. **解**　两列振幅相同的相干波，在同一直线上沿相反方向传播，叠加的结果即为驻波。

叠加后形成的驻波的波动方程为：$y = y_1 + y_2 = \left(2A\cos 2\pi \frac{x}{\lambda}\right)\cos 2\pi\nu t$

驻波的振幅是随位置变化的，$A' = 2A\cos 2\pi \dfrac{x}{\lambda}$，波腹处有最大振幅 $2A$。

答案：C

34.**解** 此题考查光的干涉。

薄膜上下两束反射光的光程差：$\delta = 2n_2 e$

增透膜要求反射光相消：$\delta = 2n_2 e = (2k+1)\dfrac{\lambda}{2}$

$k=0$ 时，膜有最小厚度，$e = \dfrac{\lambda}{4n_2} = \dfrac{500}{4 \times 1.38} = 90.6\text{nm}$

答案：B

35.**解** 此题考查光的衍射。

单缝衍射明纹条件光程差为半波长的奇数倍。

答案：C

36.**解** 此题考查光的干涉与偏振。

双缝干涉条纹间距 $\Delta x = \dfrac{D}{d}\lambda$，加偏振片不改变波长，故干涉条纹的间距不变，而自然光通过偏振片光强衰减为原来的一半，故明纹的亮度减弱。

答案：B

37.**解** 第一电离能是基态的气态原子失去一个电子形成＋1价气态离子所需要的最低能量。变化规律：同一周期从左到右，主族元素的有效核电荷数依次增加，原子半径依次减小，电离能依次增大；同一主族元素从上到下原子半径依次增大，电离能依次减小。

答案：D

38.**解** 共价键的类型分 σ 键和 π 键。共价单键均为 σ 键；共价双键中含1个 σ 键，1个 π 键；共价三键中含1个 σ 键，2个 π 键。

丁二烯分子中，碳氢间均为共价单键，碳碳间含1个碳碳单键，2个碳碳双键。结构式为：

```
 H                     H
  \                   /
   C == C  —  C == C
  /     |     |       \
 H      H     H        H
```

答案：B

39.**解** 正负离子相互极化的强弱取决于离子的极化力和变形性，正负离子均具有极化力和变形性。正负离子相互极化的强弱一般主要考虑正离子的极化力和负离子的变形性。正离子的电荷数越多，极化力越大，半径越小，极化力越大。四种化合物中的阳离子电荷数依次增大，半径依次减小，所以极化力依次增大。离子极化作用最强为 $SiCl_4$。

答案：D

40. **解** 根据 $pH=-\lg C_{H^+}$，$K_W=C_{H^+}\times C_{OH^-}$

$$pH=2 时，C_{H^+}=10^{-2}mol\cdot L^{-1}，C_{OH^-}=10^{-12}mol\cdot L^{-1}$$

$$pH=2 时，C_{H^+}=10^{-4}mol\cdot L^{-1}，C_{OH^-}=10^{-10}mol\cdot L^{-1}$$

答案：C

41. **解** 吉布斯函数变 $\Delta G<0$ 时化学反应能自发进行。根据吉布斯等温方程，当 $\Delta_r H_m^\ominus>0$，$\Delta_r S_m^\ominus>0$ 时，反应低温不能自发进行，高温能自发进行。

答案：A

42. **解** 根据盐类的水解理论，NaCl 为强酸强碱盐，不水解，溶液显中性；Na_2CO_3 为强碱弱酸盐，水解，溶液显碱性；硫酸铝和硫酸铵均为强酸弱碱盐，水解，溶液显酸性。

答案：B

43. **解** 电对对应的半反应中无 H^+ 参与时，酸度大小对电对的电极电势无影响；电对对应的半反应中有 H^+ 参与时，酸度大小对电对的电极电势有影响，影响结果由能斯特方程决定。

电对 Fe^{3+}/Fe^{2+} 对应的半反应为 $Fe^{3+}+e^-=Fe^{2+}$，没有 H^+ 参与，酸度大小对电对的电极电势无影响；电对 MnO_4^-/Mn^{2+} 对应的半反应为 $MnO_4^-+8H^++7e^-=Mn^{2+}+4H_2O$，有 H^+ 参与，根据能斯特方程，H^+ 浓度增大，电对的电极电势增大。

答案：C

44. **解** C_5H_{12} 有三个异构体，每种异构体中，有几种类型氢原子，就有几种一氯代物。

异构体 $H_3C—CH_2—CH_2—CH_2—CH_3$ 中，有 2 个甲基，3 种一氯代物；

异构体 $H_3C—CH(CH_3)—CH_2—CH_3$ 中，有 3 个甲基，4 种一氯代物；

异构体 $H_3C—C(CH_3)_2—CH_3$ 中，有 4 个甲基，1 种一氯代物。

答案：C

45. **解** 选项 A、B、C 催化加氢均生成 2-甲基戊烷，选项 D 催化加氢生成 3-甲基戊烷。

答案:D

46.**解** 与端基碳原子相连的羟基氧化为醛,不与端基碳原子相连的羟基氧化为酮。

答案:C

47.**解** 若力 F 作用于构件 BC 上,则 AC 为二力构件,满足二力平衡条件,BC 满足三力平衡条件,受力图如解图 a)所示。

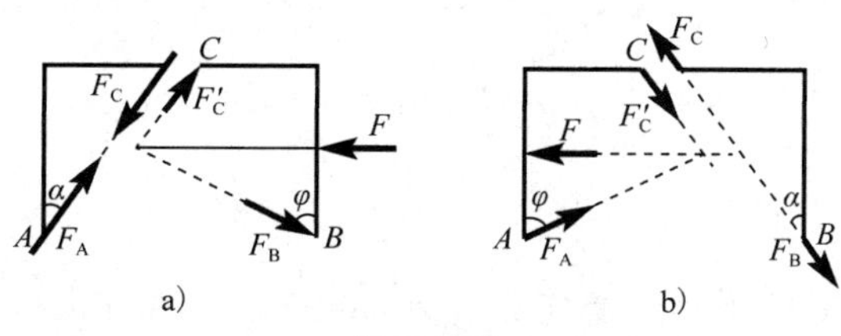

题 47 解图

对 BC 列平衡方程:

$\sum F_x=0, F-F_B\sin\varphi-F_C'\sin\alpha=0$

$\sum F_y=0, F_C'\cos\alpha-F_B\cos\varphi=0$

解得:$F_C'=\dfrac{F}{\sin\alpha+\cos\alpha\tan\varphi}=F_A, F_B=\dfrac{F}{\tan\alpha\cos\varphi+\sin\varphi}$

若力 $\boldsymbol{F}$ 移至构件 AC 上,则 BC 为二力构件,而 AC 满足三力平衡条件,受力图如解图 b)所示。

对 AC 列平衡方程:

$\sum F_x=0, F-F_A\sin\varphi-F_C'\sin\alpha=0$

$\sum F_y=0, F_A\cos\varphi-F_C'\cos\alpha=0$

解得:$F_C'=\dfrac{F}{\sin\alpha+\cos\alpha\tan\varphi}=F_B, F_A=\dfrac{F}{\tan\alpha\cos\varphi+\sin\varphi}$

由此可见,两种情况下,只有 C 处约束力的大小没有改变,而 A、B 处约束力的大小都发生了改变。

答案:D

48.**解** 由图可知力 $\boldsymbol{F}_1$ 过 A 点,故向 A 点简化的附加力偶为 0,因此主动力系向 A 点简化的主矩即为 $M_A=M=4\text{N}\cdot\text{m}$。

答案:A

49.**解** 对系统整体列平衡方程:

$\sum M_A(F)=0, M_A-F_p\left(\dfrac{a}{2}+r\right)=0$

得：$M_A = F_P\left(\frac{a}{2}+r\right)$（逆时针）

答案：B

50. **解**　分析节点 A 的平衡，可知铅垂杆为零杆，再分析节点 B 的平衡，节点连接的两根杆均为零杆，故内力为零的杆数是 3。

答案：A

51. **解**　当 $t=10\text{s}$ 时，$v_t=v_0+at=10a=5\text{m/s}$，故汽车的加速度 $a=0.5\text{m/s}^2$。则有：

$$S=\frac{1}{2}at^2=\frac{1}{2}\times 0.5\times 10^2=25\text{m}$$

答案：A

52. **解**　物体的角速度及角加速度分别为：$\omega=\dot{\varphi}=4-6t\ \text{rad/s}$，$\alpha=\ddot{\varphi}=-6\ \text{rad/s}^2$，则 $t=1\text{s}$ 时物体内转动半径 $r=0.5\text{m}$ 点的速度为：$v=\omega r=-1\text{m/s}$，切向加速度为：$a_\tau=\alpha r=-3\text{m/s}^2$。

答案：B

53. **解**　构件 BC 是平行移动刚体，根据其运动特性，构件上各点有相同的速度和加速度，用其上一点 B 的运动即可描述整个构件的运动，点 B 的运动方程为：

$$x_B=-r\cos\theta=-r\cos\omega t$$

则其速度的表达式为 $v_{BC}=\dot{x}_B=r\omega\sin\omega t$，加速度的表达式为 $\alpha_{BC}=\ddot{x}_B=r\omega^2\cos\omega t$

答案：D

54. **解**　质点运动微分方程：$\boldsymbol{ma}=\boldsymbol{F}$

当电梯加速下降、匀速下降及减速下降时，加速度分别向下、零、向上，代入质点运动微分方程，分别有：

$ma=W-F_1$，$0=W-F_2$，$ma=F_3-W$

所以：$F_1=W-ma$，$F_2=W$，$F_3=W+ma$

故 $F_1<F_2<F_3$

答案：C

55. **解**　定轴转动刚体动量矩的公式：$L_O=J_O\omega$

其中，$J_O=\frac{1}{2}mR^2+mR^2$

因此，动量矩 $L_O=\frac{3}{2}mR^2\omega$

答案：D

56. **解**　动能定理：$T_2-T_1=W_{12}$

其中：$T_1=0$，$T_2=\frac{1}{2}J_O\omega^2$

将 $W_{12}=mg(R-R\cos\theta)$ 代入动能定理：$\frac{1}{2}\left(\frac{1}{2}mR^2+mR^2\right)\omega^2-0=mg(R-R\cos\theta)$

解得：$\omega=\sqrt{\frac{4g(1-\cos\theta)}{3R}}$

答案：B

57. **解**　惯性力的定义为：$\boldsymbol{F}_I=-m\boldsymbol{a}$

惯性力主矢的方向总是与其加速度方向相反。

答案：A

58. **解**　当激振频率与系统的固有频率相等时，系统发生共振，即：

$\omega_0=\sqrt{\frac{k}{m}}=\omega_1=6\text{rad/s}$；$\sqrt{\frac{k}{1+m}}=\omega_2=5.86\text{rad/s}$

联立求解可得：$m=20.68\text{kg}$，$k=744.53\text{N/m}$

答案：D

59. **解**　由图可知，曲线 A 的强度失效应力最大，故 A 材料强度最高。

答案：A

60. **解**　根据截面法可知，AB 段轴力 $F_{AB}=F$，BC 段轴力 $F_{BC}=-F$

则 $\Delta L=\Delta L_{AB}+\Delta L_{BC}=\frac{Fl}{EA}+\frac{-Fl}{EA}=0$

答案：A

61. **解**　取一根木杆进行受力分析，可知剪力是 F，剪切面是 ab，故名义切应力 $\tau=\frac{F}{ab}$。

答案：A

62. **解**　此公式只适用于线弹性变形的圆截面(含空心圆截面)杆，选项 A、B、C 都不适用。

答案：D

63. **解**　由强度条件 $\tau_{max}=\frac{T}{W_p}\leqslant[\tau]$，可知直径为 d 的圆轴可承担的最大扭矩为

$T\leqslant[\tau]W_p=[\tau]\frac{\pi d^3}{16}$

若改变该轴直径为 d_1，使 $A_1=\frac{\pi d_1^2}{4}=2A=2\frac{\pi d^2}{4}$

则有 $d_1^2 = 2d^2$，即 $d_1 = \sqrt{2}d$

故其可承担的最大扭矩为：$T_1 = [\tau]\dfrac{\pi d_1^3}{16} = 2\sqrt{2}[\tau]\dfrac{\pi d^3}{16} = 2\sqrt{2}T$

答案:C

64.**解**　在有关静矩的性质中可知，若平面图形对某轴的静矩为零，则此轴必过形心；反之，若某轴过形心，则平面图形对此轴的静矩为零。对称轴必须过形心，但过形心的轴不一定是对称轴。例如，平面图形的反对称轴也是过形心的。所以选项D错误。

答案:D

65.**解**　集中力偶 m 在梁上移动，对剪力图没有影响，但是受集中力偶作用的位置弯矩图会发生突变，故力偶 m 位置的变化会引起弯矩图的改变。

答案:C

66.**解**　若梁的长度增加一倍，最大剪力 F 没有变化，而最大弯矩则增大一倍，由 Fl 变为 $2Fl$，而最大正应力 $\sigma_{max} = \dfrac{M_{max}}{I_z}y_{max}$ 变为原来的2倍，最大剪应力 $\tau_{max} = \dfrac{3F}{2A}$ 没有变化。

答案:C

67.**解**　简支梁受一对自相平衡的力偶作用，不产生支座反力，左边第一段和右边第一段弯矩为零（无弯曲，是直线），中间一段为负弯矩（向下弯曲）。

答案:D

68.**解**　图a)、图b)两单元体中 $\sigma_y = 0$，用解析法公式：

$$\begin{matrix}\sigma_1\\ \sigma_3\end{matrix} = \frac{\sigma}{2} \pm \sqrt{\left(\frac{\sigma}{2}\right)^2 + \tau^2} = \frac{80}{2} \pm \sqrt{\left(\frac{80}{2}\right)^2 + 20^2} = \begin{matrix}84.72\\ -4.72\end{matrix}\text{MPa}$$

则 $\sigma_1 = 84.72\text{MPa}$，$\sigma_2 = 0$，$\sigma_3 = -4.72\text{MPa}$，两单元体主应力大小相同。

两单元体主应力的方向可以用观察法判断。

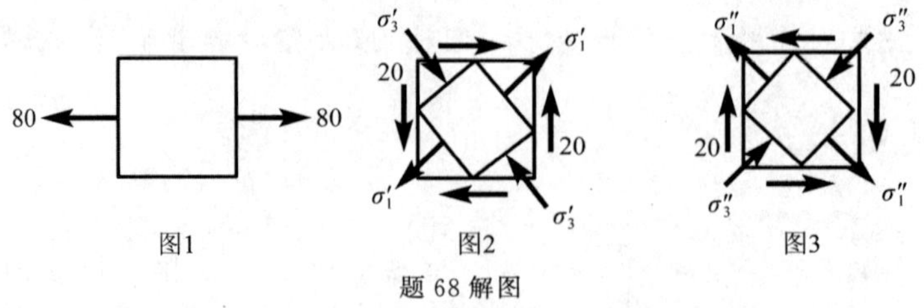

题68解图

题图a)主应力的方向可以看成是图1和图2两个单元体主应力方向的叠加，显然主应力 σ_1 的方向在第一象限。

题图b)主应力的方向可以看成是图1和图3两个单元体主应力方向的叠加，显然主

应力 σ_1 的方向在第四象限。

所以两单元体主应力的方向不同。

答案:B

69.**解**　轴力 F_N 产生的拉应力 $\sigma'=\frac{F_N}{A}$，弯矩产生的最大拉应力 $\sigma''=\frac{M}{W}$，故 $\sigma=\sigma'+\sigma''=\frac{F_N}{A}+\frac{M}{W}$

题 69 解图

扭矩 T 作用下产生的最大切应力 $\tau=\frac{T}{W_p}=\frac{T}{2W}$，所以危险截面的应力状态如解图所示。

而 $\begin{matrix}\sigma_1\\ \\ \sigma_3\end{matrix}=\frac{\sigma}{2}\pm\sqrt{\left(\frac{\sigma}{2}\right)^2+\tau^2}$

所以，$\sigma_{r3}=\sigma_1-\sigma_3=2\sqrt{\left(\frac{\sigma}{2}\right)^2+\tau^2}=\sqrt{\sigma^2+4\tau^2}$

$$=\sqrt{\left(\frac{F_N}{A}+\frac{M}{W}\right)^2+4\left(\frac{T}{2W}\right)^2}=\sqrt{\left(\frac{F_N}{A}+\frac{M}{W}\right)^2+\left(\frac{T}{W}\right)^2}$$

答案:C

70.**解**　图(A)为两端铰支压杆，其长度系数 $\mu=1$。

图(B)为一端固定、一端铰支压杆，其长度系数 $\mu=0.7$。

图(C)为一端固定、一端自由压杆，其长度系数 $\mu=2$。

图(D)为两端固定压杆，其长度系数 $\mu=0.5$。

根据临界荷载公式：$F_{cr}=\frac{\pi^2EI}{(\mu l)^2}$，可知 F_{cr} 与 μ 成反比，故图(D)的临界荷载最大。

答案:D

71.**解**　根据连续介质假设可知，流体的物理量是连续函数。

答案:B

72.**解**　盛水容器的左侧上方为敞口的自由液面，故液面上点 1 的相对压强 $p_1=0$，而选项 B、C、D 点 1 的相对压强 p_1 均不等于零，故此三个选项均错误，因此可知正确答案为 A。

现根据等压面原理和静压强计算公式，求出其余各点的相对压强如下：

$p_2=1000\times9.8\times(h_1-h_2)=9800\times(0.9-0.4)=4900\text{Pa}=4.90\text{kPa}$

$p_3=p_2-1000\times9.8\times(h_3-h_2)=4900-9800\times(1.1-0.4)=-1960\text{Pa}=-1.96\text{kPa}$

$p_4=p_3=-1.96\text{kPa}$（微小高度空气压强可忽略不计）

$p_5 = p_4 - 1000 \times 9.8 \times (h_5 - h_4) = -1960 - 9800 \times (1.33 - 0.75) = -7644\text{Pa} = -7.64\text{kPa}$

答案:A

73.**解** 流体连续方程是根据质量守恒原理和连续介质假设推导而得的,在此条件下,同一流路上任意两断面的质量流量需相等,即 $\rho_1 v_1 A_1 = \rho_2 v_2 A_2$ 。对不可压缩流体,密度 ρ 为不变的常数,即 $\rho_1 = \rho_2$,故连续方程简化为:$v_1 A_1 = v_2 A_2$ 。

答案:B

74.**解** 由尼古拉兹实验曲线图可知,在紊流光滑区,随着雷诺数 Re 的增大,沿程损失系数将减小。

答案:B

75.**解** 薄壁小孔口流量公式:$Q_1 = \mu_1 A_1 \sqrt{2gH_{01}}$

圆柱形外管嘴流量公式:$Q_2 = \mu_2 A_2 \sqrt{2gH_{02}}$

按题设条件:$d_1 = d_2$,即可得 $A_1 = A_2$

另有题设条件:$H_{01} = H_{02}$

由于小孔口流量系数 $\mu_1 = 0.60 \sim 0.62$,圆柱形外管嘴流量系数 $\mu_2 = 0.82$,即 $\mu_1 < \mu_2$

综上,则有 $Q_1 < Q_2$

答案:B

76.**解** 水力半径 R 等于过流面积除以湿周,即 $R = \dfrac{\pi r_0^2}{2\pi r_0}$

代入题设数据,可得水力半径 $R = \dfrac{\pi \times 4^2}{2 \times \pi \times 4} = 2\text{m}$

答案:C

77.**解** 普通完全井流量公式:$Q = 1.366 \dfrac{k(H^2 - h^2)}{\lg \dfrac{R}{r_0}}$

代入题设数据:$0.0276 = 1.366 \dfrac{k(15^2 - 10^2)}{\lg \dfrac{3.75}{0.3}}$

解得:$k = 0.0005\text{m/s}$

答案:A

78.**解** 由沿程水头损失公式:$h_f = \lambda \dfrac{L}{d} \cdot \dfrac{v^2}{2g}$,可解出沿程损失系数 $\lambda = \dfrac{2gdh_f}{Lv^2}$,写成量纲表达式 $\dim\left(\dfrac{2gdh_f}{Lv^2}\right) = \dfrac{\text{LT}^{-2}\text{LL}}{\text{LL}^2\text{T}^{-2}} = 1$,即 $\dim(\lambda) = 1$ 。故沿程损失系数 λ 为无量纲数。

答案:D

79.**解**　线圈中通入直流电流 I,磁路中磁通 Φ 为常量,根据电磁感应定律:

$$e=-N\frac{\mathrm{d}\Phi}{\mathrm{d}t}=0$$

本题中电压—电流关系仅受线圈的电阻 R 影响,所以 $U=IR$。

答案:A

80.**解**　本题为交流电源,电流受电阻和电感的影响。

电压—电流关系为:

$$u=u_{\mathrm{R}}+u_{\mathrm{L}}=iR+L\frac{\mathrm{d}i}{\mathrm{d}t}$$

即 $u_{\mathrm{L}}=L\dfrac{\mathrm{d}i}{\mathrm{d}t}$

答案:D

81.**解**　图示电路分析如下:

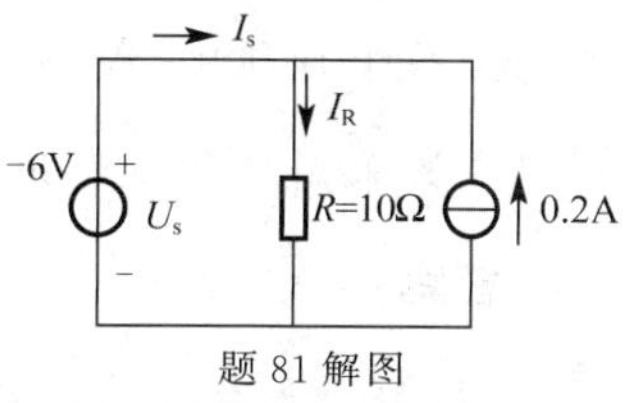

题 81 解图

$$I_{\mathrm{s}}=I_{\mathrm{R}}-0.2=\frac{U_{\mathrm{s}}}{R}-0.2=\frac{-6}{10}-0.2=-0.8\mathrm{A}$$

根据直流电路的欧姆定律和节点电流关系分析即可。

答案:A

82.**解**　从电压电流的波形可以分析:

最大值:$I_{\mathrm{m}}=3\mathrm{A}$　　　$U_{\mathrm{m}}=10\mathrm{V}$

有效值:$I=\dfrac{I_{\mathrm{m}}}{\sqrt{2}}=2.12\mathrm{A}$　　$U=\dfrac{U_{\mathrm{m}}}{\sqrt{2}}=7.07\mathrm{V}$

初相位:$\varphi_{\mathrm{i}}=+90°$　　　$\varphi_{\mathrm{u}}=-90°$

$\dot{U}$、$\dot{I}$ 的复数形式为:

$\dot{U}=7.07\angle-90°=-j7.07\mathrm{V}$　　$\dot{U}_{\mathrm{m}}=-j10\mathrm{V}$

$\dot{I}=2.12\angle90°=j2.12\mathrm{A}$　　　$\dot{I}_{\mathrm{m}}=j3\mathrm{A}$

答案:A

83.**解**　交流电路中电压、电流与有功功率的基本关系为:

$$P=UI\cos\varphi\ (\cos\varphi\ 是功率因数)$$

可知,$I=\dfrac{P}{U\cos\varphi}=\dfrac{8000}{220\times0.6}=60.6\mathrm{A}$

答案:B

84. **解** 在开关 S 闭合时刻：

$$U_{C(0+)}=0V, I_{L(0+)}=0A$$

则 $$U_{R_1(0+)}=U_{R_2(0+)}=0V$$

根据电路的回路电压关系：$\sum U_{(0+)}=-10+U_{L(0+)}+U_{C(0+)}+U_{R_1(0+)}+U_{R_2(0+)}=0$

代入数值，得 $U_{L(0+)}=10V$

答案：A

85. **解** 图示电路可以等效为解图，其中，$R'_L=K^2R_L$。

在 S 闭合时，$2R_1//R'_L=R_1$，可知 $R'_L=2R_1$

如果开关 S 打开，则 $u_1=\dfrac{R'_L}{R_1+R'_L}u_s=\dfrac{2}{3}u_s=60\sqrt{2}\sin\omega t\,V$

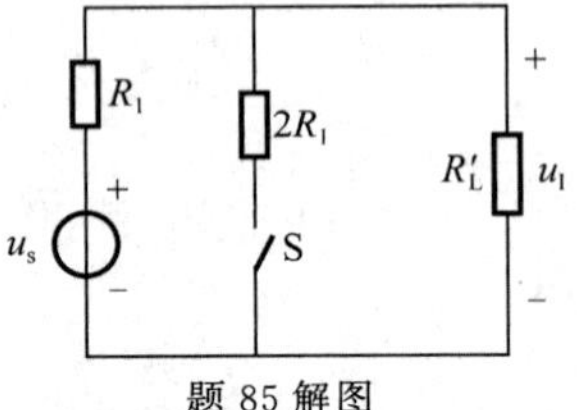

题 85 解图

答案：C

86. **解** 三相异步电动机满载启动时必须保证电动机的启动力矩大于电动机的额定力矩。四个选项中，A、B、D 均属于降压启动，电压降低的同时必会导致启动力矩降低。所以应该采用转子绕组串电阻的方案，只有绕线式电动机的转子才能串电阻。

答案：C

87. **解** 采样信号是离散时间信号（有些时间点没有定义），而模拟信号和采样保持信号才是时间上的连续信号。

答案：A

88. **解** 周期信号的频谱是离散的，各谐波信号的幅值随频率的升高而减小。

信号 $u_1(t)$ 和 $u_2(t)$ 的幅值频谱均符合以上特征。

答案：C

89. **解** 放大器是对信号的幅值（电压或电流）进行放大，以不失真为条件，目的是便于后续处理。

答案：D

90. **解** 逻辑函数化简：

$$F=ABC+A\overline{B}+AB\overline{C}=AB(C+\overline{C})+A\overline{B}=AB+A\overline{B}=A(B+\overline{B})=A$$

答案：A

91. **解** $F=\overline{A+B}$

（F 函数与 A、B 信号为或非关系，可以用口诀“A、B”有 1，“F”则 0 处理）

即

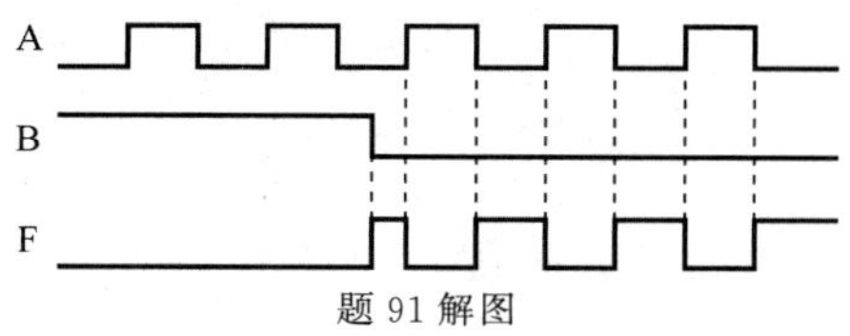

题 91 解图

答案:A

92.**解** 从真值表到逻辑表达式的方法:首先在真值表中 $F=1$ 的项组用"或"组合;然后每个 $F=1$ 的项组输入变量取值,对应一个乘积项为"与"逻辑,其中输入变量取值为 1 的写原变量,取值为 0 的写反变量;最后将输出函数 F"合成"。

根据真值表可以写出逻辑表达式为:$F=\overline{A}\overline{B}C+\overline{A}B\overline{C}$

答案:B

93.**解** 因为二极管 D_2 的阳极电位为 5V,而二极管 D_1 的阳极电位为 1V,可见二极管 D_2 是优先导通的。之后 u_F 电位箝位为 5V,二极管 D_1 可靠截止。i_R 电流通道如解图虚线所示。

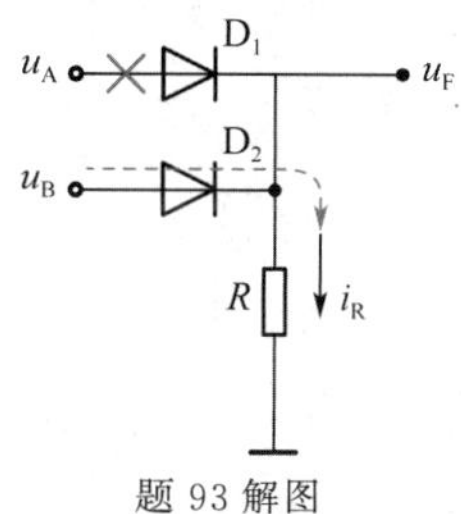

题 93 解图

$$i_R=\frac{u_B}{R}=\frac{5}{1000}=5\text{mA}$$

答案:A

94.**解** 图 a)是反向加法运算电路,图 b)是同向加法运算电路,图 c)是减法运算电路。

答案:A

95.**解** 当清零信号 $\overline{R}_D=0$ 时,两个触发器同时为零。D 触发器在时钟脉冲 cp 的前沿触发,JK 触发器在时钟脉冲 cp 的后沿触发。如解图所示,在 t_1 时刻,$Q_D=1$,$Q_{JK}=0$。

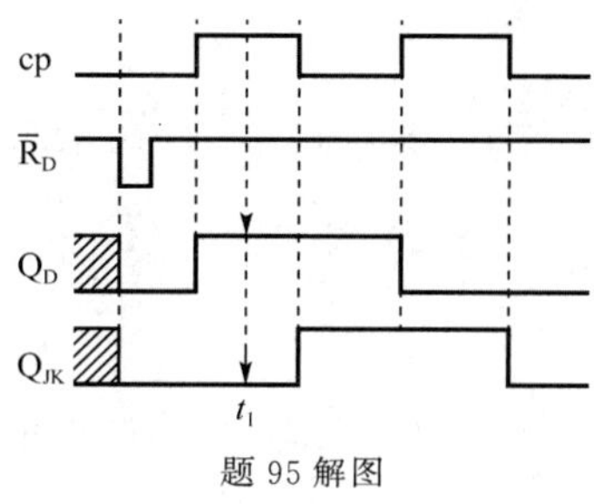

题 95 解图

答案:B

96.**解** 从解图分析可知为四进制计数器(4 个时钟周期完成一次循环)。

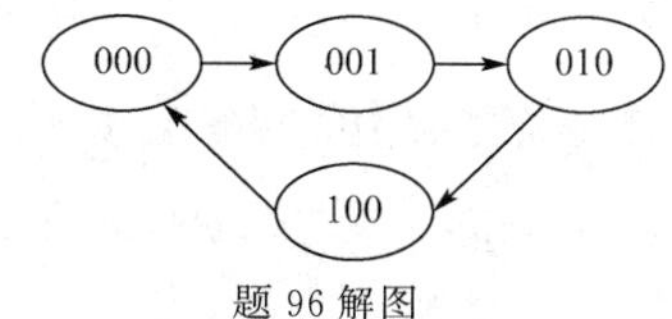

题 96 解图

答案:C

97. **解**　CPU 是分析指令和执行指令的部件，是计算机的核心。它主要是由运算器和控制器组成。

答案：A

98. **解**　总线就是一组公共信息传输线路，它能为多个部件服务，可分时地发送与接收各部件的信息。总线的工作方式通常是由发送信息的部件分时地将信息发往总线，再由总线将这些信息同时发往各个接收信息的部件。从总线的结构可以看出，所有设备和部件均可通过总线交换信息，因此要用总线将计算机硬件系统中的各个部件连接起来。

答案：A

99. **解**　分时操作系统是在一台计算机系统中可以同时连接多个近程或多个远程终端，允许多个用户同时使用一台计算机运行，系统能及时对用户的请求作出响应。每个用户可随时与计算机系统进行对话，通过终端向系统提交各种服务请求，最终实现自己的预定目标。

答案：A

100. **解**　计算机可直接执行的是机器语言编制的程序，它采用二进制编码形式，是由 CPU 可以识别的一组由 0、1 序列构成的指令码。其他三种语言都需要编码、编译器。

答案：C

101. **解**　ASCII 码最高位都置成 0，它是"美国信息交换标准代码"的简称，是目前国际上最为流行的字符信息编码方案。在这种编码方案中每个字符用 7 个二进制位表示。对于两个字节的国标码将两个字节的最高位都置成 1，而后由软件或硬件来对字节最高位做出判断，以区分 ASCII 码与国标码。

答案：B

102. **解**　GB 是 giga byte 的缩写，其中 G 表示 1024M，B 表示字节，相当于 10 的 9 次方，用二进制表示，则相当于 2 的 30 次方，即 $2^{30} \approx 1024 \times 1024$K。

答案：C

103. **解**　国家计算机病毒应急处理中心与计算机病毒防治产品检测中心制定了防治病毒策略：①建立病毒防治的规章制度，严格管理；②建立病毒防治和应急体系；③进行计算机安全教育，提高安全防范意识；④对系统进行风险评估；⑤选择经过公安部认证的病毒防治产品；⑥正确配置使用病毒防治产品；⑦正确配置系统，减少病毒侵害事件；⑧定期检查敏感文件；⑨适时进行安全评估，调整各种病毒防治策略；⑩建立病毒事故分析制度；⑪确保恢复，减少损失。

答案:D

104.**解**　操作系统作为一种系统软件,存在着与其他软件明显不同的特征分别是并发性、共享性和随机性。并发性是指在计算机中同时存在有多个程序,从宏观上看,这些程序是同时向前进行操作的。共享性是指操作系统程序与多个用户程序共用系统中的各种资源。随机性是指操作系统的运行是在一个随机的环境中进行的。

答案:A

105.**解**　21世纪是一个以网络为核心技术的信息化时代,其典型特征就是数字化、网络化和信息化。构成信息化社会的主要技术支柱有三个,那就是计算机技术、通信技术和网络技术。

答案:A

106.**解**　防火墙技术是建立在现代通信网络技术和信息安全技术基础上的应用型安全技术,可控制和监测网络之间的数据,管理进出网络的访问行为,封堵某些禁止行为,记录通过防火墙的信息内容和活动以及对网络攻击进行监测和报警。

答案:B

107.**解**　根据题意,按半年复利计息,则一年计息周期数 $m=2$,年实际利率 $i=8.6\%$,由名义利率 r 求年实际利率 i 的公式为:

$$i=\left(1+\frac{r}{m}\right)^{m}-1$$

则 $8.6\%=\left(1+\frac{r}{2}\right)^{2}-1$,解得名义利率 $r=8.42\%$。

答案:D

108.**解**　根据建设项目经济评价方法的有关规定,在建设项目财务评价中,对于先征后返的增值税、按销量或工作量等依据国家规定的补助定额计算并按期给予的定额补贴,以及属于财政扶持而给予的其他形式的补贴等,应按相关规定合理估算,记作补贴收入。

答案:A

109.**解**　建设项目按融资的性质分为权益融资和债务融资,权益融资形成项目的资本金,债务融资形成项目的债务资金。资本金的筹集方式包括股东投资、发行股票、政府投资等,债务资金的筹集方式包括各种贷款和债券、出口信贷、融资租赁等。

答案:B

110.**解**　$偿债备付率=\frac{用于计算还本付息的资金}{应还本付息金额}$

式中，用于计算还本付息的资金＝息税前利润＋折旧和摊销－所得税

本题的偿债备付率为：

$$偿债备付率=\frac{200+30-20}{100}=2.1\text{ 万元}$$

答案：C

111.**解**　融资前项目投资的现金流量包括现金流入和现金流出，其中现金流入包括营业收入、补贴收入、回收固定资产余值、回收流动资金等，现金流出包括建设投资、流动资金、经营成本和税金等。

答案：B

112.**解**　以产量表示的盈亏平衡产量为：

$$BEP_{产量}=\frac{年固定总成本}{单位产品销售价格-单位产品可变成本-单位产品税金及附加}$$

$$=\frac{1000}{1000-800}=5\text{ 万 t}$$

以生产能力利用率表示的盈亏平衡点为：

$$BEP_{生产能力利用率}=\frac{盈亏平衡产量}{设计生产能力}=\frac{5}{6}\times100\%=83.3\%$$

答案：D

113.**解**　两项目的差额现金流量：

差额投资$_{乙-甲}$＝1000－500＝500 万元

差额年收益$_{乙-甲}$＝250－140＝110 万元

所以两项目的差额净现值为：

差额净现值$_{乙-甲}$$=-500+110(P/A,10\%,10)=-500+110\times6.1446=175.9$ 万元

答案：A

114.**解**　根据价值工程原理，价值＝功能/成本，该项目提高价值的途径是功能不变，成本降低。

答案：A

115.**解**　2011 年修订的《中华人民共和国建筑法》第八条规定：

申请领取施工许可证，应当具备下列条件：

（一）已经办理该建筑工程用地批准手续；

（二）在城市规划区的建筑工程，已经取得规划许可证；

（三）需要拆迁的，其拆迁进度符合施工要求；

(四)已经确定建筑施工企业；

(五)有满足施工需要的施工图纸及技术资料；

(六)有保证工程质量和安全的具体措施；

(七)建设资金已经落实；

(八)法律、行政法规规定的其他条件。

所以选项A、B都是对的。

另外，按照2014年执行的《建筑工程施工许可管理办法》第(八)条的规定：建设资金已经落实。建设工期不足一年的，到位资金原则上不得少于工程合同价的50%，建设工期超过一年的，到位资金原则上不得少于工程合同价的30%。按照上条规定，选项C也是对的。

只有选项D与《建筑工程施工许可管理办法》第(五)条文字表述不太一致，原条文(五)有满足施工需要的技术资料，施工图设计文件已按规定审查合格。选项D中没有说明施工图审查合格的论述，所以只能选D。

但是，提醒考生注意：

2019年4月23日十三届人大常务委员会第十次会议上对原《中华人民共和国建筑法》第八条做了较大修改，修改后的条文是：

第八条 申请领取施工许可证，应当具备下列条件：

(一)已经办理该建筑工程用地批准手续；

(二)依法应当办理建设工程规划许可证的，已经取得规划许可证；

(三)需要拆迁的，其拆迁进度符合施工要求；

(四)已经确定建筑施工企业；

(五)有满足施工需要的资金安排、施工图纸及技术资料；

(六)有保证工程质量和安全的具体措施。

据此《建筑工程施工许可管理办法》也已做了相应修改。

答案：D

116.**解** 《中华人民共和国安全生产法》第十八条规定，生产经营单位的主要负责人对本单位安全生产工作负有下列职责：

(一)建立、健全本单位安全生产责任制；

(二)组织制定本单位安全生产规章制度和操作规程；

(三)组织制定并实施本单位安全生产教育和培训计划；

(四)保证本单位安全生产投入的有效实施;

(五)督促、检查本单位的安全生产工作,及时消除生产安全事故隐患;

(六)组织制定并实施本单位的生产安全事故应急救援预案;

(七)及时、如实报告生产安全事故。

答案:C

117.**解** 《中华人民共和国招标投标法》第三条规定:

在中华人民共和国境内进行下列工程建设项目包括项目的勘察、设计、施工、监理以及与工程建设有关的重要设备、材料等的采购,必须进行招标:

(一)大型基础设施、公用事业等关系社会公共利益、公众安全的项目;

(二)全部或者部分使用国有资金投资或者国家融资的项目;

(三)使用国际组织或者外国政府贷款、援助资金的项目。

选项D不在上述法律条文必须进行招标的规定中。

答案:D

118.**解** 《中华人民共和国合同法》第十四条规定:

要约是希望和他人订立合同的意思表示,该意思表示应当符合下列规定:

(一)内容具体确定;

(二)表明经受要约人承诺,要约人即受该意思表示约束。

选项C不符合上述条文规定。

答案:C

119.**解** 《中华人民共和国行政许可法》(2019年修订)第三十二条规定,行政机关对申请人提出的行政许可申请,应当根据下列情况分别作出处理:

(一)申请事项依法不需要取得行政许可的,应当即时告知申请人不受理;

(二)申请事项依法不属于本行政机关职权范围的,应当即时作出不予受理的决定,并告知申请人向有关行政机关申请;

(三)申请材料存在可以当场更正的错误的,应当允许申请人当场更正;

(四)申请材料不齐全或者不符合法定形式的,应当当场或者在五日内一次告知申请人需要补正的全部内容,逾期不告知的,自收到申请材料之日起即为受理;

选项A和B都与法规条文不符,两条内容是互相抄错了。

选项C明显不符合规定,正确的做法是当场改正。

选项D正确。

答案:D

120.**解** 《工程质量管理条例》第九条规定,建设单位必须向有关的勘察、设计、施工、工程监理等单位提供与建设工程有关的原始资料。原始资料必须真实、准确、齐全。

所以选项D正确。

选项C明显错误。

选项B也不对,工程质量监督手续应当在领取施工许可证之前办理。

选项A的说法不符合原文第十条:建设工程发包单位不得迫使承包方以低于成本的价格竞标。"低价"和"低于成本价"有本质上的不同。

答案:D

2019年度全国勘察设计一级注册结构工程师执业资格考试
基础考试(下)试题解析及参考答案

1.**解** 材料能被水润湿的性质称为亲水性,材料不能被水润湿的性质称为憎水性。一般可以按润湿边角的大小将材料分为亲水性材料和憎水性材料。润湿边角指在材料、水和空气的交点处,沿水滴表面的切线与水和固体接触面所形成的夹角。亲水性材料水分子之间的内聚力小于水分子与材料分子间的相互吸引力,润湿边角≤90°;憎水性材料的润湿边角>90°。

答案:B

2.**解** 含水率是材料吸湿性的指标,为材料所含水的质量占材料干燥质量的百分比。即含水率$=\frac{m_1-m}{m}$,其中m_1为材料吸收空气中水分后的质量,m为材料干燥状态下的质量。所以可由$5\%=\frac{250-m}{m}$,得到$m=238.1$g,则$m_{水}=250-238.1=11.9$g。

答案:D

3.**解** 为了降低大体积混凝土的水化温升,首先应减少水泥的用量,掺入活性混合材料。就水泥而言,应该控制水泥的细度、减少熟料矿物中铝酸三钙和硅酸三钙的含量。

答案:B

4.**解** 粉煤灰的主要活性成分为活性氧化硅和活性氧化铝,这两种活性成分可以与氢氧化钙反应生成水化硅酸钙和水化铝酸钙而表现出水硬性。

答案:B

5.**解** 养护是指控制合适的温度和湿度使水泥混凝土正常水化硬化。所以养护条件是指温度、湿度。

答案:A

6.**解** 软化点反应石油沥青的温度稳定性,或温度敏感性、耐热性。

答案:B

7.**解** 随着含碳量降低,钢材强度降低,塑性和韧性增大,可焊性提高,耐腐蚀性提高。所以建筑用钢多为低碳钢。

答案:A

8. **解**　坡度为两点间的高差与实地水平距离之比。通常也将比值乘以100%来表示坡度，选项A应乘以100%。另外，选项C、D中，AB两点间的高差也应为H_B-H_A。所以此题选B。

答案：B

9. **解**　用仪器提供水平视线，获取地面两点间的高差，属于水准测量。

答案：D

10. **解**　传统地图上，比例尺精度为图上0.1mm所代表的实地长度。

答案：A

11. **解**　钢尺量距的三项改正分别为尺长改正、温度改正和倾斜改正。不需要进行地球曲率和大气折光改正。

答案：D

12. **解**　为防止某个水准点高程变动引起差错，规范规定至少埋设3个水准点。

答案：A

13. **解**　2019年4月23日十三届人大第十次会议上对原《中华人民共和国建筑法》第八条做了较大修改，修改后的条文是：

第八条　申请领取施工许可证，应当具备下列条件：

（一）已经办理该建筑工程用地批准手续；

（二）依法应当办理建设工程规划许可证的，已经取得规划许可证；

（三）需要拆迁的，其拆迁进度符合施工要求；

（四）已经确定建筑施工企业；

（五）有满足施工需要的资金安排、施工图纸及技术资料；

（六）有保证工程质量和安全的具体措施。

建设行政主管部门应当自收到申请之日起七日（原为15日）内，对符合条件的申请颁发施工许可证。

根据修改后的第八条，可判断：

选项A错误，拆迁进度符合施工要求即可，不是全拆迁完。

选项B错误，是7日内，不是一个月。

选项C错误，有资金安排即可以，不是资金全部到位。

选项D符合，《中华人民共和国建筑法》第十条规定，在建的建筑工程因故中止施工的，建设单位应当自中止施工之日起一个月内，向发证机关报告，并按照规定做好建筑工程的维护管理工作。

建筑工程恢复施工时，应当向发证机关报告；中止施工满一年的工程恢复施工前，建设单位应当报发证机关核验施工许可证。

答案：D

14. 解 根据《中华人民共和国招标投标法》，依法必须进行招标的项目，其招标、投标活动不受地区或者部门的限制。该规定体现了《中华人民共和国招标投标法》的公平原则。

答案：B

15. 解 选项A正确。《中华人民共和国环境保护法》第十九条规定，编制有关开发利用规划，建设对环境有影响的项目，应当依法进行环境影响评价。

未依法进行环境影响评价的开发利用规划，不得组织实施；未依法进行环境影响评价的建设项目，不得开工建设。

选项B正确。按照《中华人民共和国环境影响评价法》第十八条，已经进行了环境影响评价的规划包含具体建设项目的，规划的环境影响评价结论应当作为建设项目环境影响评价的重要依据，建设项目环境影响评价的内容应当根据规划的环境影响评价审查意见予以简化。

选项C正确。《建设项目环境影响评价资质管理办法》自2015年11月1日起施行。第二条规定，为建设项目环境影响评价提供技术服务的机构，应当按照本办法的规定，向环境保护部申请建设项目环境影响评价资质（以下简称资质），经审查合格，取得《建设项目环境影响评价资质证书》（以下简称资质证书）后，方可在资质证书规定的资质等级和评价范围内接受建设单位委托，编制建设项目环境影响报告书或者环境影响报告表[以下简称环境影响报告书（表）]。环境影响报告书（表）应当由具有相应资质的机构（以下简称环评机构）编制。

选项D错误。按照《中华人民共和国环境影响评价法》第二十条，任何单位和个人不得为建设单位指定编制建设项目环境影响报告书、环境影响报告表的技术单位。

答案：D

16. 解 依据《注册结构工程师执业资格制度暂行规定》：

第十一条　有下列情形之一的，不予注册：

（一）不具备完全民事行为能力的。

（二）因受刑事处罚，自处罚完毕之日起至申请注册之日止不满5年的。

（三）因在结构工程设计或相关业务中犯有错误受到行政处罚或者撤职以上行政处

分，自处罚、处分决定之日起至申请注册之日止不满2年的。

（四）受吊销注册结构工程师注册证书处罚，自处罚决定之日起至申请注册之日止不满5年的。

选项C，丙虽受过行政处罚，但已满3年，超过了受行政处罚2年内不能注册的年限规定，因此可以重新注册。

答案：C

17.**解** 土的干密度是指单位体积土固体颗粒的质量，是检验填土压实质量的控制指标。

答案：A

18.**解** 混凝土初凝后抽管才能保证所留孔道不塌陷，而终凝后钢管将难以抽出且易拉裂混凝土，故应在混凝土初凝后，终凝前抽管。

答案：B

19.**解** 连墙杆也称连墙件，是将脚手架架体与建筑主体结构连接，能将脚手架所受的部分拉力和压力传递给建筑结构的杆件。它对保证架体刚度和稳定、抵抗风荷载等水平荷载具有重要作用。故选项A符合题意。

答案：A

20.**解** “资源有限、工期最短”优化，是在保证任何工作的持续时间不发生改变、任何工作不中断、网络计划逻辑关系不变的前提下，通过调整出现资源冲突的若干工作的开始时间及其先后次序，使资源量满足限制要求，且工期增量又最小的过程。工期延长值＝排在前面工作的最早完成时间－排在后面工作的最迟开始时间，即 $\Delta T_{m-n,i-j}=EF_{m-n}-LS_{i-j}$。调整中，若计算出的工期增量 $\Delta\leqslant 0$（这种情况仅会出现在所调整移动的资源冲突的工作均为非关键工作时，而工期是由关键工作决定的），则对工期无影响，即工期不变；若为正值（这种情况出现在所调整移动的资源冲突的工作中含有关键工作，或该调整移动使非关键工作变成了关键工作），则工期将延长该正值。此题明确“工期增量Δ小于零”，故总工期不变。

答案：A

21.**解** 《建筑施工组织设计规范》（GB/T 50502—2009）第2.0.2条规定，施工组织总设计是以若干单位工程组成的群体工程或特大型项目为主要对象编制的施工组织设计，对整个项目的施工过程起统筹规划、重点控制的作用。故选项C较符合题意。

答案：C

22. **解**　碳素结构钢随着含碳量的增加，其强度提高，但塑性、冷弯性能、韧性、可焊性变差。

答案：C

23. **解**　钢筋混凝土受弯构件正截面发生界限破坏时，纵向受拉钢筋达到屈服的同时，受压区边缘混凝土达到其极限压应变。

答案：A

24. **解**　根据连续梁最不利荷载布置原则，为使第2跨与第3跨间的支座出现最大负弯矩，则应在该支座相邻两跨布置荷载，并隔跨布置，即在第2、3、5跨布置荷载。

答案：C

25. **解**　当框架—核心筒结构的侧向刚度不能满足设计要求时，可以设置加强层以加强核心筒与周边框架的联系，从而提高结构的整体刚度，控制结构位移，并使内筒弯矩减小。

答案：A

26. **解**　通过拉伸试验，可以得到钢材的抗拉强度、屈服强度、伸长率三项力学性能指标。伸长率反映了钢材塑性变形的能力。

答案：C

27. **解**　根据《钢结构设计标准》(GB 50017—2017)第7.4.6条表7.4.6，受压的支撑构件，其容许长细比为200。

答案：C

28. **解**　设置引弧板后，焊缝计算长度不需要折减。

答案：B

29. **解**　碳当量反映了钢材的可焊性优劣。《钢结构设计标准》(GB 50017—2017)第4.3.2条规定，对焊接结构应具有碳当量的合格保证。

答案：D

30. **解**　砌体的抗压强度随砂浆强度等级的提高而提高，见《砌体结构设计规范》(GB 50003—2011)第3.2.1条表3.2.1-1～表3.2.1-4。

答案：B

31. **解**　e/h 越小(e-偏心距，h-偏心方向柱的边长)，受压构件承载力的影响系数 φ 越大，N_u 越大。四种情况的 e/h 分别为0.17、0.3、0.2、0.27。

答案：A

32. **解**　《砌体结构设计规范》(GB 50003—2011)第4.1.1条规定，采用以概率理论为基础的极限状态设计方法；第 4.1.2 条规定，砌体结构应按承载能力极限状态设计，并满足正常使用极限状态的要求(一般通过构造措施)；第 4.1.4 条规定，根据建筑结构破坏可能产生后果的严重性，建筑结构应划分为三个安全等级，并按结构重要性系数考虑其重要程度。

答案:B

33. **解** 《砌体结构设计规范》(GB 50003—2011)第 3.2.3 条第 2 款规定，当砌体用强度等级小于 M5.0 的水泥砂浆砌筑时，各类砌体的抗压强度设计值应乘以调整系数 0.9；其余同混合砂浆。

答案:D

34. **解** 本题约束数大于刚片自由度数，故计算自由度为负值。

答案:B

35. **解** 取杆 AD 为隔离体

$\sum M_A=0, F_p\times 4+N_{BC}\frac{1}{\sqrt{2}}\times 2=0$

解得 $N_{BC}=-2\sqrt{2}F_p$

答案:B

36. **解** 整体平衡，以 BC 杆与 AD 杆延长线的交点为矩心力矩平衡，可得支座 A 的水平反力为 10kN(向左)，再取 AD 杆为隔离体，可得 $M_{DC}=0$。

答案:D

37. **解** 整体平衡对 B 点取矩，可得支座 A 的竖向反力为 $F_p/4$；再由 AC 半拱平衡对 C 取矩，可得水平反力为 $F_p/4$。

答案:A

38. **解** 取解图图示截面之下为隔离体

$\sum M_C=0, N_1(3a)+P(a)+P(2a)-3P(3a)=0$

解得 $N_1=2P$

答案:D

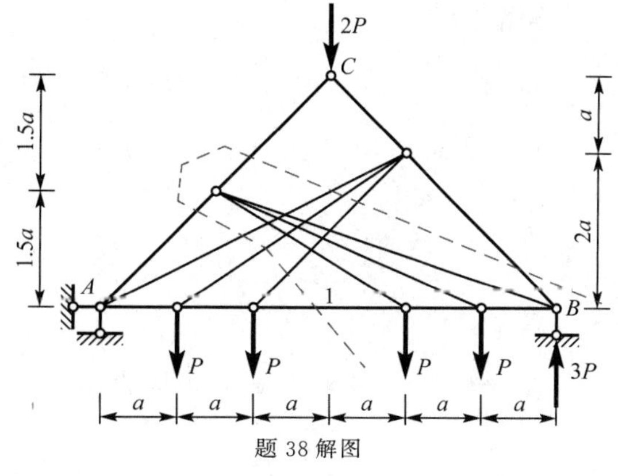

题 38 解图

39. **解** 整体平衡对 B 取矩，可得支座 A 的竖向反力为 $P/2$(向上)。

答案:B

40. **解** 根据杆端转动刚度形常数及结点 B 平衡，可得 $3i\theta = Pl$，据此选 C。

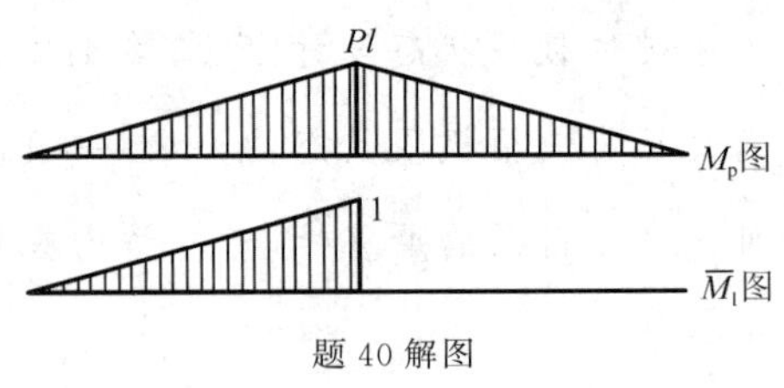

题 40 解图

也可作弯矩图（见解图），用图乘法求：

$$\theta = \frac{1}{EI}\left(\frac{1}{2}Pl \times l\right)\frac{2}{3} = \frac{Pl^2}{3EI}$$

答案：C

41. **解** 本题两个弹簧串联，可直接根据刚度串联的规律选 B。

也可根据刚度的定义来求。弹簧的刚度是使弹簧单位伸长所需之力，由解图，令两个弹簧伸长之和等于单位值，可得：

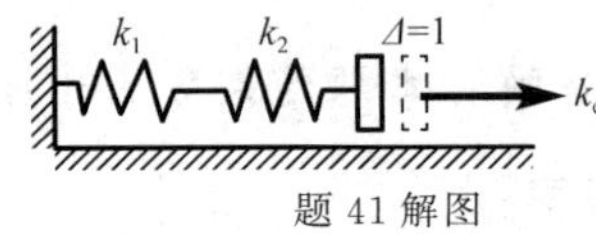

题 41 解图

$$\frac{1}{k_1}k_e + \frac{1}{k_2}k_e = 1$$

即 $k_e = \dfrac{k_1 k_2}{k_1 + k_2}$

答案：B

42. **解** 由解图建立力法方程：

$$\delta_{11}X_1 + \Delta_{1p} = -\frac{X_1}{k}，已知\ k = \frac{6EI}{l^3}$$

题 42 解图

求得 $\delta_{11} = \dfrac{l^3}{3EI}$，$\Delta_{1p} = \dfrac{ql^4}{8EI}$

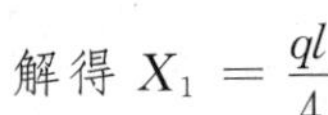

解得 $X_1 = \dfrac{ql}{4}$

再由 CB 段隔离体平衡可得　$M_C = 0$

答案：A

43. **解** 按位移法，取结点 B 力矩平衡：

$$M_{BA} + M_{BC} = (4i\theta_B + 2i\theta) + i\theta_B = 0$$

解得 $\theta_B = -\dfrac{2}{5}\theta$

答案：D

44. **解** 注意需将 C 端视为固定端、D 端视为自由端计算转动刚度。

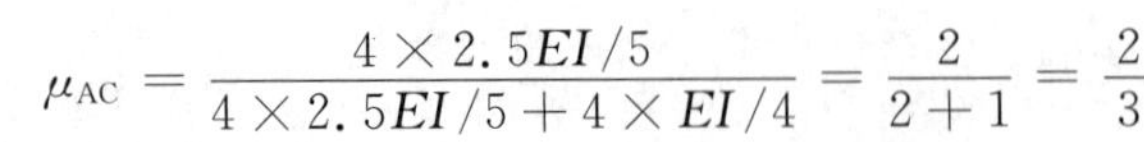

$$\mu_{AC} = \frac{4 \times 2.5EI/5}{4 \times 2.5EI/5 + 4 \times EI/4} = \frac{2}{2+1} = \frac{2}{3}$$

答案：C

45. **解** 设所求位移为 Δ，按位移法取结点 B 平衡，可得：

$\frac{3EI}{l^3}\Delta + k\Delta = P$，已知 $k = \frac{3EI}{l^3}$

解得 $\Delta = \frac{Pl^3}{6EI}$

答案：B

46. **解**　作 M_K 影响线并布置荷载不利位置如解图所示，可得：$M_K = 140\text{kN} \cdot \text{m}$

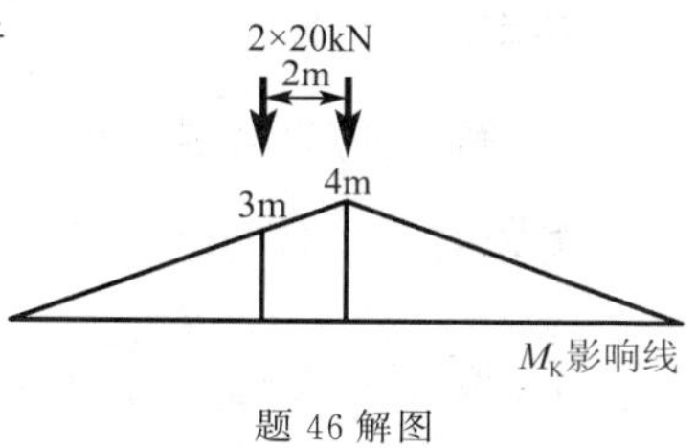

题 46 解图

答案：B

47. **解**　两图外荷载的 θ 相同，结构的频率 ω 相同，

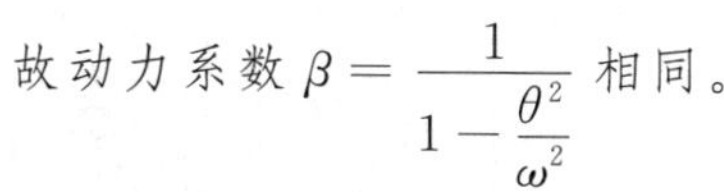

故动力系数 $\beta = \frac{1}{1 - \frac{\theta^2}{\omega^2}}$ 相同。

答案：C

48. **解**　$\zeta = \frac{1}{2n\pi}\ln\frac{y_k}{y_{k+n}} = \frac{1}{2 \times 10 \times \pi}\ln\frac{y_0}{0.0016y_0} = 0.1025$

答案：D

49. **解**　建筑结构的动力特性测试，或评估结构的抗震性能时，可采用激振法。工程结构的疲劳试验一般在疲劳试验机上进行，也可采用电液伺服加载系统。选项 A、B、D 中的试验所选用的设备是合适的。

答案：C

50. **解**　《混凝土结构试验方法标准》(GB/T 50152—2012) 第 5.3.1 条规定，混凝土结构预加载应控制试件在弹性范围内受力，不可以超过开裂荷载，不应产生裂缝及其他形式的加载残余值。超过开裂荷载后结构将发生非弹性变形，无法恢复。对于选项 D，如果预应力混凝土结构的使用荷载小于开裂荷载，则是可行的。

答案：B

51. **解**　回弹法和超声波法均属于无损检测方法，而回弹法是一种更为常用的检测混凝土强度的方法。钻孔后装法和钻芯法则属于半破损检测方法。

答案：A

52. **解**　应变片的灵敏系数是指电阻丝单位应变所引起的电阻变化率，即应变片灵敏系数 $K = \frac{\Delta R}{R}/\varepsilon$。

答案：A

53. **解**　零位测量法是指用已知的标准量去抵消被测物理量对仪器引起的偏转，使被测量和标准量对仪器指示装置的效应经常保持相等(平衡),指示装置指零时的标准量即为被测物理量。而电阻应变计在使用过程中总需要平衡、清零。

答案:B

54.**解** 竖向地应力:$p=4\times17+2\times20=108\text{kN/m}^3$

答案:A

55.**解** p_{cz}为软弱下卧层顶面处土的自重应力,应该从原地面算起。

答案:D

56.**解** 孔隙比 $e=\frac{V_1}{V_2}=47.71\%$(注:孔隙比一般用小数表示)

孔隙率 $n=\frac{V_1}{V_1+V_2}=\frac{e}{1+e}=32.3\%$

答案:D

57.**解** 应力路径(加载次序)、剪胀性(剪切过程中体积膨胀)、加载速度均影响土的抗剪强度。

答案:D

58.**解** 题中所涉及的静力触探、标准贯入试验(动力触探)、旁压试验和重型或超重型圆锥动力触探都是原位测定地基承载力的方法,这里只有重型动力触探试验更适用于粗颗粒较多的碎石土。

答案:D

59.**解** 修正后的地基承载力特征值 f_a 的计算公式为:

$$f_a=f_{ak}+\eta_b\gamma(b-3)+\eta_d\gamma_m(d-0.5)$$

当基础宽度大于3m,埋置深度大于0.5m时,地基承载力特征值需进行深度、宽度修正。

据题中已知条件:承载力公式第一项均质地基土承载力特征值为 $f_{ak}=100\text{kPa}$;第二项宽度修正中基础埋置深度 $d=3\text{m}$,故第二项为0;第三项基础埋深范围内土的加权平均重度可由 $\gamma_m\times3=16\times2+(20-10)\times1$,计算得到 $\gamma_m=14\text{kN/m}^3$,基础埋深 $d=3\text{m}$,$\eta_d=1.45$(原题未给 η_d,按1.45计算)。则代入公式得:

$$f_a=f_{ak}+\eta_b\gamma(b-3)+\eta_d\gamma_m(d-0.5)=100+0+1.45\times14\times2.5=151\text{kPa}$$

答案:A

60.**解** 打入式成桩是在未成孔(排土)的情况下将桩打入,成桩过程中不排土,因是敞口钢管桩,故有部分挤土作用。

答案:B